Rosenberger · Experten für Humankapital

150 Jahre
Wissen für die Zukunft
Oldenbourg Verlag

Ordnungssysteme

Studien
zur Ideengeschichte
der Neuzeit

Herausgegeben von
Dietrich Beyrau,
Anselm Doering-Manteuffel
und Lutz Raphael

Band 26

R. Oldenbourg Verlag München 2008

Ruth Rosenberger

Experten für Humankapital

Die Entdeckung des Personalmanagements in der Bundesrepublik Deutschland

R. Oldenbourg Verlag München 2008

Gedruckt mit Unterstützung des Förderungs- und Beihilfefonds Wissenschaft der VG Wort

Bibliografische Information der Deutschen Nationalbibliothek
Die Deutsche Nationalbibliothek verzeichnet diese Publikation in der Deutschen Nationalbibliografie; detaillierte bibliografische Daten sind im Internet über <http://dnb.d-nb.de> abrufbar.

Rosenheimer Straße 145, D-81671 München
Internet: oldenbourg.de

Umschlaggestaltung: Dieter Vollendorf
Umschlagbild: Roman Clemens: Spiel aus Form, Farbe, Licht und Ton (1929)
© Theaterwissenschaftliche Sammlung, Universität zu Köln
Gedruckt auf säurefreiem, alterungsbeständigem Papier (chlorfrei gebleicht).
Satz: Typodata GmbH, München
Druck: Memminger MedienCentrum, Memmingen
Bindung: Buchbinderei Klotz, Jettingen-Scheppach

ISBN 978-3-486-58620-6

Inhalt

„...da kann man sich ne subjektiv-objektive Meinung bilden. (Und wenn man die <Persönliche Gleichung> kennt, ist sie sogar rein objektiv : das hatten die Filologen ja allmählich gelernt, wie man die Individualität eines Schriftstellers vom Text subtrahieren kann.)"

Arno Schmidt, Die Gelehrtenrepublik, 1957

„25. A historian misreads a political magazine and votes wisely for a different reality."

Adam Green, The Civilian, 2005

Vorwort

Experten für Humankapital versuchen, jeden Einzelnen individuell und effektiv in Arbeitszusammenhänge zu integrieren. Die Spuren dieser Bemühungen sind Bestandteil unseres (Berufs-)Alltags: Nahezu jeder Arbeitstätige ist früher oder später mit Einstellungstests oder Assessment-Verfahren konfrontiert, mit Beurteilungssystemen, leistungsbezogenen Gehaltsanteilen oder Mitarbeitergesprächen. Auch für Arbeitslose gibt es Eingliederungsangebote, die individuelle Entfaltung und ökonomischen Erfolg untrennbar miteinander verbinden, etwa die „Ich-AG" oder „Existenzgründer"-Seminare. Das war nicht immer so. Eine professionalisierte Kultur von Experten für Humankapital etablierte sich in der Bundesrepublik Deutschland erst in den 1970er Jahren. Diese Experten sind seitdem Zentralakteure einer liberal-kapitalistisch geprägten demokratischen Gesellschaft. Das vorliegende Buch spürt dem Aufstieg dieser Profession nach und dem damit verbundenen gesellschaftlichen und arbeitskulturellen Wandel. Diese Veränderungen sind von tief greifender Auswirkung, da demokratische und ökonomische Leitorientierungen eine Verbindung von neuer Qualität eingegangen sind.

Der Soziologe Richard Sennett hat einmal gesagt, dass man Wissenschaftler in zwei Kategorien einteilen könne, in „Höhlenforscher" und „Architekten". Während die „Architekten" im Höhenflug aus der Vogelperspektive adlergleich jederzeit den Überblick behalten, sich leicht tun mit den großen Bögen und auch mal 500 Jahre in den Blick nehmen, begeben sich die „Höhlenforscher" in die Niederungen des Unbekannten, um zu erklären, was oben drüber liegt. Was dabei am Ende rauskommt, ist zu Beginn des Abenteuers oft ungewiss. Dieses Buch, dessen Manuskript im Frühjahr 2006 vom Fachbereich

III, Neuere und Neueste Geschichte, der Universität Trier als Dissertation angenommen und für die Drucklegung leicht gekürzt wurde, ist das Ergebnis einer solchen speleologischen Expedition. Mit dieser Arbeit liegt so etwas vor wie die Kartierung eines unterirdischen Wassersystems, die erklärt, warum dieses Wasser an bestimmten Stellen aus dem Boden trat, um sich dann teilweise zu breiten Strömen auszuweiten. Höhlen zu erforschen, ist keine einfache Sache. Aber es gab einige Personen und Institutionen, die mir dabei sehr geholfen haben, indem sie Wegfindungsstrategien, Beschreibungsmodi, Sicherungstechniken, Entscheidungshilfen, Erfahrungsaustausch, Sponsoring, kritischen Geist, Powerriegel oder einfach nur ein Ohr zur Verfügung stellten.

Ich danke Lutz Raphael als Doktorvater und erstem Berichterstatter. Er hat meine Arbeit von Anfang an mit weiten Gestaltungsräumen für eigene Ideen inhaltlich und organisatorisch gefördert, inspiriert und begleitet. Andreas Gestrich hat die Aufgabe als zweiter Berichterstatter übernommen. Danke! Ohne die zahlreichen Diskussionen, Anregungen und kritischen Kommentare in verschiedenen institutionellen Zusammenhängen, wo ich Überlegungen und Ergebnisse entwickelt und vorgestellt habe, wäre dieses Buch nicht das geworden, welches es jetzt ist. Idee und Konzept der Arbeit entstanden im Rahmen des DFG-Projekts „Intelligenzmessung und Prognose. Psychologische Eignungsdiagnostik in westdeutschen Großunternehmen, 1950–1980“, das zum Schwerpunktprogramm „Ideen als gesellschaftliche Gestaltungskraft im Europa der Neuzeit“ gehörte. Ich danke den Trierer Kolleginnen und Kollegen des „Dienstagskolloquiums“, dem Arbeitskreis für Neuere und Neueste Geschichte der Universität Trier, ebenso wie den Teilnehmern des „Promotionsstudiengangs Trier“. Hier war die „Homebase“, wo ich immer wieder Feedback bekam und Rückhalt fand. Ganz besonders danke ich Morten Reitmayer, Inga Brandes, Olaf Blaschke und Hannes Platz. Sie haben als Kollegen und Freunde intensiv Anteil an der Entstehung dieser Arbeit genommen.

Wichtige Anregungen vor allem im Bereich der „Gesellschaftsgeschichte“ habe ich außerdem bei den Treffen der südwestdeutschen zeithistorischen Lehrstühle erhalten. Den Teilnehmern dieser Veranstaltungen danke ich genauso wie den Kollegen vom Arbeitskreis für kritische Unternehmens- und Industriegeschichte. Der Austausch mit ihnen, der über die jährlichen Tagungen hinausreichte, war kontinuierlicher Begleiter meiner Forschungen. Meilenstein-Charakter in diesem Prozess hatten zudem Beiträge zu den drei folgenden Tagungen: das Paper zum 8. Transatlantic Doctoral Seminar „German History, 1945–1990“ des German Historical Institute, Washington, DC (2002), der Beitrag zur Tagung „Kommunikation zwischen Personen im 19. und 20. Jahrhundert“ des Göttinger Arbeitskreises für Geschichte und Theorie (2002) und die Präsentation beim 27. wissenschaftlichen Symposion der Gesellschaft für Unternehmensgeschichte „Wissensmärkte in Unternehmen“ (2004).

Eine empirisch-historische Arbeit bedarf des Quellenmaterials. Vielen Dank für Service und Recherchen, fürs Mitdenken und findige Hinweise an die Mitarbeiterinnen und Mitarbeiter der besuchten Unternehmensarchive. Christian Marx hat als studentische Hilfskraft im DFG-Projekt „Intelligenzmessung und Prognose" wesentlich zur Realisierung der Zeitschriften-Datenbank beigetragen, die eine wichtige Grundlage für diese Arbeit darstellt. Ganz besonders unterstützt haben mich außerdem meine Interviewpartner, Betriebspsychologen und Personalexperten der untersuchten Unternehmen. Ihre Informationen waren für mich unverzichtbar.

Die finanziellen Voraussetzungen für die Realisierung dieser Arbeit hat neben der Deutschen Forschungsgemeinschaft die Stiftung „Bildung und Wissenschaft" im Stifterverband für die Deutsche Wissenschaft mit einem Promotionsstipendium ermöglicht. Die Drucklegung des Manuskripts wurde gefördert durch die VG Wort. Herzlichen Dank!

Gewidmet ist dieses Buch Inge, Rudi und Sanne Rosenberger, die mich allzeit und in jeder Hinsicht unterstützt und begleitet haben.

Einleitung: Experten für Humankapital

Stellten Personalabteilungen westdeutscher Großunternehmen in den 1950er Jahren noch Verwaltungsbüros dar, so zeigte sich 20 Jahre später ein deutlich verändertes Bild: Zu Beginn der 1970er Jahre präsentierten dieselben Unternehmen ausdifferenzierte Personal-Fachressorts, die aus mehreren arbeitsteilig organisierten Abteilungen bestanden und jeweils mit Experten versehen waren. Das Leitungspersonal, das teilweise dem Vorstand angehörte, erhob nun den Anspruch, dass neben technischen und kaufmännischen Aspekten ebenso der „Faktor Personal" konstitutiver Bestandteil der Unternehmenspolitik und Unternehmensführung sei. Im Zeitraum zwischen Kriegsende und dem Beginn der 1970er Jahre hat sich somit ein tief greifender Wandel in westdeutschen Unternehmen vollzogen.

Parallel zu diesen institutionellen Veränderungen wandelten sich die Vorstellungen davon, wie das Verhältnis zwischen Arbeitnehmern und Unternehmen betrieblich zu gestalten sei: Propagierten Unternehmer in den 1950er Jahren noch die durch „freiwillige" betriebliche Sozialleistungen geeinte „Betriebs-Familie", an deren Spitze sie jeweils als Oberhaupt des Unternehmens standen, so bemühen sie sich seit Beginn der 1970er Jahre Maßnahmen zur Förderung der Selbständigkeit, Eigenverantwortlichkeit und persönlichen Entfaltung jedes einzelnen Arbeitnehmers in den Vordergrund zu rücken. Nicht nur die Organisation westdeutscher Unternehmen veränderte sich somit in diesem Zeitraum, sondern zugleich das Selbstverständnis, die Handlungsorientierungen und Leitbilder der Verantwortlichen. Sie bezogen sich zunehmend nicht mehr auf eine hierarchisch strukturierte Ordnung, sondern betonten stattdessen die Handlungsspielräume und „Entwicklungsmöglichkeiten" jedes einzelnen Beschäftigten.

Wie kam es zu diesen Veränderungen? Was waren die Ursachen? Wer die treibenden Akteure? Und was veränderte sich eigentlich mit diesem Wandel? Handelt es sich um das Ergebnis einer gelungenen Demokratisierung westdeutscher Unternehmen? Um eine spezifische Form der bundesrepublikanischen Integration in die Ordnung des Westens, das Ergebnis eines Westernisierungsprozesses? Gar um eine konsenskapitalistische Erscheinung? Oder zeigt sich hier als unausweichliche Folge ökonomisch-technischer Modernisierung im Zeichen des „Wirtschaftswunders" die Liberalisierung traditioneller Sozialbeziehungen in einer zivilen, zunehmend sich liberal-kapitalistisch ausbildenden Gesellschaft?

Ausgangspunkt meiner Untersuchung, die nach Antworten auf diese Fragen sucht, ist das personalpolitische Feld – ein neues Tätigkeitsfeld betrieblicher Humanexpertise, das unmittelbar nach dem Krieg gleichsam im Schatten der Mitbestimmungsdiskussion entstand. Während Gewerkschaften, Unternehmer, Politiker und Militärregierungen lange um betriebliche Mitbestimmungsrechte und Sozialisierung oder Marktwirtschaft rangen – das Betriebsverfassungsgesetz wurde erst 1952 verabschiedet –, setzten sich indessen Betriebspraktiker aus Sozialabteilungen und wissenschaftliche Experten, vor allem Psychologen, verstärkt damit auseinander, wie den neuen Bedingungen und Ansprüchen in der betrieblichen Praxis Rechnung zu tragen sei. Sie versuchten neue personalpolitische Maßnahmen und Verfahren in den Unternehmen zu implementieren, um die Zusammenarbeit in der alltäglichen Routine unter Berücksichtigung sowohl betriebswirtschaftlicher als auch neuer arbeitsrechtlicher und sozialer Bedingungen zu verbessern. Mit der Einrichtung einer Reihe entsprechender Institute und Zeitschriften begründeten sie das neue personalpolitische Feld.

Das Besondere dieses Felds bestand darin, dass seine Akteure ihre ausgeprägte Praxisorientierung mit einem spezifischen, nämlich humanwissenschaftlichen Anspruch verbanden. Sie erklärten sich nicht nur der neuen Leitorientierung vom „Menschen im Mittelpunkt“ verpflichtet, sondern machten zudem geltend, dass die von ihnen bereit gestellten personalpolitischen Vorschläge und Ansätze grundlegend auf wissenschaftlich abgesichertem Wissen über den Menschen basierten, mithin über eine besondere Legitimation verfügten. Diese Strategie war nach den Erfahrungen von Krieg, Nationalsozialismus und Niederlage erfolgreich, schien doch einer Vielzahl von Zeitgenossen allein „Wissenschaftlichkeit“ – gleichbedeutend mit „rationaler Vernunft“ – als einzig verlässlicher Garant für den Schutz vor weiteren „Verirrungen“ und „Katastrophen“.

Sowohl einige Unternehmer wie auch Vertreter der Gewerkschaften griffen im Zuge ihrer jeweiligen Neuorientierungsbestrebungen nach 1945 Ansätze der Humanexperten auf und versuchten, sie mit unterschiedlichem Erfolg unter eigenen Prämissen zu adaptieren und weiterzuentwickeln. Da somit die Neupositionierung von „Arbeit und Kapital“ unter demokratischen Vorzeichen auf das Engste verschränkt war mit der Stoßrichtung, die die Humanexperten vorgegeben hatten, entbrannte um die Hoheit im personalpolitischen Feld ein anhaltender Kampf. In dessen Verlauf wurde Mitte der 1950er Jahre eine erste Zäsur erreicht. Damit etablierte sich das Feld. Es wurde vom zunächst heiß umstrittenen zum allgemein anerkannten Ort der Rezeption, Generierung und Transformation von humanwissenschaftlichem Wissen, das in Unternehmen verwendet werden sollte. Dabei wurde hier nichts Geringeres verhandelt als die Sozialordnung westdeutscher Unternehmen. So ging es den an der Entstehung des personalpolitischen Felds beteiligten Akteuren nicht um die Gestaltung des überbetrieblichen Verhältnisses zwischen Arbeitgebern und Gewerkschaften, auch der Streit um Mitbestimmungsrechte stellte für sie eher eine Rahmenbedingung dar. In erster Linie beschäftigten sie sich mit der Frage nach Voraussetzungen und Mitteln zur Integration jedes einzelnen Arbeitnehmers in das jeweilige Unternehmen.

Die Untersuchung dieses personalpolitischen Felds, dessen Genese in der unmittelbaren Nachkriegszeit ihren Ausgang nahm und in den 1970er Jahren mit der endgültigen Etablierung betrieblicher Humanexperten in westdeutschen Großunternehmen zunächst einmal abgeschlossen war, stellt nicht nur die Geschichte des Aufstiegs einer neuen Profession dar. Sie bietet sich zugleich in besonderer Weise an, um eine Antwort auf die zentrale Frage zu geben: Wie veränderte sich die Sozialordnung westdeutscher Unternehmen unter demokratischen Vorzeichen?

Richtig ist, dass im Folgenden wenig gezählt und fast gar nicht gerechnet, sondern vor allem de- und rekonstruiert wird; falsch ist, dass man dieses Buch daher getrost ignorieren könne. Hier geht es um „handfeste" Auseinandersetzungen der 1950er und 1960er Jahre, in denen diejenigen Selbstverständlichkeiten neu verhandelt wurden, die zentrale Voraussetzungen für wirtschaftlich erfolgreiches, „unternehmerisches" Handeln in der Bundesrepublik überhaupt darstell(t)en – ideell, aber auch institutionell: Es geht um die Sozialordnung westdeutscher Großunternehmen im Spannungsfeld zwischen dem (Selbst-)Verständnis ihrer „führenden Köpfe" und einem sich ausweitenden wissenschaftsgestützten Angebot spezifisch qualifizierter Humanexperten, die – jedem einzelnen Beschäftigten verpflichtet – neue Impulse setzten. Dies ist eine am Beispiel betrieblicher Humanexpertise „sozio-ideell" erweiterte Unternehmensgeschichte, die aufzeigt, dass, wie und warum organisatorische Veränderungen von Unternehmen auf das Engste verknüpft waren (und sind) mit gesellschaftlichen Wandlungsprozessen, die ansonsten gerne als „außerökonomische", „kulturalistische" Faktoren abgetan werden.

Einordnung der Arbeit in die Forschungslandschaften

Anhand der Untersuchung des personalpolitischen Felds verknüpft diese Arbeit unternehmenshistorische Fragestellungen mit dem noch jungen Interessensfeld der Expertenforschung. So versteht sie sich ebenso als exemplarische Studie zur „Verwissenschaftlichung des Sozialen" (1) wie als Beitrag zur theoretisch fundierten, modernen Unternehmensgeschichte (2). Sie bettet außerdem beobachtete Veränderungen in den Kontext der bundesrepublikanischen „Gesellschaftsgeschichte" ein, die besonders mit der Tübinger Westernisierungs- und der Freiburger Liberalisierungsforschung zentrale Impulse erfahren hat (3).

Wissensgeschichte als Expertengeschichte

Unter dem Titel „Verwissenschaftlichung des Sozialen" hat Lutz Raphael in seinem programmatischen Aufsatz auf die spezifische Entwicklungsdynamik der Human- und Sozialwissenschaften als Motor zentraler Wandlungsprozesse des 20. Jahrhunderts verwiesen.[1]) Diese Konstellation nahm mit der Entste-

[1]) *Raphael*, Die Verwissenschaftlichung; vgl. auch: *ders.*, Vom Sozialphilosophen; *ders.*, Experten; *ders.*, Radikales Ordnungsdenken; *ders.*, Zweierlei Kriegseinsatz.

hung des Wohlfahrtsstaats im 19. Jahrhundert ihren Ausgang und reicht bis in die Gegenwart. In zunehmendem Maße wurden Mediziner, Kriminologen, Sozialwissenschaftler und Humanexperten, also Wissenschaftler und Experten, deren gemeinsamer Gegenstand der Mensch in der Gesellschaft ist, an der Gestaltung und Ausformung sozialer Handlungsfelder beteiligt: „,Verwissenschaftlichung des Sozialen' bezeichnet konkret die dauerhafte Präsenz humanwissenschaftlicher Experten, ihrer Argumente und Forschungsergebnisse in Verwaltungen und Betrieben, in Parteien und Parlamenten, bis hin zu den alltäglichen Sinnwelten sozialer Gruppen, Klassen oder Milieus."[2]) Um die Funktionsmechanismen und Auswirkungen dieser Einbindung genauer benennen zu können, müssen nicht nur die Bedingungen der Entstehung solcher wissenschaftsgestützter Handlungsfelder in den Blick genommen werden, sondern auch die jeweils spezifische Logik ihrer Veränderungsdynamik. Das Beispiel betrieblicher Humanexpertise in der Bundesrepublik bietet sich dazu besonders an, da es als Feld institutionalisierter Berufspraxis erst nach 1945 entstand.

Mit diesem Ansatz fügt sich die Arbeit in den breiteren Kontext derjenigen Forschung, die seit Neuerem im Zeichen der „Wissensgesellschaft"[3]) die Analyse von „Wissensordnungen" für besonders geeignet hält, um die Genese und den Zustand moderner Gesellschaften zu beschreiben und zu verstehen. Diese Stoßrichtung hat seit den 1990er Jahren zunächst die Wissenschaftsgeschichte aus ihrem ehemals eher peripheren Dasein ins Zentrum der allgemeinen Geschichte katapultiert. Man fragt nun nach der gesellschaftlichen Funktion und sozialen Bedingtheit der wissenschaftlichen Wissensproduktion;[4]) neben der Rekonstruktion nationaler „Innovationskulturen"[5]) gehört es ebenso zum Programm, die Professionalisierung akademischer Disziplinen zu untersuchen.[6]) Einige „Wissens"-ForscherInnen haben zudem gerade begonnen, den bisher als selbstverständlich angenommenen Status akademischer Wissenschaftsdisziplinen als wichtigste Wissensproduzenten in Frage zu stellen. Inzwischen wird nicht nur der Übergang „von der Wissenschafts- zur Wissensgeschichte" gefordert.[7]) Eine ganze Reihe von Sammelbänden hat anhand vielseitigster Beispiele, die von der Antike bis in die Gegenwart reichen, eine Annäherung an das Phänomen „Wissen" versucht, die nicht mehr notwendig

[2]) *Ders.*, Die Verwissenschaftlichung, S. 166.

[3]) *Szöllösi-Janze*, Wissensgesellschaft in Deutschland; *dies.*, Wissensgesellschaft.

[4]) *Bell*, Die Sozialwissenschaften; *Heibron/Magnuson/Whitley/Wagner*, Discourses on Society; *Wagner*, Sozialwissenschaften; *Albrecht* u.a., Die intellektuelle Gründung; *vom Bruch/Kaderas*, Wissenschaften und Wissenschaftspolitik; *Hänseroth*, Technik und Wissenschaft; Maier, Rüstungsforschung; *Weischer*, Das Unternehmen ‚Empirische Sozialforschung'; *Knorr-Cetina*, Die Fabrikation von Erkenntnis.

[5]) *Abele/Barkleit/Hänseroth*, Innovationskulturen.

[6]) *Geuter*, Professionalisierung; *Siegrist*, Bürgerliche Berufe; *Wehler*, Professionalisierung.

[7]) *Vogel*, Von der Wissenschafts- zur Wissensgeschichte.

von den herkömmlichen wissenschaftsorientierten Prämissen ausgeht.[8]) Trotz dieser Ansätze sind solche Studien noch immer rar. Zugleich harrt damit auch die Frage nach den besonderen Bedingungen und Auswirkungen der Verwendung von spezifischem Experten- oder wissenschaftlichem Wissen in verschiedenen praktischen Kontexten ihrer systematischen Inangriffnahme. Untersuchungen zur „Popularisierung“ von Wissen weisen zwar bereits in diese Richtung.[9]) Doch ist auch dieser Ansatz, der seinen Ursprung in der Bürgertumsforschung hat, noch am traditionellen „Top-Down-Modell“ orientiert, das davon ausgeht, dass Wissen im Arkanum der Wissenschaft produziert wird und dann über unterschiedliche Wege in die gesellschaftliche Praxis „diffundiert“.

Einige neuere Arbeiten zur Geschichte der Bundesrepublik hingegen, die sich vor allem auf den Bereich der Politikberatung konzentrieren, haben einen anderen Weg eingeschlagen, indem sie dezidiert Expertenkulturen und Experten-Institutionen in ihren praktischen Kontexten in den Blick genommen haben: Anja Kruke hat die Wechselwirkungen zwischen Demoskopie, politischen Parteien und öffentlich-medialer Kommunikation untersucht, Winfried Süß die Expertenberatung des Bundeskanzleramts während der 1960er Jahre, Thomas Kleinknecht und Michael Sturm haben dem Auf- und Ausbau des „Psychologischen Dienstes“ bei der Polizei als zentralem Element ihrer Reform ihr besonderes Augenmerk geschenkt, während Tim Schanetzky und Alexander Nützenadel sich der Rolle und Funktion der akademischen Volkswirtschaftslehre und des „Sachverständigen Rats zur Begutachtung der gesamtwirtschaftlichen Entwicklung“ im Rahmen der Wirtschaftspolitik angenommen haben.[10]) Aber auch Benjamin Ziemann sieht in seiner Studie über den bundesrepublikanischen Katholizismus den zentralen Motor spezifischer Veränderungsdynamiken in der Verwissenschaftlichung des Milieus.[11]) All diesen Arbeiten ist (mehr oder weniger bewusst) gemeinsam, dass sie die Untersuchung wissenschaftlich legitimierten Wissens und Handelns nicht von vornherein allein mit dem Zugriff auf akademische Akteure verbinden, sondern von den (Selbst-)Zuschreibungen ausgehen, die sich bei der Verwendung dieses Wissens in praktischen Kontexten finden. Einem solchen Ansatz, der

[8]) Vgl. die Sammelbände: *Zittel*, Wissen und soziale Konstruktion; *Landwehr*, Geschichte(n) der Wirklichkeit; *Fried/Kailer*, Wissenskulturen; *Gall/Schulz*, Wissenskommunikation.

[9]) *Kretschmann*, Wissenspopularisierung; *Daum*, Wissenschaftspopularisierung; *Schwarz*, Der Schlüssel.

[10]) *Kruke*, Meinungsforschung; *dies.*, Der Kampf; *Süß*, „Wer aber denkt für das Ganze“; *ders.*, „Rationale Politik“; *Kleinknecht/Sturm*, Demonstrationen; *Schanetzky*, Die große Ernüchterung; *ders.*, Sachverständigen Rat; *Nützenadel*, Stunde der Ökonomen; vgl. außerdem: *Rudloff/Fisch*, Experten und Politik sowie *Metzler*, Konzeptionen politischen Handelns; *dies.*, Am Ende aller Krisen?

[11]) *Ziemann*, Vermessung; *ders.*, Zwischen sozialer Bewegung.

als methodisch reflektierte Grundvoraussetzung einer spezifischen Expertenforschung gelten kann, ist auch die vorliegende Arbeit verpflichtet.

Sie ergänzt damit den bisherigen Schwerpunkt der Politikberatung um einen Beitrag zur Expertise in Industrie und Wirtschaft. Dieses Feld liegt in der historischen Forschung im Hinblick auf humanexpertielle, das heißt nichttechnische und nicht-betriebswirtschaftliche Beratung, trotz der immer wieder konstatierten zunehmenden Bedeutung von Unternehmensberatungen weitgehend brach.[12]) Eine sehr anregende Ausnahme stellen die Studien zum „Motivforscher" Ernest W. Dichter dar.[13])

Dichter, den Rainer Gries als „Musterexperten der Nachkriegsmoderne" charakterisiert hat, schuf mit seinem Konstrukt aus psychoanalytisch fundierter Gesellschaftsanalyse und demokratietauglich aufbereitetem konsumtiven Therapieangebot eine kommunikative Brücke zwischen ökonomischer Absatzwirtschaft und kultureller Sinnstiftung, der sich Produzenten wie Verbraucher gleichermaßen gerne bedienten.[14]) Im Gegensatz zu ihm, dessen spezifisches Experten-Kapital darin bestand, auf der Basis wissenschaftlichen Wissens über den Menschen, zugleich aber auch mit Hilfe visionärer Prophetie als „Grenzgänger zwischen den Wissenskulturen und deren Repräsentanten" zu vermitteln, der also einen eigenen, ganz besonderen Platz im sozialen Raum einnahm, waren die Experten des personalpolitischen Felds eingebunden in herkömmliche Institutionen wie Unternehmen, anwendungsorientierte Forschungsinstitute oder Universitäten. Ihr Expertenstatus unterschied sich daher in zentralen Punkten von demjenigen, den Dichter repräsentiert. Darüber hinaus offenbart sich bereits innerhalb des personalpolitischen Felds eine Binnendifferenzierung unter den beteiligten Experten. Ziel der Untersuchung dieses Felds ist es daher auch, eine zumindest vorläufige Experten-Typologie zu skizzieren, die als Ausgangspunkt für eine eigenständige Expertenforschung im Sinne einer stärker praxisbezogenen Teildisziplin der Wissensgeschichte dienen kann.

Als theoretischen Ausgangspunkt für einen solchen Ansatz bietet sich das soziologische Konzept der „Verwendungsforschung" an. In diesem Sinne haben sich Ulrich Beck und Wolfgang Bonß bereits in den 1980er Jahren dem Phänomen der Verwissenschaftlichung angenähert.[15]) Sie betonten, explizit nicht von der Prämisse der „Überlegenheit" „handlungsentlastet" (Habermas) produzierten, wissenschaftlichen Wissens ausgehen zu wollen, sondern

[12]) *Platz*, „Überlegt euch das mal ganz gut"; soziologische Beiträge: *Bohler*, Professionelle Unternehmensberatung; *Giesen/Schneider*, Von Missionaren; *Behrendt*, Anwendung sozialwissenschaftlicher Methodenkompetenz; *Bollinger/Weltz*, Zwischen Rezeptwissen.

[13]) *Gries*, Die Geburt der Werbeexperten; vgl. zu Dichter demnächst auch den Sammelband des Wiener Dichter-Symposions im Dezember 2005, URL: [www.vmoe.at/show_content.php?sid=198] [11.01.2006].

[14]) *Gries*, Die Geburt der Werbeexperten, S. 358, 369–372.

[15]) *Beck/Bonß*, Soziologie und Modernisierung; *dies.*, Verwissenschaftlichung ohne Aufklärung?

stattdessen die Differenz zwischen Wissenschaft und Praxis „qualitativ zu denken".[16]) Ihr Ansatz setzt daher voraus, dass der praktische Einsatz wissenschaftlichen Wissens nicht „Anwendung" ist, sondern „Verwendung" im Sinne eines aktiven Mit- und Neuproduzierens:[17]) „[...] sozialwissenschaftliches Wissen [wird] nicht als sozialwissenschaftliches Wissen praktisch [...]. Um praktisch zu werden, müssen die Argumentationen vielmehr ‚verwandelt', das heißt ihrer sozialwissenschaftlichen Identität entkleidet und nach Maßgabe der Bedingungen der Handlungspraxis ‚neu' konstituiert werden."[18]) „Denn nicht Sozialwissenschaftler bringen die Sozialwissenschaften in die Praxis (dies ist die Ausnahme), sondern Nichtwissenschaftler, die gesellschaftlichen Akteure selbst."[19]) Das wissenschaftliche Wissen wird „durch die Mühlen anderer Professionen gedreht und nur so wahrgenommen, wie es juristische oder Verwaltungskategorien zulassen, sozusagen einbalsamiert in der Amts-, Politik- oder Alltagssprache der anderen. Dies und genau dies ist der flüchtige, seine Spuren selbst verwischende Weg der ‚Verwendung' sozialwissenschaftlicher Ergebnisse."[20]) Dass es sich dennoch nicht um ein Null-Summen-Spiel zweier kognitiver Welten mit der impliziten Tendenz zur Auflösung der einen in der anderen handelt, haben Bettina Knauth und Stephan Wolff ergänzt: Verwendung verstehen sie „als eine eigene hybride Handlungsebene, auf der zugleich ein Zueinander-in-Beziehung-Setzen wie auch eine klare Differenzierung zwischen den Funktionsbereichen erfolgt".[21]) Beck und Bonß unterscheiden daher drei Ebenen der Verwendung:[22]) erstens die institutionelle, die die Verwissenschaftlichung institutioneller Entscheidungen (Entscheidungsfindungsprozesse) und öffentlicher Diskurse umfasst; zweitens die berufliche, die sich als Professionalisierung von Experten darstellt; und drittens die der alltäglichen Verwendung, die auf das Eindringen wissenschaftsgestützter Interpretationen, Deutungsmuster und Ordnungsvorstellungen in die Alltagswelt abhebt. Verwissenschaftlichungsprozesse sind abhängig von allen drei Ebenen, auch wenn sie sich ungleichzeitig entwickeln. Sie verändern sowohl die praktischen Verwendungskontexte, wie aber auch in wechselseitigen Rückkopplungseffekten die wissenschaftliche Wissensproduktion.[23])

Am Beispiel der betrieblichen Humanexpertise, die ein typisches Handlungsfeld solcher Verwendungen wissenschaftlichen Wissens darstellt, das alle drei Ebenen umfasst, wird in dieser Arbeit exemplarisch der konkrete Verlauf eines solchen Verwissenschaftlichungsprozesses aufgezeigt. Die wichtigsten Akteursgruppen waren dabei Betriebspsychologen und Personalexperten, die

[16]) Ebd. S. 9, 27.
[17]) Ebd. S. 11.
[18]) Ebd. S. 27.
[19]) Ebd. S. 11.
[20]) Ebd. S. 26.
[21]) *Knauth/Wolff*, Verwendung als Handlungsform, S. 413.
[22]) *Beck/Bonß*, Verwissenschaftlichung ohne Aufklärung?, S. 31–33.
[23]) Ebd. S. 27f.

ich zusammenfassend als „betriebliche Humanexperten“ bezeichne. Ihre konkurrierenden und komplementären Professionalisierungsstrategien und -erfolge müssen als Ursache und Bedingung der Veränderungen in Unternehmen vor allem in den Blick genommen werden. So zeigt sich, dass Aspekte der Anpassung an und der Neukonstituierung durch die Eigenrationalität von Unternehmen bei der Etablierung des personalpolitischen Felds eine ganz zentrale Rolle spielten, liefen hier doch „Laien“-Experten den akademisch angebundenen Konkurrenten tatsächlich den Rang ab.

Die Geschichte des personalpolitischen Felds umfasst damit auch, wie Hartmut Wächter es als notwendige Erweiterung der personalpolitischen Professionalisierungsforschung gefordert hat,[24]) den Vergleich zwischen konkurrierenden Expertengruppen, zwischen Personalexperten und Betriebspsychologen in Form einer Art „Beziehungsgeschichte“. Im Gegensatz zur herkömmlichen Professionalisierungsforschung, die der Frage nach staatlicher Regulierung besondere Aufmerksamkeit gewidmet hat,[25]) wird der Professionalisierungsbegriff hier allerdings dem Expertenansatz untergeordnet und pragmatisch verstanden als fachspezifische Erschließung institutionalisierter Berufsfelder mit eigenen Standards und Regeln, die sowohl Ausbildungsinhalte, qualifizierende Abschlüsse, die Organisation in einem Berufsverband wie auch spezifische Wissenssysteme und einen damit verbunden Denkstil betreffen. Wichtige Anknüpfungspunkte bieten hier die Ansätze, die die Personalwissenschaft als Teil der Betriebswirtschaftslehre in Reflexion des eigenen Standorts und der eigenen Geschichte entwickelt hat.[26])

In der Psychologiegeschichte hat noch niemand die Forderung nach einer stärkeren Praxisorientierung aufgestellt. Hier steht fast durchgängig weiterhin der klassische wissenschaftshistorische Ansatz im Vordergrund, der in erster Linie nach veränderten wissenssoziologischen Bedingungen der akademischen Wissensproduktion fragt, aber selten nach Funktion und Wirkungsweise von Psychologen und psychologischem Denken in praktischen Kontexten.[27]) Auf vier Arbeiten, an die hier angeknüpft wird, ist dennoch hinzuweisen, da sie mit ihren empirischen Befunden diese Grenze zum Teil überschritten haben, sich in ihren Bewertungen und Einordnungen dann aber doch wieder auf die Wissenschaftsgeschichte beschränkten: Ulfried Geuter hat in seiner Studie über die Professionalisierung der Psychologie im Nationalsozialismus aufgezeigt, wie sich Psychologen hauptsächlich im militärischen Bereich ein außerakademisches Berufsfeld erschlossen haben, und dies rückwirkend auf Selbstverständnis und Institutionalisierung der akademischen Disziplin wesentlich

[24]) *Wächter*, Was leistet die Professionalisierungsdebatte, S. 10; vgl. außerdem: *Hartmann/Meyer*, Soziologie der Personalarbeit.

[25]) *Siegrist*, Bürgerliche Berufe; *Wehler*, Professionalisierung.

[26]) *Krell*, Vergemeinschaftende Personalpolitik; *dies.*, Geschichte der Personallehren; *Gaugler*, Personalmanagement.

[27]) *Lück* u. a., Sozialgeschichte der Psychologie; *Ash/Geuter*, Geschichte der deutschen Psychologie.

zur Professionalisierung der deutschen Psychologie beigetragen hat.[28]) Ergänzend dazu ist die Untersuchung von Geoffrey Cocks zu lesen, der für denselben Zeitraum anhand der wichtigsten Institution, dem so genannten „Göring“-Institut, die Professionalisierung der therapeutisch orientierten Psychologen untersucht hat.[29]) Mit dem Zusammenbruch des nationalsozialistischen Regimes verschwanden jedoch all die Trägerinstitutionen dieser psychologischen Berufspraxis, so dass es nach 1945 galt, neue Betätigungsfelder zu erschließen. Die Untersuchung des personalpolitischen Felds knüpft hier an und zeigt für den Bereich von Industrie und Wirtschaft die weitere Entwicklung. Dabei kann auf die umfassende Studie von Rainer Maikowski, Peter Mattes und Gerhart Rott zurückgegriffen werden, die mit dezidierter Praxisorientierung Geschichte und Funktion der Psychologie in der Bundesrepublik bis zum Beginn der 1970er Jahr untersucht haben.[30]) Vergleichend ist zudem die Arbeit von David Meskill über die Beschäftigung von Psychologen in deutschen „Arbeitsämtern“ zwischen 1914 und 1964/1973 heranzuziehen.[31])

„Amerikanisierte“ Arbeitsbeziehungen? – Unternehmer, Gewerkschaften und die betriebliche Ebene

Betriebliche Personalpolitik, verstanden im weitesten Sinne als Programm institutionalisierter Maßnahmen und Werthaltungen, die der Einbindung jedes einzelnen Beschäftigten in das jeweilige Unternehmen zugrunde liegen, stellt als Gegenstand der unternehmenshistorischen Forschung weitgehend ein Desiderat dar.[32]) Im Vordergrund standen stattdessen die anverwandten Themen „betriebliche Sozialpolitik“ und „Mitbestimmung“. Damit entsprach die Schwerpunktsetzung der Forschung der stärker politisch inspirierten Wahrnehmung von Unternehmern und Gewerkschaften. Einer der sehr früh bereits eine andere, eigene Stoßrichtung verfolgte, war der Soziologe Heinz Hartmann. Er widmete in seiner Studie über Autorität und Organisation „des deutschen Unternehmers“ (1959) ein Kapitel dem Bereich betrieblicher Personalpolitik.[33]) Hartmanns Ansatz und Ergebnisse bieten wesentliche Anknüpfungspunkte für die Analyse des personalpolitischen Felds.

Er verband die Untersuchung betrieblicher Personalpolitik mit der Frage nach einem „typischen“ Selbstverständnis westdeutscher Unternehmer. So ging er davon aus, dass „die Ansichten des Unternehmers und sein besonde-

[28]) *Geuter*, Professionalisierung; vgl. auch: *Petri*, Eignungsprüfung.
[29]) *Cocks*, Psychotherapy.
[30]) *Maikowski/Mattes/Rott*, Psychologie und ihre Praxis.
[31]) *Meskill*, Human Economies; *ders.*, Arbeitersteuerung; *ders.*, Reframing the Skilled Worker; *ders.*, Characterological Psychology.
[32]) Ausnahmen, die sowohl zeitlich wie örtlich jeweils nur punktuelle Ausschnitte beleuchten: *Homburg*, Scientific Management; *Richter*, Die Währungs- und Wirtschaftsreform; *Frese*, Personalpolitik.
[33]) *Hartmann*, Der deutsche Unternehmer, S. 93–137.

res Verhältnis zur Führung [...] explizit [werden], sobald er in Kontakte mit anderen Personen oder Gruppen kommt, über die er Autorität beansprucht. Zu den wichtigsten dieser Beziehungen gehört diejenige zwischen der einzelnen Führungskraft und dem einzelnen Arbeitnehmer oder mehreren Arbeitern."[34]) Hartmann verstand damit Personalpolitik nicht in erster Linie als ökonomisch motivierte Maßnahme, sondern als Ausdruck und Instrument unternehmerischer Herrschaft auf der Ebene interpersonaler Begegnungen und Kommunikation. Diese Auffassung teile ich insoweit, als grundsätzlich von einem Zusammenhang zwischen der jeweiligen betrieblichen Sozialordnung und dem Selbstverständnis beziehungsweise der Zielvorgabe der „führenden Unternehmer" auszugehen ist. Dass man allerdings ohne Überprüfung von einer direkten Entsprechung ausgehen könne, wie es in der Chandler'schen Formel „structure follows strategy" „gesetzmäßig" formuliert wurde,[35]) daran habe ich erhebliche Zweifel. Auch Unternehmer mussten (nicht nur) nach dem Ende des Zweiten Weltkriegs ihre Auffassungen und Ziele erst gegenüber anderen Akteuren – Alliierten, Gewerkschaften, Gesetzgeber, Humanexperten – durchsetzen. Das personalpolitische Feld war ein zentraler Ort, an dem genau solche Auseinandersetzungen unter Beteiligung aller aufgezählten Akteure ausgefochten wurden. Anhand seiner Untersuchung lassen sich mithin diese Grenzen unternehmerischer Handlungsspielräume genauer ausloten.

Da in der Entstehungsphase des personalpolitischen Felds zudem mit der Frage, welche Sozialordnung ein westdeutsches Unternehmen unter demokratischen Vorzeichen habe, zentrale Leitorientierungen verhandelt wurden, die alle wirtschaftlich relevanten Akteure der Bundesrepublik betrafen, ermöglicht seine Analyse es außerdem, eine seit langem umstrittene Frage der westdeutschen Nachkriegsgeschichte systematisch zu überprüfen: War für Erfolg und Neuorientierungen der westdeutschen Wirtschaft nach 1945 „Amerikanisierung" der entscheidende Faktor? Oder bildete sich ein eigenes deutsches Modell aus, das des so genannten „Rheinischen Kapitalismus"[36]), welches insbesondere im Bereich der Arbeitsbeziehungen stärker auf Kooperation statt Konfrontation setzte?

Beide Alternativen werden in der Forschung vertreten: Hartmann hat bereits Ende der 1950er Jahre konstatiert, dass parallel zum Boom der Human Relations „eine gründliche Restauration traditioneller deutscher Muster der Sozialpolitik" stattgefunden habe,[37]) was ihm als deutliches Anzeichen dafür galt, dass westdeutsche Unternehmen und Unternehmer weiterhin maßgeblich hierarchisch, autoritär und kompensatorisch harmonisch-vergemeinschaftend strukturiert waren. Trotzdem avancierte seit den 1980er Jahren die These

[34]) Ebd. S. 93.
[35]) *Chandler*, Strategy, S. 14.
[36]) *Albert*, Kapitalismus.
[37]) *Hartmann*, Der deutsche Unternehmer, S. 101.

von der „Amerikanisierung" der westdeutschen Wirtschaft zu einer der erfolgreichsten Antworten auf die Frage nach Ursprung und Dynamik demokratischer Neuorientierungen in der Bundesrepublik. Bis heute hat den „Rheinischen Kapitalismus" noch kein(e) Unternehmens- oder WirtschaftshistorikerIn so richtig „dingfest" gemacht – auch Robert Locke hat mit seinem Befund der „german obstinacy" stärker auf die deutsche Amerikanisierungsresistenz im Bereich der Unternehmerfortbildung abgehoben, als auf das, was denn spezifisch für die deutsche Alternative sei[38]). Die „Amerikanisierungs"-These behauptet sich daher seit über zwanzig Jahren äußerst hartnäckig im Kontext verschiedener Forschungszweige.

Volker Berghahns Studie über „Unternehmer und Politik" (1985) ist als „Meilenstein" dieses „Paradigmas" zu betrachten.[39]) Er machte den Wandel der westdeutschen Wirtschaft im Zeichen der „Amerikanisierung" an zwei zentralen Faktoren fest: erstens an der Etablierung einer oligopolistischen Wettbewerbsordnung, in der die verarbeitende Industrie der bisher dominierenden Schwerindustrie den Rang ablief, und zweitens am Wandel „vom Betriebsführer zum sozial verantwortlichen Manager", der sich in einer entsprechenden Haltung von BdA-Vertretern auf Verbandsebene manifestiert habe. Besonders diese zweite Beobachtung, die im Gegensatz zu Hartmanns Befund steht, hat in der Forschung kontroversen Niederschlag gefunden. Im Überblick lassen sich zwei Ansätze unterscheiden: zum einen diejenigen Arbeiten, die jeweils eine Partei der so genannten „Sozialpartner" in den Blick nehmen, und zum anderen unternehmenshistorische Studien, die im Gegensatz zum ersten Ansatz zwar den Beziehungsaspekt berücksichtigen, ihn gleichzeitig aber auf den einzelnen untersuchten Betrieb oder die jeweilige Branche beschränken. All diese Arbeiten leisten in mehr oder weniger ausgeprägter Form einen Beitrag zur Geschichte der Industriellen Beziehungen in der Bundesrepublik. Weil sich die wenigsten aber systematisch auf diesen Leitbegriff beziehen, bleiben die Ergebnisse verhältnismäßig disparat – und dies, obwohl gerade die Frage nach der „Amerikanisierung" westdeutscher Arbeitsbeziehungen eine besonders brisante darstellt.

Als Beiträge zum ersten Bereich sind folgende zu nennen: die Studien zur Erfahrungsbildung westdeutscher Unternehmer im von Paul Erker und Toni Pierenkemper herausgegebenen Sammelband,[40]) das oral-history-Projekt Alexander von Platos, das nach biographischen Selbstkonstruktionen bundesrepublikanischer „Wirtschaftskapitäne" gefragt hat,[41]) die Arbeit von Christian Kleinschmidt über die Wahrnehmung amerikanischer und japanischer Management- und Produktionsmethoden durch westdeutsche Unternehmer,[42])

[38]) *Locke*, The Collapse, S. 55–103.
[39]) *Berghahn*, Unternehmer.
[40]) *Erker/Pierenkemper*, Deutsche Unternehmer; vgl. außerdem: *Hartewig*, Die ‚alliierte Besatzungsmacht'.
[41]) *Plato*, „Wirtschaftskapitäne".
[42]) *Kleinschmidt*, Der produktive Blick.

und nicht zuletzt der von Berghahn, Unger und Ziegler herausgegebene Sammelband zur „deutschen Wirtschaftselite im 20. Jahrhundert", der explizit „Kontinuitäten und Mentalitäten" zu thematisieren im Untertitel vorgibt.[43]) So breit das Spektrum dieser Untersuchungen, so weit liegen auch die Ergebnisse auseinander: Während Erker in der Einleitung des Sammelbands zur Erfahrungsbildung konstatiert, dass es in der unmittelbaren Nachkriegszeit weder ein Umdenken noch ein Nachdenken bei den Unternehmern gegeben hätte, sondern das Spannende an dieser Phase vielmehr in der „personellen Diskontinuität" unter gleichzeitig „mentaler/habitueller Kontinuität" bestehe,[44]) ein Wandel indessen erst zwischen 1965 und 1975 stattgefunden habe, kommen schon die Einzelstudien des Bandes teilweise zu anderen Ergebnissen. Von Plato hält den „modernen", „sozialpartnerschaftlichen" Unternehmertyp bereits in den 1950er Jahren für vorherrschend[45]) und Kleinschmidt plädiert für einen kontinuierlichen Transformationsprozess, der sich im Zeitraum zwischen dem Ende der 1920er Jahre und dem Ende der 1960er Jahre vollzogen habe[46]). Im Sammelband zur „deutschen Wirtschaftselite" spielt „Amerikanisierung" eine so unbedeutende Rolle, dass Berghahn kritisierte: Zugunsten einer vorwiegenden „Innensicht" gehe die Auseinandersetzung der deutschen Historiographie mit der „Amerikanisierungsthese" nur „sehr zögerlich" vonstatten.[47])

Dieser Disparität steht auf Seiten der Gewerkschaftsforschung an neueren Studien allein die Arbeit von Julia Angster zur Westernisierung der westdeutschen Arbeiterbewegung gegenüber.[48]) Sie kommt zu dem Ergebnis, dass im Übergang von den 1950er zu den 1960er Jahren Gewerkschaften und Sozialdemokratie sich in die marktwirtschaftliche, liberaldemokratische Ordnung der Bundesrepublik integriert hätten, indem sie sich einer „konsenskapitalistischen" Haltung verpflichteten. Diese sei Voraussetzung dafür gewesen, dass sich eine spezifische Form der Arbeitsbeziehungen habe entwickeln können. „Im Konsenskapitalismus erkennen Gewerkschaften und Unternehmer ihre jeweiligen Interessen als legitim an: Das ist der Verzicht auf den Klassengedanken. Sie verhandeln als Interessenverbände ohne Einmischung des Staates auf einer arbeitsrechtlich geregelten Ebene."[49]) Dem zufolge müsste auch auf Seiten der Arbeitgeber ein entsprechender Wandel zu verzeichnen sein, doch hat Michael Schneider als Ergebnis seiner Untersuchung eines vermeintlichen „Demokratisierungs-Konsenses" zwischen Gewerkschaften und Unterneh-

[43]) *Berghahn/Unger/Ziegler*, Die deutsche Wirtschaftselite.
[44]) *Erker*, Industrie-Eliten, S. 18.
[45]) *Plato*, „Wirtschaftskapitäne", S. 391.
[46]) *Kleinschmidt*, Der produktive Blick, S. 398.
[47]) *Berghahn*, Elitenforschung, S. 27.
[48]) *Angster*, Konsenskapitalismus.
[49]) Hier zitiert nach: *Doering-Manteuffel*, Wie westlich, S. 92; vgl. *Angster*, Konsenskapitalismus, S. 33.

mern gerade auf das anhaltende Manko eines solchen auf Seiten der Unternehmer verwiesen.[50])

Noch nicht genug der Verwirrung, eröffnet auch die Unternehmensgeschichte mit der betrieblichen Ebene ein weiteres Feld, dessen Befunde und Argumentationen mit der These vom Wandel der Unternehmermentalität im Zeichen der „Amerikanisierung" und daraus abgeleiteten Schlussfolgerungen für die gesamte westdeutsche Wirtschaft kollidieren. Dies liegt zunächst daran, dass sich Arbeiten wie die von Thomas Welskopp über Arbeitsbeziehungen in der deutschen und amerikanischen Eisen- und Stahlindustrie oder die von Karl Lauschke über die Hoesch-Arbeiter und ihr Werk in gewichtigen Teilen aus einer anderen Forschungstradition speisen.[51]) Sie stehen in der Kontinuität der Gewerkschafts- und Arbeitergeschichte. Ihnen im Verein mit Werner Plumpe und seiner Studie zur Mitbestimmung in der Weimarer Republik[52]) ist es jedoch nicht nur zugute zu halten, dass sie unter dem neuen Leitbegriff der „Industriellen Beziehungen" die Mitbestimmungs-Forschung wesentlich voran gebracht haben.[53]) Mit der von ihnen vertretenen mikrohistorischen Aushandlungsorientierung („Der Betrieb als soziales Handlungsfeld") haben sie außerdem in der Unternehmensgeschichte neue Maßstäbe gesetzt.[54])

So hat vor diesem Hintergrund Helmuth Trischler für den Ruhrbergbau aufgezeigt, dass sich das herkömmliche Muster betrieblicher Sozialbeziehungen – der so genannte „Grubenmilitarismus" – auch unter den demokratischen Vorzeichen der Bundesrepublik als äußerst langlebig erwies.[55]) Zwar sei der autoritäre Grundcharakter in den späten 1940er Jahren „heftig problematisiert" worden; die politisch bedingten Anstöße hätten jedoch nicht ausgereicht, um die Trägheit der etablierten Sozialmuster basierend auf der im Kern unveränderten bergbaulichen Betriebsorganisation zu überwinden. Erst im Gefolge der Ende der 1950er Jahre einsetzenden Absatzkrise, so Trischler, habe sich die „Amerikanisierung des Bergbaus" vollzogen, indem sich die

[50]) *Schneider*, Demokratisierungs-Konsens; *ders.*, Vom „Herrn-im-Hause".

[51]) *Welskopp*, Arbeit und Macht; *ders.*, Soziale Kontinuitäten; *Lauschke*, Die Hoesch-Arbeiter; außerdem: *Süß*, Kumpel.

[52]) *Plumpe*, Betriebliche Mitbestimmung.

[53]) Mitbestimmung war in der Forschung bis dahin weniger im Hinblick auf praktische Formen und Auswirkungen von Interesse, sondern diente vor allem als Gradmesser für den Erfolg bzw. Misserfolg der Institution Gewerkschaft (*Pirker*, Die blinde Macht; *Thum*, Mitbestimmung). Im Zusammenhang mit der Restaurationsthese, deren Befund einer „verhinderten Neuordnung" sich in wesentlichen Teilen auf die Regelung der Arbeitsbeziehungen stützte, musste sie gar als Maßstab für eine Bewertung der gesamten Bundesrepublik herhalten (*Schmidt*, Die verhinderte Neuordnung; *Huster*, Determinanten).

[54]) *Welskopp*, Der Betrieb als soziales Handlungsfeld; Plumpe, Das Unternehmen als soziale Organisation; *Lauschke/Welskopp*, Mikropolitik im Unternehmen; *Hesse/Kleinschmidt/Lauschke*, Kulturalismus.

[55]) *Trischler*, Partielle Modernisierung.

Branche in einem Akt „nachholender Modernisierung“ den veränderten Strukturbedingungen industrieller Arbeit angepasst habe.[56])

Trischlers Befund ist in mehrfacher Hinsicht markant für die „Vertracktheit“ der geschilderten Forschungslage. Er belegt zunächst in ganz unmissverständlicher Weise, dass zumindest im Ruhrbergbau ein Wandel „vom Betriebsführer zum sozial verantwortlichen Manager“ nicht stattgefunden hat. Einzig Erker allerdings, Verfechter der ungebrochenen mentalen Kontinuität, hat diesen Befund in seinen Ausführungen über „Industrie-Eliten“ berücksichtigt.[57]) Ansonsten verzichten in der Regel die verschiedenen aufgezeigten Forschungsstränge auf eine gegenseitige Wahrnehmung und Befruchtung. Dies könnte man zumindest im vorliegenden Fall mit dem Argument rechtfertigen, dass es sich bei den Ruhrindustriellen ja um diejenigen „Unverbesserlichen“ handelt, deren autoritäre Amerikanisierungsresistenz Berghahn bereits als „Auslaufmodell“ gebrandmarkt hat, das spätestens mit dem Niedergang der Montanindustrie ausgedient hätte.[58]) Unberücksichtigt bliebe dabei jedoch, dass Trischler trotz des Ausbleibens eines Wandels „vom Betriebsführer zum sozial verantwortlichen Manager“ die „Amerikanisierung“ der Sozialbeziehungen im Ruhrbergbau konstatiert hat. Gab es also auch „Amerikanisierung“ ohne die von Berghahn festgelegten Prämissen? Welchen alternativen Bedingungen unterlag diese Form des „amerikanisierenden“ Wandels?

Christian Kleinschmidt hat im Zeichen des „produktiven Blicks“ eine mögliche Antwort angeboten. Ihm zufolge fand in den 1950er Jahren ein Übergang von der „Amerikanisierung“, verstanden als Transferprozess, der seine Initiative maßgeblich auf amerikanischer Seite hatte und gleichzeitig von einem asymmetrischen Verhältnis gekennzeichnet war, zur „freiwilligen Orientierung“ westdeutscher Unternehmer an amerikanischen Leitbildern statt.[59]) Kleinschmidts Ergebnisse korrigieren Berghahns These insofern, als er deutliche Unterschiede beim Erfolg der praktischen Umsetzung amerikanischer Modelle in westdeutschen Unternehmen aufgezeigt hat. Insbesondere das Leitbild der Human Relations und das Modell der „Business Schools“ hätten sich im Kontext der weiterhin korporatistisch geprägten westdeutschen Arbeitsbeziehungen als weitaus weniger kompatibel erwiesen als amerikanische Produktions-, Organisations- und Vermarktungstechnologien.[60]) Da Kleinschmidt jedoch trotz dieser Befunde, die ganz deutlich die Grenzen von „Amerikanisierung“ zeigen, darauf verzichtet hat, die Aussagekraft des „Amerikanisierungs“-Begriffs konsequent zu problematisieren, bleibt sein Ergebnis unbefriedigend. Eine entschiedene Antwort auf die Frage nach alternativen Bedingungen, unter denen „Amerikanisierung“ ohne einen Wan-

[56]) Ebd. S. 160f., 171.
[57]) *Erker*, Industrie-Eliten, S. 17; vgl. auch: *ders.*, „Amerikanisierung“, S. 143f.
[58]) *Berghahn*, Unternehmer, S. 253f.
[59]) *Kleinschmidt*, Der produktive Blick, S. 308–312.
[60]) Ebd. S. 398.

del „vom Betriebsführer zum sozial verantwortlichen Manager" erfolgte, bietet er nicht. Zwar hielten in der Tat westdeutsche Unternehmer seit Beginn der 1950er Jahre die immer größer werdende „Amerika"-Fahne immer höher. Doch dass das auch einherging mit einem tatsächlich „produktiven Blick" über den Atlantik, ist zumindest im Hinblick auf Maßnahmen, die zur Gestaltung betrieblicher Sozialbeziehungen ergriffen wurden, wie ebenso hinsichtlich der neu eingerichteten westdeutschen Unternehmerfortbildungs-Institutionen mehr Schein als Sein.

Hinweise, die das hätten vermuten lassen können, finden sich bei Trischler. Er hat deutlich gezeigt, dass die zentralen Akteure der verspäteten „Amerikanisierung" im Ruhrbergbau Vertreter des mittleren Managements, Steiger, gewesen seien.[61]) Sie hätten gefordert, in ihrer Ausbildung auch etwas über Methoden der Menschenführung, der praktischen Psychologie und Human Relations zu lernen. In der daraufhin erfolgten Erneuerung des Ausbildungsprogramms an den Bergschulen sieht Trischler den entscheidenden Ausgangspunkt für den während der 1960er Jahre einsetzenden „nachholenden Modernisierungsprozess", in dem sich auch die Ruhrunternehmer auf einem „weiten Weg", dessen Beschreitung zum Teil bis in die 1980er Jahre gedauert habe, den „modernen Stil der Betriebsführung" angeeignet hätten.[62]) Was Trischlers Befund somit deutlich offenbart, ist, dass die Initiative nicht bei den Unternehmern lag, sondern von außen an sie herangetragen wurde. Eine entscheidende Rolle spielten dabei Experten, die entsprechendes Wissen in praxiskompatibler Form für Führungskräfte der Unternehmen bereitstellten. Ob die Entwicklung dieses Wissens und seine Aufnahme in das Ausbildungsprogramm der Bergschulen im Zeichen amerikanisierender Human Relations erfolgten, darüber sagt Trischler nichts, weder ausdrücklich noch implizit. Ihm nämlich – und damit ist er nicht allein – dient der „Amerikanisierungs"-Begriff als Synonym für „Modernisierung" nach 1945. „Modernisierung" wiederum sagt nicht mehr, als dass sich gleichsam notwendig, getrieben von einer wie auch immer gespeisten (gesellschaftlichen oder ökonomischen?) Dynamik etwas zum Besseren verändert hat.

Der Forschungsstand zur Frage nach einer etwaigen „Amerikanisierung" der westdeutschen Arbeitsbeziehungen ist mithin, so zeigt es sich im Überblick, aufgrund der fortgeschrittenen und anhaltenden Segmentierung in mindestens drei unterschiedliche Bereiche mit jeweils eigenen Perspektiven, Begrifflichkeiten und Traditionen recht disparat. Zwar reden alle „irgendwie" von „Amerikanisierung", doch wird eine Zusammenschau der Ergebnisse durch die unterschiedlichen Orientierungsreferenzen bedeutend erschwert. Zusätzlich irritiert, dass die einzelnen Forschungszweige jeweils eigenen Konjunkturen zu folgen scheinen. So hatte 2003, als Julia Angsters Studie zur

[61]) *Trischler*, Partielle Modernisierung, S. 163–167.
[62]) Ebd. S. 169.

Westernisierung der westdeutschen Arbeiterbewegung erschien,[63]) die Unternehmerforschung im Zeichen der „Wirtschaftselite“ gerade ein neues ‚Label‘ für sich entdeckt und darüber anscheinend die „Amerikanisierung“ aus dem Auge verloren[64]). Nur ein Jahr später allerdings setzte Hilger das Thema in der Unternehmensgeschichte wieder aufs Programm.[65]) Solche eigentümlichen Dynamiken sorgen zwar dafür, dass das Thema als „Dauerbrenner“ nie gänzlich verschwindet; zugleich stehen sie einer systematischen Auseinandersetzung aber auch entgegen.

Insbesondere diejenigen, die Zweifel am „Amerikanisierungs“-Paradigma anmelden wollen, haben es in dieser Lage schwer, Gehör zu finden. So hat Erker vor fast zehn Jahren bereits darauf hingewiesen, dass das „Amerikanisierungs“-Konzept „als analytische Kategorie und zentrales Interpretamentum“ für die westdeutsche Nachkriegswirtschaft nicht taugt.[66]) Das hat allerdings nicht davon abgehalten, weiterhin die „Amerikanisierung“ deutscher Unternehmen und Unternehmer zu untersuchen. Anstatt sich um ein neues, alternatives Konzept zu bemühen, wie es im Falle der „Westernisierung“ etwa geschah, wurde der Begriff nun einfach in Anführungszeichen verwendet und am Ende jeweils betont, dass man von „Amerikanisierung“ im herkömmlichen eindimensionalen Sinn natürlich nicht sprechen könne, sondern von einem „komplexeren Prozess der Adaption und Transformation“ (Kleinschmidt) im „Spannungsverhältnis zwischen ‚interessierter Aufgeschlossenheit‘ und ‚skeptischer Zurückhaltung‘ gegenüber amerikanischem Gedankengut“ (Hilger)[67]) ausgehen müsse. Damit freilich wurde der „Amerikanisierungs“-Begriff einer akteursorientierten Differenzierung unterzogen. Im Hinblick auf eine umfassendere konzeptionelle Begriffsbildung brachte das jedoch nicht wirklich weiter als bis dahin, wo man schon Ende der 1990er Jahre war.

Anhand der Untersuchung des personalpolitischen Felds wird hier nun ein anderer Ansatz erprobt, der die aufgezeigten Forschungsstränge systematisch integriert. Dazu wird der Untersuchungsgegenstand als analytischer Ort konstruiert, zu dem erstens potentiell alle Akteure Zugang hatten, die bisher nur von jeweils einer bestimmten Forschungsrichtung untersucht wurden (Unternehmer, Gewerkschaften), und der zweitens sowohl im außerbetrieblichen Raum wie auch innerhalb von Unternehmen angesiedelt ist. Die Konstruktion des personalpolitischen Felds trägt damit sowohl dem Beziehungsaspekt zwischen „Arbeit und Kapital“ – betrieblich wie überbetrieblich – Rechnung; und sie baut zugleich auf der methodischen Prämisse vom „Betrieb als sozialem Handlungsfeld“ auf, variiert sie allerdings insofern, als sie einen bestimmten Ausschnitt von Unternehmen (betriebspsychologische und Perso-

[63]) *Angster*, Konsenskapitalismus.
[64]) *Berghahn/Unger/Ziegler*, Die deutsche Wirtschaftselite.
[65]) *Hilger*, „Amerikanisierung“.
[66]) *Erker*, „Amerikanisierung“, S. 145.
[67]) *Hilger*, „Amerikanisierung“, S. 280.

nalabteilungen) in ihren Wechselwirkungen mit der betrieblichen Umwelt in den Blick nimmt. Dieser Ansatz ermöglicht es, nicht nur verschiedene Akteure der Industriellen Beziehungen einzubeziehen, sondern auch verschiedene Ebenen dieser Beziehungen zu verbinden, die bisher nur getrennt behandelt wurden.

Denn auch die Forschung zu Industriellen Beziehungen in der Bundesrepublik ist von sehr selektiven Wahrnehmungen gekennzeichnet. Es wurden vorrangig diejenigen Bereiche in den Blick genommen, wo man entscheidende Neuerungen vermutete: Montanmitbestimmung[68]) und „Sozialpartnerschaft“[69]). Auf eine Zusammenschau dieser Ergebnisse für einerseits die betriebliche und andererseits die überbetriebliche Ebene verzichtete man jedoch ebenso wie auf eine systematische Überprüfung etwa anhand von Vergleichen mit nicht-montanmitbestimmten Branchen/Unternehmen. Der von Walther Müller-Jentsch 1993 in zweiter Auflage herausgegebene Sammelband mit dem Titel „Konfliktpartnerschaft“ stellte zwar den Ansatz zu einer solchen Synthese dar,[70]) doch gelang der entscheidende Schritt zu einem systematisch integrierenden neuen Ausgangspunkt nicht. Auch der Forschungsüberblick von Plumpe, der bald darauf erschien, verblieb bei der herkömmlichen Trennung der Makro-, Meso- und Mikro-Ebene Industrieller Beziehungen, die jeweils einzeln abgehandelt wurden[71]). Am Beispiel des personalpolitischen Felds lässt sich nun zeigen, dass es zwar wichtig ist, analytisch klar zwischen den verschiedenen Ebenen zu unterscheiden; mindestens genauso wichtig ist es aber, zugleich auch die Wechselbeziehungen und gegenseitigen Abhängigkeiten zwischen den verschiedenen Ebenen zu berücksichtigen. Nur vor einem solchen Hintergrund lässt sich die Frage systematisch beantworten, ob, wie, durch wen und mit welchen Orientierungen die Regelung der westdeutschen Arbeitsbeziehungen nach 1945 demokratischen Vorzeichen angepasst wurde.

Im Vordergrund meines personalpolitischen Ansatzes stehen somit weder klassische innerbetriebliche Arbeitsbeziehungen zwischen Betriebsräten und Geschäftsleitungen; noch geht es darum, technische oder organisatorische Determinanten wie Produktionsbedingungen auf ihre sozialen Auswirkungen hin zu untersuchen[72]). Auch spüre ich Ansätzen etwaiger demokratischer Neuorientierungen nicht allein auf der Ebene der Rhetorik von Verbänden nach. Anhand des personalpolitischen Felds werden vielmehr Verhandlungen über diejenigen Maßnahmen und Verfahren in den Blick genommen, mittels derer innerbetriebliche Arbeitsbeziehungen zwischen Vorgesetzten und Mit-

[68]) *Welskopp*, Arbeit und Macht; *Lauschke*, Die Hoesch-Arbeiter; *Süß*, Kumpel.
[69]) *Plumpe*, Kapital und Arbeit; *Kädtler*, Sozialpartnerschaft.
[70]) *Müller-Jentsch*, Konfliktpartnerschaft.
[71]) *Plumpe*, Industrielle Beziehungen.
[72]) So die Hauptstoßrichtung der industriesoziologischen Forschung: *Kern/Schumann*, Das Ende; *Altmann/Deiß/Döhl/Sauer*, Ein „Neuer Rationalisierungstyp“; *Minssen*, Rationalisierung; *ders.*, Die Rationalität.

arbeitern gestaltet werden sollten. An diesen Verhandlungen waren außerbetriebliche, überbetriebliche und innerbetriebliche Akteure gleichermaßen beteiligt. Sie lassen sich daher nicht nur einer Ebene zuordnen, sondern es geht vielmehr gerade darum, ihren Verlauf durch die verschiedenen Ebenen und „Institutionen" zu rekonstruieren.

Die Untersuchung dieser Aushandlungen ist im Hinblick auf die Frage, ob westdeutsche Arbeitsbeziehungen „amerikanisiert", demokratisch oder was sonst waren, überdies besonders aufschlussreich, weil sie denjenigen Bereich umfassen, der von der (Montan-)Mitbestimmungsgesetzgebung weitestgehend unangetastet blieb. Während Arbeitgeber und Gewerkschaften beziehungsweise Geschäftsleitungen und Betriebsräte sich im Zeichen dieser Vorgaben mehr oder weniger kooperativ arrangierten, stellten personalpolitische Maßnahmen den Rahmen der verbleibenden Interventionsmöglichkeiten und Handlungsspielräume dar. In den Auseinandersetzungen um diese ging es daher nicht nur um die konkreten zu ergreifenden Maßnahmen, sondern vor allem um konkurrierende betriebliche Ordnungsvorstellungen, die ihnen jeweils zugrunde lagen. Das personalpolitische Feld war somit *der* eigentliche Ort, wo nichts weniger verhandelt wurde als die betriebliche Sozialordnung westdeutscher Unternehmen, das heißt diejenige Ordnungsvorstellung, die als Basal-Orientierung dem Handeln aller betrieblichen Akteure zugrunde liegt. Die entscheidende Frage ist mithin die, ob nach 1945 eine Demokratisierung der betrieblichen Sozialordnung statt gefunden hat? Und: Welche Rolle spielten etwaige „amerikanisierende" Einflüsse? Sei es im Sinne einer freiwilligen Orientierung deutscher Akteure an amerikanischen Leitbildern, in Form der Intervention amerikanischer Akteure oder auch in anderer Art.

Anhand des personalpolitischen Felds werden nicht die interpersonalen Arbeitsbeziehungen in westdeutschen Unternehmen selbst untersucht. Die Analyse von personalpolitischen Verfahren und Maßnahmen, durch die Unternehmen zu gestalten versuchten, zielt vielmehr auf Bedingungen, denen die Arbeitsbeziehungen unterlagen. Die Tatsache jedoch, dass sich Unternehmen mit dem Auf- und Ausbau personalpolitischer Abteilungen einen neuen Handlungsspielraum erschlossen, der es auf Grund seines individuellen Zugriffs auf den einzelnen Arbeitnehmer erlaubte, kollektive Interessenvertretungen der Arbeitnehmerseite zu unterlaufen, sollte in ihrer Bedeutung für die Struktur westdeutscher Arbeitsbeziehungen nicht unterschätzt werden. Gesetzliche Bestimmungen setzten hier zwar Rahmenbedingungen (Arbeitsrecht, Tarifverträge, Mitbestimmung). Die soziale Praxis in Unternehmen erhielt ihre konkrete Gestalt jedoch nicht direkt und allein durch diese Regelungen, sondern war das Ergebnis alltäglicher Aushandlung zwischen den Beteiligten im jeweiligen Betrieb. Betriebspsychologen und Personalexperten spielten dabei insofern eine besondere Rolle, als es ihre Aufgabe war, durch den systematischen Einsatz wissenschaftsgestützter Verfahren diese Aushandlungsprozesse zielgerichtet zu beeinflussen.

Demokratisierung, Westernisierung oder Liberalisierung? – Das personalpolitische Feld im Kontext der bundesrepublikanischen Gesellschaftsgeschichte

Als große Linie, mit der sich im Überblick die Geschichte der Industriellen Beziehungen nach 1945 in Westdeutschland beschreiben lasse, hat Werner Plumpe den Übergang von einem „stärker konfliktorischen auf einen vornehmlich kooperativen Ansatz" konstatiert.[73]) Dieser zeige sich am deutlichsten anhand der Etablierung und Akzeptanz der überbetrieblichen „Sozialpartnerschaft", während die innerbetrieblichen Arbeitsbeziehungen zunächst noch umstritten gewesen seien. Ende der 1960er Jahre habe es dann aber doch auch hier „einen erneuten Prozess der politischen Neudefinition [... gegeben], der – wenn auch verschwommen – von einem Konzept der Demokratisierung des Industriebetriebs gekennzeichnet" gewesen sei.[74]) Wie es dazu kam, und inwiefern welches Konzept demokratisch gewesen sein soll, bleibt dabei jedoch offen. Weiterhelfen könnten die Angebote, die im Zeichen der bundesrepublikanischen „Gesellschaftsgeschichte" von der Tübinger Westernisierungs- und der Freiburger Liberalisierungsforschung gemacht wurden.[75]) Beide Ansätze, die weniger auf die Untersuchung sozioökonomischer Strukturen abheben, sondern vorrangig nach ideellen „Veränderungen im Koordinatensystem der Gesellschaftsordnung" fragen, haben herausgearbeitet, dass nach einer institutionellen Demokratisierung und der außenpolitischen Westintegration die Liberalisierung und Demokratisierung der bundesrepublikanischen Gesellschaft erst in einem „zweiten Gründungsakt" während der 1960er Jahre erfolgte.[76])

Sowohl der Liberalisierungs- wie auch der Westernisierungsbegriff können als Weiterentwicklung und Differenzierung des Modernisierungsparadigmas verstanden werden. Als analytische Kategorie lehnt Doering-Manteuffel den Begriff zwar ab, da der ideelle Transformationsprozess der Nachkriegsjahrzehnte damit nicht trennscharf zu erfassen sei. Gleichzeitig mache sich jedoch mit eben jenem Transformationsprozess die ‚Modernisierung im Wiederaufbau' (Axel Schildt) bemerkbar, die durch die Dynamik des Nachkriegsbooms möglich geworden sei.[77]) Herbert benennt als Leitbegriffe seiner Forschergruppe explizit Modernisierung und Liberalisierung, wobei sein Augenmerk allerdings vornehmlich der „allenthalben feststellbaren ‚Fundamentalliberalisierung' von Staat und Gesellschaft, Politik und Kultur" gilt.[78]) Beide Kon-

[73]) *Plumpe*, Industrielle Beziehungen, S. 409.
[74]) Ebd.
[75]) *Doering-Manteuffel*, Wie westlich; *ders.*, Westernisierung; *Herbert*, Wandlungsprozesse.
[76]) *Doering-Manteuffel*, Deutsche Zeitgeschichte, S. 26f.; *Herbert*, Liberalisierung, S. 30; vgl. auch: *Schönhoven*, Aufbruch, S. 144; *Frese/Paulus/Teppe*, Demokratisierung; *Schildt/Siegfried/Lammers*, Dynamische Zeiten.
[77]) *Doering-Manteuffel*, Wie westlich, S. 8.
[78]) *Herbert*, Liberalisierung, S. 7, 12.

zepte verfolgen somit dezidiert eine Erfolgsperspektive, deren Fluchtpunkt ein neues Wertesystem ist, das am Ende der 1960er Jahre soweit konturiert und verbreitet war, dass es als erneuertes Ensemble spezifischer Handlungsorientierungen den Ausgangspunkt und Beginn der, wie auch immer man es bezeichnen möchte, Postmoderne, Hochmoderne oder Zweiten Moderne markiert. Meine Untersuchung des personalpolitischen Feldes verstehe ich als Ergänzung und Korrektur dieser Ergebnisse. Ging auch die Entstehung und Etablierung betrieblicher Personalpolitik, die mit der Einrichtung ausdifferenzierter Personalabteilungen im Übergang von den 1960er zu den 1970er Jahren eine Zäsur erreichte, mit einem ideellen Orientierungswandel im Sinne der Westernisierung, Liberalisierung oder einer Demokratisierung einher? Und: Lässt sich zugleich das mit diesen Thesen verbundene Periodisierungsmodell bestätigen?

Die Tübinger und die Freiburger Forschergruppe gehen von einer sozialgeschichtlichen Einheit des Zeitraums zwischen dem ausgehenden 19. Jahrhundert und dem Ende der 1960er Jahre aus, wobei der ideelle Wandel der westdeutschen Gesellschaft sich besonders gegen Ende der 1950er Jahre verdichtet habe, um dann im Verlauf der 1960er Jahre durchschlagend wirksam zu werden.[79]) In beiden Ansätzen tritt daher „1945“ als Zäsur in den Hintergrund. Die Westernisierungsforschung hat dies überhaupt nicht ausführlicher problematisiert, da sie ihre Position maßgeblich in Abgrenzung zum alten „Amerikanisierungs“-Begriff entwickelte, der implizit von einem „Stunde-Null“-Denken ausgeht. Herbert hingegen hat folgendes Modell entworfen: Ihm zufolge hat „die außerordentliche Veränderungsdynamik [...] seit der letzten Kriegsphase – zu markieren durch Stichworte wie Bombenkrieg, Zwangsmigration, Besatzung, Währungsreform, wirtschaftliche und soziale Dynamik seit den frühen 1950er Jahren“ das Bedürfnis nach kompensierender Stabilität und Sicherheit in den alltäglichen Lebensgewohnheiten „übermächtig“ werden lassen.[80]) Hierin läge die tiefere Ursache für die konservative Orientierung der 1950er Jahre, mithin seine Erklärung für die Relativierung der Zäsur „45“. Die von Martin Broszat Ende der 1980er Jahre vertretene These, wonach zwischen 1943 (Stalingrad) und 1948 (Währungsreform) eine „Sozialrevolution“ stattgefunden habe,[81]) ließe sich, so Herbert, „als Element der Erfahrungsgeschichte bestätigen“, nicht jedoch als sozialgeschichtliche Zäsur.[82]) Damit geht der Freiburger Liberalisierungsansatz insofern über die bisherige Forschung hinaus, der die 1950er maßgeblich als Jahrzehnt der „Modernisierung unter konservativen Auspizien“ galten,[83]) als er ihren konservativen Charakter nicht nur konstatiert, sondern mithilfe eines bei der Migrationsfor-

[79]) *Doering-Manteuffel*, Wie westlich, S. 12f.; *Herbert*, Liberalisierung, S. 35.
[80]) Ebd. S. 38, vgl. auch S. 48.
[81]) *Broszat*, Von Stalingrad bis zur Währungsreform.
[82]) *Herbert*, Liberalisierung, S. 16, Fußnote 18.
[83]) *Kleßmann*, Ein stolzes Schiff, S. 485.

schung entliehenen Modells auch erklärt.[84]) Wie allerdings unter diesen Bedingungen die Entfaltung einer Veränderungsdynamik möglich war, bleibt unscharf.

Auch das im Rahmen des Liberalisierungsprogramms bemühte Generationenkonzept, wonach die so genannten „45er" – die Generation der um 1930 Geborenen, die seit dem Ende der 1950er Jahre zunehmend die Chefsessel einnahmen – die maßgebliche Trägergruppe aufkommender Reformen gewesen seien,[85]) verdeckt mit seinen statischen Zuschreibungen von jeweils spezifischen Erfahrungshorizonten und daraus angeblich resultierenden Werthaltungen Konkurrenzen und Aushandlungsprozesse. Das Generationenkonzept vermag genauso wenig wie die in fast allen Freiburger Beiträgen herangezogenen publizistischen Quellen, die Frage zu beantworten, woher denn Ansätze von Neuorientierung nach 1945 kamen, die den Wandel der 1960er ermöglichten, bestärkten oder zumindest begünstigten. Zeitungen bieten insbesondere keinen Aufschluss darüber, welche Transformationen solche Ideen möglicherweise bereits erfahren hatten, *bevor* sie in den Blick der Medien und einer gesellschaftlichen „Öffentlichkeit" gerieten, wer diese „Übersetzungsarbeit" leistete und wie beziehungsweise unter welchen Bedingungen dies geschah. Der Ansatz der Westernisierungsforscher ist in dieser Hinsicht etwas differenzierter, jedoch auch von ganz bestimmten Vorannahmen geprägt. Sie fragen, wie die „alte" Amerikanisierungsforschung, noch maßgeblich nach transatlantischer Intervention, wenngleich sie diesen Zugang insofern relativieren, als sie infolge der Erfahrungen von Krieg, Nationalsozialismus und Niederlage eine gesteigerte Nachfrage und damit auch eine freiwillige Orientierung auf deutscher Seite annehmen.[86])

Will man die Frage nach dem Ursprung ideeller Neuorientierungen hingegen ergebnisoffen(er) stellen, muss der Zeitraum *vor* dem Einsetzen der allgemein anerkannten Phase des Wandels (Ende der 1950er und 1960er Jahre) viel genauer und am besten systematisch daraufhin untersucht werden, inwiefern veränderte Rahmenbedingungen ein Umdenken und neue Praktiken bereits unmittelbar nach 1945 hervorbrachten, und ob sich unter der Verkrustung ängstlich und starr gewahrter traditioneller Orientierungen nicht doch auch Anzeichen und Ausprägungen konkurrierender Neuausrichtungen formierten.

Am Beispiel des personalpolitischen Felds zeigt sich jedenfalls, dass eine auffällig hoch verdichtete Veränderungsdynamik zwischen 1945 und der Mitte der 1950er Jahre keineswegs allein und direkt eine stabilisierende Rückversicherung vermittels traditioneller Orientierungen bewirkte, sondern zunächst eine weitaus komplexere Konstellation begründete. Diese wiederum stellte die grundlegende Ausgangssituation eines einsetzenden Wandlungsprozesses

[84]) *Herbert*, Liberalisierung, S. 36f., 48.
[85]) Ebd. S. 44; *Moses*, Die 45er; *Hodenberg*, Die Journalisten.
[86]) *Doering-Manteuffel*, Wie westlich, S. 17.

dar, der jedoch nicht in den 1960ern, sondern vor allem in den 1970er Jahren nachhaltige Auswirkungen zeitigte. Westernisierungs- und Liberalisierungsprozesse in dem Sinne, wie die Tübinger und Freiburger Forscher sie konzipiert haben, spielten dabei zudem keine entscheidende Rolle. Die Veränderungsdynamik erfolgte in erster Linie als Transformation im Zeichen von Verwissenschaftlichungsbestrebungen. Da sich ihre Auswirkungen zudem ganz deutlich bis in die Gegenwart verfolgen lassen, versteht sich diese Studie somit eher als Vorgeschichte gegenwärtiger (Problem-)Konstellationen denn als eine weitere, die die sozialgeschichtliche Einheit des Zeitraums zwischen der Jahrhundertwende und dem Ende der 1960er Jahre bestätigt. In dieser stärker gegenwartsbezogenen Perspektive ist zum einen die Zäsur „1945" als Auftakt einer etwa zehnjährigen hoch verdichteten Veränderungsphase von entscheidender Bedeutung und zum anderen erscheinen die 1970er Jahre als Durchbruchsjahrzehnt, in dem die in der unmittelbaren Nachkriegszeit entwickelten Ideen mit der Verbreitung einer neuen allgemeinen, individualisierten reflexiven Handlungsorientierung gesellschaftlich wirksam wurden. Diese neue Handlungsmaxime trug wesentlich dazu bei, dass sich in diesem Zeitraum eine neue Konstellation sozialer Bedingungen in der west-deutschen Gesellschaft ausbildete, die diese in grundlegenden Strukturen als liberal-demokratisch und kapitalistisch geprägte kennzeichnete.

Analytische Voraussetzungen und Aufbau der Arbeit: Wie ein Feld entsteht

Die zentrale analytische Kategorie dieser Arbeit ist das „Feld". Ein Feld ist gemäß der „Praxistheorie" des französischen Soziologen Pierre Bourdieu ein „Dispositionssystem" gemeinsamer Sinnhorizonte aller an ihm Beteiligten.[87]) Diese Beteiligten, die Feldakteure, sind grundlegend verbunden durch den Glauben an den Sinn ihres jeweiligen Tuns, die so genannte „Illusio".[88]) Sie schützt sie vor Indifferenz gegenüber dem, was im Feld passiert, während alle, die nicht davon überzeugt sind, dass das „Spiel" einen Sinn hat, nicht dazu gehören.

Ein solches Feld ist zugleich ein mehrdimensionaler Schauplatz von Auseinandersetzungen und Kämpfen.[89]) Denn obwohl unter den Feldakteuren über Ziel und Sinn ihrer Tätigkeit selbstverständlicher Konsens herrscht, sind sie sich keineswegs darüber einig, wie, unter welchen Bedingungen und mit welchen Mitteln das jeweilige Ziel zu erreichen sei. In dieser Konkurrenz besteht die Grundlage der spezifischen Dynamik, die jedem Feld zu eigen ist.

[87]) *Raphael*, Habitus und sozialer Sinn.
[88]) *Bourdieu*, Die Regeln, S. 515–519.
[89]) Zum Feldbegriff vgl.: *Bourdieu*, Über einige Eigenschaften von Feldern; *ders.*, Das ökonomische Feld; *ders.*, Zur Genese der Begriffe Habitus und Feld.

Alle Beteiligten versuchen nämlich in der Regel, die eigene Position im Feld zu verbessern. Dabei wiederum ist nach Bourdieu eine doppelte Konstellation konstitutiv: Felder sind zugleich Kraft- wie Machtfelder. Das bedeutet, dass Feldakteure sich einerseits den herrschenden Bedingungen, das heißt den bestehenden Feldstrukturen und -regeln unterwerfen müssen – insofern übt das Feld Kraft auf seine Akteure aus. Diese Wirkkräfte manifestieren sich in entsprechenden Institutionen, Initiationsriten und Sozialisationserfahrungen etc., welche die Motivation der Beteiligten in jeweils feldspezifische Dispositionen übersetzen. Andererseits haben Feldakteure auch die Möglichkeit, selbst Macht auf und durch das Feld auszuüben, indem sie diese Strukturen verändern – und zwar so verändern, dass es für sie leichter ist als für andere, Profite zu erzielen.

Mit dieser wechselseitigen Wirkungsannahme verbindet Bourdieus Feldkonzept in seiner grundlegenden Konstruktion das individuelle Handeln und Streben einzelner Akteure oder ganzer Akteursgruppen systematisch mit materialisierten Strukturen der sozialen Welt, die etwa in Form von Institutionen in Erscheinung treten. Dies ist eine der zentralen Bedingungen, warum sein Konzept besonders geeignet ist, um den Aufstieg betrieblicher Personalpolitik in westdeutschen Unternehmen zu erklären. Dieser nahm seinen Ausgang nämlich zunächst mit einer Gruppe außerbetrieblich angesiedelter Experten, bevor er in Form institutionalisierter neuer Unternehmensabteilungen mehr als zwanzig Jahre später seinen Abschluss fand. Diese Verbindung zwischen dem Handeln Einzelner und materialisierten Strukturen liegt auch dem Verständnis des Unternehmens als „betrieblichem Sozialraum" zugrunde. Jeder Betrieb stellt ein eigenes Handlungsfeld dar, das als soziale Ordnung aufgefasst werden kann. Diese Ordnung manifestiert sich auf zwei analytischen Ebenen: zum einen in den Köpfen der betreffenden Akteure als Vorstellungen und Ideen und zum anderen in Organisationsstrukturen. Mit Vorstellungen und Ideen sind konkret Deutungsmuster und Leitbilder der sozialen Welt gemeint, die als Orientierungsrahmen jedem Handeln zugrunde liegen. Unter Strukturen ist all das zu fassen, was außerhalb der Akteure liegt und ihnen Handlungsspielräume eröffnet oder auch verschließt. Beide Ebenen wirken wechselseitig aufeinander ein.

Die zweite Bedingung, warum Bourdieus analytisches Instrumentarium sich zur Untersuchung des personalpolitischen Felds besonders anbietet, besteht darin, dass der Soziologe zwischen einer Reihe unterschiedlicher Kapitalformen unterscheidet, die im Kampf um Profite eingesetzt werden können.[90]) Für ihn gibt es nicht nur finanzielles Kapital in Form von Geld oder materiellen Werten. Er unterscheidet zusätzlich „soziales Kapital", das die sozialen Kontakte und Kompetenzen eines Akteurs umfasst, die zur Erlangung bestimmter Ziele aktiviert werden können, sowie „kulturelles Kapital", das in

[90]) *Bourdieu*, Ökonomisches Kapital.

Form spezifischer Bildungsabschlüsse (Titel) oder auch als besondere intellektuelle und wissenschaftliche Kompetenz Einsatz in Auseinandersetzungen sein kann. Diese Differenzierung ist wesentliche Voraussetzung dafür, um das spezifische Kapital von Experten überhaupt erfassen zu können. Denn sie verfügen in der Regel über eher geringe materielle Ressourcen. In erster Linie sind sie „Ideenproduzenten".[91])

Und noch eine dritte Bedingung prädestiniert Bourdieus Feldkonzept als theoretischen Ausgangspunkt für die Untersuchung des Aufstiegs eines neuen Teilbereichs bundesrepublikanischer Unternehmensführung. Sein radikal akteursorientierter Ansatz, der ins Zentrum der Konstruktion immer zunächst die Selbstwahrnehmungen und Strategien handelnder Akteure rückt, durchbricht die Grenzen herkömmlicher Institutionen-Geschichten insofern, als er gleichsam quer fragt. Mit der Untersuchung eines Felds wird nicht von vornherein *eine* bestimmte Akteursgruppe, *ein* Milieu oder eben *eine* Institution in den Blick genommen, sondern ausgehend von den Selbstwahrnehmungen und -darstellungen der Akteure der untersuchungsrelevante Raum selbst zunächst konstruiert. Er stellt damit eines der wichtigsten Untersuchungsergebnisse dar. Darüber hinaus ermöglicht es dieser Ansatz, Zusammenhänge und Wechselwirkungen *zwischen* verschiedenen Institutionen, Milieus oder Bereichen zu erkennen. Solche Beziehungen, die nicht selten auf gleichsam „subkutanen" Gemeinsamkeiten basieren, werden mit der herkömmlichen Vorgehensweise systematisch ausgeblendet. Sie sind aber gerade für die Formierung von Neuem von eminenter Bedeutung, da sie entscheidende Ausgangspunkte für neue Allianzen darstellen (können).

Was zum Beispiel hatte der katholisch-jugendbewegte (Lebens-)„Bund Neudeutschland" mit der „Arbeitsgemeinschaft selbständiger Unternehmer" zu tun? Welche Verbindungen gab es zwischen dem „Wirtschaftswissenschaftlichen Institut der Gewerkschaften" und dem Nestor der Betriebswirtschaftslehre Eugen Schmalenbach? Und war es tatsächlich Zufall, dass die unter unternehmerischen Vorzeichen agierende „Deutsche Gesellschaft für Personalführung", die so etwas wie die berufsständische Vereinigung westdeutscher Personalleiter darstellte, in Düsseldorf gegründet wurde, wo zunächst die Arbeitsdirektoren der Eisen- und Stahlindustrie versucht hatten, sich in einer eigenen Organisation professionell als Personalexperten zu etablieren? Solche Fragen stellen sich in sinnvoller Weise erst, wenn man einen Schritt zurücktritt; wenn man sich nicht von vornherein auf eine bestimmte Akteursgruppe oder Institution als Untersuchungsgegenstand festlegt – seien es Gewerkschaften, Unternehmer oder eine bestimmte Wissenschaftsdisziplin –, sondern die Perspektive so weit und offen hält, dass man bestehende Zusammenhänge und Verbindungen überhaupt erst erkennen kann. Die Schwierigkeit besteht freilich darin, gleichzeitig möglichst systematisch sinnvolle Abgrenzungskriterien festzulegen, um nicht der Beliebigkeit und dem Zufall anheim zu fallen.

[91]) *Raphael*, Diskurse, Lebenswelten.

Dazu bietet sich der Feldansatz an, wie ich ihn hier verwende. Er dient mir als Koordinatensystem zur Grundvermessung jenes Raums, innerhalb dessen sich diejenigen Akteure bewegen, die für die Frage nach dem Aufstieg betrieblicher Personalpolitik in westdeutschen Unternehmen relevant sind.

Der wichtigste Grundsatz lautet dabei: Ein Feld konstituiert sich anhand von „Kraftlinien", die man sich als Vektoren im Raum vorstellen kann.[92]) Es spannt sich zwischen einander entgegen gesetzten Positionen auf, die in ihm konkurrierende Akteure vertreten. Um ein Feld also ganz grundlegend abzuzirkeln, muss man seine zentralen Achsen bestimmen. Im Falle des personalpolitischen Felds stellt sich diesem Unterfangen jedoch eine besondere Schwierigkeit in den Weg. Zu Beginn des Untersuchungszeitraums gab es dieses Feld nämlich noch gar nicht, mithin auch keine Achsen. Das personalpolitische Feld entstand und etablierte sich vielmehr erst im Verlauf der 1950er und 1960er Jahre mit dem Aufstieg betrieblicher Personalpolitik. Angesichts dieses historisch-prozesshaften Befunds offenbart sich somit zunächst ein spezifisches Kennzeichen des Bourdieu'schen „Theorie-Arsenals", welches es seinem soziologischen Ursprung verdankt: Bourdieu hat sein Feldkonzept entwickelt, um gesellschaftliche Zustände zu beschreiben und zu analysieren, nicht hingegen, um sie in ihrem Wandel zu beobachten und zu erklären. Gemäß dieses „Primats der Lagen" galt ihm:

> „Die soziale Genese eines Feldes [...] zu erfassen und zu begreifen, was die spezifischen Notwendigkeiten, um die es in ihm geht, ausmacht, bedeutet, die Aktionen der Produzenten und die Werke, die sie schaffen, zu erklären, zu zeigen, warum sie so sind und nicht anders."[93])

Mir hingegen geht es nicht nur darum zu erklären, warum Humanexperten und personalpolitische Maßnahmen in westdeutschen Unternehmen so waren, wie sie waren, sondern auch darum, *dass* sie überhaupt auf einmal da waren, dass sie nach 1945 in Westdeutschland für nötig befunden wurden, während dies vorher nicht der Fall war. Die zentrale Frage, die eine solche historische Perspektive aufwirft, ist damit Bourdieus soziologischem Ansatz, der davon ausgeht, dass es Felder gibt,[94]) noch vorgelagert: Wie entsteht ei-

92) Vgl. z. B.: „Das intellektuelle Kräftefeld ist mehr als nur ein simples Aggregat isolierter Kräfte, ein Nebeneinander bloß zusammengereihter Elemente. Es bildet vielmehr nach Art eines magnetischen Feldes ein System von Kraftlinien." *Bourdieu*, Künstlerische Konzeption, S. 82; vgl. auch: *ders.*, Das ökonomische Feld, S. 167–189; *ders.*, Sozialer Raum, S. 51 f.

93) *Bourdieu*, Zur Genese der Begriffe Habitus und Feld, S. 73.

94) In seiner Untersuchung des französischen Literaturbetriebs des 19. Jahrhunderts (*Bourdieu*, Die Regeln) hat Bourdieu zwar anhand von drei „Entwicklungsstufen" die Entstehung dieses literarischen Felds beschrieben (ebd. S. 83–279). Da es ihm in letzter Konsequenz aber darum ging, „die gesellschaftlichen Bedingungen des Denkens zu denken und dem Denken damit die Möglichkeit einer Freiheit gegenüber diesen Bedingung zu verschaffen" (S. 489), hat er kein systematisches Modell der Feldgenese entwickelt. Ihm dient die Feldanalyse in erster Linie als Mittel der Kritik gegenwärtigen Denkens, weniger als Instrument der historischen Erkenntnis (von Wandel).

gentlich ein Feld? Wenn weder die Feldakteure noch Außenstehende wissen, dass sie dazugehören oder eben nicht, wenn keiner weiß, wer die Konkurrenten sind, um was überhaupt konkurriert wird und zu welchem Zweck – wenn das alles nicht klar ist, woher kommt dann die Dynamik?

Auch auf diese Fragen, die stärker an theoretischer Modellbildung interessiert sind, liefert die Untersuchung der Genese des personalpolitischen Felds Antworten. Zentral ist dabei ein Ansatz, der das entstehende Feld, das heißt die Aktivitäten der „Pioniere" unter den Humanexperten, zugleich in zwei Dimensionen kontextualisiert, um so die aus dieser wechselseitigen Beeinflussung resultierende Verdichtung des Felds nachzuzeichnen: Zum einen werden die Beziehungen zwischen den Humanexperten und konkreten benachbarten Akteuren und Feldern in den Blick genommen. Zum anderen werden gleichzeitig auf einer abstrakteren Ebene, die sich in Form allgemeiner Leitbilder und Ordnungsvorstellungen erfassen lässt, die Bedingungen der Positionierung des neuen Felds im sozialen Raum berücksichtigt. Mit diesem doppelten Ansatz lässt sich der Prozess der Verortung und allgemeinen Akzeptanz des personalpolitischen Felds in der westdeutschen Gesellschaft als grundlegender Transformationsprozess, an dem eine Reihe von Akteuren beteiligt war, umfassend beschreiben. Er ist daher leitend für den Aufbau der Arbeit.

Der erste Teil (Voraussetzungen) beleuchtet zunächst die langfristigen Voraussetzungen und unmittelbaren Bedingungen, denen die Formierung der neuen Humanexperten nach 1945 unterlag. Da die Initiatoren des personalpolitischen Felds in erster Linie „alte" Akteure waren, muss bis ins ausgehende Kaiserreich zurückgeschaut werden. Nur so lässt sich überdies beurteilen, was nach 1945 neu war. Im „Kernstück" der Arbeit (Der Mensch im Mittelpunkt?) werden dann zuerst die neuen Humanexperten, wie sie sich in der unmittelbaren Nachkriegszeit formierten, anhand ihrer wichtigsten Institutionen, Konzepte und Leitorientierungen vorgestellt (3. „Soziale Betriebsgestaltung"), um anschließend aufzuzeigen, warum und wie diejenigen darauf reagierten, die sich durch die „Neuen" herausgefordert fühlten (Rationalisierungsingenieure, Gewerkschaften, Unternehmer). Aus den Verhandlungen, die diese verschiedenen Akteursgruppen mit den neuen Experten führten, gingen neue Leitorientierungen hervor, die jeweils mit unterschiedlich ausgeprägten praktischen Kooperationen verbunden waren (4. „Soziale Rationalisierung", 5. Unternehmerische Neuorientierungen, 6. Die Praxis wissenschaftsgestützter Personalpolitik). Damit entstand das personalpolitische Feld.

Dass mithin vorrangig die Ausbildung neuer Leitorientierungen – in Verbindung mit neuen Praktiken – den roten Faden der Kapitelstruktur bildet, trägt der Annahme Rechnung, dass sich anhand dieser Leitbilder die Kraftlinien des Felds konstituierten: Sie stellten die konsensual vertretbaren Ergebnisse dar, die zeitgenössische Akteure für gesellschaftlich opportun oder erwünscht hielten und in die gleichzeitig das Anliegen der Humanexperten eingeschrieben war. Diese neuen Leitorientierungen haben damit eine Schlüsselfunktion nicht nur als Scharnier zwischen herkömmlichen Akteuren und den neuen Experten, sondern zugleich als Legitimationsspender für die gesellschaftliche Akzeptanz des gesamten personalpolitischen Felds. Ausgehend von dieser erfolgreichen Etablierung des Felds im sozialen Raum lässt sich dann im dritten Teil der Arbeit aufzeigen, wie es den Humanexperten gelang, während der 1960er und 1970er Jahre auch innerhalb von Unternehmen einen eigenständigen Platz zu erobern, und welche weitreichenden Auswirkungen das auf die Unternehmen hatte (Führung statt Partnerschaft).

Quellen

Die Materialgrundlage dieser Arbeit setzt sich im Wesentlichen aus zwei Gruppen von Quellen zusammen: erstens zeitgenössische Fach- und Expertenliteratur (1) und zweitens Zeugnisse der betrieblichen Praxis (2).

Ad (1): Bei der ersten Quellengruppe, die der Rekonstruktion der spezifischen Expertenkultur zugrunde liegt, handelt es sich hauptsächlich um Fachliteratur. Diese liegt zum größten Teil in Form von Zeitschriften vor. Dieser Quellentyp bietet sich besonders an, um fachliche Diskussionen und Aushandlungsprozesse zu verfolgen, da er unter den wissenschaftlichen und wissenschaftsorientierten Publikationsformen das kommunikativste Medium darstellt. Im Gegensatz zu Handbüchern, Monographien oder Sammelbänden erscheinen Zeitschriften relativ häufig und aktuell und bieten aufgrund ihrer Aufsatz-Struktur zahlreichen Vertretern die Möglichkeit, sich zu äußern.[95]) Überdies waren die beiden wichtigsten untersuchten Disziplinen – Betriebspsychologie und Personalwissenschaft – beide sehr junge, akademisch noch nicht etablierte Fachteile, die sich zu Beginn des Untersuchungszeitraums fast ausschließlich über dieses Medium verständigten. Das erste stark praxisorientierte „Handbuch für Personalleiter“ erschien 1955;[96]) während Überblicksdarstellungen zur Betriebspsychologie und zur Personalwissenschaft im klassischen Sinne erst zu Beginn der 1960er Jahre beziehungsweise in den 1970er Jahren verfügbar waren.[97]) Solche Handbücher sowie umfangreichere einschlägige Spezialpublikationen, die nach und nach erschienen, werden in der Untersuchung natürlich auch einbezogen.[98])

Das Sample der ausgewerteten 14 Zeitschriften bildet das komplette Spektrum der personalpolitisch relevanten Akteure ab.[99]) Seine Zusammenstel-

[95]) Zur Funktion von Zeitschriften im Wissenschaftsbetrieb vgl.: *Fleck*, Entstehung, S. 146–164; *Raphael*, Gesellschaftsgeschichte.

[96]) *Goossens*, Das Handbuch der Personalführung.

[97]) *Mayer/Herwig*, Betriebspsychologie (1961); *Gaugler*, Handwörterbuch des Personalwesens (1975).

[98]) Zeitschriftenbeiträge werden in den Fußnoten mit vollständiger Referenz zitiert und sind aufgrund ihrer großen Anzahl nicht nochmals einzeln im Literaturverzeichnis aufgeführt.

[99]) Vgl. die Liste der ausgewerteten Zeitschriften im Anhang.

lung beschränkt sich daher nicht allein auf Fachzeitschriften akademischer Provenienz, sondern umfasst auch stärker praktisch ausgerichtete Organe, die ohne Fußnoten, mit viel kürzeren Texten und einer breiten Autorenschaft kein rein wissenschaftliches Profil aufweisen. Die Zeitschriften wurden, soweit ihr Erscheinungsdatum das zuließ, für den Zeitraum von 1945 bis 1975 im Hinblick auf Beiträge zur Verwendung psychologischen Wissens in Unternehmen, zu humanwissenschaftlich gestützter Personalarbeit und über Grundsätzliches betrieblicher Personalpolitik durchgesehen und in einer Datenbank erfasst. Auswertungen wie etwa eine komplette Autorenliste mit Zuordnungen der Veröffentlichungsorte stellen die Grundlage dieser Arbeit dar, da sich anhand dieser sowohl die wichtigen Personen erschließen ließen – diejenigen, die viel in vielen verschiedenen Zeitschriften veröffentlicht haben – wie auch im Umkehrschluss die zentralen Organe. Darüber hinaus erwiesen sich die Zeitschriften anhand von Kategorien wie „Aktuelles" oder „Aus den Organisationen" auch als wichtigste Informationsquelle zur Erschließung bedeutender Tagungen oder Ereignisse und deren Rezeption. Und nicht zuletzt waren sie zudem oft der einzige Ort, an dem meist in Form von Geburtstags-, Jubiläums-Laudationes oder Nachrufen Personendaten zugänglich waren.

Ad (2): Zur Rekonstruktion der betrieblichen Praxis wurden Zeugnisse des Betriebsalltags in Archiven von sechs ausgewählten Großunternehmen gehoben.[100]) Leitend war zunächst die Frage, ob diese Unternehmen zu Beginn der 1950er Jahre eigene Psychologen beschäftigten. Dies war bei Merck, Glanzstoff, Bayer und Siemens der Fall, während zwei weitere Unternehmen, die ohne Psychologen auskamen, als Vergleichsfälle dienen (Daimler-Benz, Oberhausener Hüttenwerke). Ein eindeutiger Schwerpunkt der Untersuchung ergibt sich damit bereits angesichts dieses Befunds: Psychologen wurden hauptsächlich in Großunternehmen der so genannten neuen, verarbeitenden Industrien beschäftigt, während kleinere Unternehmen und montanmitbestimmte Großunternehmen andere Wege erprobten, um ihre Arbeitnehmer zu integrieren.

Bei den Unterlagen aus den Unternehmensarchiven handelt es sich in erster Linie um Akten der jeweiligen betriebspsychologischen und/oder der Personalabteilung, die zusätzlich um relevantes Material aus dem gesamten Spektrum schriftlicher Unternehmenskommunikation ergänzt wurden: interne Publikationen, Hausmitteilungen, Werkszeitungen, Protokolle jedweder Art, Fortbildungsprogramme, Rundschreiben, Formularblätter usw. Beim Oberhausener Hüttenwerk als montanmitbestimmten Unternehmen wurden gezielt die Handakten des ersten Arbeitsdirektors Karl Strohmenger ausgewertet. Diese schriftlichen Quellen wurden außerdem durch sieben berufsbiographisch narrative Interviews mit ehemaligen Betriebspsychologen und Personalexperten ergänzt.[101])

[100]) Vgl. die Liste der ausgewerteten Archivbestände im Anhang.
[101]) Vgl. die Liste der Interviews im Anhang.

Voraussetzungen

1. Betriebliche Sozialpolitik – Unternehmerische Kompensationsstrategie ohne humanwissenschaftlich gestützte Expertise, 1900–1945

Als der Jurist Albrecht Weiß 1920 30-jährig die Leitung der neu eingerichteten sozialpolitischen Abteilung bei der BASF übernahm, gehörte er damit zur Gruppe so genannter betrieblicher „Sozialexperten". Sie wurden seit Beginn des 20. Jahrhunderts in deutschen Großunternehmen beschäftigt, um den Konflikten zwischen Arbeitnehmern und Geschäftsleitungen im betrieblichen Sozialraum entgegen zu wirken, die sich im Zuge der Hochindustrialisierung, während des Ersten Weltkriegs und erst recht im Zusammenhang mit den politischen Umwälzungen danach zuspitzten.[1]) Während die in den ersten beiden Jahrzehnten des Jahrhunderts in (einzelnen) Unternehmen ergriffenen Maßnahmen noch eher experimentellen Charakter hatten, markiert die Einrichtung sozialpolitischer Abteilungen zu Beginn der 1920er Jahre als Abschluss dieser Phase eine Zäsur.

Neben der BASF gründete beispielsweise auch Siemens 1919 eine solche Abteilung;[2]) ebenso die Farbwerke in Leverkusen[3]). Im Gegensatz zur BASF, wo es keine Personal-Vertretung im Vorstand des Unternehmens gab,[4]) wurde bei Siemens das so genannte „Personal-Referat" auf der höchsten Hierarchieebene angesiedelt. Auch in Leverkusen wurde 1921 ein entsprechender Vorstandsposten eingerichtet, den der Leiter der neuen sozialpolitischen Abteilung Ferdinand Bertrams übernahm.[5]) Die unternehmenspolitischen Strategien, aus denen die Einrichtung dieser Abteilungen im Einzelnen resultierte, waren unterschiedlich. Bei den Farbwerken stand die hohe Einstufung des Personal-Verantwortlichen in der Betriebshierarchie im Zusammenhang mit Generaldirektor Carl Duisbergs (1912-1933) ebenso patriarchalisch-fürsorglicher wie rational-unternehmensstrategischer Bestrebung, eine Stammbelegschaft für die noch junge Fabrik aufzubauen.[6]) Bei Siemens hingegen war sie das Ergebnis einer ausgeprägten Orientierung an Taylors „Wissenschaftlicher Betriebsführung" als Leitprogramm der gesamten organisatorischen Neustrukturierung des Unternehmens zu Beginn der 1920er Jahre. Taylors Konzept sah unter anderem eine konsequente Trennung zwischen planender und ausführender Arbeit vor. Entsprechend nahm man bei Siemens im Zuge der

[1]) *Plumpe*, Tarifsystem und innerbetriebliche Konflikte, vor allem S. 32–45.
[2]) *Homburg*, Rationalisierung, S. 402–411; *dies.*, Scientific Management; *Feldenkirchen*, Siemens, S. 155; *Siegel/Freyberg*, Industrielle Rationalisierung, S. 315f.
[3]) Curt *Duisberg*, [Chronik der] Sozial- und Personalabteilung, S. 35, BAL, 1/6.6.23.
[4]) *Johnson*, Die Macht der Synthese, S. 192.
[5]) Curt *Duisberg*, [Chronik der] Sozial- und Personalabteilung, S. 14, BAL, 1/6.6.23; *Plumpe*, Betriebliche Mitbestimmung, S. 73; *ders.*, Anfänge der Mitbestimmung.
[6]) *Mittag*, Carl Duisberg.

Neuorganisation der Personal-Verwaltung eine scharfe hierarchische Abgrenzung vor. Das im Vorstand vertretene „Personal-Referat" war zuständig für Angestellte, während die sozialpolitische Abteilung sich um die Arbeiter zu kümmern hatte. Letztere, die von Karl Burhenne (1882–1963) geleitetet wurde, unterstand zunächst nicht dem „Personal-Referat". Erst 1930 wurde sie ihm zugeordnet, als Wolf-Dietrich von Witzleben (1886–1970) den ehemaligen Leiter des „Personal-Referats" Hermann Görz (1861-1930) ablöste.[7])

Trotz dieser im Detail unterschiedlichen Ausprägungen erhielt mit der gleichzeitigen Einrichtung dieser Abteilungen in exponierten Großunternehmen Sozialpolitik als neues betriebliches Tätigkeitsfeld einen eigenen Platz in der Organisationsstruktur. Zwar war die Einordnung der Personalfunktion auf der höchsten Ebene der betrieblichen Hierarchie – im Vorstand – entgegen des Eindrucks der hier angeführten Beispiele nicht die Regel. Betriebliche Sozialpolitik wurde aber in den sozialpolitischen Abteilungen als fester Bestandteil der Unternehmensführung und -politik in den betrieblichen Sozialraum integriert. Diese Institutionalisierung stellte die erste Zäsur der Geschichte betrieblicher Personal- und Sozialpolitik in deutschen Unternehmen dar.

Bis zum Beginn der 1920er Jahre hatten sich die Bedingungen der industriellen Beziehungen grundlegend verändert: Das Vaterländische Hilfsdienstgesetz von 1916, das Abkommen über die Zentralarbeitsgemeinschaft von 1918 und das Betriebsrätegesetz von 1920 schufen einen gänzlich neuen Rahmen, auf den die Unternehmen reagieren mussten.[8]) Neben diesen gesetzlich verankerten Zugeständnissen an die Arbeitnehmerseite, mit denen es von nun an umzugehen galt, stellte in rüstungsrelevanten Unternehmen auch die zunehmende Anzahl von Frauen, die während des Kriegs als Arbeitskräfte mobilisiert wurden, die Geschäftsleitungen vor neue Herausforderungen.[9]) Außerdem ergab sich aus dem Mangel an qualifizierten Arbeitskräften sowie aus dem Leistungsrückgang der vorhandenen Arbeitskräfte nach Kriegsende ein erhöhter Handlungsbedarf.[10]) Anknüpfend an die in einigen Unternehmen bereits seit Beginn des 20. Jahrhunderts unternommenen Versuche und geführten Diskussionen über neue Formen der Integration und Motivation von Arbeitnehmern wurden nun allerseits Maßnahmen ergriffen.

An den ersten sozialpolitischen Interventionsversuchen waren seit dem ausgehenden 19. Jahrhundert nicht nur herkömmliche Unternehmensvertreter beteiligt, sondern auch außerbetriebliche Akteursgruppen. Deren Motivation speiste sich nicht allein aus ökonomischem Kalkül und notwendigem Anpassungsdruck an neue politische und rechtliche Bedingungen – wie Werner Plumpe etwa es als maßgebliche Orientierung bei der Neustrukturierung der

[7]) *Weiher/Goetzler*, Weg und Wirken, S. 86f.; *Siegel/Freyberg*, Industrielle Rationalisierung, S. 315.
[8]) *Plumpe*, Industrielle Beziehungen, vor allem S. 398ff.; *Schulz*, Bürgerliche Sozialreform, S. 182f.; zum Hilfsdienstgesetz vor allem: *Mai*, Arbeiterschaft.
[9]) *Daniel*, Arbeiterfrauen, S. 35–124.
[10]) *Plumpe*, Unternehmen, S. 54.

Unternehmensorganisation in Leverkusen zwischen der Jahrhundertwende und den 1920er Jahren konstatiert hat.[11]) Diese Akteure verfolgten zum Teil gesellschaftspolitische Reformanliegen, andere versuchten einen humanwissenschaftlich gestützten Ansatz betrieblicher Personalpolitik zu fundieren und eine dritte Gruppe bemühte sich um eine betriebswirtschaftliche Konzeption dieses neuen Teilbereichs von Unternehmensführung. All drei Gruppen – bürgerliche Sozialreformer, Psychologen und Betriebswirtschaftler – bemühten sich um eine Einbettung betrieblicher Personal- und Sozialpolitik in einen eigenständigen wissenschaftlich gestützten Kontext. Doch misslang genau dies in allen drei Fällen. Weder die Sozialreformer, noch Psychologen, noch Betriebswirtschaftler konnten sich in einer Position etablieren, aus der sie als anerkannte – das heißt mit einer relevanten Deutungshoheit ausgestattete – Experten zu bestimmen vermochten, nach welchen Kriterien betriebliche Sozialmaßnahmen zu gestalten seien. Bis zum Ende des Zweiten Weltkriegs mussten sie sich zugunsten einer konkurrierenden Expertengruppe geschlagen geben: den technisch orientierten Rationalisierungsingenieuren. Gleichwohl gaben die Unterlegenen nicht auf, sondern versuchten immer wieder, betriebliche Personal- und Sozialpolitik nach ihren Vorstellungen zu gestalten.

Erst nach 1945 sollten sie damit Erfolg haben. Die Erfahrungen, die sie bis dahin in Unternehmen gemacht, und die spezifischen Orientierungen, die sie bis dahin entwickelt hatten, stellten eine entscheidende Bedingung für diesen Durchbruch dar. Im ersten der folgenden Unterkapitel geht es daher um die Anfänge betrieblicher Personal- und Sozialpolitik in deutschen Großunternehmen. Im Zentrum steht die Rolle betrieblicher Sozialexperten bei der Einrichtung sozialpolitischer Abteilungen, und ihre kollektive Erfahrung des Scheiterns angesichts einer verhinderten Etablierung dieser humanwissenschaftlich gestützten Expertise zugunsten der Rationalisierungsingenieure. Das zweite Unterkapitel ist stärker ideengeschichtlich akzentuiert. Es nimmt als Vorgeschichte derjenigen Orientierungen, die nach 1945 durchschlagend relevant wurden, diejenigen Kontexte in den Blick, aus denen die neuen betrieblichen Sozial- und Personalexperten ihre spezifischen ideellen Referenzen bezogen und verfolgt, wie sich diese in der ersten Hälfte des 20. Jahrhunderts entwickelten.

1.1 Bürgerliche Sozialreformer, normativ-praktisch orientierte Betriebswirte und Psychologen: Die verhinderte Etablierung betrieblicher Sozial- und Humanexperten

Als zu Beginn des 20. Jahrhunderts noch Unsicherheit über Form und Ausrichtung derjenigen Maßnahmen bestand, die in Unternehmen ergriffen werden sollten, um die bestehenden Sozialprobleme zu lindern, kooperierten

[11]) *Plumpe*, Tarifsystem und innerbetriebliche Konflikte.

Unternehmen mit bürgerlichen Sozialreformern, die vorgaben, Lösungen bereit zu halten. So ging der Einrichtung sozialpolitischer Abteilungen voraus, dass in einzelnen Unternehmen Personal eingestellt wurde, dessen Aufgabe zumeist vage darin bestand, bestimmte Belegschaftsgruppen sozial zu betreuen. Es war nicht klar, worin genau das Tätigkeitsfeld dieser neuen Mitarbeiter bestehen, wie es in die jeweilige Unternehmensorganisation eingegliedert werden, welche Position der oder die Beauftragte mit welchen Befugnissen einnehmen sollte, welche spezifischen Probleme sich ergeben würden und ob das Ganze überhaupt (s)einen Zweck erfüllte. Die Unternehmen, die hier beteiligt waren, experimentierten vielmehr mit neuen Maßnahmen. Dass dabei zwischen den Vorstellungen, die die Geschäftsleitungen mit diesem Schritt verbanden, und denen, die das jeweils beauftragte Personal hatte, zum Teil erhebliche Diskrepanzen bestanden, lässt sich anschaulich am Beispiel der Norddeutschen Wollkämmerei & Kammgarnspinnerei AG („Nordwolle") in Delmenhorst aufzeigen.

Hier war von 1903 bis 1906 Friedrich Schomerus (1876–1963) als so genannter „Sozialsekretär" beschäftigt, bevor er als Personalchef zum Stiftungsunternehmen Zeiss, der sozialpolitischen „Musteranstalt ersten Ranges" – so das zeitgenössische Urteil des „Kathedersozialisten" Gustav Schmoller[12]) –, nach Jena wechselte.[13]) In einem Brief an einen Freund berichtete der junge „Sozialsekretär", wie Carl Lahusen, der Chef der „Nordwolle", das Tätigkeitsprofil der avisierten Stelle skizziert habe, als er an ihn herantrat:

„... machte er mir [...] das Anerbieten, auf einige, etwa drei Jahre zu ihm auf die Fabrik zu kommen und die Arbeiterfürsorge zu organisieren. Ich soll die soziale Bewegung und die wissenschaftliche Literatur darüber verfolgen, alle Einrichtungen, die getroffen werden, um die Beziehungen zwischen Arbeiter und Fabrik zu verbessern, beobachten und zwar im Inland wie im Ausland und schließlich das Brauchbare in die Praxis umsetzen. Zu diesem Zweck will er mich erst auf neun Wochen nach England und Amerika schicken, um die bezüglichen Einrichtungen zu studieren."[14])

Lahusen sah Handlungsbedarf, um die Sozialbeziehungen in seinem Betrieb zu verbessern. Schon das Angebot an Schomerus ist deutliches Anzeichen für die Ernsthaftigkeit seines Bestrebens. Doch auch dessen Bedingungen lassen erkennen, worum es dem Unternehmer ging: Ihm war nicht daran gelegen, ein sich ihm akut stellendes Problem durch schnell und effizient ergriffene Maßnahmen in den Griff zu bekommen. Vielmehr wollte er zunächst Orientierung darüber, wie solche Maßnahmen aussehen könnten. Das war die eigentliche Aufgabe, die er für seinen neuen Mitarbeiter vorsah – wie sich zudem noch sehr viel deutlicher zeigen sollte, als es Schomerus lieb war.

[12]) Gustav *Schmoller*, Ernst Abbes Sozialpolitische Schriften, in: Schmollers Jahrbuch 31, 1907, S. 1–29, hier S. 1; zit. n. *Springer*, „Ich will helfen", S. 184; *Eidenmüller*, Betriebswirtschaftlich relevante Theorien, S. 135, die allerdings andere Schmoller-Texte als Quelle benennt.

[13]) *Springer*, „Ich will helfen"; *ders.*, Wohlfahrtseinrichtung; *ders.*, „Halbtagsschicht".

[14]) *Springer*, „Ich will helfen", S. 103f.

Lahusen machte gerade Schomerus dieses Angebot, weil er darauf hoffen konnte, dass dieser fachkompetent diejenigen Bereiche, von denen sich der Unternehmer Orientierung versprach – im Ausland und in der Wissenschaft –, zu überblicken im Stande war. Kein geringerer als Unterstaatssekretär Theodor Lohmann, Sozialexperte des preußischen Handelsministeriums,[15]) den Lahusen infolge ihrer gemeinsamen Arbeit im „Zentralausschuss der Inneren Mission" kannte, hatte ihm den 27-jährigen als besonders geeignet empfohlen.[16]) Lohmann kannte Schomerus nicht nur, weil sie Verbindungsbrüder der evangelischen, farbentragenden, nicht schlagenden „Germania" waren.[17]) Die beiden hatten auch über die Zentralstelle für Volkswohlfahrt in Berlin, das preußische Wohlfahrtsamt,[18]) beruflichen Kontakt. Nachdem Schomerus Jura studiert, das Referendariat aber zugunsten eines volkswirtschaftlichen Aufbaustudiums und einer staatswissenschaftlichen Promotion abgebrochen hatte, war er schon als Geschäftsführer des so genannten „Hamburger Volksheims" tätig gewesen. Dabei handelte es sich um eine 1901 gegründete, in einem Arbeiterviertel angesiedelte Sozialeinrichtung, deren bürgerliche Initiatoren versuchten, Kontakte zwischen Bürgertum und Arbeiterschaft aufzubauen und zu pflegen.[19])

Lahusen schickte den für seine Pläne gewonnenen Sozialexperten sehr großzügig auf Studienreise. Aus den vorgesehenen neun Wochen in England und den Staaten, wo Schomerus die Sozialeinrichtungen von Unternehmen ebenso besichtigte wie wissenschaftliche Literatur studierte und darüber ausgiebig an Lahusen berichtete, wurde mehr als ein Jahr.[20]) Zurück in Deutschland galt es Anfang des Jahres 1905, mit der praktischen Umsetzung der gesammelten Ideen und Möglichkeiten in Delmenhorst zu beginnen. Von Anfang an stand diese Episode seiner Tätigkeit als Sozialsekretär jedoch trotz euphorischen Tatendrangs auf Seiten von Schomerus, der fest daran glaubte, die gesamte innere Betriebspolitik der „Nordwolle" auf neue Füße stellen zu können, unter keinem guten Stern. Es dauerte nicht nur einen Monat bis sein Büro endlich bezugsfertig war. Lahusen machte auch keinerlei Anstalten, sich mit seinem Sozialsekretär über dessen anstehende Tätigkeit auseinander zu setzen. Der Sozialsekretär war daher gezwungen, sich seine praktischen Projekte im Unternehmen selbst zu suchen. Bereits beim ersten, das er im Februar in Angriff nahm, offenbarten sich in symptomatischer Weise Anzeichen unvereinbarer Diskrepanzen zwischen seinen Vorstellungen und denen des Unternehmers darüber, *was* betriebliche Sozialpolitik bezwecken sollte, und *wie* sie es tun sollte.

[15]) Vgl. zu Lohmann: *Zitt*, „Zwischen Innerer Mission"; *Brakelmann/Jähnichen*, Die protestantischen Wurzeln, S. 18–20.
[16]) *Springer*, „Ich will helfen", S. 103.
[17]) Ebd. S. 34–38.
[18]) *Vom Bruch*, Bürgerliche Sozialreform, S. 97–99.
[19]) *Springer*, „Ich will helfen", S. 64–101.
[20]) Ebd. S. 115–143.

In diesem ersten Projekt ging es um eine „Akademie zur Ausbildung von sozialen Hilfsarbeiterinnen".[21]) Entstanden war die Idee, als Lahusen sich über die Schwierigkeit beklagt hatte, eine geeignete Kraft für die Leitung des betriebseigenen Mädchenheims zu finden. Schomerus sah darin eine Chance, sich zu profilieren. Er aktivierte als potentielle Leiterin der Akademie eine ehemalige Kollegin aus dem Hamburger Volksheim und entwarf gemeinsam mit ihr ein vorläufiges Konzept. Danach sollten in der Akademie „Sozialarbeiterinnen" ausgebildet werden, „die in der Fabrik als Ansprechpartner für alle Probleme dienten, die Kontakt zur Geschäftsleitung hielten, die die Arbeiterinnen in sämtlichen Bereichen – von der Säuglingspflege bis hin zum Arbeitsvertrag – berieten und die ein gutes Gehalt und nicht bloß Handgeld bezogen."[22]) Im Gespräch mit Lahusen zeigte sich jedoch, dass der Unternehmer von einer solchen Akademie gar nichts hielt. Ihm war vielmehr wichtig, dass die religiöse Fürsorge in der neuen Einrichtung nicht zu kurz komme. Seiner Meinung nach sollten die „sozialen Hilfsarbeiterinnen" im Sinne der karitativen Wohlfahrtspflege ausgebildet werden. Ihr Aufgabenbereich bestünde in der Durchführung von Hausbesuchen bei Fabrikarbeitern, in der Ableistung von Wortverkündigungen und in allgemeiner Fürsorge. Schomerus schimpfte in einem Brief an seine Frau: „Die Herrschaften [...] wollen eine Anstalt, die die Schülerinnen im Geiste der Diakonissenhäuser zu Aufopferung und Selbstentsagung erzieht, ihnen aber auch einige Kenntnisse vermittelt, die für die soziale Arbeit nötig sind. Ich bin sicher, dass eine solche Anstalt nie kommen wird, ich jedenfalls nicht daran mitwirken kann [...]."[23]) In der Tat hatte sich das Projekt nach dem Gespräch mit Lahusen erledigt.

Schlimmer noch als dieser Misserfolg war für Schomerus jedoch, dass sich der Unternehmer in der folgenden Zeit noch viel konsequenter der Auseinandersetzung mit seinem ambitionierten Sozialsekretär entzog. Schomerus, der sich auch in den Folgemonaten hauptsächlich mit selbst gesuchten Projekten beschäftigte, sollte – so wohl die Ansage von Lahusen – erstmal ein grundlegendes Programm entwerfen, das dann im Sommer besprochen würde, um im Winter „langsamen Schrittes" zur Durchführung zu gelangen.[24]) Sein Elan war gleichwohl ungebrochen. In der Erwartung, damit den endgültigen Grundstein seiner zukünftigen Arbeit zu legen, skizzierte der Sozialsekretär im Juni 1905 – wiederum in einem Brief an seine Frau – ein solches Programm:

„Die Fabrik stellt natürlich keinen Nationalökonomen an, damit er einen Jugendverein und eine Auskunftsstelle leite,[25]) sondern der Zweck ist, dass aus der wissenschaftlichen Arbeit ein weitgestecktes Programm zur Lösung der Arbeiterfrage für unsere Fabrik erwachse. Die Anstalten und Wohlfahrtseinrichtungen sind ein wenig Limonade, mit der

[21]) Für den folgenden Abschnitt: ebd. S. 152–155.
[22]) Ebd. S. 154.
[23]) Ebd.
[24]) So Schomerus im Brief an seine Frau: ebd. S. 160.
[25]) Dies waren die beiden Projekte, die Schomerus in Eigenregie bei der „Nordwolle" mit mäßigem Erfolg realisieren konnte.

man manche Leute, aber keine Arbeiter, über die eigentlichen Fragen hinwegtäuschen kann. [...] Schließlich ist alles dieses [, was Schomerus bisher unternommen hatte,] nur die Vorbereitung und Vorbedingung für das Programm, das ich noch in der Tasche habe. [...] Wahrscheinlich wird dies Programm dahin gehen:

1. Ansiedlung der Arbeiter im Großen, d.h. Schaffung von Arbeiterstellen, Häusern mit etwas Land als Eigentum der Arbeiter (auf genossenschaftlichem Wege mit Hilfe der Fabrik und von Staatskredit), damit die Arbeiter neben der eintönigen Fabrikarbeit auch in der freien Luft auf eigener Scholle arbeiten können.
2. Einführung der Achtstundenschicht bei dreimaligem Wechsel, also Dreischichtsystem, statt des jetzigen Zweischichtsystems à 11 Stunden, damit die Arbeiter auch Zeit für die Bearbeitung ihres Landes und Stalles haben.
3. Halbtagsschichten à vier Stunden für die verheiratete Frau, damit sie neben der unentbehrlichen Fabrikarbeit auch ihre Pflichten in Familie und Haus erfüllen kann, statt jetzt 11 Stunden.

Daran lässt sich dann vieles anschließen. Das ist ein Ziel, dem ich mit Begeisterung so viele Jahre meines Lebens widmen will, als nötig sind. Das ist dann reelle Arbeiterpolitik und keine Limonadenpolitik."[26]

Weder im Sommer, auch nicht im Herbst – zu jenem grundlegenden Klärungsgespräch mit Lahusen, auf das Schomerus die ganze Zeit wartete, kam es überhaupt nicht. Der Unternehmer schien sich im Gegenteil immer weiter von seiner anfänglichen Offenheit gegenüber dem Sozialreformer zu entfernen. Im Februar 1906, nach einem Jahr des Wartens und Hinhaltens, begann Schomerus daher, sich auf andere Stellen zu bewerben. Als er zum April die „Nordwolle" verließ, hatte er zwar viel Erfahrung mit der Tätigkeit in einem Unternehmen gesammelt, einer Realisierung seiner „reellen Arbeiterpolitik" war er jedoch keinen Schritt näher gekommen. Da auch kein Nachfolger sein schweres Erbe antrat, muss das Experiment „Sozialsekretär" bei der „Nordwolle" als gescheitert betrachtet werden.

Gerade deswegen jedoch lassen sich an diesem Beispiel die zentralen Positionen erkennen, die das Spannungsfeld der Anfänge betrieblicher Sozialpolitik kennzeichneten. Die Ursache für das Misslingen der Kooperation zwischen Schomerus und Lahusen lag maßgeblich in der Unvereinbarkeit ihrer unterschiedlichen Vorstellungen von Sinn, Zweck und Reichweite zu ergreifender sozialpolitischer Maßnahmen. Während der Sozialsekretär mit Hilfe wissenschaftlichen Wissens, das heißt ohne direkte Bezugnahme auf religiöse Sinnstiftung, auf eine Neuausrichtung der Arbeitspolitik bei der „Nordwolle" im Sinne einer „Lösung der Arbeiterfrage" abzielte, war der Unternehmer weit davon entfernt, den Status quo seiner Herr-im-Hause-Position in Frage zu stellen. Er war allenfalls an punktuellen Korrekturen seines bestehenden Wohlfahrtssystems interessiert. Als kompatibel mit dieser Haltung erwies sich allein der Entwurf der karitativen Wohlfahrtspflege, wie er in der zweiten Hälfte des 19. Jahrhunderts mit dem Aufstieg des diakonischen Sozialwerks der Inneren Mission ausgeprägt worden war. In diese Richtung hatte Lahusen

[26]) Zit. n. *Springer*, „Ich will helfen", S. 159f.

sein Wohlfahrtssystem, das zudem von einer vergleichsweise besonders christlichen Note gekennzeichnet war, in den vorangegangenen Jahren ausgebaut: Seit 1890 gab es einen Werkspastor, zwei evangelische Pflegerinnen kümmerten sich um den Gemeindedienst in der Fabrik, 1900 wurde ein Männer-, ein Jünglings- und ein Jungfrauenverein gegründet und nicht zuletzt gab es regelmäßig Bibel- und Missionsstunden.[27]) Bestätigt wurde der Unternehmer in dieser Ausrichtung, als ihm 1904 der Titel des „Kommerzienrats" verliehen wurde, wobei die Wohlfahrtspolitik der „Nordwolle" ein entscheidendes Kriterium darstellte.[28])

Zu Beginn der Versuche in Unternehmen, in institutionalisierter Form zwischen Arbeitnehmern und Geschäftsleitungen zu vermitteln, stand somit dem mit der paternalistischen Einstellung der Unternehmer kompatiblen Entwurf der karitativen Wohlfahrtspflege das Konzept einer „reellen Arbeiterpolitik" gegenüber, das auf nichts weniger abzielte, als eine umfassende Reform der betrieblichen Sozialordnung zugunsten der Arbeitnehmer. Praktisch waren diese beiden Positionen nicht vermittelbar, so dass für den Sozialreformer allein blieb, das Feld zu räumen. Angesichts dieses Ausgangs stellt sich die Frage, wie es überhaupt zu einem solchen Kooperationsversuch kommen konnte, zumal Lahusen eindeutig formuliert hatte, dass es ihm um eine „bessere Ausgestaltung unserer Arbeiterfürsorge und einige neue Einrichtungen [ging], die größeren Umfang gewinnen könnten".[29]) Aber nicht nur Schomerus verkannte im Eifer seines Reformwillens solche Anzeichen. Auch Lahusen hatte nicht übersehen, welch einen Floh er sich mit seinem neuen Sozialsekretär in den Pelz setzte. Diese gegenseitige Fehleinschätzung war symptomatisch für den Entwicklungsstand betrieblicher Sozialpolitik zu Beginn des 20. Jahrhunderts.

Das Spannungsfeld, wie es sich in der Auseinandersetzung zwischen Lahusen und Schomerus abzeichnete, war vor dem Ersten Weltkrieg den beteiligten Akteuren noch keineswegs bewusst, weil es im Zuge solcher Erfahrungen und Versuche eben erst dabei war, sich zu etablieren. Die Oberhand gewannen herkömmliche wohlfahrtspflegerisch und fürsorglich orientierte Konzeptionen. Sie standen in der Tradition der Bestrebungen der Inneren Mission, durch „rettende Liebe" in Form von sozialer Arbeit und missionarischer Erneuerung der Verelendung der „entwurzelten und mobilisierten Masse" entgegen zu wirken.[30]) Diese Stoßrichtung einer Rechristianisierung der Gesellschaft, etwa im Sinne einer erneuerten „Volkskirche", wie sie Johann Hinrich Wichern, dem Gründer der Inneren Mission vorschwebte,[31]) wurde rechtfertigt mit einer allgemeinen, übergeordneten „Gemeinwohl"-Orientierung. Weil diese Konzeption keinerlei politische Ambitionen vorsah, gleichzeitig aber

27) Ebd. S. 112.
28) Ebd. S. 177.
29) Zit. n. ebd. S. 102.
30) *Kaiser*, Sozialer Protestantismus, S. 4–6.
31) Vgl. zu Wichern: Werner *Raupp*, Johann Hinrich Wichern; *Kaiser*, Naumann, S. 11 f.

mit ihrer missionarischen oder zumindest christlichen Komponente sinnstiftende und damit sozialdisziplinierende Elemente umfasste, bot sie sich besonders an für eine Indienstnahme in paternalistisch geführten Unternehmen. Zusätzlich konnte auf die Angebote verschiedenster Institutionen wie Orden, konfessionell gebundener Sozialeinrichtungen oder Vereine zugegriffen werden, so dass sich auch betriebliche Personalfragen erübrigten. Das Logierhaus für Arbeiterinnen bei der „Nordwolle" beispielsweise unterlag der Aufsicht eines Bruders des so genannten „Rauhen Hauses", einer Sozialeinrichtung in Hamburg, die Wichern 1833 als „Anstalt zur Rettung verwahrloster und schwer erziehbarer Kinder" gegründet hatte, und die sich bis zur Mitte des 19. Jahrhunderts zur „Keimzelle der evangelischen männlichen Diakonie" entwickelte.[32]) Dieser traditionellen Ausrichtung betrieblicher Wohlfahrtspolitik stand zu Beginn des 20. Jahrhunderts nun eine Konzeption gegenüber, die Schomerus als besonders ambitionierter Vertreter der bürgerlichen Sozialreform exemplarisch repräsentierte.

Bürgerliche Sozialreformer bemühten sich seit der zweiten Hälfte des 19. Jahrhunderts in Abgrenzung von der staatlichen Sozialpolitik um eine größere soziale Verteilungsgerechtigkeit, um die im Zuge der (Hoch-)Industrialisierung immer stärker in Klassen segmentierte Gesellschaft in den bürgerlichen Nationalstaat zu integrieren.[33]) Gleichsam im Sinne einer „zivilgesellschaftlichen" Initiative versuchten dazu die sich hauptsächlich aus dem Bildungsbürgertum und der Beamtenschaft rekrutierenden Vertreter, einen so genannten „dritten" vermittelnden Weg zu beschreiten. Dieser bestand darin, ausgehend von wissenschaftlich fundierter Erkenntnis politisch-praktische sozialreformerische Ansätze zu entwerfen und in die damit auszugestaltende Struktur der öffentlichen Sozialversorgung und -ordnung zu implementieren. Grob können drei Phasen der bürgerlichen Sozialreform unterschieden werden: Auf eine noch eher konfessionell geprägte Phase folgte eine akademisch-wissenschaftliche, die wiederum von einer stärker praktisch orientierten abgelöst wurde.[34]) In diesen einzelnen Phasen waren jeweils unterschiedliche Organisationen die Hauptträger der Bewegung: zunächst der 1844 gegründete „Centralverein für das Wohl der arbeitenden Klassen", ab 1872 der „Verein für Sozialpolitik" und von 1901 an die „Gesellschaft für Soziale Reform".

Schomerus' Skizze seiner „reellen Arbeiterpolitik", die einen genau solchen integrativ vermittelnden Versuch darstellte, war Teil einer aus diesem Kontext hervorgehenden Stoßrichtung, die insbesondere auf die Gestaltung des betrieblichen Sozialraums abzielte. Diese betriebsbezogenen Ansätze der bürgerlichen Sozialreform entstanden im Übergang von der wissenschaftlichen zur praktischen Phase. Indem die neuen Sozialexperten den betrieblichen So-

[32]) *Springer*, „Ich will helfen", S. 112; zum „Rauhen Haus" vgl.: *Raupp*, Johann Hinrich Wichern, hier auch ausführliche Literaturangaben.

[33]) *Vom Bruch*, Einführung, vor allem S. 7–19.

[34]) Ebd. S. 11–15, 103.

zialraum nicht in erster Linie theoretisch, wie die „Kathedersozialisten“ es taten, ins Visier nahmen, sondern versuchten, ihn praktisch zu erschließen, vertraten sie vergleichsweise früh eine besonders „fortschrittliche“ Position.

Einen ersten systematisierenden sozialreformerisch motivierten und betriebsbezogenen Vorstoß stellte etwa die vom „Bergischen Verein für Gemeinwohl“ herausgegebene Publikation „Private Wohlfahrtspflege“ dar (1902).[35]) Die Autoren gaben am Beispiel der Bergischen Stahlindustrie einen Überblick über die dort eingerichteten Wohlfahrtsmaßnahmen. Damit wollten sie den „Mangel eines Handbuchs“ beheben,

> „welches Arbeitgebern wie Arbeitern, insbesondere aber dem praktischen Sozialpolitiker und den in den einschlägigen Zweigen der Verwaltung thätigen Beamten als zuverlässiger Wegweiser für die Organisation und zielbewusste Förderung der privaten Wohlfahrtspflege dienen kann“.[36])

In der „Sozialen Praxis“ – *dem* Organ der Sozialreformer[37]) – wies ein Rezensent ausführlich und angetan auf diese Publikation hin. Sie versuche,

> „alle die Arbeiterwohlfahrt pflegenden Kreise, insbesondere Fabrikanten, zur zielbewussten und planmäßigen Organisation und Gestaltung, Anordnung und Zweckdienlichkeit, auch Zweckmäßigkeit in der Behandlung der geschäftlichen und verwaltungstechnischen Angelegenheiten auf dem gesamten Gebiet der Wohlfahrtspflege anzuregen und dem mit der vielfach verzweigten Verwaltung der sozialpolitischen Abteilung eines Unternehmens betrauten Wohlfahrtssekretär an die Hand zu geben.“[38])

In seiner anschaulichen Darstellung biete sich dieses Buch besonders an, um „unseren Großindustriellen“ die Frage vorzulegen,

> „ob nicht die Begründung einer besonderen Wohlfahrtsabteilung, die alle [bisher] auf einzelnen Werken getrennt verwalteten Zweige der Arbeiterversicherung und Wohlfahrtskassen zusammenfasst, und [ob nicht außerdem] die Gewinnung einer eigens für die Wohlfahrtseinrichtungen und die praktische Arbeit vorgebildeten Persönlichkeit ganz besonders ratsam erscheint“.[39])

Auch der Journalist Leopold Katscher warb in der „Sozialen Praxis“, in der „Gegenwart“ und der „Sozialen Kultur“ für „Socialsekretäre und Fabrikpfleger“.[40]) Katscher war der Überzeugung, dass Zeiss in Jena das erste deutsche Unternehmen gewesen sei, das (1900) einen Wohlfahrtspfleger beschäftigt habe.[41]) Entsprechend ließ er in seinem Beitrag den Zeiss'schen Geschäftslei-

[35]) *Kolleck/Ziegler*, Private Wohlfahrtspflege.

[36]) Ebd. S.V.

[37]) *Vom Bruch*, Bürgerliche Sozialreform, S. 135.

[38]) C.A. *Halbach*, Wohlfahrtseinrichtungen, in: Soziale Praxis 16, 1907, Sp. 964f.

[39]) Ebd.

[40]) Leopold *Katscher*, Socialsekretäre und Fabrikpfleger, in: Die Gegenwart. Wochenschrift für Literatur, Kunst und öffentliches Leben, 35, 1906, S. 356–358, 370–372; Budgett *Meakin*/Leopold *Katscher*, Wohlfahrtsbeamte in Großbetrieben, in: Soziale Kultur, 25, 1905, S. 695f.; *dies.*, dass., in: Soziale Praxis 12, 1903, Sp. 804f.; zusammengefasst erschienen all diese Beiträge auch in der Einzelveröffentlichung: *Katscher*, Socialsekretäre, aus der ich im Folgenden zitiere.

[41]) Ebd. S. 9.

ter Siegfried Czapski zu Wort kommen, der das Aufgabenfeld des Jenenser Sozialexperten wie folgt beschrieb:

„Die gesamte Fürsorge für die Personen der Angestellten, insbesondere der Arbeiter, unter Ausschluß des Bekümmerns um ihre Arbeitsleistungen, also die Fürsorge um die richtige Handhabung des Arbeitsvertrags nach der rechtlichen Seite hin, um das richtige Funktionieren der vorhandenen freiwilligen und gesetzlichen Wohlfahrtseinrichtungen. Ein solcher Mann muß über die nötige wirtschaftliche Bildung verfügen und ein warmes Herz für die Arbeiter haben, dabei nicht utopisch die Interessen des Betriebs außer acht lassen, endlich imstande sein, in den kleinen Zwistigkeiten zwischen Werkmeistern und Arbeitern zu vermitteln [...].“42)

Auffällig ist an all diesen Beiträgen, dass keine klare Differenzierung zwischen den unterschiedlichen Ansätzen und Inhalten vorgenommen wurde, die Sozialsekretäre, Wohlfahrtspfleger, Sozialbeamte, Fabrikpflegerinnen, Personalleiter, Sozialingenieure – es gab alle möglichen Zusammensetzungen, sogar „Wohlfahrtsingenieure“43) – verfolgten oder verfolgen sollten.44) Zu Beginn des 20. Jahrhunderts war sowohl in Unternehmen wie auch im Rahmen erster „Studien“, die sich dem Tätigkeitsfeld betrieblicher Sozialpolitik systematisch zu nähern versuchten, die Vermischung und Kombination unterschiedlicher Ansätze vorherrschend. Während die neuen Sozialexperten zugunsten ihrer angestrebten Etablierung darauf verzichteten, Unterschiede und Differenzen gegenüber der herkömmlichen Wohlfahrtskonzeption zu betonen, war es Unternehmensvertretern, so lange keine innerbetrieblichen Konflikte daraus resultierten, mehr oder weniger egal, ob sich ihr neuer Sozialexperte nun als „Sozialsekretär“ oder „Wohlfahrtspfleger“ verstand. Diese Ignoranz auf Seiten der Betriebsverantwortlichen wich jedoch einer dezidierten (Abwehr-) Haltung, als die neuen Sozialexperten versuchten, ihren Berufsstand institutionell zu positionieren.

Die berufsständischen Etablierungsversuche der Sozialexperten gingen vom „Sozialen Museum“ in Frankfurt aus.45) Dabei handelte es sich um eine 1902 vom Frankfurter „Institut für Gemeinwohl“ zum Zwecke „der Verbindung von Wissenschaft und praktischer Arbeit auf sozialem Gebiet“ gegründete Einrichtung, die als eine Art „Clearing-Stelle“ fungierte. Hier wurden zu allen sozialen Fragen Materialien gesammelt und Auskünfte erteilt, um die private und öffentliche Wohlfahrt in Hessen und Nassau zu fördern. 1912 veranstaltete das „Soziale Museum“ eine erste Konferenz mit dem Ziel, betriebliche Sozialexperten ins Gespräch zu bringen und gleichzeitig einen Überblick über ihr praktisches Tätigkeitsfeld zu erhalten (23 Teilnehmer). Heinz Marr,

42) Ebd. S. 10.
43) So *Halbach*, Wohlfahrtseinrichtungen, u. a.
44) So antwortete auch Czapski auf Katschers Anfrage, dass sie in Jena „seit einigen Jahren einen Wohlfahrtspfleger, Sozialsekretär oder wie Sie ihn sonst nennen wollen“ beschäftigten. *Springer*, „Ich will helfen“, S. 189, Fußnote 43.
45) Vgl. für den folgenden Abschnitt: *Springer*, „Ich will helfen“, S. 195–199, zur Institution „Soziales Museum“ vor allem Fußnote 75; vgl. außerdem *Hesse*, „Die deutsche Wirtschaftswissenschaft“, S. 173f.

der Leiter des „Soziale Museums“, erklärte in einem Artikel zur „Ausbildung der Sozialbeamten“:[46])

„Wir brauchen Menschen mit sozialem Horizont und gesinnungsmäßiger sozialer Einstellung, Sozialpolitiker [...], nicht soziale Techniker für diese oder jene denkbare soziale Branche. Was uns wirklich fehlt, sind Menschen, von einer totalen Ansicht des sozialen Problems, [...].“[47])

Eine solche Ansicht vermittelten seiner Meinung nach vor allem die „Wissenschaften, die unvermittelt dem Menschen gelten [...:] Soziologie und Geschichte, Philosophie, Ethik und Pädagogik“. Was daher Not tue, seien „sozialwissenschaftliche Bildungsstätten für tätige Sozialpolitiker“, die als „‚berufsergänzende soziale Fortbildung‘ bei aller Anpassung an [jeweils] spezielle Bedürfnisse doch als Einheit“ zu denken seien, „Volksführerschulen“, die „exterritoriale Begegnung von Führern und Sachwaltern der verschiedenen sozialen Gruppen“ ermöglichen. Mit dieser Zielsetzung bot das „Soziale Museum“ in Zusammenarbeit mit dem Institut für Arbeitsrecht der Frankfurter Universität auch Seminare an, um

„den Funktionären des Arbeitswesens [...], also den Leitern und Beamten der Arbeitgeber- und Arbeitnehmerverbände, sowie all der Organe, die [...] sonst für den Ausbau der Arbeitsverfassung und des Arbeitsmarkts bedeutsam sind, eine [...] sozial- und rechtswissenschaftliche, auch soziologische und sozialpädagogische Fortbildung zu ermöglichen.“[48])

Die an die betrieblichen Sozialexperten adressierten Treffen stellten jedoch noch keine derartigen Fortbildungen dar. Sie kamen über das Stadium dazu zunächst anhand von Berichten aus der Praxis, einen Überblick über das entsprechende Tätigkeitsfeld zu erlangen, nicht hinaus. 1914 fand die zweite von Marr initiierte Konferenz bei den Farbwerken in Leverkusen statt. Bereits die zurückhaltende Handhabung des Protokolls dieses Treffens, das nur den Teilnehmern und einem ausgewählten Kreis zugänglich gemacht wurde, war jedoch signifikant für die schwache Position der Sozialexperten. Dies sollte sich auch nach dem Ersten Weltkrieg nicht ändern, im Gegenteil. Zwei weitere Versuche, erneute Treffen zu organisieren (1919, 1923) scheiterten kläglich. Betriebliche Sozialexperten zeigten kein nachhaltiges Interesse und Engagement für den Aufbau einer eigenständigen berufsständischen Organisation.

Schomerus etwa nahm an den Treffen nur zögernd teil.[49]) Kurz zuvor hatte er sich noch daran beteiligt, Werbung für seinen jungen Berufsstand zu machen – so etwa in den Schriften der Gesellschaft für soziale Reform, wo er erklärte, dass „wie für das kaufmännische Ressort und die einzelnen Betriebs-

[46]) Heinz *Marr*, Zur Ausbildung der Sozialbeamten, in: Soziale Praxis 29, 1920, Sp. 1157–1164.
[47]) Ebd. Sp. 1160.
[48]) Ebd. Sp. 1163.
[49]) *Springer*, „Ich will helfen“, S. 195–199.

Abteilungen Männer von höherer Bildung angestellt werden, [...] auch für die Leitung des Personalwesens Männer von höherer Bildung angestellt werden [müssen], die an der Fortbildung des Arbeits-Vertrags mitwirken und die tagtäglichen Wünsche und Beschwerden der Arbeiter in Empfang nehmen und nach Möglichkeit erledigen."[50]) Nun entschuldigte er sich bei Marr mit dem fadenscheinigen Argument, dass er „fortgesetzt [...] praktische Fragen" zu lösen habe und sich daher „um die Theorie nicht viel kümmern" könne.[51]) Dazwischen lag eine Auseinandersetzung, die Schomerus als neuer Personalchef zu Beginn seiner Tätigkeit bei Zeiss mit der Geschäftsleitung über seine Position geführt hatte. Aus diesem Streit ging Schomerus nun mit einem höheren Gehalt, gleichzeitig aber auch mit einer „den Anforderungen seines Postens" entsprechenden Haltung hervor, „was nichts anderes hieß, als sich als Vertreter der Geschäftsleitung zu verstehen".[52])

Ob das nun seinen Umschwenk zur „Limonadenpolitik" darstellte, sei einmal dahin gestellt – zumindest war „reelle Arbeiterpolitik" mit diesem Selbstverständnis nur schwer vereinbar. Keineswegs kompatibel jedoch war das Anliegen Marrs, eine eigene berufsständische Organisation betrieblicher Sozialexperten aufzubauen. Personalchefs wie Schomerus, die sich als Vertreter der jeweiligen Geschäftsleitung verstanden, *musste* konsequenterweise ein solches Ansinnen überflüssig erscheinen. Dass Schomerus sich in genau dieser Auffassung bereits nach der Teilnahme an der ersten Konferenz des „Sozialen Museums" (1912) geradezu bestätigt fühlte und dies dort auch äußerte, scheint bei den Verantwortlichen – wie Marr etwa – nicht angekommen zu sein. Wie im Protokoll der Veranstaltung festgehalten, resümierte in der Abschlussdiskussion der Jenenser Sozialexperte:

> „In der Tätigkeit des Sozialbeamten hat sich eine große Verschiebung ergeben. Früher Wohlfahrtspfleger, hat sich seine Stellung je länger je mehr nach Seite des Betriebes hin entwickelt [...]. Früher hat es [...] so geschienen, als sei diese Verschiebung nur bei den Zeisswerken eingetreten. Nun [bin ich] überzeugt, dass diese Entwicklung auch in anderen Werken erfolgt, und mit Notwendigkeit erfolgt ist [...] Wir Sozialbeamte sind Leiter der Personalabteilung des Betriebs und Vertreter der Firma gegenüber der Arbeiterschaft. Wir stehen nicht, wie früher irrtümlich theoretisiert [!] wurde, zwischen Arbeiterschaft und Direktion als Mittelsperson – dabei würden wir zerrieben –, sondern sind Beauftragte der Direktion mit bestimmten Funktionen und Direktiven. Dabei sind wir in unserer Tätigkeit relativ selbständig."[53])

Selbst der ambitionierteste Sozialreformer in der sozialpolitischen „Musteranstalt ersten Ranges" konnte sich mithin in den ersten beiden Jahrzehnten des 20. Jahrhunderts mit seinen Ideen und Zielen in der betrieblichen Praxis nicht durchsetzen. Aufgrund der vorrangigen Orientierung an technischen sowie

[50]) Schriften der Gesellschaft für Soziale Reform, Bd. II, H. 11/12, S. 200f., zit. n. *Dietrich*, Betrieb-Wissenschaft, S. 762.

[51]) Ebd. S. 198.

[52]) *Springer*, „Ich will helfen", S. 195.

[53]) Zit. n. ebd. S. 196.

zunehmend auch kaufmännischen Aspekten boten sich keine Anknüpfungspunkte für sozial(reformerisch)e Bestrebungen.[54])

Der Sozialexperte war auf halbem Weg stecken geblieben – gleichwohl aber eben auch erst auf halbem, das heißt zur Hälfte bereits beschrittenem Weg. Schomerus und seine sozialreformerisch motivierten Kollegen hatten, auch wenn sich ihre hochtrabenden Pläne nicht realisieren ließen, dennoch dazu beigetragen, dass sich in Unternehmen etwas veränderte. Entscheidend war der sozialreformerische Kontrapunkt, den sie etwa in Form von Schomerus' „reeller Arbeitspolitik" der herkömmlichen wohlfahrtspflegerischen Konzeption betrieblicher Personalmaßnahmen entgegen gesetzt hatten. Er beeinflusste die Entwicklung dahingehend, dass mit den zu Beginn der 1920er Jahre eingerichteten sozialpolitischen Abteilungen die traditionelle, christlich-karitative „Wohlfahrtspflege" durch eine betont sachliche Konzeption „betrieblicher Sozialpolitik" ersetzt wurde. Freilich bedeutete das im Einzelfall keineswegs, dass immer auch die herkömmlichen Funktionen und Aufgaben des „Wohlfahrtspflegers" aufgegeben wurden. Sie wurden nun von den sozialpolitischen Abteilungen miterledigt. Dennoch ist unbestreitbar, dass sich mit der Einrichtung dieser Abteilungen sowohl in der Organisationsstruktur von Unternehmen wie auch in den verwendeten Begrifflichkeiten eine „Versachlichung" der Gestaltung betrieblicher Arbeitsbeziehungen vollzog. Diese neue Form der Vermittlung und Integration verzichtete allerdings auf die Hilfe einer eigenständig etablierten humanwissenschaftlich gestützten Expertise. Betriebliche Sozialexperten, die Hauptakteure dieser Entwicklung, waren gleichzeitig Gewinner wie auch Verlierer – Gewinner insofern, als sie im Rahmen der neu eingerichteten sozialpolitischen Abteilungen erstmals einen eigenständigen Platz in Unternehmen erhielten und damit zur wichtigsten Trägergruppe betrieblicher Sozialpolitik wurden; Verlierer insofern, als sie diesen Erfolg mit dem Preis der Aufgabe eigenständiger Ziele bezahlten und sich statt dessen mit einer untergeordneten Position als Stab oder Vertretung der jeweiligen Geschäftsleitung begnügen mussten. Den Beteiligten war diese Entwicklung zumeist nicht bewusst, erforderte dies doch eine praktischen Akteuren in der Regel fern liegende analytische Reflexion der eigenen Situation, die zumal Gefahr läuft, alltagspraktisch hinderliche Differenzen an den Tag zu befördern. Das Tätigkeitsfeld der Sozialexperten gewann daher während der 1920er Jahre in diesem subordinierten Status mehr oder weniger an Routine.

Auch zwei weitere Ansätze einer eigenständigen außerbetrieblichen Etablierung im Kontext junger anwendungsorientierter Fachdisziplinen misslangen. Weder schaffte es die Betriebswirtschaftslehre, betriebliche Sozialexperten wissenschaftsgestützt zu profilieren, noch die Psychologie.

Im Rahmen seiner umfassenden Darstellung der allgemeinen Betriebswirtschaftslehre „Betrieb-Wissenschaft" stellte 1914 Rudolf Dietrich ein Konzept bereit, das aufgrund seiner verglichen mit den Vorstellungen der Sozialrefor-

[54]) Vgl. dazu *Plumpe*, Unternehmen, S. 54.

mer „realistischeren" Einschätzung der betrieblichen Situation, einen alternativen Ausgangspunkt für die Etablierung betrieblicher Sozialexperten bot. Dietrich, der ohne stellenmäßige Hochschulanbindung als „Praktiker"[55]) mit wissenschaftlichen Ambitionen ein in betriebswirtschaftlichen Fachkreisen umstrittener Außenseiter war, gehörte zur Richtung der normativ orientierten Betriebswirtschaftslehre.[56]) Diese vertrat unter anderem holistisch vergemeinschaftende Personallehren wie etwa die „Betriebsgemeinschaft" und hatte daher eine hohe Affinität zu nationalsozialistischen Ordnungsvorstellungen.[57]) Gleichzeitig waren die normativ orientierten Betriebswirtschaftler während der 1920er Jahre jedoch auch die einzigen, die „Personal" nicht als Kosten- oder Störfaktor ansahen, wie es die Mehrheit ihrer Kollegen tat, sondern als zentrales und daher notwendigerweise zu gestaltendes Konstituens des betrieblichen Sozialraums.[58]) Dietrich war außerdem als „sozialpolitischer Berater eines mittleren Großbetriebs" tätig gewesen sowie bestens über die Aktivitäten der „Zentralstelle für Volkswohlfahrt" informiert.[59])

In seiner 1914 erschienenen „Betrieb-Wissenschaft", mit der er ein seiner Ansicht nach vernachlässigtes Gebiet – „das Innenleben der Betriebe" – hervorhob, setzte er sich in ungewöhnlich breitem Umfang mit „personalpolitischen" Fragen auseinander. Auch auf die Rolle von „betrieblichen Sozialbeamten" ging er dabei ein.[60])

Dem „Wohlfahrt-Pfleger", der neben dem „Sozialsekretär" und dem „Sozialdirektor" in der Praxis anzutreffen sei, erteilte Dietrich bereits 1914 eine Absage. Er sei schließlich in der Regel Verwalter der „Wohlfahrt-Einrichtungen", während man vom Sozialdirektor oder -sekretär hingegen weit mehr

[55]) Im Vorwort seiner „Betrieb-Wissenschaft" berichtet Dietrich, dass er „als wissenschaftlicher Mitarbeiter einer Handels-, [als] Geschäftsführer einer Handwerkskammer, [als] Betriebs-Statistiker und sozialpolitischer Berater eines mittleren Großbetriebs [und als] Begründer und Leiter der Statistischen Abteilung eines Riesenwerks" tätig gewesen sei. *Dietrich*, Betrieb-Wissenschaft, S. V.

[56]) Hauptsächlich rezipiert wurde Dietrichs „Betrieb-Wissenschaft" durch die zweite Generation der normativ orientierten Betriebswirtschaftler, wie etwa den Nicklisch-Schüler Fritz Schönpflug. Vgl. dazu wie auch zur Außenseiter-Rolle Dietrichs: *Steinmann/Löhr*, Unternehmensethik, S. 514, 520.
Schönpflug unterschied 1933 zwei Hauptströmungen der Betriebswirtschaftslehre: zum einen die „normative Einzelwirtschaftslehre", vertreten durch u. a. Heinrich Nicklisch und Rudolf Dietrich, und zum anderen die „empirisch-realistische Einzelwirtschaftslehre", die er wiederum in zwei Richtungen unterteilte: die „technologische", vertreten durch u. a. Eugen Schmalenbach und Friedrich Leitner, und die „theoretische", vertreten durch Fritz Schmidt und Wilhelm Rieger. *Schönpflug*, Das Methodenproblem, S. 76ff. Dieses Ordnungssystem wird noch immer als zutreffend angesehen. Vgl. *Potthoff*, BWL im NS, S. 92, 107.

[57]) Vgl. *Gmähle*, Betriebswirtschaftslehre, S. 191–266, 274–277; *Potthoff*, BWL im NS, S. 93–95.

[58]) Zum Profil der normativen Personallehren vgl. *Krell*, Vergemeinschaftende Personalpolitik, S. 52–84; *Steinmann/Löhr*, Unternehmensethik.

[59]) *Dietrich*, Betrieb-Wissenschaft, S. V, 769ff.

[60]) Ebd. S. 760–767.

erwarten dürfe.[61]) Entscheidend sei, wie dieser „Mann für das Soziale" im Betrieb eingeordnet würde und welche Aufgaben und Kompetenzen ihm dabei zufielen. Die maßgebliche Konfliktlinie sah Dietrich in der Konfrontation zwischen „Betriebs-Herrschaften" einerseits und den „[Sozial-]Beamten [...] und ihre[n] theoretischen [!] Anwälten" andererseits. Während erstere den „Sekretär", das heißt eine untergeordnete Funktion und Position, im Auge hätten, hielten letztere den „Direktor", also eine Vertretung mit eigenem Gestaltungsspielraum, für angemessen.

In der Tat argumentierte genau so etwa Georg Hahn, der von 1904 an zunächst als Sozialbeamter bei Zeiss beschäftigt gewesen war, dort wegen anhaltender Differenzen mit der Geschäftsleitung 1906 jedoch gekündigt wurde, um dann bei den Hoechster Farbwerken unterzukommen:[62])

„Wo man in Deutschland bisher einschlägige – recht spärliche – Versuche gemacht hat, ist man [...] meist in den Fehler verfallen, an Stelle des amerikanischen ‚secretary' einen deutschen Sekretär zu wählen, ohne zu bedenken, daß diese Bezeichnungen nicht das Gleiche bedeuten. Wir verknüpfen mit unserem bureaukratisch geschulten Anschauungsvermögen mit der Bezeichnung ‚Sekretär' die Stellung eines ‚Subalternbeamten'; das ist der ‚secretary' durchaus nicht. Und wenn der Sozialsekretär in einem industriellen Betriebe eine subalterne Stellung innehat, dann ist damit von vorneherein die Unmöglichkeit dargetan, daß er seinen Posten in richtiger Weise ausfüllen kann. Er muß selbständiger Beamter sein, der unmittelbar unter dem Direktor steht, oder wenn ein Direktorium vorhanden ist, muß er zu diesem gehören; [...]. Ist der Vermittler von einer Seite abhängig, dann wird es ihm kaum möglich sein, seine Aufgabe richtig zu erfüllen; daher erscheint mir, um diese Unabhängigkeit auch äußerlich zum Ausdruck zu bringen die Bezeichnung ‚Sozialsekretär' ungeeignet und besser die als ‚Sozialdirektor'."[63])

Hahn – unter den Sozialexperten wohl einer der streitbarsten – vertrat 1906 in optimistischem Zukunftsglauben eine Position, die konsequent an der Sache orientiert war. Der Konflikte, die er damit heraufbeschwor, war er sich durchaus bewusst:

„Er [der „Sozialdirektor"] darf sich nicht scheuen, seinen Standpunkt selbst seinem ‚Brotherrn' gegenüber zu vertreten und lieber seinen Posten niederzulegen, als gegen seine Überzeugung zu handeln. Wenn man nun bedenkt, wie selten wohl ein wirtschaftlich abhängiger Beamter so ‚unpraktisch' sein wird, in dieser Weise aufzutreten und anderseits, wie selten ein Unternehmer einen so unbequemen Beamten wird ertragen wollen, dann hat man die Erklärung dafür, daß sich das Institut der Sozialdirektoren, so wie er gedacht war, nur in ganz geringem Maße eingeführt hat. Nur wenige Unternehmer werden imstande sein, sich zu einem solchen Beamten zu entschließen; die meisten werden ein[en] Kompromiß wählen, und auch das wäre schon ein Fortschritt gegenüber dem gänzlichen Mangel. Aber die Zukunft wird auch dem Widerstrebendsten die Notwendigkeit der Anstellung solcher Beamten klar machen."[64])

Der Betriebswirt Dietrich enthielt sich einer expliziten Parteinahme in diesem Spannungsgefüge. Er sah stattdessen eine eigene Position und Bezeichnung

[61]) Auch für die folgenden Zitate: ebd. S. 760.
[62]) *Springer*, „Ich will helfen", S. 191, 196.
[63]) Georg *Hahn*, Aufgaben des Sozialdirektors, in: *Katscher*, Sozialsekretäre, S. 13f.
[64]) Ebd. S. 15f.

für den mit „Sozialem“ beauftragten Mann im Betrieb vor: Als „wissenschaftlicher Mitarbeiter“ sollte er Sorge tragen für eine „gewisse zusammenfassende und vermittelnde Behandlung des Persönlichen [im Betrieb]“.[65]) Die Profilierung dieses „wissenschaftlichen Mitarbeiters“ war eines der zentralen Anliegen Dietrichs gesamter Ausführungen. Zwar hielt er die Einrichtung eigenständiger Personalabteilungen in der Tat für „unnötig“;[66]) dies allerdings vor dem Hintergrund seiner Auffassung, dass „Personalabteilungen“ „rein bureaukratische Einrichtungen“ darstellten,[67]) mithin nicht dem Profil des „wissenschaftlichen Mitarbeiters“ entsprachen, wie er ihm vorschwebte.[68]) Der „wissenschaftliche Mitarbeiter“ sollte die rechte Hand der Geschäftsführung sein, ein „Mann, der von hohem Posten aus das gesamte Betriebsleben überschaut und beobachtet, der sachlich und persönlich Unparteiische – ein organisch unentbehrliches Glied des großen Betriebes“. Zusammen mit „Gehilfen“ – „ältere[n], einsichtsvolle[n] und zuverlässige[n] Leute[n]“ – sah Dietrich in ihm den „Pfleger oder erst Wirker der wirtschaftlich-sozialen Gesundheit“ im Unternehmen. Daher sollte es auch zu seinen Aufgaben gehören, Vorsitzender eines einzurichtenden betrieblichen Schiedsgerichts zu sein, das über „schwierige, innere Streitigkeiten“ entscheide.

Indem Dietrich mit dem „wissenschaftlichen Mitarbeiter“ so etwas wie eine neue für „Soziales“ und „Persönliches“ zuständige Stabsstelle skizzierte, die in erster Linie die jeweilige Geschäftsführung entlasten sollte, entwarf er einen Ansatz, der den Bedingungen in der betrieblichen Praxis sehr nah kam. Voraussetzung dafür war, dass Dietrich allenfalls eine Verminderung von „Reibungen“ für möglich und notwendig hielt:

> „Der berufene Mittelsmann [der „wissenschaftliche Mitarbeiter“] soll die Gegensätze nicht ausgleichen – das kann er nicht, das wollen auch seine Auftraggeber nicht – sondern nur Reibungen verhüten, oder, wo sie schon entstanden sind, als Heilgehilfe wirken.“[69])

Sozialreformer hingegen glaubten daran oder hofften zumindest, die bestehenden Gegensätze zwischen Arbeitnehmern und Arbeitgebern mittels einer sozialreformerischen Gestaltung des betrieblichen Sozialraums tatsächlich aufheben zu können. Trotz dieser „realistischen“ Züge wurde Dietrichs Konzept von betrieblichen Sozialexperten nicht wahrgenommen und erlangte auch keine unmittelbare Leitfunktion für Veränderungen in den Unternehmen.

Ursächlich war dafür in erster Linie, dass Dietrich in der Betriebswirtschaftslehre zeitgenössisch keine Anerkennung fand. Seine Betonung sozialpolitischer Fragen, wie aber auch seine fehlende akademische Anbindung er-

[65]) *Dietrich*, Betrieb-Wissenschaft, S. 656.
[66]) Ebd.; so zitiert ihn *Plumpe*, Betriebliche Mitbestimmung, S. 8.
[67]) *Dietrich*, Betrieb-Wissenschaft, S. 769.
[68]) Für die folgenden Kriterien des „wissenschaftlichen Mitarbeiters“ vgl. ebd. S. 655, 664, 767.
[69]) Ebd. S. 765.

schwerten die Rezeption seines Konzepts entscheidend. Die meisten Vertreter der Betriebswirtschaftslehre ignorierten zu diesem Zeitpunkt die personal- und sozialpolitische Thematik. Angesichts ihrer noch in den Kinderschuhen steckenden akademischen Etablierung als eigenständiges Fach waren sie zudem besonders daran interessiert, sich trotz der ihnen eigenen Anwendungsorientierung ein „wissenschaftliches" Profil zu geben, was der teilweise „hemdsärmeligen" Praktikerattitüde, die Dietrichs Ausführungen kennzeichnete, entgegenstand.[70])

In der Tat war Dietrich kein Begründer einer entsprechenden betriebswirtschaftlichen Teildisziplin „Personal",[71]) dies aber vor allem, weil er es aufgrund der aufgezeigten kontextuellen Diskrepanzen nicht sein konnte, während sein inhaltlicher Ansatz gleichwohl günstige Voraussetzungen bot. Dietrich kann sogar als „missing link" für die Verbindung zwischen ‚personalpolitisch'-theoretischen Vorleistungen der „Kathedersozialisten" und einem entsprechenden betriebswirtschaftlichen Ansatz verstanden werden. Diese Zusammenhänge hat die facheigene Forschung zur Geschichte der Betriebswirtschaftslehre selber konstatiert: Gaugler und Eidenmüller zufolge sind die „Kathedersozialisten" als „wissenschaftliche Vorläufer der betrieblichen Personalwirtschaftslehre" zu betrachten, auch wenn „in den frühen betriebswirtschaftlichen Schriften zwischen den Jahren 1898 und 1914 keine erkennbare Einwirkung [...] auf Inhalt und Methode der Betriebswirtschaftslehre festzustellen" sei.[72]) Dieser empirische Negativ-Befund, zu dem Eidenmüller in ihrer Dissertation kam, resultiert aus der Einschränkung ihres Untersuchungs-Samples auf die Schriften der ersten Generation von Professoren für Betriebswirtschaftslehre,[73]) zu denen Dietrich eben nicht gehörte. Eidenmüller konnte daher nicht erkennen, dass Dietrichs Überlegungen in mindestens dreifacher Hinsicht von einer besonderen Nähe zur Nationalökonomie und den „Kathedersozialisten" gekennzeichnet waren: Er zitierte etwa Richard Ehrenberg,[74]) veröffentlichte eine Zusammenfassung der Einleitung seiner „Betrieb-Wissenschaft" als Ankündigung in Schmollers Jahrbuch[75] und setzte sich aktiv – vermittelt etwa über die Arbeit der Zentralstelle für Volkswohlfahrt – mit neuen „personalpolitischen" Ansätzen auseinander, die durch die theoretischen Leistungen der Kathedersozialisten nicht nur beeinflusst waren, sondern maßgeblich befördert wurden.

[70]) Erst einem wie Eugen Schmalenbach gelang es, im Kontext der Weltwirtschaftskrise den „Habitus des nüchternen Praktikers" – zudem mit Bezugnahme auf einen viel „härteren" Gegenstand (Rechnungswesen) – als spezifisch betriebswirtschaftlichen zu etablieren. Vgl. dazu *Köster*, Die Schmalenbachkontroverse.

[71]) *Gaugler*, Personalmanagement, S. 252.

[72]) Ebd. S. 251; *Eidenmüller*, Betriebswirtschaftlich relevante Theorien, S. 178, 205, 245.

[73]) Ebd. S. 210–212.

[74]) Richard *Ehrenberg*, Sozialreformer und Unternehmer, Jena 1904, *Dietrich*, Betrieb-Wissenschaft, S. 7, 15.

[75]) Rudolf *Dietrich*, Begründung einer Betrieb-Wissenschaft, in: Schmollers Jahrbuch 37, 1913, S. 595–653.

Ebenso wie Dietrichs „betrieb-wissenschaftlicher" Ansatz des „wissenschaftlichen Mitarbeiters" scheiterten während der 1920er Jahre auch anwendungsorientierte, betriebsbezogene Institutionalisierungsversuche von Psychologen und damit die dritte potentielle Alternative einer wissenschaftsgestützten Etablierung betrieblicher Humanexpertise.

Im Gegensatz zum sozialreformerischen und Dietrichs betriebswirtschaftlichem Ansatz stand der Einsatz von psychologischem Wissen in Unternehmen während der 1920er Jahre nicht im Kontext betrieblicher Sozialpolitik, sondern erfolgte im Zusammenhang mit Rationalisierungsmaßnahmen. Im Zuge der Rationalisierungsbewegung – verstanden als deutsche Rezeption von Taylors „Wissenschaftlicher Betriebsführung" – kamen als Reaktion auf die veränderte Arbeitsmarktlage auch im „personalpolitischen" Bereich solche neuen Verfahren zum Einsatz.[76]) Einen besonderen Stellenwert nahmen psychotechnische Auswahlverfahren ein, von deren Verwendung man sich einen leistungssteigernden Personaleinsatz erhoffte.[77]) Trotz der weiten Verbreitung dieser Verfahren in deutschen Großunternehmen waren es nicht Psychologen und auch nicht die Psychologie, die sich damit einen eigenständigen Platz im betrieblichen Sozialraum eroberten. Sie blieben entgegen verschiedener und mehrfacher Anläufe zugunsten von Rationalisierungsingenieuren außen vor.

Eine zentrale Rolle spielte dabei Walter Moede. Er gründete in Kooperation mit Georg Schlesinger, einem der enthusiastischsten Protagonisten bei der Verbreitung Taylor'scher Ideen in Deutschland,[78]) 1918 an der Technischen Hochschule in Berlin-Charlottenburg das „Institut für Industrielle Psychotechnik".[79]) Dieses Institut wurde in der Folge zur Wissenszentrale für die in Betrieben angewandten psychotechnischen Verfahren. Sein Erfolg basierte darauf, dass Moede, der Psychologie studiert und bei Wilhelm Wundt assistiert hatte,[80]) die Konzeption und Ausrichtung seiner Arbeit dem technischen Denkstil der Ingenieure anpasste und sich diesen schließlich auch selbst zu eigen machte. In den Reihen psychologischer Kollegen rief diese Vorgehensweise zwar heftigste Kritik hervor; doch erfuhr die Kooperation zwischen dem Berliner Institut und der Industrie dadurch keinerlei erkennbare Beeinträchtigung. William Stern und Otto Lipmann hatten 1906 das „Institut für angewandte Psychologie und psychologische Sammelforschung" gegründet und bemühten sich von dort aus um die Implementierung praktischer Verwen-

[76]) *Homburg*, Scientific Management; *Kleinschmidt*, Rationalisierung als Unternehmensstrategie; *Fiedler*, Betriebliche Sozialpolitik, S. 367–373; *Siegel/Freyberg*, Industrielle Rationalisierung, S. 13f.; *Mai*, Ökonomie der Zeit.

[77]) *Jaeger/Staeuble*, Psychotechnik; *Horn*, Test und Theater, S. 112–118; *Rüegsegger*, Die ideellen Hintergründe der Psychotechniker; *Jaeger*, Zur Herausbildung von Praxisfeldern der Psychologie bis 1933.

[78]) *Ebert/Hausen*, Georg Schlesinger.

[79]) *Spur/Vogelrieder/Klooster*, Von der Psychotechnik zur Arbeitswissenschaft.

[80]) *Bauer/Ullrich*, Psychotechnik; Maria *Schorn*, Nachruf für Walter Moede, in: Psychologische Rundschau 9, 1958, S. 307ff.

dungen psychologischen Wissens. Sie forderten im Gegensatz zu Moede eine psychologische Berufs- und Arbeitsberatung in Kooperation mit Arbeitsämtern und Schulen, die auf eine positive, nicht selektive Arbeitskräfteverteilung abzielte. Träger dieser Beratungsstellen sollten von Psychologen geleitete öffentliche Institute sein, koordiniert durch ein zentrales „Forschungsinstitut für angewandte Psychologie". Stern und Lipmann kritisierten 1919, dass Moede psychologischen Wissens „verhandwerkliche", dass er unfertige Prüfmethoden anwende und eine gewerbliche Orientierung verfolge, die die Offenlegung und Diskussion seiner Resultate unterschlage.[81]) Diese Kritik blieb jedoch ungehört.

Anlässlich des zehnjährigen Jubiläums (1928) benannte Moede es als zentrale Aufgabe seines Instituts, „planmäßig den Bestwerten der Menschenarbeit nachzugehen auf der Grundlage einer eingehenden wissenschaftlich begründeten Einsicht in den Ablauf der Arbeitsleistungen".[82] Da der Mensch als Leistungsträger seine Fähigkeiten einem Wirtschaftskörper zur Verfügung stelle, gehöre die Wissenschaft, die seine Rolle vom psychologischen Standpunkt aus würdige, in die Gesamtheit der Wirtschaftslehre oder der Betriebswissenschaften.[83]) Dabei interessierten zunächst die berufsnotwendigen Kenntnisse, Fertigkeiten und Verhaltensweisen – die Seele des Arbeiters solle man aus dem Spiel lassen.[84])

Das „Institut für Industrielle Psychotechnik" war mithin kein neues Standbein der praktischen Psychologie und sollte es auch nicht sein. Vielmehr integrierte Moede psychologisches Wissen in die betriebsbezogene Ingenieurwissenschaft. An den Technischen Hochschulen führte dies unter anderem zur Entstehung einer neuen Teildisziplin, der Arbeitswissenschaft.[85]) Für die betriebliche Praxis stellte Moedes Institut, das sich mit dieser Ausrichtung konsequent an den maßgeblich technisch geprägten Erwartungen der Unternehmen orientierte, *die* Zentrale des „Siegeszugs" der industriellen Psychotechnik dar.[86]) Nicht nur namhafte Großunternehmen des gesamten Reichsgebiets, auch öffentliche Verwaltungen wie Post und Eisenbahn wendeten die psychotechnischen Verfahren der Berliner an. 1919 fand dazu erstmals der „Ausbildungskursus in der Eignungsprüfung des industriellen Lehrlings" statt. Die 90 Teilnehmer stammten hauptsächlich aus Unternehmen, darunter Mitarbeiter von Siemens, Krupp, Thyssen, Zeiss und Benz. Sie waren dem Adressatenkreis des Kurses gemäß großteils Ingenieure, denen das notwendige Wissen

[81]) *Homburg*, Rationalisierung, S. 319-323; *Geuter*, Die Professionalisierung, S. 220-229; *Jaeger*, Zur Herausbildung, S. 104 f.; *Rabinbach*, Betriebspsychologie, S. 46.

[82]) Walter *Moede*, 10 Jahre Institut für Industrielle Psychotechnik, T.H. Berlin, in: Werkstatttechnik 20, 1928, S. 587-592, hier S. 590.

[83]) Zit. n. *Spur/Vogelrieder/Klooster*, Von der Psychotechnik zur Arbeitswissenschaft, S. 387.

[84]) *Moede*, 10 Jahre Institut, S. 590.

[85]) *Spur/Vogelrieder/Klooster*, Von der Psychotechnik zur Arbeitswissenschaft, S. 391 f.

[86]) Vgl. auf für den folgenden Abschnitt: *Homburg*, Rationalisierung, S. 312, 317 ff.

vermittelt werden sollte, um im eigenen Betrieb psychotechnische Eignungsprüfungen zur „Auslese“ des Personals anzuwenden. Die praktische Durchführung der neuen Verfahren in Unternehmen blieb damit Rationalisierungsexperten vorbehalten. Für Psychologen hingegen eröffnete sich in diesem Bereich – im Gegensatz zu den Landesarbeitsämtern, die in den 1920er Jahren erstmals fest eingestellte Psychologen mit Aufgaben der Berufsberatung betrauten[87]) – kein praktisches Tätigkeitsfeld. Zugleich blieb auch der anwendungsorientierten akademischen Psychologie zugunsten der technisch geprägten Arbeitswissenschaft der Zugang zu Unternehmen versperrt.

Mit der gleichzeitigen Einrichtung sozialpolitischer Abteilungen und solcher psychotechnischen Prüfstellen entstand während der 1920er Jahren in deutschen Unternehmen eine Konstellation, bei der zwei unterschiedliche Expertenkulturen – betriebliche Sozialexperten und Rationalisierungsingenieure – verschiedene Funktionen betrieblicher Personal- und Sozialpolitik erfüllten. Diese Expertenkulturen existierten parallel, jedoch voneinander abgeschottet durch jeweils eigene Orientierungen und Leitbilder. Während psychotechnische Personalauswahlverfahren, die der Selektion dienten, zum Hoheitsgebiet der Rationalisierungsingenieure gehörte, kümmerten sich betriebliche Sozialexperten um kompensatorische sozialpolitische Maßnahmen des jeweiligen Unternehmens. Über eine institutionalisierte Anbindung zur Wissenschaft – und damit über eine auch außerbetrieblich gestützte Etablierung – verfügten nur die Rationalisierungsexperten. Diese Verbindung bestand nicht zu originär humanwissenschaftlichen Disziplinen, sondern zur Arbeitswissenschaft, einem neu entstandenen ingenieurwissenschaftlichen Fachteil, der sich im Zuge dieser Entwicklung durch die Integration humanwissenschaftlichen Wissens profilierte, gleichzeitig jedoch die Prämissen des herkömmlichen technischen Denkens beibehielt. Eine wissenschaftsgestütze Einflussnahme auf die Gestaltung betrieblicher Personalmaßnahmen war nur über diesen Weg möglich. Der technische Denkstil der Rationalisierungsingenieure war daher *der* zentrale Filter für das, was an Verwissenschaftlichung im Bereich betrieblicher Personal- und Sozialpolitik möglich war.

Entsprechend schwach ausgeprägt waren nicht nur die Gestaltungsspielräume betrieblicher Sozialexperten, sondern auch ihre gesamte Daseinsrechtfertigung in Unternehmen. Sie basierte im Wesentlichen auf juristischer Kompetenz, die dazu diente, Konflikte im außerbetrieblichen Raum auszutragen. Exemplarisch zeigt sich dies etwa am Schicksal der zu Beginn der 1920er Jahre eingerichteten so genannte „Sozialkommission“ („Soko“) der I.G. Farben, ein überbetriebliches Gremium von Sozialdirektoren der in der I.G. zusammengeschlossenen Unternehmen. Diese Kommission arbeitete aktiv nur bis zum Ausbruch der Weltwirtschaftskrise und wurde 1933 schließlich aufgelöst.[88]) Zwar konstatierte Albrecht Weiß, Sozialdirektor der BASF und Mit-

[87]) *Meskill*, Arbeitersteuerung; *Geuter*, Die Professionalisierung, S. 217–220.
[88]) *Weiß*, Die Sozialpolitik, S. 97–123, hier S. 100f.

glied der „Soko“, dass sich „in der Zeit zwischen 1918 und 1933 so etwas wie ein Stand der Sozialdirektoren“ herausgebildet hätte, „die [...] ihre Werke in den Arbeitgeberverbänden und in den Verwaltungsgremien der Sozialversicherung vertraten.“[89]) Eine institutionalisierte Absicherung ihres Status' gelang bis zum Anfang der 1930er Jahre jedoch nicht. Und zwischen 1933 und 1945 waren die Bedingungen noch schlechter, da die Deutsche Arbeitsfront, die sich als alleinig zuständige Instanz für alle sozial- und arbeitspolitischen Fragen verstand, keinerlei Konkurrenz duldete. Weiß berichtete nach dem Krieg, dass es „in diesen 12 Jahren wahrhaftig keine Freude“ gewesen sei, „als Sozialdirektor zwischen den verschiedensten Stühlen zu sitzen“. Die betrieblichen Sozialexperten seien „wiederholt von Dr. Ley [Robert Ley, Leiter der DAF] auf das schärfste beschimpft und von seinen Organen stets bekämpft“ worden.[90]) Auch wenn diese Äußerungen möglicherweise nicht frei waren von Distanzierungsbestrebungen,[91]) leuchtet die Konkurrenz der „betriebsfeindlichen“ (Weiß) DAF angesichts ihres Allmachtsanspruchs durchaus ein. Zudem belegen auch vorsichtigere zeitgenössische Äußerungen von Weiß, dass zwischen betrieblichen Sozialexperten und der DAF handfeste Spannungen bestanden.

Beispielsweise sprach der BASF-Sozialdirektor 1939 auf dem 4. Deutschen Betriebswirtschafter-Tag (Thema: „Grundsätze der Betriebsführung“) über „Menschenführung“ im Betrieb.[92]) Diese, erklärte er, sei eine notwendige Maßnahme zur Unterstützung und Ergänzung der „unmittelbaren Führung des Menschenapparates durch den Betriebsführer“[93]), welche von einem „gewissen Spezialapparat“ durchzuführen sei. Mit „Spezialapparat“ meinte er die Sozialabteilung, deren Legitimität anscheinend so umstritten war, dass allein schon der Begriff nicht ohne weiteres verwendet werden konnte. Mit offensichtlicher Not beim Ringen um opportune Bezeichnungen bemühte sich Weiß, die Funktion und Rolle des „Leiters dieses Spezialapparats, den man nicht mit dem Fremdwort ‚Sozialchef' bezeichnen sollte, sondern vielleicht als Leiter des Gefolgschaftswesens“, zu umschreiben. An die Adresse der Hauptkonkurrentin DAF gerichtet war die Ergänzung, dass freilich auch „weitere Hilfspersonen“ zur Seite stünden: die Mitglieder des Vertrauensrats, der Betriebsobmann und der „Zellen- und Blockwalterapparat“ der DAF. Es könne zwar „nicht verschwiegen werden, daß auf diesem Gebiet hier und da noch nicht alles so klappt, wie es klappen sollte“, doch müsse es „in jedem richtig geführten Betrieb“ möglich sein, „die DAF-Organisation im Betrieb gleichzuschalten mit den Tendenzen, die in der Betriebsgemeinschaft selbst liegen.“[94])

[89]) *Weiß*, Stellung und Aufgabe, S. 58.
[90]) Ebd.
[91]) 1949 veröffentlicht, nachdem Weiß in seinem Entnazifizierungsverfahren als Mitläufer eingestuft worden war und das Unternehmen verlassen hatte.
[92]) *Weiß*, Die Führung.
[93]) Ebd. S. 49.
[94]) Ebd.

Wie sein späterer Erfahrungsbericht zeigt, fanden sich für diesen Ansatz keine Mitstreiter, im Gegenteil. Während des Nationalsozialismus verschlechterte sich die Situation betrieblicher Sozialexperten erheblich. Die DAF übernahm die Hoheit über den Bereich betrieblicher Personal- und Sozialpolitik, indem sie sie mit dem Gewicht einer nationalsozialistischen Massenorganisation einfach beanspruchte. Aufgrund ihrer schwachen Position hatten die Sozialexperten dem wenig entgegenzusetzen. Dennoch erhielten im Zuge dieser Veränderungen personal- und sozialpolitische Maßnahmen in Unternehmen aus dieser neuen Konstellation heraus einen neuen wissenschaftsgestützten Impetus.

Ab dem Ende der 1930er Jahre baute die DAF ihre Position als zentrale Akteurin für sozial- und arbeitspolitische Fragen durch den Aufbau eines umfangreichen wissenschaftsgestützten Expertenapparates aus, dem 1935 gegründeten so genannten „Arbeitswissenschaftlichen Institut" (AwI).[95]) Mit über 400 (1940) hier beschäftigten Statistikern, Ökonomen, Arbeitswissenschaftlern, Raumplanern und Sozialwissenschaftlern, die Ansätze und Verfahren zur „totalen" Gestaltung der nationalsozialistischen Gesellschaft entwickelten, stellte das AwI als spezifischer Wissensgenerator die „Kernzelle" der DAF-Bestrebung dar, die Arbeits- und Betriebsverfassung komplett neu zu ordnen.[96]) Zwar wurden dabei auch herkömmliche Maßnahmen (betriebliche Sozialleistungen), die kollektiv auf die jeweiligen Belegschaften ausgerichtet waren, fortgeführt. Gleichzeitig jedoch erfuhren im Zeichen des spätestens seit Beginn der 1940er Jahre zunehmend an Strahlkraft gewinnenden Leitbilds der „Leistungsgemeinschaft" verwissenschaftlichte Personalmaßnahmen einen verstärkten Ausbau. Diese Maßnahmen unterschieden sich von den herkömmlichen sozialpolitischen, indem sie insbesondere auf den Einzelnen abzielten, den es jeweils individuell in die wie auch immer akzentuierte „Betriebs-", „Leistungs-" oder „Volksgemeinschaft" zu integrieren galt. Damit knüpften die DAF und das AwI an den zweiten Traditionsstrang an, der bisher in der betrieblichen Praxis parallel, aber unverbunden zur betrieblichen Sozialpolitik bestand, den der Rationalisierungsbewegung.

Im Rahmen der von der DAF beziehungsweise dem AwI getragenen nationalsozialistischen „totalen", sozialutopischen Planungen kam es zu einer Engführung dieser beiden Expertenkulturen und damit zu einer Ergänzung des bisher maßgeblich technisch geprägten Filters von Verwissenschaftlichung. Zwar wurde der technische Denkstil von Rationalisierungsexperten weiterhin auch gepflegt. Beispielsweise erfuhr die Refa-Methode – als exemplarisch technisch orientierte, aber arbeits- und sozialpolitisch relevante Maßnahme –

[95]) *Roth*, Sozialpolitik und Intelligenz, vor allem S. 111–229; *Siegel/Freyberg*, Industrielle Rationalisierung, S. 77–98; *Raphael*, Radikales Ordnungsdenken, S. 13, 17–19.

[96]) *Roth*, Sozialpolitik und Intelligenz, S. 121–127; *Siegel/Freyberg*, Industrielle Rationalisierung, S. 60–77.

einen entscheidenden Schub.[97]) Gleichzeitig jedoch adaptierte die DAF zunehmend auch originär humanwissenschaftliches Wissen. Eine zentrale Bedingung dieser Öffnung stellte die mit dem Vierjahresplan intensivierte Bestrebung dar, alle verfügbaren Mittel zur Leistungssteigerung einzusetzen. Im Zuge dieser Neuausrichtung trat „Führung“ als Leitbild und sozialpraktischer Mechanismus der Ordnung und Funktionstüchtigkeit von (unternehmerischen) Organisationen immer stärker in den Vordergrund. Dies entsprach nicht nur dem durch das AOG („Gesetz zur Ordnung der nationalen Arbeit“, 1934) verfügten „Führerprinzip“, sondern war bereits mit der Verbreitung des Programms des „Deutschen Institut für technische Arbeitsschulung“ (DINTA) vorbereitet und praktikabel gemacht worden[98]).

Das DINTA, das in der zweiten Hälfte der 1920er Jahre aus dem Kreis schwerindustrieller Unternehmer hervorgegangen war, ging 1935 im Amt für „Berufserziehung und Betriebsführung“ der DAF auf.[99]) Diese Kontinuität manifestierte sich unter anderem in der Person Karl Arnholds, der zunächst dem DINTA und dann dem DAF-Amt vorstand. Das DINTA verfolgte ein Programm, das letztendlich auf die Schaffung einer „deutschen Facharbeiter-Elite“ abzielte,[100]) um so gleichzeitig im Sinne eines Anreizes der Leistungssteigerung und Integration aller Arbeiter zu dienen. Es wurden sowohl ausdifferenzierte Ausbildungs-Lehrpläne erarbeitet wie neue Lehrwerkstätten und Kurse in Menschenführung eingerichtet. Gleichzeitig erhielt das Instrument der Werkzeitungen im Zuge dieser Bestrebungen einen wesentlichen Schub. Signifikant war bei all diesen DINTA-Maßnahmen, dass immer Ingenieure die Hauptrolle spielten. Sie sollten die neuen „Menschenführer“ und „Volkserzieher“ werden.[101]) Das DINTA-Konzept erfuhr seit der zweiten Hälfte der 1930er Jahre durch die finanziell und personell bestens ausgestattete DAF, die sich im Fahrwasser des „Vierjahrsplans“ mit einem dezidierten Eigengewicht immer besser zu positionieren verstand, eine enorme Verbreitung und wissenschaftliche Untermauerung.[102]) Peter Hinrichs, der gar von einer „Dintisierung“ spricht, urteilte zusammenfassend: „Die oberste Zielsetzung der Arnholdschen ‚Menschenschulung‘ bestand in der ‚Fähigmachung‘ bzw. im ‚Fertigmachen‘ des ‚Menschenmaterials‘, um fortan den deutschen Arbeiter willfährig und hingebungsfähig zu machen, seinen intrinsischen Arbeitswillen zu stählen und ihn durch die ‚Beseelung‘ mit einem ‚neuen Geist‘ in den

[97]) *Pechhold*, REFA, S. 82-95; *Könke*, Die „Arbeitsbewertung“ in der Metallindustrie, S. 142-154.

[98]) *Trischler*, Führerideal.

[99]) *Siegel/Freyberg*, Industrielle Rationalisierung, S. 104-107.

[100]) *Kipp*, Die Formung des „neuen“ deutschen Facharbeiters; *Mommsen/Grieger*, Das Volkswagenwerk, S. 227-249.

[101]) *Nolan*, Das Deutsche Institut für technische Arbeitsschulung, S. 205.

[102]) *Hachtmann*, Wiederbelebung von Tarifparteien. Hier auch Angaben zu den finanziellen Mitteln und zur personellen Ausstattung der DAF im Überblick, S. 126.

Dienst der ‚Volksgemeinschaft' zu stellen."[103]) Dieses ingenieursdominierte, vom technischen Denkstil geprägte Konzept war lange, zum Teil bis in die 1960er Jahre, prägend für personalpolitische Leitbilder der betrieblichen Praxis.[104])

In der zweiten Hälfte der 1930er Jahre meldeten sich jedoch auch anders orientierte Disziplinen zu Wort, die neue Akzente setzten. Vertreter der Betriebswirtschaftslehre und Gäste aus der betrieblichen Praxis widmeten sich auf dem Betriebswirtschafter-Tag 1939 einer „erkenntnismäßigen Zusammenschau" der Führung des Betriebs, damit „die völkische Ordnung über die Führung des Betriebs nicht zerbrochen, sondern gefestigt" werde.[105]) Hier wurden die DINTA-DAF-Ansätze aufgegriffen und mit neuen humanwissenschaftlichen Ansätzen verknüpft, etwa denjenigen der Psychologen des „Deutschen Instituts für psychologische Forschung und Psychotherapie" in Berlin. Werner Kind beispielsweise, Vorstandsmitglied der Alexanderwerk A. von der Nahmer AG (Remscheid), führte in seinem Beitrag aus, dass der „Führer des Betriebs sich einer hervorragenden Unterstützung" begebe, „wenn er [...] nicht Fühlung nimmt mit dem früheren Dinta, dem heutigen Amt für Berufserziehungen und Betriebsführung in der DAF." Dieses Amt entsende „Ingenieurs-Stoßtrupps", die Hilfe leisteten bei betrieblichen und organisatorischen Umstellungen. Diese Stoßrichtung ließe sich noch steigern, „wenn auf diesem Gebiet der psychologisch geschulte Unternehmerberater die Betriebsführung unterstützt, die Mitarbeiter tiefenpsychologisch erforscht und berät und gegebenenfalls die Einschaltung eines geeigneten Psychotherapeuten zur Behebung von Störungen vorschlägt." Zwar stünde man in dieser Beziehung noch vor Neuland, aus persönlicher Erfahrung „mit überraschend günstigen Ergebnissen" jedoch könne er nur den Rat geben, sich mit diesen Fragen eingehender zu befassen: „Die Zentralstelle hierfür ist das ‚Institut für psychologische Forschung und Psychotherapie' unter der Leitung von Professor Göring."[106])

Dieses psychologische Institut, das so genannte „Göring-Institut", wurde von Matthias Heinrich Göring – einem Vetter Hermann Görings – geleitet und war 1936 auf Initiative der Reichsärzteschaft und des Reichsinnenministers gegründet worden.[107]) Es fasste Vertreter der drei bis dahin organisatorisch getrennten psychotherapeutischen Schulen (Freudianer, Jungianer, Adlerianer) zusammen, um eine neue „Seelenheilkunde" zu entwickeln. Wie für so viele während des Nationalsozialismus neu gegründete wissenschaftliche

[103]) *Hinrichs*, Kampf um die Seele, S. 280f.; zur „Dintisierung", S. 285.
[104]) *Berghahn*, Unternehmer, S. 252f.
[105]) Walter *Thoms*, Die Führung des Betriebes, S. 7, in: Grundsätze der Betriebsführung, hg. v. d. Deutschen Gesellschaft für Betriebswirtschaft, Berlin 1939; vgl. zu Thoms: *Gmähle*, Betriebswirtschaftlehre, S. 129–134, 177–181, 213–218, 271.
[106]) Werner *Kind*, Die Führung des Betriebs, in: Grundsätze der Betriebsführung, hg. v. d. Deutschen Gesellschaft für Betriebswirtschaft, Berlin 1939, S. 30–33.
[107]) *Cocks*, Psychotherapy, S. 252–259; *Lockot*, Erinnern, S. 188–212.

Institutionen typisch,[108]) war auch seine Tätigkeit geprägt von einer dezidierten Praxisorientierung. Seit dem Ende der 1930er Jahre gehörten zunehmend auch Unternehmen zu den Auftraggebern der Psychologen. Zu Beginn der 1940er Jahre wurde daher im „Göring-Institut" eine betriebspsychologische Abteilung eingerichtet.[109])

Parallel dazu baute auch die DAF in zwei Formen die Verwendung psychologischen Wissens aus. Sie richtete in der zweiten Hälfte der 1930er Jahre ein eigenes „Institut für Arbeitspsychologie und Arbeitspädagogik" ein, wo psychologisches Wissen zunächst – der in den 1920er Jahren etablierten psychologischen Berufspraxis entsprechend – hauptsächlich im Bereich der Berufslenkung eingesetzt wurde. Während des Kriegs jedoch traten Personalauswahlverfahren und Führerschulungen immer stärker in den Vordergrund.[110]) Gleichwohl war die Arbeit des DAF-Instituts für Arbeitspsychologie geprägt von einer signifikanten Beharrungskraft der ingenieursdominierten Tradition. Bezeichnend dafür ist, dass das Institut von einem Ingenieur (Josef Mathieu) geleitet wurde, während die Beschäftigten großteils Psychologen waren.[111]) Dieser Pfadabhängigkeit war auch die dem Institut eigene dominante Orientierung auf „Arbeit" als gemeinsamem Nenner geschuldet, auf den sich Psychologen und Ingenieure einigen konnten.

Eine eigenständige Ausrichtung hingegen konnten sich die Psychologen des „Göring-Instituts" bewahren. Sie arbeiteten auch mit der DAF zusammen, ließen sich institutionell aber nicht in deren Organisation einbinden. Im September 1939 schloss die DAF mit dem „Göring-Institut" einen auf vier Jahre angelegten Kooperationsvertrag. Danach war das Institut der DAF-Aufsicht unterstellt, wurde im Gegenzug dafür finanziert, blieb organisatorisch jedoch eigenständig.[112]) Diese Zusammenarbeit resultierte von Seiten des Instituts maßgeblich aus finanziellen Erwägungen, stellte eine Kooperation mit der allzeit solventen DAF doch ein Ende der permanenten Mittelknappheit in Aussicht.[113]) Auf Seiten der DAF ergab sich Kooperationsbedarf, als zu Beginn des Jahres 1939 Hermann Göring, der „Beauftragte für den Vierjahresplan" an Robert Ley delegiert hatte, ein Konzept zur Neugestaltung der Kranken- und Rentenversicherung auszuarbeiten. Nützlich für das Zustandekommen des Vertrags war zudem gewiss auch die verwandtschaftliche Nähe zwischen dem Leiter des Instituts (Mathias Heinrich Göring) und Hermann Göring.

[108]) *Raphael*, Radikales Ordnungsdenken, vor allem S. 13f.
[109]) *Geuter*, Die Professionalisierung, S. 248–253; *Cocks*, Psychotherapy, S. 252.
[110]) Zum Institut für Arbeitspsychologie: *Geuter*, Institut für Arbeitspsychologie; zur Tätigkeit von Psychologen während des Kriegs vgl.: *Raphael*, Zweierlei Kriegseinsatz; *Ansbacher*, Industrial Psychology; *ders.*, Testing.
[111]) Als Psychologen waren hier u. a. beschäftigt: W. Lejeune, Elisabeth Lucker, Thaddäus Kohlmann, Martha Moers, Maria Paul-Mengelberg, Carl-Alexander Roos und Maria Schorn. Vgl. Geuter, Institut für Arbeitspsychologie, S. 92. Mathieu wurde 1942 a.pl. Professor an der TH Aachen; vgl. *Geuter*, Die Professionalisierung, S. 575.
[112]) *Cocks*, Psychotherapy, S. 251ff.; *Lockot*, Erinnern, S. 207.
[113]) *Cocks*, Psychotherapy, S. 179f., 203.

Über das Konkurrenzverhältnis zwischen den beiden psychologischen Instituten lässt sich nur spekulieren.[114]) In jedem Fall finden sich einige Belege für gemeinsam durchgeführte Maßnahmen, wobei im Verlauf des Kriegs vor allem die Psychologen des „Göring-Instituts" ihre Handlungsspielräume zunehmend ausweiten konnten.[115]) Arbeits- und betriebspsychologische Aufträge erhielten sie nicht mehr vermittels der DAF, sondern sie arbeiteten nun auch direkt mit Unternehmen zusammen. Ein herausragendes, weil von allen Seiten mit großem Interesse zur Kenntnis genommenes Projekt stellten die so genannten „Kohlhof-Gespräche" für Meister dar, die in Kooperation mit Weiß bei der BASF entwickelt wurden.[116]) Dabei handelte es sich um einwöchige Lehrgänge für „Unterführer" – benannt nach dem Ort der Durchführung, einem Gasthof in der Nähe Heidelbergs –, die eine mehrfache Zielsetzung verfolgten: Den Teilnehmern sollte die „Kunst der Menschenführung" vermittelt werden, damit sie in der Lage seien, die reduzierte Arbeitsmoral der Belegschaften zu heben. Zugleich sollten sich die Meister und Vorarbeiter auch körperlich und seelisch erholen. Dazu diente insbesondere die Möglichkeit zur „Aussprache und Betreuung" durch den psychologischen Berater während dieser Woche. Außerdem erhielten alle Teilnehmer nach Abschluss der Veranstaltung regelmäßig den so genannten „Kohlhofbrief", ein in Briefform verfasstes Mitteilungsblatt. Darin reproduzierte der psychologische Berater Ludwig Zeise das Gelernte und versuchte so, Hilfestellung bei der Umsetzung zu leisten.

Diese neue durch die DAF-Experten-Forschung eingeleitete humanwissenschaftliche Schwerpunktsetzung, die vor allem während des Kriegs an praktischer Relevanz gewann, stellte eine zentrale Bedingung dafür dar, dass sich Psychologen in Kooperation mit betrieblichen Sozialexperten einen Zugang zu Unternehmen erschließen konnten. Das war neu, allerdings nicht von langer Dauer, zumal mit Kriegsende auch das Aus all der nationalsozialistischen Institutionen einherging, die diese Konstellation trugen. Dennoch waren es genau diese Akteure – betriebliche Sozialexperten deutscher Großunternehmen und Betriebspsychologen des „Göring-Instituts" –, die nach 1945 an diese Kooperation und Konstellation anknüpften, als sie zur „Sozialen Betriebsgestaltung" aufriefen und damit das personalpolitische Feld initial zündeten. Die nachdrückliche Motivation, die sie dabei an den Tag legten, erklärt sich auch

[114]) Ebd. S. 257.

[115]) Ebd. S. 258f., *Lockot*, Erinnern, S. 198. 1944 lief der Kooperationsvertrag mit der DAF aus. Das „Göring-Institut" wurde – nun unter dem offiziellen Titel „Reichinstitut für psychologische Forschung und Psychotherapie" und ausgestattet mit dem Status der besonderen „Kriegswichtigkeit" – finanziell und organisatorisch dem „Reichsforschungsrat" zugeordnet, während es gleichzeitig aber auch weiterhin Mittel von der DAF erhielt sowie außerdem vom Reichsluftfahrtministerium und von der Stadt Berlin. Vgl. dazu *Lockot*, Erinnern, S. 208f.

[116]) *Platz/Raphael/Rosenberger*, Anwendungsorientierte Betriebspsychologie, S. 304f.; *Rosenberger*, Der schwierige Dialog, S. 184f.

aus der Erfahrung ihrer verhinderten eigenständigen Positionierung in Unternehmen, was beide Akteursgruppen permanent zu ändern versuchten, jedoch erst im letzten Kriegsjahr von Teilerfolgen gekrönt war. Ihre größten Konkurrenten waren Rationalisierungsexperten. Sie bauten sowohl während der 1920er Jahre wie auch während des Nationalsozialismus unter Verbreitung ihres technischen Denkstils ihre (betrieblichen) Handlungsspielräume immer weiter aus und machten dabei auch vor dem personal- und sozialpolitischen Bereich nicht Halt.

Zentral für die Schwäche und das geringe Durchsetzungsvermögen der Humanexperten war, dass es ihnen im Gegensatz zu den Ingenieuren nicht gelang, eine eigenständige Expertenkultur zu etablieren, die inner- wie außerbetrieblich institutionalisiert war und über eine strukturelle Anbindung an (mindestens) eine wissenschaftliche und akademisch anerkannte Disziplin verfügte. Möglichkeiten, die für eine solche humanwissenschaftliche und/oder personalexpertielle Etablierung vorhanden waren – sei es im Rahmen der sozialreformerisch motivierten Professionalisierungsbestrebungen von Sozialbeamten, sei es im Kontext der sich dezidiert als „Praxiswissenschaft" etablierenden Betriebswirtschaftslehre oder als Teil der anwendungsorientierten Psychologie –, ließ man verstreichen. Ursächlich war dafür im Einzelfall zwar jeweils ein Bündel unterschiedlicher Bedingungen; immer stand einer solchen Etablierung aber die subordinierte Position von Sozialexperten in der betrieblichen Hierarchie entgegen.

1.2 Betriebliche Sozialexperten, Friedrich Naumann und „neudeutsche" Katholiken: Zur Vorgeschichte des Gemeinplatzes vom „Menschen im Mittelpunkt"

Trotz ihrer auf halbem Weg stecken gebliebenen Etablierung pflegten betriebliche Sozial- und Humanexperten in der ersten Hälfte des 20. Jahrhunderts spezifisch eigene Orientierungen und Ziele. Diese traten zwar hinter das dominante durch die betriebliche Praxis geprägte Selbstverständnis als Vertreter und Berater der jeweiligen Geschäftsleitung zurück, wurden jedoch nicht aufgegeben. Diese Orientierungen entstanden in unterschiedlichen Kontexten im Zuge der Formierung betrieblicher Sozialexperten als neue Akteursgruppe und waren von da an immer wieder Ausgangspunkt erneut unternommener Anläufe, die eigene Position zu verbessern. Erst unter den Bedingungen nach 1945 sollten sie allerdings nachhaltig zum Tragen kommen. Um zu verstehen, warum das der Fall war, muss man nicht nur die Geschichte der verhinderten Etablierung betrieblicher Humanexperten kennen, sondern auch die Genese ihrer spezifischen Orientierungen und Referenzen.

Friedrich Schomerus' Ansatz einer „reellen Arbeiterpolitik", wie er ihn 1905 als Sozialsekretär bei der „Nordwolle" skizzierte, stand idealtypisch für die frühe Programmatik sozialreformerisch orientierter betrieblicher Sozialexperten. Vor allem seine dezidiert praktische Ausrichtung war besonders „fortschrittlich". Woraus aber speiste sich diese Programmatik? Welche Ideen waren darin wirksam? Und was begeisterte den Sozialsekretär so, dass er bereit war, „so viele Jahre seines Lebens zu widmen, als nötig" seien?

Schomerus (geb. 1876, Studium 1895–1901) wurde während seiner Jugend und Studienzeit gleichsam im Schnelldurchlauf mit dem gesamten Spektrum sozialreformerischer Entwürfe konfrontiert, wie es sich seit der Mitte des 19. Jahrhunderts entwickelt hatte. An den im letzten Jahrzehnt des Jahrhunderts kulminierenden Auseinandersetzungen, als „alle sozialmoralischen Milieus frei auf dem politischen Massenmarkt konkurrierten",[117]) nahm er zudem aktiv teil. Dabei fand er in Friedrich Naumann, einer wegweisenden Schlüsselfigur im Übergang von einer auf den Staat fixierten gelehrten Variante der Sozialreform zu einem viel stärker gesellschaftspolitisch orientierten Entwurf, seinen wichtigsten „Lehrer".

Im Laufe seines Studiums (1895–1901) kam Schomerus in Kontakt mit einigen der wichtigsten Vertreter der so genannten „Kathedersozialisten". Gustav Schmoller, Adolf Wagner und Karl Bücher, bei denen er Lehrveranstaltungen und Vorträge besuchte,[118]) gehörten zu der Gruppe von Nationalökonomen, die sich seit dem letzten Drittel des 19. Jahrhunderts von der bisher in der Wirtschaftswissenschaft vorherrschenden Orientierung an einem naturgesetzlich abgeleiteten individualistischen Konkurrenzprinzip abgewandt hatten. Sie setzten stattdessen auf die Ausgestaltung eines an ethischen Prinzipien wie Gemeinwohl und Gerechtigkeit orientierten Interventionsstaats. Mit dem 1872 gegründeten „Verein für Sozialpolitik" (VfS), der bis zum Beginn des 20. Jahrhunderts die wichtigste Trägerinstitution der bürgerlichen Sozialreform darstellte, versuchten sie dieser Stoßrichtung durch Beeinflussung der öffentlichen Meinung und durch Druck auf die soziale Gesetzgebung auch politische Relevanz zu verleihen.[119]) Die „Kathedersozialisten" fungierten damit als „geistiges Zentrum" des mehrheitlich protestantischen linken Flügels der Sozialreformer.[120]) Ihre Dominanz markiert den Höhepunkt der wissenschaftsorientierten Phase der bürgerlichen Sozialreform als Bewegung. Engste Verbindungen bestanden zum 1890 gegründeten „Evangelisch-sozialen Kongress", der sich als Plattform des Schulterschlusses zwischen Theologen und Nationalökonomen etablierte, und mit dem der vollständige Anschluss der evangelisch-sozialen Bewegung an die bürgerliche Sozialreform gelang.[121]) Hier trat 1892 Friedrich Naumann (1860–1919) als neuer Akteur auf die Bühne.[122]) Er

[117]) *Hübinger*, „Maschine und Persönlichkeit", S. 173.
[118]) *Springer*, „Ich will helfen", S. 26–63.
[119]) *Vom Bruch*, Bürgerliche Sozialreform, S. 61–82, 122–130.
[120]) Ebd. S. 100.
[121]) Ebd. S. 101, 104.
[122]) *Pollmann*, Friedrich Naumann, S. 49. Vgl. zu Naumann allgemein die Biographie von Theodor Heuss (*Heuss*, Friedrich Naumann) sowie den Sammelband: *Vom Bruch*, Friedrich Naumann, über den auch die ältere Literatur zu erschließen ist.

sollte von da an wegweisend zum Übergang zur praktischen Phase beitragen und damit gleichzeitig zur wichtigsten Referenzgröße für Schomerus werden.

Naumann verlegte ab Mitte der 1890er Jahre sein Engagement verstärkt in den politischen Bereich. Zu diesem Zeitpunkt hatte er sich als Wortführer einer Gruppe junger Liberaler ausgehend von einer Auseinandersetzung auf dem Evangelisch-sozialen Kongress im Spektrum der Sozialreformer erfolgreich positioniert.[123]) Mit der Akzeptanz der Sozialdemokratie als vollwertiger politischer Akteur und der Auffassung, dass diakonische Arbeit in politische Kontexte integriert werden müsse anstatt wie bisher allein den Trägern der konfessionellen Wohlfahrtspflege zu unterliegen, schuf er zentrale Voraussetzungen seiner späteren gesellschaftspolitischen Programmatik.[124]) 1897 legte er sein Amt als Pfarrer nieder und konzentrierte sich auf seine Karriere als Berufspolitiker. Den Rahmen dafür stellte der 1896 von ihm gegründete „National-soziale Verein" dar, der es sich explizit zur Aufgabe gemacht hatte, die Etablierung einer politischen Partei vorzubereiten.[125]) Naumanns „National-sozialer Verein", der bis 1903 bestand, war nicht nur der erste Schritt auf seinem exemplarischen Weg von der bürgerlichen Vereinskultur zum Vertreter eines pluralistischen Parteienspektrums der Weimarer Demokratie. Während der acht Jahre seines Bestehens war der „National-soziale Verein" auch Ort der programmatischen Profilierung Naumanns als Politiker sowie institutionalisiertes Gründungszentrum einer entsprechenden Schule, des so genannten „Naumann-Kreises".[126])

Nicht zufällig wurde auch Schomerus, der vom Winter 1896 bis zum Frühjahr 1898 in Berlin studierte, genau zu diesem Zeitpunkt auf Naumann aufmerksam.[127]) Als Student hörte er Vorträge von ihm, las „Die Hilfe" – eine Zeitschrift, die Naumann 1894 gegründet hatte – und lernte Naumann auch persönlich kennen, als er im März 1897 an einer Versammlung der Vertrauensmänner des „National-sozialen Vereins", einem kleinen Kreis von acht Personen, teilnehmen durfte. Tief beeindruckt schrieb Schomerus danach an seinen Vater: „Auf seine [Naumanns] Persönlichkeit darf Deutschland Hoffnungen setzen"[128]) – wie auch er selbst es von nun an tat. Schomerus beteiligte sich am Wahlkampf der „National-Sozialen" und setzte sich mit deren Programmatik auseinander. Dass sogar bei seiner Entscheidung für Lene Treplin als Lebensgefährtin (1904) ihre Herkunft aus einem evangelischen Naumannianisch eingestellten Pfarrershaushalt eine nicht unbedeutende Rolle spielte; dass – wie er es Lene gegenüber in echt protestantischer Manier formulierte – die „Losung" seiner Entscheidung „ein weltlich soziales Pfarrhaus" gewesen

[123]) *Pollmann*, Friedrich Naumann, S. 50ff.; *Nowak*, Wege in die Politik, S 31f.
[124]) *Kaiser*, Naumann, S. 25f.
[125]) *Hübinger*, „Maschine und Persönlichkeit", S. 170–178.
[126]) *Krey*, Der Naumann-Kreis.
[127]) *Springer*, „Ich will helfen", S. 45ff.
[128]) Zit. n. ebd. S. 46.

sei;[129]) dies lässt erahnen, *welch* nachhaltigen Eindruck Naumann auf Schomerus gemacht hatte.

Freilich las Schomerus auch die in dieser Zeit entstandenen Schriften Naumanns: „Demokratie und Kaisertum“, Naumanns verfassungspolitischen Entwurf und Programmschrift der National-sozialen, sowie die „Neudeutsche Wirtschaftspolitik“, Naumanns „Anerkenntnis der Zukunftsfähigkeit des Kapitalismus“.[130]) Neben einer Neubestimmung der sozialen Funktion der Kirchen war besonders die Integration der Arbeiterschaft in die politische und soziale Ordnung des deutschen Nationalstaats darin eines der wichtigsten Themen. Naumann konzipierte einen „industriepolitischen“ Ansatz, der auf eine kultur- und sozialpolitische Einbettung des Kapitalismus abzielte, was sich in der korrektiven Ergänzung durch Sozialpolitik und partizipatorische Elemente niederschlug.[131]) Überzeugt davon, dass eine „bloß politische Demokratie“ zahlreichen Gefahren ausgesetzt sei und daher der zusätzlichen Absicherung in der Wirtschaftsverfassung bedürfe, stellte Naumann die folgenden drei Pfeiler als Voraussetzung einer solchen Verankerung heraus: 1. die rechtliche Absicherung der Gewerkschaften, 2. neu zu schaffende überbetriebliche Gremien zur Interessenvertretung der Arbeitnehmer und 3. den Ausbau der innerbetrieblichen Mitbestimmung. Vor allem mit der Thematisierung der Mitbestimmung ging Naumann über das hinaus, was bisher in sozialreformerischen Kreisen an arbeits- und sozialpolitischen Konzepten vorlag,[132]) indem er auch die betriebliche Sozialordnung in seine Neugestaltungspläne einbezog. Er knüpfte dabei an das von Heinrich Freese 1899 auf dem Evangelisch-sozialen Kongress vorgestellte „konstitutionelle Fabriksystem“ an und entwickelte die Vision eines „zukünftigen Fabrikparlamentarismus“.[133]) Zentraler Ausgangspunkt war die Überzeugung vom „Wert jedes Einzelmenschen für den Menschheitsfortschritt“ und das daraus abgeleitete Postulat eines Rechts auf Persönlichkeit.[134])

Damit bezog sich Naumann auf einen protestantischen „Grundkonsens“ des Kaiserreichs, „der von einigen wenigen der Religiösen Sozialisten über die theologische Linke der ‚Religionsgeschichtler‘ und die Ritschlianer bis hin zum konservativen Kulturluthertum“ reichte, die Devise: „von der Masse zur Persönlichkeit“.[135]) Die protestantischen Theologen des Kaiserreichs teilten

129) Ebd. S. 146.

130) *Naumann*, Demokratie und Kaisertum (1900); *ders.*, Neudeutsche Wirtschaftspolitik (21906). Zu „Demokratie und Kaisertum“: *Hübinger*, Kulturprotestantismus, S. 150f.; zur „Neudeutschen Wirtschaftspolitik“: *Hübinger*, „Maschine und Persönlichkeit“, S. 186; *Jähnichen*, Neudeutsche Kultur- und Wirtschaftspolitik, S. 152-163.

131) Ebd. S. 156.

132) *Vom Bruch*, Bürgerliche Sozialreform, S. 130–152; *Krüger*, Ein „Morgenrot wirklicher Sozialreform“.

133) Vgl. zu Freese: *Eidenmüller*, Betriebswirtschaftlich relevante Theorien, S. 131f.; *Teuteberg*, Geschichte der Industriellen Mitbestimmung, S. 487.

134) *Jähnichen*, Neudeutsche Kultur- und Wirtschaftspolitik, S. 158f.

135) Ebd. S. 128.

„nicht nur das kulturalistische Selbstverständnis der deutschen Hochschullehrer und insbesondere der Repräsentanten der Kulturwissenschaften, einer ihrer inneren Gestaltungsprinzipien noch unsicheren Kulturnation kulturelle Werte vermitteln zu müssen und angesichts der vielfältigen Krisen des Modernisierungsprozesses zur ethischen politischen Führung des neuen Nationalstaats berufen zu sein." Der Glaube an eine hohe „gesamtkulturelle", das heißt gesellschaftliche Relevanz ihrer Wissenschaft war bei den Theologen überdies besonders stark ausgeprägt.[136]) Gleichwohl dürften Naumanns sehr konkrete, praxisorientierte Realisierungsansätze eine Ausnahme dargestellt haben. Für die Mitglieder des „National-sozialen Vereins" war der Persönlichkeitsgedanke zentraler Ausgangspunkt ihrer neuen gemeinsamen spezifisch liberal-protestantischen Kernordnungsvorstellung: Ihr „ethisches Prinzip der kulturellen Vergesellschaftung" bestand in dem Ziel einer „aktiven Welterfassung durch individuelle Bildung, durch ‚Selbstbildung' und damit [... in] der Prämierung der ‚Individualmoral' vor der ‚Gemeinschaftsmoral'".[137]) Es war *die* entscheidende Voraussetzung für Naumanns „fabrikparlamentarischen" Ansatz, der nicht nur gekennzeichnet war von einem individuellen Zugriff auf den einzelnen Arbeitnehmer, sondern auch auf dessen Inneres abzielte, seine Motivation und Beteiligung, seine Identifikation und sein Selbst. Naumann ging es um nichts weniger als darum, die Arbeiterschaft von „Industrieuntertanen zu Industriebürgern" zu machen.[138])

Der Soziologe Hans Jürgen Teuteberg bescheinigte ihm 1961 dafür, „mit großer Weitsicht [...] schon kurz nach der Jahrhundertwende die Konturen einer künftigen deutschen Arbeitermitbestimmung großen Stils und ihre prinzipielle Bedeutung für den Bestand der gesamten Gesellschaftsordnung" aufgezeigt und dabei „wie nur wenige seiner Zeit – die Vielschichtigkeit, die notwendigen Abstufungen, die Gefahren und die Grenzen dieses Problems" erkannt zu haben.[139]) Angesichts der wenig erfolgreichen Entwicklung der Mitbestimmung während der 1920er Jahre und erst recht im NS stimmte jedoch auch Teuteberg in das beliebte Beklagen von Naumanns frühem Tod (1919) und die damit verbundene resignative Feststellung ein, dass es trotz aller Brillanz, Einsicht und Vollständigkeit bei Reden und Schriften geblieben sei, da es keinerlei Möglichkeiten gegeben habe, diese Gedanken in der Praxis zu erproben.

In der Tat war Naumann einer der frühen Vordenker der Mitbestimmung. Doch waren zum einen seine Gedanken zeitgenössisch nicht so wirkungslos, wie auch Teuteberg annimmt; und zum anderen entsprach Naumanns „fabrik-

[136]) *Graf*, Rettung der Persönlichkeit, S. 105f.
[137]) *Hübinger*, „Maschine und Persönlichkeit", S. 175. Vgl. zum Begriff des „Kulturprotestantismus", den Hübinger von Friedrich H. Tenbruck übernommen hat, außerdem: *Hübinger*, Kulturprotestantismus, vor allem S. 1, 15, 20–25.
[138]) Friedrich *Naumann*, Vom Industrieuntertan zum Industriebürger (1907), in: *Brakelmann/Jähnichen*, Die protestantischen Wurzeln, Text Nr. 17, S. 183–191.
[139]) *Teuteberg*, Geschichte der Industriellen Mitbestimmung, S. 489f.

parlamentarischer" Ansatz aufgrund der liberal-individualistischen Fundierung nur bedingt der westdeutschen Mitbestimmungspraxis nach 1945. Diese setzte maßgeblich nämlich auf, wenn auch betriebsbezogene, so aber dennoch kollektive Vertretungen und damit allenfalls vermittelt über die Betriebsratswahl auf individuelle Integration. Naumanns Überlegungen hingegen boten einen zentralen Ansatz für ein sich zur Mitbestimmung komplementär verhaltendes Tätigkeitsfeld, das betrieblicher Personal- und Sozialpolitik. Ihm war es im Sinne seines Mottos, den „Industrieuntertan zum Industriebürger" zu machen, ein besonderes Anliegen, jegliche Formen des „Betriebsfeudalismus" zu beseitigen, die er besonders in der betrieblichen Wohlfahrtspolitik erkannte. Stattdessen wollte er „die bewusste Mitarbeit der abhängig Arbeitenden [...] wecken, damit ‚auch die großindustrielle Arbeit freudige und selbstgewollte Leistung und Eigeninteresse der arbeitenden Person wird'"[140]). Genau dies war der ideelle Hintergrund, vor dem Schomerus' Pläne seiner „reellen Arbeiterpolitik" entstanden, und aus dem sich auch sein anfänglicher Elan und seine ambitionierten Ziele erklären. Im Mai 1905, also noch bei der „Nordwolle", schrieb er einen Monat bevor er sein Konzept skizzierte an seine Frau:

„[...] hier soll ich ja versöhnen, vermitteln von Berufswegen, aber nicht kämpfen und zum Kampf auffordern. [...] Aber so recht tüchtig drin stehen im Kampfe, das möchte ich doch gern mal. Kämpfen für die Ideale! Freiheit und Persönlichkeit, Charakter und Tüchtigkeit. Unter diese Ideale stelle ich auch meine ganze Stellung zur Arbeiterfrage; die Sozialpolitik muss die Frucht tragen, daß Charaktere aus den unteren Volksklassen erwachsen können; daher ist Selbstbetätigung in Gewerkschaften, Heranziehung der Arbeiterklasse zu Verwaltungsaufgaben, Erziehung der Jugend zum rechten Gebrauch der Freiheit nötig."[141])

Schomerus war ein echter Idealist, und dazu ein kämpferischer. Die Ideen, denen er sich und seine Arbeit verschrieb – Freiheit und Persönlichkeit, Charakter und Tüchtigkeit –, entsprachen vor allem in ihrer (anfänglichen) Ausrichtung auf die Arbeiter den Grundorientierungen Naumanns liberal-protestantischer „fabrikparlamentarischer" Überlegungen. Eine herausragende Position nahm auch bei ihm der kulturprotestantische Persönlichkeitsgedanke als angewandtes „ethisches Prinzip der Vergesellschaftung" ein. Bereits das erste Projekt, das Schomerus bei der „Nordwolle" in Angriff nahm, die „Akademie für Hilfsarbeiterinnen", war maßgeblich von diesem Prinzip geprägt: „Die jungen Mädchen [...]", so der Sozialsekretär, „müssten [...] eine tüchtige theoretische Ausbildung erfahren und sich eine allgemeine Bildung erwerben. Tüchtige Charaktere und Persönlichkeiten aus ihnen zu machen, das ist die Hauptsache!"[142])

Der Sozialsekretär der „Nordwolle" war damit einer von denen, die über den Weg der betrieblichen Sozialpolitik Naumanns Gedanken zeitgenössisch

[140]) Zit. n. *Jähnichen*, Neudeutsche Kultur- und Wirtschaftspolitik, S. 160.
[141]) Zit. n. *Springer*, „Ich will helfen", S. 158.
[142]) Zit. n. ebd. S. 153.

und praktisch umzusetzen versuchten. Schomerus war mit dieser Einstellung im Kreis seiner Kollegen zudem nicht allein. Auch Georg Hahn etwa, der streitbare Sozialbeamte der Hoechster Farbwerke, war davon überzeugt, dass „durch das Eingreifen eines sozial denkenden Mannes [des „Sozialdirektors"] den Arbeitern zunächst einmal das Gefühl wiedergegeben" werden müsse, „dass sie keine bloßen Nummern, sondern vollwertige Persönlichkeiten sind", dass vor allem „das in jeder Menschenseele brennende Verlangen, als Individualität zur Geltung zu gelangen", gestillt werden müsse.[143]) Und auch Albrecht Weiß, der Leiter der sozialpolitischen Abteilungen der BASF, pflegte dieselben Orientierungen. An seinem Beispiel zeigt sich überdies die Kontinuität des protestantischen Persönlichkeitsgedankens als spezifischer Orientierungsreferenz betrieblicher Sozialexperten vom Beginn der 1920er Jahre bis in die zweite Hälfte des 20. Jahrhunderts.

Weiß stammte aus einer prominenten evangelischen Theologenfamilie. Sein Großvater väterlicherseits Bernhard Weiß (1827–1914) war maßgeblich am Aufbau der Inneren Mission beteiligt,[144]) sein Großvater mütterlicherseits Albrecht Ritschl (1822–1889) begründete die einflussreiche Schule der so genannten „Ritschlianer", der unter anderen Adolf von Harnack als einer der bedeutendsten Wissenschafts-, Bildungs- und Sozialpolitiker des Kaiserreichs und der Weimarer Republik angehört hatte.[145]) Albrecht Weißens Vater Johannes Weiß (1863–1914)[146]) war einer der Hauptvertreter der „Religionsgeschichtlichen Schule" (RGS), einer Gruppe evangelischer Theologen, die seit dem letzten Jahrzehnt des 19. Jahrhunderts unter Adaption historisierender Methoden einen gleichsam „säkularisierten", liberalen theologischen Ansatz vertraten.[147]) Aus dieser Schule ging unter anderem das 1903 begründete Lexikon „Religion in Geschichte und Gegenwart" (RGG) hervor,[148]) an dem sich auch Naumann orientierte, als er das „Deutsche Staatslexikon" ins Leben rief[149]). Besonders anhand dieser Lexika zeigt sich die deutliche Tendenz dieser Theologen, über den akademischen Raum hinaus auch gesellschaftlich zu wirken. Johannes Weiß war zudem einer der Vertreter des Kulturprotestantismus, die sich auch politisch engagierten.[150]) Er pflegte enge Beziehungen zu Friedrich Naumann. Weiß war nicht nur inhaltlich und finan-

[143]) *Hahn*, Aufgaben des Sozialdirektors, in: *Katscher*, Sozialsekretäre, S. 13–16, hier S. 14, 15.

[144]) *Wesseling*, Karl Philipp Bernhard Weiß; J.*H.*, Der Lebenslauf des Jubilars [Albrecht Weiß], in: Mensch und Arbeit 12, 1960, S. 162–164, hier S. 162.

[145]) *Nowak/Oexle*, Adolf von Harnack.

[146]) *Wesseling*, Johannes Weiß; [Lebenslauf] Johannes *Weiß*, in: *Lüdemann/Schröder*, Die religionsgeschichtliche Schule, S. 88f.

[147]) Ebd.; *Lüdemann*, Die „Religionsgeschichtliche Schule"; einige Beiträge in: *Özen*, Historische Wahrheit.

[148]) *Özen*, „Die Religion in Geschichte und Gegenwart".

[149]) *Hübinger*, Kulturprotestantismus, S. 303–305.

[150]) *Lannert*, Die Wiederentdeckung.

ziell an der Vorbereitung „Der Hilfe" wie auch „Der Zeit" beteiligt, Naumanns Zeitschriften-Projekten während der 1890er Jahre. Er gehörte auch zu den Gründungsmitgliedern des „National-sozialen Vereins".[151]) In den programmatischen Diskussionen, die der Vereinsgründung vorangingen, vertrat Weiß eine „liberal revisionistische" Position:[152])

„Wir müssen uns endlich darüber klar werden, wie viele oder wenig wirtschaftliche und politische Forderungen wir im Namen des Christentums überhaupt aufstellen können. Ich meine es sind nur ganz wenige und ganz allgemeine Gedanken."

Einer der zentralen war für ihn der „ewige Wert und die göttliche Bestimmung der menschlichen Persönlichkeit".[153])

Johannes Weiß gehörte somit zu jenen, die im Kontext der Auseinandersetzungen über Programmatik und Ausrichtung von Naumanns „National-sozialem Verein", das Verhältnis zwischen politischem und religiösem Liberalismus nicht nur zeitgenössisch explizit thematisierten, sondern zugleich versuchten, es vermittels einer handlungsrelevanten Formel praktisch zu operationalisieren.[154]) Was dabei herauskam, war eben jener kulturprotestantische Persönlichkeitsgedanke, jene ethische Maxime der „kulturellen Vergesellschaftung", die jeden Einzelnen zur Bildung seiner selbst und damit zur Integration in den gesellschaftlichen Kontext verpflichtete und dadurch wiederum auch diesen Kontext ausgestalten sollte. Sein Sohn Albrecht Weiß erfuhr über seine familiäre Sozialisation diese kulturprotestantische Prägung.[155])

Im originär politischen Bereich scheinen die Auswirkungen des kulturprotestantischen Persönlichkeitsgedankens eher bescheiden gewesen zu sein, da sie von anderen Orientierungen, besonders nationalistischen, überlagert wurden.[156]) Im sozialpraktischen Kontext von Unternehmen hingegen trug er als spezifische Orientierungsreferenz betrieblicher Sozialexperten zu sehr viel weiter reichenden Konsequenzen bei. So konstatierte auch Goetz Briefs in seinem unveröffentlichten „Manuskript zur Sozialpolitik" Anfang der 1930er Jahre:[157]) „Sozialpolitik und Arbeitsrecht waren und sind [...] Mittel, den Umkreis der privat-kapitalistischen Wirtschaftsform abzudrosseln." „Die zentrale Leitidee der sozialen Bewegung", aus der diese Maßnahmen entstanden,

[151]) *Lannert*, Die Wiederentdeckung, S. 39; *Heuss*, Friedrich Naumann, S. 123.

[152]) Zum Begriff des „liberalen Revisionismus" vgl. *Hübinger*, Kulturprotestantismus, S. 19.

[153]) Alles zit. n. *Lannert*, „Wer war Jesus von Nazareth?", S. 110.

[154]) Naumann selbst vertrat – allerdings erst 1909 – eine im Vergleich zu Weiß radikale, vielleicht politisch eingängigere, in jedem Fall stärker nationalistisch geprägte Position, indem er die „Kongruenz von religiösem und politischem Liberalismus" am Beispiel der „Erfolge des Angelsachsentums" etwa historisch herleitete. Vgl. *Hübinger*, Kulturprotestantismus, S. 151.

[155]) Vgl. *J.H.*, Der Lebenslauf des Jubilars [Albrecht Weiß], in: Mensch und Arbeit 12, 1960, S. 162–164, hier S. 162.

[156]) *Wolfes*, Die Demokratiefähigkeit, S. 310; *Hübinger*, Kulturprotestantismus, S. 144.

[157]) *Klein-Zirbes*, Der Beitrag von Goetz Briefs, S. 87, zit. n. S. 93.

war die „Freiheit und Würde des Arbeiters im Großbetrieb“.[158]) Angesichts dieser Veränderungen betrieblicher Sozial- und Personalpolitik im ersten Drittel des 20. Jahrhunderts stellt sich somit die Frage, ob der Verbindungs-Steg zwischen religiösem und politischem Liberalismus tatsächlich so schmal war wie bisher in der Forschung angenommen.[159]) Berücksichtigt man zudem in längerfristiger Perspektive, nämlich bis in die zweite Hälfte des 20. Jahrhunderts hinein, die Entwicklung des kulturprotestantischen Persönlichkeitsgedankens, so zeigen sich durchaus nachhaltige Auswirkungen.

Eine erneute Gelegenheit, ausgehend von ihrer spezifischen Orientierung wiederum zu versuchen, ihr Tätigkeitsfeld in Unternehmen auszubauen, bot sich betrieblichen Sozialexperten ab der Mitte der 1930er Jahre. Zu diesem Zeitpunkt griff die Deutsche Arbeitsfront im Zuge ihrer Neudefinition des Rationalisierungsbegriffs humanwissenschaftlich orientierte „Korrekturansätze“ auf, welche die Rationalisierungsbewegung zu Beginn der 1930er Jahre entwickelt hatte, nachdem ihr technischer Denkstil infolge der Weltwirtschaftskrise verstärkt unter Druck geraten war.

Hatten während der 1920er Jahre Ingenieure und Vertreter der Industrie gemeinsam mit der Regierung und der staatlichen Verwaltung ihren umfassenden Rationalisierungsanspruch, der sich auf die gesamte Gesellschaft bezog, noch unangefochten propagiert,[160]) sahen sie sich Ende der 1920er Jahre erstmals mit harscher Kritik konfrontiert. Gewerkschaftsvertreter warfen ihnen vor, dass in der durch die Rationalisierungsbewegung zu weit getriebenen Mechanisierung eine wesentliche Ursache von Überproduktion und Massenarbeitslosigkeit bestünde.[161]) 1930 beauftragte daraufhin der Reichstag das „Reichskuratorium für Wirtschaftlichkeit“ (RKW), die Schalt- und Waltzentrale der Rationalisierungsbewegung, eine Enquète zum Stand der wissenschaftsgestützten Arbeits- und Berufsauslese, der Berufsausbildung und der Bestgestaltung der Arbeit zu verfassen. Diese Studie stellte den Auftakt einer Reihe von Maßnahmen dar, mit denen das RKW zu Beginn der 1930er Jahre versuchte, auf die erhobenen Vorwürfe zu reagieren, indem es sich verstärkt dem „Menschen“ zuwandte.

Die Enquète wurde 1931 als erster Band einer Schriftenreihe mit dem Titel „Der Mensch und die Rationalisierung“ veröffentlicht.[162]) Mit dieser Reihe sollte ein Überblick über die wichtigsten bestehenden Einrichtungen und ihre Tätigkeitsbereiche gegeben werden. Im Geleitwort des ersten Bands erklärten Carl Köttgen, Vorstandsvorsitzender der Siemens-Schuckert-Werke

[158]) Zit. n. ebd. S. 93.

[159]) *Stürmer*, Dissonanzen des Fortschritts, S. 143f.

[160]) *Siegel/Freyberg*, Industrielle Rationalisierung, S. 24; *Siegel*, Das ist nur rational, S. 371.

[161]) *Büttner*, Rationalisierungs-Kuratorium, S. 18; *Homburg*, Rationalisierung, S. 577–586; *Mai*, Ökonomie der Zeit, S. 342f., hier auch weitere Lit.

[162]) RKW, Der Mensch und die Rationalisierung.

(1920–1939) und Leiter des RKW, und Otto D. Schaefer, geschäftsführendes Vorstandsmitglied des RKW, dass es falsch sei,

„zu behaupten, der Mensch sei früher bei den Versuchen einer vernunftgemäßen Gestaltung der Wirtschaft nicht berücksichtigt worden. Immer schon wurde auf ihn Rücksicht genommen. [...] So konnte in den letzten 10 Jahren z. B. die Psychotechnik einen großen Aufschwung nehmen, und eine bewußte und tief wirkende psychologische und physiologische Untersuchungsarbeit sich ausbilden. Es ist kein Zweifel, dass diese Arbeit mit fortschreitender Wirtschaftsentwicklung eine ebenso grundlegende Bedeutung erlangen wird, wie sie die heutige Verbesserungsarbeit auf technischen und organisatorischen Gebieten erlangt hat.“[163])

Als erster Band der neu gegründeten Reihe sollte dieser „Vorbericht“ signalisieren, dass „diese wichtigen Fragen auf Anregung der Wirtschaft bei der Arbeit des RKW stärker berücksichtigt“ würden. Weil traditionsgemäß beim RKW nicht gekleckert wurde, erklärten die beiden Verantwortlichen, dass das Aufgabengebiet sehr groß sei. Es umfasse „das gesamte Gebiet der Soziologie überhaupt“. Zwar räumten sie ein, dass es „insofern [...] besonders schwer sein [wird], gerade in diesen Fragen eine produktive Zusammenarbeit zu erzielen“. Trotzdem unternehme das RKW den Versuch,

„eine sachliche Unterhaltung zwischen den einzelnen Gruppen herbeizuführen, und vor allen Dingen eine Aussprache zwischen Arbeitgeber und Arbeitnehmer, zwischen Wissenschaft und Praxis zu vermitteln. Vom Standpunkt der Wirtschaftlichkeit aus muß eine solche Gemeinschaftsarbeit erstrebt werden, [...].“[164])

Doch bereits in diesem „Vorbericht“ blieben „mit Rücksicht auf die praktischen Aufgaben der Arbeit“ soziologische Fragen explizit unberücksichtigt, wie die Bearbeiter der Studie ausdrücklich erklärten.[165]) Diese Diskrepanz war signifikant für die anhaltende Inkongruenz zwischen (selbst formuliertem) Anspruch und (technisch geprägter) Praxis innerhalb der Rationalisierungsbewegung. Dennoch blieb es nicht bei dieser einzelnen Maßnahme. Zielstrebig arbeitete das RKW den Plan ab, „auf Grund der [im Zusammenhang mit der Enquète] geleisteten Erhebungsarbeit sowie nach einer Vorbesprechung [im Rahmen] interessierter Kreise“, auch „in öffentlicher Aussprache über diese Fragen“ zu diskutieren, „um dann in kleineren Gruppen zu fruchtbaren Arbeitsgemeinschaften zu kommen“.[166])

Im Mai 1931 fand eine Tagung zum Thema „Mensch und Rationalisierung“ statt. Hier wurden sowohl die Ergebnisse der „Vorstudie“ vorgestellt, als auch, wie angekündigt, eine „Arbeitsgemeinschaft für Mensch und Rationalisierung“ im RKW ins Leben gerufen wurde.[167]) In dieser Arbeitsgemeinschaft bemühten sich Arbeitswissenschaftler zusammen mit „Praktikern der Betriebs-

[163]) Ebd. S. V.
[164]) Ebd. S. VI.
[165]) Ebd. S. XIV.
[166]) Ebd. S. VII.
[167]) Vgl. auch für den folgenden Abschnitt: *Büttner*, Das Rationalisierungs-Kuratorium, S. 14–17.

psychologie" darum, neue Ansätze und Verfahren zu entwickeln, um das Verhältnis zwischen den Bedürfnissen des einzelnen Menschen und technischen beziehungsweise effizienzorientierten Rationalisierungszielen zu verbessern. Beteiligt waren unter anderen Walter Poppelreuter, der seit Mitte der 1920er Jahre das Institut für Arbeitspsychologie in Bonn sowie das Psychotechnische Labor an der TH Aachen geleitet hatte, seit 1930 aber wieder als Arzt in der klinischen Psychologie arbeitete,[168]) Fritz Giese, der Leiter des Psychotechnischen Laboratoriums der TH Stuttgart,[169]) aber auch Otto Suhr,[170]) der spätere Berliner Bürgermeister, der zu diesem Zeitpunkt Leiter der wirtschaftspolitischen Abteilung beim Allgemeinen freien Angestelltenbund war.[171])

Ebenfalls noch im Jahr 1931 intensivierte das RKW außerdem seine Kontakte zur internationalen Rationalisierungs-Organisation, dem „Institut International d'Organisation Scientifique du Travail" (IRAT), das 1927 in Genf gegründet worden war. Angeblich sei auf Anregung des deutschen RKW auf der II. Internationalen Konferenz des IRAT, die 1931 in Genf zum Thema „Das Für und Wider der Rationalisierung" stattfand, diskutiert worden, „ob es tatsächlich gerechtfertigt sei, der vernunftgemäßen Gestaltung der Wirtschaft die Verantwortung für die damalige unnatürlich schlechte Lage der Weltwirtschaft aufzubürden".[172]) Wenig erstaunlich ist, dass die versammelten Rationalisierungsexperten „nach eingehender Diskussion" zu dem Ergebnis kamen, „daß die rechtverstandene Rationalisierung nicht als Hauptursache der internationalen Arbeitslosigkeit zu betrachten" sei. Die Verabschiedung einer entsprechenden Resolution, auf die die jeweiligen nationalen Rationalisierungsorganisationen von da an verweisen konnten, bot ein besonders starkes Argument zur Entkräftung der Vorwürfe. Über die internationale Legitimierung hinaus erhielt diese Referenz zusätzliches Gewicht dadurch, dass sie von den in Genf anwesenden Arbeitnehmervertretern aus 17 Ländern mit verabschiedet worden war. Vor diesem Hintergrund versiegte auch die neu gegründete Schriftenreihe nicht. 1933 folgten zwei weitere Bände: „Eignung und Qualitätsarbeit" bot einen umfassenden Überblick über die in namentlich genannten Unternehmen psychotechnischen, berufserzieherischen und Ausbildungs-Maßnahmen.[173]) „Mensch und Arbeitsgerät" konzentrierte sich auf Fragen nach der Bestgestaltung von Arbeit.[174])

Trotz der Schwierigkeiten und Diskrepanzen, die sich etwa im Zusammenhang mit der „Auftakt"-Studie andeuteten, wurden im Zuge dieser Neuausrichtungsversuche der Rationalisierungsbewegung Ansätze entwickelt, die

[168]) *Geuter*, Die Professionalisierung, S. 577.
[169]) Ebd. S. 569.
[170]) *Lange*, Otto Suhr, S. 55–70.
[171]) Fritz *Reuter*, Erinnerungen aus den Anfängen der Gemeinschaftsarbeit, in: Rationalisierung 22, 1971, S. 134–136, hier S. 136.
[172]) So *Büttner*, Das Rationalisierungs-Kuratorium, S. 16.
[173]) RKW, Eignung und Qualitätsarbeit.
[174]) RKW, Mensch und Arbeitsgerät.

eine humanwissenschaftliche Erweiterung des herkömmlichen technischen Denkstils durchaus ermöglichten. Neu war nicht nur die Einbeziehung von Arbeitnehmervertretern in die Diskussion und konkrete Arbeit; unerprobt war ebenso die zumindest rhetorisch immer wieder bemühte Offenheit gegenüber soziologischen Ansätzen. Schließlich scheint auch die Intensivierung der internationalen Kontakte in wechselseitigem Zusammenhang mit diesen Neuausrichtungsbestrebungen gestanden zu haben. Mit der Machtübernahme durch die Nationalsozialisten versandeten diese Ansätze jedoch ziemlich schnell.

Das RKW konnte infolge seiner frühzeitigen Bekenntnisse zum nationalsozialistischen Staat unbehelligt weiter arbeiten wie zuvor.[175]) Der Druck, soziale Belange zu berücksichtigen, bestand aufgrund einer doppelten Konstellation nun nicht mehr. Erstens gab es seit der Gründung der Deutschen Arbeitsfront im Mai 1933 offiziell keine Gewerkschaftsvertreter mehr. Und zweitens eignete sich gerade die DAF im Zuge ihrer Etablierungsstrategie als Arbeitnehmervertretungs-Surrogat dieses Aufgabengebiet zunehmend an. 1938 jedenfalls war aus der Organisation des RKW, das seit 1935 vom „Parteigenossen“ Georg Seebauer geleitet wurde, die „Arbeitsgemeinschaft Mensch und Rationalisierung“ wieder verschwunden und auch keine entsprechende andere erfüllte ähnliche Aufgaben. Der Schwerpunkt der RKW-Arbeit lag zu diesem Zeitpunkt vielmehr im Bereich arbeitswissenschaftlich, technisch und zunehmend auch betriebswirtschaftlich basierter Maßnahmen zur Leistungssteigerung.[176])

Die DAF gerierte sich immer offensichtlicher als Erbin des gesellschaftsumfassenden „Erziehungsauftrags“, den das ‚alte‘ RKW vertreten hatte.[177]) Eine zentrale Rolle spielte dabei das im DAF-„Amt für Berufserziehung und Betriebsführung“ aufgegangene DINTA. Es hatte sich unter Einbeziehung neu entstandener Wissenschaftsdisziplinen – etwa Goetz Briefs „Institut für Betriebssoziologie und soziale Betriebslehre“ – bereits seit dem Ende der 1920er Jahre „die Erhebung des Einzelnen aus der Massenexistenz zur selbstbewußten Persönlichkeit“ auf die Fahne geschrieben.[178]) Eine allgemein kompatible Formel für diese Orientierung fand jedoch erst das 1935 gegründete „Arbeitswissenschaftliche Institut“ (AwI) der DAF. Im AwI wurden herkömmliche Gewerkschaftsforderungen nach einer kompensatorischen sozialen Rationalisierung aufgegriffen und „propagandistisch in das Versprechen [gewandelt], dass in der ‚echten Rationalisierung‘ unter nationalsozialistischen Vorzeichen der Mensch im Mittelpunkt stehen werde“.[179]) 1936 erklärte das AwI:

„Rationalisieren heißt ganz allgemein ‚vernünftig gestalten‘. Auf die Wirtschaft bezogen, heißt rationalisieren: Die Wirtschaft vernünftig gestalten und die besten Arbeitsverfahren,

[175]) *Pohl*, Die Geschichte der Rationalisierung, S. 4–6.
[176]) *Büttner*, Rationalisierungs-Kuratorium, S. 22.
[177]) *Siegel/Freyberg*, Industrielle Rationalisierung, S. 38, 77–90.
[178]) *Nolan*, Das Deutsche Institut für technische Arbeitsschulung, S. 191 f., 202.
[179]) *Siegel/Freyberg*, Industrielle Rationalisierung, S. 38.

unter den jeweils gegebenen Verhältnissen, auf allen Gebieten für den Menschen anzuwenden. [...] Wenn wir den Menschen in den Mittelpunkt der Arbeit stellen, gesunde Leistungssteigerung fordern, den Kampf gegen die Verschwendung aufnehmen oder Schönheit in die Arbeit bringen – um nur einige Beispiele anzuführen –, dann nennen wir Nationalsozialisten das die *echte Rationalisierung*."[180])

DAF-Experten griffen somit diejenigen „humanisierenden" und sozialen Ansätze auf, die die Rationalisierungsbewegung gemeinsam mit Arbeitnehmervertretern infolge der Weltwirtschaftskrise entwickelt hatte. Im Zuge ihrer Definition der „echten Rationalisierung" erklärten die NS-Experten den Gemeinplatz vom „Menschen im Mittelpunkt" zu einem zentralen Kriterium ihres Leitbilds. Mit dieser eingängigen Formulierung erfuhr die anthropozentrische Orientierung gleichsam als politische Formel ihr nachhaltig wirksames Gewand.

Sie stellte die geradezu prädestinierte Steilvorlage für betriebliche Sozialexperten dar, um – wenn sie denn die Ausdauer aufgebracht hatten, einige Jahre in Lauerstellung zu verharren – nun wieder zu versuchen, ausgehend von ihrem persönlichkeitsorientierten Vergesellschaftsansatz ihr betriebliches Tätigkeitsfeld nach eigenen Vorstellungen zu gestalten. Freilich konnten sie nun nicht mehr mit dem Recht jedes Einzelnen auf individuelle Persönlichkeitsentwicklung argumentieren. Aber die im Fahrwasser des Vierjahresplans intensivierten Bemühungen zur Leistungssteigerung und die damit einhergehende Konzentration auf „Führung" im Betrieb bot ihnen im Zusammenhang mit der Formel vom „Menschen im Mittelpunkt" einen besonders geeigneten Anknüpfungspunkt, um einen Vorstoß als Experten für „Menschenführung" zu wagen. Genau dies tat etwa Albrecht Weiß, als er 1939 auf dem Betriebswirtschafter-Tag erklärte:

„Gewiß ist der Betrieb auch heute noch in allererster Linie verpflichtet, technisch-wirtschaftlich seine Aufgaben zu erfüllen [...]. Allerdings werden die Verantwortlichen [...] dafür sorgen müssen, daß durch geeignete Unterführer und entsprechende Maßnahmen einer betriebsgemeinschaftlichen Sozialpolitik etwaige Auswirkungen mangelhafter Führung abgefangen werden; denn auf lange Sicht gesehen, sind die Ergebnisse der Menschenführung im Betrieb mindestens genauso wichtig wie die technisch-wirtschaftliche Führung."[181])

Weil sowohl die Führung wie auch der Einsatz von Menschen „Menschenkenntnis, Menschenverständnis und die Fähigkeit zur Menschenbehandlung und Menschenführung" voraussetze, tue sich hier „ein großes Feld der Tätigkeit für die Psychologie" auf:

„Es [...] wäre wünschenswert, wenn alle diejenigen, die im Betrieb Menschen zu führen haben, ein gewisses Werkzeug an die Hand bekommen könnten, das ihnen bei der Menschenerkenntnis und Menschenführung Hilfestellung leistet."

Konkret dachte der Sozialdirektor der BASF an „anregende, volkstümlich gehaltene Darstellungen über die Charakterologie der einzelnen Menschen-

180) Zit. n. ebd. S. 81.
181) *Weiß*, Die Führung, S. 47.

typen und die Möglichkeit, diese Typen zu erkennen, mit Hinweisen auf die besondere Behandlung, die einzelne dieser Typen leichter führen läßt“.[182])

Der „Mensch im Mittelpunkt“ als neue Devise „echter“ nationalsozialistischer Rationalisierung stellte einen geeigneten Anknüpfungspunkt für den persönlichkeitsorientierten Vergesellschaftungsansatz betrieblicher Sozialexperten dar. Nun versuchten sie, ihr herkömmliches sozialpolitisches Tätigkeitsfeld in Richtung eines individualisierenden, humanwissenschaftlich gestützten Ansatzes auszuweiten, dem der „Menschenführung“. Nicht allein der in den Unternehmen zunehmend beklagte Arbeitskräftemangel war somit Ursache dafür, dass in der zweiten Hälfte der 1930er Jahre Maßnahmen der „Menschenführung“ zur Stärkung des „Betriebsfriedens“ immer mehr in den Vordergrund rückten.[183]) Ebenso spielte die herausragende Affinität des persönlichkeitsorientierten Leitbilds betrieblicher Sozialexperten zur neuen DAF-Maxime vom „Menschen im Mittelpunkt“ eine zentrale Rolle.

Gleichwohl ist im Hinblick auf die Konsequenz, mit der dieser Schritt in der betrieblichen Praxis umgesetzt wurde, zu differenzieren. Nicht alles, was unter dem Begriff „Menschenführung“ zusammengefasst wurde, basierte tatsächlich oder maßgeblich auf psychologischem Wissen, wenngleich die Stoßrichtung all dieser Maßnahmen dennoch auf die Motivation des Einzelnen und/oder die Internalisierung des Leistungs- oder Rationalisierungsgedankens abzielte. Während bei der BASF unter Federführung von Albrecht Weiß zu Beginn der 1940er Jahre in Kooperation mit den Psychologen des „Göring-Instituts“ die „Kohlhof-Gespräche“ für Meister eindeutig dieses Ziel mit Hilfe psychologischen Wissens, psychologischer Verfahren und auch Psychologen als Hauptakteuren verfolgten, war dies bei Siemens zum Beispiel nicht der Fall. Hier wurde zwar eine ganze Reihe neuer Maßnahmen ergriffen, um die „Gefolgschaft dazu [zu bringen], daß sie an sich selbst arbeitet und sich zu positiven Mitkämpfern an der Leistungssteigerung selbst entwickelt“. Doch umfassten etwa eine Sprechstunde des Ausbildungsleiters, neue Lehrlingswerkstätten, Qualifikationsveranstaltungen für Angelernte oder spezifische Schulungen für Frauen allenfalls untergeordnet psychologisches Wissen. Genauso wenig wie bei der Hinwendung der Saarbrücker „Anstalt für Arbeitskunde“ zum Thema „Menschenführung“, die Prof. Dr.-Ing. Adolf Friedrich – ein Schüler von Moede und Schlesinger – vollzog,[184]) eröffnete sich bei Siemens für Psychologen ein eigenständiges praktisches Tätigkeitsfeld[185]). Diese blieb vielmehr weiterhin Ingenieuren vorbehalten. Die enge Verbindung zwischen Unternehmern und Rationalisierungsbewegung sowie der fest verankerte technische Denkstil setzten der Etablierung humanwissenschaftlicher Experten somit auch weiterhin Grenzen.

182) Ebd. S.46.
183) *Siegel/Freyberg*, Industrielle Rationalisierung, S.71.
184) *Trischler*, Führerideal, S.75, *Kleinschmidt*, Rationalisierung, S.270.
185) *Siegel/Freyberg*, Industrielle Rationalisierung, S.403–415.

Trotzdem spielte die Affinität zwischen der sozialexpertiellen Persönlichkeitsorientierung und der neuen DAF-Maxime, wenn man die längerfristigen Auswirkungen und Veränderungen betrieblicher Sozial- und Personalpolitik in den Blick nimmt, eine entscheidende Rolle für die endgültige Etablierung betrieblicher Humanexperten. Es sollte nämlich genau die von der DAF, wenn auch inhaltlich nicht erfundene, so aber doch in ihrer eingängigen Gestalt popularisierte Formel vom „Menschen im Mittelpunkt" sein, die betriebliche Humanexperten nach 1945 zu ihrer zentralen Maxime erkoren und damit die Entstehung des personalpolitischen Felds als eigenständiges, institutionalisiertes und gesellschaftlich anerkanntes Handlungsfeld maßgeblich beförderten. Vor allem die Offenheit des Prinzips vom „Menschen im Mittelpunkt", seine eigentliche Beschaffenheit als Gemeinplatz war dabei von besonderer Bedeutung. Alle Akteure – auch die technisch orientierten – konnten ihm etwas abgewinnen. Gleichwohl hatten zu seiner inhaltlichen Prägung besonders christlich orientierte Akteure beigetragen. Und auch nach 1945 sollten sie maßgeblich diejenigen sein, die der anthropozentrischen Maxime zu neuer Geltung verhalfen. Während die Voraussetzungen dafür auf Seiten der Protestanten anhand der Wechselwirkungen zwischen politischem und religiösem Liberalismus im Umkreis von Naumanns „National-sozialem Verein" bereits im ausgehenden 19. Jahrhundert gelegt wurden, zogen Katholiken erst zu Beginn der 1920er Jahre nach.

Im Gegensatz zum kulturprotestantischen Milieu bestanden zwischen ihnen und dem praktischen Tätigkeitsfeld betrieblicher Sozialexperten – abgesehen von traditionellen wohlfahrtspflegerischen Maßnahmen – keine direkten Verbindungen. Dennoch gab es auch katholische Akteure, die eine ähnliche anthropozentrische Orientierung als Leitvorstellung der sozialpraktischen Lebensgestaltung ausbildeten. Über mindestens einen ihrer Vertreter bestand eine Beziehung zur normativ ausgerichteten Betriebswirtschaftslehre, jener Fachrichtung, die sich als einzige betriebswirtschaftliche in den 1920er Jahren der Thematik betrieblicher Sozial- und Personalpolitik annahm.

Guido Fischer (1899-1983), seit 1934 außerordentlicher Professor für Betriebswirtschaftslehre an der Münchner Universität, war praktizierender Katholik.[186]) Er gehörte zum 1919 gegründeten „Bund Neudeutschland",[187]) der

[186]) Fischer hatte bis 1921 an der Handelshochschule in München studiert und wurde 1922 bei Fritz Schmidt in Frankfurt promoviert. Vgl. zu Schmidt: *Hesse*, „Die deutsche Wirtschaftswissenschaft". 1927 habilitierte sich Fischer an der staatswissenschaftlichen Fakultät der Münchner Universität, bevor er dort Professor für Betriebswirtschaftslehre wurde. Zum Lebenslauf Fischers vgl.: Eduard *Gaugler*, Guido Fischer 60 Jahre, in: Zeitschrift für Betriebswirtschaftslehre 1959, S. 383ff.; *ders.*, Professor Dr. Guido Fischer 60 Jahre, in: Mensch und Arbeit 11, 1959, S. 121; *ders.*, Guido Fischer zum 65. Geburtstag, in: Mensch und Arbeit 16, 1964, S. 98ff.; Wilhelm *Hasenack*, Guido Fischer 65 Jahre alt, in: BFuP, 1964, S. 377ff.; Josef *Kolbinger*, Vom Wesen und Wirken Guido Fischers, in: ZfbF, 1965, S. 407ff.; *Wunderer*, Guido Fischer; Guido *Fischer*, Guido Fischer über seine Arbeit, in: Personal 21, 1969, S. 97–100; *Maier*, Das literarische Werk.

[187]) *Wunderer*, Guido Fischer, S. 303f.; *Vieregg*, Begegnungen mit Studierenden, S. 36; *Dräger*, Ein planmäßiger außerordentlicher Professor, S. 52; *Rehermann*, Die Rezeption, S. 203.

sich nicht weniger als die Neugestaltung Deutschlands im Sinne einer sittlich-religiösen Erneuerung nach dem Zusammenbruch des Kaiserreichs zum Programm gemacht hatte.[188]) Neudeutschland (ND) gehörte neben dem „Quickborner Kreis" zu den wichtigsten katholischen Organisationen, die aus der Jugendbewegung hervorgingen. Der Bund, der keine Gründung „von unten" darstellte, sondern vom Kölner Erzbischof Felix Kardinal von Hartmann ins Leben gerufen worden war, um angehende Akademiker dem Katholizismus zu erhalten, versuchte den Spagat, die Idee der autonomieorientierten Jugendbewegung mit der Autorität der Amtskirche zu verbinden. Diese innere Spannung sollte die Geschichte der „Neudeutschen", wie sie sich selbst bezeichnen, durchweg prägen.

Während der Bund zunächst als Gymnasiastenverein gedacht war, entwickelte er sich in den ersten vier Jahren seines Bestehens in anhaltenden und heftigen Auseinandersetzung zwischen Episkopat und der im Zuge der aufstrebenden Jugendbewegung immer selbstbewusster auftretenden Jugend zu einem katholischen Lebensbund für männliche Gymnasiasten, Studierende und Studierte mit elitärem Selbstverständnis und Anspruch.[189]) Bis zu seinem offiziellen Verbot durch die Nationalsozialisten 1939 war er unterteilt in einen „Jüngeren-" und einen „Älterenbund". Ersterer umfasste 1930 18279 Mitglieder,[190]) letzterer 1931 1309, von denen wiederum ein Großteil (680) Priester und Ordensleute beziehungsweise entsprechende Anwärter waren, während 159 Pädagogen die zweitgrößte Gruppe unter den Älteren darstellten.[191]) Neudeutschland war auf vier Ebenen organisiert: Der Bundesleitung unterstanden „Marken", diese wiederum waren in „Gauen" organisiert und vor Ort gab es Gruppen. Jede Organisationsebene hatte eigene „Führer", einen geistlichen und einen „weltlichen".

Wie auch die Mehrheit der protestantischen Theologen hatten die im ND aktiven Katholiken vor allem in der Weimarer Zeit Schwierigkeiten nicht nur mit dem demokratischen Gesellschaftsprinzip, sondern überhaupt mit politischen Bekenntnissen.[192]) Der Weg, auf dem man dennoch indirekt zu einer politischen Positionierung gelang, war ein theologischer, mit dem sich die Neudeutschen im Kontext der Jugendbewegung ein spezifisches Profil zu geben versuchten. 1923 verabschiedeten sie beim Bundestreffen auf Burg Hirschberg in Thüringen das so genannte „Hirschberg-Programm", die „Magna Charta" des Bundes. Die darin festgelegte Leitlinie der individuellen Persönlichkeitsbildung im Sinne „echten Katholischseins" mit dem Ziel der „Lebensgestaltung in Christus" sollte mindestens bis in die 1990er Jahre immer wieder

[188]) *Lohmann*, Aufbruch; *Eilers*, Konfession; *Böhner*, Jugend unterwegs; *Stachwitz*, Zeit der Bewährung; *Cron*, Dreißig Jahre; *Warloski*, Neudeutschland.
[189]) *Eilers*, Konfession, S. 34–38.
[190]) *Lohmann*, Aufbruch, S. 41.
[191]) *Eilers*, Konfession, S. 128.
[192]) Ebd. S. 241–249.

Ausgangspunkt von Neuorientierungs- und Grundsatzdebatten sein. Diese programmatische Ausrichtung war in der Profilierungsphase des Bunds das Ergebnis einer erfolgreichen Kooperation zwischen Jesuiten und Vertretern der Jugendbewegung.

Zentrale Vorentscheidungen für die mit dem „Hirschberg-Programm" verabschiedete neudeutsche Leitlinie wurden bereits auf einem Treffen im kleineren Rahmen 1921 mit der „großen Einheitsformel" gefällt:[193]) Es gehe um den ganzen Menschen, um Leib und Seele: „Aufgabe des Bundes ist die Heranbildung des katholischen Menschen".[194]) Das neudeutsche Spezifikum, so hatte man sich geeinigt, liege in dem zweifachen „Geist der Tat", „indem wir neben der Tat an uns selbst d.h. Charakterbildung, die Hauptererfordernis ist, die Tat für andere und an anderen betonen". Das gesamte Gruppenleben diene dem Ziel, den „katholischen Tatmenschen" zu schaffen.[195]) Besonders der lebensbejahende Aktivismus in Verbindung mit verinnerlichter Beteiligung, stellte den wichtigsten Anknüpfungspunkt für diese spezifisch katholische, neudeutsche Variante einer gleichsam domestizierten, individualisierten Jugendbewegung dar. Das Neue und Besondere der Forderung nach dem „Willen zu innerlich echtem Katholischsein" lag in der Betonung der „Innerlichkeit", für die jeder einzelne selbst verantwortlich erklärt wurde.

Das Hirschbergprogramm des Bunds Neudeutschland leitete einen Paradigmenwechsel der religiösen Erziehung im Katholizismus ein. „Nicht mehr ein auf die Bewahrung der religiösen Kräfte gerichteter Vereinszweck, dem man durch die Erfüllung der in den Statuten festgelegten Mittel (vor allem Sakramentenempfang) gerecht wurde, sowie der Versuch, die Mitglieder durch ein ergänzendes breites Freizeitangebot zu binden, waren entscheidend; vielmehr sollte die katholische ‚Weltanschauung' als tiefster Lebenssinn und letztes Lebensziel im Einzelnen verankert werden. Ein ‚katholisches Zielbewußtsein' sollte die ganze Lebensauffassung durchdringen und prägen. Das Handeln erfolgte nicht mehr nur aufgrund äußerer Gnadengaben (z.B. Kommunion), sondern auch aufgrund einer ‚von innen' kommenden Lebensüberzeugung."[196]) Ihren Ausgangspunkt nahm diese neue Leitlinie bei dem herkömmlichen thomistischen Lehrsatz: Gratia supponit naturam, elevat et perficit eam. (Die Gnade setzt die Natur voraus, erhebt und vollendet sie.) Rolf Eilers, selbst neudeutscher „Bundesbruder", führt dazu aus, dass „auf die sittliche Erziehung angewandt", dieser Satz besagen wolle, dass „Gott [...] dem Menschen in seinem Streben nach Vollkommenheit mit seiner Gnade in dem Maße zu Hilfe" komme, „wie der Mensch durch eigenes Bemühen nach einer möglichst eigenen Vollkommenheit strebe. Unnatur und Unkultur erschwerten

[193]) *Lohmann*, Aufbruch, S.30–32; *Henrich*, Die Bünde der katholischen Jugendbewegung, S.167f.

[194]) Zit. n. *Lohmann*, Aufbruch, S.32.

[195]) Zit. n. ebd. S.31.

[196]) *Kösters*, Katholische Verbände, S.191, zit. n. *Eilers*, Konfession, S.84.

[...] den Weg zu einer natürlichen Vollkommenheit und damit auch das Wirken der Gnade. Eine Lebensführung, ausgerichtet an den von der Jugendbewegung proklamierten Werten Einfachheit, Natürlichkeit, innere Wahrhaftigkeit, öffne aber einen neuen Zugang zur Vervollkommnung und bilde damit die Voraussetzung für die Realisierung des Zieles, das sich der Bund gesetzt hat: Lebensgestaltung in Christus."[197])

Im Rahmen dieser programmatischen Profilierung des Bunds Neudeutschland wurde in der ersten Hälfte der 1920er Jahre auch im katholischen Milieu eine neue Handlungsmaxime entwickelt, die dem Einzelnen die Aufgabe auferlegte, in Eigenverantwortung seine individuelle Lebensgestaltung – entsprechend der Kriterien des „innerlich echten Katholischseins" – in die Hand zu nehmen. Im Vergleich zum kulturprotestantischen Persönlichkeitsgedanken war der Schritt zur Maxime vom „Menschen im Mittelpunkt" hier sogar noch leichter. Die katholische Ableitung von der „Gotteskindschaft" versah alle Beteiligten mit einer besonderen Auszeichnung und zugleich kam der Begriff „Persönlichkeit", der eine höhere Affinität zur wissenschaftlichen Perspektive aufwies und daher nicht so geeignet zur Popularisierung war, im katholischen Diskurs überhaupt nicht vor. Eine Parallele zwischen beiden Konfessionen bestand darin, dass sie als Vorbild der individuellen Persönlichkeitsbildung Jesus (protestantisch)[198]) beziehungsweise Christus (katholisch) [199]) erkoren.

Der neudeutsche Professor für Betriebswirtschaftslehre in München, Guido Fischer, begann in der zweiten Hälfte der 1920er Jahre seine dezidiert katholisch fundierte betriebswirtschaftliche Position zu entwickeln. 1929 erschien seine Publikation „Mensch und Arbeit".[200]) Die in diesem Buch von Fischer vertretene Zentralforderung, „den Menschen [...] im Mittelpunkt auch des wirtschaftlichen Geschehens sehen zu wollen"[201]), entsprach sowohl in ihrer individualisierenden Ausrichtung als auch in ihrer christlichen Grundlegitimation der ideellen Neuausrichtung des Verbandskatholizismus wie er sich in der neudeutschen Leitlinie niedergeschlagen hatte. Das Buch, das zeitgleich zu der Auseinandersetzung zwischen Rationalisierungsbewegung und Gewerkschaften über das Thema „Mensch und Rationalisierung" veröffentlicht wurde, ging aus einer Vorlesung hervor, die Fischer im Wintersemester 1928/29 an der Münchner Universität für Hörer aller Fachbereiche gehalten hatte.

Fischer versuchte, eine vermittelnde Position zwischen den zwei einander entgegen gesetzten Richtungen einzunehmen, die die Betriebswirtschaftslehre zu diesem Zeitpunkt prägten – die „normative" und die „empirisch-realisti-

[197]) *Eilers*, Konfession, S. 83.
[198]) *Lannert*, „Wer war Jesus von Nazareth?".
[199]) *Manuwald*, Christus-Kreise.
[200]) *Fischer*, Mensch und Arbeit.
[201]) Ebd. S. 5.

sche“[202]). Mit seiner anthropozentrischen Perspektive stand er einerseits in der Tradition der normativen Personallehren, gleichzeitig hatte er sich in seinen Qualifikationsarbeiten aber dem dominanten „empirisch-realistischen“ Trend entsprechend bisher hauptsächlich mit Fragen des Rechungswesens beschäftigt.[203]) Diese Konstellation führte dazu, dass Fischer in seinem Konzept von „Mensch und Arbeit“ mit der antitayloristischen Tradition der normativen Personallehren brach.[204]) Er versuchte, den technischen Ansatz der Rationalisierungsexperten und berufserzieherische Ansätze unter der Prämisse vom „Menschen im Mittelpunkt“ in ein neues betriebswirtschaftliches Konzept zu integrieren. Die Darstellung arbeitswissenschaftlicher Verfahren und Maßnahmen nahm daher sehr breiten Raum ein.[205]) Nicht zufällig war Fischer auch einer der wenigen Deutschen, die zu Beginn der 1930er Jahre bereits die Hawthorne-Experimente Elton Mayos bei der Western Electric Company Inc. zur Kenntnis nahmen, die den zentralen Auslöser der US-amerikanischen Human-Relations-Bewegung darstellten.[206])

Trotzdem konnte er mit seinem Konzept nicht landen. Das Buch „Mensch und Arbeit“ war bei einem Schweizer Verlag erschienen und wurde in Deutschland weitgehend nicht rezipiert. Erst die Erfahrung von Krieg und Nationalsozialismus sollten als Hintergrund einer Rückbesinnung auf christliche Werte – etwa im Zeichen des „Abendlandes“ – nach 1945 Voraussetzungen bieten, die nicht nur für Fischers katholischen Ansatz günstiger waren. Die Nachkriegskonstellation forderte gleichzeitig auch ein Zusammengehen mit den in der (kultur-)protestantischen Tradition stehenden betrieblichen Sozialexperten geradezu heraus, zu denen bisher keine Kontakte bestanden hatten.

Ob die Ausbildung übereinstimmender Leitorientierungen kulturprotestantisch geprägter betrieblicher Sozialexperten und katholisch geprägter Betriebswirtschaftler im ersten Drittel des 20. Jahrhunderts durch Verbindungen zwischen den Milieus bedingt war, kann hier nicht endgültig geklärt werden. Auffällig ist aber die gemeinsame Verwendung des Begriffs „neudeutsch“. Für die protestantischen Sozialliberalen war dies der Begriff, mit dem sie ihre kul-

[202]) So die Einteilung von *Schönpflug*, Das Methodenproblem, S. 76ff.; *Potthoff*, BWL im NS, S. 92, 107.

[203]) Promotion: Guido *Fischer*, Reichsbahn und kaufmännische Buchführung, Berlin 1924; Habilitation: *ders.*, Die kurzfristige Abrechung. Zwischenbilanz und kurzfristige Erfolgsrechnung, Stuttgart 1930.

[204]) Zum Antitaylorismus der normativen Personallehren vgl. *Krell*, Vergemeinschaftende Personalpolitik, S. 83f.

[205]) „Mensch und Arbeit“ umfasste acht inhaltliche Kapitel. Fünf davon waren arbeitswissenschaftlichen Themen gewidmet („Arbeitsfreude und Arbeitsfriede“, „Subjekt und Objekt menschlicher Arbeit“, „Arbeitsrhythmus und -Gesetz“, „Leistungswert der Arbeit“, „Der gerechte Lohn“), zwei berufserzieherischen („Der jugendliche Arbeiter“, „Arbeit und Leitung“) und eins der Medizin („Werk und Volksgesundheit“).

[206]) Guido *Fischer*, Betriebspsychologische Untersuchungen bei der Western Electric Company Inc. (USA), in: Der Organisator 13, 1931, S. 207–210.

tur- und wirtschaftspolitischen Konzepte spezifisch kennzeichneten. Traugott Jähnichen hat die „Programmformel“ „neudeutsch“ als „Schlüsselbegriff einer gesellschaftspolitischen Neuorientierung innerhalb des liberalen Spektrums“ identifiziert, die sich zwischen der Jahrhundertwende und dem Ausbruch des ersten Weltkriegs herausbildete.[207]) Neben Friedrich Naumann waren Lujo Brentano, Gerhart von Schultz-Gävernitz, Max Weber und Werner Sombart weitere prominente „neudeutsche“ Kultur- und Wirtschaftstheoretiker der ersten Generation. Sie alle waren davon überzeugt, „,daß die Gesellschaft, nicht der Staat und seine Institutionen, das Schlachtfeld sei, auf dem die Entscheidungen der Zukunft fallen würden.‘ Auf dem Weg der Gesellschaftspolitik wollten sie den liberalen Denkstil, der sich wesentlich durch eine ‚Affinität zu neuem […] Glauben an den Fortschritt zu mehr Freiheit, Recht und Vernunft‘ auszeichnete, in die Masse der Bevölkerung vermitteln.“[208]) Der Anspruch einer deutlichen Überlegenheit Deutschlands gegenüber anderen Nationen schwang dabei nicht nur latent mit, sondern wurde explizit herausgestellt. Im Kontext dieser Bestrebungen entstanden Naumanns Überlegungen zu einer „Demokratischen Industriepolitik“ und auch die spezifische Orientierung betrieblicher Sozialexperten am kulturprotestantischen Persönlichkeitsgedanken als ethisches Prinzip der kulturellen Vergesellschaftung. Wie allerdings der katholische Bund Neudeutschland zu seinem Namen kam, ist nicht klar. Zwar gab es immer wieder Diskussionen über diese Bezeichnung; bei seiner Gründung im August 1919 jedoch erhielt der Bund diesen Namen mit dem Erlass des Kölner Erzbischofs Felix von Hartmann.[209]) Möglicherweise machte dieser – pragmatisch in der Not, da die Gründung einigermaßen überhastet erfolgte – eine Anleihe bei den protestantischen Liberalen.

Solche konfessions- und milieuübergreifenden Transfers fanden zu einem Zeitpunkt statt, als „die traditionelle Orientierung des sozialreformerischen Engagements als mehr oder weniger geschlossenes Konzept von Maßnahmen zur Hebung der Lage der Arbeiterschaft“ nahezu ausgedient hatte.[210]) Im Zusammenhang mit der Krise der gesamten Sozialpolitik, die 1923 ihren ersten Höhepunkt erlebte, wurde der bisher dominierende sozialreformerische Ansatz von vier konkurrierenden ordnungspolitischen Entwürfen abgelöst: 1. dem „sozialliberalen“, 2. dem berufsständischen, 3. dem werksgemeinschaftlichen und 4. dem wirtschaftsdemokratischen. All diesen Konzepten, die die Diskussion der Weimarer Jahre maßgeblich prägten, war gemeinsam, dass sie die Perspektive von einer Reform der Sozialpolitik, die maßgeblich auf die Arbeiterschaft ausgerichtet war, auf die gesamte Gesellschaft ausweiteten.

[207]) Vgl auch für den folgenden Abschnitt: *Jähnichen*, Neudeutsche Kultur- und Wirtschaftspolitik, S. 156f.
[208]) Ebd. S. 163.
[209]) *Eilers*, Konfession, S. 11, 21.
[210]) Vgl. für den folgenden Abschnitt: *Schulz*, Bürgerliche Sozialreform, S. 194–204, hier S. 195.

Zwar konnten die vier Entwürfe idealiter jeweils einer bestimmten Trägergruppe zugeordnet werden – der „sozialliberale" den in der „Gesellschaft für Soziale Reform" verbliebenen Sozialreformern, der berufsständische den Katholiken, der werksgemeinschaftliche den Arbeitgebern und der wirtschaftsdemokratische den Gewerkschaften. Ihre Herausbildung war jedoch auch von Austauschbeziehungen zwischen den einzelnen Trägergruppen und ihren spezifischen Orientierungen begleitet.

Jähnichen etwa verweist anhand des Ökonomen Eduard Heimann (Soziale Theorie des Kapitalismus. Theorie der Sozialpolitik, Frankfurt 1929) auf „programmatische" Verbindungslinien zwischen Naumanns partizipatorischer Industrie- und Wirtschaftsverfassung und dem gewerkschaftlichen Leitbild der „Wirtschaftsdemokratie".[211]) Und wenn man versucht, das Konzept der „sozialen Betriebspolitik" des katholischen Soziologen Goetz Briefs in dieses Schema einzuordnen, zeigen sich Verbindungen zwischen allen vier Entwürfen: Briefs vertrat einen werksgemeinschaftlichen Ansatz insofern, als sein Konzept stark betriebsbezogene Aspekte umfasste. Zugleich pflegte er katholisch geprägte berufsständische Vorstellungen,[212]) was ihn jedoch nicht davon abhielt, in der Weimarer Zeit auch als „Anwalt" der Gewerkschaften zu agieren. Zwar teilte er deren wirtschaftsdemokratisches Leitbild nicht, doch sprach er ihnen neben dem Betrieb und dem Staat als Trägern der Sozialpolitik eine unentbehrliche Funktion zu.[213]) Ebenso umfasste sein Verständnis von „betrieblicher Sozialpolitik" Elemente, die der sozialliberalen Position der Sozialreformer sehr nahe standen. So war „betriebliche Sozialpolitik" für ihn eine „autonome, nicht durch Betriebszwecke determinierte Art der Sozialpolitik, die der Betrieb als eigenen Zweck verfolgt".[214]) Voraussetzung dafür sei auf Seiten der Unternehmer eine „liberal-humanitäre" Haltung, die anerkenne, dass über die rein arbeitsrechtlichen Verpflichtungen hinaus auch „sittliche Aufgaben gegenüber den Arbeitern" zu erfüllen seien.[215])

Obwohl sich im Überblick die vier ordnungspolitischen Entwürfe der 1920er Jahre unterscheiden lassen, gab es praktisch auch ideelle Neupositionierungen, die Elemente der verschiedenen Entwürfe kombinierten. Am Beispiel betrieblicher Sozialexperten und katholischer Betriebswirtschaftler zeigt sich, dass diese Akteursgruppen – sei es unabhängig voneinander oder durch wechselseitige Beeinflussung vermittelter oder direkter Art – auch neue Leitorientierungen mit affinen Fixpunkten entwickeln konnten, ohne dass dies beabsichtigt oder den Beteiligten bewusst gewesen wäre. Dadurch entstanden neue Konstellationen, die im Hinblick auf (historische) Veränderungsdynamiken von nicht zu unterschätzender Bedeutung waren. So trat die gemein-

[211]) *Jähnichen*, Neudeutsche Kultur- und Wirtschaftspolitik, S. 166.
[212]) *Schulz*, Bürgerliche Sozialreform, S. 199, 201.
[213]) *Klein-Zirbes*, Der Beitrag von Goetz Briefs, S. 98f.
[214]) Zit. n. ebd. S. 95.
[215]) Ebd. S. 97.

same individualisierende Leitorientierung protestantischer betrieblicher Sozialexperten und katholischer Betriebswirtschaftler, auch wenn sie inhaltlich jeweils etwas anders akzentuiert war, in Konkurrenz zum herkömmlich dominierenden technisch geprägten Denkstil der Rationalisierungsexperten. Denn auch die neuen Akteure stützten sich legitimatorisch auf wissenschaftliches Wissen, stellten dieses aber nicht in erster Linie in den Dienst einer „vernunftgemäßen Gestaltung der Wirtschaft“, sondern sahen sich vielmehr dem einzelnen „Menschen“ und seiner „Persönlichkeitsbildung“ verpflichtet. Dadurch, dass somit aus zwei unterschiedlichen Kontexten gleichzeitig sehr ähnliche Alternativen entwickelt wurden, verstärkte sich dieser Druck, der überdies auch noch mit der gewerkschaftlichen Kritik am Rationalisierungsbegriff zusammenfiel. Die Neuorientierungsbestrebungen der Rationalisierungsakteure der Weimarer Zeit in Richtung „Mensch und Rationalisierung“ zu Beginn der 1930er Jahre sind daher als Reaktion auf diesen Druck zu verstehen.

Aufgrund der ordnungspolitischen Veränderungen, besonders hinsichtlich der Arbeitsbeziehungen, die mit dem Nationalsozialismus einhergingen, verloren diese Ansätze zwar für Rationalisierungsingenieure zunächst an Relevanz. Aber die DAF, die den umfassenden Gestaltungsanspruch vom RKW übernahm, griff sie Mitte der 1930er Jahre wieder auf. Sie schuf im Zuge ihrer Neudefinition der „echten Rationalisierung“ unter nationalsozialistischen Vorzeichen mit der Formel vom „Menschen im Mittelpunkt“ ein überkonfessionelles und populäres Gewand für genau jene individualisierende Ordnungsprämisse, die sich betriebliche Sozialexperten und der BWL-Professor Fischer auf die Fahne geschrieben hatten. Zwar war der „Mensch im Mittelpunkt“ nur ein Kriterium der nationalsozialistischen „echten“ Rationalisierung – Rationalisierungsexperten waren daher nicht notwendig gezwungen, ihren technischen Denkstil anzupassen –, aber er bot einen Anknüpfungspunkt für diejenigen Experten, die bisher aufgrund der unangefochtenen Dominanz des technischen Blicks keine Möglichkeit hatten, unter Verwendung humanwissenschaftlichen Wissens Maßnahmen betrieblicher Sozial- und Personalpolitik zu gestalten.

Von einem personalpolitischen Feld konnte zu diesem Zeitpunkt gleichwohl noch nicht die Rede sein. Es gab weder eine gemeinsame Illusio aller beteiligten Akteure, noch war klar, wer eigentlich diese Akteure waren, worin sie übereinstimmend den Zweck ihrer Betätigung sahen, geschweige denn, dass in entsprechenden Institutionen diese Übereinkünfte strukturell manifestiert gewesen wären. Was sich zwischen der zweiten Hälfte der 1930er Jahre und dem Ende des Kriegs praktisch ausbildete, waren allenfalls Ansätze entsprechender Bestrebungen einzelner Expertengruppen (Psychologen und betriebliche Sozialexperten in Kooperation mit Betriebswirtschaftlern), die über den Status erster, vereinzelter Experimente nicht hinauskamen. Dennoch waren es nach 1945 genau diese Akteure, die mit genau diesen Orientierungen und genau diesen Erfahrungen für ihren (human-)wissenschaftlich gestützten, individualisierenden Ansatz betrieblicher Sozial- und Personalpolitik, kurz:

für das personalpolitische Feld warben. Erst zu diesem Zeitpunkt sollten ihnen allerdings grundlegende Gemeinsamkeiten ihrer jeweiligen Bestrebungen zumindest teilweise bewusst werden und daraus die logische Schlussfolgerung resultieren, sich am besten zusammen zu tun.

2. Zwischen Konfrontation und Kooperation – Arbeitsbeziehungen in der unmittelbaren Nachkriegszeit

Eines der wichtigsten in der unmittelbaren Nachkriegszeit anstehenden Probleme war die Suche nach einer neuen Ordnung der Arbeitsbeziehungen und nach einer neuen betrieblichen Sozialordnung. Bis sich Unternehmer, Gewerkschaften, Alliierte und Politiker auf eine endgültige Regelung einigen konnten, sollte es einige Jahre dauern. Die Verabschiedung des Betriebsverfassungsgesetzes 1952 war das Ergebnis eines langwierigen und kontroversen Aushandlungsprozesses mit Höhen und Tiefen für fast alle Beteiligten. Bis dahin schwelte die ungeklärte Frage mit akutem Konfliktpotential. Geschäftsleitungen und Betriebsräte in den Unternehmen waren gezwungen, den Betrieb – im doppelten Sinne – aufrecht zu erhalten. Sie mussten Lösungen finden, um die bestehenden Spannungen zumindest provisorisch zu mildern. Dabei durfte den ‚großen' Entscheidungen nicht vorgegriffen werden, doch hatten gleichzeitig die betrieblichen Maßnahmen so weit reichend und ernsthaft auszufallen, dass sie wirksam waren. Dieser Problemlage nahmen sich insbesondere betriebliche Humanexperten an. Für sie standen weniger die großen ordnungspolitischen Fragen im Vordergrund. Sie machten sich mit der Entwicklung von Maßnahmen zur Entspannung betrieblicher Sozialbeziehungen vor Ort pragmatische Aufgaben in einer akuten Konstellation zu Eigen.

Bevor es in den folgenden Kapiteln um das Spektrum der dabei verfolgten Strategien geht - Inhalte, Ausprägungen und Träger –, werden hier zunächst die Voraussetzungen und Kontexte genauer ausgeleuchtet, vor deren Hintergrund diese Strategien entstanden sind. Welchen Ausgangsbedingungen unterlag die Suche nach einer neuen betrieblichen Sozialordnung nach 1945? Wichtig bei der Beantwortung dieser Frage ist, dass nicht nur klar zwischen der betrieblichen Ebene, das heißt den Unternehmen, und der überbetrieblichen Ebene der Arbeitsbeziehungen unterschieden wird, sondern auch die Wechselbeziehungen und gegenseitigen Abhängigkeiten zwischen den beiden Ebenen in den Blick genommen werden. Diese Perspektive hat weder die historische noch die soziologische Forschung zu Industriellen Beziehungen bisher systematisch verfolgt.

2.1 Die Praxis betrieblicher Sozialbeziehungen vor 1948

Wie fast überall nach der deutschen Niederlage herrschte auch in Unternehmen Not, Zerstörung, Hunger, Zukunftsangst und Orientierungslosigkeit vor. Maßgeblich war die Situation dadurch geprägt, dass es keine gültige, das heißt allgemein anerkannte betriebliche Sozialordnung mehr gab, deren Struktur

Handlungsspielräume klar und für alle selbstverständlich festlegte. Kriegsende und alliierte Besatzung waren jedoch keineswegs allein verursachende Faktoren, sondern verstärkten vielmehr eine Lage, die sich seit Beginn der 1940er Jahre bereits ausgebildet hatte.[1]) Schon während des Krieges war es in Unternehmen immer schwieriger geworden, das herkömmliche Leitbild der betrieblichen Sozialordnung, die „Betriebsgemeinschaft", in der Praxis wirksam durchzusetzen. Dazu hatten rüstungswirtschaftliche Maßnahmen beigetragen, die immer unverblümter auf die Mobilisierung allerletzter Leistungsreserven abzielten[2]) und dadurch Vergemeinschaftungsrhetorik in ihrer Funktion als nur unzureichend bemäntelte Durchhalte- und Harmonisierungspropaganda zunehmend unglaubwürdiger machten. Auch vertrug sich das „Betriebsgemeinschafts"-Konzept überhaupt nicht mit dem Mangel an deutschem, männlichem Personal in Unternehmen, der durch verstärkte Einberufungen zur Wehrmacht verursacht wurde. Der Versuch, diesen Mangel zu kompensieren, indem dienstverpflichtete Frauen und ausländische Zwangsarbeiter als Arbeitskräfte eingesetzt wurden, führte zu erheblichen Disziplin- und Motivationsschwierigkeiten. Bei Siemens beispielsweise schimpften die Verantwortlichen, die dienstverpflichteten Frauen seien undiszipliniert, eine „unstrukturierte Masse", sie ließen jegliche „Arbeitsfreudigkeit" vermissen, meldeten sich aus unkontrollierbaren Gründen krank, verunsicherten die Meister und Vorarbeiter, kurz: sie „verdarben die schönste Betriebsgemeinschaftsstimmung".[3]) Dass sich solche Schwierigkeiten durch die arbeitsteilige Organisation des Produktionsablaufs auch auf Bereiche auswirkten, in denen weiterhin hauptsächlich männliche Arbeiter beschäftigt waren, konnten auch verstärkte Betreuungsmaßnahmen für die „Neuen" nicht verhindern.

Dadurch, dass einerseits diese vermeintlich „betriebsfremden" Arbeitskräfte eingesetzt wurden, gleichzeitig jedoch – so als habe sich nichts verändert – am Leitbild der „Betriebsgemeinschaft" festgehalten, das heißt implizit von einer homogenen männlichen Facharbeiter-Stammbelegschaft ausgegangen wurde, klaffte eine zunehmende Diskrepanz zwischen ordnungspolitischem Anspruch und sozialer Praxis in den Unternehmen. Der kontinuierlich ansteigende Druck der Kriegswirtschaft, immer mehr Arbeitsleistung unter immer schlechteren Bedingungen zu erbringen, verschärfte die Situation zusätzlich.[4]) Im letzten Jahr des Krieges beeinträchtigten zudem alliierte Luftangriffe den geregelten Ablauf in (noch) nicht verlagerten Produktionsstätten. Produktionsausfälle, die mit Verdiensteinbußen einhergingen, erschwerte Arbeitsbedin-

[1]) Die Beobachtung von Martin Broszat, Klaus-Dietmar Henke und Hans Woller, dass im Zeitraum zwischen Stalingrad und der Währungsreform die soziale Ordnung vor allem in Unternehmen aus den Fugen geriet, ist durchaus zutreffend. Ihre These einer „sozialen Revolution", die daraus resultierte, teile ich jedoch nicht. *Broszat*, Von Stalingrad bis zur Währungsreform.

[2]) *Siegel/Freyberg*, Industrielle Rationalisierung, S. 100ff., 133.

[3]) Zit. n. *Sachse*, Hausarbeit, S. 261f.

[4]) Vgl. dazu *Werner*, „Bleib übrig!".

gungen – teilweise unter Lebensbedrohung – und die zugleich mangelhafte Versorgungs- und Wohnungslage zermürbten die Moral der Verbliebenen. Krankmeldungen waren ebenso an der Tagesordnung wie Leistungsverweigerung.[5]) Bis zum Kriegsende war es daher nicht nur immer schwieriger geworden, auch nur den Anschein einer Ordnung im Sinne der „Betriebsgemeinschaft" aufrecht zu erhalten, sondern es war vielerorts einfach nicht mehr möglich. Ein Neuorientieren oder Umdenken war unter diesen Bedingungen allerdings genauso wenig möglich. In vielen Unternehmen zeigte die betriebliche Sozialordnung daher bereits vor 1945 erhebliche Auflösungserscheinungen.

Diese Situation wurde durch das Kriegsende und die damit einhergehende deutsche Niederlage zusätzlich verschärft. Konfrontiert mit Kapitalmangel und Inflation sowie der nur bedingten Verfügbarkeit von Lebensmitteln, Rohstoffen und Material, trugen bis zur Währungsreform 1948 vor allem zwei Kollektiv-Akteure dazu bei, die alte Ordnung auszuhebeln: zum einen die Belegschaften, deren Eigensinnigkeit vorrangig dem Motiv der kurz- und mittelfristigen Versorgungssicherung folgte. Weil dabei bis zur Währungsreform Geld so gut wie keine Rolle spielte, sondern vielmehr Naturalien und brauchbare Waren „organisiert" werden mussten, war es weniger wichtig, regelmäßig im Betrieb zu erscheinen. Unentschuldigte Fehlzeiten und ein hoher Krankenstand waren daher die Regel.[6]) Dass auch die Anzahl der Diebstähle gleichzeitig anstieg, kennzeichnet ebenfalls den Zusammenhang zwischen der schwierigen Versorgungslage und dem Rückgang der Arbeitsdisziplin.

Zum anderen beeinträchtigte die absolute Verfügungsgewalt der Alliierten erheblich, dass sich in den einzelnen Betrieben wieder ein geregelter Tagesablauf einstellte. Nicht nur die Maßnahmen zur Demontage, Entflechtung und Entnazifizierung gemäß dem „Potsdamer Abkommen" vom 2. August 1945 beanspruchten einen Großteil der Aufmerksamkeit in den Unternehmen.[7]) Auch der bürokratische Aufwand, um neue Produktionserlaubnisse zu erhalten, war oft hoch. Hinzu kam, dass in der unmittelbaren Nachkriegszeit die Bewegungsfreiheit zwischen den einzelnen Besatzungszonen, aber zunächst auch innerhalb dieser Zonen erheblich eingeschränkt war. Dies warf insbesondere für Unternehmen mit Standorten in unterschiedlichen Zonen schwerwiegende Kommunikations- und Abstimmungsprobleme auf.[8]) Von diesen weit reichenden Einschränkungen betrieblicher Handlungsspielräume waren alle Betriebsangehörigen existenziell betroffen – materiell, aber auch im Hinblick auf die Sicherheit einer gemeinsamen Handlungsbasis. Keiner der Beteiligten konnte sich in dieser Situation auf ein Mindestmaß an Routine und Be-

[5]) Ebd. S. 300–318; *Fichter*, Aufbau und Neuordnung, S. 479, 528f.
[6]) Vgl. *Richter*, Die Währungs- und Wirtschaftsreform, S. 226ff.; *Fichter*, Aufbau und Neuordnung, S. 528f.; *Vaubel*, Tagebuch, 24.07.1946.
[7]) *Benz*, Potsdam, S. 157–182.
[8]) *Vaubel*, Tagebuch, 25.08.1945; 08.06.1945.

rechenbarkeit verlassen, was für den Aufbau und den Erhalt einer neuen dauerhaften Ordnung aber notwendig gewesen wäre.

Während die Auflösung der herkömmlichen betrieblichen Sozialordnung nach Kriegsende weiterging, positionierten sich gleichzeitig betriebliche Akteure neu. Die Position von Geschäftsleitungen und leitenden Angestellten war zunächst besonders beeinträchtigt. Hatte ihr traditioneller „Herr-im-Hause"- und/oder „Betriebsführer"-Status während der Kriegsjahre bereits gelitten, so wurde er nun zusätzlich durch den Verlust der letzten Entscheidungsgewalt untergraben. Obendrein schwächten die von den Alliierten vorgenommenen Verhaftungen verstrickter oder belasteter Unternehmer und die bevorstehende Entnazifizierung sie empfindlich.[9]) Auch die schon bald nach dem Krieg in der deutschen Öffentlichkeit verbreitete und von Gewerkschaftsvertretern zusätzlich geschürte Meinung, die Unternehmer hätten Hitlers Regime maßgeblich gefördert und davon profitiert, war einer Verbesserung ihrer Position keineswegs zuträglich.[10]) Deutsche Unternehmer befanden sich in der unmittelbaren Nachkriegszeit am Tiefpunkt ihres gesellschaftlichen Ansehens schlechthin.

Arbeitnehmervertreter in einzelnen Betrieben – zumeist Mitglieder der Weimarer Arbeiterbewegung, die bei Kriegsende sofort in den Startlöchern gestanden hatten – nutzten die Gunst der Stunde und forderten ihre Rechte gegenüber den Arbeitgebern ein. Die Unternehmer verloren damit ihre alleinige betriebliche Verfügungsgewalt, wie sie 1934 im „Gesetz zur Ordnung der nationalen Arbeit" unter faktischer Ausschaltung der Arbeitnehmervertretungen festgelegt worden war.[11]) Gleichzeitig waren sie nun mit neuen Anforderungen konfrontiert, hatten sie sich doch in den letzten elf Jahren nicht nur daran gewöhnt, ohne Gewerkschaften zu rechnen. Sie hatten auch keine praktischen Kooperationsformen mit Betriebsräten entwickelt oder gepflegt.

Die unmittelbar nach dem Krieg gebildeten „Betriebsausschüsse" und Betriebsräte kümmerten sich angesichts der allgegenwärtigen Mangellage um die Versorgung der Belegschaft und nahmen teilweise auch Maßnahmen zum Erhalt des jeweiligen Betriebs in Angriff.[12]) Auch wenn diese Bemühungen maßgeblich aus Motiven der Arbeitersolidarität gespeist waren, so hatten sie doch auch in klassisch patriarchalischer Manier die Funktion, Arbeitskräfte in Zeiten der Not an das jeweilige Unternehmen zu binden und gleichzeitig durch Versorgung zu disziplinieren. Vielerorts hatten es sich Betriebsräte oder ihre explizit antifaschistischen Vorgänger-Ausschüsse außerdem zu einer ihrer wichtigsten Aufgaben gemacht, Nationalsozialisten aus dem jeweiligen Be-

[9]) *Berghahn*, Unternehmer in der frühen BRD, S. 283f.; *Erker*, Industrie-Eliten, S. 8f.
[10]) Vgl. dazu *Wiesen*, West German Industry, vor allem S. 86–93.
[11]) Vgl. *Frese*, Betriebspolitik; *Spohn*, Betriebsgemeinschaft.
[12]) *Niethammer*, Arbeiterinitiative, S. 281-324; *Plato*, Betriebsräte, S. 102–113; *Kleßmann*, Politisch-soziale Traditionen, S. 378; *Fichter*, Aufbau und Neuordnung, S. 483; *Rüther*, Zusammenbruch und Wirtschaftswunder, S. 153–383.

trieb zu entfernen. Es war daher die Regel, dass Betriebsratsmitglieder in Entnazifizierungsverfahren gegen betriebliches Leitungspersonal eingebunden waren. Damit beanspruchten sie praktisch einen Teil des bisher alleinigen Führungs-Anspruchs der Unternehmer. Gleichzeitig schufen sie mit der Macht des Faktischen grundlegende Voraussetzungen für die Etablierung der dualen Struktur von Arbeitsbeziehungen in einer demokratisch verfassten Gesellschaft.[13])

Diese nach dem Krieg neu errungene Position der Betriebsräte war bis zur Verabschiedung des Betriebsverfassungsgesetzes 1952 weniger durch rechtliche Fixierungen abgesichert, sondern ergab sich in erster Linie aus den Bedingungen der betrieblichen Praxis. Die schnelle Einsicht der Geschäftsleitungen, angesichts ihrer misslichen Lage auf die Betriebsräte als „Rufspender und Ordnungsfaktor" angewiesen zu sein,[14]) spielte dabei eine wichtige Rolle. Zugleich eröffnete die Einbindung in Entnazifizierungsverfahren den Betriebsräten auch eigene Handlungsspielräume.[15]) Die Bedingungen dieser Beziehungen waren jedoch noch keineswegs geklärt, geschweige denn institutionalisiert. Bis 1948 fanden betriebsinterne Aushandlungen über eine neue Sozialordnung zumeist nur in Ansätzen statt. Nur sehr wenige Betriebsräte verfolgten aktiv eigene „politische" Bestrebungen.[16]) Die Auseinandersetzungen in den Unternehmen köchelten eher auf Sparflamme vor sich hin. Auch die Maßnahmen der West-Alliierten leisteten keine Abhilfe, sondern waren ebenfalls zunächst abwartend. Sie enthielten eher offene Ansätze als klare Ansagen.

Zum Jahresbeginn 1947 wurde das „Arbeitsordnungsgesetz" von 1934 außer Kraft gesetzt, das die formale Grundlage der nationalsozialistischen „Betriebsgemeinschaft" dargestellt hatte.[17]) Damit bestand als einzige Rechtsgrundlage einer betrieblichen Sozialordnung das am 10. April 1946 erlassene Kontrollratsgesetz Nr. 22, das so genannte Betriebsrätegesetz der Alliierten.[18]) Inhaltlich bot dieses Gesetz wenig Halt, da es die Frage nach einer neuen Betriebsordnung den betrieblichen Akteuren überließ. Es verpflichtete weder

[13]) Mit „dualer Struktur" ist hier nicht die doppelte Vertretung der Arbeitnehmerseite auf der überbetrieblichen (Gewerkschaften) und betrieblichen Ebene (Betriebsräte) gemeint, sondern grundlegend die Konstellation zwischen „Arbeit und Kapital", zwischen Betriebsräten und Geschäftsleitungen, zwischen Gewerkschaften und Arbeitgeberverbänden, als Spezifikum demokratisch verfasster Gesellschaften.

[14]) *Fichter*, Aufbau und Neuordnung, S. 549; *Vaubel*, Tagebuch, 06.09.1945.

[15]) Vgl. für Beispiele: *Fichter*, Aufbau und Neuordnung, S. 514ff.; *Vaubel*, Tagebuch, 30.07.1946; *Hetzer*, Unternehmer, S. 555; *Vaubel*, Tagebuch, 11.03.1946, 19.03.1946, 23.04.1946, 24.06.1946, 01.12.1946, 05.04.1947, 21.12.1947; *Rosenberger*, Von der „Bayer-Familie".

[16]) *Kleßmann*, Politisch-soziale Traditionen; *Fichter*, Aufbau und Neuordnung, S. 497ff.; *Müller*, Mitbestimmung, S. 157, 163, 177.

[17]) *Sitzler*, Die Betriebsordnung; *Spohn*, Betriebsgemeinschaft.

[18]) Kontrollratsgesetz Nr. 22: Betriebsrätegesetz, in: *Peters*, Montanmitbestimmung, S. 50ff.

zum Erlass einer Betriebsordnung noch zur Einrichtung eines Betriebsrats, sondern bestimmte allein das Instrument der „Betriebsvereinbarung" als legitimes. Damit beförderte es – wenn auch implizit, so doch gleichsam konsensliberal – unter Anerkennung der unterschiedlichen, aber jeweils legitimen Interessen die selbständige und aktive Auseinandersetzung der ‚betrieblichen Sozialpartner' über die Bedingungen ihrer jeweiligen Zusammenarbeit. Diese Regelung legitimierte vor allem die neuen Betriebsräte, indem sie als Verhandlungspartner der jeweiligen Geschäftsleitungen vorgesehen waren. Angesichts der anhaltend unsicheren Situation sowie wenig Aussicht, dies bald und dauerhaft in den Griff zu bekommen, stellt sich jedoch die Frage, inwiefern diese Aushandlungsansätze im Hinblick auf faktische Ergebnisse, die daraus hätten hervor gehen sollen, tatsächlich intendiert waren.[19]) Trotz der Chancen, die das Betriebsrätegesetz von 1946 bot, waren seine Auswirkungen bescheiden und zwar sowohl was Aushandlungsergebnisse betraf, als auch im Hinblick auf etwaige Lernerfolge bei der Einübung kooperativer Praktiken zwischen Betriebsräten und Geschäftsleitungen[20]). Fichter konstatiert, dass „der Abschluss von Betriebsvereinbarungen [...] in den Jahren 1947/48 [...] eher die Ausnahme" darstellte. „Die Unternehmer lehnten die geforderte Mitbestimmung der Betriebsräte grundsätzlich ab und wollten überhaupt eine schriftliche Fixierung von Mitwirkungs- und Beteiligungsrechten, die sie den Betriebsräten in Personalfragen unter den besonderen Bedingungen der ersten Besatzungsjahre oft hatten zugestehen müssen, möglichst vermeiden. Sie zögerten die Verhandlungen [...] hinaus mit dem Hinweis, dass man weder den übergreifenden Verhandlungsansätzen noch der Gesetzgebung vorgreifen dürfe."[21])

Indem das Kontrollratsgesetz die Aushandlung der Bedingungen innerbetrieblicher Arbeitsbeziehungen in die Betriebe verlagerte, reproduzierte es allein die jeweils vorhandenen Bedingungen und Möglichkeiten. Im Hinblick auf die ordnungspolitische Situation führte es somit, wenn überhaupt, nur zu uneinheitlichen situationsabhängigen Regelungen, was nicht dazu angetan war, den schwelenden Konflikt zwischen den Parteien der Arbeitsbeziehungen einer Klärung näher zu bringen. Das Gesetz bot keine verlässliche Legitimation für die verhandelnden Institutionen, so dass der Abschluss nachhaltig wirksamer Vereinbarungen nicht möglich war. Stattdessen herrschte Gerangel um Zuständigkeiten, Verwirrung über Verantwortung und abwartend zögerliches Hinhalten. Ungewissheit war daher weiterhin die Erfahrung, welche die Situation für alle Beteiligten maßgeblich prägte.

Zusätzlich verschärfte auch die Handhabung des Entnazifizierungsprogramms in den Betrieben diese Situation. Es diente nicht nur als wichtige

[19]) Vgl. zur bisher hauptsächlich positiven Einschätzung des Gesetzes: *Fichter*, Aufbau und Neuordnung, S. 533 ff.; *Kleßmann*, Betriebsräte, S. 61 f.

[20]) So *Kleßmann*, Betriebsräte, S. 73.

[21]) *Fichter*, Aufbau und Neuordnung, S. 541, Beispiele S. 536 ff.; vgl. auch *Müller*, Mitbestimmung, S. 100 ff.

Grundlage der Macht von Betriebsräten gegenüber Geschäftsleitungen und leitenden Angestellten. Bis zu seinem endgültigen Abschluss bot es auch die Möglichkeit der Denunziation und der Intrige, um unliebsame Mitarbeiter, Vorgesetzte oder auch Kollegen los zu werden. Die Entnazifizierungsverfahren waren nicht oder nur unzureichend dagegen geschützt, im Dienste eigener Interessen von all denjenigen instrumentalisiert zu werden, die in die Verfahren eingebunden waren.[22]) Mitglieder der Geschäftsleitung und leitende Angestellte waren zudem, solange ihre Verfahren nicht abgeschlossen waren, in ihren Handlungsspielräumen eingeschränkt. Sie konnten ihre Leitungsfunktionen nicht mehr wie zuvor ausfüllen oder wagten es nicht. Eine wohl gängige und erfolgreiche Strategie der „Fallgrube Entnazifizierung" zu entgehen, bestand daher darin, möglichst still zu halten – dies allerdings um den Preis, im Unternehmen zunächst andere gewähren lassen zu müssen.[23]) Bezeichnend für die aus solchen Konstellationen resultierende Ungewissheit war, dass beispielsweise noch nicht einmal klar war, mit wem der Betriebsrat gemäß Kontrollratsgesetz über die Bedingungen einer gemeinsamen Zusammenarbeit hätte verhandeln sollen. So waren der Verbleib im Betrieb, die Integrität, das Durchsetzungsvermögen oder auch die Kompetenz von Treuhändern, bestellten oder auch selbst berufenen Vertretern zu entnazifizierender Geschäftsleitungsmitglieder zweifelhaft.[24]) In all diesen Fällen wurde die Aufnahme von Verhandlungen zwischen Unternehmern und Betriebsräten verhindert. Diese Situation verschärfte jedoch nicht, wie man glauben könnte, die Konfrontationsstellung zwischen beiden. Im Gegenteil, die gemeinsame Erfahrung der Ungewissheit war vielmehr so einschneidend, dass sie die Dringlichkeit, interne Verteilungskämpfe auszutragen, überlagerte – und damit auch die potentiell konsensliberalen Ansätze des Betriebsrätegesetzes.

Die Auflösung der betrieblichen Sozialordnung und die gleichzeitige Vergrößerung der Handlungsspielräume von Belegschaften und Alliierten waren in der unmittelbaren Nachkriegszeit einerseits Voraussetzung dafür, dass mit der Etablierung der Betriebsräte in der betrieblichen Praxis eine neue Konstellation der Arbeitsbeziehungen entstand. Andererseits erreichte die dadurch

[22]) Dies war vor allem der Fall, nachdem die Durchführung der Entnazifizierungsverfahren an deutsche Komitees übergeben worden war. In der amerikanischen Besatzungszone geschah dies mit dem Erlass des Gesetzes Nr. 8 am 26. September 1945, mit dem die Entnazifizierung in Industrie und Handel geregelt wurde. Im März 1946 ersetzte Gesetz Nr. 104 zur „Befreiung von Nationalsozialismus und Militarismus" Gesetz Nr. 8. Mit dem neuen Gesetz fiel die Aufgabe, im Falle der Berufung eine besondere Stellungnahme anzufertigen, allein an die Betriebsräte. Vgl. dazu *Hoser*, Die Entnazifizierung; *Fichter*, Aufbau und Neuordnung, S. 514; *Hetzer*, Unternehmer, S. 557, 589.

[23]) Vgl. z. B. *Vaubel*, Tagebuch, 04.12.1947: „Daß die gesamte Leitung [der Vereinigten Glanzstoff Fabriken] sich in diesen Tagen vollständigen politischen Umbruchs [...] halten konnte, wurde ganz wesentlich durch das Gewährenlassen derjenigen erkauft, die als frühere Nicht-Parteigenossen und politisch Verfolgte in Positionen drängten."; vgl. auch 11.03.1946.

[24]) Beispiele bei *Hetzer*, Unternehmer.

verstärkte Aushebelung der alten Ordnung zugleich ein Ausmaß, das die Existenz der Unternehmen tatsächlich oder vermeintlich gefährdete. Weil es für alle Betriebsangehörigen ungeachtet ihrer internen Verteilungskämpfe in erster Linie freilich galt, die gemeinsame, unbestrittene Basis ihrer aller Tätigkeit – den Betrieb oder das jeweilige Unternehmen – zu erhalten, trat die Konfrontation zwischen Geschäftsleitungen und Betriebsräten in den Hintergrund und wurde stattdessen durch Kooperation ersetzt. So zum Beispiel direkt nach Kriegsende, als einzelne Werke von Plünderungen betroffen waren, die Führungskräfte und Arbeiter gemeinsam zu verhindern suchten.[25]) So aber auch immer dann, wenn die Maßnahmen der Alliierten sich zu offensichtlich und direkt gegen deutsche Unternehmen richteten oder man dies dort zumindest glaubte. Betriebsräte und Unternehmer verfolgten beispielsweise im Rahmen der Entnazifizierung zum Teil gemeinsame Interessen. Nicht selten trat durch diese Kooperationen – trotz antifaschistischer Traditionen in der Arbeiterbewegung – auch das eigentliche Anliegen der Entnazifizierung in den Hintergrund. Stattdessen wurde vorrangig eine gemeinsame Abwehrhaltung gegen die ‚Einmischung Betriebsfremder' vertreten. Beispielsweise legten die Arbeiter der BASF 1948 für eine Stunde die Arbeit nieder, um gegen den Prozess gegen ihren Werksleiter in Nürnberg zu protestieren.[26]) Oder Betriebsrat und Belegschaft akzeptierten die anstelle der zu entnazifizierenden Chefs bestellten Treuhänder nicht, wie bei Messerschmidt.[27])

Einen besonderen Stellenwert unter diesen Kooperationen nahmen vor allem gemeinsame Protestaktionen ein, mit denen Geschäftsleitungen, Betriebsräte und Belegschaften angekündigte Demontagen durch die Alliierten zu verhindern suchten. Diese Aktionen haben bei den Beteiligten einen tiefen Eindruck hinterlassen.[28]) Dabei spielte es keine Rolle, dass aus makroökonomischer Perspektive der Abtransport von Anlagen, Maschinen und technischem Instrumentarium deutscher Firmen nicht wirklich eine ernsthafte Bedrohung für die westdeutsche Industrie darstellte;[29]) ebenso wenig, dass die Demontagen vergleichsweise zögerlich und keinesfalls im geplanten Ausmaß durchgeführt wurden[30]). Die Wahrnehmung betrieblicher Akteure war am Wohl und Erhalt des einzelnen Betriebs und nicht am Gesamt der deutschen Wirtschaft orientiert. Die Befürchtung, mit der Demontage des jeweiligen Werks den Arbeitsplatz, die Grundlage der Existenz und auch ein Stück Identität zu verlieren, musste daher für jeden einzelnen sehr bedrohlich erschei-

[25]) *Vaubel*, Tagebuch, S. 24f.
[26]) *Stokes*, IG Farben, S. 354; *Abelshauser*, Die BASF, S. 413.
[27]) *Hetzer*, Unternehmer, S. 575, hier auch weitere Beispiele S. 580f.; vgl. dazu auch *Plato*, Betriebsräte, S. 111ff.
[28]) Z. B. *Plato*, Betriebsräte, S. 109–111.
[29]) *Abelshauser*, Wirtschaftsgeschichte, S. 229ff.; *ders.*, Wirtschaft in Westdeutschland, S. 124; *Plumpe*, Vom Plan, S. 268; *Benz*, Deutschland unter alliierter Besatzung, S. 43; *Hilger*, Zwischen Demontage und Wiederaufbau, S. 211.
[30]) *Kleßmann*, Staatsgründung, S. 105.

nen. Die drastische Symbolik der Demontagen dürfte diese Ängste noch zusätzlich verstärkt haben.

Genauso einschneidend war daher die Erfahrung, sich in dieser Notsituation mit der Geschäftsleitung gegen den vermeintlichen ‚Problemverursacher' zu verbünden. Dass Belegschaftsmitglieder wie auch Politiker damit zum Teil einer von den Unternehmern und ihren Interessenverbänden geschürten Katastrophenstimmung aufsaßen, haben Werner Plumpe und Martina Köchling aufgezeigt.[31]) Entsprechend ihrer wirtschaftshistorischen Perspektive betonen beide jedoch, dass der „Mythos der deutschen korporativen Demontageabwehr" als Argument bei der Akquise von ausländischen Finanzhilfen zur Modernisierung und Rationalisierung vorhandener Kapazitäten diente. Gleichzeitig spielte dieser Mythos aber auch für die Gestaltung der betrieblichen Sozialordnung eine wichtige Rolle: Die Beschwörung der „Notgemeinschaft" als Bedingung der Demontageabwehr war einer der wichtigsten Bezugspunkte des „sozialpartnerschaftlichen" Leitbildes betrieblicher Arbeitsbeziehungen in der jungen Bundesrepublik.[32]) In Reaktion auf die vermeintliche Bedrohung schottete man die „Gemeinschaft" nach außen ab, um sie zu verteidigen. Diese Vergemeinschaftungsstrategie funktionierte deswegen so gut und schnell, weil damit herkömmliche Muster fortgesetzt wurden.[33]) Praktisch war damit die „Betriebsgemeinschaft" auch nach 1945 weiterhin das maßgebliche Leitbild der betrieblichen Sozialordnung.

Diese Gemeinschaftsorientierung überlagerte die Konfrontation zwischen Geschäftsleitungen und Betriebsräten. Beispielsweise war sie die zentrale Bedingung dafür, dass sich Betriebsräte ordnungspolitische Vorstellungen und Forderungen der Gewerkschaften in der Regel nicht zu Eigen machten, sondern maßgeblich betriebsbezogen dachten.[34]) Zugleich ist jedoch zu betonen, dass diese frühe Gemeinschaftsorientierung keineswegs eine konsensliberale Haltung umfasste, die die Akzeptanz unterschiedlicher Interessen selbstverständlich voraussetzte. Das Denken, das praktischen Kooperationen zwischen Unternehmern, Betriebsräten und Belegschaften in Unternehmen nach dem Krieg zugrunde lag, war vielmehr eben ein vergemeinschaftetes und vergemeinschaftendes, das auf ein gemeinsames Ziel verpflichtete und Abweichungen nicht zuließ. Nicht nur die grundlegende Erfahrung der Ungewissheit verhinderte somit, dass auf betrieblicher Ebene ein nachhaltiger Aushandlungsprozess über eine neue betriebliche Sozialordnung einsetzte. Vor allem reproduzierte die freiwillige Vergemeinschaftung von Belegschaftsmitglie-

[31]) *Plumpe*, Vom Plan, S. 263–276; *Köchling*, Demontagepolitik.

[32]) Vgl. auch: *Plato*, Betriebsräte, S. 109; *Lauschke*, Die Hoesch-Arbeiter, S. 18f.; *Stokes*, IG Farben, S. 354f.; *Abelshauser*, Die BASF, S. 413f. Zum Leitbild der „Sozialpartnerschaft" allgemein vgl. vor allem *Plumpe*, Kapital und Arbeit.

[33]) Zur Kontinuität der Vergemeinschaftung vgl. *Krell*, Vergemeinschaftende Personalpolitik; *Hetzer*, Unternehmer, S. 589f.

[34]) *Plato*, Betriebsräte, S. 107; *Fichter*, Aufbau und Neuordnung, S. 548; *Borsdorf*, Speck, S. 358.

dern, Betriebsräten und Geschäftsleitungen als dominante Reaktion in dieser Situation die herkömmliche „Betriebsgemeinschaft“.

2.2 Betriebliche Vergemeinschaftung als Komplement der überbetrieblichen „Sozialpartnerschaft“

Trotz der Erfolge überlagerte die betriebliche Vergemeinschaftung die Konfrontationsstellung zwischen Geschäftsleitungen und Betriebsräten nur, hob sie aber nicht grundsätzlich auf. Dies wurde umso deutlicher, je stärker die Neupositionierung der Gewerkschaften an Profil gewann. Ihre durch organisatorische und programmatische Anlaufschwierigkeiten verzögerte Rückkehr auf die politische Bühne hatte vor allem ab 1947 konkrete Auswirkungen auf den betrieblichen Sozialraum. Schon die Entwicklung der gewerkschaftlichen Vorstellungen von einer zukünftigen Wirtschafts- und Sozialordnung hatte Unternehmer und Besatzungsmächte in Hab-Acht-Stellung versetzt. Die Gewerkschaften waren mit ihren Forderungen nach Sozialisierung und Mitbestimmung vor dem Hintergrund einer in der Nachkriegszeit verbreiteten antikapitalistischen Haltung einer der wichtigsten Promotoren solchen Ansinnens. Sie stellten für Geschäftsleitungen insofern eine Gefahr dar, als sie die „Betriebsgemeinschaft“, das heißt diejenige Ordnung, welche die unternehmerische Herrschaft im Betrieb legitimierte und schützte, potentiell gefährdeten. Die anhaltend ungeklärte, durch das Kontrollratsgesetz Nr. 22 nicht verbesserte, sondern in ihrer Klärungsbedürftigkeit eher zementierte Situation der Betriebsräte wurde dadurch verschärft. Eine Lösung dieses Problems fand sich jedoch nicht auf betrieblicher Ebene, sondern war eingebunden in übergeordnete Entscheidungen. Deren Weichenstellung ging maßgeblich von den Besatzungsmächten aus, stand jedoch keineswegs im Gegensatz zu den Vorstellungen deutscher Unternehmer.

Zu Beginn des Jahres 1947 entzündete sich der Konflikt um die innerbetrieblichen Arbeitsbeziehungen erneut. Ursächlich war dafür eine Reihe von Bedingungen, die sich gegenseitig verstärkten. Seit Februar fanden die ersten Entflechtungen in der Eisen- und Stahlindustrie der britischen Besatzungszone statt, mit denen jene weit reichenden Partizipationsformen eingeführt wurden, die später Inhalt der Montanmitbestimmung werden sollten – paritätische Besetzung des Aufsichtsrats und ein „Arbeitsdirektor“ als Vorstandsmitglied.[35]) Gleichzeitig gab die Gewerkschaftsführung sowohl in der britischen als auch in der amerikanischen Zone so genannte „Muster-Betriebsvereinbarungen“ heraus. Diese sollten Betriebsräten in ihren Verhandlungen mit den jeweiligen Geschäftsleitungen gemäß Kontrollratsgesetz Nr. 22 über die Bedingungen ihrer gemeinsamen Zusammenarbeit als Vorlage und Maßstab die-

[35]) *Müller*, Mitbestimmung.

nen.[36]) Unter anderem beinhaltete die „Muster-Vereinbarung“ Forderungen nach paritätischer Besetzung des Aufsichtsrats, nach Informationsverpflichtung der Geschäftsleitung gegenüber dem Betriebsrat und nach gemeinsamer Beratung und Beschließung von Produktionsplänen. Erstmals seit Kriegsende dokumentierte die Gewerkschaftsführung mit diesem Schritt ihre Entschlossenheit, die Demokratisierung der Wirtschaft beziehungsweise der Betriebe auch unabhängig von der Zustimmung der Arbeitgeber in Angriff zu nehmen.[37]) Gleichzeitig versuchte sie sich im Verhältnis zu den Betriebsräten als vereinheitlichende und führende Institution der Arbeitnehmervertretung zu etablieren. Vor allem die Besatzungsmächte, Amerikaner und Briten – weniger die Arbeitgeber, die weiterhin ihre Verweigerungshaltung pflegten – reagierten darauf hochsensibel.[38]) Erhöhte Aufmerksamkeit war vor allem deswegen geboten, weil infolge des Zusammenbruchs der Nahrungsmittel- und Brennstoffversorgung im ersten besonders schlimmen Krisenwinter der Nachkriegszeit (1946/47) „Hungermärsche“ stattfanden, mit denen die Bevölkerung gegen den akuten Versorgungsnotstand protestierte. Der Beginn einer Streikwelle im Frühjahr 1947 – vor allem wohl in kleinen und mittleren Betrieben der britischen Besatzungszone – musste den Eindruck entstehen lassen, dass ein Teil dieser Mobilisierung auf politische Forderungen nach mehr Mitbestimmung umgelenkt worden war.[39])

Anfang 1947 hatten sich Amerikaner und Briten auf den Zusammenschluss ihrer beider Besatzungsgebiete geeinigt. Diese Gründung der Bizone wird in der Literatur oft mit dem Hinweis auf finanzielle Schwierigkeiten der Briten, die die Amerikaner zu großen Teilen übernahmen, und als Beginn der zunehmenden amerikanischen Dominanz bei der Ausrichtung der alliierten Politik gewertet.[40]) Im Hinblick auf die anvisierte Rolle und Funktion der deutschen Gewerkschaften finden sich jedoch keine konkreten Hinweise auf einen solchen Angleichungsvorgang. Vielmehr scheinen sich beide Besatzungsmächte, was diese Frage betraf, ohne große Verhandlungen weitgehend einig gewesen zu sein: Angesichts der unruhigen Lage seit Anfang 1947 nahmen sowohl die amerikanische wie auch die britische Militärregierung die Gewerkschaften verstärkt ins Blickfeld. Maßgeblich waren dabei Disziplinierungsbestrebungen, aber auch antikommunistische Motive.[41])

[36]) Ebd. S. 146–178; *Fichter*, Aufbau und Neuordnung, S. 536f.

[37]) *Müller*, Mitbestimmung, S. 167.

[38]) Ebd. S. 204; *Fichter*, Besatzungsmacht, S. 234ff., der allerdings nicht auf die gewerkschaftlichen Musterbetriebsvereinbarungen eingeht, sondern als „Alarmmeldung“ die Wahlsiege der Kommunisten bei den Wahlen zur FDGB-Bezirkskonferenz im März 1947 betont.

[39]) *Kleßmann/Friedemann*, Streiks; *Fichter*, Besatzungsmacht, S. 254; *Müller*, Mitbestimmung, S. 169–178.

[40]) So z. B. *Schmidt*, Ordnungsfaktor, S. 21; *Hülsdünker*, Praxisorientierte Sozialforschung, S. 110.

[41]) Im alten Stil der Restaurationsthese: *Schmidt*, Neuordnung; *Schmidt/Fichter*, Der erzwungene Kapitalismus; in Abgrenzung dazu: *Mielke*, Wiederaufbau; *Fichter*, Besatzungsmacht.

Die Gefahr „kommunistischer Agitation“, die es einzudämmen galt, vermuteten die Verantwortlichen vor allem auf Seiten der Betriebsräte. Während die Briten allerdings zunächst keine klaren Vorstellungen über die konkrete Gestaltung der „Industrial Relations“ in Westdeutschland hatten, sondern sich im Laufe der Sommermonate schnellst möglich darüber Gedanken machten,[42]) verfolgten die Amerikaner von Anfang an das Konzept des „free trade unionism“[43]). Danach sei es in einer kapitalistischen Wirtschaftsordnung, in der Löhne und Arbeitsbedingungen von den Kräften des Marktes bestimmt würden, Aufgabe und Pflicht der Gewerkschaften als unabhängige Kräfte durch den Einsatz ihrer „wirtschaftlichen Stärke“, die ihnen aus ihrer Mitgliederschaft erwüchse, den Lebensstandard der Arbeiter zu verteidigen und zu verbessern. Grundlegend sei daher auch, dass Betriebsräte nicht unabhängige Arbeitnehmervertretungen in den einzelnen Betrieben sein dürften, sondern eingebunden in die gewerkschaftliche Organisation sein müssten.[44]) Vor allem letzteres entsprach durchaus den gewerkschaftlichen Interessen. Das im August fertig gestellte Konzept der Briten wies weitgehend einen entsprechenden Kurs.[45])

Beide Besatzungsmächte zielten darauf ab, die Gewerkschaften als Kollektiv-Verhandlungspartner der Arbeitgeber in die marktwirtschaftliche Ordnung einzubinden. Dass die Arbeitnehmervertretung eigene ordnungspolitische Zielsetzungen verfolgte, war keineswegs als Betätigungsfeld vorgesehen. Vielmehr galt es gerade, im Zuge der Etablierung industrieller Beziehungen in Westdeutschland diese gewerkschaftliche Stoßrichtung zu neutralisieren. So sollte vor allem mit der Einhegung der Betriebsräte in die gewerkschaftliche Institution deren befürchtete politische Radikalität kontrollierbar gemacht werden.

1947 traten die Auseinandersetzungen um die Gestaltung der Arbeitsbeziehungen in eine neue Phase. Von nun an spielten weniger die Betriebsräte als aktive Arbeitnehmervertreter, sondern vor allem die Gewerkschaften die entscheidende Rolle. Während sie zunächst noch als „Kampfverband“ auftraten, „der auf die Erringung der Gleichberechtigung der Arbeitnehmer in der Wirtschaft“ ausgerichtet war,[46]) ließen sie sich trotz offiziell fortgesetzter klassenkämpferischer Rhetorik zunehmend als Arbeitsmarktpartei in die marktwirtschaftliche Ordnung der entstehenden Bundesrepublik einbinden. Konstituti-

[42]) *Müller*, Mitbestimmung, S. 237-264; *Nautz*, Tarifautonomie, S. 56–68.

[43]) Die Auseinandersetzungen zwischen verschiedenen Fraktionen in der amerikanischen Militärregierung, die unterschiedliche Vorstellungen über den Aufbau der deutschen Gewerkschaften hatten, waren zum Zeitpunkt der Etablierung des Modells der Industrial Relations bereits beendet. Es hatte sich diejenige Gruppe durchgesetzt, welche die Durchsetzung des „free trade unionism“ verfolgte. *Fichter*, Besatzungsmacht, S. 128–174.

[44]) *Fichter*, Besatzungsmacht, S. 178, 245f.; *Nautz*, Tarifautonomie, S. 42–45.

[45]) *Nautz*, Tarifautonomie, S. 160; *Müller*, Mitbestimmung, S. 248.

[46]) So Hans Böckler im März 1948 auf einer Konferenz der britischen Manpower-Division mit Arbeitgebern; zitiert nach *Müller*, Mitbestimmung, S. 263.

ver Bestandteil war dabei die Entpolitisierung der Betriebsratstätigkeiten.[47]) Den betrieblichen Akteuren gelang es – wie Siegfried Mielke treffend bemerkt hat – tatsächlich nicht, ihren zunächst vorhandenen „Aktionsvorsprung“ in einen „Organisationsvorsprung“ umsetzen.[48]) Gegen die im Zuge des ausbrechenden Kalten Kriegs geeinte Allianz aus erfolgreicher Besatzungspolitik, unternehmerischen Interessen und gewerkschaftlicher Positionierungsstrategie, die alle darauf abzielten, den potentiell konfliktträchtigen Interessenausgleich zwischen Arbeitgebern und Arbeitnehmern als Aufgabe der „Sozialpartner“ maßgeblich auf die überbetriebliche Ebene zu verlagern, hatten sie keine Chance. Damit wurde die entscheidende Voraussetzung geschaffen, um die harmonieorientierte Vergemeinschaftung in Unternehmen als Leitbild und Strategie der betrieblichen Sozialordnung auch weiterhin zu erhalten.

Dass eine solche betriebliche Ordnung nicht explizites Ziel alliierter Politik war, resultierte aus der Devise, im Sinne von Demokratisierungsbestrebungen die Aushandlung der konkreten Formen innerbetrieblicher Arbeitsbeziehungen den Deutschen zu überlassen – de facto war dies jedoch erst der Fall, nachdem ordnungspolitische Weichen gestellt waren. Implizit war das Komplementärverhältnis zwischen betrieblicher Harmonie und überbetrieblichem Interessenausgleich hingegen von Anfang an konstitutiver Bestandteil der Gestaltung deutscher Arbeitsbeziehungen durch die Alliierten. So korrespondierte das gemeinschaftsorientierte Leitbild der betrieblichen Sozialordnung mit dem spezifischen Selbstverständnis deutscher Unternehmer, das diese im Laufe des Jahres 1947 ungestört reaktivierten. In der britischen Besatzungszone etwa reformulierte die mehr oder weniger offiziell in der Industrie- und Handelskammern organisierte[49]) Unternehmerschaft ein schumpeterianisch charismatisches Selbstverständnis. Basierend auf einem Konstrukt aus „wirtschaftlicher Leistung, technischem Schöpfertum und sozialer Verantwortung“, das dem „echten Unternehmer“ zugesprochen wurde, verband dieser „neue Ton“ wirtschaftlichen Wiederaufbau, Überwindung der Kriegsfolgen und Prosperität der Unternehmen mit einem gesellschaftlich-ökonomischen Führungsanspruch der Unternehmer.[50]) Dass dieser Führungsanspruch zu allererst im betrieblichen Sozialraum durchgesetzt werden musste, war unausgesprochen selbstverständlich, weil grundlegende Voraussetzung seiner Legitimation im außerbetrieblichen Raum. Das Leitbild einer entsprechenden betrieblichen Sozialordnung war die „Betriebsgemeinschaft“: An deren Spitze führte der kraft seiner Persönlichkeit legitimierte „Unternehmer“, während die Belegschaft, durch freiwillige betriebliche Sozialleistungen umfassend versorgt und daher mit dem „Herrn-im-Hause“ zur Gemeinschaft geeint, willig ausführte.

[47]) *Fichter*, Einheit, S. 68f.; *Nautz*, Tarifautonomie, S. 50.
[48]) *Mielke*, Wiederaufbau, S. 79.
[49]) Zur Rolle der IHKs vgl. *Weise*, Unternehmerische Selbstverwaltung, S. 255–281.
[50]) *Plumpe*, Vom Plan, S. 196f.

Endgültige Rahmenbedingungen, mit denen die ordnungspolitischen Weichenstellungen des Jahres 1947 verfestigt wurden, folgten im Jahr 1948. Drei parallel vollzogene Schritte trugen grundlegend zur Konstituierung der marktwirtschaftlichen Ordnung sowie entsprechender Arbeitsbeziehungen in Westdeutschland bei:[51]) die Zustimmung der Gewerkschaften zum Marshall-Plan, die Verhandlungen über eine zukünftige Tarifordnung sowie die Währungsreform.

Dass mit dem Marshall-Plan als Wiederaufbauprogramm der Vereinigten Staaten für Europa nicht nur Gelder und Know-how zur Verfügung gestellt wurden, sondern auch das (marktwirtschaftliche) Konzept des „Freien Unternehmertums" exportiert wurde, ist Gemeinplatz der Forschung und war den Zeitgenossen ebenso bewusst.[52]) Vor allem die Gewerkschaften befanden diesen Umstand für so gewichtig, dass ein eigens einberufener Sonderkongress im Juni 1948 in Recklinghausen für notwendig erachtet wurde.[53]) Das Dilemma, in dem sie sich angesichts der anhaltend schwierigen Versorgungslage befanden – zwischen Speck und Sozialisierung, wie Ulrich Borsdorf es auf den Punkt gebracht hat[54]) –, zwang sie zu einer schwierigen Entscheidung. Dass das Votum für den Marshall-Plan, das heißt zugunsten des Specks und damit auf Kosten der wirtschaftsdemokratischen Zielsetzung ausfiel, war nicht nur positionierungsstrategischen Abwägungen geschuldet, sondern auch notwendige „Zwangsintegration in die Fronten des Kalten Krieges".[55]) Es war zudem begleitet von der trotzigen Ansage Böcklers, gleichwohl allen „Nachteilen des Planes rechtzeitig begegnen" zu wollen.[56]) Mit der Akzeptanz des Marshall-Plans stellten die Gewerkschaften somit zwar zähneknirschend, aber entschieden ihre ordnungspolitischen Zielsetzungen hinten an. Indem sie sich so in die marktwirtschaftliche Ordnung des Westens einfügten, fiel, auch wenn die internen Aushandlungen über eine „autonome" (Hülsdünker) oder „sozialpartnerschaftliche" Konzeption der Gewerkschaften noch bis in die 1950er Jahre andauern sollten,[57]) eine richtungsweisende Vorentscheidung über ihre zukünftige Rolle und Funktion.[58])

[51]) *Abelshauser*, Die verhinderte Neuordnung?, S. 68.

[52]) *Lehmann*, Der Marshall-Plan; *Kipping/Bjarnar*, The Americanisation of European Business; *Schröder*, Marshallplan; *Maier/Bischof*, Deutschland und der Marshallplan; *Haberl/Niethammer*, Marshall-Plan.

[53]) *Borsdorf*, In Kauf genommen, S. 207f.

[54]) *Borsdorf*, Speck.

[55]) *Plumpe*, Wirtschaftsdemokratie, S. 44; vgl. auch *Lehmann*, Der Marshall-Plan, S. 429–434.

[56]) *Borsdorf*, In Kauf genommen, S. 208.

[57]) *Hülsdünker*, Praxisorientierte Sozialforschung.

[58]) Mit dieser Entscheidung wurde auch der Boden für die so genannte „Politik der Produktivität" (*Maier/Bischof*, Deutschland und der Marshallplan, S. 43) bereitet, die im Zeichen des Rationalisierungsgedankens die Kooperationen zwischen Arbeitnehmerschaft und Geschäftsleitungen von nun an maßgeblich prägen sollten. Vgl. Kap. 4.2.
Vgl. zum Verhältnis zwischen Rationalisierung und Marshallplan: *Kleinschmidt*, Der produktive Blick, S. 60–83; zur Positionierung der Gewerkschaften: *Hülsdünker*, Praxisorientierte Sozialforschung, S. 166–185.

Werner Plumpe sieht daher in Übereinstimmung mit Borsdorf in der Anerkennung des Marshall-Plans durch die Gewerkschaften einen „Bruch in der gewerkschaftlichen Entwicklung nach dem Zweiten Weltkrieg".[59]) So scheint es in der Tat, wenn man die bis in die 1950er Jahre bemühte wirtschaftsdemokratische Rhetorik als Maßstab anlegt. Betrachtet man aber den Verlauf der Verhandlungen über eine neue Tarifordnung, an denen Gewerkschaftsvertreter maßgeblich beteiligt waren, so zeigt sich, dass es seit 1946 – das heißt von Anfang an – auch eine Gruppe innerhalb der gewerkschaftlichen Organisation gab, die eine Rolle als „sozialpartnerschaftlich" orientierte Arbeitsmarktpartei durchaus gut hieß. Diese Akteure mussten keineswegs erst überzeugt werden. Sie setzten – freilich mit dem Rückenwind der Übereinstimmung mit amerikanischen und britischen Vorstellungen – ihr Konzept erfolgreich gegen das wirtschaftsdemokratisch orientierte „autonome" Gewerkschaftsverständnis durch, hatten jedoch weniger Einfluss auf die „veröffentlichte" gewerkschaftliche Programmatik, die wesentlich durch die Repräsentanten an der Spitze des Wirtschaftswissenschaftlichen Instituts der Gewerkschaften (WWI) bestimmt wurde.[60])

Erich Potthoff, Wirtschaftswissenschaftler im neu gegründeten WWI,[61]) stellte auf der britischen Zonenkonferenz im August 1946 einen ersten gewerkschaftlichen Entwurf für eine zukünftige Tarifordnung vor.[62]) Potthoff konzipierte darin Lohnpolitik in einer geplanten Wirtschaft, wie sie ihm vorschwebte, als Aufgabe des Staates. Arbeitgeberverbände als „reine Interessenverbände" seien dabei überflüssig. Die Unternehmer sollten sich stattdessen wie die Gewerkschaften nach Wirtschaftszweigen organisieren, um innerhalb eines staatlich vorgegebenen Lohnrahmens mit ihnen zu verhandeln. Bereits einige Monate später hatte sich jedoch eine durchsetzungsstarke Gegenfraktion innerhalb der Gewerkschaften der britischen Zone formiert. Deren Galionsfigur war zunächst Joseph Brisch, ehemaliger Solinger Bürgermeister und Sozialdemokrat, der zum so genannten „Kölner Kreis" gehört hatte, einer katholischen Widerstandsgruppe, die sich seit Anfang der 1940er Jahre Gedanken über eine Neuordnung Deutschlands gemacht hatte.[63])

[59]) *Plumpe*, Wirtschaftsdemokratie, S. 44; *Borsdorf*, In Kauf genommen, S. 208.

[60]) Das WWI leistete als wissenschaftliche „Stabsstelle" einen zentralen Beitrag dazu, dass die Gruppe um Böckler sich in der britischen Zone als Führungsspitze der Gewerkschaftsbewegung durchsetzte. Ein Teil der WWI-Mitarbeiter verfolgte eine ausgeprägt sozialistische Auffassung von „Wirtschaftsdemokratie" und damit im Zusammenhang eine „autonome" Gewerkschaftskonzeption. *Hülsdünker*, Praxisorientierte Sozialforschung.

[61]) Erich Potthoff (1914–2005) hatte in Köln BWL studiert und war seit 1937 Assistent von Eugen Schmalenbach, dem „Nestor" der Betriebswirtschaftslehre, gewesen. Potthoff wurde 1946 von Viktor Agartz, der neben Böckler eine wichtige Rolle beim Wiederaufbau der Gewerkschaften in der britischen Zone spielte, ins neu gegründete Wirtschaftswissenschaftliche Institut der Gewerkschaften (WWI) geholt. Vgl. dazu *Hülsdünker*, Praxisorientierte Sozialforschung, S. 104, 127.

[62]) Vgl. für den gesamten folgenden Abschnitt *Nautz*, Tarifautonomie, S. 150–161.

[63]) *Bücker*, Kölner Kreis, hier S. 54.

Brisch war Leiter der Arbeitsgruppe „Arbeitsrecht und Arbeitsverwaltung" der Gewerkschaften in der britischen Zone. Im November 1946 forderte er auf der Kölner Konferenz die Rückkehr zur uneingeschränkten Tarifautonomie, die in den Händen von „sozialpartnerschaftlich" verbundenen Arbeitgeberverbänden und Gewerkschaften liegen sollte. Er war auch derjenige, der in der Folgezeit beim „Zentralamt für Arbeit", das die Verhandlungen zunächst leitete,[64]) gewerkschaftliche Interessen vertrat.

Auf einer gemeinsamen Sitzung des arbeitsrechtlichen, lohn-, sozial- und wirtschaftspolitischen Ausschusses des DGB (brit. Zone) in Hannover am 10. und 11. Mai 1948 wurde endgültig deutlich, dass die Fraktion der „Sozialpartnerschaftlichen" sich in der Frage der Tarifordnung meinungsbildend durchgesetzt hatte. Im Anschluss an ein weiteres Referat Potthoffs über die Grenzen der Tarifhoheit erteilte ihm nicht nur Brisch eine Absage, sondern auch Erich Bührig,[65]) ehemaliges Vorstandsmitglied der IG Metall (brit. Zone), inzwischen Sekretär des Gewerkschaftsrates in Frankfurt, der den direkt nachfolgenden Vortrag hielt. Unterstützung erhielten diese beiden außerdem von Bernhard Tacke, zu der Zeit Vorstand der Gewerkschaft Textil-Bekleidung-Leder (brit. Zone), später Vorstandsmitglied des DGB, und nicht zuletzt von Hans C. Nipperdey, dem Inhaber des Lehrstuhls für Arbeitsrecht an der Kölner Universität, der seit der Weimarer Zeit zu den renommiertesten Arbeitsrechtlern gehörte und später Präsident des Bundesarbeitsgerichts wurde. Nipperdey erhielt im Anschluss an diese Sitzung den Auftrag, einen Tarifvertragsgesetz-Entwurf auszuarbeiten, der die gewerkschaftlichen Vorstellungen repräsentiere.

Im Gegensatz zu Potthoff hatten diese Fürsprecher der Tarifautonomie kein Problem mit der Akzeptanz von Arbeitgeberverbänden. Sie forderten selbst verwaltete anstatt staatlich gelenkter Gewerkschaften. Ihr Leitbild war nicht Sozialisierung, sondern Gemeinwirtschaft, wie es die Präambel des Ahlener Parteiprogramms der CDU von 1947 prägte.[66]) Mit dieser Position standen sie den Arbeitgebern, die seit 1945 ebenfalls für eine autonome Tariford-

[64]) Die Verhandlungen über ein neues Tarifvertragsgesetz liefen maßgeblich über provisorische deutsche Verwaltungsinstanzen, die unter Kontrolle der jeweiligen Militärregierung agierten. In der britischen Zone war das „Zentralamt für Arbeit" zuständig, ein „Hilfsorgan" der britischen Militärregierung, das sich im Laufe der Zeit zu einer eigenständigen deutschen Behörde entwickelte, allerdings ohne demokratische Legitimation. In der amerikanischen Zone war der so genannte Länderrat zuständig. Dabei handelte es sich um ein 1945 von der amerikanischen Militärregierung eingerichtetes Koordinationsgremium. Dessen „Unterausschuss Arbeitsrecht" beschäftigte sich mit der neuen Tarifordnung. Bei beiden Institutionen konnten die „Sozialpartner" Vorschläge einbringen. Ab September 1948 gab es eine bizonale „Verwaltung für Arbeit" in Frankfurt, die von da ab zuständig war. *Nautz*, Tarifautonomie, S. 144–147.

[65]) Vgl. biographische Angaben zu Bührig, in: „Mittelpunkt ist der arbeitende Mensch", S. XXII u. XXIV.

[66]) Vgl. dazu *Langner*, Wirtschaftliche Ordnungsvorstellungen, S. 41–50; *Oelinger*, Schwerpunkte, S. 154–156.

nung ohne staatliche Eingriffsmöglichkeiten plädierten,[67]) „erheblich näher als den Wirtschaftstheoretikern in ihren eigenen Reihen".[68]) Lange bevor der Wirtschaftsrat im Dezember 1948 ein Gesetz beschloss, hatten sich somit maßgeblich an der katholischen Soziallehre orientierte Gewerkschaftsvertreter und Arbeitgebervertreter auf eine gegenseitige Anerkennung als „Sozialpartner" geeinigt. Dies geschah nicht auf Druck der Alliierten, sondern war auf Seiten der Gewerkschaften Ergebnis der erfolgreichen Durchsetzung einer bestimmten liberalen Gruppe, die sich an eigenen ordnungspolitischen Zielen orientierte, welche nicht mit der wirtschaftsdemokratischen Stoßrichtung à la Böckler oder Agartz übereinstimmte. Sie waren diejenigen, die wesentlich dazu beitrugen, dass die Gewerkschaften als gesamte Organisation mit diesem Kurs „den Dualismus von Kapital und Arbeit, von Gewerkschaften und Arbeitgeberverbänden" sowie Privateigentum und eine marktwirtschaftliche Wirtschaftsordnung akzeptierten.[69]) Damit entfernten sich die Gewerkschaften aus eigenem Antrieb von wirtschaftsdemokratischen Forderungen nach Sozialisierung. Weiterhin anvisierte Mitbestimmungsrechte erhielten vor der Folie gemeinwirtschaftlicher Orientierungen einen integrativen und damit weitaus weniger revolutionären Charakter.[70])

Ob insofern die Zustimmung der Gewerkschaften zum Marshall-Plan im Juni 1948 – also nur einen Monat nach der Beauftragung Nipperdeys mit der Ausarbeitung eines Entwurfs für ein neues Tarifvertragsgesetz – tatsächlich einen „Bruch" in der gewerkschaftlichen Entwicklung darstellte, oder ob es sich nicht vielmehr um einen Schritt in dem bis dahin keineswegs abgeschlossenen internen Kampf um Rolle, Funktion und Ausrichtung der Gewerkschaften zwischen mindestens zwei konkurrierenden Fraktionen handelte, wäre durchaus eine eigene Untersuchung wert. Jürgen P. Nautz hat jedenfalls schon 1985 darauf verwiesen, dass gewerkschaftliche Sozialisierungspläne der unmittelbaren Nachkriegszeit in der historischen Forschung überschätzt würden, was sich insbesondere anhand der auf einen „liberalen Korporatismus" zielenden Strategie von Gewerkschaftsvertretern im Zusammenhang mit der Entstehung des Tarifvertragsgesetzes zeige.[71]) Ebenso hat Hans Günter Hockerts zeitgleich betont, dass auch „wirtschaftliche Weichen" im westlichen Nachkriegsdeutschland in einem „Durchsetzungskampf" gestellt wurden,

[67]) *Nautz*, Tarifautonomie, S. 147–149.

[68]) Ebd. S. 154. Diese Diskrepanz resultierte nicht nur aus gewerkschaftsintern unterschiedlichen ordnungspolitischen Orientierungen, sondern war auch das Ergebnis von laufenden Machtverteilungskämpfen. So war ein wesentliches Element in Potthoffs Konzept die Zentralisierung der Lohnverhandlungen in den Händen des DGB-Bundesvorstandes. Dies war den Vertretern der Einzelgewerkschaften bereits 1946 ein Dorn im Auge gewesen.

[69]) Ebd. S. 13, 161.

[70]) Vgl. auch: *Müller*, Mitbestimmung, S. 207-209; *Lehman*, Der Marshall-Plan, S. 449-456.

[71]) *Nautz*, Tarifautonomie, S. 160.

„den mit Formeln wie ‚verhinderte Neuordnung' in die Nähe finsterer Machenschaften zu rücken" verfehlt sei, da „auf Wirtschaftsliberalismus drängende Kräfte sowohl innerhalb der Unionsparteien wie auch im westdeutschen Parteienfeld in offenen Auseinandersetzungen die entscheidenden Mehrheiten" gewinnen konnten.[72]) Als einen der wichtigsten Protagonisten hob Hockerts Jakob Kaiser hervor, den aus den christlichen Gewerkschaften stammenden Berliner CDU-Vorsitzenden, der „angesichts der deutschen Katastrophe christlich-soziale Ideen mit Positionen der sozialistischen Arbeiterbewegung und der bürgerlichen Sozialreformtradition zu verknüpfen und im Konzept eines ‚christlichen Sozialismus' zu synthetisieren suchte".[73]) Neben Kaiser gehörte auch Joseph Brisch zu dieser Fraktion. Ebenso war Hans Böckler selbst, der sich in seinen programmatischen Referenzen zugunsten des vorrangigen Ziels der „Einheitsgewerkschaften" wenig festlegte, offen für diese Richtung[74]). Ergänzend und differenzierend zu Hockerts These wäre bei einer Untersuchung dieser gewerkschaftlichen Aushandlungs- und Positionierungsprozesse besonders zu überprüfen, ob die frühen Erfolge der gemeinwirtschaftlich orientierten Gewerkschaftsvertreter möglicherweise einfach weniger sichtbar waren als diejenigen der Vertreter einer „autonomen", wirtschaftsdemokratischen Konzeption, weil letztere mit Hilfe des Wirtschaftswissenschaftlichen Instituts die „offizielle" gewerkschaftliche Rhetorik dominierten.

Ob Bruch oder nicht – in jedem Fall waren im Sommer 1948 ordnungspolitisch die Würfel für eine „sozialpartnerschaftliche" Einbindung der Gewerkschaften unter Anerkennung der mit dem Marshall-Plan einhergehenden wirtschaftspolitischen Entscheidungen gefallen. Ebenso hatten die Alliierten denjenigen Schritt, der für die praktische Realisierung dieser Pläne erforderlich war, bereits veranlasst. Am 20. Juni des Jahres wurde mit der Währungsreform die Deutsche Mark zum gültigen Zahlungsmittel erklärt und löste damit die inflationär heruntergewirtschaftete Reichsmark ab. Dieser Schritt war nicht nur eine grundlegende Voraussetzung für die Durchführung wie für die mittel- und langfristige Wirksamkeit des Marshall-Plans. Vor allem in den Unternehmen wirkte er sich sofort als tief greifende alltagspraktische Zäsur aus, mit der die Weichen zu allererst im betrieblichen Sozialraum gestellt und von hier ausgehend in der folgenden Zeit vervielfältigt und ausdifferenziert wurden.

Infolge der Währungsreform stellte sich in westdeutschen Unternehmen zunehmend wieder Normalität im Sinne einer gültigen Ordnung ein. Es verbesserte sich nicht nur die bisher äußerst schwierige Versorgungslage sowie gleichzeitig auch die Verfügbarkeit von Rohstoffen und Materialien für die Produktion. Ebenso trat fast schlagartig eine Verbesserung der Arbeitsdis-

[72]) *Hockerts*, Ausblick: Bürgerliche Sozialreform, S. 247.
[73]) Ebd. S. 246.
[74]) *Lauschke*, Hans Böckler, S. 71, 81–84.

ziplin ein.[75]) Diese Veränderungen bedingten, dass das jeweilige Leitungspersonal wieder handlungsfähig war, dass auf der Grundlage einer verlässlichen Währung und einer wieder anlaufenden Produktion der Austausch von Arbeitskraft gegen Lohn und damit die herkömmlichen Herrschaftsmechanismen wieder funktionierten. Zudem scheint in diesem Jahr die Entnazifizierung betrieblichen Leitungspersonals abgesehen von den Kriegsverbrecher-Prozessen großteils abgeschlossen gewesen zu sein.[76]) Einschneidende Erschütterungen auf der Führungsebene waren daher nicht mehr zu erwarten. Gleichzeitig verloren unter diesen Bedingungen die Betriebsräte ihre seit Kriegsende verhältnismäßig starke Position. Die Belegschaften waren nun nicht mehr auf ihre Versorgungsmaßnahmen angewiesen;[77]) und mit dem Ende der Entnazifizierung schwanden ihre Handlungsspielräume gegenüber dem Leitungspersonal.

Seit dem Sommer 1948 wich die bisherige Ungewissheit damit einer wiederkehrenden Handlungssicherheit. Diese basierte mit dem Wiedererstarken der Unternehmer und des Leitungspersonals maßgeblich auf der Reetablierung einer maßgeblich gemeinschaftsorientierten betrieblichen Sozialordnung. Mit der Wiederkehr dieser Sicherheit ging in der Regel einher, dass die Existenz der einzelnen Unternehmen nicht mehr gefährdet war, oder, sollte doch noch eine Gefährdung bestehen, die Geschäftsleitungen aus einer viel stärkeren Position heraus agieren konnten, so dass die Bedrohung insgesamt an Bedeutung verlor.

Diese Reetablierung der herkömmlichen Sozialordnung in westdeutschen Unternehmen ab 1948 trotz grundlegend veränderter Bedingungen der Arbeitsbeziehungen nach 1945 war mithin nur möglich, weil sich im über- und außerbetrieblichen Raum Einiges verändert hatte. Der nach dem Krieg ver-

[75]) *Fichter*, Aufbau und Neuordnung, S. 545–547; *Richter*, Die Währungs- und Wirtschaftsreform, S. 228, Abb. 3, S. 233.

[76]) Ein Überblick über die Entnazifizierung der westdeutschen Privatwirtschaft ist noch immer ein Forschungsdesiderat. Die meisten Untersuchungen konzentrierten sich auf Verwaltung, Politik oder den Erziehungsbereich. Als Grund wird dabei nicht selten auf den Mangel an Quellen verwiesen. Eine Ausnahme stellt *Rauh-Kühne*, Unternehmer und Entnazifizierung dar.
Vaubel berichtet, dass die Entnazifizierung der Glanzstoff-Unternehmensleitung im Dezember 1947 abgeschlossen war; *Vaubel*, Tagebuch, 04.12.1947. Susanne Hilger hat für Henkel herausgefunden, dass die Entnazifizierungsverfahren bis Anfang 1947 dauerten. *Hilger*, Zwischen Demontage und Wiederaufbau, S. 204. Nach Hetzer, der bayerische Unternehmen untersucht hat, dauerten die längsten Verfahren bis 1948. *Hetzer*, Unternehmer, S. 559, 590. Diesen Befund bestätigen auch die Ergebnisse von *Möhler*, Entnazifizierung, S. 349. Hoser konstatiert, dass seit Beginn des Jahres 1947 in der amerikanischen Entnazifizierungspolitik ein Wandel zu konstatieren sei, der vor allem aus der Erkenntnis resultierte, dass „alle Programme für den wirtschaftlichen Wiederaufbau und eine Demokratisierung [durch die laufenden Entnazifizierungsverfahren] entschieden gehemmt würden". Im Mai 1948 stellte die US-amerikanische Militärregierung die gesamte Überwachung des Entnazifizierungsprogramms ein. *Hoser*, Die Entnazifizierung, S. 498, 500.

[77]) Plato spricht vom Ende der „Kartoffel-Betriebsräte". *Plato*, Betriebsräte, S. 132.

schärft zu Tage tretende Konflikt zwischen Arbeit und Kapital war – initiiert und gelenkt durch alliierte Maßnahmen, aber auch unter wesentlicher Beteiligung von Arbeitgebern und Gewerkschaften – im Zuge der Konstituierung einer marktorientierten Wirtschaftsordnung einer institutionalisierten Lösung zugeführt worden. Indem die Gewerkschaften als kollektive Arbeitnehmervertretung in eine „sozialpartnerschaftliche" Ordnung der überbetrieblichen Industriellen Beziehungen mit den Arbeitgebern eingebunden wurden, gelang es nicht nur, ihre politische Stoßrichtung zu neutralisieren. Die Etablierung der Gewerkschaften als Arbeitsmarktpartei und Ordnungsfaktor ermöglichte es auch, potentiell konfliktträchtige Konstellationen zwischen Betriebsräten und Geschäftsleitungen weitgehend aus den Unternehmen zu verbannen, zumal etwaige innerbetrieblich auftretende Forderungen der Arbeitnehmer mit dem Verweis auf diese Regelung abgewehrt werden konnten. Seit 1948 waren insofern die strukturellen Voraussetzungen im außer- und überbetrieblichen Raum für die Rückkehr der charismatischen Unternehmerpersönlichkeit in den betrieblichen Sozialraum und damit für die Reetablierung einer gemeinschaftsorientierten Sozialordnung in westdeutschen Unternehmen äußerst günstig. Dass diese Ordnungsvorstellung auch in der betrieblichen Praxis leicht zu reaktivieren war, dass sie eigentlich nur offiziell wieder bestätigt werden musste, dazu hatten nicht zuletzt auch diejenigen Betriebsräte beigetragen, die unmittelbar nach dem Krieg in Fortsetzung vergemeinschaftender Denktraditionen gleichsam in einer „Treuhänderschaft ‚von unten'"[78]) Funktionen und Aufgaben übernommen hatten, die die verhinderten Geschäftsleitungen zunächst nicht – oder wie im Falle der Entnazifizierung überhaupt nicht – wahrnehmen konnten. Insbesondere für die viel diskutierten personellen und ideellen Kontinuitäten in westdeutschen Unternehmen waren dies zentrale Voraussetzungen, die sich anhand der Analyse von Unternehmer-Biographien nur eingeschränkt erschließen lassen.[79])

Trotzdem mussten auch die Unternehmer als kollektive Interessensgruppe in ihrer überbetrieblichen Organisation diesen Bedingungen Rechnung tragen. Nachdem sie als Befürworter einer autonomen Tarifordnung aufgetreten waren, galt es, dafür zu sorgen, dass legitimierte Arbeitgebervertreter als Verhandlungspartner zur Verfügung standen. Dabei war insbesondere deren „sozialpartnerschaftliche" Haltung soweit abzusichern, dass ein grundsätzliches Scheitern der Verhandlungen ausgeschlossen war. Vor dem Hintergrund, dass Unternehmer seit 1947 auch daran arbeiteten, ihren gesellschaftlich-ökonomischen Führungsanspruch kraft eines reaktivierten schumpeterianischen Selbstverständnisses auszubauen, war das keine leichte Aufgabe. Eine Lösung fand sich, indem die „sozialpartnerschaftliche" Arbeitgeber-Funktion aus der „reinen" Interessenvertretung der Unternehmer ausgegliedert wurde, wie es im Übrigen auch vor 1933 schon der Fall gewesen war. Tariffragen und Sozial-

[78]) *Hetzer*, Unternehmer, S. 590.
[79]) Vgl. etwa: *Erker/Pierenkemper*, Deutsche Unternehmer.

politik waren daher keineswegs Sache des im Oktober 1949 in Anlehnung an den „Reichsverband der deutschen Industrie" (RDI) wieder gegründeten „Bundesverbands der deutschen Industrie" (BDI). Diese Aufgaben wurden der offiziell 1950 als Pendant zu den Gewerkschaften gegründeten, eigenständigen „Bundesvereinigung der Arbeitgeberverbände" (BdA) übertragen.[80]) Die „sozialpartnerschaftliche", das heißt im Gegensatz zum BDI aufgeschlossenere Haltung gegenüber den Gewerkschaften, die ihre führenden Köpfe pflegten – Walter Raymond, Hans Constantin Paulssen und Otto A. Friedrichs – ist in der Forschung mehrfach betont worden.[81])

Mit der Wiedereinrichtung dieser arbeitsteiligen Verbandsorganisation gelang es nach dem Zweiten Weltkrieg, den BDI als maßgebliches Organ der Interessenvertretung von Industrie und Wirtschaft frei zu halten von Irritationen infolge widersprüchlicher Orientierungen und Selbstbilder, die es in einem „demokratisierenden" Anpassungs- und Aushandlungsprozess zu überwinden gegolten hätte. Bis in die Gegenwart ist es trotz mehrfacher Anläufe nicht gelungen, die beiden Organisationen zusammenzufassen. Nicht zuletzt in diesen sich widersprechenden Orientierungen und Selbstbildern dürften Ursachen dafür zu suchen sein. Signifikant für diese anhaltenden Differenzen zwischen dem „exklusiven Herrenclub" BDI „mit italienischen Designermöbeln in den Büros" und dem „Prokuristenverein" BdA, „dessen Mitglieder sich in lärmend-verrauchten Tarifrunden die Nächte um die Ohren schlugen", sind etwa die Schwierigkeiten, die Hanns Martin Schleyer hatte, als er zum Jahresbeginn 1977 als BdA-Präsident auch BDI-Chef wurde.[82])

Obwohl die Debatte um eine künftige Sozialordnung westdeutscher Unternehmen, die mit mehr als einem Schuss politischer Brisanz unter dem Stichwort „Mitbestimmung" geführt wurde, bis zum Sommer 1948 weiterhin ohne konkretes Ergebnis geblieben war, waren mit der Entscheidung für eine marktwirtschaftliche Wirtschaftsordnung und eine „sozialpartnerschaftliche" Tarifautonomie Richtung weisende Vorentscheidungen gefallen. Indem die Betriebsräte – seit der Währungsreform ihrer zunächst teilweise starken Position in den Unternehmen entledigt – zugunsten der Gewerkschaften entmachtet worden waren, die Gewerkschaften wiederum sich als Arbeitsmarktpartei „sozialpartnerschaftlich" in die überbetriebliche Ordnung der Industriellen

80) *Bührer*, Unternehmerverbände; *Bührer/Grande*, Unternehmerverbände; *Hartmann*, Der deutsche Unternehmer, S. 220–251; *Berghahn*, Unternehmer, S. 62–69; *Simon*, Unternehmerverbände.

81) *Berghahn/Friedrich*, Friedrich; *Rauh-Kühne*, Paulssen. Cornelia Rauh-Kühne betont im Gegensatz zu Berghahn nicht die Orientierung an amerikanischen Modellen von Sozialbeziehungen (Human Relations), sondern hebt harmonisierende, vergemeinschaftende Leitbilder in der Kontinuität bürgerlich-liberaler Traditionen seit dem Ersten Weltkrieg hervor; ebd. S. 189–192. Weil diese Variante von „Soziapartnerschaft" durchaus kompatibel mit dem auch gesellschaftlichen Führungsanspruch der Unternehmer war, dürfte sie eine Brücke zwischen BDI und BdA gebildet haben.

82) Vgl. *Hachmeister*, Schleyer, S. 317ff.

Beziehungen hatten einbinden lassen, bestand zwischen betrieblichem und überbetrieblichem Raum eine wechselseitig abhängige Konstellation. Diese zeichnete sich einerseits durch Veränderungen auf der überbetrieblichen Ebene aus: Mit dem institutionalisierten Interessenausgleich zwischen den „Sozialpartnern" war ein Instrument geschaffen worden, das die Akzeptanz konträrer, aber jeweils legitimer Interessen der „Partner" prinzipiell voraussetzte. Damit bestanden Strukturen, die den Bedingungen der Arbeitsbeziehungen nach 1945 insofern gerecht wurden, als sie Konflikte nicht nur zuließen, sondern gleichzeitig auch einen Weg der Austragung institutionalisierten. Zwar war die „Sozialpartnerschaft" zu diesem Zeitpunkt insofern noch immer von wirtschaftsfriedlichen Zügen gekennzeichnet, als es zur Akzeptanz einer „Konfliktpartnerschaft"[83]) noch nicht reichte. Doch stellte sie als prinzipiell konsensliberales Modell des Interessensausgleichs eine wichtige Konstituente des erfolgreichen bundesrepublikanischen Modells dar.[84])

Andererseits dienten diese Veränderungen auf der überbetrieblichen Ebene gleichzeitig aber auch dazu, einen Wandel der Sozialordnung in den Unternehmen weitgehend zu verhindern. Das konsensliberale Prinzip der „Sozialpartnerschaft" sollte nämlich keineswegs auf den betrieblichen Sozialraum übertragen werden, sondern war ausschließlich den überbetrieblich angesiedelten Verhandlungspartnern vorbehalten. Dies war eine zentrale Ursache dafür, dass das Thema „Mitbestimmung" weiterhin brisant blieb. Die überbetriebliche Lösung präformierte eine Konstellation, die Konflikte auf der überbetrieblichen Ebene zuließ, dafür gleichzeitig jedoch im Betrieb Harmonie und Kooperation im Zeichen der „Gemeinschaft" betonte. Endgültige Entscheidungen in dieser Hinsicht standen bis zur Verabschiedung der Mitbestimmungsgesetzgebung (1951) beziehungsweise des Betriebsverfassungsgesetzes (1952) noch an. Sie unterlagen zudem besonderen Bedingungen, die in der Aushandlung der maßgeblich über- und außerbetrieblichen ordnungspolitischen Fragen keine Rolle gespielt hatten. Diese Bedingungen haben in der Forschung zu westdeutschen Arbeitsbeziehungen bisher keine Berücksichtigung gefunden, wenngleich sie insbesondere für die Aushandlung einer neuen (?) betrieblichen Sozialordnung nach 1945 von zentraler Bedeutung sind. Sie aufzuzeigen und auf ihre Reichweite und Auswirkungen zu überprüfen, ist Gegenstand der folgenden Ausführungen.

[83]) Vgl. *Müller-Jentsch*, Konfliktpartnerschaft.
[84]) *Plumpe*, Kapital und Arbeit, S. 179.

Der Mensch im Mittelpunkt?

Die Entstehung des personalpolitischen Felds, 1945–1955

Auf der Suche nach einer neuen betrieblichen Sozialordnung

In der vom Mangel einer gültigen Ordnung und daher maßgeblich von Ungewissheit geprägten Nachkriegssituation versuchten nicht nur Gewerkschaften und Unternehmer Abhilfe zu schaffen. Während ihre Bemühungen in erster Linie auf übergeordnete ordnungspolitische Strukturen abzielten und so den betrieblichen Sozialraum zwar indirekt, aber nicht intentional prägten, gab es gleichzeitig auch Akteure, deren Ansätze konkret auf den betrieblichen Sozialraum ausgerichtet waren. Dabei handelte es sich großteils um akademisch ausgebildete Experten, die auf der Basis (human-)wissenschaftlichen Wissens Lösungen zu entwickeln versuchten. Diese Experten müssen als zentrale Akteure von sozialem Wandel nach 1945 in westdeutschen Unternehmen in den Blick genommen werden.

Das neue Feld betrieblicher Humanexpertise unterlag in der unmittelbaren Nachkriegszeit einer ungeheuren Dynamik. Zunächst gelang es nämlich Rationalisierungsingenieuren relativ schnell und problemlos, sich trotz der Auflösung ihrer bisherigen Verbände und Organisationen durch die Alliierten wieder zu etablieren. Sie schienen somit weiterhin *die* Experten zu sein, die auch aus den Unternehmen heraus nachgefragt wurden. Von Rationalisierungsingenieuren erwartete man traditionsgemäß vermittels technisch und ökonomisch optimierter Produktionsverfahren und Organisationsformen wissenschaftlich fundierte Hilfe beim möglichst schnellen und effizienten Wiederaufbau der (west-)deutschen Wirtschaft, der in der Rangskala anstehender Probleme höchste Priorität einnahm. Neben den Ingenieuren gab es aber auch noch eine zweite, wenn auch zunächst noch kleine Gruppe von Experten, die – ebenfalls ausgehend von wissenschaftlichem Wissen – betrieblichen Sozialraum gestalten wollten. Diese neuen Experten waren weder technisch orientiert, noch wurden sie aus den Unternehmen heraus nachgefragt. Einzelne Praktiker aus betrieblichen Personal- und Sozialabteilungen, die ich als „Personalexperten" bezeichne, und Psychologen waren die wichtigsten dieser neuen Experten. Wenn auch unterschiedlich in der jeweiligen Argumentation, so hielten es diese beiden Gruppen im Ergebnis übereinstimmend für notwendig, den neuen Bedingungen der Arbeitsbeziehungen auch im Unternehmen Rechnung zu tragen. Mit Verweis auf die spezifische Kriegs- und Nachkriegserfahrung kritisierten sie die herkömmliche Praxis betrieblicher Sozialbeziehungen und forderten dazu auf, mit Hilfe wissenschaftlichen Wissens neue „angemessene" Formen und Maßnahmen zu entwickeln. Im Unterschied zu Rationalisierungsingenieuren bezogen sich Personalexperten und Psychologen auf humanwissenschaftliches Wissen und beanspruchten, es zum Ausgangspunkt betriebspraktisch relevanter Verfahren, respektive Ordnungsvorstellungen zu machen.

Betriebliche Humanexperten traten nach 1945 in Westdeutschland erstmals nachhaltig in Erscheinung. Nicht nur der technische Denkstil der Rationalisierungsexperten erhielt dadurch unignorierbare Konkurrenz. Gleichzeitig gerieten damit auch Grundfesten der herkömmlichen betrieblichen Sozialordnung unter Druck. Die daraus resultierenden Auseinandersetzungen wurden von unterschiedlichen Akteuren auf verschiedenen Ebenen, aber mit zahlreichen Wechselwirkungen geführt. Im Ergebnis entstand so ein neues Handlungsfeld: das personalpolitische Feld.

3. „Soziale Betriebsgestaltung“ – Initialzündung des personalpolitischen Felds

1947 veröffentlichten der ehemalige Leiter der sozialpolitischen Abteilung der BASF Albrecht Weiß und Wilhelm Hergt, der Betriebsarzt desselben Unternehmens, einen Aufruf zur „Sozialen Betriebsgestaltung“, um die „Spannungen zwischen Belegschaft und Betriebsleitung auszuräumen oder wenigstens [...] herabzusetzen“.[1]) Dieser Aufruf war programmatischer Auftakt, mit dem das personalpolitische Feld gleichsam initial gezündet wurde. Albrecht Weiß und Wilhelm Hergt gehörten im ersten Jahrzehnt nach Kriegsende zu den Zentralfiguren, die maßgeblich zur Entstehung des personalpolitischen Felds beitrugen. Die Analyse ihres Denkens und Handelns bietet sich daher als Ausgangspunkt besonders an, um von hier aus die Entstehung des personalpolitischen Feldes aufzuzeigen. Nicht nur eine Reihe von Initiativen, die sich die Neugestaltung betrieblicher Sozialbeziehungen zur Aufgabe gemacht hatten, nahm Bezug auf diesen Aufruf. Auch Akteure, die bisher überhaupt keine Ambitionen in diesem Bereich gezeigt hatten, sahen sich genötigt, sich gegenüber der „Sozialen Betriebsgestaltung“ zu verhalten. Im Sinne der Begrifflichkeiten politischer Kommunikation handelte es sich zunächst um einen klassischen Fall von erfolgreichem „Agenda-Setting“.[2]) Dass es das aber nicht allein war, sondern dass mit diesen diskursiven Veränderungen in längerfristiger Perspektive auch ein grundlegender Wandel der sozialen Praxis einherging, dies gilt es im Folgenden aufzuzeigen.

3.1 „Soziale Betriebsgestaltung“: Das Grundkonzept

Weiß und Hergt eröffneten mit ihrem Aufruf zur „Sozialen Betriebsgestaltung“ das personalpolitische Feld 1947 insofern, als sie Programm und Konzeption einer neuen betrieblichen Personal- und Sozialpolitik skizzierten und gleichzeitig dazu aufriefen, solche Maßnahmen in Unternehmen zu ergreifen. Publikationsort des Artikels war der „Betriebs-Berater“, eine juristische Fachzeitschrift, die unter maßgeblicher Beteiligung von Weiß ein Jahr zuvor, 1946, gegründet worden war.[3]) Mit ihrer Ausrichtung auf praktische Verwendungsfelder juristischen Wissens, wozu auch das Tätigkeitsfeld betrieblicher Sozialexperten seit der zweiten Hälfte der 1920er Jahre gehörte,[4]) war sie eines der

[1]) *Weiß/Hergt*, Soziale Betriebsgestaltung.
[2]) Vgl. dazu etwa *Rössler*, Agenda-Setting; *Eichhorn*, Agenda-Setting-Prozesse.
[3]) J.*H.*, Der Lebenslauf des Jubilars, in: Mensch und Arbeit 12, 1960, S. 162–164, hier S. 164.
[4]) Zur Verrechtlichung der Arbeitsbeziehungen: *Welskopp*, Das institutionalisierte Misstrauen; *Plumpe*, Industrielle Beziehungen, S. 395; *Steinmetz*, Begegnungen.

ersten Organe, die diese Expertengruppe spezifisch ansprachen. Weiß und Hergt nutzen die neu geschaffene Plattform, um ihren Fachkollegen eine über ihre traditionell sozialpolitische Orientierung, die maßgeblich auf die materielle Versorgung der Betriebsangehörigen ausgerichtet war, hinausreichende Sichtweise nahe zu bringen.

Unter Verweis auf die aktuellen Forderungen nach Sozialisierung und Mitbestimmung sowie das Betriebsrätegesetz von 1946 konstatierten sie dringenden Handlungsbedarf, „um die Spannungen zwischen Belegschaften und Betriebsleitung auszuräumen oder wenigstens [...] herabzusetzen". Zwar sei durch staatliche und betriebliche Sozialpolitik das Gröbste geschehen, um die Ausbeutung und Verelendung der Arbeiterschaft abzuwenden. Dennoch bleibe ein genügender Rest von Tatbeständen übrig, um die alt eingewurzelten Spannungen in den Betrieben aufrecht zu erhalten. Diese alten Spannungen zu beseitigen, darin bestehe die aktuelle Aufgabe, die es mit Hilfe einer „Sozialen Betriebsgestaltung" in Angriff zu nehmen gelte. Mit Sozialisierung habe das nichts zu tun, denn es sei klar geworden: weder seien sozialisierte Betriebe, wie etwa das Stiftungsunternehmen Carl Zeiss, frei von Spannungen, noch wiesen privatkapitalistische organisierte Betriebe grundsätzlich überdurchschnittliche hohe Spannungen auf. Der Gegenstand der „Sozialen Betriebsgestaltung" sei zudem in erster Linie ein sozialpolitischer und kein wirtschaftspolitischer – es gehe nicht um den Kampf gegen eine kapitalistische Wirtschaftsform, sondern eben darum, Betriebe auch nach sozialen Aspekten zu gestalten.

Die Ursache der allgemeinen Unzufriedenheit könne nicht mehr mit weiteren materiellen Zuwendungen beseitigt werden. Notwendig sei vielmehr der Übergang zu einer „Sozialen Betriebsgestaltung", die die „ideellen" Ursachen der Spannungen in den Blick nehme. Vor allem müssten die Auswirkungen der arbeitsteiligen und hierarchischen Organisation der Unternehmen auf den einzelnen Arbeiter berücksichtigt werden:

> „Die Beschränkung des Geistes auf unter Umständen winzige Vorgänge im Gesamtablauf der Produktion, die Unübersehbarkeit dieses Ablaufs, die Abhängigkeit von Maschine und Vorgesetzten, die Unmöglichkeit, abzuwechseln oder gar aufzusteigen, sind Dauereinflüsse auf die Psyche des Betriebsangehörigen, die [...] ausreichen, um die Spannung, die Unzufriedenheit, das Misstrauen gegen die Betriebsleitung aufrechtzuerhalten und unter Druck nach einem Ventil zu suchen."[5])

Aus dieser Konstellation, so erklärten Weiß und Hergt, erhebe sich auch die Forderung nach Mitbestimmung der Belegschaft im Betrieb. Diejenigen, die diese Forderung vertreten, würden glauben, dass eine weitgehende Mitbestimmung in der Lage sei, „diese Spannung im einzelnen Betriebsangehörigen zu beheben, weil er – als Wähler des Betriebsrats – das Gefühl haben kann, nunmehr nicht nur Objekt, sondern im bescheidenen Umfang auch Teilsub-

[5]) *Weiß/Hergt*, Soziale Betriebsgestaltung, S. 13.

jekt der Betriebsorganisation zu sein." „Soziale Betriebsgestaltung" müsse daher die „Gesamtheit der Bemühungen in einem Betrieb" umfassen,

„um an die Stellen von Misstrauen der Belegschaft gegenüber dem Betriebsleiter oder Unternehmer Vertrauen zu setzen, um Arbeitsunlust in Arbeitslust zu verwandeln, um Betriebsgefahren zu beseitigen, die Belegschaft zu Verbesserungsvorschlägen anzuregen, sie sach- und persönlichkeitsgemäß im Betrieb bei der Arbeit richtig anzusetzen, dem Einzelnen nach seiner Leistung Aufstieg in Entlohnung und Verantwortung zu ermöglichen, den Menschen in ihm zu sehen und zu achten und ihn dementsprechend zu behandeln, ihm seine persönlichen Sorgen tragen zu helfen, ihn gesund zu erhalten und, so weit wie möglich, gegen die Risiken des Arbeitslebens zu sichern, in ihm den Ernährer seiner Familie zu sehen und deren Wohlergehen im Auge zu haben."[6])

Alle dazu erforderlichen Maßnahmen sollten in Zusammenarbeit mit der Belegschaftsvertretung ergriffen werden, denn das wirtschaftliche Ergebnis des Betriebes sei „nicht ein Produkt der Faktoren Kapital und Arbeit" sondern entspringe der „lebendigen und unentbehrlichen Zusammenarbeit von Menschen, unter Zuhilfenahme von Kapital".[7]) Insbesondere auf Seiten der Unternehmer und Betriebsleiter, die seit Jahrzehnten gewohnt gewesen seien, den Menschen im Betrieb als Produktionsfaktor anzusehen, erfordere dieser Ausgangspunkt eine grundsätzliche Umstellung. Dennoch seien sie aufgerufen, gemeinsam mit den Betriebsräten an einer Lösung zu arbeiten. Das Problem müsse vor allem mit wissenschaftlichen Methoden erforscht und vertieft werden. Insbesondere Arbeitsmedizin, Psychologie, Betriebswirtschaftlehre und Sozialrecht sollten das erforderliche Rüstzeug bereitstellen.[8])

Drei zentrale Aspekte kennzeichneten das Konzept zur „Sozialen Betriebsgestaltung": Grundlegend war zunächst das primäre Verständnis des Unternehmens als sozialer Ort, an dem Menschen zu einem wirtschaftlichen Zweck zusammen arbeiten. Die Vorstellung der betrieblichen Sozialordnung ging damit nicht von der sachlichen aus dem Unternehmenszweck resultierenden Notwendigkeit des Arbeitszusammenhangs aus, den es nach Maßgabe von Produktionserfordernissen oder -optimierungen zu gestalten galt, wie es bei den Rationalisierungsingenieuren der Fall war. Gleichzeitig teilte sie aber auch nicht den Primat der Gemeinschaft, wie er für die nationalsozialistische „Betriebsgemeinschaft" kennzeichnend gewesen war. Vielmehr sollte Ausgangspunkt der „Sozialen Betriebsgestaltung" gerade der einzelne, arbeitende Mensch sein. Aus dieser Prämisse resultierte zweitens ein individualisierender Integrationsansatz. In Abgrenzung gegenüber der herkömmlichen Strategie betrieblicher Sozialpolitik, die auf Einbindung der Arbeitnehmer durch materielle Versorgung und Sicherheit setzte, damit aber angesichts der weiterhin anhaltenden Spannungen versagt habe, zielte dieser neue Integrationsansatz stattdessen auf den „Geist" und die „Psyche", auf das „Ideelle" und „Immaterielle", auf das Innere des Einzelnen ab. Und drittens stand untrennbar damit

[6]) Ebd. S. 13f.
[7]) Ebd. S. 14.
[8]) Ebd. S. 15.

im Zusammenhang die konstitutive Einbindung von (human-)wissenschaftlichem Wissen in ein zu etablierendes, neues Tätigkeitsfeld betrieblicher Personal- und Sozialpolitik.

Mit diesen drei konstitutiven Faktoren der „Sozialen Betriebsgestaltung“ setzten Weiß und Hergt spezifische Maßstäbe für das neue Handlungsfeld. Darin bestand die wichtigste Funktion, derentwegen ihre Initiative zur „Sozialen Betriebsgestaltung“ Anlass und zu Teilen auch Ursache der Konstituierung des personalpolitischen Felds sein konnte.

Gleichzeitig ließen Hergt und Weiß ihrer programmatischen Ankündigung aber auch Taten folgen. 1947, noch im selben Jahr also, gründete Weiß in Heidelberg die „Arbeitsgemeinschaft für soziale Betriebsgestaltung e.V.“ (A.S.B.), eine der ersten Institutionen des personalpolitischen Felds. In ihrer ausgeprägten Praxisorientierung und dem Anspruch, besonders die konkrete Realisierung ihrer Pläne und Ideen voranzutreiben, bestand ein weiterer entscheidender Faktor für die Wirksamkeit der „Sozialen Betriebsgestaltung“ als Gründungs-Initiative des personalpolitischen Felds. Indem Weiß und Hergt damit nämlich die Profilierung von (Personal-)Experten als Hauptakteuren des personalpolitischen Felds beförderten, schufen sie eine zentrale Voraussetzung für dessen Entstehung: Sie sahen für sich und andere Experten eine Mittlerrolle zwischen Unternehmern und Arbeitnehmervertretungen vor, die es vermieden, sich im Spannungsgefüge „betriebliche Mitbestimmung“ zu positionieren. Vielmehr riefen genau diese Experten Betriebsräte und Unternehmer zur gemeinsamen Lösung des Problems auf, wobei das dazu „erforderliche Rüstzeug“ freilich wissenschaftliche Disziplinen bereitstellen sollten. Damit zeigten Weiß und Hergt eine neue Vorgehensweise auf, bei der der Einbindung von wissenschaftlichem Wissen und Experten als verwendungsorientierten Trägern dieses Wissens eine zentrale Position zukam.

Die „Erfinder“ der „sozialen Betriebsgestaltung“ forderten eine solche exponierte Rolle für Experten nicht explizit ein. Mit der Analyse jener Situation, aus der ihrer Meinung nach (auch) Mitbestimmungsforderungen resultierten, boten sie vielmehr eine Kostprobe ihrer spezifischen Kompetenz, die insbesondere neue Ansatzpunkte und Vorgehensweisen zu eröffnen vermochte. Damit, dass sie diese aufzeigten, ging die Forderung nach ihrer praktischen Realisierung implizit einher. Dieser Wechsel zwischen Explizitem und Implizitem ist symptomatisch für den Entwicklungsstand des expertiellen Tätigkeitsfelds zu jenem Zeitpunkt: Weiß und Hergt kam es noch nicht in den Sinn, sich selbst als „Experten“ zu bezeichnen – der Begriff oder ein entsprechendes Synonym kommt in ihrem Text nicht vor. Dies zeigt zunächst an, dass es zu diesem Zeitpunkt eben noch kein etabliertes Tätigkeitsfeld gab. Indem Weiß und Hergt ihre entscheidende Forderung nicht explizit in Worte fassten – beziehungsweise fassen konnten, weil ihnen die entsprechenden Wörter fehlten –, sondern sie vielmehr der Art und Weise ihres Vorgehens als implizite Voraussetzung bereits zugrunde legten, schufen sie mit der Macht des Faktischen praktische Ansätze eines ausbaufähigen Handlungsrahmens. Entscheidend für die Wirksamkeit der „Sozialen Betriebsgestaltung“ war somit in erster Linie nicht das, was Weiß und Hergt sagten, sondern vielmehr das, was sie *nicht* sagten, aber im Zuge ihres Handelns vormachten. Sie prägten mit dieser Vorgehensweise die spezifisch Vermittlerrolle von Humanexperten, indem sie sie mit einem implizit vorgeführten entsprechenden Selbstverständnis ausstatteten. Wirksam war dies, weil Weiß und Hergt ein solches Verständnis selbst bereits verinnerlicht hatten und gleichsam als gute Beispiele vorangingen.

Die letzten Bedingungen des Erfolgs der „Sozialen Betriebsgestaltung“ bestanden in einem allgemein gehaltenen Anspruch und einer damit verbundene Offenheit. Weiß und Hergt versuchten keineswegs, für das neue von ihnen angeregte Tätigkeitsfeld ein Monopol zu besetzen. Stattdessen stellten sie ihr Konzept in den Dienst der übergeordneten Aufgabe, „die Spannungen zwischen Belegschaften und Betriebsleitungen auszuräumen oder wenigstens [...] herabzusetzen“, und riefen dazu auf, sich im Zeichen der „Sozialen Betriebsgestaltung“ dieser Selbstverpflichtung anzuschließen. Ihr Konzept war kein umfassendes, fertiges Programm, das sie etwa im Sinne einer Personalberatungsdienstleistung an Unternehmen zu verkaufen trachteten. Ziel war vielmehr, Vertreter aus betrieblichen Personal- und Sozialabteilungen und die Verantwortlichen in Unternehmen wach zu rütteln, zu aktivieren und so Veränderung zu ermöglichen. Weiß erklärte einmal, dass „soziale Betriebsgestaltung“ maßgeblich so etwas sei wie ein „Arbeitstitel“.[9]) Auch Annemarie Spiecker, verantwortlich für die Pressearbeit der A.S.B., betonte ganz in diesem Sinne, dass die Arbeitsgemeinschaft ihre Aufgabe vorrangig unter dem Gesichtspunkt der Entwicklung sehe. Sie sei nicht gegründet worden, damit eine Organisation vorhanden ist, für die erst eine Aufgabe gesucht werden müsse; vielmehr habe das Aufgabengebiet vorgelegen und die Organisation sei gezwungen gewesen, der Entwicklung der Arbeit auf diesem Gebiet zu folgen. Aus diesem Grund arbeite die A.S.B. nicht nur „grundsätzlich“, sondern auch „tatsächlich“ mit anderen Organisationen zusammen.[10])

Mit dem Aufruf zur „Sozialen Betriebsgestaltung“ gaben Weiß und Hergt somit trotz der Offenheit des Konzepts ein allgemeines Ziel für das anvisierte Tätigkeitsfelds vor. Indem sie dieses nicht einfach ausriefen, sondern mit der gleichzeitigen Ausgestaltung des Expertenstatus verbanden, schufen sie so eine in das Selbstverständnis der Hauptakteure eingeschriebene „Illusio“ des neuen Felds und damit die Grundvoraussetzung seiner Entstehung schlechthin. Genau diese Selbstverständlichkeit, die für die Beteiligten nicht aussprechbar ist, weil alles Explizite potentiell verhandelbar ist, repräsentierten Weiß und Hergt mit ihrer Vorgehensweise exemplarisch. Im Ergebnis legten sie damit fest, dass es zentrale Voraussetzung für die Teilnahme am personal-

[9]) Albrecht *Weiß*, Arbeitsgemeinschaft für Soziale Betriebsgestaltung, in: Rationalisierung, 1950, H. 2, S. 53.
[10]) Annemarie *Spiecker*, A.S.B. – Arbeitsgemeinschaft für Soziale Betriebsgestaltung, in: Mensch und Arbeit 6, 1954, S. 100f.

politischen Feld sei, sich der Beseitigung oder Linderung innerbetrieblicher Spannungen unter Verwendung von wissenschaftlichem Wissen annehmen zu wollen. Was das genau bedeuten sollte – wie, mit welchen Mitteln, durch wen und wo welche Maßnahmen zu ergreifen seien –, ließen sie noch offen. Die drei konstitutiven Kriterien der „Sozialen Betriebsgestaltung“ boten Orientierungs-Fixpunkte (1. Unternehmen als sozialer Ort, 2. individualisierender Integrationsansatz, 3. Einbindung [human-]wissenschaftlichen Wissens). Aufgrund ihrer mangelnden praktischen Ausgestaltung hatten sie jedoch keinen zwingend verbindlichen Charakter. Genau so aber gelang es Weiß und Hergt, einen möglichst großen Kreis potentieller Mitstreiter anzusprechen. Diese hatten sich im Weiteren dann freilich über die konkreten Details ihrer Tätigkeit auseinander zu setzen. Weil sie dies unter dem Banner der „sozialen Betriebsgestaltung“ und damit im Zeichen der ausgegebenen personalpolitischen Feld-„Illusio“ taten, verfestigten sie diese – selbst im Falle der Variation.

Der Beitrag der „Sozialen Betriebsgestaltung“ zur Entstehung des personalpolitischen Felds bestand darin, mit der Profilierung eines im Bereich betrieblicher Personal- und Sozialpolitik neuen Expertenstatus’ ein sowohl konzeptionell wie auch praktisch skizziertes Angebot zur Formierung einer neuen Akteursgruppe mit einer gemeinsamen Grundüberzeugung zu machen, die als Hauptakteur des neuen Felds Träger dessen „Illusio“ und damit seiner Existenz sein konnte. Anders ausgedrückt war die „soziale Betriebsgestaltung“ ein konzeptioneller und praktischer Rahmen zur Aktivierung und Dynamisierung von Trägern betrieblicher Personal- und Sozialpolitik mit einer Zielvorgabe für ihre zu institutionalisierende Tätigkeit. Damit freilich ging einher, einen neuen Weg aufzuzeigen, der die Aufhebung von – in der gegebenen Situation zumal scheinbar akuten – klassenkämpferischen Gegensätzen im betrieblichen Sozialraum versprach, gleichzeitig einen Zugewinn an Humanität wie aber auch Leistung und Produktivität in Aussicht stellte. „Soziale Betriebsgestaltung“ musste so insgesamt als ‚Allheilmittel‘ erscheinen, das auszuschlagen jedweder Vernunft widersprach.

Dennoch beschränkten sich die Erfolge zunächst maßgeblich auf den außerbetrieblichen Raum. Hier allerdings fühlte sich eine ganze Reihe neuer wie auch etablierter Experten angesprochen. Im Folgenden geht es zunächst um diejenigen, die der „Sozialen Betriebsgestaltung“, wie Weiß und Hergt sie vorsahen, im positiven Sinne etwas abgewinnen konnten. Indem diese Akteure kooperierten, profilierten sie die „Soziale Betriebsgestaltung“ immer weiter, wodurch sie ein noch stärkeres Gewicht erhielt. Wichtig waren dabei vor allem zwei Akteursgruppen: erstens eine Gruppe therapeutisch orientierter Psychologen, die seit dem Ende der 1930er Jahre im „Institut für psychologische Forschung und Psychotherapie“ gearbeitet hatten, von wo aus eine bestimmte Richtung der psychologischen Industrieberatung ihren Ausgang nahm. Und zweitens eine Gruppe von Betriebswirtschaftlern, die nach 1945 versuchten, eine Fachrichtung unter ganzheitlichen Vorzeichen zu etablieren, wobei insbesondere der Lehrstuhl von Guido Fischer an der Münchner Universität eine wichtige Rolle spielte.

Sowohl die Psychologen wie auch die Betriebswirtschaftler entwarfen jeweils zwar eigene fachlich geprägte Ansätze. Diese stimmten in wesentlichen Grundlagen und ihrer spezifischen Ausrichtung aber mit denen der „Sozialen Betriebsgestaltung“ überein oder gingen zum Teil sogar darüber hinaus. Die jeweiligen Etablierungserfolge der beiden Gruppen und damit ihre Beiträge zur Entstehung des personalpolitischen Felds waren daher von unterschiedlicher Reichweite. Dies hing nicht zuletzt von den Bedingungen und Möglichkeiten ihrer jeweiligen Positionierung ab. Während die Psychologen über wenig Rückendeckung im akademischen Bereich verfügten, was aus der Dominanz der Mediziner in ihrem herkömmlichen Tätigkeitsbereich resultierte, hatten die Vertreter der Betriebswirtschaftslehre mit dem Münchener Professor Guido Fischer, obwohl auch er nicht die maßgebliche Ausrichtung der Fachs vertrat, eine bessere Ausgangsposition. Die Kooperation zwischen Fischer und Weiß wird zunächst in den Blick genommen. Mit ihr nämlich erhielt das neue Tätigkeitsfeld über die betriebliche Anbindung vermittels Weiß und Hergt als Unternehmensvertretern hinaus auch eine erste akademische Kontaktstelle.

3.2 „Mensch und Arbeit“: Neuansätze in der Betriebswirtschaftslehre

Guido Fischer war neben Weiß die zweite Zentralfigur der Konstituierungsphase des personalpolitischen Felds. Parallel zur Einrichtung der „Arbeitsgemeinschaft für soziale Betriebsgestaltung“ durch Weiß 1947 in Heidelberg hatte Fischer zeitgleich mit seiner Nachkriegsberufung (1946) zum verbeamteten außerordentlichen Professor für Betriebswirtschaftslehre das „Institut für betriebliche Sozialpraxis“ in München gegründet, um „die seit 1933 unterbrochenen sozialpolitischen Arbeiten im Rahmen der Betriebswirtschaftslehre“ wieder aufzunehmen. Er scheint dabei ein besonderes Organisationstalent an den Tag gelegt zu haben. So berichtet sein späterer Assistent Franz Goossens, dass Fischer direkt nach dem Krieg nicht nur einen „gut erhaltenen“ Opel Olympia fuhr. Er habe es auch „irgendwie“ geschafft, im Innenhof des Jura-Gebäudes gegenüber vom Hauptgebäude der Münchner Universität eine „noch ‚ungebrauchte‘“ Reichsarbeitsdienst-Baracke zu platzieren, die als vorläufiges Büro und Seminarraum diente.[11])

Nachdem Fischer und Weiß unabhängig voneinander in der unmittelbaren Nachkriegszeit Institute mit ähnlicher personalpolitischer Zielsetzung gegründet hatten, dachten beide über die Gründung einer entsprechenden Zeitschrift

[11]) *Goossens*, Gründer der Personalzeitschrift, S. 88; vgl. auch *Vieregg*, Begegnungen mit Studenten, S. 26f.

nach. Als sie sich im Herbst 1948 auf einer sozialpolitischen Tagung am Tegernsee trafen, hätten sie kurzerhand das Projekt gemeinsam in Angriff genommen, so Fischer.[12]) Auch wenn die Zusammenarbeit vor allem in der ersten Zeit keineswegs so „gemeinschaftlich“ verlief,[13]) erschien dennoch das Ergebnis erstmalig am 1. April 1949 unter dem Titel „Mensch und Arbeit. Zeitschrift für Sozial- und Wirtschaftspraxis in Betrieb und Verwaltung“. Eingangs des ersten Hefts erläuterten die beiden Herausgeber zusammen mit dem Verlag und der Schriftleitung, die sie Franz Goossens, Fischers Assistent, übertragen hatten, Programm und Profil der neuen Zeitschrift:[14]) „Das deutsche Volk“ könne nach der „totalen Niederlage“ nur durch seine Arbeitskraft weiterleben, da die geringen heimischen Rohstoffe und verbliebenen Kapitaleinlagen mehr denn je zuvor eine dezidierte Exportorientierung erzwängen, um notwendige Importe tätigen zu können. Die deutsche Wirtschaft sei daher unausweichlich genötigt, die Problematik, die in dem Begriff „Mensch und Arbeit“ beschlossen liege, mit wissenschaftlicher Gründlichkeit und in tatkräftiger Praxis zu klären und einer Lösung entgegenzuführen. Dazu wolle die neue Zeitschrift beitragen, indem sie aufzeige, wie es möglich sei, „endlich den Menschen als Individuum und Subjekt in den Mittelpunkt der Wirtschaft“ zu stellen. Alle, die sich daran beteiligen wollten, seien jederzeit zur Mitarbeit durch Beiträge und Anregungen herzlich willkommen.

Inhaltlich konzentrierte sich „Mensch und Arbeit“ auf volkswirtschaftliche Themen (Sozialpolitik und sozial- wie arbeitsrechtliche Gesetzgebung), aber noch stärker auf das Gebiet der Betriebswirtschaft. Es würden „besonders Tatsachen, Bestrebungen und Erfahrungen der sozialen Betriebsgestaltung und der Sozialpraxis dargestellt und gewürdigt“. Konkret lassen sich drei Gebiete zusammenfassen, die besondere Berücksichtigung fanden: erstens betriebliche Sozialleistungen, zweitens betriebliche Sozialbeziehungen und drittens arbeitswissenschaftliche Ansätze, die sich im Gegensatz zu den beiden anderen Themenschwerpunkten durch eine stärkere Leistungsorientierung auszeichneten. Konzeptionell war es den Herausgebern wichtig, „bei aller wissenschaftlichen Strenge und Objektivität“ auch eine Sprache und Form für die Zeitschrift zu finden, die „allgemeinverständlich, wirklichkeitsnah und fruchtbringend für die betriebliche Alltagspraxis“ ist. Neben Beiträgen, die über wissenschaftliche Diskussionen informieren, sowie eine stets auf dem laufenden gehaltene Übersicht über das gesamte einschlägige Schrifttum seien daher ebenso „Berichte aus den Betrieben des In- und Auslandes mit Beispielen über Anwendungsfälle der sozialen Gestaltung und der Sozialpraxis“ fester Bestandteil. „Mensch und Arbeit“ richte sich damit „gleichermaßen an Unternehmer, Betriebsleiter und die Verbände der gewerblichen Wirtschaft,

[12]) Guido *Fischer*, Das Werden der Zeitschrift „Mensch und Arbeit“, in: Mensch und Arbeit 12, 1960, S. 165f.

[13]) Vgl. *Goossens*, Gründer der Personalzeitschrift, S. 95.

[14]) Vgl. für das Folgende: Zum Geleit – Ein Programm, in: Mensch und Arbeit 1, 1949, S. 1.

an Verwaltungsstellen jeder Art, an die leitenden und ausführenden Organe der privaten und öffentlichen Arbeits- und Sozialfürsorge, wie im gleichen Umfang an Gewerkschaften, Betriebsräte und Arbeiterstandesvereine". Ebenso waren angesprochen „politische, wirtschaftliche und religiöse Arbeitsgemeinschaften und Organisationen, sowie wissenschaftliche Forschungsinstitute aller Weltanschauungen und Richtungen, die sich mit der Lösung von Problemen der betrieblichen Sozialpraxis und Personalwirtschaft, der volkswirtschaftlichen Sozialpolitik sowie des Arbeits- und Wirtschaftsrechts im In- und Ausland befassen". Nach und nach sollte aus Mitarbeitern und Lesern eine Gemeinschaft aufgebaut werden, die in Forschung und Praxis das gleiche Ziel verfolge: „Entproletarisierung des Menschen und Wiederentdeckung seiner Persönlichkeit im wirtschaftlichen Alltag, in seinem Verhältnis zur Arbeit".

In der Tat war „Mensch und Arbeit" mit verhältnismäßig kurzen, ein- bis zweiseitigen Beiträgen – allenfalls die Einführungsartikel überschritten in seltenen Fällen drei Seiten –, ohne Fußnoten, im Zwei-Spalten-Satz, DIN-A4-Format, zunächst 24-seitig monatlich erscheinend, ab 1951 dann im 6-Wochen-Rhythmus 36-seitig, kein wissenschaftliches Organ. Die Zeitschrift war aber auch nicht allein ein informierendes Fachblatt, sondern vielmehr eben ein institutionalisiertes Diskussionsforum für all jene, die sich mit jeweils eigener Motivation, aus unterschiedlicher Perspektive und mit heterogenem Hintergrund der Thematik betrieblicher Personal- und Sozialpolitik annahmen. Dem Umstand, dass es ein spezifisches Profil dieser Akteursgruppe noch nicht gab, trug der weite, noch unspezifische Adressatenkreis Rechnung, den die Herausgeber gleichsam im Rundumschlag anzusprechen versuchten.

Ab 1949 verfügte das im Zeichen der „Sozialen Betriebsgestaltung" anvisierte Tätigkeitsfeld mit der Zeitschrift „Mensch und Arbeit" über ein eigenes Fachforum, das zunächst als institutionalisiertes Sammelbecken für alle Interessierten fungierte. Dieses Forum zeichnete sich von Beginn an durch die doppelte Anbindung an sowohl betriebliche wie auch akademische Kontexte aus und war durch die Zusammenfassung mehrerer Initiativen an verschiedenen Standorten von überregionaler Reichweite. Im Hinblick auf die Realisierung ihres Ziels, eine „Gemeinschaft auf[zu]bauen, die in Forschung und Praxis das gleiche Ziel" verfolgt, nämlich „den Menschen in den Mittelpunkt der Wirtschaft zu stellen", hatten die Herausgeber somit äußerst günstige Bedingungen geschaffen.

„Mensch und Arbeit" sollte nicht nur in ihrem Sinne einer der wichtigsten Orte personalexpertieller Fachdiskussionen zwischen Wissenschaftlern und Praktikern sein, sondern wurde es auch tatsächlich. Unter anderem trug dazu bei, dass alle Mitglieder der A.S.B. bis 1954 unentgeltlich Exemplare der Zeitschrift erhielten,[15]) wobei besonders zu berücksichtigen ist, dass der Großteil

[15]) [Informationsbroschüre für Mitglieder:] A.S.B. Arbeitsgemeinschaft für Soziale Betriebsgestaltung e.V. Satzungen – Organisationen – Mitglieder, Juli 1954, in: RWWA, Abt. 195 Acordis AG, Wuppertal, Best. V 9-2+4/9, hier S. 25.

dieser Vereinsmitglieder – neben Einzelpersonen – Unternehmen waren, was auf eine multiplizierte Leserschaft pro Exemplar schließen lässt. Umgekehrt wurden im ersten Beiheft der ebenfalls neu gegründeten Schriftenreihe zu „Mensch und Arbeit“ gleichzeitig auch die wichtigsten Vorträge der ersten A.S.B.-Tagungen, die zwischen Oktober 1948 und Juni 1949 stattgefunden hatten, veröffentlicht.[16]) Insgesamt erhielt so das Anliegen, ein neues Tätigkeitsfeld betrieblicher Personal- und Sozialpolitik zu etablieren, einen entscheidenden Schub. Dieser entfaltete seine Wirkung jedoch nicht allein als Ausweitung des Adressatenkreises vermittels des breit streuenden Mediums der Zeitschrift. Mit der Institutionalisierung des neuen Diskussionszentrums im Zeichen von „Mensch und Arbeit“ ging gleichzeitig auch eine konzeptionelle Transformation der personalpolitischen Feldthematik einher.

Für den Münchner Professor Guido Fischer war die Zeitschrift Teil seines Versuchs, einen neuen, wenn man so will, personalpolitischen Fachteil in der Betriebswirtschaftslehre zu etablieren. Von Beginn an war er keineswegs gewillt, die Deutungshoheit über „seine“ Zeitschrift tatsächlich zu teilen.[17]) Bis weit über seine Emeritierung (1965) hinaus – 1964 war er überdies ordentlicher Universitätsprofessor geworden – ließ er es sich nicht nehmen, in jedem Jahrgang durchschnittlich mindestens drei eigene Beiträge zu platzieren, darunter freilich jeweils programmatische Einführungsartikel.[18]) Insgesamt war Fischer so bis 1975 mit etwa 87 Artikeln selbst der best vertretene Autor in „Mensch und Arbeit“.[19]) Berücksichtigt man außerdem, dass ihm an zweiter Stelle mit derselben Stetigkeit sein Assistent Franz Goossens folgte, der gegenüber seinem Chef fachlich keine differierende Position vertrat, so wird die Stärke und Kontinuität der Fischer-Linie in „Mensch und Arbeit“ noch deutlicher. Weiß hingegen veröffentlichte mit 18 Beiträgen, wovon nur einer an einführender Stelle stand, bis zu seinem Tod (1961) weniger als halb so viele Beiträge wie Fischer bis zum selben Zeitpunkt (38). Weiß gehörte damit jedoch immer noch zur Gruppe von „Spitzenreiter“-Autoren, die im Zeitraum zwischen 1949 bis 1975 zum Thema betriebliche Personal- und Sozialpolitik überdurchschnittlich oft in „Mensch und Arbeit“ veröffentlichten.[20])

[16]) *Hergt*, Sozialprobleme.

[17]) *Gaugler*, Langjährige Verbundenheit.

[18]) Vgl. Anhang Tabelle 8: „Spitzenreiter“-Autoren der Zs. „Mensch und Arbeit“/„Personal“, 1949–1975.

[19]) Gaugler berichtet, dass die Redaktion regelmäßig über einen Vorrat an Fischer-Manuskripten für mehrere Ausgaben verfügt habe. *Gaugler*, Langjährige Verbundenheit, S. 100; vgl. auch: Guido *Fischer*, Rückblick und Ausblick zu meinen Beiträgen in dieser Zeitschrift, in: Personal 25, 1973, S. 318–320.

[20]) Dass die Analyse der Autorenschaft dieser Zeitschrift insgesamt das Ergebnis einer kleinen Gruppe regelmäßig und oft publizierender Autoren gegenüber einer Mehrzahl sporadischer oder gar einmaliger Beiträger erbringt, erklärt sich nicht nur aus Fischers patriarchalischem Führungsstil, der es allein einem engen Kreis Verbündeter ermöglicht hätte, kontinuierlich in dieser Zeitschrift zu publizieren. Der Befund ergibt sich auch aus dem realisierten Anspruch der Praxisorientierung, woraus resultierte, dass immer wieder

Durch diese kontinuierliche Linie, die Fischer der Zeitschrift gab, erfuhr das personalpolitische Anliegen, das zunächst in Weiß’ „Sozialer Betriebsgestaltung“ einen kommunizierbaren Rahmen gefunden hatte, eine stärker betriebswirtschaftliche Ausrichtung. Darauf ist jedoch später genauer einzugehen. Hier interessiert zunächst, dass die „Soziale Betriebsgestaltung“ mit „Mensch und Arbeit“ gleichzeitig auch an einem zweiten Ort etabliert wurde – im Kontext einer, wenn auch noch jungen, im Aufbau begriffenen, so doch aber akademisch angebundenen Disziplin. Dieses zweite Standbein sollte von da an als weiterer Ausgangspunkt mit einer zusätzlichen spezifischen Strahlkraft zur Entstehung des personalpolitischen Felds beitragen. Fischers akademische Bestrebungen ergänzten Weißens maßgeblich praktisch ausgerichtete in gleichsam idealer Komplementarität.

Fischers spezifische Auffassung verband die personalpolitische Feldthematik mit einem aufkommenden neuen Orientierungsfixpunkt, auf den sich zentrale Akteure der westdeutschen Gesellschaft (Kirchen, Gewerkschaften, Unternehmer, Sozialwissenschaften) nach dem Krieg einigten. Dieser Gemeinplatz, den die Forschung bisher nicht zur Kenntnis genommen hat, bestand in der Forderung, den Menschen in den Mittelpunkt zu stellen. Er diente von da an als Teil des westdeutschen demokratischen Grundkonsens’. Die Genese dieses Gemeinplatzes war mit der Entstehung des personalpolitischen Felds untrennbar verknüpft. Zwar waren personalpolitische Akteure nicht die einzigen Protagonisten der Verbreitung. Sie waren aber *eine* wichtige Gruppe, anhand deren Untersuchung sich exemplarisch zentrale Fragen beantworten lassen. So etwa die, woher die Formel vom „Menschen im Mittelpunkt“ eigentlich kam, aus welchen ideellen Kontexten sie sich speiste und wie beziehungsweise von wem sie nach 1945 anschlussfähig und praktikabel gemacht wurde. Am Beispiel der personalpolitischen Akteure lässt sich mithin ein Weg der Genese des Gemeinplatzes vom „Menschen im Mittelpunkt“ aufzeigen.

Fischer war einer derjenigen, der die Maxime vom „Menschen im Mittelpunkt“ besonders frühzeitig vertrat.[21]) Er hatte sie zum Fluchtpunkt seines betriebswirtschaftlichen Ansatzes erkoren, den er nach 1945 zu etablieren versuchte, und sich damit im Herausgebergremium von „Mensch und Arbeit“ durchgesetzt.[22]) Der Münchner Professor für Betriebswirtschaftslehre hatte

unterschiedliche Praktiker oder auch Experten zu Wort kamen, die sich in nachfolgenden oder auch parallelen Diskussionen aus verschiedenen Gründen nicht (mehr) beteiligten.

21) Vgl. auch Horst *Albach*, 60 Jahre Zeitschrift für Betriebswirtschaft – Meilensteine der Betriebswirtschaftslehre, in: ZfB Ergänzungsheft 2, 1991, S. XI.

22) Artikel, die sich explizit der „Sozialen Betriebsgestaltung“ verpflichtet zeigten, wie Weiß sie konzipiert hatte, erschienen in „Mensch und Arbeit“ augenfälliger Weise bis 1961, Weiß’ Todesjahr: Fritz *Zeidler*, Alte und neue Wege zur sozialen Betriebsgestaltung, 1, 1949, S. 14ff.; Jochen *Wistinghausen*, Firmengeschichte als soziale Betriebsgestaltung, 2, 1950, S. 4f.; Franz *Goossens*, Die Krise der sozialen Betriebsgestaltung, 4, 1952, S. 240f.; *ders.*, Verbindungen zwischen Sozial- und Wirtschaftspraxis ist notwendig!, 5, 1953, S. 66ff.; Albrecht *Weiß*, Soziale Betriebsführung oder soziale Betriebsgestaltung? Zugleich eine

sich bereits in der zweiten Hälfte der 1920er Jahre mit der Thematik beschäftigt. 1929 war er mit einer entsprechenden Publikation hervorgetreten: „Mensch und Arbeit. Ihre Bedeutung im modernen Betrieb".[23]) Dieses Buch war in den 1930er Jahren in Deutschland jedoch weitgehend unberücksichtig geblieben. 1948 aber wurde es neu aufgelegt und erschien in inhaltlich nahezu unveränderter Fassung unter dem Titel „Mensch und Arbeit im Betrieb. Ein Beitrag zur sozialen Betriebsgestaltung".[24]) Fischer zeigte darin auf, mit Hilfe welcher Ansätze und Maßnahmen seine Forderung nach einer anthropozentrischen Ordnung in Unternehmen und Wirtschaft zu realisieren sei. Eine auf den Umfang eines Zeitschriftenartikels komprimierte Kurzfassung, die zudem besonders auf betriebliche Fragen zugeschnitten war, gab er in seinem einführenden Beitrag zu Heft 1 von „Mensch und Arbeit":[25]) Unter dem Titel „Der Betrieb – auch eine soziale Gemeinschaft" verwies Fischer darauf, dass in Unternehmen nicht genügend beachtet würde, dass die betriebliche Leistung nicht allein durch einen rationellen Kapitaleinsatz zu erreichen sei, „sondern in gleicher Weise durch ein sorgsames Betreuen der menschlichen Arbeitskraft." Dieses Versäumnis gelte es dringend zu beheben, weshalb eine erweiterte Auffassung vom Betrieb und seiner Führung notwendig sei. Die unternehmerische Funktion müsse sich auf beide Bereiche beziehen, „auf das Kapital und auf die menschliche Arbeit". Dies erfordere nicht nur die „naturrechtliche Stellung" des Menschen, der gemäß auch im Wirtschaftsleben und innerhalb des Betriebs seine Würde gewahrt bleiben müsse. Zugleich entspräche eine solche Neuausrichtung auch wirtschaftswissenschaftlichen und betriebswirtschaftlichen Erkenntnisse sowie Nützlichkeitserwägungen im Sinne einer rationell gestalteten Wirtschaft. Erst nämlich, wenn neben den geläufigen Wirtschaftszweck des Betriebes auch die Pflege des Betriebes als Arbeitsstätte des Menschen trete, dann würde der Betrieb auch zu einer sozialen Gemeinschaft.[26])

Um dies zu erreichen, so führte Fischer weiter aus, müssten alle Betriebsangehörigen umdenken – Unternehmer genauso wie Arbeiter und Angestellte. Sie dürften sich „nicht nur mit materiellen Sorgen und Zielen des Geldverdienens und der Kapitalverzinsung befassen", sondern müssten darüber hinaus

Besprechung des Buches „Soziale Betriebsführung" von Adolf Geck, 5, 1953, S. 97ff.; *ders.*, „Soziale" oder „humane" Betriebsgestaltung?, 6, 1954, S. 148f.; Franz *Goossens*, Die Entwicklung der sozialen Betriebsgestaltung und der Personalleitung, 12, 1960, S. 167f.; Hans *Achinger*, Zwang und Freiheit in der sozialen Betriebsgestaltung, 12, 1960, S. 169f.; Erwin *Bramesfeld*, Arbeitsstudium und soziale Betriebsgestaltung, 12, 1960, S. 175f.; Albrecht *Weiß*, Betriebskrankenkasse und soziale Betriebsgestaltung, 14, 1961, S. 162ff.

[23]) *Fischer*, Mensch und Arbeit; vgl. Kap. 1.2.

[24]) *Ders.*, Mensch und Arbeit im Betrieb. Ein Beitrag zur sozialen Betriebsgestaltung, 2., erw. Aufl., Stuttgart 1948.

[25]) Guido *Fischer*, Der Betrieb – auch eine soziale Gemeinschaft, in: Mensch und Arbeit 1, 1949, S. 2–5. Sperrungen jeweils im Original.

[26]) Ebd. S. 2.

„zur Erkenntnis der weiterreichenden immateriellen Aufgaben gebracht werden". Diese neue Geisteshaltung und Wirtschaftsethik, die dann wie ein geistiges Band alle im gleichen Betrieb arbeitenden Menschen umfasse, gelte es als Fernziel anzustreben. Davon sei man allerdings noch weit entfernt.[27]) Zunächst müssten daher die folgenden vier Grundvoraussetzungen in Unternehmen erfüllt werden:

„1. Gleichwertigkeit aller arbeitenden Menschen,
2. Lohn- und Gehaltsregelungen gemäß den Anforderungen eines gerechten Lohnes,
3. Existenzsicherung für das Arbeiten des Betriebes und der in ihm beschäftigten einzelnen Menschen,
4. Mitwirkungs- und Mitbestimmungsrecht auch für die ausführende Arbeit an den Geschicken der Betriebe und der Wirtschaft."[28])

Im Einzelnen führte Fischer dazu aus,

[ad 1] dass die Forderung nach Gleichwertigkeit nicht verwechselt werden dürfe mit „Gleichmacherei". Jeder Mensch sei nach seinen ererbten Fähigkeiten, durch seine Schulbildung und infolge von Einwirkungen seiner Umwelt mit einem anderen Maß an Fähigkeiten ausgestattet, weshalb auch die Leistungsfähigkeit jedes einzelnen unterschiedlich sei. Im Sinne der Gleichwertigkeit sei es daher besonders wichtig, dass sich die Achtung des einzelnen nicht nur auf das berufliche Können, sondern auch auf den charakterlichen Wert zu erstrecken habe. Stets müsse der ganze Mensch beurteilt werden.

[ad 2] dass der „gerechte Lohn" ein gerechter Leistungslohn zu sein habe, der die Arbeitsleistung des einzelnen anteilig gerecht am Gesamtertrag des Betriebes vergüte. Freilich schließe das Formen der zusätzlichen Ertragsbeteiligung wie Umsatzprämien, Leistungsgratifikationen oder Gewinnbeteiligungen nicht aus. Zum „gerechten Lohn" gehöre vor allem jedoch die rechte Vorstellung vom Lohn. Auf Seiten der Geschäftsleitung bestünde diese darin, im Lohn nicht allein einen Kosten-, sondern auch einen Ertragsfaktor zu sehen. Auf Seiten der Belegschaften sei eine Mitverantwortung für die persönliche Arbeitsleistung nötig.

[ad 3] dass die Forderung nach Existenzsicherung alle Betriebsmaßnahmen für gesicherte Arbeitsverhältnisse umfasse. Dabei sah Fischer sowohl Unfallschutzmaßnahmen vor als auch präventive Maßnahmen zur Erhaltung der Arbeitskraft im engeren Sinne (Betriebsarzt) sowie im weitesten Sinne (betriebliche Sozialleistungen) und nicht zuletzt die grundsätzliche Aufgabe aller Betriebsangehörigen, dafür Sorge zu tragen, dass die Existenz des Betriebes nicht durch Fehlverhalten gefährdet würde.

[ad 4] dass das Mitwirkungs- und Mitbestimmungsrecht zunächst dem Betriebsrat als gewählter Vertretung der Belegschaft zugestanden werden müsse. Das mit der Betriebsleitung gleichberechtigte Mitbestimmungsrecht habe für alle sozialpolitischen Aufgabenbereiche zu gelten, während das Mitwirkungs-

[27]) Ebd. S. 5.
[28]) Ebd. S. 3.

recht für wirtschaftspolitische Fragen gelte. Darüber hinaus gebe es zusätzlich noch die Möglichkeit der „betrieblichen Leistungsgemeinschaften“. Darunter verstand Fischer so etwas wie regelmäßige Besprechungen in Arbeitsgruppen, die der jeweilige Vorgesetzte durchführen sollte, um seine Mitarbeiter über Anstehendes zu informieren und gegebenenfalls ihre Vorschläge einzuholen.[29])

Das Mittel zur Realisierung dieser vier Grundvoraussetzungen seien – so Fischer abschließend – „Maßnahmen der Sozialpraxis im Betrieb, der betrieblichen Sozialpolitik“. Sie stellten das anstehende „Nahziel“ dar, um zu helfen, den Betrieb als Sozialgemeinschaft auszubauen. Denn erst, wenn die äußeren Voraussetzungen gegeben seien, damit ein Vertrauensverhältnis zwischen den arbeitenden Menschen entstehen könne, lasse sich eine Änderung der geistigen Einstellung erstreben.

Im Vergleich mit den drei für Weißens „soziale Betriebsgestaltung“ als konstitutiv herausgestellten Kriterien (1. Unternehmen als sozialer Ort, 2. individualisierender Integrationsansatz, 3. Einbindung von [human-]wissenschaftlichem Wissen) stimmte Fischers Ansatz in wesentlichen Punkten überein: Obgleich er – damit seiner vorrangig betriebswirtschaftlichen Ausrichtung Rechnung tragend – als „Auch“-Bedingung differenzierte („Der Betrieb – auch eine soziale Gemeinschaft“), so war ihm dennoch in Entsprechung zu Weiß zentral daran gelegen, ein Verständnis des Unternehmens als sozialer Ort zu etablieren. Beide hielten ein Umdenken aller Betriebsangehörigen in diese Richtung für unabdinglich. Ebenso war Ausgangspunkt der Integrationsbestrebungen sowohl bei Fischer wie auch bei Weiß der einzelne Mensch, das Individuum. Und nicht zuletzt waren beide davon überzeugt, dass wissenschaftliches Wissen und wissenschaftliche Erkenntnis die Grundlage und Legitimation all ihrer Bemühungen sei und sein müsse. Die grundlegende Stoßrichtung war somit dieselbe. Sie stellte die Basis ihrer Kooperation dar. Ein wesentliches Grundelement, das den aufgezeigten Kriterien dieser Übereinstimmung noch vorgelagert war, bestand in der christlichen Fundierung ihrer beider Ansätze. Zwar gingen sie unterschiedlich damit um. Während der katholische Fischer vor allem nach 1945 auch in seinen betriebswirtschaftlichen Texten ganz offen religiös oder naturrechtlich argumentierte,[30]) finden sich

[29]) Zu den Erläuterungen der vier Grundvoraussetzungen vgl. ebd. S. 3ff.

[30]) In der zweiten Auflage von Fischers Buch „Mensch und Arbeit“ (1948) wurde die christliche Herleitung und Legitimation der Maxime vom „Menschen im Mittelpunkt“ viel stärker betont als in der ersten Auflage. Während Fischer sich im Vorwort der ersten Auflage noch sicher war, dass „alle“ mit ihm darin übereinstimmen würden, „den Menschen wieder im Mittelpunkt auch des wirtschaftlichen Geschehens sehen zu wollen“, argumentierte er in der zweiten Auflage: Es dürfe nicht vergessen werden, „dass der Mensch als das Ebenbild Gottes von ihm den Auftrag erhielt, sich die Erde untertan zu machen. Der Mensch und nicht das Kapital hat diesen Auftrag erhalten. Er ist also der Mittelpunkt jedes wirtschaftlichen Geschehens.“ *Fischer*, Mensch und Arbeit, 2. Aufl., S. 20. Vgl. auch: *ders.*, Christliche Gesellschaftsordnung.

bei dem evangelischen Weiß solche Hinweise nicht. Doch war bezeichnend für diese personalpolitische christliche Nachkriegskoalition, dass sie – wie auch in der CDU[31]) – unter katholischer Vorherrschaft konfessionelle Grenzen überschritt.

Weißens Aufruf zur „Sozialen Betriebsgestaltung“ von 1947 und Fischers Publikation „Mensch und Arbeit im Betrieb. Ein Beitrag zur sozialen Betriebsgestaltung“ von 1948 stellten gemeinsam den programmatischen Auftakt der Entstehung des personalpolitischen Felds dar. Während Weiß maßgebliche Weichen für die praktische Ausrichtung des Felds stellte, erschloss Fischer einen Korridor seiner akademischen Anbindung. Gleichzeitig lieferte letzterer darüber hinaus das entscheidende Versatzstück zur Einbindung in die sich neu formierende „ideelle Landschaft“ (Axel Schildt) der westdeutschen Nachkriegsgesellschaft. So wurde mit der Zauberformel „Mensch und Arbeit“ die dezidiert betriebsbezogene Perspektive, die dem ‚Label‘ „soziale Betriebsgestaltung“ noch anhaftete, zugunsten einer allgemeineren Kompatibilität abgelöst. Die personalpolitische Feldthematik wurde im Zuge dieser konzeptionellen Transformation vermittels „Mensch im Mittelpunkt“ Teil eines aufkommenden zeitgenössischen Diskurses. Dies wiederum war für die Entstehung des personalpolitischen Felds unabdinglich, weil damit die „Illusio“ der Feldakteure, das heißt ihre Überzeugung davon, welchen Aufgaben und Zielen sie sich im personalpolitischen Feld zu widmen hatten, anschlussfähig wurde gegenüber allgemein, das heißt auch von Akteuren außerhalb des personalpolitischen Felds, als gesellschaftlich relevant anerkannten Problemen. Der doppelte Auftakt des neuen Handlungsfelds, dessen zweiter sich (im Untertitel) bereits zaghaft auf den ersten bezog, schwoll im Zuge der gemeinsamen Zeitschriften-Gründung 1949 schließlich zur viel versprechend klangvollen Ouvertüre des personalpolitischen Felds an.

Aus der ökumenischen Kooperation zwischen Weiß und Fischer ging ein in Ansätzen institutionalisierter Rahmen insofern hervor, als mit der Einrichtung der beiden Organisationen (A.S.B., Institut für Sozialpraxis) und der Zeitschrift Strukturen geschaffen worden waren, die von einer gemeinsamen Ausrichtung und einem gemeinsamen Anspruch geprägt waren. Diese Übereinstimmung gipfelte über die aufgezeigten drei konstitutiven Kriterien beider Ansätze hinaus im Fluchtpunkt des Gemeinplatzes vom „Menschen im Mittelpunkt“. Dies entging anderen Akteuren, wie Gewerkschaften, Arbeitgebern und Wissenschaftlern, die angesichts grundlegend veränderter Bedingungen nach 1945 ebenfalls um Neuorientierung bemüht waren, freilich nicht. Denn die Entstehung des personalpolitische Felds war natürlich keine unabhängige Entwicklung von parallelen Bestrebungen anderer Akteure, sondern sie war eingebettet in zahlreiche Wechselwirkungen, worauf es in den folgenden Kapiteln ja auch noch ausgiebig einzugehen gilt. Um jedoch aufzuzeigen, wer warum wie (re)agierte, ist es zunächst notwendig, neben der bis hier-

[31]) *Bösch*, Die Adenauer-CDU, S. 21–73.

hin beleuchteten programmatischen Ebene, von der erste strukturelle Ansätze des personalpolitischen Felds ausgingen, auch die Auseinandersetzungen über die konkrete Ausgestaltung dieses Rahmens in den Blick zu nehmen. Diese war zu jenem Zeitpunkt (1949), als in verhältnismäßig kompakter Form die „Illusio" des personalpolitischen Felds konturiert war, noch keineswegs geklärt. Die konkrete Ausgestaltung der Praxis spielte sich maßgeblich zwischen verschiedenen Fachdisziplinen ab, die darum rangelten, ihre jeweiligen Ansätze und damit sich selbst (möglichst dominant) im personalpolitischen Feld zu etablieren.

Die Konzepte von Weiß und Fischer boten in dieser Hinsicht unterschiedliche Anknüpfungspunkte. Sie orientierten sich an verschiedenen wissenschaftlichen Wissensbeständen: Während Fischer eine Kombination aus betriebswirtschaftlichem und arbeitswissenschaftlichem Wissen vorschwebte, hatte Weiß sich viel weniger festgelegt. Als mögliche Wissensbereiche, die das zur „sozialen Betriebsgestaltung" „erforderliche Rüstzeug" bereitstellen sollten, dachte er an Arbeitsmedizin, Psychologie, Betriebswirtschaftslehre und Sozialrecht. Die beiden Konzepte sahen somit für die Ausgestaltung des personalpolitischen Felds unterschiedliche Mittel vor. Dies resultierte auch aus ihrer jeweiligen kontextuellen Verortung. Während Fischer darauf setzte, dass anwendungsorientierte, akademisch legitimierte Vorträge, Publikationen und Tagungen überzeugten, verfolgte Weiß, der über 20 Jahre lang die sozialpolitische Abteilung der BASF geleitet hatte, mit seiner „Arbeitsgemeinschaft für soziale Betriebsgestaltung" eine viel dezidierter auf die betriebliche Praxis ausgerichtete Strategie. So wundert es wenig, dass sich maßgeblich Weißens Option aufgrund ihrer Polyvalenz als ausbaufähig erweisen sollte. Aber auch Fischers im engeren Sinne „scheiternde" Alternative hatte eine wichtige Funktion für die Entstehung des personalpolitischen Felds.

Im Zeichen von „Mensch und Arbeit" entwarf Fischer einen betriebswirtschaftlichen Ansatz, der wirtschaftswissenschaftliches Wissen mit arbeitswissenschaftlichem verband. In seinem – weiter vorne vorgestellten – programmatischen Einführungsartikel der neuen Zeitschrift führte er als Argumente für die von ihm geforderte anthropozentrische Ordnung Erkenntnisse der Wirtschaftswissenschaften und der Betriebswirtschaftslehre an und verwies im Sinne der Arbeitswissenschaft gleichzeitig auf deren „rationelle Nützlichkeit". Noch ausführlicher legte er seinen Standpunkt in seinem Buch „Mensch und Arbeit" dar. Hier widmete er der Einbindung von arbeitswissenschaftlichem Wissen in das neu zu institutionalisierende Tätigkeitsfeld „betrieblicher Sozialpraxis", wie er es nannte, nicht nur ein generelles eigenes Kapitel. In vier weiteren ging er auch auf spezifisch arbeitswissenschaftliche Verwendungsbereiche ein, die konstitutive Teilelemente seines Konzepts darstellten.[32]) Angesichts der Tatsache, dass es zu jenem Zeitpunkt einen Fachteil „Personal" in der Betriebswirtschaftslehre noch nicht gab, muss Fischers Ansatz als Versuch

[32]) Vgl. Kap. 1.2.

verstanden werden, einen genau solchen zu etablieren. Sein Entwurf sah eine durch die anthropozentrische Prämisse gemäßigte Kombination aus arbeitswissenschaftlichem Rationalisierungswissen und betriebswirtschaftlicher Ertragsorientierung vor.

Damit entsprach Fischer dem generellen Bestreben der Betriebswirtschaftslehre, die nach dem Krieg händeringend um eine Neuausrichtung und -positionierung bemüht war.[33]) So hatte gar Eugen Schmalenbach, einer der ganz Großen des Fachs, der zudem infolge seiner freiwilligen Emeritierung 1933 (wegen seiner jüdischen Frau) über jeden Verdacht der nationalsozialistischen Verstrickung erhaben war,[34]) 1947 gefordert, insbesondere die „betriebliche Personalwirtschaft“ nicht länger „stiefmütterlich“ zu behandeln, sondern endlich eine „spezielle Betriebswirtschaft ‚Personalwesen‘“ einzurichten.[35]) Schmalenbach betonte, dass es mit der Einrichtung eines speziellen Fachteils ‚Personalwesen‘ in der Betriebswirtschaftlehre allein keineswegs getan sei. Vielmehr sei „eine Beschäftigung mit der Soziologie und der Psychologie“ notwendig. Diese Fächer dürften nicht Wahl-, sondern müssten Pflichtfächer sein. Denn – so Schmalenbach – „die Kenntnis der psychologischen Bedingungen der Leistungssteigerung, insbesondere die Möglichkeiten, die eigene Freude am Gelingen einer Leistung zu erzeugen“, sei für die betriebliche Personalwirtschaft unentbehrlich.

Das, was im engeren Rahmen der „Schmalenbach-Vereinigung“[36]) zunächst diskutiert wurde, war allerdings weiterhin rein ökonomisch orientiert. Reinhold Steffen, der als einer der ersten versuchte, den von Schmalenbach benannten „betrieblichen Funktionskreis“ der Personalwirtschaft zu konkretisieren, erklärte:[37]) Die Personalabteilung sollte allein „ein der Oberleitung des Betriebs unterstelltes Organ“ sein, das die Aufgabe habe, „den Betrieb mit der nötigen Arbeitskraft nach den Regeln des wirtschaftlichen Optimums zu versorgen“. Ihr Leiter sei daher „gegenüber der Gefolgschaft und dem Betriebsrat Vertreter des Betriebs, [...] nicht Mittler zwischen Betriebsleitung und Gefolgschaft.“ Die Frage nach einer Neugestaltung der betrieblichen Sozialordnung spielte in diesem Ansatz somit keine Rolle. Andere Schmalen-

[33]) Vgl. zur Situation der Betriebswirtschaftslehre nach dem Krieg: *Potthoff*, BWL im NS; *Rühli*, Betriebswirtschaftslehre nach dem Zweiten Weltkrieg.

[34]) *Potthoff*, BWL im NS, S. 105.

[35]) Eugen *Schmalenbach*, Neue Aufgaben der Betriebswirtschaftslehre, in: *ders*. (Hg.), Betriebswirtschaftliche Beiträge, Bremen 1947, S. 3–9, hier S. 4.

[36]) Die „Schmalenbach-Vereinigung“ war zunächst eine Art Arbeitskreis, der Anfang der 1930er Jahre von Schülern Schmalenbachs ins Leben gerufen worden war und während der Zeit des Nationalsozialismus als mehr oder weniger heimliches „Ersatz-Institut“ fungierte. *Potthoff*, BWL im NS, S. 105. Nach 1945 wurde sie zu einer zentralen Institution der Betriebswirtschaftslehre. 1951 wurde sie umbenannt in „Schmalenbach-Gesellschaft zur Förderung der betriebswirtschaftlichen Forschung und Praxis e.V.“, 1978 verschmolz sie mit der „Deutschen Gesellschaft für Betriebswirtschaft“.

[37]) Reinhold *Steffen*, Der betriebliche Funktionskreis der Personalwirtschaft, in: Eugen *Schmalenbach* (Hg.), Betriebswirtschaftliche Beiträge, Bremen 1948, S. 20–33, hier S. 20.

bach-Schüler versuchten sich aber außerhalb des engeren Kreises der „Vereinigung“ ebenfalls auf diesem Gebiet. Sie beschränkten sich – wie auch Fischer – nicht auf eine ökonomische Fundierung des neuen Fachteils. Neben Erich Potthoff[38]) entwickelt auch Wilhelm Hasenack, seit 1949 Professor für Betriebswirtschaftslehre in Göttingen,[39]) einen Ansatz, der in seiner grundlegenden Stoßrichtung mit Fischers korrespondierte.

Hasenack (geb. 1901), der sich in den Jahren 1947 und 1948 als Leiter der Betriebswirtschaftlichen Abteilung des Rheinisch-Westfälischen Instituts für Wirtschaftsforschung in Essen stark in der Demontageabwehr engagiert hatte,[40]) forderte 1952 in der „Zeitschrift für Betriebswirtschaft“, einem *der* Fachorgane der Betriebswirtschaftslehre, die Etablierung einer „anthropologischen Betriebslehre“.[41]) Er versuchte mittels eines Brückenschlags zwischen der Philosophie, wobei er sich hauptsächlich auf Nicolai Hartmanns Ontologie bezog, und der Betriebswirtschaftslehre, ein System „betrieblicher Seinskategorien“ zu entwickeln. Dieses umfasste als gleichsam „geisteswissenschaftliche“ Fundierung eines betriebswirtschaftlichen Ansatzes den Anspruch, betriebswirtschaftliches Denken an „große universale Zusammenhänge“ anzubinden, gleichzeitig aber auch dessen traditionell praktische Verwendungsorientierung beizubehalten. Zentral war die Grundannahme, „daß Betriebe bewußte Schöpfungen des Menschen zu dem Zweck sind, die materielle Not von Einzelmenschen und Menschengruppen auf der Erde planvoll zu bekämpfen“. Diese Grundannahme – so Hasenack – erlaube es nicht nur, sondern erfordere notwendigerweise, „bei betrieblichen Grundlagenforschungen [...] den Menschen ganz stark in den Mittelpunkt zu stellen [...]“[42]). Genau diese Forderung erfülle seine „anthropologische Betriebslehre“, die er sich als „moderne universitas litterarum“[43]) vorstellte: Neben Betriebspsychologie, Betriebssoziologie, Betriebspädagogik, Betriebsrecht, Betriebsgeschichte und Betriebsorganisation gelte es ebenso „als wesentliches Kerngebiet die betriebliche Arbeitswissenschaft“ zu berücksichtigen, die sich den stärker mit den

[38]) Vgl. dazu Kap. 4.2.

[39]) Zum Lebenslauf Hasenacks vgl. Biographische Daten, in: *Engeleiter*, Gegenwartsfragen der Unternehmensführung. FS zum 65. von Wilhelm Hasenack, hier S. 537f. Hasenack hatte bei Schmalenbach studiert und scheint zumindest nach 1945 wieder regen Kontakt zu ihm gepflegt zu haben. Vgl. dazu die Angaben in: *Hasenack*, Wesen und Werden Schmalenbachs im Lichte von Herkunft und Heimat. Ein Beitrag zu seinem 80. Geburtstag, in: Betriebswirtschaftliche Forschung und Praxis 5, 1953, S. 545-567, 614-630, hier S. 555.

[40]) Vgl. *Hasenack*, Betriebsdemontagen; *ders.*, Betriebsraubbau; *ders.*, Dismantling the Ruhr Valley.

[41]) Wilhelm *Hasenack*, Betriebliche Kategorien. Konzeption und Grundriß von Seinskategorien und allgemeinen Handlungsprinzipien im Betriebsleben, in: Zeitschrift für Betriebswirtschaft 22, 1952, S. 1-10, 162-178.

[42]) Ebd. S. 3.

[43]) Wilhelm *Hasenack*, Mensch im Betrieb. Inwieweit kann oder muß die Betriebswirtschaftslehre den Menschen in ihre Untersuchungen einbeziehen?, in: Zeitschrift für Betriebswirtschaft 31, 1961, S. 577-596, hier S. 596.

Naturwissenschaften verwandten verfahrens- und produktionstechnischen Betriebsfragen widme.[44]

Diesem Programm Rechnung tragend gründete Hasenack zu Beginn der 1950er Jahre die Schriftenreihe „Betriebswirtschaftliche Bibliothek“. Hier erschien 1953 nicht nur die zweite, überarbeitete Auflage von Adolph Gecks „Sozialer Betriebsführung“,[45] sondern im darauf folgenden Jahr auch das Buch „Betriebliche Arbeitswissenschaft“, mit dem Walther Moede eine entsprechende Neupositionierung der Arbeitswissenschaft zu etablieren versuchte[46]. Beide – Geck als Soziologe und Moede als Arbeitswissenschaftler – waren zentrale Vertreter ihrer jeweiligen Fachdisziplinen, die an deren Herausbildung während der 1920er Jahre maßgeblich beteiligt gewesen waren.[47] Moede war seit 1918 am neu gegründeten „Institut für Industrielle Psychotechnik“ an der Technischen Hochschule in Berlin-Charlottenburg tätig gewesen,[48] während Geck im von Goetz Briefs 1928 ebenfalls dort gegründeten „Institut für Betriebssoziologie und soziale Betriebslehre“ beschäftigt war.[49] Hasenack hat beide sicherlich aus dieser Zeit gekannt. Von 1925 bis 1934 war er selbst auch an der TH in Berlin.[50]

Unter Reaktivierung seiner alten Kontakte versuchte Hasenack somit im Rahmen der Betriebswirtschaftslehre einen Ansatz zu etablieren, der – in Entsprechung zu Fischers – sich insbesondere durch die anthropozentrische Prämisse und den daraus abgeleiteten Anspruch auszeichnete, arbeitswissenschaftliches mit sozialwissenschaftlichem und/oder traditionell geisteswissenschaftlichem Wissen zu verbinden. Dass Geck und Moede als Vertreter bisher konkurrierender, in ihrer jeweiligen Ausrichtung gar einander entgegen gesetzter Fachrichtungen sich diesem Programm im Rahmen Hasenacks „Betriebswirtschaftlicher Bibliothek“ anschlossen, ist bezeichnend für den Tiefgang des Veränderungspotentials nach 1945. Während in Gecks „Sozialer Betriebsführung“ zwar Hasenack als Herausgeber das programmatische Vorwort mit den entsprechenden Bekenntnissen verfasste, ließ Moede es sich hingegen nicht nehmen, seine Darlegungen mit folgenden Sätzen einzuleiten:

> „Die Studie bezweckt die Zusammenfassung und Abgrenzung eines neuen Gebietes, der betrieblichen Arbeitswissenschaft […]. Die Grundidee ist eine praktisch-psychologische, da der Mensch als körperlich-geistig-seelisch-charakterliches Wesen im Mittelpunkt aller Beziehungen steht. […] Auf der Grundlage von Natur- und Geisteswissenschaft, in einer neuen Synthese zwischen Grundlagen- und Zweckforschung, zwischen Theorie der Arbeitslehre und Praxis der Bestgestaltung ist das Gebäude der betrieblichen Arbeitswissen-

[44] *Hasenack*, Betriebliche Kategorien, S. 10.
[45] *Geck*, Soziale Betriebsführung.
[46] *Moede*, Betriebliche Arbeitswissenschaft.
[47] Vgl. *Hinrichs*, Kampf um die Seele, S. 225–230, 266.
[48] *Spur/Vogelrieder/Klooster*, Von der Psychotechnik zur Arbeitswissenschaft.
[49] Vgl. dazu: *Hinrichs*, Kampf um die Seele, S. 264–270; *Klein-Zirbes*, Der Beitrag von Goetz Briefs, S. 70–74.
[50] Biographische Daten zu Hasenack, in: *Engeleiter*, Gegenwartsfragen der Unternehmensführung, S. 537f.

schaft zu errichten, das auf angewandt-psychologischem Fundament ruht und praktisch-psychologischer Wesensart und Struktur ist bei betriebswirtschaftlicher und psycho-sozialer Zielsetzung.“[51])

Dies ist vor allem dann erstaunlich, wenn man sich vor Augen hält, dass Moede als *der* Protagonist des Siegeszugs der technisch ausgerichteten, ingenieursdominierten Psychotechnik in den 1920er Jahren der psychologischen Kritik an seinem Ansatz lapidar entgegnete, dass man die Seele des Arbeiters aus dem Spiel lassen solle, da zunächst allein berufsnotwendige Kenntnisse, Fertigkeiten und Verhaltensweisen interessierten[52]).

Fischers Ansatz unter dem Banner von „Mensch und Arbeit“ stellte einen Teil des Versuchs, dar, nach 1945 einen ganzheitlich orientierten Ansatz in der Betriebswirtschaftslehre zu etablieren, der von seinem potentiellen Anspruch her durchaus auf die Begründung eines Fachteils „Personal“ ausgerichtet war. Neu war – trotz der überdeutlichen holistischen Denkkontinuitäten in Verbindung mit dem Umstand, dass es gerade nicht die jüngeren Vertreter der Betriebswirtschaftslehre waren, die sich hier versammelten[53]) – die anthropozentrische Prämisse und der daraus abgeleitete Anspruch, humanwissenschaftliches Wissen im weitesten Sinne zu integrieren, wobei insbesondere eben das Ausgreifen auch auf die herkömmlich technisch dominierte Disziplin der Arbeitswissenschaft zu betonen ist.

In der Betriebswirtschaftslehre konnte sich dieser Ansatz nach 1945 nicht durchsetzen. Dort wurde Erich Gutenbergs ertragsorientiertes, faktorielles Konzept, dessen ersten Band er 1951 vorlegte,[54]) zum ultimativen Maßstab erkoren.[55]) Auch wenn somit der ganzheitlich-anthropozentrische Ansatz Fischers, Hasenacks und anderer in der Betriebswirtschaftslehre eine subordinierte Position einnahm, dessen Bedeutung für die spätere verhaltens- und sozialwissenschaftliche Öffnung des Faches gleichwohl nicht übersehen werden darf; so hatte trotz dieses Scheiterns ihr Vorstoß im Hinblick auf Akteurskonstellationen, die über die Grenzen dieser einzelnen Disziplin hinausreichten, dennoch unmittelbar Auswirkungen. In Reaktion auf diese Bestrebungen in der Betriebswirtschaftslehre fanden Verschiebungen zwischen anderen Disziplinen und Expertenkulturen statt. Diese waren nicht nur für

[51]) *Moede*, Betriebliche Arbeitswissenschaft, S. 5.

[52]) Walter *Moede*, 10 Jahre Institut für Industrielle Psychotechnik T.H. Berlin, in: Werkstattstechnik 20, 1928, S. 587–592, hier S. 590.

[53]) Ebenfalls zur Fraktion der „Ganzheitlichen“ gehörte Konrad Mellerowicz, Professor für Betriebswirtschaftslehre an der TU Berlin. Mellerowicz tat sich nicht nur als Kritiker Gutenbergs hervor, mit dem er zu Beginn der 1950er Jahre einen regelrechten Methodenstreit führte. Vgl. dazu: *Rühli*, Betriebswirtschaftslehre nach dem Zweiten Weltkrieg, S. 121 f. Eine von ihm akzeptierte Dissertation zum Thema „Soziale Betriebsgestaltung“ belegt zudem, dass Weiß' Konzept nicht nur über Fischer im akademischen Bereich des personalpolitischen Felds rezipiert wurde. Vgl. *Mruck*, Soziale Betriebsgestaltung.

[54]) *Gutenberg*, Grundlagen der Betriebswirtschaftslehre (1951).

[55]) *Rühli*, Betriebswirtschaftslehre nach dem Zweiten Weltkrieg, S. 122; so auch *Steinmann/Löhr*, Unternehmensethik, S. 515.

die Entstehung des personalpolitischen Felds von zentraler Bedeutung. Die damit einhergehende Verbreitung des Gemeinplatzes vom „Menschen im Mittelpunkt“ trug auch entscheidend zu einem wichtigen Neuorientierungsprozess nach 1945 in Westdeutschland bei. Insbesondere fühlten sich Rationalisierungsingenieure herausgefordert, zumal der ganzheitlich-anthropozentrische Ansatz der Betriebswirtschaftler gerade auf ihr herkömmliches Hoheitsgebiet auszugreifen versuchte. Indem so diejenige Gruppe von Experten, die bisher unangefochten bestimmt hatte, was an Verwissenschaftlichung in Unternehmen möglich war, unter Druck geriet, entstand eine Situation, in der Veränderung insofern möglich war, als Legitimationen des herkömmlichen Status Quo durch neue konkurrierende Referenzen in Frage gestellt und damit aufgeweicht wurden.

3.3 „Betriebspsychologie“: Psychologen als neue Experten

Der Ansatz der „Sozialen Betriebsgestaltung“ erhielt parallel zu diesen Neuausrichtungsversuchen in der Betriebswirtschaftslehre Unterstützung durch eine andere, nicht akademisch etablierte, sondern stärker praktisch orientierte Gruppe von Experten: die Betriebspsychologen. Zu ihnen gehörten Felix Scherke und Erika Hantel. Scherke (geb. 1892) war, nachdem er zunächst für das 1934 von „Maketing-Papst“ Wilhelm Vershofen gegründete Nürnberger „Institut für Konsumforschung“ gearbeitet hatte,[56]) von 1939 bis 1945 Geschäftsführer des „Göring-Instituts“ gewesen.[57]) Hantel (geb. 1889) hatte bei Viktor von Weizsäcker in Heidelberg und Erich R. Jaensch in Marburg studiert. Auch sie war während des Kriegs im Umkreis des „Göring-Instituts“ tätig gewesen. 1939 hatte sie zunächst die Robert Bosch AG in Stuttgart beraten, dann war sie zwei Jahre als Psychotherapeutin im so genannten „Biologischen Sanatorium“ in Berchtesgaden, einer dem ganzheitlichen Prinzip verpflichteten Klinik, die mit Naturheilverfahren arbeitete, tätig. Von 1942 bis zum Ende des Kriegs war sie „Chefpsychologin“ der Arado-Flugzeugwerke in Potsdam.[58]) Hantel und Scherke versuchten auch nach dem Krieg, dieses in Ansätzen erschlossene berufspraktische Feld betriebspsychologischer Verwendungen weiter auszubauen. Dabei bot ihnen die „soziale Betriebsgestaltung“ einen anschlussfähigen Rahmen, den insbesondere Scherke auch theoretisch aufgreifen und weiterentwickeln sollte. Beide bemühten sich, der Betriebspsychologie Geltung zu verschaffen, indem sie selbst praktisch tätig waren, gleichzeitig aber auch in publizistischer Form Verwendungsmöglichkeiten und -ziele aufzeigten.

[56]) *Schultz*, Lebensbilderbuch eines Nervenarztes, S. 134. Vgl. zu Vershofen und seinem Institut: *Gries*, Produkte als Medien, S. 187f.; *Kleinschmidt*, Der produktive Blick, S. 222f.; *Hesse*, „Die deutsche Wirtschaftswissenschaft“, S. 172; *Wiesen*, Massenkonsum, S. 136f.
[57]) *Cocks*, Psychotherapy, S. 202, 345.
[58]) Ebd. S. 244, 253; *Geuter*, Institut für Arbeitspsychologie, S. 93.

Scherke, der nach Kriegsende wie die meisten Psychologen des ehemaligen „Göring-Instituts“, zunächst nach München übergesiedelt war,[59]) wurde Ende der 1940er Jahre – vermutlich durch Vermittlung Vershofens – Professor für Psychologie und Pädagogik an der ehemaligen Handelshochschule, nun Hochschule für Wirtschafts- und Sozialwissenschaften in Nürnberg. Dort gründete er 1949 die Forschungsstelle „Mensch und Arbeit im Betrieb“.[60]) Hantel arbeitete nach dem Krieg zunächst am Städtischen Krankenhaus in Potsdam. Sie versuchte dort zusammen mit dem verantwortlichen Chefarzt, Werner Hollmann – ebenfalls Schüler von Viktor von Weizsäcker – eine Zusammenarbeit zwischen „Krankenhaus-Betriebspsychologe“ und Arbeitsamt zu realisieren, die dem Ziel einer besseren Wiedereingliederung der Patienten in den Arbeitsmarkt dienen sollte.[61]) Später, wohl seit Beginn der 1950er Jahre, war sie als Betriebspsychologin bei dem Lebensmittel-Einzelhandels-Unternehmen Tengelmann beschäftigt.[62])

Eine herausragende Position nahmen Scherke und Hantel ein, weil sie mit zwei nahezu gleichzeitigen Publikationen (1947, 1948) erstmals umfassende Konzepte der „Betriebspsychologie“ entwarfen. Diese waren mit dem Anliegen der „Sozialen Betriebsgestaltung“ nicht nur kompatibel; sie gingen sogar darüber hinaus. Mit ihnen lagen erste fachliche, sowohl wissenschaftsgestütze wie ebenso praxiserprobte Programme vor, die für die anstehende praktische Umsetzung der „Sozialen Betriebsgestaltung“ und damit für den weiteren Ausbau des personalpolitischen Felds Orientierung sowie gleichzeitig konkrete Maßnahmen boten.

Scherkes Buch erschien 1948. Es trug den programmatischen Titel „Betriebspsychologie. Ihre Methoden und ihre Technik“.[63]) Im klassischen Stil des Versuchs, durch theoretische Ausarbeitung ein Tätigkeitsfeld zu etablieren, zeigte der Autor darin in drei Teilen auf, was „Betriebspsychologie“ seiner Meinung nach sein sollte und könnte. Zentral war, dass Scherke das medizinische beziehungsweise klinisch-psychologische Therapieprinzip, das bisher allein auf das Individuum ausgerichtet war, auch auf soziale Kollektive wie den Betrieb übertrug.

So sah er im ersten begriffsbestimmenden Teil seiner Darstellung für die Betriebspsychologie im Spektrum der psychologischen Teildisziplinen einen Platz in Ergänzung und Abgrenzung zur herkömmlichen „Wirtschaftspsycho-

[59]) *Cocks*, Psychotherapy, S. 359f.

[60]) Über deren Tätigkeit wurde regelmäßig in der Zeitschrift „Mensch und Arbeit“ berichtet: Heinrich M. *Dreyer*, Experimentelle Triebdiagnostik im Bergbau, Teil I, in: MuA 1, 1949, S. 204f.; *ders.*, Teil II, in: ebd. 2, 1950, S. 14f.; Heinrich *Bissinger*, Praktische Erfahrungen mit der Arbeitsunterweisung (TWI), in: ebd. 2, 1950, S. 268; Felix *Scherke*, Prinzipien der Menschenbehandlung im Betrieb, in: ebd. 2, 1950, S. 63. Vgl. außerdem: Forschungsstelle Mensch und Arbeit im Betrieb (FMAB) e.V., in: *Hetzer*, Deutsche Betriebspsychologie, S. 28.

[61]) *Scherke*, Soziale Betriebsgestaltung, S. 77f.; *Hollmann/Hantel*, Klinische Psychologie; dazu: *Schorr*, Verschenkter Neubeginn, S. 252f.

[62]) *Hantel*, Brücken, S. 5.

[63]) *Scherke*, Betriebspsychologie.

logie“[64]) vor. Die Wirtschaftspsychologie habe sich seit ihrem Entstehen zu Beginn des 20. Jahrhunderts in den beiden Spezialgebieten der „Eignungspsychologie“ und der „Arbeits- und Leistungspsychologie“ ausdifferenziert.[65]) Von beiden unterscheide sich die Betriebspsychologie jedoch in zweifacher Hinsicht grundlegend. Zum einen sei ihr spezieller Gegenstand nicht das Wirtschaftsleben, sondern dessen kleinste Zelle, der Betrieb: „Und zwar der Betrieb in seiner Gesamtheit, d.h. sowohl die einzelnen Arbeiter, die Arbeitsgruppen wie auch der Betrieb als Ganzheit.“[66]) Damit gehöre die Betriebspsychologie einerseits zur individuellen Psychologie und andererseits zur sozialen Psychologie – in dieses Differenzierungssystem ließen sich die beiden herkömmlichen wirtschaftspsychologischen Arbeitsgebiete überhaupt nicht oder allenfalls mit Gewalt einordnen. Zum anderen, so Scherke weiter, gehe die Betriebspsychologie im Unterschied zur Eignungs- und Leistungspsychologie nicht von der Sache, also der Arbeit, aus, sondern grundsätzlich vom Menschen. Um diesem Anspruch gerecht zu werden, könne man sich nicht mehr mit einer „psychotechnischen Spezialdiagnose des Arbeitscharakters“ begnügen. Erforderlich sei vielmehr „unter besonderer Berücksichtigung der allgemeinen seelischen Verfassung des Arbeiters, seines psychischen Gesundheitszustands, seiner privaten Lebenssituation und seiner inneren Einstellung zu einer Arbeit, zu seiner Arbeitsgruppe und zu seinem Betrieb, in dem er lebt, schafft und leistet,“ die Diagnose der jeweiligen „Gesamtpersönlichkeit“.[67]) Dieser ganzheitliche Ansatz sei daher einer der „Hauptgrundsätze“ der Betriebspsychologie, ihr theoretisches Bezugsfeld somit die „wissenschaftliche Menschenkenntnis“.[68]) Weil gleichzeitig diese ganzheitliche Sichtweise auch auf den Betrieb als spezifischen Gegenstand der Disziplin angewendet werden müsse, woraus folge, dass dieser eine in dreifachem Sinne sich manifestierende Gemeinschaft darstelle (Arbeitsgemeinschaft, Lebensgemeinschaft, Leistungsgemeinschaft), sei die Betriebspsychologie „nicht nur soziale Charakterkunde, sondern [auch] Anwendung der Grundsätze der Gemeinschaftspsychologie auf das Leben im Betrieb“.[69])

Insgesamt ergebe sich somit als allgemeines Ziel der betriebspsychologischen Arbeit die Aufgabe der „Ordnung des Betriebes vom Mensch her durch die ‚organische Eingliederung der Einzelpersönlichkeit in das ideelle Ganze des betrieblichen Geschehens‘“[70]). Weil eine solche Ordnung nicht der

[64]) Ebd. S. 8f.
[65]) Ebd. S. 7–11.
[66]) Ebd. S. 13.
[67]) Ebd. S. 15f.
[68]) Ebd. S. 13f.
[69]) Ebd. S. 18.
[70]) Ebd. Scherke zitiert hier mit Philip Lersch (Die praktischen Einsatzgebiete der Psychologie, in: Deutschlands Erneuerung, 1940) einen der wichtigsten charakterologischen Theoretiker, der die Entwicklung der Diagnostik bei der Wehrmachtspsychologie maßgeblich beeinflusst hat. Vgl. *Geuter*, Die Professionalisierung, S. 169f., 184ff.

Erzielung höchster wirtschaftlicher und technischer Nutzwirkungen diene, sondern der Anerkennung und Verwirklichung der „seelischen Rechte“ des Menschen im Betrieb sei die Betriebspsychologie insbesondere kein System der „Menschenökonomie“, sondern vielmehr eins der „öffentlichen seelischen Gesundheitspflege“.

Ihr stellten sich zwei grundlegende Aufgabenbereiche, die Scherke im zweiten und dritten Teil seiner Darstellung umriss: zum einen die so genannte „psychologische Betriebsberatung“, die den Betrieb in seiner Gesamtheit gleichsam als Kollektiv-Klienten einer psychotherapeutischen „Behandlung“ unterziehen sollte, und „gewissermaßen von oben her – über die Betriebsleitung – in den Betrieb hinein“ wirke[71]). Und zum anderen die „seelische Gesundheitspflege“ im Betrieb, die sich mit hauptsächlich prophylaktischer Funktion ergänzend auch der psychischen, seelischen und gesundheitlichen Verfassung der einzelnen Betriebsangehörigen annehmen sollte und „von unten her“ wirke.[72]) Entsprechend der seinem Ansatz zugrunde liegenden, hier besonders deutlich zu Tage tretenden Orientierung am Therapieprinzip strukturierte Scherke seine Darstellung der konkreten Aufgaben und Maßnahmen dieser beiden betriebspsychologischen Tätigkeitsbereiche anhand der Vorgehensweise eines Arztes oder klinischen Psychologen: Zunächst habe eine „Untersuchung“ zu erfolgen, um dann zu einer „Diagnose“ zu gelangen, die wiederum Voraussetzung sei, um über die erforderliche „Behandlung“ zu entscheiden.[73]) Seine Ausführungen waren zudem von einer ausgeprägten Praxisorientierung gekennzeichnet. So stellte er beispielsweise eine Reihe von Formularblättern bereit,[74]) die die Erfassung und Aufbereitung bestimmter für die „Untersuchung“ oder „Diagnose“ notwendiger Daten erleichtern sollten.

Scherke zielte mit seinem Konzept der „Betriebspsychologie“ allenfalls untergeordnet auf die Etablierung einer entsprechenden akademischen Teildisziplin. Zwar war eine solche zu diesem Zeitpunkt in der Tat noch nicht begründet; doch war es nicht sein primäres Anliegen, sich auf diesem Feld zu profilieren. Scherke ging es in erster Linie darum, aufzuzeigen, dass und inwiefern die Verwendung betriebspsychologischen Wissens in Unternehmen von Nutzen sei. Er hielt die weitere wissenschaftliche Erforschung der aufgezeigten Problemfelder keineswegs für bedeutungslos. In den Vordergrund aber stellte er die (betriebs-)praktische Kompatibilität seines Konzepts verbunden mit dem „öffentlichen“ Anliegen der „Gesundheitspflege“, das in unmittelbaren Nachkriegszeit zudem besondere Geltung beanspruchen konnte.

[71]) Ebd. S. 25.
[72]) Ebd. S. 25–28 bzw. 5f.
[73]) Die Überschriften der jeweiligen Kapitel lauteten: „Betriebsanamnese“ und „Betriebsanalyse“ bzw. „Psychologische Untersuchung der Belegschaft“, „Psychologische Betriebsdiagnose“ bzw. „Diagnostizierung der Arbeitshemmnisse“ und „Psychologische Betriebsbehandlung“ bzw. „Behandlung und Vorbeugung“.
[74]) Ebd. S. 113–120.

Dieselbe Stoßrichtung verfolgte auch Erika Hantel mit ihrer Publikation von 1947: „Verborgenes Kräftespiel. Seelenpflege in der Industrie“.[75]) Hantel entschied sich im Vergleich zu Scherke für eine noch weniger wissenschaftliche Darstellungsform. Zwar ließ auch sie es sich nicht nehmen, in der Einleitung ihr Verständnis von „Betriebspsychologie“ darzulegen. Im Wesentlichen aber beschrieb sie in ihrem Buch in Form von fiktiven Dialogen zwischen ihr und Besuchern ihrer „sozialpsychologischen Sprechstunde“ beziehungsweise zwischen ihr und einem Personalchef, Werksarzt und Vorgesetzten elf „Fallstudien“ aus ihrer praktischen Erfahrung, die sie als Psychologin in einem Unternehmen gemacht habe. Damit wollte sie einen Einblick geben in das ihrer Überzeugung nach „unterirdische Zusammenspiel der [seelischen] Kräfte“, das in der „Totalität des Betriebs“ wirksam, aber bisher eben verborgen geblieben sei.[76]) Die Einsicht in dieses Aufeinanderein- und Zusammenwirken lebendiger Kräfte nämlich erst führe zu den „wahren“ Verlustquellen in der Industrie. Diese galt es aufzuzeigen, um gleichzeitig eine entsprechende „Lösung“ zu präsentieren.

Zur „Totalität des Betriebs“, die signifikant ist für den auch von Hantel vertretenen ganzheitlichen Ansatz, gehörten „der Werksdirektor wie der Arbeiter, der Syndikus, der kaufmännische Angestellte, der Physiker, der Techniker, der Lehrling und viele andere“. Sie alle ließ sie in ihren „sozialpsychologischen Fallstudien“ zu Wort kommen, um anschaulich zu verdeutlichen, dass der „Oberflächenaspekt“ der Industrie zwar scheinbar sachlich, nüchtern, seelenlos und mechanistisch sei. Dahinter aber „agieren Menschen, aus deren Tiefe unerkannte Seelenkräfte wirken. Sie durchdringen den Betrieb. Sie fesseln oder befreien. Sie führen zu Produktivität oder Mangel. Ihre unsichtbare Richt- und Stoßkraft steht am Ende sichtbar als Bilanz auf dem Papier.“ Bei diesen Menschen, bei den „tieferen, irrationalen Schichten“ ihrer jeweiligen Persönlichkeit gelte es daher anzusetzen, damit „der Einzelne, dem wirklich geholfen wird, zu einem Brennpunkt gesunden Lebens werden“ könne.[77])

Hantel unterschied zwischen zwei „betriebspsychologischen“ Arbeitsrichtungen: der „allgemeinen Betriebspsychologie“ und der „individuellen Sozialpsychologie“.[78]) Diese entsprachen in etwa der Unterteilung, die Scherke mit der „Betriebspsychologischen Beratung“ und der „seelischen Gesundheitspflege“ vorsah. Allerdings betonte Hantel bei ihrer Systematisierung ein anderes Ordnungsmuster. Für sie unterschieden sich die beiden Arbeitsbereiche nicht allein in Ansatz und Richtung ihrer Wirkungsweise (Scherke: „Betriebspsychologische Beratung“, die „von oben“ auf den ganzen Betrieb abzielt; „seelische Gesundheitspflege“, die „von unten“ die einzelnen Betriebsange-

[75]) *Hantel*, Verborgenes Kräftespiel. Im Folgenden wird aus der 2. Auflage von 1953 zitiert.

[76]) Auch für das Folgende: ebd. S. 15f.

[77]) Ebd. S. 9.

[78]) Ebd. S. 7f.

hörigen ins Visier nimmt). Hantel sortierte sie anhand eines Dualismus zwischen „männlichem“ und „weiblichem Prinzip“, denen sie jeweils eine Reihe von Eigenschaften zuschrieb.

Die „allgemeine Betriebspsychologie“ ordnete sie dem „männlichen, erkennenden und handelnden Prinzip“ zu. Sie befasse sich mit der Regelung von Personalfragen (Auslese-Beratung im Hinblick auf Gehaltserhöhungen, Beförderungen oder im Zusammenhang mit Arbeitsplatzwechseln) und diene daher der „Leistungssteigerung durch sichtbar-tatkräftiges Eingreifen auf Grund psychologischen Wissens“. Der „Wurzelbereich“ der „individuellen Sozialpsychologie“ hingegen liege „überwiegend im weiblichen Wesen“. Ihr ureigener Gegenstand sei die „seelische Pflege und Erziehung“ der Betriebsangehörigen. Die „individuelle Sozialpsychologie“ richte sich daher mit dem Ziel der „Harmonisierung des technischen Arbeitsraums“ „auf das Verstehen des Denk- und Empfindungsvermögens der Menschen in der Industrie“. Ihr „Reich“ umfasse somit „nicht die prägende Tat, sondern die stille Besinnung. Sie soll dem modernen, erschöpften und oft in Sackgassen geratenen Betriebsmenschen Ruhe, Trost, Erneuerung und Einsicht, oft aber auch Impulse zu überraschenden Wendungen vermitteln, damit er seinen schweren, doch zeitbedingten und unabwendbaren Weg weitergehen kann.“ Für eine solche Aufgabe sei insbesondere „die Frau“ mit den ihr „angeborenen Eigenschaften der Anpassungsfähigkeit, der Elastizität des Denkens, der Einfühlungsgabe, der Geduld und der unmittelbaren Verflechtung mit allem Lebendigen“ prädestiniert.[79])

Angesichts dieser Voraussetzungen wundert es wenig, dass Hantel ihre Darstellung nicht als Beitrag zur „allgemeinen Betriebspsychologie“ verstand, sondern maßgeblich als Exempel der „individuellen Sozialpsychologie“. Im Unterschied zu Scherke also, der sein Hauptaugenmerk auf den Betrieb und damit auf den ersten der beiden Aufgabenbereiche richtete – nicht zufällig nahm daher auch der „Gemeinschafts“-Begriff bei ihm eine viel zentralere Rolle ein –, entwickelte Hantel ein Konzept, das konsequent beim einzelnen Arbeitnehmer seinen Ausgang nehmen sollte. Damit kaprizierte sich ihr Ansatz maßgeblich auf denjenigen Bereich, den Scherke unter der Bezeichnung „seelische Gesundheitspflege“ nur an zweiter Stelle als prophylaktische Ergänzung vorsah.

Trotz dieser Differenzen versuchten Hantel und Scherke übereinstimmend, einen psychologisch-praktischen Ansatz für den betrieblichen Kontext – insofern einen betriebspsychologischen[80]) – aufzuzeigen, der von drei konstitutiven Kriterien gekennzeichnet war: erstens einer ganzheitlichen Prämisse,

[79]) Ebd. S. 9.

[80]) Auch wenn eigentlich der Begriff „Betriebspsychologie“ im Differenzierungssystem, wie es Scherke und Hantel entwickelten, nur eine bestimmte Richtung bezeichnete, verwende ich ihn hier – entsprechend des später sich durchsetzenden Verständnisses – als übergreifenden.

zweitens einer Selbstverpflichtung dem einzelnen „Menschen" gegenüber und drittens – aus diesen beiden Voraussetzungen gleichsam als einzig angemessene Lösung resultierend – von einer wissenschaftsgestützten, helfenden Ausrichtung, die sich maßgeblich am therapeutischen Prinzip orientierte und einen erzieherischen Anspruch vertrat. Mit diesen spezifischen Charakteristika grenzte sich der betriebspsychologische Ansatz insbesondere gegenüber der technisch dominierten Sichtweise der herkömmlichen Psychotechnik ab.

Den Grundgedanken dieser Vorgehensweise erfanden jedoch nicht Hantel und Scherke. Ihr gemeinsamer Lehrer Viktor von Weizsäcker (1886–1957), der als Begründer der Psychosomatik gilt,[81]) hatte in den 1920er Jahren bereits einen entsprechenden Ansatz entwickelt. Weizsäcker, der seit 1920 als außerplanmäßiger Professor die neurologische Abteilung der Heidelberger Poliklinik geleitet hatte, bevor er 1941 Ordinarius für Neurologie in Breslau wurde, hatte sich seit dem Ende der 1920er Jahre um die Profilierung einer „anthropologischen Medizin" bemüht. Signifikant für sein erweitertes Verständnis von Medizin war ein therapeutischer Ansatz. Beispielsweise erklärte er in einem Antrag auf Einrichtung einer „Neurotikerabteilung" in Heidelberg, dass „eine Universitätsklinik nicht nur als diagnostisches, sondern in erster Linie [...] als therapeutisches Institut vor sich und vor der Welt bestehen können" müsse.[82]) Weizsäcker versuchte die herkömmliche Schulmedizin als ganzheitliche „anthropologische" Medizin zu profilieren.[83]) Sein Alterswerk „Pathosophie" (1956) stellte den Versuch eines solchen umfassenden Konzepts dar.[84]) Darin lassen sich als konstituierende Teile vier Ansätze erkennen, in deren Richtung Weizsäcker im Laufe seiner Arbeit die Medizin beziehungsweise die Neurologie zu erweitern versucht hatte: 1. ein psychoanalytischer, 2. ein philosophischer, 3. ein physiologischer und 4. ein sozialer.[85]) Im Kontext dieser Bemühungen entstand der Ansatz der „sozialen Therapie", auf den sich Hantel und Hollmann auch in ihrem Brandenburger „Krankenhaus-Arbeitsamt-Projekt" bezogen. Ziel war es, „den Persönlichkeitspol unserer Kranken [...] anzuregen, zu pflegen, zu kräftigen und zu entfalten".[86]) Der Neurologe Johannes Heinrich Schultz etwa, ein exponierter Vertreter der medizinischen Psychologie und Psychotherapie in der ersten Hälfte des 20. Jahrhunderts, sah darin – wobei er allerdings vergaß, Hantel zu erwähnen

[81]) Vgl. dazu: *Hahn/Jacob*, Viktor von Weizsäcker zum 100.; *Henkelmann*, Viktor von Weizsäcker; *Jacob*, Medizinische Anthropologie.
[82]) Schreiben von Viktor von Weizsäcker an Prof. Ludwig Krehl vom 13.12.1928, publiziert als „Faksimile" des fünfseitigen Originals, das im Landesarchiv Karlsruhe liegt, in: *Henkelmann*, Viktor von Weizsäcker, S. 102–106, hier S. 103.
[83]) Viktor von *Weizsäcker*, Grundfragen medizinischer Anthropologie (1948), in: *Bräutigam*, Medizinisch-psychologische Anthropologie, S. 319–348 sowie die weiteren in diesem Sammelband zusammengefassten Beiträge.
[84]) *Weizsäcker*, Pathosophie; vgl. dazu: *Dreher*, Das pathosophische Denken.
[85]) *Henkelmann*, Viktor von Weizsäcker, S. 153–159.
[86]) *Hollmann/Hantel*, Klinische Psychologie, S. VI.

– die „soziologisch fruchtbare Vollendung“ des medizinischen Ansatzes von Weizsäckers.[87]) Diese Würdigung trug allerdings vor allem der Tatsache Rechnung, dass Hantel und Hollmann sich auf den medizinischen Bereich konzentrierten. Dass Scherke hingegen noch einen Schritt weiter ging, dass eigentlich er die „soziologisch fruchtbare Vollendung“ des Weizsäcker'schen Ansatzes in letzter Konsequenz realisierte, entging dem Neurologen, weil es außerhalb seines medizinischen Wahrnehmungshorizonts lag.

Indem Scherke das Konzept der „sozialen Therapie“ mit dem der „Sozialen Betriebsgestaltung“ verband, vollzog er den Analogieschluss zwischen medizinischen und sozialen Maßnahmen komplett. Ihm zufolge waren Gegenstand der „sozialen Therapie“ als „pathologisch“ diagnostizierte Zustände und Erscheinungen des sozialen Lebens, „also Schäden und Störungen der sozialen Beziehungen zwischen den Menschen“[88]). Sie sollten mittels sozialpolitischer, wohlfahrtspflegerischer und betriebspsychologischer Maßnahmen behoben werden. 1951 erklärte er:

„Die soziale Betriebsgestaltung (als soziale Therapie) ist also sowohl sozialpolitische Therapie (insofern als sie sozialpolitische Maßnahmen durchführt bzw. berücksichtigt) als auch und vielmehr soziale Psychotherapie, d.h. seelische Gesundheitspflege im Betrieb.“[89])

„Soziale Therapie“ war in Verbindung mit der „sozialen Betriebsgestaltung“ ein Konzept, das vermittels der Übertragung medizinischer Deutungsmuster und Vorgehensweisen auf den gesellschaftlichen und politischen Raum auszugreifen versuchte. Die Betriebspsychologie stellte im Kontext dieses umfassenderen Ansatzes zwar nur einen Verwendungsbereich unter mehreren denkbaren dar. Gleichwohl aber denjenigen, der als einer der wenigen, wenn nicht gar als einziger, tatsächlich auch nachhaltige Wirkung zeitigte, zumal sich hier parallele Bestrebungen unterschiedlicher Akteure mit gleicher Zielsetzung trafen – „soziale Therapie“ meets „soziale Betriebsgestaltung“. Allerdings war auch dies kein Zufall, hatte doch Wilhelm Hergt (geb. 1888), der 1947 zusammen mit Albrecht Weiß zur „sozialen Betriebsgestaltung“ aufrief, bevor er zu Beginn der 1920er Jahre Werksarzt der BASF geworden war, als Assistent von Viktor von Weizsäcker gearbeitet. In dieser Funktion begutachtete Hergt die „zahlreichen neuropathischen Störungen“ infolge der Explosion im Oppauer BASF-Werk 1921,[90]) wodurch sein Kontakt zum Werk entstanden war.[91])

Die von Scherke und Hantel entworfenen Konzepte der „Betriebspsychologie“ boten erste umfassende und fachlich fundierte Verwendungsprogramme

[87]) *Schultz*, Lebensbilderbuch eines Nervenarztes, S. 143; vgl. zu Schultz: *Cocks*, Psychotherapy, an so vielen Stellen, dass sie nicht einzeln aufzuführen sind.

[88]) *Scherke*, Soziale Betriebsgestaltung, S. 78.

[89]) Ebd. S. 79.

[90]) Vgl. zur Explosion im Oppauer BASF Werk: *Johnson*, Die Macht der Synthese, S. 209–213.

[91]) Gratulation zum 60., in: Mensch und Arbeit 4, 1952, S. 60.

zur Realisierung der „Sozialen Betriebsgestaltung". Sie erfüllten alle Kriterien, die Weiß und Hergt aufgestellt hatten: Scherke und Hantel verstanden ihrem ganzheitlichen Ansatz gemäß den Betrieb maßgeblich als sozialen Ort. Beide bekannten sich, zumindest was die rhetorische Profilierung ihres Ansatzes betraf, ostentativ zum „Menschen" als Ausgangs- und Fluchtpunkt ihrer Überlegungen. Und nicht zuletzt praktizierten sie die Einbindung humanwissenschaftlichen Wissens per se. Nicht zufällig gehörten beide daher zu den Referenten der ersten A.S.B.-Tagung, wo es maßgeblich darum ging, sich wissenschaftlich fundiert konkreten Inhalten der „Sozialen Betriebsgestaltung" anzunähern.[92])

Scherke war darüber hinaus auch an der Verbreitung des ‚Labels' „soziale Betriebsgestaltung" nicht unwesentlich beteiligt. Er veröffentlichte in „Mensch und Arbeit"[93]) und hielt Vorträge an verschiedenen Universitäten, etwa beim „Institut für Sozialpolitik und Arbeitsrecht" der Münchner Universität, was nachweislich auch von anderen Institutionen, die sich der anwendungsorientierten Sozialforschung im Betrieb widmeten, zur Kenntnis genommen wurde.[94]) Mit einem seit dem Wintersemester 1950/51 an der Nürnberger Wirtschaftshochschule eingerichteten Angebot zur Ausbildung von „Sozialbeamten" versuchte er zudem explizit, das Anliegen der „Sozialen Betriebsgestaltung" praktisch weiter auszubauen.[95]) Diese „sozialwissenschaftliche Spezialausbildung" richtete sich sowohl an den akademischen Nachwuchs der Wirtschaftshochschule wie an „geeignete nicht akademisch gebildete Männer und Frauen aus der betrieblichen und sozialen Praxis". Sie sollte eine mindestens zweisemestrige Ausbildungszeit umfassen und setzte sich zusammen aus einem theoretischen und einem praktischen Teil. Die theoretische Ausbildung sah folgende Lehrfächer vor: „allgemeine Gesellungslehre, Sozialgeschichte, Sozial- und Betriebspsychologie, Betriebspädagogik, Sozialpolitik, Betriebssoziologie, Sozial- und Arbeitsrecht". Der praktische Teil umfasste „die Methodik und Technik der sozialen Praxis (des Arbeits- und Sozialverwaltungsdienstes, der öffentlichen und privaten Wohlfahrtspflege, der Gruppensoziotherapie, der seelischen Betriebshygiene etc.)".

Scherke warb außerdem auf der 1951 wieder belebten „Nürnberger sozialwissenschaftlichen Woche" – einer 1924 von Wilhelm Vershofen ins Leben gerufenen Tagung, die unter anderem dem Ziel dienen sollte, Forschungsergebnisse und -diskussionen auch der Wirtschafts- und Sozialpraxis zugänglich zu

[92]) *Scherke*, Sozialpsychohygiene; *Hantel*, Psychotherapie.

[93]) Felix *Scherke*, Leistungssteigerung durch Betriebspsychologie, in: Mensch und Arbeit 1, 1949, S. 145–147; *ders.*, Prinzipien der Menschenbehandlung im Betrieb, in: ebd. 2, 1950, S. 63; *ders.*, Untersuchung und Diagnostizierung von Gruppen im Betrieb, in: ebd. 7, 1955, S. 34–37.

[94]) Felix *Scherke*, Soziale Betriebsgestaltung, [Broschüre des Instituts für Sozialpolitik und Arbeitsrecht, München 1956]. Das vorliegende Exemplar trägt den Eigentumsstempel der „Sozialforschungsstelle an der Universität Münster in Dortmund".

[95]) So Scherke in einem Leserbrief an Mensch und Arbeit 3, 1951, S. 20.

machen[96]) – für die „soziale Betriebsgestaltung“ und deren gemeinsame Zielsetzung mit der Betriebspsychologie. Dabei betonte er insbesondere die von Weiß und Hergt vorgesehene Mittlerrolle der neuen Experten:

„Die soziale Betriebsgestaltung wie die Betriebspsychologie wollen [...] – in der Erkenntnis, daß fast alle Probleme des Betriebes letzten Endes menschliche Probleme sind – den Unternehmern wie den Arbeitern beratend zur Seite stehen und damit einen Beitrag leisten zur Erleichterung und Vermenschlichung der Arbeit, zur Verbesserung der Beziehungen zwischen den Mitarbeitern und zur Steigerung der Arbeitsfreude, also zur Ordnung des Betriebes vom Menschen her und zur sozialen Befriedung des Lebens im Betrieb. Das ist die eindeutige und unverdächtige Rolle, welche soziale Betriebsgestaltung und praktische Psychologie im Betrieb spielen wollen und sollen, und zwar weder für die Interessen der Arbeitgeber noch gegen die Interessen der Arbeitnehmer, sondern als Mittler und im Dienste der beiden Sozialpartner.“[97])

Die Rolle, die Erika Hantel spielte, war hingegen eine andere. Sie verfolgte mit ihrem Ansatz der „individuellen Sozialpsychologie“ im Betrieb ein eigenes Ziel. Dieses stand der Verstärkung des gesamten mit der „Sozialen Betriebsgestaltung“ anvisierten Tätigkcitsfelds, wie Weiß und Scherke es vorsahen, keineswegs entgegen, im Gegenteil. Hantel, die zu Beginn der 1950er Jahre zum festen Referentenkreis der „Arbeitsgemeinschaft Selbständiger Unternehmer“ gehörte, erreichte mit ihren Vorträgen mehr Unternehmer als Scherke.[98]) Hier interessiert zunächst jedoch, dass Hantel mit ihrem Verständnis von Betriebspsychologie vor allem einen bestimmten Teilbereich sozial- und personalpolitischer Maßnahmen ins Visier nahm.

Hantel ging es letztendlich um nichts weniger als die Etablierung und Anerkennung einer spezifisch weiblichen Rolle in Industrie und Wirtschaft beziehungsweise genauer zunächst im personalpolitischen Feld; einer Rolle der Frau nämlich als „Mitgestalterin eines neuen zukünftigen Menschen in der Welt der Arbeit“[99]). Dieses Anliegen äußerte sie zwar nicht offen im Einleitungstext ihres Buchs – hier beschränkte sie sich auf den oben zitierten Verweis auf die Prädestination der Frau für diese Aufgabe ob ihrer „angeborenen“ Eigenschaften. Die letzte der „Fallstudien“ aber, die sie in ihrem Buch präsentierte, gipfelte in der „Vision“ eines „neuen Frauentypus“, „der den lebendig-seelischen Zuwachs zu einem derzeit herrschenden mechanisch-unlebendigen Prinzip bilden“ und „die mechanisierte Welt der Industrie um das Erlebnis der ‚Seele‘ bereichern“ würde,[100]) um so das vermeintlich aus dem Lot geratene Gleichgewicht zwischen Männlichem und Weiblichem wieder herzustellen.

Hantel schilderte in dieser „Fallstudie“ ein Beratungsgespräch mit einem „Syndikus“, der ein Verhältnis mit seiner Sekretärin hatte, die nun schwanger

96) Mensch und Betrieb, hier S. 5f.
97) *Scherke*, Soziale Betriebsgestaltung, S. 82.
98) Vgl. Kap. 6.
99) *Hantel*, Verborgenes Kräftespiel, S. 101f.
100) Ebd. S. 92–103.

war – unsicher, ob von ihm – und ihm regelmäßig im Büro Szenen machte, was Dr. Hartwich auf die Nerven ging. Er erwartete von der Psychologin Hilfe, um sich der „Ohnmachten, Schreikrämpfe und Drohungen“ „des Fräuleins“ zu entledigen. Die Psychologin erläuterte ihm daraufhin die Ursache dieses Verhaltens:

„Nach dem Grundgesetz der Frau“ sei „die Liebe das zentrale Phänomen ihrer Selbstverwirklichung“ – „als Ergänzung und Gegenüber des Mannes“.[101]) Dies sei ihr eigentlich „wahrer Ort“. Mit der „Erhebung zum Arbeitskameraden des Mannes“ hätte sie aber diesen Ort verloren, sie hätte diese Entwicklung „mit dem Preis der Erschütterung ihrer Weiblichkeit bezahlt“.[102]) Als er das hörte, habe Dr. Hartwich – von der plötzlichen Einsicht anscheinend überwältigt – sie unterbrochen: „Während Sie das sagen, fällt es mir wie Schleier von den Augen, und ich sehe, daß diese Frauen nicht nur männliche Berufe ausüben, sondern auch männliche Lebensformen annehmen, sogar die Formen der männlichen Sexualität. Daher die Verwirrung, daher die polygame Einstellung. [...] erst jetzt verstehe ich, daß in ihrem Schreikrampf ein unterdrückter Schmerz sich Bahn brach. So greift man ahnungslos in eine große, geheimnisvolle, verborgene Welt – ohne Einfühlungsgabe und ohne Phantasie, zerbricht Aufgebautes, zerstört Wachsendes, weil man in einem plötzlichen Anfall von Feigheit nur das Bestreben hat, alles von sich zu werfen.“[103]) Aufbauend auf diese durchsickernde Erkenntnis, erklärte die Psychologin ihm weiter, dass er es mit einer „Irrform weiblicher Liebe“ zu tun habe, die als Auswirkung und Phänomen eines im „amphibischen Durchgangsstadium“ befindlichen „kulturschöpferischen Prozesses“ unvermeidlich sei. So müsse „die Frau“, wie es gegenwärtig der Fall sei, sich durch all diese „Verwicklungen“ und Leiden „hindurchkämpfen“, damit am Ende ein „neuer Frauentypus“ dabei herauskommen könne, der ausgestattet sei „mit männlicher Tatkraft und weiblichem Herzen“. Auch dies freilich leuchtete Dr. Hartwich sofort ein: „Sie meinen [...], daß die Frau nicht zufällig in die Betriebe eingedrungen ist. Sie erleben sie offenbar als Gegenkraft des Verstandes, als die Mittlerin der seelischen Kräfte und somit als die Mitgestalterin eines neuen zukünftigen Menschen in der Welt der Arbeit.“ Angesichts von so viel Erkenntnis konnte die Psychologin, die wegen des Gesprächs schon einen Bus verpasst hatte, den Syndikus mit den Worten, dass er ja nun „geordnet“ sei und Fräulein Cordes grüßen solle, entlassen, um zur Haltestelle zu eilen.

Neben der grundlegenden Ordnungsvorstellung eines idealiter ausgewogenen Dualismus zwischen Männlichem und Weiblichem war in Hantels Denken die Entwicklung der Persönlichkeit der Einzelnen ein zentrales Deutungsmuster – freilich orientiert an zu Typologien geronnenen und damit verhältnismäßig engen, weil systematisch fixierten Leitbildern. Hantel ging mit dieser

[101]) Ebd. S. 99.
[102]) Ebd. S. 98.
[103]) Ebd. S. 99, ab der Auslassung S. 102.

Konzeption von „Betriebspsychologie", was die Begrifflichkeit betraf, weniger eng als Scherke auf Tuchfühlung mit der „Sozialen Betriebsgestaltung". Dennoch war auch ihr Ansatz grundsätzlich mit dem Konzept kompatibel. Ihr Beitrag bestand darin, den verwissenschaftlichten Ausbau eines bestimmten Teilbereichs der „Sozialen Betriebsgestaltung" befördert zu haben. Hantel sollte mit ihrer geschlechtsspezifischen Auffassung der Betriebspsychologie insbesondere dazu beitragen, dass mit der „Werksfürsorge", die jeher maßgeblich in Frauenhand war,[104]) auch ein herkömmliches, nicht selten stark wohlfahrtspflegerisch, wenn nicht gar christlich geprägtes betriebliches Tätigkeitsfeld für neue Akteurinnen, eben humanwissenschaftlich ausgewiesene Expertinnen wie Psychologinnen zugänglich wurde. Damit eröffnete sie dem im Entstehen begriffenen personalpolitischen Feld einen weiteren für seine Etablierung insbesondere in der betrieblichen Praxis nicht unbedeutenden Anknüpfungspunkt.

Zu dieser verhältnismäßig weit reichenden Wirkung trug vor allem die sehr anschauliche und praxisnahe, nämlich dialogische Form der Darstellung in Hantels Buch bei. Die erste Auflage (1947) war nicht nur sehr schnell vergriffen, so dass 1953 die zweite folgte. Hantels Buch wurde auch – im Gegensatz etwa zu Scherkes, das weitaus weniger rezensiert wurde[105]) – in vielen inzwischen entstandenen Zeitschriften des personalpolitischen Felds sehr wohlwollend zur Kenntnis genommen. In der Zeitschrift „Soziale Beziehungen in der Industrie" wie ebenso in den „Forfa-Briefen" empfahlen Rezensenten ihr Buch vor allem Vorgesetzten zur Lektüre.[106]) Es sei „ein zum Nachdenken und Nachtun anregender Bericht einer Frau, die ihre Arbeit auf echten Kontakt mit Mitmenschen" gründe. Es würde „helfen, manchen seiner Mitarbeiter besser zu verstehen". Und nicht zuletzt öffneten Hantels Ausführungen – so der Rezensent in den „Psychologischen Heften der Siemens Studiengesellschaft für praktische Psychologie" – „die Augen für das verborgene Innere des arbeitenden Menschen" und gäben darüber hinaus auch allen „neuen Lebensmut [...], die in der industriellen Welt seelisch" litten.[107]) An diese Erfolge anknüpfend schob Hantel 1953 in einem zweiten Buch, „Brücken von Mensch zu Mensch. Erfahrungen einer Betriebspsychologin", eine Sammlung von Vorträgen und Artikeln nach, die inhaltlich allerdings nichts Neues enthielten.[108])

[104]) Vgl. dazu: *Cordemann*, Werksfürsorge; *Weiß*, Die Sozialpolitik, S. 106f.; *Siegel/Freyberg*, Industrielle Rationalisierung, S. 114–132; *Sachse*, Betriebliche Sozialpolitik, S. 37–41.
[105]) Die einzige Rezension, die ich gefunden habe, erschien in: Mitteilungen des Berufsverbandes Deutscher Psychologen 1949, Nr. 11, S. 238, besprochen von G.H. Brückner.
[106]) [Rezension], W.H. zu Erika Hantel: Verborgenes Kräftespiel, in: Soziale Beziehungen in der Industrie 4, 1963, S. 195; [Rezension], Günter Marschner zu Erika Hantel, Verborgenes Kräftespiel, in: Forfa-Briefe 3, 1954, S. F06.
[107]) [Rezension] zu Erika Hantel: Verborgenes Kräftespiel, in: Psychologische Hefte der Siemens Studiengesellschaft für praktische Psychologie 7, 1953, S. 223f.
[108]) *Hantel*, Brücken.

Beide, Scherke und Hantel, versuchten auf unterschiedlichen Wegen mit der Ausarbeitung ihrer betriebspsychologischen Konzepte einer neuen Gruppe spezifisch humanwissenschaftlich ausgewiesener Experten, nämlich Psychologen, den Zugang zum im Entstehen begriffenen personalpolitischen Feld zu eröffnen. Sie bedienten sich dazu des bereits vorliegenden Konzepts der „Sozialen Betriebsgestaltung". Dieses bot ihnen einen Rahmen für ihre verwendungsorientierten, wissenschaftsfundierten betriebspsychologischen Programme und in umgekehrter Richtung stellten gleichzeitig ihre Konzepte Ansätze dar zur weiteren praktischen Realisierung der „Sozialen Betriebsgestaltung". Trotz ihrer gemeinsamen psychologischen Fundierung unterschieden sich die Konzepte von Hantel und Scherke im Hinblick auf den jeweils in letzter Konsequenz angepeilten Fluchtpunkt ganz grundlegend.

Hantel vertrat einen Ansatz, der im Gegensatz zu Scherkes viel konsequenter auf den einzelnen Menschen ausgerichtet war. So erklärte sie, dass ihr „der Versuch, [...] dieser technischen Welt auch mit technischen Mitteln, wie erprobten Testverfahren, diagnostischen Schemen usw. zu begegnen", „aus weiblichem Gefühl heraus zu künstlich und nicht unmittelbar genug" erscheine. Ihre Erfahrung habe sie vielmehr gelehrt, „daß man am Menschen – auch wenn man ihm in Kollektiven gegenübertritt – helfend nur im Einzelnen arbeiten" könne.[109]) Für Scherke hingegen, der auf die Verwendung genau solcher von Hantel abgelehnter „technischer" Mittel setzte, war in erster Linie der „Betrieb" Gegenstand seines Ansatzes. Zwar stellte auch er heraus, dass die „Betriebspsychologie" insgesamt sich dadurch auszeichne, dass sie vom Menschen ausgehe. In seinem Konzept der „psychologischen Betriebsberatung" realisierte er diesen eigenen Anspruch jedoch nur vermittels einer Kette impliziter Annahmen und Verknüpfungen. Scherke sah es als allgemeines Ziel der betriebspsychologischen Arbeit an, eine „Ordnung des Betriebes vom Menschen her durch die ‚organische Eingliederung der Einzelpersönlichkeit in das ideelle Ganze des betrieblichen Geschehens'" zu schaffen[110]). Indem er sich der „organischen" Logik bediente, setzte er unausgesprochen die Bedürfnisse des einzelnen Menschen mit seiner Einordnung in das „ideelle Ganze", das immer eine Gemeinschaft darstellte, gleich. Damit verlor der potentiell individualisierende Ansatz genau diese Ausrichtung und wurde stattdessen ins Gegenteil verkehrt. Scherke war daher einer der Vertreter, die es mit Hilfe solcher Konstrukte schafften, auch den Gemeinplatz vom „Menschen im Mittelpunkt" gemeinschaftsorientiert auszulegen. Ähnlich argumentierte und dachte auch Guido Fischer, für den der Betrieb in erster Linie eine „soziale Gemeinschaft" darstellte. Der „Mensch im Mittelpunkt" erforderte für ihn ebenso wenig wie für Scherke ein Abweichen von der herkömmlichen gemeinschaftsorienierten betrieblichen Sozialordnung, sondern war stattdessen „Marker" für die Notwendigkeit, die Bemühungen und Maßnahmen zur Ein-

[109]) Ebd. S. 9.
[110]) *Scherke*, Betriebspsychologie, S. 18.

bindung jedes Einzelnen in diese Gemeinschaft zu verbessern und zu verstärken.

Trotz ihrer maßgeblich von Kontinuitäten geprägten Konzeption erhielt die praktische Betriebspsychologie im Zeichen des anthropozentrischen Leitbilds in der unmittelbaren Nachkriegszeit Auftrieb. Die Übereinstimmung in wesentlichen Grundüberzeugungen mit den Protagonisten der „Sozialen Betriebsgestaltung“ war Voraussetzung dafür, dass sich die Front der neuen Humanexperten gegenüber dem dominierenden technischen Denkstil der Rationalisierungsexperten verstärkte. Mit der Formierung der Betriebspsychologie galt die Kritik zudem nicht mehr nur Arbeitswissenschaftlern und Ingenieuren, sondern nun auch entsprechenden psychologischen Fachteilen, der Psychotechnik und der Arbeitspsychologie. Damit geriet auch diejenige Gruppe verstärkt unter Druck, die bisher als letzte Rechtfertigungsreferenz dafür gedient hatte, dass auch technisch orientierte Verwendungen den arbeitenden „Menschen“ nicht allein als „Objekt“, sondern auch als „Subjekt“ behandelten.[111])

Auch für die akademische anwendungsorientierte Psychologie stellte die praktische Betriebspsychologie nach 1945 eine zentrale Bedingung dar, die Neuorientierung erforderte. Zwar waren die Berührungsängste zwischen psychologischen „Akademikern“ und „Praktikern“ so groß, dass es noch bis zum Beginn der 1960er Jahre dauern sollte, bis die Betriebspsychologie in den Kanon der akademischen Fachteile eingefügt wurde.[112]) Doch war es gerade die durch die Ausarbeitung des praktisch orientierten Konzepts der Betriebspsychologie maßgeblich beförderte berufspraktische Etablierung von Psychologen im personalpolitischen Feld, die diese Entwicklung verstärkte. Was die Betriebspsychologie betraf, hinkte somit die akademische Psychologie der praktischen Veränderungsdynamik hinterher.[113]) Für die Genese des personalpolitischen Felds waren mithin die verwendungsorientierten, betriebspsychologischen Konzepte wichtiger. Was davon erhielt nun tatsächlich aber praktische Relevanz, konnte also in konkrete Verfahren und Maßnahmen umgesetzt werden? Und: Unter welchen Bedingungen geschah dies?

[111]) Fritz Giese hatte bereits Mitte der 1920er Jahre auf den Vorwurf reagiert, dass die Psychotechnik den Menschen auf Einzelfähigkeiten reduziere, indem er das psychotechnische Instrumentarium um ganzheitstheoretisch fundierte Verfahren zur Feststellung des „Arbeitswillens“ und der „Arbeitspersönlichkeit“ erweiterte. *Giese*, Handbuch psychotechnischer Eignungsprüfungen, hier vor allem S. 532–704. Vgl. dazu: *Horn*, Test und Theater, S. 117; *Spur/Haak*, Institut für Industrielle Psychotechnik 1933–1945, S. 404. An Gieses systematische Verbindung von „objektivierenden“ und „subjektivierenden“ Verfahren versuchte beispielsweise Moede in seiner „Betrieblichen Arbeitswissenschaft“ (1954) anzuknüpfen, mit der er eine Neupositionierung der Arbeitswissenschaft nach 1945 anstrebte. *Moede*, Betriebliche Arbeitswissenschaft, S. 90.

[112]) Vgl. Kap. 7.

[113]) Vgl. dazu auch *Maikowski/Mattes/Rott*, Psychologie und ihre Praxis, S. 79–111.

3.4 Die „Arbeitsgemeinschaft für soziale Betriebsgestaltung“: Zur praktischen Ausgestaltung des personalpolitischen Tätigkeitsfelds

Die „Arbeitsgemeinschaft für soziale Betriebsgestaltung“ stellte als eine der ersten und in dieser Phase wichtigsten Organisationen des personalpolitischen Felds den institutionalisierten Rahmen zur praktischen Realisierung der „Sozialen Betriebsgestaltung“ dar. Hier formierten sich die neuen Experten. Um die Fragen nach der Durchsetzungskraft der im vorangehenden Kapitel aufgezeigten Konzepte zu beantworten, bietet es sich daher an, die Entwicklung des Tätigkeitsspektrums der A.S.B. genauer unter die Lupe zu nehmen. Damit wird neben den bisher beleuchteten weniger fruchtenden akademischen Institutionalisierungsversuchen die praktisch orientierte Etablierung des personalpolitischen Felds in den Blick genommen. Dieser war, auch wenn sich die Fortschritte noch maßgeblich auf den außerbetrieblichen Raum beschränkten, mehr Erfolg beschieden. Den neuen Experten gelang es, sich in Fortbildungs- und Beratungsinstitutionen einen neuen Raum zu erschließen, den sie entsprechend eigener Professionalisierungsstrategien gestalten konnten.

Die „Arbeitsgemeinschaft für soziale Betriebsgestaltung“ war zunächst maßgeblich das Projekt ihres Gründers Albrecht Weiß. Dieser hatte, nachdem er über 20 Jahre lang die sozialpolitische Abteilung der BASF geleitet hatte, 1945 das Unternehmen verlassen.[114]) Ein Jahr lang sei der Jurist, der vor seiner Tätigkeit bei der BASF als Anwalt gearbeitet hatte, mit dem IG-Farben-Prozess beschäftigt gewesen, „wovon je ein halbes Jahr auf Zeugenhaft und auf Mitarbeit bei der Verteidigung entfiel“.[115]) Weiß habe in dieser Zeit durch „törichte politische Verkrampfungen“ wirtschaftlich schwere Einbußen erfahren und einen körperlichen Zusammenbruch erlitten.[116]) Er war in seinem Entnazifizierungsverfahren als „Mitläufer“ eingestuft worden, was in der amerikanischen Besatzungszone unter anderem mit Geldbußen geahndet wurde.[117]) Ob dies allerdings allein die Ursache für sein Ausscheiden aus dem Unternehmen war, muss fraglich bleiben, zumal – wie in der hauseigenen Chronik der Sozial- und Personalabteilung von Bayer bemerkt – „Leiter von Personal- und Sozialabteilungen gewissermaßen zwangsläufig Parteimitglieder“ der NSDAP gewesen waren,[118]) und dies bekanntlich kein unüberwindbares Hindernis war, um, wenn es denn sein sollte, weiter für ein Unternehmen zu arbeiten. Möglicherweise kamen gesundheitliche Probleme hin-

[114]) J.*H.*, Der Lebenslauf des Jubilars, in: Mensch und Arbeit 12, 1960, S. 162–164.
[115]) Ebd. S. 164.
[116]) Nachruf Albrecht Weiß, in: Mensch und Arbeit 13, 1961, S. 226.
[117]) *Goossens*, Gründer der Personalzeitschrift, S. 94; *Hoser*, Die Entnazfizierung, S. 486.
[118]) Curt *Duisberg*, [Chronik der] Sozial- und Personalabteilung, S. 35, BAL, 1/6.6.23. Stokes erwähnt Weiß nicht. *Stokes*, Von der I.G. Farbenindustrie, S. 337–345.

zu.[119]) Wie auch immer – Weiß engagierte sich, indem er 1947 die A.S.B. gründete, wenn auch nicht mehr aus einem Unternehmen heraus, so doch weiterhin in seinem herkömmlichen Tätigkeitsgebiet. Sollte dies tatsächlich nur eine aus der Not geborene Alternative dargestellt haben, so war es gleichwohl eine folgenreiche.

Satzungsgemäß bestand die Aufgabe der A.S.B. darin, „auf allen Gebieten der sozialen Betriebsgestaltung wissenschaftliche Forschung und praktische Beratung zu betreiben“[120]). Vor allem letzteres war de facto der Fall. Die Arbeitsgemeinschaft hatte zunächst gemäß der von Weiß und Hergt betonten Offenheit des zugrunde liegenden Konzepts einen ausgeprägten Projektcharakter. So vollzog sich ihr Auf- und Ausbau sowohl organisatorisch wie auch inhaltlich sukzessive bis zum Beginn der 1950er Jahre als Aushandlung zwischen verschiedenen beteiligten Akteuren. Nur in den ersten beiden Jahren des Bestehens der A.S.B. war Weiß als Geschäftsführer maßgeblich für Ausrichtungen und Korrekturen verantwortlich. Danach lag diese Befugnis in den Händen anderer Mitarbeiter, die im Zuge des Ausbaus der A.S.B. dort beschäftigt worden waren. Bevor ich auf diese inhaltliche Entwicklung des Tätigkeitsspektrums eingehe, sei zunächst der organisatorische Rahmen erläutert.

Mitglieder der A.S.B. konnten nicht nur Einzelpersonen werden, sondern auch Unternehmen. Damit wurde dem Anspruch Rechnung getragen, auf den gesamten betrieblichen Sozialraum und nicht nur auf einzelne seiner Vertreter abzuzielen. Gleichzeitig erlaubte diese Form der Mitgliederstruktur es, möglichst schnell eine (scheinbar) breite Akzeptanz vorzuweisen, was nicht nur der weiteren Mitgliederwerbung, sondern auch der eigenen Reputation und Legitimation zugute kam. So verzeichnete die A.S.B. 1948 19 Firmenmitglieder, 1949: 64, 1950: 87, 1951: 110, 1952: 135, 1953: 150, damit also bis zum Beginn der 1950er Jahre einen stetigen Zuwachs.[121]) Auch wenn die absoluten Zahlen vergleichsweise gering erscheinen, so fanden sich darunter jedoch einige Unternehmen, deren Strahlkraft aufgrund ihrer Größe oder exponierten Stellung nicht unterschätzt werden darf: so selbstverständlich die BASF, daneben auch Bayer und Hoechst sowie alle Werke der Vereinigten Glanzstoff Fabriken, die Robert Bosch GmbH, die Continental Gummi-Werke AG, Daimler-Benz, die Mannesmann-Röhrenwerke, Siemens mit allen

[119]) Bereits als 23jähriger hatte er sich einer „schweren Operation“ unterziehen müssen, die ihn 1913 „felddienstunfähig“ machte. *J.H.*, Der Lebenslauf, S. 162. Vom Jahresende 1949 bis Mitte 1952 war Weiß wiederum so krank, dass er nicht arbeiten konnte. [Informationsbroschüre für Mitglieder:] A.S.B. Arbeitsgemeinschaft für Soziale Betriebsgestaltung e.V. Satzungen – Organisationen – Mitglieder, Juli 1954, in: RWWA, Abt. 195 Acordis AG, Wuppertal, Best. V 9-2+4/9, hier S. 6.

[120]) Ebd., hier S. 2.

[121]) Zahlen, in: ebd. Tabelle 4. Die Anzahl der Einzelmitglieder pendelt sich etwa bei Zwei-Drittel im Verhältnis zu den Firmenmitgliedern ein. Der Zuwachs der Einzelmitglieder folgte zunächst zwar eigenen Schüben, wich insgesamt aber nicht auffallend von dem der Firmen ab: 1948: 5 Einzelmitglieder, 1949: 23, 1950: 45, 1951: 65, 1952: 82, 1953: 91; vgl. ebd.

Standorten, die Aluminium-Walzwerke Singen sowie auch Karstadt und Kaufhof.[122])

Der erfolgreiche Aufbau der Organisation zeigt sich besonders daran, dass es möglich war, die Mitgliederzahl kontinuierlich zu steigern, während die Beitragssätze innerhalb des gleichen Zeitraumes beträchtlich angehoben wurden. Betrugen sie zunächst DM 10,– für Firmen mit weniger als 100 Beschäftigten, DM 25,– für solche mit 100 bis 500 Beschäftigten und DM 50,– für die mit 500 Beschäftigen und mehr, so wurden sie zum Jahresbeginn 1950 verfünffacht und zwei Jahre später nochmals verdoppelt, so dass 1952 Firmen mit weniger als 100 Beschäftigten DM 100,– bezahlten, solche mit 100 bis 500 Beschäftigten DM 250,– und die mit mehr als 500 Beschäftigten DM 500,–.[123]) Neben diesen Mitgliedsbeiträgen stellten Erträge aus Veranstaltungen (Tagungen, Schulungen, Vorträge) die zweite Einnahmequelle der A.S.B. dar. Diese waren weitaus geringer, pendelten sich ab 1952 auf etwa ein Drittel der jeweiligen Gesamtsumme ein. Insgesamt verfügte das Institut 1951 über einen Etat von DM 70032,13, 1952 über DM 94124,40 und 1953 über DM 102439,50.[124]) Ein frei schaffender psychologischer Berater bewertete diese Zahlen 1952 als „leidlichen finanziellen Erfolg“.[125])

Parallel zum Ausbau dieser organisatorischen Seite entwickelte sich auch die inhaltliche Arbeit der A.S.B. Anhand zweier allgemeiner Vortragsveranstaltungen, die im Herbst 1948 und Frühjahr 1949 durchgeführt wurden, lässt sich sukzessive eine sowohl thematische wie auch adressatenspezifische Ausrichtung der Institution beobachten. Die beiden Konferenzen stellten so etwas dar wie Orientierungs-Tagungen,[126]) an denen neben Unternehmern und Betriebsräten, Arbeitgebern und Gewerkschaften auch „Sozialpraktiker“ verschiedenster Herkunft teilnahmen.

Bei der ersten Veranstaltung, die im Oktober 1948 in Heidelberg stattfand, wurde das Konzept der „Sozialen Betriebsgestaltung“ zunächst noch mit einem umfassenden Anspruch und einer potentiell erschöpfenden Anschlussfähigkeit präsentiert und diskutiert, wie es vom Prinzip her etwa Hasenacks „universitas litterarum“ entsprach. In elf Beiträgen stellten Vertreter jeweils unterschiedlicher Fachrichtungen vor, was „soziale Betriebsgestaltung“ in ih-

[122]) Ebd. S. 13–20. Bei den Firmenmitgliedern lassen sich Regelmäßigkeiten weder hinsichtlich Größe, Standort oder Branche erkennen. Allein Unternehmen aus dem Montanbereich scheinen unterrepräsentiert: Mannesmann-Röhrenwerke, Düsseldorf und Gelsenkirchen; Deutsche Kohlenbergbau-Leitung, Essen; Braunkohlen- und Brikettwerke Roddergrube, Brühl.

[123]) Ebd. S. 26, 27. Von einigen Firmen seien die satzungsgemäßen Jahresbeiträge zudem freiwillig erhöht worden.

[124]) Ebd. Zahlen wurden ermittelt aus Angaben in: Tabelle 5: Einnahmen aus Mitgliedsbeiträgen; Tabelle 6: Prozentualer Anteil der Mitgliedsbeiträge im Verhältnis zu den Erträgen aus den Veranstaltungen und S. 27 „Einnahmen aus Veranstaltungsgebühren“.

[125]) Ludwig Kroeber-Keneth an den Arbeitgeberverband Chemie (Hessen) vom 25.1.1952, in: RWWA, Abt. 195 Acordis AG, Wuppertal, Best. V03 – 37/38.

[126]) *Hergt/Pfeifer*, Soziale Betriebsgestaltung (1948); *Hergt*, Sozialprobleme (1949).

rem jeweiligen Kontext bedeute. Aufgezeigt werden sollte so die Relevanz folgender wissenschaftlicher Wissensgebiete für das Konzept: Volkswirtschaft, Betriebswirtschaftslehre, Arbeitsrecht, Medizin, Arbeitsphysiologie, Arbeitspsychologie, Sozialpsychohygiene, Psychotherapie, Steuerrecht, Leistungsbemessung und Lohnfindungssysteme, Betriebsführung.[127]) Gerahmt waren diese Fachvorträge vom Einführungsreferat „Soziale Betriebgestaltung als Gesamtaufgabe“, das Weiß hielt, und von abschließenden „Gedanken zur moralischen Aufrüstung der Wirtschaft“, die Adolf Scheu[128]) – ein Vertreter der deutschen „Moral Re-Armament“-Bewegung (MRA) – vorgetragen hätte, wenn er nicht verhindert gewesen wäre.[129]) Publiziert wurde sein Beitrag gleichwohl.

Die zweite Vortragsveranstaltung im März 1949 in Essen, also nur ein halbes Jahr später, war schon nicht mehr von einem solch allgemeinen wissenschaftsuniversalistischen Anspruch geprägt. Zwar gab es wiederum Referate zum Themenbereich des Arbeitsrechts, zu Lohnfragen und zur Betriebsführung.[130]) An einführender Stelle waren diesen jedoch zwei Beiträge vorangestellt, die in erster Linie einen sozialen Zugang zum Unternehmen betonten. Hans von Eckart, Professor für Soziologie an der Heidelberger Universität, sprach zunächst „Zur Soziologie des Betriebes“ sowie nachfolgend W. Luchsinger über „Zusammenarbeit im Betrieb“.[131]) Damit wurde gleichsam der Soziologie eine Leitfunktion eingeräumt. Auch die weiteren thematischen Beiträge berücksichtigten jeweils in mehr oder weniger dezidierter Ausprägung diese soziale Leitperspektive.

Im Vergleich mit der ersten Tagung lässt sich somit eine Verschiebung weg vom Universalitäts-Anspruch eines vorrangig wissenschaftsorientierten übergreifenden interdisziplinären Ansatzes hin zu einer stärkeren Orientierung am maßgeblich sozial aufgefassten Betrieb beobachten. Anhand der beiden letzten Beiträge zur zweiten Tagung wurde dies besonders deutlich. Diese

[127]) *Hergt/Pfeifer*, Soziale Betriebsgestaltung.

[128]) Adolf Scheu (1907–1978), der seit 1946 als selbständiger Industrieberater tätig war, war Mitglied, später Leiter für die britische Zone und später ganz Deutschland, der so genannten Bewegung für „Moralische Aufrüstung“ (Moral Re-Armament, MRA). Diese war nach dem Ende des Krieges unter Förderung der Alliierten aus der so genannten „Oxford-Gruppenbewegung“, einer hauptsächlich protestantisch beeinflussten internationalen Laienbewegung hervorgegangen, der Scheu seit 1934 angehörte. Die „Oxford-Gruppenbewegung“ hatte sich den sittlichen Wandel der Menschheit aus christlichem Geiste zur Aufgabe gemacht. Sie versuchte Klassenkampf, Rassismus und totalitäre Ideologien zu überwinden. Vgl. zu Scheu URL: [www.fes.de/archiv/1abt/scheu-a.htm] [13.04.2004]; vgl. zur MRA: *Jähnichen*, Impulse, S.25.

[129]) Albrecht *Weiß*, Soziale Betriebsgestaltung als Gesamtaufgabe; Adolf *Scheu*, Gedanken zur Moralischen Aufrüstung der Wirtschaft, in: *Hergt/Pfeifer*, Soziale Betriebsgestaltung.

[130]) N. Friedrich *Sitzler*, Die Betriebsordnung im neuen Arbeitsrecht; Max *Sauerbrei*, Aktuelle Lohnfragen; Dillard E. *Bird*, Die Förderung der Wissenschaft fortschrittlicher Betriebsleitungsmethoden, in: ebd. S.22–49.

[131]) Ebd. S.5–21.

nahmen nicht mehr allein sachliche Probleme oder Fragestellungen in den Blick, die sich im Kontext der „Sozialen Betriebsgestaltung" aus der Perspektive einer bestimmten Fachdisziplin ergaben, sondern konkrete Ansätze zur Neuorganisation der Sozial- und Personalarbeit in Unternehmen. Diedrich Dännemark berichtete über Tätigkeit und Selbstverständnis der Arbeitsdirektoren.[132]) Er war seit 1948 beim Hüttenwerk Ilsede-Peine als einer der ersten Arbeitsdirektoren tätig und gehörte zu einem engeren Kreis der Arbeitsdirektoren der Eisen- und Stahlindustrie, der sich systematisch um die Sicherung und Verbesserung der Position der Arbeitsdirektoren bemühte.[133]) Abschließend sprach Albrecht Weiß selbst vor dem Hintergrund seiner langjährigen Erfahrung als Sozialdirektor der BASF über „Stellung und Aufgabe des Personal- und Sozialreferenten im Betrieb".[134])

Am Ende der zweiten „Orientierungs"-Tagung war die A.S.B. mit diesen beiden Beiträgen bei *dem* Ansatzpunkt angekommen, dessen praktische Fortführung und Umsetzung die wesentliche Bedeutung der Institution für die Entstehung des personalpolitischen Felds ausmachen sollte. Die Arbeitsgemeinschaft nahm eine beispielgebende Pionierrolle ein, indem sie von nun an dezidiert orientiert an den Möglichkeiten und Bedürfnissen der betrieblichen Praxis die spezifische Adressatengruppe der Personalleiter ins Visier nahm. Sie war diejenige Institution, die sich erstmals die Systematisierung und Etablierung eines spezifischen Tätigkeitsfelds betrieblicher Personalleiter zur Aufgabe machte. Zwar sollte sie sich mit ihrer Konzeption und den ihr gegebenen Möglichkeiten langfristig nicht als zentrale Trägerinstitution dieses Anspruchs durchsetzen können – diese Funktion lief ihr eine andere Organisation ab. Ihr Verdienst bestand aber darin, das Ziel einer *Professionalisierung betrieblicher Personalexperten* erstmals in institutionalisierter Form formuliert und in Angriff genommen zu haben.

Im Juni 1949, also nur zwei Monate nach der zweiten Orientierungs-Tagung, fand die erste so genannte „Arbeitstagung für Personal- und Sozialleiter" der A.S.B. in Heidelberg statt.[135]) An der zweiten dieser „Arbeitstagungen", die im November desselben Jahres veranstaltet wurde, nahmen – wie Weiß berichtete – fast 200 Interessierte teil. Anregung erhielten sie durch die Vorträge von Prof. Wolfgang Siebert (Göttingen) über arbeitsrechtliche Fragen, von Oberingenieur Rudolf Bauer über Lohngestaltung und Leistungsbewertung, von Dr. Rudolf Werner über Betriebspsychologie, von Wilhelm Hergt über werksärztliche Fragen und von Weiß über betrieblichen Wohnungsbau. Der Hauptwert der Diskussion sei auf den „Austausch der Erfahrungen" und

[132]) Diedrich *Dännemark*, Der Arbeitsdirektor, in: ebd. S. 50–55.

[133]) Dännemark vertrat mit diesem Referat Erich Potthoff. Vgl. Franz *Goossens*, Hundert Sozial- und Personalleiter in Heidelberg. Bericht über die Tagung der A.S.B., in: Mensch und Arbeit 1, 1949, S. 90f. Vgl. zum „Arbeitskreis für Neuordnungsfragen" der Arbeitsdirektoren: Kap. 4.2.

[134]) *Weiß*, Stellung und Aufgabe.

[135]) So Hergt im Vorwort von: *Hergt*, Sozialprobleme, S. 3.

auf die „Lösung gegensätzlicher Auffassungen" gelegt worden.)[136] Auch die dritte „Arbeitstagung" im Frühjahr 1950 verlief nach diesem Muster. Anstatt von Weiß referierten hier allerdings der Volkswirt Prof. Dr. Preiser aus Göttingen über „Die Zukunft unserer Wirtschaftsordnung" und Joseph Winschuh über „Zeitgemäßes Unternehmertum".[137])

Infolge des großen Interesses an diesen Veranstaltungen wurde schnell klar, welche Probleme sich der angestrebten Systematisierung und Etablierung eines betrieblichen Tätigkeitsfelds von Personalexperten entgegen stellten. Eine der größten Schwierigkeiten bestand darin, dass die mit der Adressierung an „Personal- und Sozialleiter" zusammengeführte Teilnehmergruppe sich als höchst heterogen erwies. Eine Mitarbeiterin der A.S.B. beklagte, dass die betriebliche Positionen der Teilnehmer „vom Vorstandsmitglied bis zum Lohnbüroleiter" differierten und damit auch ihre entsprechenden Aufgaben. Eine so verschiedenartig vorgebildete Schicht von betrieblichen Führungskräften theoretisch und praktisch gemeinsam anzusprechen, sei außerordentlich schwierig.[138]) Die A.S.B. reagierte mit einer Neukonzeption des Personalleiterseminars in Form eines zweistufigen Modells. Die erste Stufe umfasste nun ein zweieinhalb-tägiges Einführungsseminar über die Problematik und die besonderen Aufgabenstellungen des Personalleiters. Erst in der zweiten sollte dann die Auseinandersetzung mit einem Spezialthema folgen. Dabei wiederum offenbarte sich allerdings die Schwierigkeit, dass die meisten Personalleiter allein an arbeitsrechtlichen Fragen interessiert waren, weil diese ihrem herkömmlichen Tätigkeitsgebiet entsprachen, während alle anderen Bereiche wie beispielsweise Gesundheits- oder Wohnungsfragen der Zuständigkeit einer anderen betrieblichen Stelle zugehörten und daher als irrelevant betrachtet wurden.[139])

Eine weitere Strategie der Arbeitsgemeinschaft im Kampf gegen diese Beharrungskraft bestehender Unternehmensstrukturen bestand in der gleichzeitigen Ausdifferenzierung ihres Tätigkeitsspektrums. Die Zielgruppe Personalleiter konnte nicht weiter „einladungsmäßig differenziert"[140]) werden, denn dadurch wäre ihr Status, den es ja gerade kompakt auszubauen galt, beeinträchtigt worden. Es bot sich daher allein an, bei anderen, in der betrieblichen Hierarchie niedriger angesiedelten Gruppen anzusetzen und sie – gleichsam „von unten" vorbereitend – von der Notwendigkeit und Bedeutung der „sozial gestaltenden" Aspekte ihrer Tätigkeit zu überzeugen und gleichzeitig mit dem erforderlichen Wissen auszustatten. Seit Beginn der 1950er Jahre bot die

[136]) Albrecht *Weiß*, Arbeitsgemeinschaft für soziale Betriebsgestaltung, in: Rationalisierung 1, 1950, S. 53f.

[137]) Hilmar *Kalliefe*, Soziale Betriebsgestaltung, in: Gewerkschaftliche Monatshefte 1, 1950, S. 188f.

[138]) Annemarie *Spiecker*, A.S.B. – Arbeitsgemeinschaft für Soziale Betriebsgestaltung, in: Mensch und Arbeit 6, 1954, S. 98–101, hier S. 99f.

[139]) Ebd.

[140]) Ebd.

A.S.B. daher Treffen und Fortbildungen an, die sich speziell an Meister und andere homogene Gruppen betrieblicher Führungskräfte richteten. Ebenso etablierte sie – seit 1949 bereits – in Kooperation mit der Psychologin Irmgard Berghaus, die hauptamtlich bei der Bundesforschungsstelle für Hauswirtschaft arbeitete, eine jährliche Tagung für Werksfürsorgerinnen. Seit Ende des Jahres 1951 gab es unter der Leitung von H. Lang, der Ingenieur war und vom VDI stammte, außerdem so genannte „Berufserzieher-Treffen". Ab 1952 wurden zusätzlich noch gesonderte Treffen für weibliche Führungskräfte eingerichtet. Und Ende der 1940er Jahre war unter dem organisatorischen Dach der A.S.B. der „Kreis der Werkzeitungsschriftleiter" entstanden.[141])

Parallel zu diesen Angeboten an Gruppen, die nicht zur oberen Etage der Betriebshierarchie gehörten, versuchte die Arbeitsgemeinschaft auch, Unternehmer gezielt anzusprechen. Seit 1951 fand jeweils in der Woche vor Ostern die so genannte „Unternehmertagung" in Heidelberg statt.[142]) Diese setzte sich jedoch nicht durch, wenngleich an den vier Veranstaltungen bis 1954 jeweils ca. 50 Unternehmer teilnahmen.[143]) Weiß konstatierte anlässlich des zehnjährigen Jubiläums der A.S.B. rückblickend, dass es nicht möglich gewesen sei, „die Aufklärungsarbeit bei den Betriebsspitzen zu beginnen", weil hier die Vorstellung vorgeherrscht habe, „dass es sich [bei den mit der „Sozialen Betriebsgestaltung" verbundenen] um Fragen handelte, die gegenüber den dringenderen technischen und wirtschaftlichen Aufgaben zweitrangig wären".[144])

Mit der Ausdifferenzierung ihres Tätigkeitsspektrums verlor die A.S.B. einerseits zwar an Eindeutigkeit und Zielstrebigkeit im Hinblick auf ihr anfängliches Grundanliegen einer Professionalisierung betrieblicher Personalexperten. Es wurde freilich nicht aufgegeben, nahm aber im „bunten Strauß" des zunehmend sich ausweitenden Angebots an Fortbildungs- und Informationsseminaren für alle möglichen betrieblichen Zielgruppen nicht mehr den herausragenden Stellenwert ein wie zuvor. Andererseits bildete sich jedoch im Zuge dieser Neuausrichtung der Institution eine zweite Strategie heraus, die die Dynamik des personalpolitischen Felds wesentlich bestimmen sollte.

Diese zweite Strategie betonte im Gegensatz zum Versuch, betriebliche Personalexperten direkt zu professionalisieren, stärker die Bedeutung der (human-)wissenschaftlichen Fundierung desjenigen Wissens, das für zu ergreifende sozial- beziehungsweise personalpolitisch gestaltende Maßnahmen in Unternehmen notwendig sei. So waren – außer dem Treffen der Werkszeitungsschriftleiter – alle neuen Fortbildungsangebote der A.S.B. von dem Prinzip

[141]) [Informationsbroschüre für Mitglieder:] A.S.B. Arbeitsgemeinschaft für Soziale Betriebsgestaltung e.V. Satzungen – Organisationen – Mitglieder, Juli 1954, in: RWWA, Abt. 195 Acordis AG, Wuppertal, Best. V 9-2+4/9, hier S. 6f.

[142]) *Spiecker*, A.S.B., S. 100.

[143]) Vgl. ebd. und Informationsbroschüre für Mitglieder, Tab. 1: A.S.B.-Tagungen, Sept. 1948–31. Dez. 1953.

[144]) Albrecht *Weiß*, Zehn Jahre „Arbeitsgemeinschaft für Soziale Betriebsgestaltung, A.S.B.", in: Mensch und Arbeit 10, 1958, S. 253–255, hier S. 254.

gekennzeichnet, dass jeweils ausgewiesene Experten Betriebspraktiker über die sozial gestaltenden Aspekte ihrer Tätigkeit aufklärten und ihnen das für die praktische Umsetzung nötige Wissen vermittelten. Diese zweite Strategie war damit insofern eine bescheidenere, als sie nicht direkt darauf abzielte, betriebliche Sozialstrukturen zu verändern, wie es die personalexpertielle tat, indem sie versuchte, die Position betrieblicher Personalleiter zu vereinheitlichen und in eigenständigen Abteilungen auszubauen. Die neue Strategie begnügte sich vielmehr damit, (human-)wissenschaftlich gestütztes Wissen zunächst in die bestehenden Unternehmensstrukturen einzufiltern, um so dessen personalpolitische Relevanz in der betrieblichen Praxis zu bestärken. Sie diente in erster Linie somit der Etablierung einer spezifischen Beraterrolle humanwissenschaftlicher Experten und kann daher als „humanexpertielle Professionalisierungsstrategie“ bezeichnet werden.

Signifikanterweise vollzog sich diese Neuausrichtung der A.S.B. nicht unter der (direkten) Ägide von Weiß. Er konnte aufgrund von Krankheit seiner Tätigkeit als Geschäftsführer seit dem Ende des Jahres 1949 nicht mehr nachkommen. Erst 1952 sollte er seine aktive Mitarbeit wieder aufnehmen, wenngleich er formal freilich Vorsitzender der A.S.B. blieb. An Weiß' Stelle als Geschäftsführer rückte der Psychologe Rudolf Werner. Dieser Konstellation war es auch geschuldet, dass das Personalleiterseminar seinen zentralen Stellenwert im Angebot der A.S.B. verlor. Werner (geb. 1904) hatte sich seit Herbst 1949, also kurz bevor Weiß krank wurde, als freier Mitarbeiter an der Arbeit der A.S.B. beteiligt – unter anderem als Referent bei den Personalleiter-Tagungen. Er war Psychologe, hatte bei Felix Krüger in Leipzig studiert und war wie auch Hantel und Scherke Mitarbeiter im „Göring-Institut“ gewesen.[145]) Der Kontakt zwischen Werner und der A.S.B. basierte maßgeblich auf der Kooperation des Göring-Instituts mit der BASF während des Kriegs. Das Unternehmen hatte sich zu diesem Zeitpunkt mit der Einrichtung der „Kohlhof-Gespräche“ besonders hervorgetan.[146]) An diesen einwöchige Fortbildungen für Meister und Vorarbeiter, in denen sie die „Kunst der Menschenführung“ erlernen sollten, knüpfte der neue Geschäftsführer an. Es war daher keineswegs Zufall, als Werner zu Beginn des Jahres 1950 die Einrichtung spezifischer Treffen für Meister in Angriff nahm.

Auch der Kooperation zwischen der A.S.B. und dem Ingenieur H. Lang, der ab 1951 für die „Berufserzieher-Treffen“ zuständig war, lag eine entsprechende Kontinuität zugrunde. Lang war Mitarbeiter im „Institut für Arbeitspsychologie und Arbeitspädagogik“ der Deutschen Arbeitsfront (DAF) ge-

[145]) Werner arbeitete während des Kriegs vermutlich im Umkreis von August Vetter, der seit 1939 im „Göring-Institut“ zuständig war für Diagnostik. *Cocks*, Psychotherapy, S. 253. Werner und Vetter kannten sich aus ihrer gemeinsamen Zeit an der Leipziger Universität während der 1930er Jahre. Vetter wiederum hatte zusammen mit Ludwig Zeise die „Kohlhof-Gespräche“ konzipiert und durchgeführt hatten. Für biografische Angaben zu Werner vgl. *Spiecker*, A.S.B., S. 98.

[146]) Vgl. Kap. 1.2.

wesen. Dieses Institut gehörte zum „Amt für Berufserziehung und Betriebsführung" der DAF, das maßgeblich in der Tradition des ingenieursdominierten „Deutschen Instituts für technische Arbeitsschulung" (DINTA) stand.[147]) Bezeichnenderweise war jedoch nicht der Ingenieur Lang Geschäftsführer der Arbeitsgemeinschaft geworden, wie es der herkömmlichen Akteurskonstellation betrieblicher Experten entsprochen hätte, sondern der Psychologe Werner. Diese mikrohistorisch am Beispiel der A.S.B. ersichtliche Verschiebung war symptomatisch für den einsetzenden Wandel personalpolitischer Konzeptionen, wie er mit dem Aufstieg der neuen Experten im personalpolitischen Feld von nun an seinen Ausgang nahm: Nicht mehr Ingenieure, respektive ihr technischer Denkstil, bestimmten die Ausrichtung und Zielsetzung wissenschaftsgestützter personalpolitischer Maßnahmen, die in Unternehmen implementiert werden sollten. In neuen Organisationen wie der A.S.B. erhielten sie zunehmend Konkurrenz durch neue Experten, die sich insbesondere dadurch auszeichneten, über humanwissenschaftliches Wissen zu verfügen.

Tabelle 1: A.S.B.-Tagungen (Sept. 1948–31. Dez. 1953)

Sortiert nach Teilnehmerzahlen

Anzahl	Art	Teilnehmerzahl
64	Treffen für Meister	2533
22	Treffen für Personalleiter	1701
9	Treffen für Werksfürsorgerinnen	569
17	Treffen für betriebliche Führungskräfte	536
16	Treffen für Berufserzieher	426
6	Treffen für Werkzeitungsschriftleiter	384
2	Gemeinschaftstagungen für Unternehmer, Personalleiter usw.	168
3	Unternehmertagungen	151
2	Fachtagungen für betriebliches Vorschlagswesen	149
3	Büchereileiter-Tagungen	111
1	Sondertagung für technische Führungskräfte	70
3	Treffen für weibliche Führungskräfte	69
3	Treffen für Jungunternehmer	47
2	Treffen für Führungskräfte von Kaufhäusern	39
	Summe	6953

Freilich könnte man argumentieren, dass Werner Geschäftsführer der A.S.B. wurde, weil er eben früher da, und daher allein zur rechten Zeit am rechten Ort gewesen sei. Nimmt man gleichzeitig aber in den Blick, dass es gerade die von ihm initiierten und konzipierten Treffen für Meister und andere betriebliche Führungskräfte waren, die sowohl im Hinblick auf die Anzahl der Veranstaltungen als auch im Hinblick auf Teilnehmerzahlen eindeutig den Löwenanteil des Seminarangebots der A.S.B. ausmachten, wird deutlich, dass seine

[147]) Vgl. Kap. 1.1.

Position als Geschäftsführer durchaus auch der Schwerpunktsetzung im Tätigkeitsspektrum der A.S.B. entsprach. Bis zum Ende des Jahres 1953 hatten 64 „Meister-Treffen" mit insgesamt 2533 Teilnehmern stattgefunden, während im gleichen Zeitraum nur 16 Treffen für „Berufserzieher" mit 426 Teilnehmern veranstaltet worden waren. Berücksichtigt man zusätzlich die Treffen für weitere betriebliche Führungskräfte, von denen es 17 mit insgesamt 536 Teilnehmern gegeben hat, ergibt sich zugunsten der psychologisch geprägten Maßnahmen gegenüber den ingenieursdominierten ein Verhältnis von fünf mal so vielen Veranstaltungen (81:16), die etwa sieben mal so viele Teilnehmer erfassten (3069:426) (vgl. Tabelle 1: A.S.B.-Tagungen [Sept. 1948–31. Dez. 1953])[148]).

Neben Werner war außerdem auch Irmgard Berghaus von der Bundesforschungsstelle für Hauswirtschaft als Psychologin für die A.S.B. tätig. Die von ihr geleiteten Treffen, die sich speziell an Frauen richteten (Werksfürsorgerinnen, weibliche Führungskräfte) verstärkten das Gewicht der psychologischen beziehungsweise humanwissenschaftlichen Ausrichtung der A.S.B. gegenüber der ingenieursdominierten noch zusätzlich.

Am Beispiel der A.S.B. zeigt sich, wie die Konkurrenz der neuen Experten gegenüber den alten sich praktisch ihren Weg bahnte. In dieser Institution erfuhr im Zeitraum zwischen dem Ende der 1940er und dem Beginn der 1950er Jahre das erstmals institutionalisierte personalpolitische Tätigkeitsspektrum eine maßgeblich vom betriebspsychologischen Ansatz dominierte Ausrichtung. Dies ging einher mit einer zunehmenden Verdrängung des herkömmlichen ingenieursorientierten Ansatzes, der bisher bestimmt hatte, was es an wissenschaftsgestützten ‚personalpolitischen' Maßnahmen in Unternehmen gab. Diese Entwicklung erklärt sich nur vor dem Hintergrund der spezifischen Veränderungsdynamik des personalpolitischen Felds im Zeichen der „Sozialen Betriebsgestaltung". Diese Veränderungsdynamik verdichtete sich im letzten Viertel der 1940er Jahre durch die sich in der praktischen Psychologie und der Betriebswirtschaftslehre neu formierenden Ansätze und Experten, die mit dem Aufstieg der neuen anthropozentrischen Maxime vom „Menschen im Mittelpunkt" zusätzlichen Auftrieb erhielten.

3.5 Die Formierung betrieblicher Humanexperten

Bis zum Beginn der 1950er Jahre formierten sich in der A.S.B. Humanexperten als neue Akteursgruppe, die sich die Gestaltung betrieblicher Sozialbeziehungen mit Hilfe humanwissenschaftlichen Wissens zur Aufgabe gemacht hatte. Das Konzept der „Sozialen Betriebsgestaltung" bot dazu den zentralen Orientierungsrahmen. Doch entsprach das Tätigkeitsspektrum, das sich zu

[148]) Alle Zahlen bei *Spiecker*, A.S.B., S. 101.

Beginn der 1950er Jahre in der A.S.B. abzeichnete, nur bedingt den Vorstellungen, die Weiß und Hergt 1947 in ihrer initiativ-programmatischen Schrift skizziert hatten. Diese Diskrepanzen waren das Ergebnis der spezifischen Veränderungsdynamiken des im Entstehen begriffenen personalpolitischen Felds.

Von den vier Wissenschaften, die Weiß und Hergt berücksichtigen wollten (Arbeitsmedizin, Psychologie, Betriebswirtschaftslehre und Sozialrecht), hatte sich in der A.S.B. vor allem die praktische Betriebspsychologie als tragend erwiesen. Die anderen Disziplinen fielen in unterschiedlicher Abstufung dahinter zurück und wurden darüber hinaus um eine zusätzliche erweitert. Anschaulich verdeutlicht dies der in der Informationsbroschüre für Mitglieder von 1954 gegebene Überblick über die Arbeitsgebiete der A.S.B. (vgl. Tab. 2: Arbeitsgebiete der A.S.B., 1954)[149]):

Tabelle 2: Arbeitsgebiete der A.S.B., 1954

LeiterIn	Albrecht Weiß	Rudolf Werner	H. Lang	Irmgard Berghaus
Arbeitsgebiet	Institutionelle Sozialpolitik	Betriebs- und Arbeitspsychologie	Arbeitspädagogik	Werksfürsorge und Frauenarbeit im Betrieb
Maßnahmen	– Fortbildung von Personalleitern – Werkzeitung – Werkbücherei – Rechtsfragen im Betrieb	– Fortbildung von betrieblichen Führungskräften (Meister, Betriebsleiter, usw.)	– Berufsausbildung u. betriebliche Erwachsenenfortbildung – Führungstechnik – Vorschlagswesen	– Fortbildungen für Werksfürsorgerinnen – Fortbildungen für weibliche Führungskräfte

Mit den beiden Bereichen „Betriebs- und Arbeitspsychologie“ sowie „Werksfürsorge und Frauenarbeit im Betrieb“ waren zwei der vier Arbeitsbereiche der A.S.B. fest in psychologischer Hand. Beide standen in der betriebspsychologischen Tradition des „Göring-Instituts“. Während Werner sich an den ehemaligen „Kohlhof“-Gesprächen für Meister der BASF orientierte, griff Berghaus den geschlechtsspezifisch ausgerichteten Ansatz der „individuellen Sozialpsychologie“ auf, den Erika Hantel 1947 entworfen hatte[150]). Indem die A.S.B.-Psychologin ihn mit dem Tätigkeitsfeld der Werksfürsorge verband, machte sie ihn in besonderer Weise anschlussfähig für die betriebliche Praxis.

[149]) [Informationsbroschüre für Mitglieder:] A.S.B. Arbeitsgemeinschaft für Soziale Betriebsgestaltung e.V. Satzungen – Organisationen – Mitglieder, Juli 1954, in: RWWA, Abt. 195 Acordis AG, Wuppertal, Best. V 9-2+4/9, hier S. 6.

[150]) Hantel war auch persönlich als Referentin an Werksfürsorgerinnen-Treffen beteiligt. Vgl. K.S., Werksfürsorgerinnen tagten in Heidelberg, in: Mensch und Arbeit 1, 1949, S. 188; *Hoffmann*, Zweite Tagung der Werksfürsorgerinnen, in: ebd. 2, 1950, S. 120.

Eine entsprechende Publikation, die als eine Art „Lehrbuch“ gedacht, das Tätigkeitsfeld der Werksfürsorge als Teilbereich der „Sozialen Betriebsgestaltung“ umfassend darstellte, verfasste 1955 Margarete Cordemann.[151])

Der Großteil der Arbeitsgebiete der A.S.B. war somit vom Konzept der „Betriebspsychologie“ geprägt, das therapeutisch orientierte Psychologen während der 1940er Jahre entworfen hatten. Dies stand nicht im Gegensatz zu der von Weiß und Hergt beabsichtigten Einbindung psychologischen Wissens. Die damit einhergehende Überlagerung der personalexpertiellen Professionalisierungsstrategie durch die hauptsächlich von den Psychologen getragene humanwissenschaftliche entsprach jedoch nur zu einem Teil ihrem Anliegen. Im Unterschied zur personalexpertiellen Professionalisierungsstrategie, die auf den Aufbau einer spezifisch profilierten Gruppe von Personal-Führungskräften abzielte, beschränkte sich die humanwissenschaftliche auf die Beratung von Führungskräften, die bereits in den Unternehmen vorhanden waren. Der humanwissenschaftlichen Strategie fehlte damit der Anspruch, sich eigens im betrieblichen Sozialraum zu positionieren. Weiß musste sich damit unter den gegebenen Bedingungen jedoch abfinden; mehr war zu Beginn der 1950er Jahre nicht möglich, wie die Erfahrung mit dem Personalleiter-Seminar gezeigt hatte. Zudem konnte die humanwissenschaftliche Strategie als Vorstufe zur Etablierung betrieblicher Personalexperten angesehen werden.

Die betriebspsychologischen Ansätze waren einerseits vom „radikalen Ordnungsdenken“ gekennzeichnet, das für anwendende Humanwissenschaftler typisch war, die sich während des Nationalsozialismus (berufs-)praktische Tätigkeitsfelder hatten erschließen können.[152]) So entsprachen der dem Konzept „Betriebspsychologie“ zugrunde liegende Analogieschluss zwischen medizinischen und sozialen Verhältnissen und die daraus resultierende Auffassung des Gegenstands als „soziale Pathologie“ diesem Denkstil. Auch der ganzheitliche Ansatz, die organische Metaphorik sowie substantialistische Konstrukte, wie Hantel und Scherke sie pflegten, kennzeichneten diese Kontinuität. Zugleich jedoch stellten die Nachkriegs-Betriebspsychologen ihr Konzept in den Dienst des hochgradig moralischen Ziels einer „Humanisierung“, das insbesondere ein Gegengewicht zur herkömmlichen „Menschenökonomie“ bilden sollte. In diesem Sinne wurde es auch in der A.S.B., die sich die Beseitigung und Linderung betrieblicher Spannungen zur Aufgabe gemacht hatte, adaptiert. Auch wenn dieser Anspruch aus heutiger Sicht einer gewissen Naivität nicht entbehrt, so kann ihm nicht abgesprochen werden, ob seiner humanwissenschaftlichen Fundierung einen ersten praxiskompatiblen Kontrapunkt zur Dominanz des technischen und ökonomischen Denkens in Unternehmen dargestellt zu haben.

[151]) *Cordemann*, Werksfürsorge. Sie war seit dem Ersten Weltkrieg, als sie im „Referat Frauen“ der Kriegsamtsstelle Berlin arbeitete, das als eine der „Keimzellen“ der Werksfürsorge anzusehen ist, in diesem Bereich tätig. *Cordemann*, Wie es wirklich gewesen ist.

[152]) *Raphael*, Radikales Ordnungsdenken, vor allem: S. 24f.

Die Betriebspsychologen trugen so wesentlich dazu bei, dass nach 1945 das personalpolitische Feld, das Personalexperten wie Weiß und Fischer programmatisch vorgedacht und damit konturiert hatten, praktische Formen fand, die Bestand hatten. Dies war eine zentrale Bedingung der Entstehung des personalpolitischen Felds, weil damit verhindert wurde, dass sich seine Gründungs-Ideen mit dem Auftreten der ersten Realisierungsschwierigkeiten (Personalleiterseminar) gleich wieder verflüchtigten. Mit der betriebspsychologisch dominierten Ausgestaltung des personalpolitischen Tätigkeitsfelds in der A.S.B. wurden Strukturen geschaffen, denen nicht nur das Anliegen der „Sozialen Betriebsgestaltung" eingeschrieben war, sondern auch die Maxime vom „Menschen im Mittelpunkt". Damit bot sich auch Personalexperten ein in seiner Legitimität bestätigter und verfestigter Rahmen, um ihre Ziele trotz zunächst misslungener Umsetzungsversuche weiterhin aufrecht zu erhalten und neue Ansatzpunkte und Strategien zu suchen. Im Gegensatz zu den Betriebspsychologen hatten Personalexperten noch nicht entschieden, worin genau ihr spezifisches Wissen beziehungsweise ihre spezifische Kompetenz bestehen sollte. Deutlichstes Anzeichen für dieses Manko war, dass Fischer und Weiß jeweils unterschiedliche Wissensbestände im personalpolitischen Feld integrieren wollten. Hier galt es zunächst, sich zu einigen. Richtungweisend war auch in dieser Hinsicht die Entwicklung in der A.S.B.

Die Arbeitsmedizin, die Weiß und Hergt 1947 auch als zu berücksichtigendes Wissensgebiet vorgesehen hatten, konnte einen allenfalls untergeordneten Stellenwert behaupten. Dass ihr das überhaupt gelang, hing zusammen mit der Affinität des Konzepts der „sozialen Therapie" zur medizinischen Vorgehensweise, vermittels dessen sich die Betriebspsychologen den Zugang zur „Sozialen Betriebsgestaltung" erschlossen. Dennoch beschränkte sich der Status der Arbeitsmedizin darauf, dass in Tagungsbeiträgen regelmäßig die Notwendigkeit der Kooperation mit dem Werksarzt betont wurde. Auch referierte Hergt hin und wieder auf unterschiedlichen Treffen;[153]) fest war er aber nicht in die Arbeit der A.S.B. eingebunden. Die Arbeitsmedizin schaffte es weder im Rahmen dieser Institution, ein eigenes Arbeitsgebiet zu behaupten, noch wurde sie überhaupt zu einem zentralen Wissensbestand für Personalexperten. Sie entwickelte sich vielmehr in einem eigenständigen Kontext, in dem (Betriebs-)Ärzte die Hauptrolle spielten.[154])

Ähnlich verhielt es sich mit dem Sozialrecht. Dieser Wissensbestand war zwar als wichtige Orientierungsreferenz in der A.S.B. nicht wegzudenken, zumal es sich um Weißens herkömmliches Spezialgebiet handelte.[155]) Weiß war

[153]) Z.B. bei der sozialpolitischen Tagung der ASU am 7./8.09.1950 in Hattenheim, vgl. den Bericht in: Mensch und Arbeit 2, 1950, S.240.

[154]) Vgl. dazu: *Condrau*, Arbeitsplatz als Gesundheitsrisiko.

[155]) „Schon vor 1945" hatte Weiß einen Lehrauftrag für Sozialrecht an der Heidelberger Universität, wo er ab 1956 auch Honorarprofessor wurde. *J.H.*, Der Lebenslauf des Jubilars, in: Mensch und Arbeit 12, 1960, S.162–164.

als langjähriger Leiter der sozialpolitischen Abteilung der BASF ein Vertreter herkömmlicher betrieblicher Sozialpolitik, mit der Unternehmen seit den 1920er Jahren versuchten, personalpolitische Probleme zu lösen. Sowohl Werkszeitungen, Werksbüchereien sowie Formen der betrieblichen Altersversorgung, aber auch die Verrechtlichung der Arbeitsbeziehungen waren Maßnahmen, die zu diesem Zweck ergriffen worden waren. Das von Weiß vertretene Arbeitsgebiet ging aber trotz dieser Kontinuitäten über den herkömmlichen sozialpolitischen und -rechtlichen Ansatz hinaus. Mit spezifisch auf Personalleiter zugeschnittenen Fortbildungen visierte er eine bisher verhinderte Professionalisierung dieser Gruppe betrieblicher Führungskräfte an. Dass er eben nicht betriebliche *Sozial*-Leiter ins Auge fasste, wie es einer alleinigen Fortsetzung der sozialpolitischen Tradition entsprochen hätte, sondern *Personal*-Leiter, darin bestand das Neue seines Ansatzes. Mit dieser Neuorientierung nahm in der A.S.B. zugleich ein grundlegender konzeptioneller Wandel seinen Ausgang. Weißens Arbeitsgebiet in der A.S.B. war den anderen drei übergeordnet. Er versuchte, deren jeweilige Ansätze in einem umfassenden Tätigkeitsfeld betrieblicher Sozial- und Personalexperten zusammenzufassen. Dabei setzte er zwar auch noch auf herkömmliche Instrumente wie betriebliche Sozialleistungen und Werkszeitungen, die kollektiv auf die Belegschaften zielte. Genauso wichtig waren ihm aber neue humanwissenschaftlich gestützte Verfahren, die den Einzelnen ins Visier nahmen. Berücksichtigt man zudem die Kooperation mit dem Professor für Betriebswirtschaftslehre Fischer, mit dem Weiß die Zeitschrift „Mensch und Arbeit" gründete, muss somit das Arbeitsgebiet „Institutionelle Sozialpolitik" verstanden werden als einer der ersten Ansätze, betriebliche Sozial- und Personalpolitik in Westdeutschland neu zu konzipieren. Mit diesem Ansatz wurde die herkömmlich dominante Orientierung am Sozialrecht zunehmend abgelöst von einer neuen, die sich stattdessen der Psychologie und der Betriebswirtschaftslehre zuwandte. Damit ging einher, dass entsprechende neue personalpolitische Maßnahmen und Verfahren etwa in Form von Führungskräfte-Fortbildungen entwickelt und bereitgestellt wurden. Dieser Transformationsprozess, der in der betrieblichen Praxis allerdings erst 20 Jahre später durchschlagende Auswirkungen zeitigen sollte, nahm hier, in der A.S.B., seinen Ausgang.

Das Verhältnis der Personalexperten zu den beiden neuen Wissensbeständen, die von nun an zunehmend als Orientierungsreferenzen dienen sollten, war von unterschiedlicher Art. Während die Psychologie – wohlgemerkt noch nicht die akademische, sondern der betriebspsychologische Ansatz einer bestimmten Gruppe praxisorientierter Vertreter, deren Kern sich aus Mitarbeitern des ehemaligen „Göring"-Instituts zusammensetzte – bereits über entsprechendes Wissen verfügte, das im Rahmen der „Sozialen Betriebsgestaltung" verwendet werden konnte, war dies bei der Betriebswirtschaftslehre nicht der Fall. Hier ging es vielmehr darum, überhaupt erst einen institutionalisierten Anknüpfungspunkt zu einem entsprechenden Fachteil zu schaffen. Dies war wichtig, weil die angestrebte (betriebliche) Professionalisierung der

Personalexperten auf eine legitimatorische Anbindung an diejenige Wissenschaft, die zunehmend die Hoheit über das zur Unternehmensführung notwendige Wissen beanspruchte, nicht verzichten konnte. Auch wenn die ersten (ganzheitlichen) Versuche in diese Richtung nicht von durchschlagendem Erfolg gekrönt waren, so hielten die als untergeordnete Position im Fachdiskurs, weiterhin ausgestreckten Fühler dennoch eine Verbindung aufrecht, die letztendlich tatsächlich Weg weisend sein sollte.

Weiß und Hergt benannten 1947 mit dem Sozialrecht den alten Wissensbestand, an dem sich herkömmliche betriebliche Sozialexperten maßgeblich orientierten, und mit der Betriebswirtschaftslehre den neuen, an dem sich Personalexperten, die mit der Ausformung ihres spezifischen Status gerade beschäftigt waren und so die Sozialexperten zu beerben versuchten, orientieren sollten. Auch die beiden anderen Wissenschaften, die Weiß und Hergt vorsahen, – Arbeitsmedizin und Psychologie – lassen sich vor dem Hintergrund der beschriebenen Entwicklung des Tätigkeitsfelds der A.S.B. als alter, im Ablösungsprozess befindlicher Orientierungs-Wissensbestand und als neuer, sich zunehmend durchsetzender interpretieren. Die Konzeption der „sozialen Therapie" stellte das Übergangsmodell zwischen beiden dar, das somit nicht zufällig im Rahmen der „Sozialen Betriebsgestaltung" Anwendung fand.

Weiß und Hergt verkörperten „Übergangsfiguren" im Sinne von Akteuren, die Übergänge ermöglichten: Einerseits repräsentierten sie als Jurist und Arzt ein idealtypisches anwendungsorientiertes Expertenteam des Nationalsozialismus. Rechtswissenschaft und Medizin hatten während dieser Zeit nicht nur als herausragende Medien des „radikalen Ordnungsdenkens" Leitfunktionen eingenommen. Sie waren auch die wichtigsten Disziplinen, mittels derer die anwendungsorientierte Einbindung von humanwissenschaftlichem Wissen in nationalsozialistische Institutionen zur Planung, Formung und Gestaltung der sozialen Welt sich ihren Weg bahnte.[156]) Andererseits jedoch waren Weiß und Hergt dies nicht allein und nur. Beide hatten ihre Tätigkeit bei der BASF bereits in den 1920er Jahren aufgenommen. Insbesondere Weiß' Motivation, nach dem Krieg die Initiative zur „Sozialen Betriebsgestaltung" zu ergreifen, erklärt sich vor dem Hintergrund der enttäuschenden Erfahrungen, die er als ambitionierter „Sozialdirektor" bis dahin gemacht hatte.

Zusätzlich zu den von Weiß und Hergt vorgesehenen Wissensbereichen wurden die Orientierungsreferenzen der neuen Experten um die „Arbeitspädagogik" erweitert, für die in der A.S.B. der Ingenieur H. Lang zuständig war. Mit dieser Erweiterung reagierten die humanwissenschaftlichen Experten auf Bedingungen der herkömmlichen ‚personalpolitischen' Praxis in Unternehmen, die neben den Sozialexperten gemäß der DINTA-Tradition auch Ingenieure bestimmten. Indem man in der A.S.B. auch einen Vertreter dieser traditionellen Richtung integrierte, sollte sie unter dem Dach der neuen Programmatik absorbiert werden. Damit machten neben den akademischen Vertretern

[156]) *Raphael*, Radikales Ordnungsdenken, S. 14.

des personalpolitischen Felds auch die stärker praktisch ausgerichteten Humanexperten den alten Rationalisierungsexperten Konkurrenz. Diese Konkurrenz war jedoch nicht von einem ähnlich umfassenden Anspruch gekennzeichnet, wie ihn die akademischen Vertreter der Betriebswirtschaftslehre Fischer und Hasenack vertraten. Während sie auf nichts weniger abzielten als eine grundlegende Neuausrichtung der Arbeitswissenschaft unter ihren Prämissen, stellte die „Berufserziehung“, die Lang in der A.S.B. repräsentierte, im Spektrum der ingenieurswissenschaftlichen Teildisziplinen nur einen Randbereich dar; einen Randbereich zudem, der sich zugunsten der Adaption pädagogischen Wissens relativ weit vom technischen Denkstil entfernt hatte. Der Fachteil „Arbeitspädagogik“ gehörte, auch wenn er nicht abgekoppelt vom technischen Denkstil war, so doch nicht gerade zu denjenigen, mit denen sich ein standesbewusster Ingenieur identifizierte.

Den stärker praktisch ausgerichteten Humanexperten ging es nicht darum, Rationalisierungsingenieuren ihr herkömmliches Hoheitsgebiet komplett streitig zu machen. Personalexperten und Betriebspsychologen wollten weder neue Technologie entwickeln, geschweige denn Maschinen konstruieren oder optimieren. Sie wollten stattdessen Maßnahmen und Verfahren in Unternehmen implementieren, die mit Hilfe humanwissenschaftlichen Wissens darauf abzielten, das Verhältnis zwischen dem einzelnen Menschen und seiner Arbeitsumwelt zu verbessern. Damit setzten sie der Verwendung des technischen Denkstils im personalpolitischen Bereich eine Alternative entgegen. Sie kritisieren ihn und versuchten ihn in einem Teilbereich abzulösen. Diese auf ein konkretes professionelles Etablierungsziel ausgerichtete Konkurrenz der praktisch ausgerichteten Humanexperten fand freilich im Windschatten der von den akademischen Vertretern erhobenen umfassenderen Forderung statt. Insofern stießen beide Gruppen in dieselbe Richtung vor und ergänzten sich so gegenseitig.

Während die praktisch orientierten Humanexperten in Kooperation zwischen Betriebspsychologen und angehenden Personalexperten etwa in der A.S.B. daran arbeiteten, das personalpolitische Tätigkeitsfeld innerhalb von Unternehmen auszugestalten, schufen gleichzeitig akademische Humanexperten und Betriebswirte wie Guido Fischer und Wilhelm Hasenack, indem sie den Gemeinplatz vom „Menschen im Mittelpunkt“ als Maxime jedweder Neuordnung verbreiteten, eine zentrale Voraussetzung für die Akzeptanz des gesamten personalpolitischen Felds im gesellschaftlichen Raum. Dies war für die Etablierung der praktischen Humanexperten genauso unabdinglich wie umgekehrt die praktische Relevanz der von ihnen entwickelten Verfahren und Maßnahmen den Gemeinplatz vom „Menschen im Mittelpunkt“ erst „unterfütterte“. Oder anders ausgedrückt, bestand die Arbeitsteilung zwischen praktischen und akademischen Humanexperten darin, dass die „Praktiker“ am Zugang zu den Unternehmen arbeiteten, während die „Akademiker“ gleichzeitig die personalpolitische Feldthematik aus den vermeintlichen Niederungen der Praxis in den „Olymp“ intellektueller und gesellschaftlicher Relevanz erhoben, indem sie sie mit dem Gemeinplatz vom „Menschen im Mittelpunkt" verbanden. Diese sich im Zuge der Entstehung des Felds herausbildende Akteurskonstellation stellte aufgrund ihrer immanenten Differenzen wie Gemeinsamkeiten die zentrale Voraussetzung der spezifischen Veränderungsdynamik des personalpolitischen Felds dar.

Aus dieser Spannung resultierten immer wieder wechselseitige Befruchtungen insofern, als die einen sich Ideen und/oder Praktiken der anderen gleichsam selbstverständlich zu Eigen machten. Während etwa die Pioniere der „Sozialen Betriebsgestaltung" stillschweigend den Gemeinplatz vom „Menschen im Mittelpunkt" adaptierten, griffen die Betriebswirte in München umgekehrt deren stärker praxisbezogenen Ansatz auf. Weiß reformulierte 1950 seine Definition von „Sozialer Betriebsgestaltung". Nun zählte er nicht mehr wie noch 1947 eine deskriptive Reihe von Einzelzielen auf, die es zu erreichen galt, sondern bezog sich explizit und umfassend auf den „Menschen im Mittelpunkt" als grundlegende Ausrichtung:

> „Soziale Betriebsgestaltung ist die Summe aller Maßnahmen, die in einem Betrieb getroffen werden können und getroffen werden sollten, um den menschlichen Faktor in der Produktion, den Arbeiter am Arbeitsplatz, aber nicht nur am Arbeitsplatz, sondern in seiner Gesamtpersönlichkeit, aus seiner mehr oder weniger verborgenen Situation herauszuführen und ihn in den Mittelpunkt der Bemühungen des Betriebes sowohl um eine optimale Produktion als um eine vertrauensvolle Zusammenarbeit aller im Betrieb vereinigter Menschen zu stellen."[157])

Gleichsam im Gegenzug richteten die Betriebswirtschaftler in München 1951 einen „Arbeitskreis für Soziale Betriebspraxis" ein, der als einer der ersten überhaupt betriebsbezogene Personal-Forschung betrieb. Die Gründer sahen seine Aufgabe darin, „in Zusammenarbeit mit führenden und sozial fortschrittlichen Betrieben in Bayern den Personal- und Sozialbereich des Betriebes durch Untersuchungen zu erforschen, und die Ergebnisse als Grundlage für einen sozialen Betriebsvergleich der Praxis zur Verfügung zu stellen".[158]) Die Forschungsergebnisse dieses von Franz Goossens geleiteten Arbeitskreises – aus dem später die „Forschungsstelle für Betriebswirtschaft und Sozialpraxis e.V." hervorging[159]) – stellten unter anderem die Grundlage für das 1955 erstmals veröffentlichte „Handbuch der Personalführung" dar.[160]) Dieses Handbuch richtete sich explizit an „den Personalchef im Betrieb, also [...] denjenigen, der für die Menschen im Betrieb verantwortlich ist". „Das Buch will dem Personalchef bei den täglich neu an ihn herantretenden Aufgaben der Einordnung und Führung der Menschen helfen, es will Anregungen

157) *Weiß*, Werksfürsorge, S. 48.
158) „Arbeitskreis für Soziale Betriebspraxis", in: Mensch und Arbeit 3, 1951, S. 160.
159) Vgl. etwa *Gaugler*, Vorwort der FS zu Fischers 100., S. 4.
160) *Goossens*, Das Handbuch der Personalführung (1955). Vgl. für einen Überblick über die zwischen 1951 und 1999 in der Forschungsstelle durchgeführten Projekte: FBS-Schriftenreihe, in: *Gaugler*, Guido Fischer, S. 239–243.

und Hinweise aus Theorie und Praxis für die Praxis geben."[161]) Damit diente es einen tatsächlich bestehenden Bedarf in Unternehmen. Auf die erste Auflage folgte bereits ein Jahr später die überarbeitete zweite. Und auch nach der dritten, die 1959 zweibändig erschien, ließ die vierte, „völlig neu bearbeitete" Auflage mit dem nun selbstverständlichen Titel „Personalleiter-Handbuch" (1966) nicht allzu lange auf sich warten.[162]) Auch ein Teil der akademisch verorteten Humanexperten arbeitete mithin seit dem Beginn der 1950er Jahre auf eine Professionalisierung betrieblicher Personalexperten in Unternehmen hin. Sie griffen dabei die Strategie auf, die ihre von Anfang an stärker praktisch ausgerichteten Kollegen in außerbetrieblichen und nicht-akademisch angebundenen Institutionen entwickelt hatten und setzten sie mit spezifisch eigenen Mitteln (Personalleiter-Handbuch) fort.

Die erfolgreiche Formierung der Humanexperten war mithin das Ergebnis von Wechselwirkungen zwischen akademischen und praktischen Institutionalisierungsversuchen. Keine der beteiligten Expertengruppen – Betriebspsychologen, Personalexperten und Betriebswirte – hätte unabhängig von den anderen dieses Ziel erreichen können, was jedoch keineswegs bedeutete, dass alle das Gleiche wollten. Offen blieb weiterhin, worin genau das spezifische Orientierungswissen bestehen sollte und welche Wissensbestände in welchem Umfang heranzuziehen seien. Unklar war ebenso, was daraus praktisch resultierte, wie die auf der Basis wissenschaftlichen Wissens entwickelten Verfahren und Maßnahmen konkret aussehen, und in welcher Form Humanexperten in Unternehmen eingebunden werden sollten. Diese Problemkonstellation kennzeichnete zu Beginn der 1950er die Lage des initial gezündeten, damit in seinem Status nachdrücklich beanspruchten, aber (von anderen Akteuren außerhalb des Felds) noch nicht allgemein anerkannten personalpolitischen Felds dar. Diese Fragen galt es einerseits feldintern weiterhin zu verhandeln, andererseits aber auch gegenüber externen Akteuren, die sich herausgefordert oder angegriffen fühlten, zu verteidigen. Betriebliche Humanexperten hatten dabei zunächst keinen schlechten Stand.

[161]) *Goossens*, Handbuch der Personalführung, S. 5.

[162]) Franz *Goossens*, Handbuch der Personalführung. Zugleich eine Einführung in die Betriebssoziallehre, 2. überarb. u. erg. Aufl., München 1956; *ders.*, Handbuch der Personalleitung. Zugleich eine Einführung in die Betriebssoziallehre, I. Bd.: Personalorganisation und Personalführung; II. Bd.: Arbeitsleistung, Lohn, Sozialwesen, München ^{3}1959; *ders.*, Personalleiter-Handbuch. Zugleich eine Einführung in die Betriebspersonallehre und die Betriebssoziallehre, 4., völlig neu bearb. Aufl., München 1966. Alle Auflagen erschienen jeweils im Umfang von 3000 Exemplaren.

4. „Soziale Rationalisierung“ – Die anthropozentrische (Re-)Formierung technisch orientierter Experten

Auf die Bestrebungen der Humanexperten mit dem Ziel der „sozialen Betriebsgestaltung“ reagierten unmittelbar Rationalisierungsingenieure. Sie mussten sich herausgefordert fühlen, zumal die neuen Experten ihnen Konkurrenz machten, indem sie arbeitswissenschaftliche Wissensbestände ihrem ganzheitlichen Anthropozentrismus unterzuordnen beanspruchten. Hinzukam, dass die Formel vom „Menschen im Mittelpunkt“ bis 1949 bereits eine populäre Verbreitung erfahren hatte: Als Titel des Gründungsprotokolls des Deutschen Gewerkschaftsbunds „Mittelpunkt ist der arbeitende Mensch“ erhielt die anthropozentrische Prämisse eine herausragende programmatische Position.[1]) Ebenso stellte die viel beachtete Entschließung des Bochumer Katholikentags (1948) zur Mitbestimmungsfrage gleichsam „präambelnd“ voran: „Der Mensch steht im Mittelpunkt jeglicher wirtschaftlicher und betriebswirtschaftlicher Betrachtung.“[2]) Und auch die Protestanten zogen im folgenden Jahr mit „Rettet den Menschen!“ nach.[3])

Nach den Erfahrungen von Krieg, Nationalsozialismus und Niederlage erklärten somit diejenigen Kollektivakteure, die nach 1945 als weitgehend unbescholten galten – Kirchen und Gewerkschaften –, den anthropozentrischen Gemeinplatz zum allgemeingültigen Ausgangspunkt wirtschaftlicher und betrieblicher Neuordnungsbestrebungen. Damit kamen endgültig auch Rationalisierungsingenieure nicht mehr daran vorbei. Erst recht konnten sie es vor diesem Hintergrund keineswegs den neuen Experten allein überlassen, die anthropozentrische Leitorientierung mit einem betrieblichen Gestaltungsanspruch zu verbinden. Ansätze für eine entsprechende Neuorientierung boten sich ihnen in zweierlei Hinsicht.

Erstens waren Rationalisierungsingenieure gezwungen, sich mit den Forderungen der Gewerkschaften auseinander zu setzen. Es war nach 1945 nicht mehr möglich, die alten Rationalisierungsinstitutionen, die unmittelbar nach Kriegsende von den Alliierten aufgelöst worden waren, wieder als alleinige

[1]) Hans Böckler erklärte im Grundsatzreferat des DGB-Gründungskongresses: „Es geht zunächst darum, den entscheidenden Grundsatz festzulegen, nach dem die Gewerkschaften die volkswirtschaftlichen und soziale Ordnung aufgebaut haben wollen, diesen Grundsatz zu erkennen und anzuerkennen. Es ist der Satz, daß der arbeitende Mensch, als der weitaus wichtigste Produktionsfaktor, inmitten allen wirtschaftlichen Geschehens zu stehen hat und daß ihm gesellschaftlich der Platz eingeräumt wird, auf den er ein für allemal Anspruch hat.“ (Beifall); „Mittelpunkt ist der arbeitende Mensch“, S. 193.

[2]) Zit. n. *Deus*, Die Bochumer Beschlüsse, S. 121; vgl. dazu auch *Oelinger*, Schwerpunkte.

[3]) Friedrich *Spiegelhalter*, Deutscher Evangelischer Kirchentag 1950 in Essen, in: Mensch und Arbeit 2, 1950, S. 240.

Kooperationsveranstaltung zwischen Industrie und Wissenschaft einzurichten. Die institutionelle Einbindung von Arbeitnehmervertretern war konstitutives Novum bei der Wiedereinrichtung aller Träger-Institutionenen der Rationalisierungsbewegung.[4]) Zweitens schien es angesichts des Auftriebs, den psychologisch gestützte Verfahren und Maßnahmen im Zeichen des neuen Leitbilds erfuhren, angeraten, insbesondere Psychologen verstärkt in die Rationalisierungsarbeit zu integrieren. Dabei konnte man an Erfahrungen anknüpfen, die in der DINTA-DAF-Tradition im Amt für Berufserziehung und Betriebsführung gemacht worden waren.

Der Ausbau dieser Kooperationen zwischen Rationalisierungsexperten mit einerseits Arbeitnehmervertretern und andererseits Psychologen veränderte die Akteurskonstellation technisch orientierter Experten nach 1945 grundlegend. Die neue Maxime der „sozialen Rationalisierung“, auf die sie sich bis zum Beginn der 1950er Jahre einigen sollten, stellte ihre Antwort auf die Forderung nach einer anthropozentrischen Neuausrichtung dar. Entscheidend war im Hinblick auf die Genese des personalpolitischen Felds, dass damit etablierte Experten die von den neuen Humanexperten ausgegebene anthropozentrische Devise anerkannten. Indem Rationalisierungsingenieure in Kooperation mit zwei neuen Akteursgruppen – Gewerkschaften und Psychologen – ihren Nachkriegs-Rationalisierungskurs zugunsten sozialer Aspekte korrigierten, räumten sie den neuen Experten, wenn auch zum Teil mehr oder weniger unfreiwillig, einen eigenständigen Platz neben sich ein. Diese Bestätigung durch feldexterne, benachbarte Akteure war die wichtigste Voraussetzung für die allgemeine Anerkennung des personalpolitischen Felds. Wie es dazu kam, ist Thema des folgenden Kapitels.

4.1 Der technische Denkstil unter Druck: Rationalisierungsexperten und Psychologen

1950 wurde das Rationalisierungskuratorium der deutschen Wirtschaft als Dachorganisation für die verschiedenen, jeweils auf bestimmte Bereiche spezialisierten Rationalisierungs-Institutionen wieder gegründet.[5]) Die formal fünfjährige Unterbrechung seines Bestehens tat der weitgehenden Kontinuität der Organisation keinen Abbruch. Allein die Einbindung von Gewerkschaftsvertretern stellte ein Novum nach 1945 dar. Damit ging einher, dass nun auch solche Rationalisierungs-Institutionen Auftrieb erhielten, denen der Anschluss an die RKW-Arbeit bisher nicht gelungen war, weil sie sich nicht in das herkömmliche Kooperationsmuster zwischen Unternehmern und Ingenieuren gefügt hatten. Auf eine solche Geschichte blickte etwa der „Reichsausschuß

[4]) *Büttner*, Das Rationalisierungs-Kuratorium, S. 24–39.

[5]) Ebd. S. 29–31, 147–171; *Siegel/Freyberg*, Industrielle Rationalisierung, S. 40; *Pohl*, Die Geschichte der Rationalisierung, S. 6–9.

für Arbeitszeitermittlung" zurück, der sich nach 1945 „Verband für Arbeitsstudien" (REFA) nannte. Er hatte es sich in den 1920er Jahren zur Aufgabe gemacht, eine wissenschaftsgestützte Methode zur Ermittlung der Arbeitszeit einzelner industrieller Arbeitsplätze zu entwickeln, die der Lohnfindung zugrunde gelegt werden sollte.[6]) Obwohl der REFA ebenso wie das RKW in den 1920er Jahren aus dem Verein Deutsche Ingenieure (VDI) hervorgegangen war, wollte jedoch angesichts der politischen Brisanz, die mit dem Lohnfindungsverfahren verbunden waren, weder der VDI noch das RKW das „heiße Eisen" institutionell beherbergen.[7]) Der REFA war daher bisher eine vergleichsweise kleine, eigenständige Organisation mit beschränktem Wirkungskreis geblieben.

Im Zuge der intensivierten Bemühungen um wirtschaftlichen Wiederaufbau nach 1945 gelang es ihm jedoch, seine Position entscheidend zu verbessern. Zwei Bedingungen begünstigten diesen Bedeutungszuwachs: Zum einen ordneten in der unmittelbaren Nachkriegszeit viele Unternehmen ihre Entlohnungssysteme neu.[8]) Dazu bot sich die Gelegenheit, als infolge der Währungsreform und der Aufhebung der Bewirtschaftung Geld plötzlich wieder einen zugkräftigen Anreiz darstellte. Zum anderen veränderte sich mit der Wiedereinrichtung der Gewerkschaften die Konstellation der Arbeitsbeziehungen grundlegend. Indem Löhne nun in Auseinandersetzung zwischen Arbeitgebern und Arbeitnehmern auszuhandeln waren, erhielten wissenschaftsbasierte Verfahren als Grundlage dieser Verhandlungen einen zunehmenden Stellenwert.

In dieser Situation galt es zunächst, den breiten Einsatz der REFA-Methode sicher zu stellen. Dazu musste vor allem Personal ausgebildet werden. Dies geschah in Kursen, mit denen ein entsprechendes Zertifikat erworben werden konnte, welches die so genannten „REFA-Männer" auszeichnete. Zwar waren seit der zweiten Hälfte der 1930er Jahre und besonders während des Kriegs solche Bemühungen bereits verstärkt worden. Ihre Ergebnisse trugen jedoch zu deutlich die Spuren der hektisch improvisierenden, radikal auf schnelle Ergebnisse ausgerichteten Kriegswirtschaft. Von 1939 bis 1943 war die Anzahl der Teilnehmer an REFA-Lehrgängen um das dreifache, von 4000 auf 12000, angestiegen. Die Qualität dieser Ausbildung ließ jedoch, wie leitende REFA-Ingenieure anhaltend beklagten, zu wünschen übrig. Es fehlte an qualifiziertem Lehrpersonal und die Teilnehmer – zunehmend Kriegsversehrte und Nichttechniker – verfügten nicht über erforderliches Vorwissen.[9]) Diese Mängel galt es dringend zu beheben.

Neben einer qualitativen Verbesserung der eigentlichen REFA-Methode schien zudem die Kooperation mit Psychologen einen weiteren Ansatz zu bie-

[6]) *Pechhold*, 50 Jahre REFA, S.48–57.
[7]) Ebd.
[8]) *Wicht*, Glanzstoff, S.211f.; *Richter*, Die Währungs- und Wirtschaftsreform, S.234; Curt *Duisberg*, [Chronik der] Sozial- und Personalabteilung, S.43, BAL, 1/6.6.23.
[9]) *Pechhold*, 50 Jahre REFA, S.82–89.

ten, um das Verfahren „zeitgemäß“ zu aktualisieren. Eine konkrete Initiative entstand in Braunschweig, von wo aus die Wiederbegründung des REFA entscheidende Impulse erhielt. Hier trafen sich unmittelbar nach dem Krieg unter Federführung der Industrie- und Handelskammer Braunschweig Vertreter der Industrie und der Gewerkschaften mit wissenschaftlichen Experten, um anstehende Fragen der Rationalisierung, der Ausbildung und des Personalwesens zu diskutieren.[10]) Aus diesen Verhandlungen ging 1948 die Gründung der Hauptgeschäftsstelle des REFA hervor, bevor sie 1951 im Zuge der Gründung des Bundesverbands ihren Sitz in Darmstadt nahm. Gleichzeitig entstand in diesem Zusammenhang auch das „Forschungsinstitut für Arbeitspsychologie und Personalwesen“ (Forfa).

Das Forfa stand unter der Leitung von Bernhard Herwig (1893-1974), der seit 1929 Professor für Psychologie an der TH Braunschweig war.[11]) Herwig gehörte als Schüler von Walter Moede zu den dezidiert praktisch orientierten Vertretern der angewandten Arbeitspsychologie, die sich seit den 1920er Jahren profiliert hatten. An seinem Institut für Psychologie hatte er in den 1930er Jahren eine „Praktische Abteilung“ eingerichtet, die Eignungsbegutachtungen für Industrie und Handwerk durchführte. In diesem Zusammenhang dürfte Herwig auch Kontakte zu Walter Poppelreuter (1886–1939) gehabt haben, der gleichzeitig im Auftrag des DAF-Amts für Berufserziehung und Betriebsführung ein Berufserziehungsprogramm erarbeitete, die so genannten „Robinsonkurse“.[12]) Dabei handelte es sich um so genannte „Einfachstschulungen“, in denen beschäftigungslose Jugendliche den Umgang mit unterschiedlichen Materialien (Eisen, Holz, Papier usw.) lernen sollten. „Stundenlanges Feilen“ etwa hielt man für pädagogisch sinnvoll, um ihnen gleichzeitig „Arbeitstugenden“ anzuerziehen. Von diesen Kursen wurde vor allem „Eisen erzieht“ bekannt. Er stellte ein zentrales Modul der Berufsausbildung im Volkswagen-Vorwerk Braunschweig dar, dessen Aufbau die DAF seit dem Ende der 1930er Jahre als eines ihrer Prestigeprojekte betrieben hatte.[13]) An diese Kooperation knüpfte man nach 1945 in Braunschweig an.

Nicht zufällig trug das 1948 in Braunschweig eingerichtete psychologische Institut zunächst die Bezeichnung „Forschungsstelle für Berufserziehung und Eignungsbegutachtung“.[14]) Gleichwohl rückten Fragen der Berufserziehung

[10]) Das Forschungsinstitut für Arbeitspsychologie und Personalwesen, in: arbeitswissenschaft 2, 1962, S. 58–65, hier S. 58; vgl. auch: *Pechhold*, 50 Jahre REFA, S. 108f.

[11]) Zum Lebenslauf Herwigs vgl.: Gustav *Spengler*, Nachruf für Bernhard Herwig, in: Psychologische Rundschau 25, 1974, S. 228–230; Bernhard *Herwig*, in: *Geuter*, Die Professionalisierung, S. 571.

[12]) Ebd. S. 156f.

[13]) *Kipp*, Die Formung des „neuen“ deutschen Facharbeiters; *Mommsen/Grieger*, Das Volkswagenwerk, S. 227-249.

[14]) Bernhard *Herwig*, Forschungsstelle für Berufserziehung und Eignungsbegutachtung, Braunschweig, in: Mitteilungen des BDP 8, Dez. 1948, in: *Bönner/Lück*, Die Mitteilungen, S. 133–135.

schnell wieder in den Hintergrund. Wichtiger für die Kooperation zwischen Psychologen und Rationalisierungsexperten war eine Form der Zusammenarbeit, die nicht Poppelreuters, sondern ganz deutlich Herwigs Handschrift trug: Indem man sich darauf einigte, dass alle REFA-Anwärter zunächst eine von den Psychologen des Forfa durchgeführte Eignungsprüfung zu durchlaufen hatten, fand man einen gemeinsamen Nenner, von dem beide Seiten entscheidend profitierten.

Die REFA-Männer gewannen durch die Einbindung dieses psychologischen Verfahrens in ihre Ausbildung an wissenschaftlich abgesicherter Legitimität, was insbesondere ihrer Akzeptanz in der betrieblichen Praxis zugute kommen sollte. Dies war notwendig, da zum einen die Ermittlung der Akkordzeiten nach der REFA-Methode es erforderte, dass die so genannten „Zeitnehmer" vor Ort, das heißt am jeweiligen Arbeitsplatz, mit der Stoppuhr in der Hand den Arbeitern genauestens auf die Finger schauten.[15]) Dass diese (betriebsexternen) „Zeitnehmer" von den Arbeitern nicht gerade mit offenen Armen empfangen wurden, kann man sich vorstellen. Zum anderen umfasste die REFA-Methode auch das „Schätzen" als Verfahren, „wenn die anderen Verfahren der Zeitermittlung versagen"[16]). Trotz aufwendiger Bemühungen, dieses „Schätzen" zu objektivieren, konnten Vorbehalte und Skepsis, die hier ansetzten und auf die gesamte REFA-Methode übertragen wurden, nie gänzlich ausgeräumt werden.[17])

Im schneidigen Staccato-Stil eines engagierten Ingenieurs hatte H. Böhrs, der beim REFA für den systematischen Ausbau der hauseigenen Ausbildung zuständig war, daher die Forderung aufgestellt: „Mehr Qualität statt Masse in der Ausbildung! [...] REFA-Arbeit ist Ingenieurarbeit, man sollte daher auf Eignung und Vorbildung mehr achten! [...] Eheste Gewinnung, Schulung und Fortbildung eines Stammes qualifizierter, ehrenamtlicher REFA-Lehrer!"[18]) Herwig und zwei seiner Mitarbeiter erläuterten ergänzend, dass ihr diagnostisches Verfahren ein Urteil über die psychischen Grunddispositionen ermögliche, die für die REFA-Tätigkeit notwendige Voraussetzungen darstellten. Darüber hinaus gewähre es einen „Einblick in die menschliche und charakterliche Grundstruktur der Persönlichkeit". Gerade diese Seite der Persönlichkeit sei „zur Vermeidung von Misserfolgen und menschlichen Schwierigkeiten bei der REFA-Arbeit von ganz besonderer Bedeutung".[19]) Damit betonten die Psychologen, dass auch im Tätigkeitsfeld von Rationalisierungsexperten

[15]) Das REFA-Buch. Bd. 2: Zeitvorgabe, 2. überarb. Aufl., München 1952, vor allem S. 48–69.

[16]) Ebd. S. 89.

[17]) Vgl. dazu zum Beispiel: Ernst *Bornemann*, Das Refa-Wesen als Helfer im Betrieb, in: Mensch und Arbeit 1, 1949, S. 149.

[18]) Zit. n. *Pechhold*, 50 Jahre REFA, S. 105.

[19]) Bernhard *Herwig*, Heinz *Dirks*, Gustav *Spengler*, Verfahren, Ergebnisse und Erfahrungen bei den psychologischen Eignungsuntersuchungen für REFA-Anwärter, in: Refa-Nachrichten 1, Nr. 10/12, 1948, S. 19–24.

die Berücksichtigung „menschlicher“ und sozialer Aspekte eine wichtige Rolle spiele. Indem sie außerdem die Mitteilung des Eignungsbefunds an den Prüfling als pädagogisch wertvolles Gespräch deklarierten,[20]) eröffneten sie so den Ingenieuren die Möglichkeit, eine Brücke zur eingeforderten anthropozentrischen Maxime zu schlagen – erfolgreich. 1951 erklärte Kurt Magnus, der Vorsitzende des neuen REFA-Verbands, anlässlich der offiziellen Gründung desselben:

> „Im Mittelpunkt aller wirtschaftlichen Erwägungen und Planungen steht der arbeitende Mensch. Ihm zu helfen, [...] ist der Zweck allen Schaffens. Und wenn es dem REFA gelingt, mit dazu beizutragen, [...] so wird diese Arbeit im Endergebnis nicht nur zu einer Erleichterung der wirtschaftspolitischen Lage, sondern gleichzeitig auch [...] zu einer besseren Lebensgestaltung führen.“[21])

Für die Psychologen resultierte aus dieser Zusammenarbeit, dass die rasante Verbreitung der REFA-Methode während der 1950er Jahre[22]) gleichzeitig auch eine Verbreitung ihrer eignungsdiagnostischen Kompetenz darstellte. Kontakte zwischen Unternehmen und Psychologen entstanden nicht selten über diese Vermittlung.[23]) Das Forfa, das 1948 seine Arbeit in Braunschweig mit vier Mitarbeitern begann, eröffnete bereits 1951 eine Zweigstelle in Düsseldorf. 1957 umfasste es (beide Institute zusammengefasst) 17 psychologische Mitarbeiter. Bis 1963 arbeiteten im Forfa insgesamt mindestens 45 Psychologen, für weitere elf ist zu vermuten, dass sie dort beschäftigt waren.[24]) Zudem haben nach Aussage eines Mitarbeiters, der von 1951 bis 1958 in Düsseldorf tätig war, weitere Psychologen durch Vermittlung von Herwig oder anderen Mitarbeitern Anstellungen in Unternehmen oder Verwaltungen direkt nach ihrem Studium erhalten.[25]) Das Forfa stellte damit bis zum Beginn der 1960er Jahre das wichtigste arbeits- und betriebspsychologische Institut der Bundesrepublik dar.

Rückblickend war es für ehemalige Mitarbeiter „so ein kleines Monopol“, „eine Brutstätte von Psychologen“.[26]) Und auch in seinem zeitgenössisch „veröffentlichten“ Selbstverständnis sah sich das Forfa allein in der Tradition derjenigen arbeitspsychologischen Forschungsinstitute, die nach dem Ersten Weltkrieg entstanden waren, spätestens seit dem Ende des Zweiten jedoch

[20]) „Um eine positive Wirkung zu sichern, haben sich die Psychologen der häufig schweren Arbeit unterzogen, jedem Prüfling Einsicht in das Ergebnis der schriftlichen Arbeiten und eine Deutung seines persönlichen Wesensbildes zu geben. [...] Der Gesamtuntersuchung wurde solcherweise ein grundsätzliche positive Bedeutung gegeben, nicht nur im Hinblick auf die Sache, d.h. die Auslese für die REFA-Arbeit, sondern auch für den Bewerber als Mensch.“ Vgl. *Herwig/Dirks/Spengler*, Verfahren, Ergebnisse, Erfahrungen, S.22.

[21]) Zit. n. *Pechhold*, 50 Jahre REFA, S.129.

[22]) Ebd. S.141–159.

[23]) Vgl. Kap. 6.3.

[24]) Vgl. dazu im Anhang Tab. 9: Forfa-Mitarbeiter, 1948–1963.

[25]) So etwa Horst Nutzhorn, der während der 1960er Jahre in einem Industriebetrieb in Nordhorn arbeitete. Interview vom 19.12.01.

[26]) Vgl. Interviews vom 24.01.01; 19.12.01.

nicht mehr existierten oder aufgrund von Verstrickungen im Nationalsozialismus ihren Kredit verspielt hatten: Moedes Institut für Psychotechnik in Berlin, Poppelreuters Institut für Arbeitspsychologie in Bonn und das von Giese gegründete Psychotechnische Laboratorium an der TH Stuttgart. Was einzig über 1945 hinaus Bestand hatte, war das Max-Planck-Institut für Arbeitsphysiologie in Dortmund. Doch war dies kein psychologisches, sondern eben ein arbeitsphysiologisches, stärker technisch und teilweise medizinisch ausgerichtetes Institut.

Mit dieser Kooperation zwischen REFA und Forfa wandte sich die Rationalisierungsbewegung nach dem Krieg deutlich dem Faktor „Mensch" zu. Durchschlagend brach sich diese Neuausrichtung Bahn, als 1949/50 das RKW offiziell wieder gegründet wurde.[27]) Wichtige Rationalisierungsstandorte waren bis dahin in den verschiedenen Besatzungszonen in Berlin, Wiesbaden, Hannover und München entstanden. Hier hatten sich jeweils ehemalige Mitglieder des alten RKW unter Aufsicht der Militärregierungen und in Kooperation mit Gewerkschaftsvertretern um die Wiederbelebung der Organisation bemüht. Diese regionalen Institutionen wurden nun als gemeinsamer bundesweiter Dachverband zusammengefasst. Als Verein verpflichtete sich das neue RKW satzungsgemäß der „Aufgabe, durch Pflege und Förderung der Rationalisierungsbestrebungen der Gesundung, Erstarkung und Entwicklung der deutschen Volkswirtschaft in technischer und wirtschaftlicher, sozialer und menschlicher Beziehung zu dienen".[28]) Um dieser Funktion vor allem im Hinblick auf die letzt genannten Aspekte gerecht zu werden, knüpfte man explizit an Ansätze des alten RKW an. Dieses hatte – im Zuge der Weltwirtschaftskrise unter Druck geraten – in Kooperation mit Gewerkschaftsvertretern kurzzeitig versucht, neue Wege zu finden, um zwischen „Mensch" und Rationalisierung zu vermitteln.[29]) 1949 fand in München unter dem Titel „Für und Wider die Rationalisierung" eine internationale Arbeitstagung statt, deren dritter Tag dem Thema „Mensch im Betrieb" gewidmet war. 1950 wurde außerdem als neue Abteilung des RKW die „Rationalisierungsgemeinschaft ‚Mensch und Arbeit'" eingerichtet, die es als „Arbeitsgemeinschaft für Mensch und Rationalisierung" Ende der 1920er Jahre schon einmal gegeben hatte.

„Rationalisierungsgemeinschaften" stellten die neuen Organisationseinheiten des RKW dar. Sie setzten sich zusammen aus denjenigen Instituten, Vereinen und Einzelpersonen, die auf dem jeweiligen Gebiet tätig waren und Interesse an einer solchen Zusammenarbeit hatten. Die Liste der am Arbeitskreis „Mensch und Arbeit" Beteiligten liest sich wie eine Zusammenschau der bestehenden arbeitspsychologischen und betriebspsychologischen Institutionen:[30]) Nicht nur das Forfa war mit Herwig vertreten. Auch die weiteren Alt-

[27]) *Büttner*, Das Rationalisierungs-Kuratorium, S. 24–34.
[28]) Zit. n. ebd. S. 27.
[29]) Vgl. Kap. 1.2.
[30]) *Hetzer*, Deutsche Betriebspsychologie, S. 48.

gedienten der herkömmlichen Arbeitspsychologie gaben sich hier die Ehre: Prof. Erwin Bramesfeld, Ingelheim; Prof. Adolf M. Friedrich, Braunschweig; Prof. Wilhelm Hische, Hannover, und Prof. Josef Mathieu, Aachen. Gleichzeitig beteiligten sich aber auch die neuen Organisationen der „sozialen Betriebsgestaltung": die Heidelberger A.S.B. und Scherkes „Forschungsstelle Mensch und Betrieb" in Nürnberg. Auffällig ist, dass die „Neuen" als Institutionen auftraten, während die „Alten" als Ordinarien weiterhin in personalisierter Form ihre Interessen vertraten. Die Zwischenposition, die Herwig einnahm, indem er als Professor das Forfa vertrat, ist signifikant für seine exponierte Rolle.

Unter dem Dach des neuen RKW, der Steuerungszentrale der westdeutschen Rationalisierungsbewegung, kam es somit erstmals zu einer Kooperation zwischen den neuen Humanexperten und den wichtigsten Repräsentanten der herkömmlichen technisch orientierten Arbeitspsychologie. Obwohl die „Neuen" ohne institutionelle Verankerung an den Universitäten viel schwächer positioniert waren, ordneten sich die Etablierten trotzdem ihrer humanwissenschaftlich geprägten Zielsetzung unter:

Mit einer Vereinbarung, die alle an der „Rationalisierungsgemeinschaft Mensch und Arbeit" Beteiligten unterschrieben, legten sie sich darauf fest, „im Bewußtsein ihrer sozialen Verpflichtung [...], dem Menschen und der Arbeit in Wirtschaft und Verwaltung nach besten Kräften zu dienen".[31]) Die Broschüre (1953), mit der alle bestehenden Einrichtungen vorgestellt wurden, die (angeblich) diese Zielsetzung verfolgten, enthielt in der Einführung freilich den obligatorischen Hinweis, dass das RKW „die Notwendigkeit, den Menschen in den Mittelpunkt aller Rationalisierungsbestrebungen zu stellen, [...] seit jeher anerkannt" habe[32]). Doch war das nicht alles. Die Publikation trug den Titel „Deutsche Betriebspsychologie". Damit übernahm das RKW zur Bezeichnung des gesamten neuen Arbeitsfelds der Rationalisierungsbewegung einen Begriff, den die Humanexperten im Zusammenhang mit der „Sozialen Betriebsgestaltung" geprägt hatten.[33]) Darüber hinaus war der Zusammenstellung der Institutionen ein Überblick über die Entwicklung der angewandten Arbeits- und Betriebspsychologie vorangestellt, in der als führende Einrichtungen des aktuellen Stands insbesondere das Forfa und die A.S.B. benannt wurden.[34]) Dass im Anschluss daran und unter dieser Überschrift sämtliche psychologischen Institute der Technischen Hochschulen aufgezählt wurden, dürften die meisten betroffenen Ordinarien allenfalls als notwendiges Zugeständnis an veränderte Verhältnisse hingenommen haben. Die hier deutlich erkennbare Verschiebung vom arbeits- zum betriebspsychologischen

[31]) Vereinbarung der ‚Rationalisierungsgemeinschaft Mensch und Arbeit', in: ebd. S. 46–48.

[32]) Ebd. S. 5.

[33]) Vgl. Kap. 3.5.

[34]) *Hetzer*, Deutsche Betriebspsychologie, S. 12.

Schwerpunkt zeigte sich auch an der Konzeption der Hauptarbeitsgebiete der Rationalisierungsgemeinschaft. Man griff die drei Arbeitsgebiete wieder auf, die sich 1931 bereits herauskristallisiert hatten: Bestgestaltung der Arbeit, Berufsauslese und Berufsausbildung. Darüber hinaus ergänzte man diese um das neue Arbeitsgebiet „Ordnung der menschlichen Beziehungen im Betrieb".[35])

Wie Hans Wolfgang Büttner in seiner Geschichte des RKW befand, war mit dieser Neuausrichtung des RKW zu Beginn der 1950er Jahre der „humane Bezug" deutlich hervorgehoben. Noch 1973 fühlte er sich als Geschäftsführer des RKW jedoch bemüßigt, dazu aufzurufen: „‚Der Mensch im Mittelpunkt' – diese frühzeitig bereits erhobene Forderung [...] muß immer wieder neu mit Leben gefüllt werden. Dies verlangt die Gegenwart, dies verlangt aber auch die neue Organisation des RKW."[36]) Diese Kontinuität des Gemeinplatzes vom „Menschen im Mittelpunkt" als Orientierungsreferenz der Rationalisierungsbewegung bis in die 1970er Jahre resultierte nicht daraus, dass die viel versprechende Nachkriegs-Neuausrichtung des RKW folgenlos geblieben war. Die Rationalisierungsbewegung veränderte sich nach 1945 durchaus. Doch ging mit diesem Wandel nicht einher, dass auch die Mehrheit der Rationalisierungsexperten umdachte. Indem das RKW Psychologen als neue Experten integrierte, die spezifisch qualifiziert waren, bei der „vernunftgemäßen" Gestaltung von Wirtschaft und Unternehmen Bedürfnisse des einzelnen Menschen zu berücksichtigen, verminderte es den Druck auf herkömmliche Rationalisierungsingenieure, sich mit dieser Forderung auseinanderzusetzen.

Die Vereinbarung, der sich die Mitglieder der Rationalisierungsgemeinschaft verpflichteten, diente in erster Linie dazu, das Verhältnis zwischen RKW und Psychologen neu zu regeln.[37]) Die Rationalisierungsexperten versuchten dabei zwar, ihren Führungsanspruch zu sichern. Doch ging damit einher, dass sie erstmals Psychologen als eigenständige Berufs- und Expertengruppe anerkannten – unter der Bedingung, das diese sich dem ‚Label' „Betriebspsychologie" verschrieben. Ihre Akzeptanz galt damit nicht mehr nur einem bestimmten psychologischen Fachteil, der Arbeitspsychologie, sondern dem gesamten Spektrum psychologischer Ansätze, die sich auf betriebliche Arbeit bezogen. Vermittelt über die Rationalisierungsexperten wurde so die gesamte Psychologenschaft mit dem Konzept „Betriebspsychologie" konfrontiert. Das war neu und sollte sich als folgenreich erweisen.

Berufspraktisch tätige Psychologen waren 1945 nämlich schlagartig arbeitslos geworden. Sie standen vor der Situation, ihre Arbeitsfelder aufs Neue erobern zu müssen. Während des Nationalsozialismus hatten sie zwar mit der

[35]) *Büttner*, Das Rationalisierungs-Kuratorium, S. 28.

[36]) Ebd.

[37]) Auf folgende selbstverpflichtende Regeln und Ziele legte man sich fest: wissenschaftliche Redlichkeit und Kollegialität, Werbung für die Arbeits- und Betriebspsychologie, Nachwuchsrekrutierung, Abgabe von Arbeitsmaterialien an das RKW als zentrale Sammelstelle, „Gemeinschaftsarbeit". Vgl. Vereinbarung, in: *Hetzer*, Deutsche Betriebspsychologie, S. 46f.

Einrichtung des Diploms 1941 als berufsqualifizierendem Universitätsabschluss den wichtigsten Schritt ihrer Professionalisierung getan.[38]) Weil das Ende des nationalsozialistischen Regimes jedoch auch das Aus all derjenigen Institutionen bedeutete, die bisher als Arbeitgeber für Psychologen fungierten, standen sie nun unter besonderem Zugzwang. Bereits seit der zweiten Hälfte der 1940er Jahre hatten sie tatkräftig daran gearbeitet, sich als unverzichtbare Berufspraktiker und Experten zu präsentieren. 1946 war der „Berufsverband Deutscher Psychologen“ (BDP) gegründet worden.[39]) Zwischen 1949 und 1954 konsolidierte sich dieser auf Bundesebene unter dem Vorsitz von Bernhard Herwig.[40]) Auch die Psychologen sprangen mit ihrer Nachkriegs-Etablierungsstrategie auf den „Mensch-im-Mittelpunkt“-Zug auf, den Gewerkschaften und Kirchen ins Rollen gebracht hatten. Der BDP bemühte sich, Psychologen als Experten zu profilieren, die ob ihrer spezifischen Kompetenz prädestiniert waren, entscheidend zur „Gesundung“ und „Heilung“ nicht nur des Individuums beizutragen, sondern dadurch gleichzeitig auch in allen gesellschaftlichen Bereichen „ordnend“ zu wirken. Heinz Dirks (1906-1998) etwa, ehemaliger Wehrmachtspsychologe, einer der Gründungsmitglieder des Forfa und als Leiter dessen Düsseldorfer Geschäftsstelle (zunächst) die rechte Hand von Herwig,[41]) benannte in einem viel beachteten Artikel in der Psychologischen Rundschau – seit 1950 *die* Kommunikationsplattform der anwendungsorientierten Psychologen – folgende Aufgabe für die praktische Psychologie:

„Der einzige Auftrag für den praktischen Psychologen kann nur der sein, im menschlichen Bereich – und zwar gleich, ob im engeren Kreis der Ehe und Familie oder im größeren der industriellen Arbeit, der Verwaltung und der Schule – aus der psychologischen Erkenntnis heraus ordnend, ausgleichend und helfend zu wirken [...] und Spannungen und Schwierigkeiten abzubauen.“[42])

Mit dieser Ausrichtung verfolgten die Psychologen, wie Rainer Maikowski, Peter Mattes und Gerhart Rott es aufgezeigt haben, eine nachhaltig erfolgreiche Strategie.[43]) Anhand von Erziehungs- und Berufsberatungen, mit Schu-

[38]) *Geuter*, Die Professionalisierung.

[39]) Vgl. dazu: *Bönner/Lück*, Einführung, in: *dies.*, Die Mitteilungen, S. 13-26; *Schorr*, Der Berufsverband; *Lück/Sewz-Vosshenrich*, Die Anfänge des BDP; *Weber*, Psychologiegeschichte.

[40]) Bericht über die Ordentliche Mitgliederversammlung in München, in: Mitteilungen des Berufsverbandes Deutscher Psychologen 4, Nr. 12, 1950, in: *Bönner/Lück*, Die Mitteilungen, S. 246-249, hier S. 247.

[41]) Dirks war von 1933 bis 1942, das heißt von Anfang bis Ende, bei der Wehrmachtspsychologie tätig, nachdem er 1931 bei Schultze in Königsberg promoviert worden war. Von 1942 bis 1945 war er Soldat, dann in Kriegsgefangenschaft. *Geuter*, Die Professionalisierung, S. 567; Horst *Fischer*, Dr. Heinz Dirks ist im Alter von 91 Jahren verstorben, in: ABOaktuell, 4, 1998, S. 9f.

[42]) Heins *Dirks*, Über den sittlichen und realen Standort des Psychologenberufs, in: Psychologische Rundschau 2, 1951, S. 59-62, hier S. 60, 61.

[43]) *Maikowski/Mattes/Rott*, Psychologie und ihre Praxis, S. 87-93.

lungen für betriebliche Führungskräfte und mit Methoden zur Steigerung der Produktivität stellten sie nicht nur konkrete Maßnahmen bereit, die die Lösung spezifischer Probleme der unmittelbaren Nachkriegszeit versprachen. Psychologen boten damit vor allem Orientierung. Danach herrschte in der unmittelbaren Nachkriegszeit in Deutschland ein besonders großes Bedürfnis. Diesem entsprach das psychologische Angebot, indem es Hilfe für jeden Einzelnen mit seinen „Privatsorgen" genauso in Aussicht stellte wie für Institutionen mit öffentlicher Aufgabe. Für beide Bereiche war seine wissenschaftliche Fundierung gleichermaßen von Bedeutung, schien doch die daraus abgeleitete „Objektivität" als einzig verlässlicher Garant, sich vor weiteren „Verirrungen" und „Katastrophen" zu schützen.

Mit der Selbstzuweisung dieses Nachkriegs-„Auftrags" trug der BDP maßgeblich dazu bei, dass sich in den Folgejahren die Psychologenschaft als eigenständige Berufsgruppe in unterschiedlichen Tätigkeitsfeldern etablierte. Das so genannte „Psychologentaschenbuch", eine Art Handbuch für alle BDP-Mitglieder, das auch ein Mitgliederverzeichnis umfasste, zählte 1949 noch 118 berufspraktisch tätige Psychologen. 1952 jedoch waren es bereits 647, 1956 867 und 1960 1231.[44])

Auch der BDP war zu Beginn der 1950er Jahre an den Verhandlungen über die Vereinbarung beteiligt, der sich die Mitglieder der „Rationalisierungsgemeinschaft Mensch und Arbeit" verpflichteten. So wurde für den Fall von Differenzen innerhalb der Rationalisierungsgemeinschaft die Einberufung einer Schiedsstelle festgelegt, die, wenn berufsständische Fragen betroffen waren, neben den obligatorischen Mitgliedern (Psychologe, Betriebspraktiker, Mitglied der Geschäftsführung der Rationalisierungsgemeinschaft) auch einen Vertreter des BDP umfassen musste.[45]) Die Vereinbarung der Mitglieder der RKW-„Rationalisierungsgemeinschaft Mensch und Arbeit" war damit eine Art Kooperationsvertrag zwischen Psychologen und Rationalisierungsexperten, der maßgeblich dazu beitrug, das arbeits- und betriebspsychologische Praxisfeld zu etablieren. Es war daher nicht nur die Zusammenarbeit zwischen Psychologen und Arbeitsämtern beziehungsweise zwischen Psychologen und Bundeswehr, mit denen während der 1950er Jahre die psychologische Berufspraxis in der Bundesrepublik institutionalisiert wurde.[46]) Auch

[44]) Ebd. S. 118.

[45]) Vgl. Vereinbarung, in: *Hetzer*, Deutsche Betriebspsychologie, S. 46f.

[46]) 1953 wurde eine Laufbahn für Diplom-Psychologen bei der Bundesanstalt für Arbeitsvermittlung und Arbeitslosenversicherung eingerichtet, 1957 der Psychologische Dienst bei der Bundeswehr. Vgl. *Mattes*, Psychologie im westlichen Nachkriegsdeutschland, S. 217. 1949 wurde auf Veranlassung der Hohen Kommission außerdem die so genannte „Deutsche Gesellschaft für Personalwesen" gegründet. Dabei handelte es sich um eine Organisation, die vermittels wissenschaftlichen Wissens die Sozialbeziehungen im öffentlichen Dienst verbessern sollte. Sie gab zunächst eine Reihe von Schriften heraus und veranstaltete Tagungen und Vorträge zu entsprechenden Themen. Als ihre Finanzierung durch HICOG 1953 eingestellt wurde, musste sie ihre Tätigkeit stark einschränken. Vgl. *Rupieper*,

die Arbeits- und Betriebspsychologie hatte einen, zudem vergleichsweise frühen, richtungsweisenden Ausgangspunkt. Zwar konnte dieser aufgrund der Heterogenität des Tätigkeitsfelds nicht die Form einer einheitlichen Laufbahnfestlegung für Psychologen haben, wie es bei den anderen Bereichen der Fall war. Stattdessen aber wurde, indem man Rationalisierungsziele mit „Humanisierungszielen" verknüpfte, das heißt Arbeits- und Betriebspsychologie zusammenfasste, ein neues Profil dieser Experten geschaffen.

Nicht zufällig waren in der Folgezeit besonders diejenigen Psychologen erfolgreich, die es verstanden, diese doppelte Zielsetzung zu bedienen. Unter ihnen ragten Herwig und die zahlreichen Mitarbeiter des Forfa heraus. Vor allem in den ersten Jahren seines Bestehens habe man in dem Braunschweiger Institut, wie einer der Ehemaligen im Interview berichtete, „sehr viel diskutiert über den richtigen Weg". Es sei „richtiggehend eine Richtung gesucht" worden, „wobei wir Jüngeren eben moderner ausgebildet waren und etwas mehr wussten auch von der [...] amerikanischen Literatur, weil die älteren Herren das nicht so wussten, so dass [...] hier auch der Generationsgegensatz, nicht als Gegensatz, sondern als Ergänzung deutlich herauskam."[47]) Die Forfa-Mitarbeiter trugen maßgeblich dazu bei, innerhalb der anwendungsorientierten Psychologie die bestehende Grenze zwischen den Fachteilen Arbeits- und Betriebspsychologie zu überwinden. Auf Initiative von Heinz Dirks etwa wurden 1953 beim BDP die entsprechenden bisher getrennt bestehenden „Arbeitsgemeinschaften" zu einer gemeinsamen zusammengefasst, deren Leitung er übernahm.[48]) Auch das Geheimnis von Herwigs Erfolg in der akademischen Psychologie bestand darin, dass er die Unterordnung des herkömmlichen arbeitspsychologischen Ansatzes unter den betriebspsychologischen akzeptierte.[49]) In dem 1961 erschienenen Band „Betriebspsychologie" des Handbuchs der Psychologie vertraten die Herausgeber – Herwig und Arthur Mayer – genau diese Konzeption.[50])

Auch wenn es auf den ersten Blick paradox erscheinen mag: Gerade die Intervention der Rationalisierungsexperten verhalf in der ersten Hälfte der

Die Wurzeln, S. 199–201. Sie blieb gleichwohl bestehen und führte in der Folgezeit hauptsächlich Personalauswahlverfahren für den öffentlichen Dienst durch. Die DGP war ein wichtiger Arbeitgeber für Psychologen und spielte vor allem bei der Entwicklung der Testdiagnostik eine zentrale Rolle. Vgl. zur DGP: die hauseigene Zeitschrift „DGP-Informationen"; Martin *Kersting*, Die Deutsche Gesellschaft für Personalwesen, in: Report Psychologie 25, 2000, S. 259f.; Deutsche Gesellschaft für Personalwesen (DGP), in: *Hesse/Schrader*, Erlebnisse aus 1001 Bewerbungen, S. 54–62; Interview vom 20. 09. 00.

[47]) Interview vom 19. 12. 01.

[48]) Horst *Fischer*, Dr. Heinz Dirks ist im Alter von 91 Jahren verstorben, in: ABOaktuell, 4, 1998, S. 9f.

[49]) Vgl. dazu: Bernhard *Herwig*, Möglichkeiten und Probleme der heutigen Betriebspsychologie, in: Psychologische Rundschau 1, 1949/50, S. 204–212.

[50]) *Mayer/Herwig*, Betriebspsychologie; vgl. auch: Arthur *Mayer*, Die gegenwärtige Problematik der Arbeits- und Betriebspsychologie, in: Psychologische Rundschau 6, 1955, S. 6–18.

1950er Jahre der bisher wenig bis gar keine Anerkennung genießenden, weil nicht akademisch vertretenen Betriebspsychologie entscheidend zum Durchbruch. „Betriebspsychologie“ wurde zum neuen Label des gesamten psychologischen Tätigkeitsfelds, das sich auf betriebliche Arbeit bezog. Zwar sollte die entsprechende Neuausrichtung der akademischen Disziplin noch bis zum Beginn der 1960er Jahre dauern. Für die praxisorientierten Institutionen des personalpolitischen Felds jedoch stellte diese Veränderung schlagartig eine einschneidende Zäsur dar. Als Ergebnis dieser Aushandlungen wurde ihre bisherige soziale und „humanisierende“ Zielsetzung nämlich rationalisierungskompatibel gemacht.

Paradigmatischen Charakter hatte dabei Arthur Mayers Habilitationsschrift von 1951: „Die soziale Rationalisierung des Industriebetriebs“.[51]) Mayer (1911–1998), der angeblich der erste Diplom-Psychologe der Bonner Universität war und außerdem als „Gründer“ der Nachkriegs-Betriebspsychologie gilt, folgte, nachdem er Professor für Psychologie an der Wirtschaftshochschule in Mannheim geworden war, 1954 Herwig im BDP-Vorsitz.[52]) Gegenüber diesem, der maßgeblich in der Tradition der Arbeitspsychologie stand, stellte der 20 Jahre jüngere Mayer das entsprechende betriebspsychologische Pendant im Sinne der ganzheitlichen „Sozialen Betriebsgestaltung“ dar. Als generationsübergreifendes Herausgeberteam des Handbuchs „Betriebspsychologie“ ergänzten sich die beiden somit komplementär, wobei dominant bis in die 1960er Jahre die von Mayer vertretene Position war. Mit seinem Aufruf zur „sozialen Rationalisierung“ setzte er dafür zu Beginn der 1950er Jahre die Maßstäbe.

Unter „sozialer Rationalisierung“ wollte Mayer die notwendige, weil bisher unterbliebene, humanwissenschaftlich fundierte „Anpassung des Menschen an den Mitmenschen in der Betriebsarbeit“ verstanden wissen.[53]) Er arbeitete insgesamt auf die Etablierung einer „anthropologischen Psychologie“ hin. Mayer reihte sich damit in die entsprechenden ganzheitlichen Bestrebungen ein, die auch Vertreter anderer Wissenschaftsdisziplinen zeitgleich verfolgten – etwa Wilhelm Hasenack in der Betriebswirtschaftslehre und Viktor von Weizsäcker in der Medizin.[54]) Im Gegensatz zu diesen war Mayers Ansatz in der Psychologie jedoch weitaus erfolgreicher, hatte doch die (naturwissenschaftliche) Emanzipation der Psychologie gegenüber ihrer „Mutter-Disziplin“ Philosophie zu diesem Zeitpunkt noch keinen Abschluss gefunden. Nach Mayers Ansicht sollte eine „anthropologisch fundierte moderne Psychologie“ sich „der Beschränkung nur messender und zählender Empirie und dogma-

[51]) *Mayer*, Die soziale Rationalisierung.
[52]) Vgl. zu Mayer: Zum Gedenken an Arthur Mayer, in: ABOaktuell 5, 1998, S. 57f.; Arthur Mayer, in: Kürschners Gelehrten-Kalender 1983, hg. v. Werner *Schuder*, Berlin, New York [14]1983, S. 2684.
[53]) *Mayer*, Die soziale Rationalisierung, S. 18.
[54]) Vgl. Kap. 3.2, 3.3.

tischer Deduktion“ entledigen. Nur so könne sie als „Gesamtlehre vom Menschen“ der wahren „Seinstotalität“ gerecht werden. Dies hielt er für dringend notwendig, weil die „sozial desintegrierenden“ Auswirkungen der „Technisierung“ der Welt offensichtlich zu weit fortgeschritten seien.[55])

Trotz dieser deutlichen Anknüpfungen an die intuitiv-philosophischen Traditionen der Psychologie, die auch schon bei Hantel und Scherke deutlich wurden, stellte die von Mayer geforderte Neuausrichtung keinen Rückschritt dar. Die wichtigste Neuerung, auf die er letztendlich nämlich abzielte, war eine sozialpsychologische Erweiterung des bisherigen individualpsychologischen Ansatzes:

„Im Zuge der anthropologischen Fundierung der modernen Psychologie erscheint es als besonders bedeutsam, neben der Erforschung der individualpsychologischen Struktur und Funktion der leibseelischen Ganzheit des Menschen und ihrer Verwobenheit in Welt und Umwelt mehr und mehr die sozial-psychologische Seite des Menschen, d.h. sein ‚mitmenschliches‘ Wesen zu erhellen.“[56])

Damit verbunden war ein konkretes gesellschaftspolitisches Anliegen:

„Die heutige Gesellschaft steht [...] vor der Aufgabe, die großen Erfolge der Naturwissenschaft, Technik und Wirtschaft, welche sie aus dem Gleichgewicht gebracht haben, durch den Aufbau einer ebenso erfolgreichen Soziologie und Psychologie, welche sich [...] von der konkreten Realität her orientiert, die menschlichen und sozialen Geschicklichkeiten des heutigen Menschen in gleichem Grade zu entwickeln, so daß sie mit den technischen Geschicklichkeiten Schritt zu halten vermögen und eine an die modernen technischen und wirtschaftlichen Verhältnisse anpassungsfähige Gesellschaft entsteht.“[57])

Und nicht zuletzt führte Mayer auch aus, wie er sich die praktische Umsetzung dieses Anliegens vorstellte:

„Die Begriffe der technischen, kaufmännischen und arbeitspsychologischen Rationalisierung sind allenthalben geläufig, während die ‚soziale Rationalisierung‘ [...] noch nicht einmal dem Begriff nach bekannt ist, geschweige denn in ihrer wissenschaftlichen Fundierung vorliegt oder gar praktisch verwirklicht wird. Und doch gehören technisch-kaufmännische Rationalisierung [...], arbeits-psychologische Rationalisierung [...] und die soziale Rationalisierung [...] vom Betriebszweck und vom Menschen her als untrennbare Drei-Einheit zusammen. Erst ihre Synthese und funktionelle Integration bedeuten die Vollendung der Rationalisierung des industriellen Großbetriebes.“[58])

Indem Mayer das betriebspsychologische Tätigkeits- und Forschungsfeld als Teilbereich einer „ganzheitlichen Rationalisierung“ konzipierte, schuf er den entscheidenden Ausgangspunkt für die Etablierung der praktischen Betriebspsychologie. Er ermöglichte es, die im Entstehen begriffene humanwissenschaftliche Expertenkultur mit der Rationalisierungsbewegung zu verknüpfen. Sein Konzept war einerseits gekennzeichnet von denjenigen Orientierungen und Zielsetzungen, die die neuen dezidiert praktisch orientierten

[55]) *Mayer*, Die soziale Rationalisierung, S.15.
[56]) Ebd. S.13.
[57]) Ebd. S.17.
[58]) Ebd. S.18.

Humanexperten im Rahmen der „Sozialen Betriebsgestaltung" entwickelt hatten. Mayer bezog sich nicht nur explizit auf dieses Konzept;[59]) er zitierte auch das gesamte Spektrum der damit verbundenen Literatur: Felix Scherkes „Betriebspsychologie", Guido Fischers „Mensch und Arbeit" sowie eine Reihe der Einzelbeiträge aus den ersten beiden Veröffentlichungen der A.S.B. Andererseits war für die Anschlussfähigkeit gegenüber den Etablierten entscheidend, dass Mayer den Rationalisierungsbegriff an zentraler Stelle – als Titel – verwendete. Dies signalisierte die prinzipielle Anerkennung der Rationalisierungsexperten und ihrer Ziele durch die Psychologen. Darüber hinaus schien außerdem die so verstandene Betriebspsychologie sich passgenau in die „Humanisierungs"-Lücke zu fügen, deren Füllung den Rationalisierungsexperten kraft eigener Kompetenzen Schwierigkeiten bereitete. Dass Mayers „soziale Rationalisierung" mit ihren „anti-technischen" Implikationen eigentlich eine Stoßrichtung fortsetzte, die der Zielsetzung der Rationalisierungsexperten gerade entgegen stand, spielte dabei keine Rolle. Keiner der Beteiligten hielt diese Diskrepanz für bemerkenswert, zumal dies in der gegebenen Situation kontraproduktiv gewesen wäre. Die Psychologen hätten schlecht daran getan, ihre eigenen Erfolge zu untergraben; aber auch die Rationalisierungsexperten konnten kein Interesse daran haben, den Status der neu gewonnenen „Humanisierungs-Kollegen" sofort wieder anzuzweifeln und sich damit erneut dem Problem der klaffenden Lücke stellen zu müssen.

Mit dieser gelungenen „Mimikry", deren Angebot Rationalisierungsexperten gerne annahmen, leistete Mayer einen entscheidenden Beitrag zur Entstehung des personalpolitischen Felds. Die Verbindung von Humanisierungs- und Rationalisierungszielen im Zeichen der „sozialen Rationalisierung" legitimierte die Daseinsberechtigung der personalpolitischen Akteure. Sie verschaffte dem gesamten Feld fraglose Anerkennung. Entscheidend für die Entstehung dieser Konstellation war der Zwang, sich zur anthropozentrischen Maxime zu bekennen. Dem konnten sich auch die alten Rationalisierungsexperten nicht entziehen. Wenn zu Beginn der 1950er Jahre der Betriebspsychologe Mayer die „soziale Rationalisierung" des Industriebetriebs forderte, und gleichzeitig Rationalisierungsexperten sich zur „Betriebspsychologie" bekannten, dann war das eigentlich „verkehrte Welt". Trotzdem war gerade dieser Befund kennzeichnend für die Akteurskonstellation zwischen Psychologen und Rationalisierungsexperten, wie sie sich zum Zeitpunkt der nunmalig gesicherten Existenz des personalpolitischen Felds darstellte – „der Mensch im Mittelpunkt" machte es möglich.

Diese neuen Bedingungen wirkten sich breit aus. Es wurden institutionalisierte Verbindungen zwischen Rationalisierungsingenieuren und den Humanexperten der „Sozialen Betriebsgestaltung" geschaffen. 1952 etwa wurde der Geschäftsführer des alten und neuen RKW, Fritz Reuter, in das Herausgeber-

[59]) Ebd. S. 24, 31 f.

gremium der Zeitschrift „Mensch und Arbeit“ aufgenommen.[60]) Die wichtigste Neuerung bestand jedoch darin, dass Psychologen ihre humanexpertielle Professionalisierungsstrategie konkretisierten, indem sie sich auf eine spezifisch betriebspsychologische Zielsetzung festlegten. Richtungweisend war auch hier Mayers „soziale Rationalisierung“, in dieser Hinsicht jedoch nicht seine begriffliche Anleihe bei den Rationalisierungsexperten, sondern vielmehr eben das, was er inhaltlich darunter verstand.

Mayer profilierte die Betriebspsychologie in Ergänzung und Abgrenzung zur Betriebswirtschaftslehre. Er griff unter Bezugnahme auf die „Soziale Betriebsgestaltung“ diejenigen betriebswirtschaftlichen Ansätze auf, die sich aufgrund ihrer dezidiert anthropozentrischen Bekenntnisse für eine betriebspsychologische Erweiterung besonders anboten. Eine zusätzliche Affinität bestand darin, dass auch Mayer, wie die meisten Vertreter dieser betriebswirtschaftlichen Richtung, bekennender Christ war. Bevor er zur Psychologie kam, hatte er unter anderem Theologie studiert.

Im Gegensatz zur Betriebswirtschaftslehre, so erläuterte Mayer, gehe die Betriebspsychologie

> „nicht von den Maßnahmen der sozialen Betriebspolitik aus […], wenngleich auch unser praktisches Ziel die optimale soziale Betriebsgestaltung ist. Unser Ausgangspunkt setzt von innen her an: wir gehen von der psychophysischen Struktur der menschlichen Persönlichkeit aus […]. Von hierher versuchen wir zu zeigen, wie das betriebliche Gemeinschaftsleben gestaltet werden muß, damit es diesen dem Menschen eigenen Kräften und Bedürfnissen entspricht – damit es ‚menschgerecht‘ ist.“[61])

Mayer ergänzte damit den betriebswirtschaftlichen Ansatz à la Fischer, der auf den Ausbau der „betrieblichen Sozialpraxis“ setzte,[62]) um einen dezidiert psychologischen. Dieser sollte mit eigenen Mitteln zwischen betrieblicher Profitorientierung und menschlichen Bedürfnissen ausgleichen und vermitteln helfen. Mayer entwickelte einen solchen Ansatz, indem er ausgehend von Erich Rothackers ganzheitlichem Persönlichkeitsmodell dessen schichtentheoretische Struktur auf den Betrieb als „organische Einheit“ übertrug.[63]) An-

[60]) Guido *Fischer*, Das Werden der Zeitschrift „Mensch und Arbeit“, in: Mensch und Arbeit 12, 1960, S. 165–167, hier S. 166. Begünstigend kam hinzu, dass Fischer und Reuter, die beide in München lebten, sich bereits seit den 1930er Jahren kannten. Alfred Degelmann beschrieb Reuter zu seinem 70. Geburtstag als jemanden, der sich den „Exponenten der praktischen Betriebslehre wie Schmalenbach, Kalveram, Fischer und Schwantag ebenso verbunden [fühlte] wie den Psychologen Giese, Poppelreuter, Hische und Herwig“. Als „Pg.“ war Reuter 1945 zunächst untergetaucht, hatte sich aber sehr bald schon wieder erfolgreich um die Wiedereinrichtung des RKW in Bayern bemüht. Vgl. *Büttner*, Das Rationalisierungs-Kuratorium, S. 26; *Pohl*, Die Geschichte der Rationalisierung, S. 8; Alfred *Degelmann*, Zum 70. Geburtstag von Dr. Fritz Reuter, in: Rationalisierung 22, 1971, S. 239.

[61]) *Mayer*, Die soziale Rationalisierung, S. 34.

[62]) Vgl. Kap. 3.2.

[63]) *Rothacker*, Die Schichten (^{2}1948, ^{1}1938). Mayer hatte bei Rothacker studiert. Rothakker (1888–1965) war von 1929 bis 1954 Professor für Philosophie und Direktor des Psychologischen Instituts der Universität Bonn. Vgl. *Geuter*, Die Professionalisierung, S. 578; zu Rothackers Persönlichkeitsmodell, S. 289f.

gesichts dieser Analogiebildung ist es wenig erstaunlich, dass er zu dem Ergebnis kam, das Wichtigste sei „das übergeordnete Ganze“, „die Integrität und das Gleichgewicht des Gesamtbetriebs“[64]). Neu war trotzdem, dass er daraus folgerte: Mensch und Betrieb müssen als „gleichberechtigte und gleichwertige, aufeinander bezogene Zwecke bzw. als gleichgewichtige, auf den übergeordneten Gesamtzweck bezogene Teilzwecke nebeneinander“ stehen. Erst aus dieser ‚Erkenntnis‘ konnte er „wissenschaftlich“ fundiert die neue betriebspsychologische Zielsetzung ableiten:

„Will der Betrieb die Bestleistung seiner Menschen erreichen, so gibt es zu diesem Ziel nur den Weg, daß er seinerseits ebenfalls das Bestmögliche tut, um den in ihm tätigen Menschen zu helfen, *durch* ihre Arbeit im Betrieb zur reichsten Entfaltung ihrer personalen und sozialen Werte zu gelangen.“[65])

Dem Einzelnen im Betrieb zur Entfaltung seiner Persönlichkeit zu verhelfen – das war die Zielsetzung, der sich Betriebspsychologen von nun an verschrieben. Mayer hatte dazu die wissenschaftliche Legitimation geliefert. Mit der Festlegung auf diese genuin betriebspsychologische Zielsetzung erhielt das personalpolitische Feld einen eigenen humanwissenschaftlich fundierten Fluchtpunkt. Nun bezog man sich nicht mehr nur wolkig auf den „Menschen im Mittelpunkt“, sondern fasste ein konkretes Ziel ins Auge, das der anthropozentrischen Prämisse entsprach. Für die Ausgestaltung der praktischen Arbeit bedeutete dies eine weitere Aufwertung der humanwissenschaftlich geprägten Tätigkeit gegenüber der personalexpertiellen. Das Forfa lief seit dem Beginn der 1950er Jahre der A.S.B. daher zunehmend den Rang als wichtigste Institution des personalpolitischen Felds ab.

Hinzu kam noch eine weitere Bedingung, die diese Entwicklung begünstigte. Seit dem Beginn der 1950er Jahre, als mit der dritten Phase des Marshall-Plans Maßnahmen zur Produktivitätssteigerung anliefen, geriet im Zeichen der „Human Relations“ der dominierende technische Denkstil deutscher Rationalisierungsexperten und Unternehmer noch zusätzlich unter Druck. Dies führte im personalpolitischen Feld zunächst dazu, dass eine weitere neu gegründete Organisation Auftrieb erhielten, wie zum Beispiel der „Stuttgarter Arbeitskreis – TWI zur Förderung der innerbetrieblichen Arbeitsbeziehungen“.

Der „Stuttgarter Arbeitskreis“ wurde 1951 als Verein gegründet. Er fasste die so genannten „Landeskuratorien“ zusammen, die seit 1948 entstanden waren, nachdem das „Labor-Office“ der Hohen Kommission das so genannte „Training-Within-Industry“-Programm (TWI) in der deutschen Industrie eingeführt hatte.[66]) Dieses Programm war zwischen 1940 und 1942 von C.R.

[64]) *Mayer*, Die soziale Rationalisierung, S. 225.
[65]) Ebd. S. 226, kursiv im Original.
[66]) Vgl. für das Folgende, wenn nicht anders angegeben: *Schretzmayr*, Die deutsche TWI-Arbeit, S. 1-14. Die „TWI-Landeskuratorien“ setzten sich in der Regel zusammen aus Vertretern der Arbeitgeber, der Arbeitnehmer, der öffentlichen Verwaltung, der Wissenschaft und jeweils einem „TWI-Fachmann“.

Dooley und einem Mr. Dietz bei General Electrics zum Zwecke der Produktivitätssteigerung entwickelt worden. Es zielte darauf ab, die innerbetrieblichen Arbeitsbeziehungen zwischen direkten Vorgesetzten und Mitarbeitern zu verbessern.[67]) Der Stuttgarter Arbeitskreis nahm seinen Hauptsitz in Frankfurt und wurde aus Mitteln des Marshall-Plans finanziert.[68]) Seit 1950 gab das Labor-Office außerdem eine kostenlose Zeitschrift heraus. Sie trug den Titel „Soziale Beziehungen in der Industrie“ und umfasste ins Deutsche übersetzte Aufsätze und Beiträge aus amerikanischen personalpolitisch relevanten Zeitschriften.[69]) Erst als die „Sozialen Beziehungen“ 1952 als Fachorgan „für internationalen Erfahrungsaustausch im Gebiet des Personal- und Sozialwesens“ an den Arbeitskreis übergeben wurden, erschienen hier auch deutsche Original-Beiträge.

Der „Stuttgarter Arbeitskreis“ war die einzige Institution des personalpolitischen Felds, die eine amerikanische Legitimation aufzuweisen hatte. Das von ihm vertretene TWI-Programm war bis zum Beginn der 1950er Jahre in deutschen Unternehmen weiter verbreitet als die Ansätze der A.S.B. oder des Forfa. Gerhart Schretzmayr, der Geschäftsführer des Stuttgarter Arbeitskreises, schätzt, dass bis 1953 ca. 80000 Vorgesetzte an TWI-Kursen teilgenommen haben.[70]) Zwar bezieht sich diese Zahl nicht nur auf die Industrie, sondern umfasst auch Handel und Handwerk. Im ersten Bereich, so Schretzmayr, sei die Akzeptanz des TWI-Programms jedoch am größten gewesen. Selbst bei jeweils gleichen Anteilen wären das mehr als 26000 TWI-Kurs-Teilnehmer aus der Industrie. Im Vergleich mit den Forfa- und A.S.B.-Schulungen, die bis 1953 5697 beziehungsweise 6953 Teilnehmer,[71]) also jeweils etwa ein Viertel verzeichneten, ist das eine beträchtliche Bilanz. Diese stand allerdings in krasser Diskrepanz zur Position der Institute im personalpolitischen Feld.

67) Fritz *Hecht*, TWI und Wirtschaft, in: Gewerkschaftliche Monatshefte 1, 1950, S. 579–583.

68) *Hetzer*, Deutsche Betriebspsychologie, S. 31.

69) Zum Beispiel: Personnel Journal, Personnel, Advanced Management, Monthly Labor Review, Industrial and Labor Relations Review. Die Auflage der Zeitschrift wurde während der ersten drei Jahrgänge beträchtlich gesteigert: Feb. 1950, 1000 Exemplare, Dez. 1950, 5000, Jan. 1952, 12000. Vgl. [Editorial:] An unsere Leser!, in: Soziale Beziehungen in der Industrie, 3, 1951, o.S.

70) *Schretzmayr*, Die deutsche TWI-Arbeit, S. 12. Im internationalen Vergleich war das TWI-Programm in Deutschland jedoch allenfalls mäßig erfolgreich. In Großbritannien etwa, wo das TWI-Programm 1944 eingeführt worden war, waren nach 5-jährigem Bestehen 1500 Kursleiter ausgebildet worden, während es in Deutschland nur 160 waren. Vgl.: Fortschritte in der Unterweisung von Vorgesetzten für das TWI Programm in der Industrie von Großbritannien, in: Soziale Beziehungen in der Industrie 1, 1959, H. 10, S. 13f. Diese Diskrepanz erklärt sich aus der Konkurrenz alternativer Ansätze, die sich dem TWI-Programm in Deutschland stellten.

71) Vgl. für die A.S.B.: Annemarie *Spiecker*, A.S.B. – Arbeitsgemeinschaft für Soziale Betriebsgestaltung, in: Mensch und Arbeit 6, 1954, S. 98–101, hier S. 101; zum Forfa: Georg *Bräutigam*, FORFA – Forschungsinstitut für Arbeitspsychologie und Personalwesen, in: Mensch und Arbeit 6, 1954, S. 167–169, hier S. 168.

Hier waren die A.S.B. und das Forfa viel wichtiger, weil tonangebend. Die Rolle, die der Stuttgarter Arbeitskreis bis zum Beginn der 1950er Jahre spielte, war daher die eines Außenseiters mit wichtiger Funktion für die Etablierung der anderen personalpolitischen Akteure.

Die TWI-Vertreter waren weder bisher irgendwo in personalpolitischen Zusammenhängen in Erscheinung getreten, noch lässt sich – abgesehen von ihrer TWI-„Missions"-Absicht – ein sonstwie verbindendes oder einheitliches (Fach-)Profil erkennen. Das TWI-Programm wurde im personalpolitischen Feld jedoch durchaus wahrgenommen. Fast allen personalpolitischen und benachbarten Zeitschriften war es zumindest eine Erwähnung wert,[72]) wenngleich es zu einer Auseinandersetzung über dieses Programm nicht reichte. Es gab auch Kooperationen des Stuttgarter Arbeitskreises mit den Institutionen der „Sozialen Betriebsgestaltung": Beispielsweise war das TWI-Programm fester Bestandteil der Meisterkurse der A.S.B. in Nordrhein-Westfalen. Der Stuttgarter Arbeitskreis förderte zudem die erste Studie des „Arbeitskreises für Soziale Betriebspraxis" in München über die „Praxis der Mitarbeiterauswahl", wie ebenso die Untersuchung zur „Fortbildung von Industriemeistern", die an Scherkes Forschungsstelle „Mensch und Arbeit im Betrieb" in Nürnberg erstellt wurde.[73])

Zum Forfa allerdings, das heißt zu den „rationalisierungskompatiblen" Humanexperten, war das Verhältnis eher distanziert. Dies erklärt sich daraus, dass die TWI-Vertreter im Gegensatz zu den Forfa-Psychologen, die eine Kooperationsstrategie verfolgten, auf Konfrontation gegenüber den technisch orientierten Rationalisierungsexperten setzten. Die TWI-Vertreter gaben sich mit der arbeitsteiligen Übereinkunft zwischen Rationalisierungsexperten und Betriebspsychologen nicht zufrieden, sondern kritisierten weiterhin die mangelnde Anpassung des technischen Denkstils an die anthropozentrische Maxime. So betonte der Stuttgarter Arbeitskreis nicht nur, dass die Einführung des TWI-Programms in Unternehmen oft an der Einstellung leitender Ingenieure und Chemiker scheitere, die sich als Fachleute verstünden und daher nicht bereit seien, sich auf „solche Experimente" einzulassen. Von Anfang an führten die TWI-Vertreter auch Auseinandersetzungen mit Rationalisierungsexperten, zunächst vor allem mit dem REFA.[74]) Die REFA-Männer, die zuständig waren für den Bereich der „Arbeitsunterweisung", beargwöhnten den Stuttgarter Arbeitskreis besonders skeptisch. Sie befürchteten, die TWI-Leute könnten ihnen ins Gehege kommen. In der Tat war der TWI-Kurs „Mitarbeiterunterweisung" nicht trennscharf von der REFA-Schulung „Arbeitsunter-

[72]) Zum Beispiel: Mensch und Arbeit, Gewerkschaftliche Monatshefte, Zentralblatt für Arbeitswissenschaft, REFA-Nachrichten, Archiv für Berufsausbildung; vgl. *Schretzmayr*, Die TWI-Arbeit im deutschen Fachschrifttum; *Moede*, Betriebliche Arbeitswissenschaft, S. 201f.

[73]) *Goossens/Degelmann*, Die Praxis der Mitarbeiter-Auswahl; *Dreyer*, Fortbildung von Industriemeistern.

[74]) *Schretzmayr*, Die deutsche TWI-Arbeit, S. 49–52.

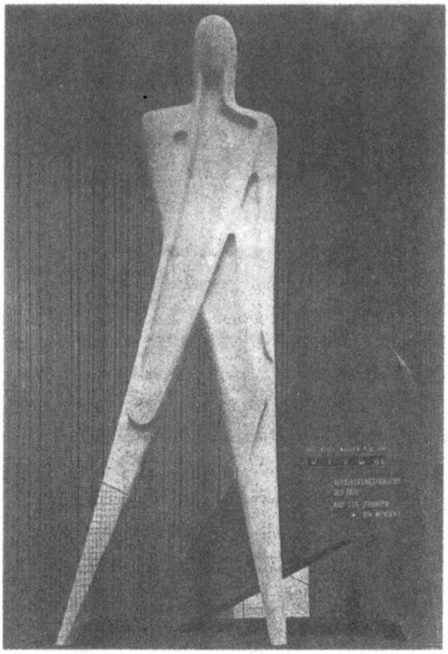

Abbildung 1: „Der Mensch im Mittelpunkt“ auf der Großen Rationalisierungs-Ausstellung, 1953

weisung“ zu unterscheiden. Auch die Regelung, auf die man sich (angeblich) einigte – die TWI-Kurse sollten sich an Vorgesetzte wenden, während der REFA „Arbeitsspezialisten“ anspreche –, war praktisch keine Lösung. Spannungen blieben bestehen. Darüber konnte auch nicht hinwegtäuschen, dass der Stuttgarter Arbeitskreis die „sehr gute Zusammenarbeit“ mit dem Rationalisierungs-Kuratorium der deutschen Wirtschaft betonte.[75])

Zu einer signifikanten Auseinandersetzung kam es im Zusammenhang mit der „Großen Rationalisierungsausstellung“ 1953. Mit dieser Ausstellung in Düsseldorf präsentierten Unternehmen und einschlägige Rationalisierungs-Institutionen einen Monat lang der deutschen und internationalen Öffentlichkeit die neuesten Errungenschaften der wieder erstarkten westdeutschen Rationalisierungsbewegung. Ihr Titel lautete in popularisierender Absicht des Rationalisierungsgedankens: „Alle sollen besser leben!“. Ein programmatisches Kunstobjekt in der Eingangshalle der Ausstellung zeigte an, dass auch die Rationalisierungsbewegung sich inzwischen die anthropozentrische Nachkriegsmaxime auf ihre Weise angeeignet hatte (vgl. Abbildung 1: „Der Mensch im Mittelpunkt“ auf der Großen Rationalisierungs-Ausstellung 1953).

[75]) Diese konzentrierte sich vor allem auf den süddeutschen Raum. In Bayern und Baden-Württemberg lag die Geschäftsführung der jeweiligen TWI-Landeskuratorien in den Händen der dortigen RKW-Bezirksgeschäftsstellen. Außerdem war auch der TWI-Arbeitskreis Mitglied in der „Rationalisierungsgemeinschaft ‚Mensch und Arbeit‘“. Ebd. S. 52.

Das Objekt bestand aus einer schematisierten, steinernen menschlichen Figur, die gerade einen Zaun oder eine Grenze überschritt. Daneben veranschaulichte eine Zähler-Anzeige mit der Beschriftung „seit heute Morgen 9 Uhr“ dem Besucher den täglichen Weltbevölkerungszuwachs.[76] Damit von all diesen Menschen jeder einzelne besser leben könne – so die Erläuterung in der Ausstellungszeitung –, sei eine Rationalisierung, wie sie die Besucher der Ausstellung sähen, notwendig.[77] Entsprechend wurde auch im letzten Heft dieser Zeitung unter dem sprechenden Titel „Ende gut – alles gut“ abschließend konstatiert: Imponierend sei vor allem die Art und Weise gewesen, wie die Düsseldorfer Ausstellung es verstanden habe, die anspruchsvolle Thematik so verständlich und transparent zu machen wie nur denkbar. Es habe daher nicht ausbleiben können, „daß der wirtschaftende und arbeitende Mensch sozusagen völlig zwanglos in den Mittelpunkt der Ausstellung rückte“.[78]

Das schien dann doch zu viel für Gerhart Schretzmayr, den Leiter des Stuttgarter TWI-Arbeitskreises. Er sah sich genötigt, die Ausstellung einer vernichtenden Kritik zu unterziehen:[79] „Der mensch – kleingeschrieben“ titelte er in der Zeitschrift „Soziale Beziehungen“. Für ihn zeigte die Ausstellung gemessen am selbst gestellten Thema „leider [...] eine erstaunliche Fülle versäumter Gelegenheiten“. Was ihn am meisten aufregte, war der Raum, der sich mit dem Menschen im Betrieb befasste und Themen wie Berufsausbildung, Personalauswahl, Personalführung und Vorgesetztenschulung darstellen sollte. Der sei „von ganz besonderer Art“ gewesen:

> Er habe unter dem „etwas kühnen Motto ‚Das Betriebsklima ist gut.‘ gestanden. Wie dieses gute Betriebsklima aber zustande kommt, konnte schon der Fachmann dem krausen Durcheinander [...] nur sehr schwer entnehmen. [...] In wahlloser Anordnung fanden sich Darstellungen aus dem Gebiet der Arbeitspädagogik, der Arbeitsphysiologie, der Arbeits- und Zeitstudien, der Betriebspsychologie, der Berufsausbildung, dazu offensichtlich nicht hierher gehörende Darstellungen von Betriebsplanung – das Ganze durchsetzt mit zahlreichen Bildern und Modellen betrieblicher Sozial- und Wohlfahrtseinrichtungen. [...] Die wenigen wirklich guten Darstellungen schwammen wie einsame Fettaugen auf einer mageren Suppe.“

Da es sich dabei um das Kernthema der Ausstellung gehandelt habe, fand Schretzmayr, hätte man sich gerade hier umso mehr Mühe geben müssen. Die Vermutung, dass diese Kritik den Höhepunkt vorangegangener Auseinandersetzungen darstellte, liegt besonders nahe angesichts seiner Andeutungen über die Vorbereitung der Ausstellung:

[76] Abb. siehe Titelbild von: Alle sollen besser leben! Ausstellungszeitung der Großen Rationalisierungs-Ausstellung, 14, 1953.

[77] Ebd. S. 2.

[78] Ende gut – alles gut, in: ebd. o. S.

[79] Gerhart *Schretzmayr*, Der mensch – kleingeschrieben. Unerquickliche, aber notwendige Betrachtungen zur Großen Düsseldorfer Rationalisierungs-Ausstellung „Alle sollen besser leben“, in: Soziale Beziehungen in der Industrie 4, 1953, S. 212f.

„Wer allerdings die Gelegenheit hatte, einige Phasen der Vorarbeiten für diesen Teil der Kernschau mitzuerleben, der wundert sich nicht allzu sehr über das Ergebnis. Gerade dieses schwierige Thema wurde viel zu spät und mit viel zu wenig Sachkenntnis angefaßt. Wenn das aber schon nicht vermeidbar war (warum eigentlich?), dann bleibt immer noch rätselhaft, warum man nicht wenigstens die guten Anregungen und Vorschläge berücksichtigt hat, die von Fachleuten hierzu gemacht wurden.“

Schretzmayr beschränkte sich zudem nicht auf Kritik an der seiner Meinung nach unzulänglichen Anpassung der Rationalisierungsbewegung an den „Menschen im Mittelpunkt“. Mit seinen beißenden Bemerkungen, die den Verriss einleiteten, stellte er die „Errungenschaften“ der technischen Kollegen auch prinzipiell in Frage:

„Wenn diese Zeilen erscheinen, ist die Rationalisierungs-Ausstellung [...] zu Ende, die schönen Maschinen werden wieder heimgekehrt sein, [...] die ‚Stahlspanhinundherschiebemaschine‘ wird wieder ernst genommen, das rationalisierte Huhn wird sich weiterhin vom Fließband ernähren, ohne dabei mehr von einem unsachverständigen Publikum bemitleidet zu werden, und alle werden so gut oder so schlecht weiterleben wie bisher [...].“

Ganz deutlich wird anhand dieses Beispiels: TWI-Vertreter setzten die Kritik am technischen Denkstil der Rationalisierungsingenieure fort, die zunächst von den Protagonisten der „Sozialen Betriebsgestaltung“ geäußert, seit der Aushandlung der arbeitsteiligen Kooperation zwischen Psychologen und Rationalisierungsexperten aber deutlich leiser und seltener geworden war. Der „Stuttgarter Arbeitskreis“ übte so mit dem Gewicht der einzigen Institution, die eine amerikanische Legitimation beanspruchen konnte, dennoch weiterhin Druck auf seine Konkurrenten aus. Indem sich TWI-Vertreter damit die antitechnische Gegenposition zu den Rationalisierungsexperten aneigneten, boten sie unfreiwillig den Forfa-Psychologen eine Steilvorlage, um sich auf ihre Kosten noch zentraler im personalpolitischen Feld zu positionieren: als deutsche Human-Relations-Spezialisten. Mit dieser Ausrichtung profilierten sich die Forfa-Psychologen noch zusätzlich als Humanexperten, die über die anthropozentrische Prämisse hinaus auch die amerikanische Forderung nach einer verstärkten Berücksichtigung der sozialen Beziehungen in der Industrie bedienen konnten. Damit gruben sie nicht nur der feldinternen Konkurrenz, den TWI-Vertretern, die sich mit ihrer fortgesetzten Kritik am technischen Denkstil nicht an die Spielregeln hielten, das Wasser ab, sondern eigneten sich gleichzeitig auch ein für Unternehmensvertreter höchst attraktives Profil an. Die amerikanische Verwaltung der Marshall-Plan-Mittel verknüpfte nämlich die Geldvergabe für produktivitätssteigernde Maßnahmen unnachgiebig mit der Berücksichtigung sozialer Aspekte. Auch sie kritisierte die vorrangig technische Perspektive der deutschen Anträge und forderte eine verstärkte Einbeziehung von „Human Relations“. Zwar war die Abwicklung dieser Verfahren weitest gehend in deutsche Hände gelegt worden, die Amerikaner hatten aber Kontrollmechanismen eingebaut.

1950 hatte das „Bundesministerium für den Marshall-Plan“ das deutsche Rationalisierungskuratorium mit der Funktion als so genannte „Produktivitätszentrale" beauftragt.[80]) Diese Produktivitätszentralen waren auf nationaler Ebene dafür zuständig, zum einen Werbung für produktivitätssteigernde Maßnahmen und den Rationalisierungsgedanken zu machen. In diesem Zusammenhang entstand etwa die Rationalisierungsausstellung von 1953. Zum anderen gehörte zu ihren Aufgaben auch die Abwicklung der Antragsverfahren von Projekten zur Produktivitätssteigerung in einzelnen Unternehmen. Als eines der wichtigsten Kriterien, um Marshall-Gelder zu erhalten, hatte die amerikanische Verwaltung festgelegt, dass ein „Konsens' der Produktivitätssteigerung" zwischen Arbeitgebern, Arbeitnehmern und gegebenenfalls auch Verbrauchern nachweislich sicher gestellt sein musste – beispielsweise in Form der Einrichtung von so genannten „Produktivitätsausschüssen", die sich aus Vertretern der Unternehmensleitung, des Betriebsrats und der Belegschaft zusammensetzten.[81]) Der Bezug von Finanzierungshilfen wurde damit konstitutiv mit dem Zwang zur Konsensfindung im Sinne einer „Westernisierung" der betrieblichen Arbeitsbeziehungen verbunden. Das war es, was zumindest die amerikanische Verwaltung des Marshall-Plans praktisch unter „Human Relations" verstand. Um die Einhaltung dieses Kriteriums zu überwachen, hatte sie sich ein Vetorecht bei der jeweiligen Mittelbewilligung vorbehalten. Davon machte sie auch durchaus Gebrauch. Lippenbekenntnisse der Rationalisierungsexperten, wie sie sich in ihren Nachwirkungen noch beim RKW-Geschäftsführer Büttner andeuten, der die Neuausrichtung der „Rationalisierungsgemeinschaft Mensch und Arbeit" als Zugeständnis an die „‚Human-Relations'-Ideologie" der fünfziger Jahre verstand,[82]) stießen auf Widerstand. Kleinschmidt etwa berichtet von einem exemplarischen Fall: Dabei verweigerte die amerikanische Verwaltung trotz einer Reihe positiver Gutachten von deutscher Seite die Mittelfreistellung mit der Begründung, dass es nicht in erster Linie um Kredite gehe, „sondern es soll der Versuch gemacht werden, Beispiele herauszuholen. Die Versuche sollen auf dem Gebiet der Zusammenarbeit liegen. [...] Man spricht immer nur oder zuviel von den technischen Rationalisierungsmaßnahmen. Das ist notwendig, aber wir wollen über das Technische hinaus wissen, was geschehen soll."[83])

Verschiedene amerikanische Akteure verbanden somit unterschiedliche Zielsetzungen mit dem Begriff der „Human Relations". Während das „Labor-Office" der Hohen Kommission versuchte, Maßnahmen zur Verbesserung der Beziehungen zwischen direktem Vorgesetzten und Mitarbeitern in deutschen Unternehmen zu implementieren (TWI-Programm), ging es den Marshall-Plan-Verwaltern darum, dem betrieblichen Verhältnis zwischen Arbeitneh-

[80]) Damit war vor allem seine Finanzierung aus Marshall-Plan-Mitteln (bis 1966) gesichert. Vgl. dazu: *Büttner*, Das Rationalisierungs-Kuratorium, S. 36–39; *Kleinschmidt*, Der produktive Blick, S. 65–69; *Pohl*, Die Geschichte der Rationalisierung, S. 9f.

[81]) *Kleinschmidt*, Der produktive Blick, S. 67–69.

[82]) *Büttner*, Das Rationalisierungs-Kuratorium, S. 28.

[83]) Zit. n. *Kleinschmidt*, Der produktive Blick, S. 69.

mern und Arbeitgebern auf Vertretungsbasis eine neue, konsensorientierte, westernisierte Grundlage zu geben. Das waren unterschiedliche Ansätze, die sich beim Zusammentreffen in der Praxis gegenseitig gar unterlaufen konnten. Beide erhielten gleichwohl im Zeichen der „Human Relations" Auftrieb. Im Ergebnis führte dies auf deutscher Seite dazu, dass einerseits das gleichsam beschwörende Reden über „Human Relations" zunahm, ohne dass sich praktisch etwas veränderte. Andererseits nutzten die mit den Rationalisierungsexperten verbündeten Forfa-Psychologen diese Gelegenheit, um ihre Position noch stärker zu verfestigen, indem sie sich zunehmend die amerikanische Human-Relations-Idee aneigneten.

Auch der Betriebspsychologe Mayer hatte diese zusätzliche Absicherung in seine „soziale Rationalisierung" eingebaut. Er zitierte mit Elton Mayo und Roethlisberger/Dickson nicht nur die Klassiker der Human-Relations-Literatur. Auch Herbert Gross' Bestseller von 1949 „Manager von Morgen", eines der wichtigsten Popularisierungs-Medien der amerikanischen Human-Relations-Idee im Nachkriegs-Westdeutschland,[84]) gehörte zu Mayers mehrfach herangezogenen Referenzen. Die an der Mannheimer Wirtschaftshochschule, wo Mayer als Privatdozent beschäftigt war, angenommene Dissertation von Karl-Friedrich Diedrich versuchte, die Übereinstimmung der deutschen „Sozialen Betriebsgestaltung" mit dem amerikanischen „Human Relations"-Ansatz aufzuzeigen.[85]) Während Mayer also die deutsche ganzheitlich-philosophische Wissenschaftstradition mit der von den Amerikanern geforderten Berücksichtigung sozialer Beziehungen in Unternehmen verband, arbeiteten die Forfa-Psychologen daran, diese Allianz praktisch zu realisieren.

Eine ihrer Hauptaufgaben sahen sie darin, „einen Beitrag zur Neuordnung der menschlichen Beziehungen in der industriellen Gesellschaft", zu den „human relations" zu leisten.[86]) Im Gegensatz zu den konsensorientierten Westernisierungsabsichten der Marshall-Plan-Verwalter hielten sie es jedoch für „natürlich und gewiss", „daß dabei dem Problem einer überzeugenden Führung der Mitarbeiter durch ihre Vorgesetzten eine zentrale Stellung" zukomme. Wie der TWI-Arbeitskreis setzten sie dazu auf Kurse für Führungskräfte. Indem den Teilnehmern darin „betriebspraktische Menschenkenntnisse als Voraussetzung einer überzeugenden Menschenbehandlung" vermittelt wurden, sollten sie „die [...] menschliche Grundeinstellung zum Menschen im Betrieb [...] wieder zurückgewinnen".

Das Kursangebot des Forfa wurde zwischen 1950 und 1953 in Rückkopplung mit der betrieblichen Praxis auf eine entsprechende Linie gebracht, das

[84]) *Gross*, Manager von Morgen (1949, 21952); vgl. dazu: *Hartmann*, Der deutsche Unternehmer, S. 99; *Kleinschmidt*, Der produktive Blick, S. 108f. sowie Kap. 5.1.

[85]) *Diedrich*, Entwicklung und Stand.

[86]) Vgl. auch für das Folgende, wenn nicht anders angegeben: Georg *Bräutigam*, FORFA – Forschungsinstitut für Arbeitspsychologie und Personalwesen, in: Mensch und Arbeit 6, 1954, S. 167–169.

heißt gemäß der betrieblichen Hierarchie ausdifferenziert. Die ersten „Arbeitstagungen ‚Mensch und Arbeit im Betrieb'" (1948) des Forfa waren noch als so genannte „Diagonalschulungen" konzipiert. Sie fassten die Führungskräfte aller betrieblichen Hierarchiestufen (Meister, Vorarbeiter, leitende Angestellte, Direktoren) inklusive Betriebsratsmitgliedern in einer gemeinsamen Lerngruppe zusammen. Seit 1952 fanden jedoch zunehmend so genannte „Horizontalschulungen" statt, die auf einzelne dieser Gruppen zugeschnitten waren. Nur so, erklärte ein Forfa-Mitarbeiter, habe „auf Dauer den Anliegen der Betriebspraxis [...] voll entsprochen werden" können. Ab 1953 umfasste das Seminarangebot des Forfa dementsprechend als wichtigste Veranstaltungen das dreistufige Seminar „Die Führungspraxis im Betrieb" für untere und mittlere Führungskräfte. Dieses setzte sich zusammen aus den Bestandteilen „Personaleinsatz", „Menschenführung" und „Disponieren und Unterweisen". Außerdem richtete sich an leitende Angestellte die so genannte „Forfa-Konferenz".

Betriebsratsmitglieder verschwanden im Zuge dieser Entwicklung als Adressaten solcher Fortbildungen vollständig aus dem Blickfeld der Experten. Dennoch stand das Forfa im Selbstverständnis seiner Mitarbeiter weiterhin „mit wissenschaftlicher Objektivität in der betrieblichen Praxis und ist bestrebt, ohne Bindung an eine Seite bei der Klärung der psychologischen Probleme beider Sozialpartner beratend zu Seite zu stehen."[87]) Die Forfa-Psychologen beanspruchten damit einerseits zwar weiterhin die spezifische Unabhängigkeit betrieblicher Humanexperten, wie sie die Protagonisten der „sozialen Betriebsgestaltung" bereits vertreten hatten. Ihre Berufspraxis geriet dazu jedoch zunehmend in Gegensatz. Weil Arbeitnehmervertreter in der Mehrzahl personalpolitischen Maßnahmen humanwissenschaftlicher Prägung von Anfang an eher skeptisch gegenüber standen – sie befürchteten, die Bindung an die Gewerkschaften könnte untergraben werden –, gab es niemanden, der daran Anstoß nahm. Im Gegenteil, dieses zur Floskel gerinnende „Bekenntnis" diente weiterhin – in der Regel mit dem Verweis auf die (de facto bescheidene) Beteiligung von Arbeitnehmern an der Gründung des Forfa – als spezifisch humanexpertielle Legitimation.

1954 wurde das Forfa rechtlich in die „Stiftung zur Förderung der praktischen Psychologie" umgewandelt.[88]) Sein bisheriger provisorischer Status als „selbständiges Institut", was bedeutete, dass formal Herwig (als Rechtsträger der Institution) allein das Forfa repräsentierte,[89]) wurde damit zugunsten einer engeren Verbindung zur Industrie beendet. Die Rechtsform als Stiftung,

[87]) Wolfgang *Huck*, Arbeitsbericht über die Tätigkeit des ‚Forschungsinstituts für Arbeitspsychologie und Personalwesen' (FORFA), in: Psychologische Rundschau 8, 1957, S. 160f.

[88]) Das Forschungsinstitut für Arbeitspsychologie und Personalwesen, in: arbeitswissenschaft 2, 1962, S. 58–65, hier S. 59.

[89]) Vgl. die Notiz von Karl Schmekel über die „Besprechung mit Herrn Prof. Herwig" am 25.01.1952, RWWA, Abt. 195 Acordis AG, Wuppertal, Best. V 03 – 37/38.

die als wissenschaftliches Institut anerkannt wurde, ermöglichte es, auch öffentliche Fördermittel zu erhalten. Außerdem konnten die Stifter ihre Zuwendungen steuerlich absetzen. Den Grundstock des Stiftungsvermögens warb Herwig erfolgreich bei Unternehmen ein. Glanzstoff etwa beteiligte sich mit einem Betrag von DM 5000 und überwies weiterhin jährlich DM 2000, plus zusätzliche Spenden für bestimmte Projekte in Höhe von insgesamt DM 6000 (bis 1963).[90]) Auch wenn diese Zahlen sicherlich die Obergrenze markieren, zumal Glanzstoff das Unternehmen mit der wohl engsten Verbindung zum Forfa darstellte,[91]) so erweisen sich die Mitgliedsbeiträge der A.S.B. (DM 500 für Unternehmen mit mehr als 500 Beschäftigten) im Vergleich dazu jedoch als weitaus geringer.

Alles ließen die Unternehmer allerdings dann doch nicht mit sich machen. Die Zusammensetzung des Forfa-Stiftungsvorstands aus fünf Mitgliedern – Herwig, die jeweiligen Institutsleiter in Braunschweig und Düsseldorf sowie zwei Vertreter des Beirats – war der Kompromiss, der aus einer Auseinandersetzung mit den Stiftern resultierte. Im ersten Satzungsentwurf hatte Herwig nur einen dreiköpfigen Vorstand für sich und „seine“ Leute vorgesehen. Ludwig Kroeber-Keneth (1899–1981) – einer der Pioniere unter den praktischen Betriebspsychologen, der aufgrund seiner zahlreichen populären Publikationen als *der* „PR-Mann“ des personalpolitischen Felds gelten kann, während er gleichzeitig als frei schaffender Berater tätig war[92]) – äußerte, vom hessischen Arbeitgeberverband in dieser Angelegenheit um seine Einschätzung gebeten, vor allem gegenüber diesem Punkt „schwerste Bedenken“.[93]) Herwig, so erläuterte Kroeber-Keneth in seiner Stellungnahme, sei „krüppelhaft klein“ und habe „das kompensatorische Gestaltungs- und Herrschaftsstreben solcher Personen“.[94]) Die vorgesehene Satzung lasse keinen Zweifel

[90]) Bisherige Zahlungen an Forfa, 30.12.1957, zusammengestellt von Gustav Spengler [Übersicht über die regelmäßigen „Zahlungen an die Stiftung zur Förderung der praktischen Psychologie“, Fibu], in: RWWA, Abt. 195 Acordis AG, Wuppertal, Best. V 03-40+44/46.

[91]) Vgl. Kap. 6.3.

[92]) Auch Kroeber-Keneth vertrat den doppelten arbeits- und betriebspsychologischen Ansatz. In der ihm eigenen Art – eine Mischung aus „handfestem Praktikertum“, immer aktueller „Wissenschaftlichkeit“, gebrochen durch eine jeweils ironische Distanzierung – stellte er sich in der „Mensch und Arbeit“-Rubrik „Wer ist eigentlich…“ 1954 dem Fachpublikum vor: „Psychotechnik bei Moede an der TH Charlottenburg; Ausdruckskunde und Graphologie bei Pulver, Zürich – eine Kombination zwischen dem Messenden und Deutenden, die für meine spätere psychologische Richtung bestimmend geworden ist.“ Ludwig *Kroeber-Keneth*, Wer ist eigentlich… Ludwig Kroeber-Keneth, in: Mensch und Arbeit 6, 1954, S. 56; vgl. außerdem zu Kroeber-Keneth: *ders.*, Fetzen aus meinen Tagebüchern; *Geuter*, Die Professionalisierung, S. 573 f.

[93]) Ludwig Kroeber-Keneth an den Arbeitgeberverband Chemie (Hessen) vom 25.01.1952, in: RWWA, Abt. 195 Acordis AG, Wuppertal, Best. V03 – 37/38.

[94]) Die Einleitung psychologischer Gutachten mit einer Einordnung des Probanden entsprechend der Kretschmer'schen Konstitutionstypologie war seit der zweiten Hälfte der 1940er Jahre Usus.

daran, dass hier „ein geradezu diktatorisches Monopol für Prof. Herwig und seinen Kreis" geschaffen werden solle. Es sei daher dringend zu empfehlen, „auf jeden Fall Sicherheitskautelen einzubauen". Das sahen die stiftenden Arbeitgeber und Unternehmer dann offensichtlich auch so. Mit der Umwandlung in die Stiftung ging außerdem einher, dass in Braunschweig neue Büro- und Forschungsräume in einem repräsentativen Gebäude eingerichtet wurden, die man im Februar 1957 bezog.[95]) Damit waren nicht nur die Forfa-Psychologen „angekommen".

Mit der Etablierung des Forfa kam auch die Entstehung des personalpolitischen Felds Mitte der 1950er Jahre zu einem vorläufigen Abschluss. Nun war der praktische Bereich entsprechend der humanexpertiellen Professionalisierungsstrategie derart ausgestaltet, dass ein Zurück nicht mehr ohne weiteres möglich war. Im Gegenteil, es waren alle Weichen gestellt, um endlich auch die Grenze des betrieblichen Sozialraums zu überschreiten. Bisher waren die Akteure des personalpolitischen Felds maßgeblich im außerbetrieblichen Raum angesiedelt. Gleichwohl aber zielten all ihre Bestrebungen ja eigentlich darauf ab, das Verhältnis des Einzelnen zu seiner betrieblichen Arbeitsumwelt und Sozialbeziehungen *innerhalb* von Unternehmen zu verändern. Die Umwandlung des Forfa in eine Stiftung und das im Zeichen der „Human Relations" von den Forfa-Psychologen entwickelte Programm boten beste Voraussetzungen, um dieses Ziel in Angriff zu nehmen. Die bereit gestellten Maßnahmen (Personalauswahlverfahren und Führungskräfte-Fortbildungen) entsprachen exakt der doppelten arbeits- und betriebspsychologischen Zielsetzung, wie sie sich als Kompromiss zwischen Rationalisierungsexperten und Psychologen zu Beginn der 1950er Jahre herauskristallisiert hatte. Sie waren die Instrumente seiner Realisierung.

Zudem eröffnete die Etablierung des Forfa im Zeichen der „Human Relations" auch den anderen Akteuren des personalpolitischen Felds den Zugang zum amerikaorientierten Rationalisierungsprogramm der deutschen Produktivitätszentrale RKW. 1954 reiste eine Gruppe deutscher Human- und Rationalisierungsexperten fast sechs Wochen lang in die USA, um sich dort mit „Human Relations and Psychology in Management" vertraut zu machen.[96]) Beteiligt waren nicht nur Vertreter des Forfa, sondern auch Mitglieder der A.S.B. und des REFA. Als Ergebnis dieser Reise konstatierten sie, dass „der Erforschung, Ausbildung und Anwendung der Human Relations in der Wirtschaft der USA ein breiterer Raum gewährt" würde als in Deutschland. Dadurch erziele die amerikanische Wirtschaft beträchtliche Erfolge. Für übertragbar allerdings hielten sie allein den „Grundgedanken, dem Menschen in der Wirtschaft eine weitaus größere Bedeutung beizumessen, als es bisher

[95]) Wolfgang *Huck*, Arbeitsbericht über die Tätigkeit des ‚Forschungsinstituts für Arbeitspsychologie und Personalwesen' (FORFA), in: Psychologische Rundschau 8, 1957, S. 160f.

[96]) Human Relations, RKW-Auslandsdienst, H. 41, München 1956.

trotz aller theoretischen Erklärungen und Vorträge geschehen ist“.[97]) Etwas Neues lernten deutsche Human- und Rationalisierungsexperten in Amerika somit nicht. Vielmehr sahen sie sich vor allem in ihrer eigenen Arbeit bestätigt und nutzten nun auch den RKW-Auslandsdienst, um eigene Ideen im Namen der „Human Relations“ zu verbreiten.

Mit der „Besetzung“ des amerikanischen ‚Labels‘ gelang es außerdem, einem unliebsamen Konkurrenten, der sich anmaßte, feldinterne Regeln zu missachten, das Wasser abzugraben. Schretzmayr, der Geschäftsführer des TWI-Arbeitskreises, hatte sich mit seinem Verriss der Rationalisierungsausstellung (1953) anscheinend zu weit aus dem Fenster gelehnt. Er sprach darin offen aus, was akademische Betriebs- und praktische Forfa-Psychologen, auch wenn sie seine Einwände teilten, nie äußerten. Dies widersprach der arbeitsteiligen Regelung, die sie mit den Rationalisierungsexperten vereinbart hatten. Indem Schretzmayr diese ignorierte, brachte er daher nicht nur die Rationalisierungsingenieure gegen sich auf. Er stellte auch die Psychologen bloß. Dieser Front war der Stuttgarter Arbeitskreis nicht gewachsen. Er verfügte abgesehen von dem „Amerika-Bonus“ über keinerlei akademische Anbindung oder sonstiges Kapital, sondern bezog seine Legitimation maßgeblich aus der Einbindung in das personalpolitische Feld. Als das RKW deutsche „Produktivitätszentrale“ wurde und gleichzeitig die Forfa-Psychologen sich erfolgreich als deutsche „Human-Relations“-Spezialisten profilierten, verlor auch der „Amerika-Bonus“ immer mehr an Gewicht. Der Stuttgarter Arbeitskreis verschwand ziemlich schnell von der Bildfläche. Im Dezember 1953 erschien nicht nur die letzte Ausgabe der „Sozialen Beziehungen“. Auch der Arbeitskreis und das TWI-Programm traten von nun an nicht mehr in Erscheinung – als ob jemand plötzlich den Geldhahn zugedreht hätte.[98])

Am Beispiel der Entstehung des personalpolitischen Felds zeigt sich somit das, was Kleinschmidt als Übergang von der „‚Amerikanisierung‘ zur freiwilligen Orientierung an amerikanischen Leitbildern“ bezeichnet hat.[99]) „Amerikanisierung“ versteht er mit Djelic als Prozess, der seine Initiative maßgeblich auf amerikanischer Seite hatte und gleichzeitig von einem asymmetrischen Verhältnis gekennzeichnet war, wie es in der zweiten Hälfte der 1940er Jahre bestand. Dabei sei es jedoch nicht geblieben. Deutsche Unternehmer hätten sich nach dem Ende des zweiten Weltkriegs – anknüpfend an eine zum Teil

[97]) Ebd. S. 96.

[98]) Da der Stuttgarter Arbeitskreis sich seit Beginn der 1950er Jahre aus Marshall-Plan-Mitteln finanzierte (vgl. *Hetzer*, Deutsche Betriebspsychologie, S. 32; *Kleinschmidt*, Der produktive Blick, S. 173), worauf das RKW als deutsche Produktivitätszentrale, die diese Mittelvergabe koordinierte, großen Einfluss nehmen konnte, liegt es nahe, eine Intervention von dieser Seite zu vermuten.

[99]) *Kleinschmidt*, Der produktive Blick, S. 308f., 386f. Zur „Amerikanisierung“ von Unternehmen vgl. außerdem: *Djelic*, Exporting the American Model; *Berghahn*, Unternehmer; *Hilger*, „Amerikanisierung“; *Erker*, „Amerikanisierung“; *Hartmann*, Amerikanische Firmen.

bereits seit den 1920er Jahren gepflegte Orientierung an US-amerikanischen Standards – in einem Lernprozess an die veränderten Umweltbedingungen angepasst, indem sie sich amerikanische Leitbilder zunehmend freiwillig und selbständig aneigneten. Mindestens ergänzend zu Kleinschmidts These sind allerdings zwei Punkte zu betonen: Zum einen war es zunächst keineswegs allein „Amerikanisierung" – in Form des Versuchs, das TWI-Programm in der deutschen Industrie einzuführen –, die Neuorientierung bewirkte, und zum anderen war die freiwillige Orientierung deutscher Akteure an amerikanischen Leitbildern seit der ersten Hälfte der 1950er Jahre im personalpolitischen Feld auch nicht in erster Linie Ergebnis eines „amerikanisierenden" Lernprozesses. Die Akzeptanz amerikanischer Leitbilder durch deutsche Akteure erfolgte vielmehr erst vor dem Hintergrund einer spezifischen Konstellation:

Seit dem Beginn der 1950er Jahre standen als Ergebnis vorangegangener Auseinandersetzungen zunehmend eigene „deutsche" Konzepte, Kooperationen, Maßnahmen und Verfahren bereit, die noch so neu waren, dass sie unbeschadet mit einem neuen Begriff belegt werden konnten. So ist im Zeitraum von 1947 bis zur ersten Hälfte der 1950er Jahre im personalpolitischen Feld eine hoch verdichtete Veränderungsdynamik zu beobachten. Sie nahm ihren Ausgang bei der „Sozialen Betriebsgestaltung" und „Betriebspsychologie", um dann über den Umweg der „Sozialen Rationalisierung" und der „Arbeits- und Betriebspsychologie" endlich bei den „Human Relations" anzukommen. Die Übernahme dieses amerikanischen Leitbilds durch deutsche Experten und Unternehmer war damit erst der letzte Schritt in einem vielschichtigen Transformationsprozess, an dem eine Reihe von Akteuren beteiligt war. Mit diesem letzten Schritt ging keineswegs einher, dass Maßnahmen, wie sie die Amerikaner vorsahen, von nun an als orientierende Vorbilder dienten – bezeichnenderweise etwa fruchtete der Westernisierungsansatz der amerikanischen Marshall-Plan-Verwaltung nicht. Unternehmer und Humanexperten eigneten sich den Begriff „Human Relations" vielmehr als politisch opportune und zudem lukrative Bezeichnung für *eigene* neue Maßnahmen zur Verbesserung der Sozialbeziehungen in Unternehmen an, die bisher unter maßgeblicher Bezugnahme auf den „Menschen im Mittelpunkt" entwickelt worden waren. Dies war freilich nur möglich, weil es tatsächlich Übereinstimmungen gab.

Trotzdem war die freiwillige Orientierung deutscher Akteure am amerikanischen Begriff der „Human Relations" damit ein Kompromiss, auf den man sich erst einließ, als man glaubte, „alles im Griff zu haben". Die Aneignung diente der Selbstvergewisserung und Selbstbestätigung. Sie war nicht das Deckmäntelchen für eine ungebrochene Kontinuität, sondern gelungener Abschluss eines Aushandlungsprozesses, mit dem eine neue Gruppe von Experten sich etablierte, indem sie eigene Maßnahmen zur Verbesserung betrieblicher Sozialbeziehungen bereitstellte. „Amerikanisierung" im Sinne eines Transfers, den die amerikanische Besatzungsmacht initiiert hatte, war dabei – etwa mit dem TWI-Programm – ein Faktor, der diese Veränderungsdynamik verstärkt, aber nicht ausgelöst und auch nicht in seiner Richtung wesentlich bestimmt hat. Zentral für die Veränderungsdynamik war vielmehr die anthropozentrische Prämisse, die Gewerkschaften, Kirchen und Pioniere der Humanexperten unmittelbar nach dem Krieg ausgegeben hatten, und an der alles gemessen wurde, was an Neuordnungsmaßnahmen realisiert werden sollte. Mit der Etablierung der im Zeichen *dieser* Orientierung entwickelten Verfahren, Experten und Kooperationen konnte man dem neuen amerikanischen ‚Label‘ mehr und mehr Platz einräumen, teils, weil man sowieso schon immer daran glaubte, teils, weil man sich zunehmend davon überzeugt hatte, dass die Übereinstimmungen groß waren, zum Teil aber auch als unvermeidliches Zugeständnis, um Marshall-Plan-Gelder zu erhalten.

„Amerika“ war im personalpolitischen Feld und damit dort, wo über die innere Ordnung des betrieblichen Sozialraums in Westdeutschland verhandelt wurde, vor allem ein politisches Schlagwort. Für die Entstehung dieses Felds war „Amerikanisierung“ wichtig, „der Mensch im Mittelpunkt“ aber war wichtiger. Dieser Befund und nicht die Blockadehaltung von Gewerkschaften und Belegschaften, während Unternehmer offen und interessiert gewesen seien,[100]) war auch die wichtigste Ursache für den im Vergleich mit anderen amerikanischen Management-Methoden nur wenig erfolgreichen Transfer von „Human Relations“ in deutsche Unternehmen.

4.2 Montanmitbestimmung und „Soziale Betriebspolitik“: Arbeitsdirektoren als Personalexperten?

Außer den Rationalisierungsexperten gab es noch eine zweite Akteursgruppe, die sich für die Aktivitäten der Humanexperten im Zeichen der „Sozialen Betriebsgestaltung“ von Beginn an besonders interessierte: die Arbeitsdirektoren. Sie waren mit der Einrichtung der Montanmitbestimmung als neue Akteursgruppe auf den Plan getreten. Arbeitsdirektoren waren im Vorstand montanmitbestimmter Unternehmen für „Arbeit und Soziales“ zuständig. Die Einrichtung dieser neuen Institution, die in Konkurrenz zur herkömmlichen betrieblichen Sozialpolitik trat, ging zurück auf entsprechende Eingaben, die Gewerkschaftsvertreter 1946 im Zuge der Entflechtung der Eisen- und Stahlindustrie bei der britischen Verwaltung gemacht hatten.[101]) Im Mai 1951 wurde die Montanmitbestimmung, die neben dem Arbeitsdirektor im Vorstand auch die paritätische Besetzung des Aufsichtsrats vorsah, mit bundesweiter Wirkung gesetzlich verabschiedet.[102]) Von da ab galt sie für alle Unternehmen des Montanbereichs, das heißt Kohle, Eisen und Stahl. Weil diese Regelung in

[100]) So *Kleinschmidt*, Der produktive Blick, S. 190.
[101]) *Potthoff*, Der Kampf, S. 38–40.
[102]) Zur Entstehung der Montanmitbestimmung im Einzelnen: *Müller*, Strukturwandel, S. 110–183; *Thum*, Mitbestimmung.

ihrer Entstehung maßgeblich aus einem Kompromiss resultierte, auf den sich Arbeitnehmer und Arbeitgeber der Eisen- und Stahlindustrie in der britischen Zone im Zuge der Entflechtung 1947 geeinigt hatten, gingen auch die Initiativen zur weiteren Etablierung der Arbeitsdirektoren aus dieser Branche hervor.

Dies war insofern bedeutsam, als es in der britischen Zone eine Gruppe gewerkschaftlicher Akteure gab, die – abweichend von denjenigen Vorstellungen, die sich schließlich als dominant für die Positionierung des DGB durchsetzen sollten – ausgeprägt wirtschaftsdemokratische Ziele verfolgte. Diese Akteure, zu denen auch Hans Böckler gehörte,[103]) versammelten sich um Viktor Agartz im 1946/47 gegründeten „Wirtschaftswissenschaftlichen Institut der Gewerkschaften" (WWI) in Köln.[104]) Dieses Institut wurde auf Initiative Böcklers und Agartz' mit der Intention eingerichtet, die wirtschaftsdemokratische Neuordnung Deutschlands wissenschaftlich zu untermauern. Als Geschäftsführer wurde zunächst Erich Potthoff bestellt.[105]) Agartz, der als Leiter des Zentralamtes für Wirtschaft der britischen Zone zunächst mit anderen Aufgaben beschäftigt war,[106]) kannte ihn als Mitarbeiter von Eugen Schmalenbach. Potthoff war zuständig für Fragen der „Sozialisierung" und „Demokratisierung der Betriebe", später allgemeiner für das Ressort „Betriebs- und Sozialwissenschaften".[107]) Als Agartz ab Jahresbeginn 1950 die Leitung des WWI übernahm, blieb Potthoff stellvertretender Leiter.

Vom WWI aus versuchte Potthoff, die Arbeitsdirektoren als eigenständige Akteursgruppe zu profilieren und zu professionalisieren. Dabei verfügte er, der sich in der unmittelbaren Nachkriegszeit höchst vielseitig engagierte, über beste Kontakte und Informationen:[108]) Potthoff war gemeinsam mit Herbert Gross an der Gründung des Handelsblatts beteiligt. Sein Steckenpferd war dessen stärker betriebswirtschaftlich ausgerichtete Beilage „Der Betrieb", die 1952 selbständig wurde.[109]) Potthoff gehörte zu den Gründungsmitgliedern des RKW und war freilich Mitglied im Vorstand der „Schmalenbach-Gesellschaft". Von 1949 bis 1952 war er außerdem Mitglied der „Stahltreuhänder-Vereinigung für die Neuordnung der Eisen- und Stahlindustrie", Düsseldorf, die seit 1946 unter der Leitung von Heinrich Dinkelbach, Finanzdirektor der Vereinigten Stahlwerke, bestand.[110]) Sie stellte das von der „North German

[103]) *Lauschke*, Hans Böckler.

[104]) Vgl. zum WWI in der Gründungsphase: *Hülsdünker*, Praxisorientierte Sozialforschung, S. 116–134; *Lauschke*, Hans Böckler, S. 84–90.

[105]) Vgl. zu Potthoff auch Kap. 2.

[106]) *Lauschke*, Hans Böckler, S. 93–95; *Plumpe*, Vom Plan.

[107]) *Hülsdünker*, Praxisorientierte Sozialforschung, S. 130, 349, 351.

[108]) Vgl. *Eichhorn*, Unternehmensverfassung, S. 335-345; Karl *Hax*, Zur Typologie betriebswirtschaftlicher Forschung und Lehre – Erich Potthoff 60 Jahre alt, in: Zeitschrift für betriebswirtschaftliche Forschung 26, 1974, S. 1-3; Professor Dr. Erich Potthoff – 60 Jahre, in: Rationalisierung 25, 1974, S. 14f.

[109]) *Rothering*, Das „Handelsblatt", S. 68f., 87.

[110]) Vgl. zu der Verbindung zwischen Potthoff und Dinkelbach: *Fear*, Streaming Knowledge.

Iron and Steel Control“, der britischen Kontrollbehörde, beauftragte Exekutivorgan der Entflechtung dar. Auch die ersten Ausgliederungen, in deren Zusammenhang das Modell der Montanmitbestimmung entstanden war, hat Potthoff aus nächster Nähe miterlebt.[111])

Im Februar 1947 fanden die ersten Entflechtungen der Hüttenwerke statt.[112]) Daraus ging unter anderem die Hüttenwerke Oberhausen AG (HOAG) (ehemals Gutehoffnungshütte) hervor. Ihr neuer Vorstand setzte sich zusammen aus einem technischen und einem kaufmännischen Mitglied sowie dem neuen Arbeitsdirektor, der zunächst noch den Titel „Sozialdirektor“ trug, Karl Strohmenger. Die Modalitäten dieser Lösung hatten Gewerkschaftsvertreter mit den Stahltreuhändern ohne Wissen der ehemaligen Vorstandsmitglieder ausgehandelt. Ihre Reaktion, als sie im Januar davon erfuhren, gehört zu den wohl meist erzählten Geschichten der Nachkriegshistorie – sie waren entsetzt. Dennoch wurde die Regelung auch bei den weiteren Ausgliederungen beibehalten.

Die Situation der Arbeitsdirektoren war zunächst dadurch bestimmt, dass sie einen Sitz im Vorstand der entflochtenen Unternehmen zwar erobert hatten. Nun galt es aber, diesen auch auszufüllen, mit dem Ausbau eines entsprechenden Unternehmensbereichs, einer „Sozial- und Arbeitsverwaltung“ zu unterfüttern, und nicht zuletzt den errungenen Status nachhaltig zu sichern. Überdies war noch keineswegs klar, wie sich die Tätigkeit und Funktion der Arbeitsdirektoren in die gewerkschaftliche Programmatik fügen sollte. Inwiefern war der Arbeitsdirektor mehr als nur ein „Personal-Manager“? Während diese zweite programmatische Frage explizit vertagt wurde, hielt man es zunächst für wichtiger, den spezifischen Tätigkeitsbereich der Arbeitsdirektoren genauer zu bestimmen und festzulegen. Die Initiative dazu ergriff Erich Potthoff gemeinsam mit Heinrich Deist (1902-1964), dem späteren Wirtschaftsexperten der SPD. Deist gehörte ebenso wie Potthoff zum engsten Kreis um Böckler. Seit 1947 war er Vorsitzender des Kontrollausschusses bei der Treuhandverwaltung, im März 1949 wurde er als Vertrauensmann der Gewerkschaften – wohl gemeinsam mit Potthoff – vollwertiges Mitglied der Stahltreuhändervereinigung.[113])

Unter Federführung von Potthoff und Deist fanden 1948 die ersten offiziellen Treffen der Arbeitsdirektoren der Eisen- und Stahlindustrie statt, die eine einheitliche Ausgestaltung und Organisation ihres Tätigkeitsbereichs zum Ziel hatten.[114]) Potthoff hatte bereits frühzeitig eine Studie über „Die

[111]) *Potthoff*, Der Kampf; *Lauschke*, Hans Böckler, S. 97-100.

[112]) *Müller*, Mitbestimmung, S. 142.

[113]) 1951 übernahm Deist außerdem den Aufsichtsratsvorsitz beim Bochumer Verein für Gussstahlfabrikation, 1952 auch den der WURAG Eisen und Stahlwerke AG. Vgl. zu Deist URL: [www.fes.de/archiv/1abt/deis-h.htm] [14.11.05]; *Lauschke*, Hans Böckler, S. 84.

[114]) Das erste Treffen fand am 18.03.1948 statt, das zweite am 02.07.1948; vgl. auch für das Folgende die entsprechenden Unterlagen in den Handakten des Arbeitsdirektors des Hüttenwerks Oberhausen Karl Strohmenger, TKA, TNO/002040, TNO/002041, TNO/002042.

Aufgaben des Arbeitsdirektors“ in Auftrag gegeben. Aufbauend auf deren Ergebnissen erschien 1947 das gleichnamige überarbeitete Manuskript als 15-seitige Broschüre.[115]) Ende Januar 1949 stellte Potthoff diese Ergebnisse den Arbeitsdirektoren auf einer eigens anberaumten Arbeitstagung vor. Als wichtigste Arbeitsbereiche benannte er fünf Abteilungen: 1. Vertrag, 2. Ausbildung, 3. Leistung, 4. Sozialwirtschaft und 5. Anlagen. Darunter verstand er im Einzelnen Folgendes:

[ad 1] Die „Abteilung Vertrag“ sei zuständig für die Personalverwaltung – Einstellungen, Entlassungen, Versetzungen, Urlaub und Belegschaftsstatistiken –, aber auch für Tarif- und arbeitsrechtliche Fragen, inklusive Betriebskrankenkasse. Die gesamte Lohnabrechnung sollte zwar zum Zuständigkeitsbereich des kaufmännischen Direktors gehören, nicht so jedoch die Lohngestaltung und Lohnermittlung. Diese sei Aufgabe des Arbeitsdirektors.

[ad 2] Die „Abteilung Ausbildung“ umfasse alle Aufgaben und Einrichtungen der beruflichen Qualifikation und Weiterbildung, sowohl für Auszubildende wie auch für bereits Beschäftigte.

[ad 3] Die „Abteilung Leistung“ war so etwas wie das arbeitswissenschaftliche „Herz“ des arbeitsdirektorialen Aufgabenbereichs. Durch Beobachtung und „Überwachung“ sollte Sorge dafür getragen werden, dass alle leistungssteigernden Maßnahmen den „neuesten arbeitswissenschaftlichen Erkenntnissen“ entsprächen, und „daß Maßnahmen, die anderwärts bereits erprobt sind, auch im eigenen Bereich Eingang finden“.[116]) Vier Unterabteilungen seien für verschiedene Dimensionen zuständig: eine für die „Beobachtung des Arbeitsmarktes und Mitwirkung bei der Auswahl der in den Betrieb aufzunehmenden Arbeitskräfte“, die zweite für die „Beobachtung der Kräfteverteilung im Betrieb und Sorge für deren Verbesserung im Sinne des Grundsatzes ‚der richtige Mann an den richtigen Platz‘“, die dritte für die „Beobachtung der Arbeitsleistung im Betrieb“ und die vierte für die „Überwachung des Grundsatzes der Parallelität von Lohn und Leistung“, der sicherstellen sollte, dass einer Leistungssteigerung immer auch eine Lohnsteigerung entspreche.

[ad 4] Die „Abteilung Sozialwirtschaft“ umfasse Maßnahmen der betrieblichen Sozialpolitik: Gesundheitsdienst, Renten- und Pensionskasse, Kantine, usw. Ausgegliedert aus diesem Bereich waren in der

[ad 5] „Abteilung Belegschaftsanlagen“ alle Aufgaben, die im Zusammenhang mit der Instandhaltung, Verwaltung und Pflege von Gebäuden standen: Werksanlagen, wozu auch der Werkschutz, Feuerwehr, Pförtner und Boten gehörten sowie Werkswohnungen.

Potthoff legte den Arbeitsdirektoren damit einen Entwurf vor, wie im Idealfall ihr betrieblicher Zuständigkeitsbereich organisationsstrukturell aufzu-

[115]) WWI, Die Aufgaben des Arbeitsdirektors (1947); vgl. dazu auch: *Hülsdünker*, Praxisorientierte Sozialforschung, S. 138–162; Erich *Potthoff*, Der Arbeitsdirektor, in: Mitteilungen des Wirtschaftswissenschaftlichen Instituts 3, 1950, Nr. 12, S. 12–16.

[116]) WWI, Die Aufgaben des Arbeitsdirektors, S. 11.

bauen sei. Deist erklärte ihnen auf derselben Tagung, was es mit dem „Gesetz Nr. 75“ auf sich hatte, das die Entflechtung und Verwaltung der deutschen Schwerindustrie und Kohlewirtschaft regelte.[117]) Bereits zwei Wochen später, am 11. Februar 1949, traf sich ein „Organisationsausschuss der Arbeitsdirektoren“. Diesem gehörten neben Potthoff sechs Arbeitsdirektoren der Eisen- und Stahlindustrie an: Karl Strohmenger, Hüttenwerk Oberhausen AG; Johann L'habitant, Deutsche Mannesmannröhren Werke AG, Düsseldorf; Wilhelm Schäfer, Dortmund-Hoerder Hüttenunion AG; Konrad Skrentny, Hüttenwerke Phoenix AG, Duisburg; Willi Wagner, Stahlwerke Bochum AG und Diedrich Dännemark, Hüttenwerk Ilsede-Peine AG.[118]) In den folgenden Jahren legte dieser Arbeitskreis eine rege Aktivität an den Tag. Spätestens seit Beginn der 1950er Jahre umfasste er alle 35 Arbeitsdirektoren der Eisen- und Stahlindustrie.[119])

Gemeinsam mit Potthoff und Deist versuchten die Arbeitsdirektoren, eine eigene Organisation zur Durchsetzung ihrer Interessen einzurichten. Das sollte sich jedoch aus verschiedenen Gründen als einigermaßen schwierig erweisen, sowohl auf Branchenebene, und erst recht bundesweit. Die Verabschiedung des Montanmitbestimmungsgesetzes im Mai 1951 löste einen regelrechten Aktivismus innerhalb der gewerkschaftlichen Organisation aus, der zwar unter maßgeblichem Einfluss Potthoffs und der Arbeitsdirektoren zu einer schärferen Profilierung des WWI als (sozial-)wissenschaftlichem „Think-tank“ der Gewerkschaften führte. Doch sollte sich die eingeschlagene Richtung, nämlich maßgeblich auf die Kompetenz soziologischer Expertise zu setzen, der Durchsetzung ihrer Interessen letztendlich nicht in der Weise zuträglich erweisen, wie sie es sich erhofft hatten.

Mit dem Montanmitbestimmungsgesetz, das als großer Erfolg der Gewerkschaften, als erster Schritt auf dem Weg zur „Wirtschaftsdemokratie“ gefeiert wurde, war die Institution „Arbeitsdirektor“ nun tatsächlich rechtlich abgesichert, und zudem auf die Kohleindustrie ausgeweitet worden. Gleichwohl stellte das Gesetz im Hinblick auf die damit umso dringender anstehende Bestimmung und Vereinheitlichung des spezifischen Tätigkeitsfelds der Arbeitsdirektoren de facto eine Nullrunde dar. Potthoff und die Arbeitsdirektoren sahen dies jedoch keineswegs als Niederlage an. Sie verfolgten eine Strategie, die der Aushandlung auf Unternehmensebene den wichtigsten Stellenwert zumaß. Dass sie ihre Handlungsspielräume damit überschätzten, war zeitgenössisch schwer zu übersehen, zumal die Begrifflichkeiten des anthropozent-

[117]) TKA, TNO/002041.

[118]) Notiz über die Zusammenkunft des Organisationsausschusses der Arbeitsdirektoren am 11.02.1949, TKA, TNO/002041.

[119]) Anschriftenliste der Arbeitsdirektoren der Eisen- und Stahlindustrie, Stand 01.12.1952, ebd. TNO/002042; vgl. im Anhang Tab. 4: Arbeitsdirektoren der Eisen- und Stahlindustrie; zum Sozialprofil der Arbeitsdirektoren vgl. *Lauschke*, Mitbestimmungseliten, S. 327–334.

rischen Diskurses, der den Rahmen dieser Aushandlungen darstellte, höchst diffus verwendet wurden.

Potthoff hatte in der WWI-Broschüre über die Dienststellengliederung des Arbeitsdirektors (1947) bereits herausgestellt, dass der Erfolg der Institution Arbeitsdirektor maßgeblich von der jeweiligen „Persönlichkeit“ abhänge.[120]) Der DGB hingegen formulierte in seinem auf dem Gründungskongress 1949 verabschiedeten Grundsatzprogramm ohne direkte Bezugnahme auf den Arbeitsdirektor sehr viel allgemeiner:

„Die Betriebe als Zellen der Volkswirtschaft arbeiten nicht zum Selbstzweck, sondern müssen auf das gemeinsame Wohl der gesamten Bevölkerung abgestellt sein. [...] Das Kapital kann nur durch die Arbeit des Menschen eine nützliche und wirksame Rolle spielen; es kann deshalb in den Betrieben nicht alleinbestimmend sein. Wir fordern daher die verantwortliche soziale, personelle und wirtschaftliche Mitbestimmung der Arbeitnehmer in allen Betrieben der Wirtschaft“.[121])

Signifikant zeigt sich an diesen beiden Aussagen die Diskrepanz zwischen zwei semantisch verschiedenen Verwendungen der anthropozentrischen Maxime. Während Potthoff, der die „Persönlichkeit“ des Arbeitsdirektors betonte, vor allem dessen Durchsetzungsstärke gegenüber seinen Vorstandskollegen im Sinn hatte, diente dem DGB die „Mensch“-Referenz als „humanisiertes“ Synonym für „Arbeit“, die wiederum, indem sie dem Abstraktum „Kapital“ gegenüber gestellt wurde, den Vertretungsanspruch der Gewerkschaften in besonderer Weise legitimierte. Diese unaufgedeckten Diskrepanzen trugen auch dazu bei, dass im endgültigen Gesetzestext auf eine Beschreibung des Tätigkeitsbereichs des Arbeitsdirektors ebenso verzichtet wurde wie auf eine etwaige Festlegung des spezifischen Profils.

Im Zuge der Verhandlungen über den Entwurf des Montanmitbestimmungsgesetzes konnte man sich nicht auf einen solchen zunächst vorgesehenen Passus einigen.[122]) In den „Richtlinien über die Mitbestimmung in Kohle und Eisen schaffender Industrie“ vom 27. Januar 1951, die Adenauer mit Arbeitnehmer- und Arbeitgebervertretern ausgehandelt hatte, hieß es noch:

„Für den Posten des Arbeitsdirektors ist eine Persönlichkeit zu bestellen, die sich für die Wahrung der Menschenwürde bei allen Beschäftigten einzusetzen hat, im Einvernehmen mit allen Beteiligten die Zusammenarbeit und das Interesse am Betrieb lebendig gestalten soll, den Ablauf des Betriebes und dessen Zusammenhänge zu übersehen vermag.“[123])

Bundestag und Bundesrat beschlossen jedoch, eine (solche) Beschreibung der Aufgaben des Arbeitsdirektors weg zu lassen, da in der Praxis bereits eine gewisse Aufgabenstellung festliege und außerdem die genannten Anforderungen nicht nur an den Arbeitsdirektor, sondern an jedes Vorstandsmitglied

[120]) WWI, Die Aufgaben des Arbeitsdirektors, S. 3.
[121]) „Mittelpunkt ist der arbeitende Mensch“, S. 322.
[122]) Vgl. auch für das Folgende: *Spie*, Die Institution des Arbeitsdirektors, S. 43–48.
[123]) Zit. n. ebd. S. 44.

zu stellen seien. Das Montanmitbestimmungsgesetz vom Mai 1951 legte dann lediglich fest:

„Als gleichberechtigtes Mitglied des zur gesetzlichen Vertretung berufenen Organs wird ein Arbeitsdirektor bestellt. Der Arbeitsdirektor kann nicht gegen die Stimmen der Mehrheit der nach § 6 gewählten Aufsichtsratsmitglieder [Arbeitnehmervertreter] bestellt werden. [...] Der Arbeitsdirektor hat wie die übrigen Mitglieder des zur gesetzlichen Vertretung berufenen Organs seine Aufgaben im engsten Einvernehmen mit dem Gesamtorgan auszuüben. Das Nähere bestimmt die Geschäftsordnung.“[124])

Indem damit alles den Kräfteverhältnissen auf betrieblicher Ebene überlassen wurde, hatte sich Potthoffs Linie durchgesetzt. Begünstigend wirkte sicherlich die Eile, mit der das Gesetz in der ersten Jahreshälfte 1951 aufgrund der bekannten Konstellation aus Streikdrohung, Gefahr einer Beeinträchtigung der alliierten Entflechtungspolitik und damit wiederum der Rückgewinnung des Verfügungsrechts über deutsches Eigentum (Schuman-Plan) „durchgefochten“ wurde[125]). Eine Intervention von Arbeitgeberseite lässt sich im Laufe der Verhandlungen des Gesetzestextes jedenfalls nicht erkennen. Im Gegenteil, der DGB selbst hatte Einwände gegen einen Passus, der die Tätigkeit des Arbeitsdirektors genauer beschrieb. Darin bestünde eine „Diskriminierung“ des Arbeitsdirektors gegenüber den übrigen Vorstandsmitgliedern.[126]) Der Arbeitsdirektor als wichtigster Mitbestimmungsrepräsentant auf betrieblicher Ebene sollte nicht Gefahr laufen, in die „soziale Ecke“ abgeschoben zu werden.[127]) Stattdessen erklärte Potthoff ausgehend von der Überzeugung, angesichts der dreijährigen Praxis in den entflochtenen Hüttengesellschaften auf dem besten Weg zu einer wirtschaftsdemokratischen Ordnung zu sein, dass es nur noch eine „organisatorisch zu lösende Aufgabe“ sei, „die beiden Träger der Wirtschaft, das Kapital und die menschliche Arbeitskraft, funktionell richtig“ einzuordnen: „Wir sind der Auffassung, dass es keine Schwierigkeiten macht, die Dinge praktisch durchzuführen, wenn man wirklich die Absicht hat, dem Arbeitnehmer die Mitbestimmung in der Wirtschaft einzuräumen.“[128])

Ob Potthoff bewusst war, dass die Mehrzahl der Unternehmer und Arbeitgeber diese Absicht nicht „wirklich“ teilte, trotzdem aber, um Optimismus zu verbreiten, einen kooperativen Kurs einschlug; oder ob er angesteckt von der Mitbestimmungseuphorie vieler seiner Kollegen die Lage außerhalb der Stahlbranche verkannte, kann letztlich nicht entschieden werden. In jedem Fall verfolgte er eine Strategie der gegenseitigen Annäherung. Er versuchte dabei, das „soziale“ Tätigkeitsfeld der Arbeitsdirektoren betriebswirtschaftlich zu profilieren.

[124]) Zit. n. ebd. S. 47f.
[125]) *Müller*, Strukturwandel; *Thum*, Mitbestimmung.
[126]) *Spie*, Die Institution des Arbeitsdirektors, S. 45.
[127]) Erich *Potthoff*, Wirtschaftliche Mitbestimmung im Betrieb, in: Gewerkschaftliche Monatshefte 1, 1950, S. 97–102, hier S. 97.
[128]) Ebd.

Damit knüpfte er an die Forderung seines Lehrers Eugen Schmalenbach an, die „betriebliche Personalwirtschaft“ nicht länger „stiefmütterlich“ zu behandeln. Eichhorn berichtete anlässlich von Potthoffs 75. Geburtstag, dass Potthoff 1946 mit Schmalenbach über eine Habilitation zu diesem Thema gesprochen habe, woraus allerdings aufgrund seiner vielfältigen anderen Tätigkeiten nichts geworden sei.[129]) In der Tat schrieb Potthoff, der 1968 auch die Berufung als Nachfolger auf den Schmalenbach-Lehrstuhl ablehnte, keine Habilitation über „Personalwirtschaft“. Stattdessen versuchte er vom wirtschaftswissenschaftlichen Institut der Gewerkschaften aus, eine „Soziale Betriebspolitik“, wie er sie (später) nannte, praktisch in Unternehmen zu etablieren. Dabei ging er zunächst von den Arbeitsdirektoren aus, beschränkte sich jedoch sehr bald nicht mehr auf die Montanindustrie, sondern vertrat einen allgemeinen Anspruch, der sich auf alle Unternehmen bezog. Das war es, was Potthoff unter „wirtschaftlicher Mitbestimmung“ verstand. Dass er damit allerdings auf Widerstand in den eigenen Reihen stoßen sollte, konnte er zu diesem Zeitpunkt nicht absehen. Bis zur Verabschiedung des Montanmitbestimmungsgesetzes waren diese innergewerkschaftlichen Differenzen noch nicht so deutlich zu Tage getreten. Einmütig feierte man den Erfolg und Potthoff verfolgte vom WWI aus umso nachdrücklicher seine ambitionierten Pläne.

Vom 12. bis 14. Juli 1951 veranstaltete er in Unkel eine Tagung des WWI zum Thema „Das Personalwesen in Industrie“.[130]) Eingeladen waren die Arbeitsdirektoren der Hüttenindustrie und ihre Mitarbeiter, entsprechende Sachbearbeiter aus dem Bergbau und einigen anderen Industriebetrieben, Vertreter von Ministerien, von Hochschulen und sonstigen Organisationen des sozialen Bereichs. Auf dem Programm standen vier Themen: 1. „Das Personalwesen in der Industrie“, 2. „Die Betriebspsychologie in der Betriebspraxis“, 3. „Probleme der Arbeits- und Leistungsbewertung“ und 4. „Betriebliche Sozialpolitik“. Alle wurden jeweils mit einem Referat eingeführt, das vormittags alle Teilnehmer hörten. Nachmittags wurden in „Arbeitsgemeinschaften“ einzelne Teilaspekte der jeweiligen Bereiche vertieft.[131]) Diese Ergebnisse stellten die Gruppen abends beim nochmalig gemeinsamen Treffen im Plenum vor. Zum Abschluss der gesamten Tagung sprach Franz Grosse, Leiter der volkswirtschaftlichen Abteilung im Hauptvorstand der IG Bergbau, über „Industrielles Personalwesen und Gewerkschaften“.

Das dritte und vierte Thema der Tagung umfassten arbeitsdirektoriale Aufgabenbereiche, die in der Tradition der herkömmlichen Mischung aus betrieb-

[129]) *Eichhorn*, Das wissenschaftliche Werk, S. 338.

[130]) Vgl. auch für das Folgende: Das Personalwesen in der Industrie (Bericht über die Unkeler Tagung vom 12.-14. Juli 1951) [umfasst die beiden Vorträge: Erich *Potthoff*, Grundfragen des Personalwesens in der Industrie; Heinrich *Heitbaum*, Betriebspsychologie in der Betriebspraxis], in: Mitteilungen des wirtschaftswissenschaftlichen Instituts der Gewerkschaften 4, 1951, S. 7-15.

[131]) Ebd. S. 7.

licher Sozialpolitik und Rationalisierungsmaßnahmen standen, wie sie sich seit den 1920er Jahren in Unternehmen ausgebildet hatte. Im Gegensatz dazu vertrat Potthoff in Unkel jedoch einen anderen, neuen Ansatz. Betriebliche Personalpolitik präsentierte er in erster Linie als betriebswirtschaftlich und betriebspsychologisch zu behandelnde Thematik. Während er die betriebswirtschaftliche Grundkonzeption selbst in einem Vortrag erläuterte, mit dem er die gesamte Tagung eröffnete „Das Personalwesen in der Industrie", sprach über das humanwissenschaftliche Fundament betrieblicher Personalpolitik der Psychologe Ernst Bornemann von der „Sozialforschungsstelle Dortmund". Dies waren die beiden Themen, die den herkömmlichen Ansätzen in Unkel vorangestellt wurden.

Bornemann versuchte mit seinem Vortrag davon zu überzeugen, dass die Psychologie im Betrieb nicht in erster Linie der Leistungssteigerung diene, sondern vielmehr „dem Arbeiter helfen wolle" und daher notwendig Teil einer „humanisierenden", arbeitnehmergetragenen Personalpolitik sein müsse.[132]) Zwei Argumente betonte er dabei besonders: Zum einen habe die Psychologie mit wissenschaftlichen Studien darauf aufmerksam gemacht, dass der Arbeiter als Mensch zahlreiche Bedürfnisse habe, die es auch in der betrieblichen Praxis zu berücksichtigen gelte. Sie sei daher einer der wichtigsten „Wegbereiter" der Forderung, stets den Menschen und die Persönlichkeit in ihm zu achten. Und zum anderen sehe es die Psychologie auch als ihre Aufgabe an, Vorschläge zu machen, wie dieser Forderung praktisch Rechnung getragen werden könne. Gerade dadurch könne sie im Umfeld des Arbeitsdirektors entlastend und bereichernd wirken.

Das war nicht nur neu für die Arbeitsdirektoren. Es ging auch über die herkömmliche Praxis aller nicht-montanmitbestimmten Unternehmen hinaus. Mit der Hilfe Bornemanns versuchte Potthoff, ausgehend von einem solchen human- und sozialwissenschaftlichen Ansatz, betriebliche Personalpolitik als allgemeinen Teilbereich der Unternehmensführung zu etablieren. In seinem Eröffnungsvortrag skizzierte er erstmals umfassend, wie sich das personalpolitische Tätigkeitsfeld in den Kontext der Unternehmensorganisation und Unternehmensführung einfüge. Er benannte alle Referenzen und Orientierungen, die bis zum Beginn der 1970er Jahre konstitutiv für die endgültige Etablierung eines humanwissenschaftlich gestützten Personalbereichs innerhalb des betrieblichen Sozialraums sein sollten. Potthoffs Konzept hatte damit inhaltlich das Potential, ähnlich wie der Aufruf zur „Sozialen Betriebsgestaltung" vier Jahre zuvor, eine Schlüsselfunktion für die Genese des personalpolitischen Felds einzunehmen – doch fand es innerhalb der gewerkschaftlichen Organisation keine entsprechende Resonanz.

[132]) Vgl. für das Folgende: Heinrich *Heitbaum*, Betriebspsychologie in der Betriebspraxis, in: Mitteilungen des wirtschaftswissenschaftlichen Instituts der Gewerkschaften 4, 1951, S. 7–15.

Die Notwendigkeit, ein eigenständiges „Personalwesen" in Unternehmen einzurichten, leitete auch Potthoff aus der allgemeinen „Erkenntnis" ab, dass der „Mensch und nicht mehr die Maschine im Mittelpunkt der Wirtschaft" stehen müsse. Gleichwohl, so konstatierte er, sei „im Vergleich zur Technik und Ökonomie [...] das, was wir vom Menschen in der betrieblichen Arbeit wissen, nicht sehr viel." Umso dringender stünde es daher an, „durch das Bewußtwerden und das Nachdenken über die Zusammenhänge des menschlichen Verhaltens noch sehr viel [zu] lernen und in der Praxis [zu] verwerten."[133]) Das betriebliche Personalwesen sei der Ort, wo diese Aufgabe erfüllt werden müsse. Das sei zugegebenermaßen „schwierig, aber höchst bedeutsam". Eine Lösung sah Potthoff darin, das „Personalwesen" entsprechend dem Rechungswesen als „indirekten Funktionsbereich" in jedem Betrieb zu etablieren. Mit der Unterscheidung von „direkten" und „indirekten" Funktionen knüpfte er an Taylors „wissenschaftliche Betriebsführung" an, die organisationsstrukturell zwischen ausführender und planender Arbeit trennte: „So wie in den letzten Jahrzehnten der kaufmännische Betriebswirt immer mehr neben den Techniker getreten ist und auf ihn indirekt durch das Rechnungswesen Einfluß nimmt, so tritt heute in den großen Unternehmungen das Personalwesen neben die Technik und die kaufmännischen Aufgaben."[134]) Im Unterschied zum Rechnungswesen sei die Funktion des Personalwesens aber nicht auf „indirekte" Maßnahmen beschränkt. Das Personalwesen umfasse in seinem Zuständigkeitsbereich auch eine „direkte" Funktion: die der so genannten „Personalführung". Unter „Personalführung" verstand Potthoff das Verhalten jedes einzelnen Vorgesetzten auf allen Ebenen der Betriebshierarchie gegenüber seinen Mitarbeitern. Diese direkte Funktion verbleibe maßgeblich bei den jeweiligen Vorgesetzten, denn „der Leiter des Personalwesens kann niemals gleichzeitig der direkte Personalchef aller im Betriebe Tätigen sein." Der Einfluss des Personalwesens auf die Personalführung werde „durch ständige Überwachung, Beratung, Koordinierung und Schulung geltend gemacht".[135]) Daher seien bei der allgemeinen Unternehmensführung zwei Bereiche zu unterscheiden:

„a) die sachliche Aufgabe, den Betrieb technisch, wirtschaftlich und organisatorisch in der besten Weise zu führen;
b) die menschliche Aufgabe, die Menschen und die Gruppen von Menschen im Betrieb zu einer wirkungsvollen Zusammenarbeit im Rahmen der betrieblichen Aufgabe zu bringen."[136])

Indem Potthoff Technisches und Kaufmännisches gemeinsam unter „sachliche Aufgaben" subsumierte, damit also all das, was Unternehmensleitungen bis-

[133]) Erich *Potthoff*, Grundfragen des Personalwesens in der Industrie, in: Mitteilungen des wirtschaftswissenschaftlichen Instituts der Gewerkschaften 4, 1951, S. 7–15, hier S. 8.
[134]) Ebd. S. 11.
[135]) Ebd. S. 10.
[136]) Ebd.

her maßgeblich als ihre Aufgabe ansahen, dem neuen personalpolitischen Bereich als gleichwertig gegenüber stellte, wertete er die „menschlichen Aufgaben“ entscheidend auf. Mit Hilfe dieses „Kunstgriffs“ konnte er dann gleichsam zwingend logisch resümieren, dass „so gesehen, [...] nicht besonders bewiesen zu werden [braucht], daß die Personalpolitik immer ein Bestandteil der Geschäftspolitik schlechthin ist.“ Gleichzeitig konnte er dann auch – zumindest dem Anspruch nach – allgemein verbindlich mit jovialem „Wir“ definieren:

„Wenn wir [...] von Personalpolitik sprechen, wollen wir darunter die Summe der Prinzipien und Maßnahmen verstehen, durch die das Verhältnis der Belegschaftsmitglieder zur Unternehmensleitung und des einzelnen arbeitenden Menschen zu seiner Arbeit und zur Unternehmung im ganzen in optimaler Weise geordnet werden soll.“[137])

Diese Zuordnung der Personalpolitik zu den Aufgaben der Geschäftsleitung ermöglichte es ihm außerdem, mit vermeintlich „sachlichen“ Argumenten eine spezielle Vertretung des Personalwesens in der Unternehmensführung zu fordern. Freilich diente dies dazu, die Position der Arbeitsdirektoren zu konkretisieren, zu stabilisieren und gleichzeitig auszuweiten. Der Arbeitsdirektor, wie er in den montanmitbestimmten Betrieben tätig sei, so Potthoff, vertrete beispielgebend für alle anderen Unternehmen diese Funktion in der Unternehmensleitung:

„Wie der Techniker für seine Betriebe, der Kaufmann für seine Verwaltung die Ressortverantwortung trägt, hat der Arbeitsdirektor natürlich die Ressortverantwortung und damit auch die disziplinarische Verantwortung für die Personalverwaltung.“[138])

Bei einer solchen Gliederung der Unternehmensleitung seien dann logischerweise auch die vom Arbeitsdirektor erarbeiteten Grundsätze und Richtlinien für die Personalpolitik der Unternehmung als Personalpolitik des gesamten Vorstands zu verstehen, wobei eine gemeinsame Abstimmung vorausgesetzt sei. Entsprechend appellierte Potthoff abschließend nochmals eindringlich an die Arbeitsdirektoren, dass eine so verstandene Personalpolitik *das* geeignete Mittel zur Demokratisierung der Wirtschaft sei, denn mit ihr würde „eine soziologische Umgestaltung unserer gesellschaftlichen Ordnung angestrebt, den Übergang des Arbeitsnehmers vom Wirtschaftsuntertan zum Wirtschaftsbürger vorzunehmen, wie es Sinzheimer[139]) vor einem Vierteljahrhundert formuliert“ hätte.

Potthoffs personalpolitisches Konzept führte weit über das hinaus, was die Humanexperten im Zeichen der „Sozialen Betriebsgestaltung“ bis zu diesem

137) Ebd.

138) Ebd. S. 12.

139) Hugo Sinzheimer (1875-1945) gilt als Begründer des kollektiven Arbeitsrechts. Er war, bevor er 1933 als jüdischer Sozialdemokrat in die Niederlande emigrierte, in den 1920er Jahren unter anderem im Umkreis der „Gesellschaft für soziale Reform“, der „letzten Bastion“ der bürgerlichen Sozialreformer tätig. Vgl. zu Sinzheimer: *Blanke*, Soziales Recht; *Wirth*, Hugo Sinzheimer.

Zeitpunkt (1951) hatten realisieren können. Sie hatten sich auf die anthropozentrische Prämisse als Leitorientierung ihrer betrieblichen Gestaltungsbestrebungen festgelegt und darauf, dass wissenschaftliches Wissen das wichtigste Instrument dieser Bestrebungen sei. Auch gab es erste Versuche von ihrer Seite, Personalleiter in diesem Sinne als eigenständige Experten zu profilieren, doch waren diese gescheitert. Potthoff hingegen kam einige Schritte weiter. Ihm gelang nämlich konzeptionell genau das. Indem Potthoff die „soziologische Umgestaltung der gesellschaftlichen Ordnung" des Betriebs im Sinne eines Wandels vom Wirtschaftsuntertan zum Wirtschaftsbürger zur Aufgabe der Arbeitsdirektoren erklärte und so ihre Personalmanager-Funktion mit der gewerkschaftlichen wirtschaftsdemokratischen Programmatik verband, schuf er eine personalpolitische Leitorientierung für eine spezifische betriebliche Akteursgruppe. Diese Leitorientierung realisierte alle Elemente der „Illusio" des personalpolitischen Felds, auf die sich die Humanexperten zuvor geeinigt hatten – anthropozentrische Prämisse, soziales Verständnis des Unternehmens, wissenschaftliches Wissen als Gestaltungsmittel. Damit stellte Potthoffs Ansatz den ersten Erfolg versprechenden Versuch dar, die Arbeitsdirektoren als *betriebliche* Akteure des personalpolitischen Felds, als Personalexperten zu etablieren.

Freilich war dies nur unter den besonderen Bedingungen möglich, denen die Arbeitsdirektoren unterlagen. Sie stellten eine relativ homogene, auf die Montanindustrie beschränkte, zahlenmäßig überschaubare und zudem neue Akteursgruppe dar. Sie waren noch nicht durch jeweils unterschiedliche betriebliche Traditionen „vorbelastet", sondern suchten im Gegenteil nach Orientierung und Hilfestellung. Gleichzeitig stellten sie aufgrund ihrer Einbindung in die gewerkschaftliche Organisation eine 60 bis 70 Mitglieder umfassende Gruppe dar, die durchaus das Potential aufwies, zu einer eigenständigen Kraft zu werden, zur Arbeitnehmervertretungs-„Elite" qua Personalexpertise.

Potthoff, dessen persönliche Motivation in einer Mischung aus gewerkschaftlichen und betriebswirtschaftlichen Orientierungen bestand sowie auf einer sehr konsequenten sozialpartnerschaftlichen Überzeugung basierte, agierte im Gegensatz zu den Humanexperten aus einer institutionell viel günstigeren Position heraus. Während die Humanexperten sich von neu gegründeten außerbetrieblichen Instituten aus bemühten, die ihren „insularen" Charakter zum Teil noch nicht überwunden hatten, war Potthoff eingebunden in ordnungspolitisch relevante Netzwerke. Vor allem seine Doppelfunktion als Stahltreuhänder und Leiter des Wirtschaftswissenschaftlichen Instituts der Gewerkschaften ermöglichte es ihm, seine Ideen genau dort zu verbreiten, wo sie ankommen sollten. Und nicht zuletzt hatte er sich im Rahmen der „Schmalenbach-Gesellschaft" bereits seit Mitte der 1940er Jahre Gedanken über „Personalwirtschaft" gemacht.[140]) Potthoff warf mit der Unkeler Tagung somit alles in die Waagschale, was er zu bieten hatte: betriebswirtschaftliche

[140]) *Hülsdünker*, Praxisorientierte Sozialforschung, S. 151 f.

Kompetenz im Sinne der gemeinwirtschaftlich orientierten Schmalenbach-Schule, mehrfach nachgewiesenen „praktischen“ Sachverstand, seine vielseitigen Kontakte zu Arbeitgebern, Arbeitnehmern, Wissenschaftlern wie Experten und nicht zuletzt seine Fähigkeit, rhetorisch zu überzeugen.

Der von ihm erhobene Anspruch einer Etablierung der Arbeitsdirektoren als Personalexperten erhielt außerdem besonderes Gewicht dadurch, dass Potthoff auch die Bedingungen konkretisierte, unter denen er sich die Implementierung des „Personalwesens“ in den betrieblichen Sozialraum vorstellte. Mit der Unterscheidung zwischen indirekter und direkter Funktion, Personalverwaltung und Personalführung, schlug er eine Arbeitsteilung vor, die dem Deutungs- und Gestaltungsanspruch der Experten entsprach, gleichzeitig aber auch den organisationsstrukturellen Bedingungen von Unternehmen Rechnung trug. Die damit verbundene Formel der „Drei-Einigkeit“ des idealen Vorstands „Techniker – Kaufmann – Soziales“ war gar so ein eingängig, dass sie Personalexperten bis in die 1970er Jahre begleiten sollte. Potthoff und die Arbeitsdirektoren setzten hiermit neue Maßstäbe im personalpolitischen Feld.

Zwar waren in Unkel schwerpunktmäßig Vertreter der Gewerkschaften und der Montanindustrie versammelt, aber nicht nur. Ebenfalls waren Mitarbeiter aus Personalabteilungen „anderer Industrien“, Vertreter von Ministerien, Hochschulen und Organisationen des sozialen Bereichs anwesend. Dass seit spätestens 1949 beispielsweise Kontakte zwischen den Arbeitsdirektoren und der A.S.B. bestanden, belegt der Vortrag von Diedrich Dännemark, dem Arbeitsdirektor des Hüttenwerks Ilsede-Peine, bei einer der ersten A.S.B.-Tagungen.[141]) Zwar wurde Dännemarks Beitrag dort, wie im Tagungsbericht bemerkt, „mit einer gewissen Spannung“ gehört.[142]) Ignoriert hat man sich gegenseitig aber keinesfalls, zumal zu diesem Zeitpunkt die Humanexperten ihren spezifischen Objektivitätsanspruch, nach „rein wissenschaftlich-sachlichen“ Kriterien im Dienste des einzelnen Menschen beide Seiten der „Sozialpartner“ zu beraten, auch noch uneingeschränkt umzusetzen versuchten. Ebenso dürfte die besondere Form der Unkeler Konferenz als so genannte „Experten-Tagung“ die Aufmerksamkeit der interessierten Öffentlichkeit auf sich gezogen haben. Die Methode, detailliertere Themen unter der Leitung ausgewiesener „Fachmänner“ in kleineren Arbeitsgruppen zu bearbeiten, um sie dann wieder im Plenum vorzustellen, war neu und unerprobt – vermutlich aufgrund dessen auch nicht so ergiebig, wie es aus heutiger Sicht vielleicht scheinen mag. In jedem Fall gehörte man damit aber zu den exponierten „Progressiven“, die sich an amerikanischen beziehungsweise gruppendynamischen Verfahren orientierten.

[141]) Vgl. Kap. 3.4. An dieser Tagung nahmen auch weitere Arbeitsdirektoren teil, die Weiß als Tagungsleiter eigens begrüßte. *Weiß*, Stellung und Aufgabe, S. 59.

[142]) Franz *Goossens*, Hundert Sozial- und Personalleiter in Heidelberg. Bericht über die Tagung der A.S.B., in: Mensch und Arbeit 1, 1949, S. 90f.

Die breite Resonanz auf die Unkeler Tagung „nicht nur in Gewerkschaftskreisen, sondern auch in der Presse und in der breiten Öffentlichkeit“[143]) bestärkte Potthoff darin, im folgenden Jahr eine weitere Konferenz zu veranstalten. Im Mai 1952 trafen sich in Köln etwa 300 „Mitbestimmungspraktiker“, um sich über neue wissenschaftliche Erkenntnisse zu informieren und Erfahrungen auszutauschen.[144]) Diese zweite Tagung stand unter dem Titel „Mensch und Betrieb“. Sie verlief nach demselben Muster wie die erste. Auffällig ist jedoch, dass nun als Experten hauptsächlich WWI-Mitarbeiter auftraten. Während auf der ersten Tagung noch „Fachmänner“ aus verschiedenen gewerkschaftlichen und gewerkschaftsnahen Instituten und Arbeitskreisen versammelt wurden, bot sich nun ein nahezu geschlossenes Bild des WWI als gewerkschaftliche „Wissenszentrale“. Alle einführenden Referate wurden von WWI-Mitarbeitern gehalten: Viktor Agartz, seit 1950 Leiter des WWI, sprach über „Betrieb und Wirtschaftsordnung“, Potthoff über „Die betriebswirtschaftlichen Grundlagen des Managements“, sein Mitarbeiter Peter Keller über „Beziehungen zwischen Arbeitgebern und Arbeitnehmern in den Vereinigten Staaten von Amerika“, Theo Pirker über „Die soziologischen Grundlagen des Managements“ und Karl Osterkamp über „Die sozialen Leistungen der Unternehmungen und ihre Bedeutung für die Gesamtwirtschaft“.

Neu war die soziologische Expertise Pirkers. Von ihr erhoffte sich die Leitung des WWI die entscheidende Weiterentwicklung der Mitbestimmungspraxis. Zu diesem Zweck hatte sie unmittelbar nach der Verabschiedung des Montanmitbestimmungsgesetzes, zeitgleich mit der ersten Tagung in Unkel, eine industriesoziologische Untersuchungsstelle unter der Leitung von Pirker in München eingerichtet.[145]) Potthoff kannte ihn seit längerem als Mitarbeiter der „Frankfurter Hefte“. Im gewerkschaftlichen Kontext war er außerdem als Dozent der DGB-Fortbildungsstätte in Kochel und als Mitarbeiter der „Gewerkschaftlichen Monatshefte“ hervorgetreten. Potthoff und Agartz beauftragten Pirker damit – wie immer betont wurde, einem Wunsch der Arbeitsdirektoren folgend –, die „gesammelten Ergebnisse der Mitbestimmung in der eisenschaffenden Industrie in grundsätzlicher Hinsicht zu untersuchen“. 1955 ging daraus die umfassende Studie „Arbeiter – Management – Mitbestimmung“ hervor.[146]) Auf der Tagung in Köln jedoch erfüllte Pirker bereits einen wichtigen Teil der an ihn gestellten Erwartungen. Er war derjenige, der die neue Leitdevise für die wissenschaftsgestützte Weiterentwicklung der „Mitbestimmungspraxis“ ausgab: „Soziale Rationalisierung“.[147])

[143]) Vorwort, in: WWI, Mensch und Betrieb, S. 7.

[144]) Vgl. ebd.

[145]) *Hülsdünker*, Praxisorientierte Sozialforschung, S. 469–473.

[146]) *Pirker/Braun/Lutz/Hammelrath*, Arbeiter – Management – Mitbestimmung; vgl. dazu: *Hülsdünker*, Praxisorientierte Sozialforschung, S. 439–549.

[147]) Vgl. für das Folgende: Theo *Pirker*, Die soziologischen Grundlagen des Managements, in: Mensch und Betrieb, S. 40–54.

Genauso wie der Betriebspsychologe Arthur Mayer ein Jahr zuvor erklärte Pirker 1952 den Kölner Tagungsteilnehmern, dass man zwischen drei Formen der betrieblichen Rationalisierung unterscheiden müsse: der technischen, der wirtschaftlichen und der sozialen. Während die beiden ersten Rationalisierungsgebiete von den Prinzipien der Effektivität und der Rentabilität getragen würden, bestünde in Entsprechung, aber gleichzeitig auch spezifischer Eigenart, das Prinzip der sozialen Rationalisierung in der „Soziabilität". Darunter verstand Pirker die Förderung all der „sozialen Fähigkeiten und Möglichkeiten, [...] die innerhalb der Belegschaft eines Betriebs angelegt sind", mit dem Ziel, „die Integrierung innerhalb des Betriebs und die Integrierung des Betriebs in das gesamtgesellschaftliche Leben schöpferisch vorwärts zu treiben". Dabei stelle sich das Problem, dass noch nicht ausreichend wissenschaftliche Grundlagen zur Verfügung stünden. Hier gelte es, schnellstens aufzuholen. Die dazu geeigneten Methoden und Verfahren biete insbesondere die Industriesoziologie als „empirische Wissenschaft". Indem sie die „Tatsachen und Erfahrungen der sozialen Praxis des Betriebs" mit einer wissenschaftlichen Durchdringung verbinde, erfülle sie *die* Voraussetzungen, um als Grundlage der sozialen Rationalisierung zu dienen. Weil sie zudem eine umfassende Perspektive einnehme, sei sie vor allem auch der „Sozialpsychologie in ihrer besonderen Form der Betriebspsychologie" überlegen. Das war eindeutig gegen Mayer und Bornemann gerichtet – und Pirker ging noch weiter: Die praktische Anwendung der Betriebspsychologie sei „für die Organisation der Arbeitnehmerschaft und für die gewerkschaftliche Praxis sehr gefährlich", weil sie ohne Berücksichtigung der besonderen „sozialen Integrationsfähigkeiten innerhalb der Belegschaften" nur auf Harmonisierung zwischenmenschlicher Spannungen ausgerichtet sei. Der Betriebpsychologe mache sich daher allein zum Handlager der technischen und wirtschaftlichen Rationalisierung. Er verfüge nicht über die Mittel, der sozialen Rationalisierung das ihr zustehende Eigengewicht zu verleihen.

Mit dieser Profilierung des WWI als soziologisch ausgerichtetem „Thinktank" der Gewerkschaften schien auch im Hinblick auf Potthoffs Pläne einer Etablierung der Arbeitsdirektoren als Personalexperten ein wichtiger Schritt getan. Das sahen nicht nur Gewerkschaftsvertreter so. Auch Franz Goossens etwa von der Münchner „Forschungsstelle für Betriebswirtschaft und Sozialpraxis e.V.", der in der Zeitschrift „Mensch und Arbeit" über die Kölner Tagung berichtete,[148]) hielt vor allem Pirkers Beitrag für bemerkenswert. Goossens referierte dessen Plädoyer für eine „soziale Rationalisierung" in – für „Mensch und Arbeit"-Verhältnisse – ungewöhnlicher Ausführlichkeit. Geradezu begeistert war er von Pirkers Forderung „nach der Erforschung und Gestaltung der bestmöglichen ‚Soziabilität' des Betriebes" als wichtigste Voraussetzung und Grundlage einer optimierten „sozialen Integrierung und

[148]) Franz *Goossens*, Tagung des WWI der Gewerkschaften, in: Mensch und Arbeit 4, 1952, S. 155.

Zusammenarbeit". Pirkers Spitze gegen die Betriebspsychologie deutete Goossens keineswegs als Affront, sondern vielmehr als Anzeichen der gegenseitigen Annäherung und grundsätzlichen Übereinstimmung „der noch sehr jungen deutschen Sozialforschung", die sich „die Beachtung des Menschen im Betrieb" zur Aufgabe gemacht habe. Für Goossens zeigte die Kölner Tagung in erster Linie, „mit welcher Entschlossenheit die führenden Köpfe der Gewerkschaften nun die traditionell ablehnende Haltung der Arbeiterbewegung gegenüber der Psychologie im Betrieb" zugunsten einer „positiv-kritischen Einstellung" aufgegeben hätten. „Soziale Rationalisierung" als gemeinsame Leitorientierung war damit stark genug, um auch Differenzen zu überbrücken.

Parallel zu dieser Formierung neuer Experten über die Grenzen bisher getrennt bestehender Organisationen des personalpolitischen Felds hinweg arbeitete Potthoff ebenfalls seit der zweiten Hälfte des Jahres 1951 gemeinsam mit den Arbeitsdirektoren daran, eine eigenständige Institution einzurichten, die direkt und allein den Arbeitsdirektoren als betrieblichen Personalexperten dienen sollte. Ausgangspunkt war dabei die „Sozialabteilung" der Stahltreuhändervereinigung, die den Arbeitsdirektoren bisher als eines ihrer wichtigsten Foren gedient hatte. Im Oktober 1951 erklärte Willi Geldmacher, der zu diesem Zeitpunkt noch Betriebsratsvorsitzender des Bochumer Vereins war, bevor er 1952 zum Arbeitsdirektor aufstieg,[149]) auf einem Treffen der Arbeitsdirektoren:[150])

„Die Mitbestimmung ist nicht damit erfüllt und gesichert, dass die Aufsichtsräte paritätisch zusammengesetzt und Arbeitsdirektoren eingesetzt werden. [...] Es muss jetzt auf lange Sicht geplant werden, wenn wir unsere Aufgabe richtig erfüllen wollen. [...] Jeder Arbeitsdirektor weiß heute, dass er auf sich allein gestellt, all zu oft auf verlorenem Posten stehen würde. Es muss deshalb unsere gemeinsame Aufgabe sein, Erfahrungen und Erkenntnisse weiterzugeben und gegenseitige Hilfe zu leisten [...]. Es bedarf keiner weiteren Begründung, dass ein [...] Optimum nur zustande kommen kann, wenn das Gemeinsame institutionell unterbaut und gesichert wird. Die Frage ist nur, wie soll diese Institution am zweckmäßigsten aussehen?"

Geldmacher schlug eine „Vereinigung für betriebliche Sozialarbeit der Eisen- und Stahlarbeit e.V." vor, die in Entsprechung zum technisch orientierten „Verein der Eisenhüttenleute" alle Arbeitsdirektoren und „andere Kollegen in ähnlich verantwortungsvollen Stellungen" umfassen sollte. Die „selbstverständlich engste Verbindung mit DGB und IG Metall wäre dadurch herzustellen, dass diese im Vorstand vertreten sind". Eine besonders wichtige Aufgabe der Vereinigung bestünde in der „Herausgabe einer Zeitschrift [...] als Bindeglied zwischen den Arbeitsdirektoren und gleichzeitig der Vertiefung der beruflichen Aufgaben dienend". Außerdem wären Fachausschüsse und Arbeits-

[149]) *Lauschke*, Mitbestimmungseliten, S. 329.
[150]) Vgl. für das Folgende: Ausführungen von Willi Geldmacher am 10.10.1951 in Oberhausen btr. ‚Vereinigung für betriebliche Sozialarbeit der Eisen- und Stahlindustrie e.V.', TKA, TNO/002042.

gruppen einzurichten sowie Tagungen zu veranstalten. „Die Gründung der Vereinigung sollte baldmöglichst vorgenommen werden, damit die Aufgaben und eingearbeiteten Kräfte der Stahltreuhändervereinigung rechtzeitig eingeleitet werden können.“

Ganz so schnell und so konsequent, wie Geldmacher sich es wünschte, ging das aber nicht. Vor allem der Vorstand der IG Metall, namentlich Heinrich Sträter, dem im Dezember 1951 die Pläne mitgeteilt wurden, hatte Bedenken. Zwar signalisierte er Ende März 1952 „grundsätzliche Übereinstimmung, dass etwas Ähnliches geschaffen werden soll, allerdings nicht neben der Gewerkschaft IG Metall, sondern im Rahmen unserer Organisation“. Mit gleichem Schreiben schickte Sträter den Arbeitsdirektoren den „Satzungsentwurf des Vereins für betriebliches Sozial- und Personalwesen“, ausgearbeitet vom „Kollegen“ Potthoff, nicht ohne nochmals darauf zu verweisen, dass darin nicht sichergestellt sei, „dass diese Vereinigung im Rahmen der IG Metall nur gebildet werden kann“.

Potthoffs Entwurf stellte eine komplett ausgearbeitete Vereinssatzung mit 17 Paragraphen dar. Zweck des Vereins sollte es danach sein, „in den Werken, die dem Gesetz über die Mitbestimmung unterliegen oder eine ähnliche Regelung des Mitbestimmungsrechts getroffen haben, das betriebliche Sozial- und Personalwesen zu fördern“. Dazu stellten sich folgende Aufgaben:

„a) Erfahrungs- und Meinungsaustausch unter den Mitgliedern und mit anderen an den Aufgaben des Vereins interessierten Persönlichkeiten
b) Zusammenarbeit mit allen Institutionen bzw. Organisationen, soweit sie wissenschaftlich oder praktisch auf dem Gebiet des betrieblichen Personalwesens tätig sind [...]
c) systematische Pflege und Ausbildung des Nachwuchses
d) Gemeinschaftsarbeit auf den Gebieten des betrieblichen Personalwesens, die zweckmäßig einer überbetrieblichen Ordnung bedarf
e) Information der Mitglieder durch Vorträge, Fachtagungen und Arbeitsgemeinschaften, sowie die Herausgabe einer regelmäßig erscheinenden Zeitschrift ‚Mensch und Betrieb‘.“

In der Tat wollte Potthoff keine innergewerkschaftliche Organisation der Arbeitsdirektoren gründen. Im Gegenteil, der Begriff „Arbeitsdirektor“ kam in seinem Satzungsentwurf überhaupt nicht vor. Ihm ging es vielmehr darum, die neue Institution so offen zu gestalten, dass sie mit ihrer Expertise Deutungshoheit für das gesamte Feld betrieblicher Personalpolitik, das heißt auch in den nicht-montanmitbestimmten Unternehmen, beanspruchen konnte. Potthoff versuchte mit diesem Verein eine führende Institution des personalpolitischen Felds zu begründen, die anschlussfähig gegenüber allen bestehenden Institutionen war. Bei dreien der benannten Aufgaben (a, b, d) bemühte er sich daher besonders, die Kooperationsbereitschaft des Vereins zu betonen – der Begriff „Gemeinschaftsarbeit“ ist etwa als explizites Angebot an das einflussreiche Rationalisierungskuratorium der deutschen Wirtschaft zu verstehen. Die geplante Zeitschrift diente der eigenständigen und eigengewichtigen Profilierung des Vereins – kein ernstzunehmendes Institut ohne eigenes Organ. Am wichtigsten war jedoch der Anspruch, den Nachwuchs der Personalexperten „systematisch“ ausbilden und pflegen zu wollen. Diese Funktion war im personalpolitischen Feld bisher unbesetzt. Keine der bestehenden Institutionen hatte es geschafft, sie zu übernehmen. Potthoffs Vorstoß traf insofern auf äußerst günstige Bedingungen, zumal er mit seinem betriebswirtschaftlich gestützten personalpolitischen Ansatz auch konzeptionell über besonders gute Voraussetzungen verfügte.

Gegen die Vorgabe des IG Metall-Vorstands konnte er sich trotzdem nicht durchsetzen. Das Problem wurde zunächst vertagt. Zwar traf man sich sowohl im April 1952 wie auch im Juni zu weiteren Besprechungen; wenn das Thema überhaupt auf den Tisch kam, gelangte man jedenfalls nicht zu einer Einigung. Erst im Winter, also ein Jahr nachdem Geldmacher zur Eile gemahnt hatte, tat sich etwas: Am 14. November 1952 wurde in Düsseldorf die „Gesellschaft für soziale Betriebspraxis“ (GsB) gegründet.

Ausführendes Organ der GsB war der so genannte „Arbeitsausschuß“ ihres Kuratoriums. Zu deren Vorsitzenden wurde im Januar 1953 Willi Schäfer gewählt. Sein Stellvertreter war Konrad Skrentny, Schatzmeister Johann L'habitant. Alle drei waren Arbeitsdirektoren der ersten Stunde.[151]) Zum insgesamt siebenköpfigen Arbeitsausschuss gehörten außerdem auch Potthoff und Deist. Im April 1953 hielt Potthoff anlässlich der Beiratskonstituierung – mit prominenter Besetzung: Karl Arnold, nordrhein-westfälischer Ministerpräsident, und Soziologieprofessor Helmut Schelsky waren unter anderen beteiligt – einen programmatischen Vortrag über „Theorie und Praxis der sozialen Betriebspolitik“. Eine ausgearbeitete Fassung dieses Manuskripts erschien kurz darauf unter demselben Titel als eigenständige Publikation.[152]) Potthoff erläuterte darin sein personalpolitisches Konzept, wie er es in wesentlichen Grundzügen bereits in Unkel vorgestellt hatte. Eingedenk der inzwischen dominanten Orientierung an der Soziologie wählte er dafür nun unter Rückgriff auf Goetz Briefs die Bezeichnung „Soziale Betriebspolitik“.

Die innergewerkschaftlichen Auseinandersetzungen waren damit jedoch noch keineswegs beigelegt, zumal die Tätigkeit der „Gesellschaft für soziale Betriebspraxis“ sich auf wissenschaftliche und publizistische Aufgaben beschränkte. Gleichzeitig mit ihrer Gründung war zwar auch ein „Verein für soziale Betriebspraxis“ eingerichtet worden, der in etwa die Zielsetzung erfüllen sollte, wie Potthoff sie in seinem Satzungsentwurf skizziert hatte. Dieser Verein trat jedoch nie recht in Erscheinung,[153]) obwohl Potthoff zunächst hartnäckig blieb. Seit 1953 erschien eine Zeitschrift, deren unentschiedener Titel deutlich anzeigt, dass die Würfel noch nicht gefallen waren: „Informationen

[151]) Vgl. auch für das Folgende, wenn nicht anders angegeben: *Hemmer/Quast*, Chronik, S. 57-91, hier S. 58.

[152]) *Potthoff*, Theorie und Praxis.

[153]) Möglicherweise war die „Gesellschaft für soziale Betriebspraxis“ auch das zunächst vom „Verein“ beauftragte Organ, eine Kompromisslösung, die die Möglichkeit der Ausweitung des Vereins offen halten sollte. Dies suggeriert zumindest eine Notiz in Mensch und Arbeit 5, 1953, S. 156.

für Mitglieder des Vereins für soziale Betriebspraxis e.V./Gesellschaft für Soziale Betriebspraxis mbH“. Im letzten Kapitel seiner „Theorie der sozialen Betriebspolitik“ betonte Potthoff zudem die Wichtigkeit und Bedeutung dieses Vereins.[154] Er verwies auf das englische „Institute of Personnel Management“ und darauf, dass in den USA „jede zweite oder dritte Universität ein Institut für industrielle Beziehungen“ habe, während in Deutschland „eine empfindliche Lücke“ bestehe. Es liege somit „nichts näher, als daß sich die im Zeichen der Mitbestimmung in der sozialen Betriebspraxis Tätigen in dem ‚Verein für soziale Betriebspraxis‘ zusammenschließen, um die notwendigen fachlichen Erfahrungen auszutauschen und ihr Aufgabengebiet weiterzuentwickeln“.

„Vielerlei organisatorische Querelen und personelle Eigenwilligkeiten, aber auch gewerkschaftspolitische Missverständnisse zwischen dem Deutschen Gewerkschaftsbund, der Industriegewerkschaft Metall und der IG Bergbau“ hatten jedoch, wie einer der Beteiligten rückblickend resümierte, „die mit Schwung und gutem Willen ins Leben gerufenen Institutionen von Anfang an auf keine sichere Grundlage gestellt“.[155] Der „Verein für soziale Betriebspraxis“ war eine „Totgeburt“. Ein erneut unternommener Anlauf zu Beginn des Jahres 1954, die „Gesellschaft“ und den „Verein“ zu reorganisieren, führte letztendlich dazu, dass beide gänzlich an Bedeutung verloren. Stattdessen wurde nach weiteren langwierigen Beratungen zwischen DGB, IGM, IGBE und dem WWI eine neue Organisation gegründet, die „Hans-Böckler-Gesellschaft zur Förderung der Mitbestimmung in Theorie und Praxis“. Ihr Handlungsspielraum war dadurch begrenzt, dass der DGB 1954 auch die so genannte „Stiftung Mitbestimmung“ einrichtete.[156] Diese Stiftung diente dem Zweck der Ausbildungs- und Bildungsförderung von Arbeitnehmern. Sie bezog ihr Kapital aus per DGB-Beschluss festgelegten Abgaben von Arbeitnehmervertretern, die als Arbeitsdirektoren oder Aufsichtsratsmitglieder entsprechende Vergütungen bezogen. Aufgrund der Bindung dieser Mittel blieb für die „Böckler-Gesellschaft“ nur die Möglichkeit der organisatorisch „kleinen Lösung“. Es wurde nicht ein umfassendes Experten-Institut mit Betriebswirten, Juristen, Soziologen, Personal- und Sozialfachleuten eingerichtet, wie es die „große Lösung“ vorsah, die eindeutig Potthoffs Handschrift trug. Stattdessen machte sich Heinz Seidel, der bisher als Redakteur für die „Gesellschaft für soziale Betriebspraxis“ tätig gewesen war, am 1. Januar 1955 als Geschäftsführer der „Böckler-Gesellschaft“ „mit einer einzigen Mitarbeiterin in einem einzigen Büroraum im Hause des DGB-Landesbezirks Nordrhein-Westfalen in Düsseldorf“ an die Arbeit. „Alles weitere“, sei dabei der Entwicklung überlassen worden. Ganz so einsam war Seidel jedoch freilich nicht. Es gab auch in der „Böckler-Gesellschaft“ einen „Arbeitsausschuss“

154) *Potthoff*, Theorie und Praxis, S. 58f.
155) *Seidel*, Über die Hans-Böckler-Gesellschaft, S. 17.
156) *Lenk*, Stiftung Mitbestimmung.

zur „Überwachung und Beratung der Geschäftsführung“, der in seiner Besetzung Kontinuitäten zur GsB aufwies. Potthoff als Vorsitzender und L'habitant hielten hier weiterhin die Stellung. 1957 allerdings legte ersterer „wegen Arbeitsüberlastung“ dieses Amt nieder, nachdem er im Jahr zuvor auch bereits das WWI verlassen hatte. 1962 schied er ganz aus dem Vorstand der „Böckler-Gesellschaft“ aus.

Angesichts dieses Verlaufs muss Potthoffs Versuch, ausgehend von den Arbeitsdirektoren der Eisen- und Stahlindustrie eine arbeitnehmerdominierte Institution für Personalexperten als führende im personalpolitischen Feld zu begründen, als gescheitert betrachtet werden. Zwar entfaltete die „Böckler-Gesellschaft“ in den Folgejahren eine rege Aktivität in Bezug auf Erfahrungsaustausch, Meinungsbildung und Information ihrer Mitglieder. Die so genannten „Informationsgespräche“ etablierten sich ebenso als feste Institution wie die Zeitschrift „Das Mitbestimmungsgespräch“. Gleichwohl blieben all diese Veranstaltungen auf Gewerkschaftskreise beschränkt. Darunter litt insbesondere aufgrund deren ausgeprägter Branchensegmentierung mit zum Teil stark regionalem Bezug der Ausbau institutionalisierter Fortbildungs- und Ausbildungseinrichtungen für den Nachwuchs. Die „Böckler-Gesellschaft“, die dieser gewerkschaftlichen Organisationsstruktur mit einem zwölf-, später 16-köpfigen Vorstand Rechnung trug, war nicht in der Lage, mit dem Gewicht einer wissenschaftsgestützten Experteninstitution Deutungshoheit im personalpolitischen Feld zu erlangen. Als 1964 wiederum auf Initiative der Arbeitsdirektoren der Eisen- und Stahlbranche in Zusammenarbeit mit dem Zweigbüro der IG Metall in Düsseldorf, einer Art Außenstelle des Frankfurter IG Metall-Vorstands,[157]) die „Arbeitsgemeinschaft der engeren Mitarbeiter der Arbeitsdirektoren“ gegründet wurde,[158]) die zumindest in Ansätzen branchenübergreifend zu agieren versuchte, war der Zug indes abgefahren. Eine andere (Düsseldorfer!) Organisation, die sich ab 1968 „Deutsche Gesellschaft für Personalführung“ nannte, hatte sich inzwischen maßstabsetzend im personalpolitischen Feld etabliert.[159])

Mit dem Scheitern der personalexpertiellen Professionalisierungsstrategie Potthoffs ging einher, dass sich die Arbeitsdirektoren stattdessen stärker technisch orientiert, in enger Kooperation mit den Rationalisierungsexperten einrichteten. Diese Konstellation war das Ergebnis einer alternativen Strategie, die allerdings nicht allein Arbeitsdirektoren verfolgten, sondern vielmehr die gesamte Gewerkschaftsbewegung. Ihre Etablierung als institutionalisierte Arbeitnehmervertretung nach 1945 fußte nicht allein auf der Funktion als überbetriebliche Arbeitsmarktpartei und Bürge für den Schutz von Arbeitnehmer-

[157]) Das Düsseldorfer Zweigbüro war speziell zuständig für die Eisen- und Stahlindustrie und hatte ein eigenes geschäftsführendes Vorstandsmitglied als Leiter. Von 1959 bis 1972 hatte diesen Posten Willi Michels inne. Vgl. dazu demnächst die Studie von Karl Lauschke.

[158]) Vgl. dazu: *Jansen*, 25 Jahre Arbeitsgemeinschaft.

[159]) Vgl. Kap. 7.

interessen auf betrieblicher Ebene. Sie umfasste auch die „Durchdringung“ der Rationalisierungsbewegung, die herkömmlich von der exklusiven Kooperation zwischen Ingenieuren und Industrie gekennzeichnet war.

Die Bedingungen dafür waren nach dem Krieg insofern günstig, als die Alliierten Wert darauf legten, dass in den wieder gegründeten Trägerinstitutionen der Rationalisierungsbewegung nun auch Arbeitnehmervertreter beteiligt waren. So gehörte etwa zum Vorstand des neuen Rationalisierungskuratoriums der deutschen Wirtschaft von Anfang an als stellvertretender Vorsitzender „getragen vom Vertrauen des Deutschen Gewerkschaftsbundes“ der Arbeitsdirektor Adolf Jungbluth (geb. 1909).[160]) Jungbluth, der nach einer Ausbildung als Elektriker an der Staatlichen Ingenieurschule in Wuppertal studiert hatte, absolvierte während der 1930er Jahre eine steile Karriere in der Werkzeugmaschinen-Industrie, bevor er nach dem Krieg Arbeitsdirektor in einer der entflochtenen Gesellschaften der ehemaligen Göring-Werke in Salzgitter wurde. Solche Weichenstellungen durch die Alliierten betrafen jedoch nur die Spitzengremien. Die herkömmliche Struktur der gesamten Rationalisierungsbewegung konnte dadurch allein nicht „durchdrungen“ werden. Die Gewerkschaften mussten sich einen eigenständigen Platz in diesem Umfeld erst sukzessive erobern. Das taten sie durch intensive Meinungsbildung und Positionierungsarbeit im WWI[161]) sowie gleichzeitig durch Mitarbeit in allen möglichen verschiedenen Gremien, Arbeitskreisen und Instituten. Eine herausragende Rolle spielte der REFA. Er bot sich nicht nur wegen seiner lohnpolitisch relevanten Aufgabenstellung besonders an, sondern war auch organisatorisch relativ unabhängig vom traditionell unternehmerdominierten RKW. Freilich waren auch hier Auseinandersetzungen mit den „unpolitischen“ Arbeitsspezialisten unumgänglich, die zudem anscheinend nicht gerade „Kommunikationsexperten“ waren[162]). Dennoch einigte man sich. Der REFA erklärte 1949:

„Diese Zusammenarbeit kann natürlich nicht so verstanden werden, daß REFA-Männer, Gewerkschaftsvertreter und Arbeitgebervertreter gewissermaßen drei Parteien bilden, die wie in einer Tarifverhandlung um bestimmte Formulierungen und Regelungen miteinander ringen. Wir müssen vielmehr davon ausgehen, daß wir im REFA nüchterne praktische Arbeit leisten wollen […]. Die zu behandelnden Vorschläge und Anträge werden deshalb in erster Linie von REFA-Männern ausgehen und diskutiert werden müssen, […] während den Vertretern der Arbeitgeberverbände und der Gewerkschaften […] die Aufgabe zufällt, zu den vorgelegten Anträgen und Vorschlägen vom Standpunkt der Betriebsleitung beziehungsweise des Arbeiters Stellung zu nehmen.“[163])

[160]) Neuer Vorsitz im RKW, in: Rationalisierung 6, 1955, S. 168f.; vgl. auch: Peter *Keller*, Zum 60. Geburtstag von Adolf Jungbluth, in: ebd. 20, 1969, S. 27.

[161]) *Hülsdünker*, Praxisorientierte Sozialforschung, S. 162–185, vor allem S. 167f.

[162]) Vgl. dazu die Schwierigkeiten, einen „geeigneten Mann“ für den REFA-Vorsitz zu finden: *Pechhold*, 50 Jahre REFA, S. 127f.

[163]) So H. Girod, der Vorsitzende der 1948 gegründeten „Arbeitsgemeinschaft der REFA-Verbände“, am 28.09.1949 auf der 25jährigen Jubiläumstagung des REFA. Zit. n. ebd. S. 204.

Das bedeutete ganz klar: Rederecht und Entscheidungsbefugnis verblieb weiterhin sicher in den Händen der Ingenieure, während den „Sozialpartnern“ als „gleichsam sozialpolitischen Sachverständigen“[164]) eine Korrektiv-Funktion eingeräumt wurde. Wirksam Einfluss ausüben konnten die Vertreter der Arbeitgeber und Arbeitnehmer also nur, wenn sie sich selber auch als Experten profilierten. Während die Arbeitgeber allerdings für den REFA kein so rechtes Interesse aufbringen konnten – „das volle Verständnis für seine Bedeutung und Nützlichkeit“ habe sich bei ihnen „nur langsam entwickelt“,[165]) taten das Gewerkschaftsvertreter umso mehr. Der REFA war bis in die 1960er Jahre eine der wichtigsten Rationalisierungsorganisationen, die für die Verbindung von gewerkschaftlichen Interessen und Rationalisierungszielen stand.

Die nachhaltige Einbindung solcher institutionalisierter Kooperationen in die gesamte Rationalisierungsbewegung sicherten Arbeitsdirektoren wie Jungbluth in den Spitzengremien. Sie beschränkten sich zudem nicht darauf, ihre Hand nur schützend über die jungen Pflänzchen zu halten. Aufbauend auf die „Früchte“ der soziologischen Expertise des WWI setzten sie auch maßgebliche Erneuerungsimpulse für die gesamte westdeutsche Rationalisierungsbewegung nach 1945. Jungbluth griff Pirkers Leitdevise der „sozialen Rationalisierung“ auf und nutzte sie, um die Integration von Arbeitnehmervertretern in die Rationalisierungsbewegung zu verfestigen. Indem er den Rationalisierungsbegriff programmatisch erweiterte, erschloss er zugleich neue Rationalisierungsräume. Er und die weiteren Arbeitsdirektoren, die im RKW tätig waren – zum Beispiel Albert Kohlitz, der dem NRW-Landesverband vorstand –, trugen damit wesentlich dazu bei, die Rationalisierungsbewegung um neue Arbeitsbereiche zu erweitern, und zwar um solche, die sich die Berücksichtigung sozialer Aspekte zur Aufgabe gemacht hatten. So unterstand die 1950 im RKW neu eingerichtete „Rationalisierungsgemeinschaft ‚Mensch und Arbeit‘“ von Anfang an Jungbluths persönlicher „Obmannschaft“. Unter der Leitung von Peter Keller, der als Mitarbeiter von Potthoff im WWI gearbeitet hatte, bevor er 1961 Kohlitz beerbend Arbeitsdirektor bei Mannesmann wurde,[166]) entwickelte sie sich als Abteilung „Arbeits- und Sozialwissenschaft“ zu einer der größten, forschungsintensivsten und finanzkräftigsten Abteilungen des RKW, die zudem breiteste Resonanz in der Öffentlichkeit erfuhr.[167]) Damit etablierten sich die Arbeitsdirektoren der Eisen- und Stahlindustrie anstatt in dem von Potthoff anvisierten personalexpertiellen Status als arbeits- und sozialwirtschaftliche Rationalisierungsexperten, während gleichzeitig der betriebspsychologische Impetus der anfänglichen „Rationalisierungsgemeinschaft“ an Bedeutung verlor.

[164]) Ebd. S. 209.
[165]) Ebd. S. 207.
[166]) *Lauschke*, Mitbestimmungseliten, S. 324.
[167]) *Büttner*, Das Rationalisierungs-Kuratorium, S. 80–91.

Potthoff und seine Mitstreiter unterlagen dieser zweiten Fraktion von Arbeitsdirektoren, die eine stärker traditionelle, weniger humanwissenschaftlich und betriebswirtschaftlich ausgerichtete Linie vertraten. Ihre Vertreter versammelten sich seit 1949 im „Ausschuss für Sozialwirtschaft" in der „Wirtschaftsvereinigung Eisen und Stahl", dem Branchenverband dieses Industriezweigs. Neben der Sozialabteilung der Stahltreuhändervereinigung, von der aus Potthoff und seine Mitstreiter agierten, war dies der zweite Ort, an dem sich Arbeitsdirektoren versammelten. Dieser sozialwirtschaftliche Ausschuss wurde von August Best, dem Arbeitsdirektor der Stahl- und Röhrenwerke Reisholz AG, Düsseldorf, geleitet. Er umfasste sechs „Fachausschüsse", welche exemplarisch das Spektrum der arbeits- und sozialwirtschaftlichen Rationalisierungsexpertise in seiner Verbindung mit herkömmlicher betrieblicher Sozialpolitik repräsentierten: 1. Arbeit und Ausbildung, 2. Arbeitsstudien, Arbeits- und Leistungsbewertung, 3. Gesundheits- und Arbeitsschutz, 4. Wohnungsbau, 5. Sozialstatistik, 6. Betriebliche Sozialarbeit.[168]) Die Kontakte zwischen diesen beiden Gruppen der Arbeitsdirektoren waren zunächst nur sporadischer Art. Im Zuge der verstärkten Institutionalisierungsbemühungen infolge des Montanmitbestimmungsgesetzes versuchte die Potthoff-Fraktion systematisch Verbindungen zu schaffen, beispielsweise, indem sie Vertreter der sozialwirtschaftlichen Richtung als Arbeitsgruppenleiter auf der ersten WWI-Tagung in Unkel einbezog (zum Beispiel Best). Als sich jedoch abzeichnete, dass ihrer personalexpertiellen Etablierungsstrategie kein Erfolg beschieden war, passten sie sich der Rationalisierungsdevise ihrer Konkurrenten an.

Bezeichnend für den untergeordneten Status der Potthoff-Fraktion war, dass die Thematik des betrieblichen „Personalwesens" es nicht in die „Gewerkschaftlichen Monatshefte", das offizielle Organ des DGB, schaffte, sondern nur in den „Mitteilungen des WWI", der Institutszeitschrift, diskutiert wurde. Jungbluth hingegen wies im ersten Jahrgang der „Monatshefte" bereits darauf hin, dass die von den Gewerkschaften erhobene Forderung nach einer „vollwertigen Anerkennung des Wirtschaftsfaktors Arbeitskraft" eine Klärung der gewerkschaftlichen Position zu Arbeitswissenschaft und Rationalisierung erfordere.[169]) Die Antwort – „soziale Rationalisierung" – erhielt er dank Potthoffs Bemühungen prompt durch Pirker. Potthoff trug damit ungewollt dazu bei, dass es schließlich Jungbluth war, der in seiner Doppelfunktion als Arbeitsdirektor und Vorstandsmitglied des RKW exemplarisch die Allianz zwischen Gewerkschaften und Rationalisierungsexperten repräsentierte, wie

[168]) Vgl. dazu: Stellungnahme zur Frage der evtl. Bildung einer eigenen Vereinigung für die Eisen schaffende Industrie von Konrad Skrentny vom 6.12.1952, TKA, TNO/002042; Jahresberichte des Ausschusses für Sozialwirtschaft der Wirtschaftsvereinigung Eisen- und Stahlindustrie 1953ff., TKA, WVS/103.

[169]) Adolf *Jungbluth*, Rationalisierung und soziale Praxis, in: Gewerkschaftliche Monatshefte 1, 1950, S. 379–382.

sie bis in die 1970er Jahre bestehen sollte. Entsprechend waren auch die weiteren Bemühungen der Arbeitsdirektoren, ihr Tätigkeitsfeld wissenschaftsgestützt weiter auszudifferenzieren, von dieser Konstellation und ihrer sozialwirtschaftlichen Ausrichtung gekennzeichnet: Wilhelm Schäfers „Versuch einer Generalinventur der sozialwirtschaftlichen Probleme in einem Großunternehmen" von 1955 ebenso wie Jungbluths eigener „Erfahrungsbericht aus einem Hüttenwerk" von 1957, in dem er sogar nicht mehr nur von „sozialer", sondern von „humanitärer Rationalisierung" sprach.[170]) Und nicht zuletzt war signifikant für den Sieg der „sozialen Rationalisierer" über die betriebswirtschaftlich-psychologische Potthoff-Fraktion, dass die im Namen der „Gesellschaft für soziale Betriebspraxis" zunächst selbständig erscheinende Zeitschrift 1955 in das „Zentralblatt für Arbeitswissenschaft" integriert wurde, das seit 1947 die „Gesellschaft für arbeitswissenschaftliche Forschung" herausgab.

Dass ein sozial erweitertes Verständnis des Rationalisierungsbegriffs auch für die gesamte Rationalisierungsbewegung zur neuen Leitdevise erhoben wurde, dafür sorgte der für die Pressearbeit des RKW zuständige Kurt Pentzlin. Er, der ebenfalls zu den Gründungsmitgliedern des neuen RKW gehörte, war *der* Rationalisierungsexperte, der den „paritätischen" Nachkriegskurs der Rationalisierungsbewegung akzeptabel auch für die Unternehmer repräsentierte, die weiterhin Schwierigkeiten mit der Anerkennung der Gewerkschaften als vollwertige „Partner" hatten. Pentzlin (geb. 1903) hatte seit Anfang der 1930er Jahre in der Geschäftsleitung der Bahlsen-Keksfabrik in Hannover gearbeitet, nachdem er sich in den 1920er Jahren infolge eines Aufenthalts in den Staaten einiges Ansehen in der Arbeitswissenschaft erworben hatte.[171]) Unter anderem pflegte er seitdem sehr gute Kontakte zum REFA. Nach Kriegsende machte er sich als Rationalisierungsexperte und beim Wiederaufbau der Industrie- und Handelskammern verdient. Pentzlin gab 1963 im Namen des RKW das Buch „Meister der Rationalisierung" heraus, mit dem anhand von Portraits der wichtigsten „Rationalisierungsväter" die Tradition, Breite und Aktualität des Rationalisierungsgedankens unterstrichen werden sollte.[172]) Die Auswahl der darin berücksichtigten „Meister" beschränkte sich nicht auf die im technischen Denken der Ingenieure „üblichen Verdächtigen" wie Frederick W. Taylor, Henry Ford, Frank Gilbreth oder Georg Schlesinger. Auch Max Weber, Ernst Abbe, Elton Mayo und gar

[170]) *Schäfer*, Industriebetrieb und Öffentlichkeit; *Jungbluth*, Arbeitsdirektor und Betrieb, hier S. 17.

[171]) Alle Würdigungen halten sich eigentümlich bedeckt darüber, was Pentzlin nach 1945 denn nun genau gemacht hat. Vielleicht könnte man ihn als sozialpartnerschaftlich orientierten, „arbeitswissenschaftlichen Lobbyisten" bezeichnen. Vgl. zu Pentzlin: Otto *Bredt*, Zum 60. Geburtstag von Dr. Kurt Pentzlin, in: Rationalisierung 14, 1963, S. 100; Ernst Wolf *Mommsen*, Dr. Kurt Pentzlin zum 65. Geburtstag, in: Rationalisierung 19, 1968, S. 49; *Bahlsen*, Dank an Kurt Pentzlin; *Dolezalek*, Werdegang und Wirken Kurt Pentzlins.

[172]) *Pentzlin*, Meister der Rationalisierung.

Walther Rathenau wurden hier als „Väter“ beansprucht. Pentzlin setzte damit deutliche Zeichen.

Insgesamt veränderte sich mit der Integration der Arbeitnehmervertreter die Rationalisierungsbewegung nach 1945 vor allem hinsichtlich ihrer Trägerschaft. In der neuen Leitdevise „soziale Rationalisierung“ fand man einen gemeinsamen Nenner, dem alle Beteiligten zustimmen konnten. Inhaltlich bedeutete dies jedoch nur, dass der weiterhin gepflegte technische Denkstil nun auch sozial oder anthropozentrisch verstanden werden konnte. Ein grundsätzlicher Wandel, das heißt ein neuer Denkstil ging damit nicht einher. Die Veränderung der Rationalisierungsbewegung nach 1945 war daher in erster Linie eine integrierende Transformation. Angesichts der Tatsache, dass damit die seit den 1920er Jahren bestehende exklusive Kooperationskonstellation zwischen Ingenieuren und Unternehmern ein Ende fand, war das freilich nicht wenig, zumal unabdinglich damit die umfassende Etablierung der westdeutschen Gewerkschaften zusammenhing. Gleichzeitig jedoch begrenzten genau diese Erfolge eine potentiell mögliche arbeitnehmerdominierte Weiterentwicklung des personalpolitischen Felds. Potthoff konnte im Zuge der Herausbildung dieser Konstellation mit seiner Strategie, die Arbeitsdirektoren als Personalexperten zu etablieren, nicht landen. Dies hätte ein grundsätzliches Umdenken erfordert, die Auseinandersetzung mit humanwissenschaftlichen Kategorien in dem Sinn, dass das technische Menschenbild der Rationalisierungsexperten (Mensch als Maschine) mit differenzierteren Vorstellungen vom Individuum, der „Struktur der Persönlichkeit“ konfrontiert worden wäre. Damit wären ‚Basalübereinkünfte‘ der Rationalisierungsbewegung in Frage gestellt worden. Das war zu viel auf einmal. Stattdessen arrangierte man sich arbeitsteilig mit den Soziologen.

Sie allein lieferten die sozialwissenschaftliche Fundierung der „sozialen Rationalisierung“, während Psychologen im gewerkschaftlichen und arbeitsdirektorialen Tätigkeitsfeld allenfalls eine untergeordnete Position mit arbeitspsychologischer Aufgabe im herkömmlichen Sinn einnahmen. Die Rolle der Soziologen war indessen weniger eine expertielle, sondern vielmehr die von „Gelehrten“ oder „Weisen“: Sie duldeten neben sich keine anderen wissenschaftlich legitimierten „Deuter“, sondern nur ausführende „Arbeitsspezialisten“, Rationalisierungsexperten. In die Niederungen der Praxis begaben sich Soziologen nur zwecks wissenschaftlicher Analyse. Die Entwicklung von Verfahren zur Umsetzung ihrer Ergebnisse betrachteten sie nicht als ihre Aufgabe. Das überließen sie den „Sozialpartnern“. Solche Experten wie Betriebspsychologen, die beides gleichzeitig machen wollten, deuten *und* ausführen, kamen ihnen dabei ins Gehege, zumal überdies das jeweilige Deutungsangebot in wesentlichen Punkten identisch war. Sowohl Betriebspsychologen wie Soziologen diagnostizierten als maßgebliches Problem die Vermittlung zwischen dem Einzelnen und der infolge einer übermäßigen „Technisierung“ aus dem Lot geratenen „Industriegesellschaft“. Auch Soziologen wollten als unabhängige, wissenschaftlich-objektiv arbeitende „Aerzte des sozialen Lebens“

„entstören“, „entproletarisieren“, soziale „Krankheiten“ und „Brandherde“ „entschärfen“.[173]) Die Nähe beispielsweise zu Felix Scherkes sozial-pathologisierendem Konzept der Betriebspsychologie als öffentlicher „seelischer Gesundheitspflege“ ist besonders augenfällig. Diese Konkurrenz musste deshalb rechtzeitig ausgegrenzt werden. Einen exemplarischen Fall stellte dabei Ernst Bornemann dar.

Bornemann (geb. 1912) war Schüler von Narziß Ach, dem Herausgeber des ersten Handbuchs der Psychologie, und hatte von 1942 bis 1945 als „Werkspsychologe“ bei Hoesch in Dortmund gearbeitet, nachdem er von 1938 bis 1942 am Kaiser-Wilhelm-Institut für Arbeitsphysiologie tätig gewesen war.[174]) Er vertrat somit eine stärker medizinisch und arbeitspsychologisch orientierte Richtung der Psychologie. Bornemann habilitierte sich 1945 an der Universität Münster und war neben Otto Neuloh einer der Gründer der 1946 ins Leben gerufenen „Sozialforschungsstelle Dortmund“, die formal zur Münsteraner Universität gehörte.[175]) Er arbeitete dort bis 1951. Genau bis zu diesem Zeitpunkt war Bornemann derjenige, der die meisten „Positionierungs“-Artikel zum Stand der Arbeits- und Betriebspsychologie in verschiedenen Fachzeitschriften veröffentlichte,[176]) somit einer ihrer wichtigsten Repräsentanten. Als solcher trat er auch auf der Unkeler WWI-Tagung auf und referierte – damit vor allem Potthoffs personalpolitisches Konzept stützend – über „Die Betriebspsychologie in der Betriebspraxis“. Bornemanns guter Kontakt zu gewerkschaftlichen Kreisen resultierte aus der Sonderstellung, die er infolge seiner Beschäftigung als Werkspsychologe bei Hoesch einnahm. Er ist der einzige mir bekannte Psychologe, der zu diesem frühen Zeitpunkt in einem Montanunternehmen beschäftigt gewesen war. Vor dem Hintergrund dieser Erfahrungen und in seiner Funktion als exponierter Experte war Bornemann somit prädestiniert für eine Kooperation mit den Arbeitsdirektoren. Diese Zusammenarbeit und damit auch die zaghaften Annäherungsversuche zwischen Betriebspsychologen und Gewerkschaftsvertretern rissen jedoch abrupt ab mit dem Ende von Bornemanns Beschäftigung in der Dortmunder „Sozialforschungsstelle“.

Zu Beginn der 1950er Jahre hatte sich Otto Neuloh mit seiner soziologisch akzentuierten Profilierung des Instituts gegenüber Bornemanns Plan einer

[173]) *Etzemüller*, Sozialgeschichte, S. 202f.

[174]) Vgl. zu Bornemann: *Geuter*, Die Professionalisierung, S. 565f.; Ernst Bornemann, in: Kürschners Gelehrten-Kalender 1980, hg. v. Werner *Schuder*, Berlin, New York [13]1980, S. 377f.

[175]) Vgl. zur Sozialforschungsstelle: *Weischer*, Das Unternehmen ‚Empirische Sozialforschung‘, S. 63–74; *Etzemüller*, Sozialgeschichte, S. 199–210.

[176]) Ernst *Bornemann*, Die Aufgaben der praktischen Psychologie in Deutschland, in: Psychologische Rundschau 1, 1949/50, S. 156–161; *ders.*, Der Stand der deutschen Betriebspsychologie, in: Mensch und Arbeit 2, 1950, S. 248–250; *ders.*, Praktische Psychologie in Deutschland und der Welt. Ein Bericht über vier Tagungen, in: ebd. 3, 1951, S. 182f.; *ders.*, Nachkriegsentwicklung der deutschen Betriebspsychologie, in: Stahl und Eisen 71, 1951, S. 457–467.

stärker psychologischen Ausrichtung durchgesetzt.[177]) Ein (anderer) Vertreter des Max-Planck-Instituts für Arbeitsphysiologie übernahm die Leitung der sozialpsychologischen Abteilung, für die Bornemann zunächst vorgesehen war. Auf dem besten Weg, aus einer der größten und wichtigsten Institutionen der Nachkriegssozialforschung heraus zu einer der Gallionsfiguren der Betriebspsychologie zu werden, erfuhr Bornemanns Karriere damit einen scharfen Knick.[178]) Gleichzeitig wurde so die Betriebspsychologie als institutionalisierter Teil der aufstrebenden Sozialwissenschaften richtiggehend „eliminiert“. Parallel dazu war auch die WWI-Studie von Heinrich Heitbaum über „Psychologie im Betrieb“ von 1951 die einzige und letzte, die noch den Weg der Annäherung zwischen Psychologie und Gewerkschaften beschritt.[179]) Noch im selben Jahr übernahmen mit der Einrichtung von Pirkers industriesoziologischer Forschungsstelle die Soziologen im WWI das „deutende“ Steuer, nicht ohne freilich sogleich, die Betriebspsychologie als „gefährlich“ für die gewerkschaftliche Praxis zu erklären.

Mit der Ausbildung dieser arbeitsteiligen Kooperation zwischen Rationalisierungsexperten und Soziologen waren im Hinblick auf die Akteurskonstellation des personalpolitischen Felds zwei zentrale Entscheidungen gefallen: Soziologen gehörten nicht dazu. Sie hatten sich mit ihrem umfassenden, „gelehrten“ Deutungsanspruch, der die Generierung praktisch relevanter Wissensformen (Maßnahmen und Verfahren) nicht umfasste, einer Aufgabe verschrieben, für die das personalpolitische Feld mit seiner Ausrichtung auf den betrieblichen Sozialraum zu „beschränkt“ war. Mit ihrer sozialwissenschaftlichen Legitimation der „sozialen Rationalisierung“ als neuer Leitdevise der erweiterten Rationalisierungsbewegung boten sie aber den Arbeitsdirektoren den nötigen Windschatten, um als wichtigste Mitbestimmungsakteure zu agieren. Im Sinne ihres Arbeitnehmervertretungsauftrages beaufsichtigten und förderten die Arbeitsdirektoren in dieser Funktion die sozialen Komponenten von Rationalisierungsmaßnahmen. Mit Personalpolitik hatte dies nur hinsichtlich technischer Aspekte, etwa im Zusammenhang mit Arbeitsplatzgestaltung oder Lohnfindungssystemen für den produktiven Bereich, und in Bezug auf herkömmliche sozialpolitische, kollektiv-kompensierende Ansätze zu tun.

[177]) *Weischer*, Das Unternehmen ‚Empirische Sozialforschung‘, S. 63.

[178]) Bis zum Ende der 1950er Jahre war Bornemann freiberuflich in der Erziehungs- und Industrieberatung tätig und hatte einen Lehrauftrag an der TH Aachen. 1959 erhielt er schließlich doch einen Ruf als apl. Professor der Universität Münster. In die Arbeitsteilung der angewandten akademischen Psychologie fügte er sich ein, indem er sich maßgeblich der Berufsberatung annahm. Dies entsprach nicht nur der pädagogischen Ausrichtung des psychologischen Instituts der Universität Münster. Damit arrangierte er sich auch in gegenseitiger Ergänzung mit den Kollegen Herwig und Mayer. Bornemann war dem entsprechend derjenige, der im Handbuch Betriebspsychologie von 1961 verantwortlich zeichnete für den Abschnitt über psychologische Berufsberatung. Vgl. *Mayer/Herwig*, Betriebspsychologie.

[179]) *Heitbaum*, Psychologie im Betrieb.

Der gesamte Bereich humanwissenschaftlich gestützter Maßnahmen hingegen – abgesehen von medizinischen –, etwa die Gestaltung betrieblicher Sozialbeziehungen durch Personalführungsmaßnahmen oder Fort- und Weiterbildungsangebote mit individueller Ausrichtung, lag außerhalb ihres Wahrnehmungshorizonts. Die Arbeitsdirektoren gehörten damit zwar zum personalpolitischen Feld, nahmen aber aufgrund ihres technischen Denkstils eine ähnlich subordinierte Position ein wie Psychologen innerhalb der Rationalisierungsbewegung.

Insofern ist es durchaus zutreffend, wenn Karl Lauschke betont, dass die Voraussetzung des Wirkens der Arbeitsdirektoren „unter den komplexen Bedingungen eines industriellen Großbetriebs [...] ein Sozialmanagement [war], das sich [...] nicht mehr allein von rein betriebswirtschaftlichen oder arbeitswissenschaftlichen Kalkülen leiten ließ, sondern von genuin sozialen Gesichtspunkten und sich in seinen praktischen Maßnahmen darüber hinaus weniger auf Gesinnung oder Fingerspitzengefühl verließ als auf wissenschaftlich gewonnene Erkenntnis über personal- und sozialwirtschaftliche Zusammenhänge".[180]) Allerdings verkennt eine solche Einordnung die Kontinuität des technischen Denkstils, die einen grundlegenden Wandel betrieblicher Personalarbeit in Richtung einer humanwissenschaftlichen Fundierung verhinderte. Dass die Arbeitsdirektoren zudem, wie Lauschke auch hervorhebt, „mehr und gründlicher als die meisten Personalchefs" ihre Arbeit überdachten und diskutierten, trifft den Sachverhalt nur dann, wenn man den Befund auf die erste Hälfte der 1950er Jahre beschränkt. Danach organisierten sich auch Personalleiter nicht-montanmitbestimmter Unternehmen und arbeiteten intensivst und letztendlich erfolgreicher als die Arbeitsdirektoren an ihrer Professionalisierung. Dafür war allerdings das, was die personalexpertiell orientierten Arbeitsdirektoren unter Federführung von Potthoff konzeptionell vorgelegt hatten, von eminenter Bedeutung.

Berücksichtigt man bei der Einordnung des Wirkens der „Mitbestimmungselite" diese personalpolitischen Felddynamiken, dann dachten die Arbeitsdirektoren nicht „gründlicher und mehr", sondern vor allem *früher* über eine humanwissenschaftlich gestützte betriebliche Personalpolitik nach, konnten sich aber aus dem Kontext der Rationalisierungsbewegung als demjenigen, der traditionell bestimmte, was an Verwissenschaftlichung in Unternehmen möglich war, nicht herauslösen. Die Arbeitsdirektoren setzten somit zwar zentrale Impulse, verpassten aber die Gelegenheit, sich dominierend im personalpolitischen Feld zu positionieren. Wichtiger für die nachhaltige Etablierung der Gewerkschaften war es, Anschluss an die mächtige Rationalisierungsbewegung zu finden.

Bezeichnend für die Dominanz dieser Bestrebung war die Außenseiterrolle Erich Potthoffs innerhalb der Gewerkschaftsbewegung. Hülsdünker, der 1983 noch gemäß dem Tenor einer „verhinderten Neuordnung" die „autonome"

[180]) *Lauschke*, Mitbestimmungseliten, S. 325.

Gewerkschaftskonzeption à la Agartz für den ultimativen Maßstab hielt, erschien diese allein als Folge von Potthoffs „theoretisch verkürztem Pragmatismus“, deren Feststellung man getrost in eine Fußnote verbannen konnte.[181]) In der Tat zielten Potthoffs Bestrebungen nicht wie die Agartz'schen direkt und grundsätzlich auf eine soziologisch fundierte, programmatische Formung des gesamten gewerkschaftlichen Selbstverständnisses; ebenso beobachtete Hülsdünker zu Recht, dass Potthoff viel stärker praktisch orientiert war als Agartz. Was Hülsdünker in seiner Einordnung jedoch nicht berücksichtigte, ist, dass Potthoff mit seinem betriebswirtschaftlich fundierten Ansatz und dem Versuch einer humanwissenschaftlich gestützten Professionalisierung der Arbeitsdirektoren als Personalexperten eine andere, „modernere“ Strategie der gewerkschaftlichen Etablierung verfolgte. Dass es länger als 50 Jahre dauern sollte, bis auch die historische Forschung dies erkannte, ist bezeichnend für die Wahrnehmungshindernisse, die ihm dabei im Weg standen. Potthoff, der am 2. Mai 2005 starb, gehört zu den bisher verkannten Akteuren des gewerkschaftlichen Neubeginns nach 1945. Er verkörperte in seiner Person als „kultureller Outsider“ Ansätze, die gerade wegen ihres hohen Innovationspotentials in den 1950er Jahren nicht erfolgreich waren, aber Maßstäbe bis in die 1970er und 1980er Jahre setzten.

[181]) *Hülsdünker*, Praxisorientierte Sozialforschung, S. 463f.

5. Unternehmerische Neuorientierungen – Von der Experten-Debatte zum unternehmerischen Diskurs

Angesichts der ordnungspolitischen Dimensionen, die die Debatte personalpolitischer Fragen mit der Einschaltung der Arbeitsdirektoren, das heißt im Zusammenhang mit der Mitbestimmungsdiskussion, erlangt hatte, war es nicht mehr möglich, eine Lösung allein unter Experten auszuhandeln. Parallel zur Anerkennung des personalpolitischen Felds durch die Rationalisierungsexperten waren auch Unternehmer verstärkt auf die neuen Humanexperten und ihre Ziele aufmerksam geworden. Spätestens seit der Verabschiedung des Montanmitbestimmungsgesetzes (1951), die einflussreiche Repräsentanten der Gewerkschaften als Beginn der „Demokratisierung" der deutschen Wirtschaft verstanden, konnten sie nicht mehr unbeteiligt verharren, zumal außerdem die Festlegung einer Betriebsverfassung für alle westdeutschen Unternehmen unmittelbar bevorstand (Betriebsverfassungsgesetz, 1952). Dies war der Zeitpunkt, an dem die neuen Experten auch die Überschreitung der Grenze des betrieblichen Sozialraums, ihren Eintritt in Unternehmen in Angriff nehmen konnten – so hofften sie zumindest.

Die Psychologen des „Forschungsinstituts für Arbeitspsychologie und Personalwesen" in Braunschweig beschritten diesen Weg bereits erfolgreich. Seit Beginn der 1950er Jahre arbeiteten sie daran, ihr Institut den Bedingungen der betrieblichen Praxis anzupassen. Mit der Umwandlung in eine maßgeblich unternehmerfinanzierte Stiftung (1954) und der Bereitstellung von Verfahren zur Personalauswahl und zur Fortbildung von Führungskräften gelang es ihnen, sehr günstige Voraussetzungen zu schaffen. Die Braunschweiger Psychologen verfolgten allerdings weiterhin die humanwissenschaftliche Professionalisierungsstrategie. Entsprechend war die arbeits- und betriebspsychologische Konzeption ihrer Maßnahmen nicht darauf ausgerichtet, die Struktur der betrieblichen Organisation grundlegend zu verändern. Sie versprach allein, die bestehende im Sinne einer „sozialen Rationalisierung" und der „Human Relations" geschmeidiger zu machen. Das war viel – angesichts der Forderung der Arbeitsdirektoren, dass in jeder Geschäftsleitung neben dem obligatorischen Techniker und Kaufmann auch ein gleichberechtigtes Mitglied zuständig sein sollte für alle sozialen Belange im Unternehmen, aber nicht genug. Dies erkannten auch Unternehmer.

Im Überblick lassen sich drei Formen ihrer Reaktion unterscheiden: Sie entwickelten mit dem „sozial verantwortlichen Unternehmer" sukzessive ein neues, sozial erweitertes Leitbild ihres Selbstverständnisses, gründeten die „Arbeitsgemeinschaft zur Förderung der Partnerschaft in der Wirtschaft" und eine Organisation mit dem Namen „Der Neue Betrieb" (1952). Worin jeweils die Ansätze dieser unternehmerischen Neuorientierungen bestanden, inwiefern sie auf der Ebene von Ordnungsvorstellungen und Deutungsmustern eine veränderte Organisation der betrieblichen Praxis bedingten und inwieweit Unternehmer dabei mit den Humanexperten kooperierten, ist Gegenstand des folgenden Kapitels.

In ihren Reaktionen auf die Vorstöße der Humanexperten griffen westdeutsche Unternehmer Ansätze des personalpolitischen Felds auf. Wichtigster Anknüpfungspunkt war der Begriff der „Partnerschaft". Diesen hatte in der unmittelbaren Nachkriegszeit vor allem eine einflussreiche unternehmerische Institution in Auseinandersetzung mit us-amerikanischen wissenschaftsgestützten Managementmethoden zum neuen Maßstab grundlegender unternehmerischer Ordnungsvorstellungen erhoben. Nicht nur das Selbstverständnis westdeutscher Unternehmer, auch die Legitimation ihres Führungsanspruchs und die Vorstellung der betrieblichen Sozialordnung sollten von nun an „partnerschaftlichen" Kriterien genügen. Die Neuorientierung von Unternehmern nach 1945 speiste sich somit im Hinblick auf erste Leitbegriffe zunächst nicht aus dem personalpolitischen Feld. Jedoch war bei der Weiterentwicklung dieser Begriffe im Zuge ihrer praktischen Ausgestaltung die Auseinandersetzung mit den neuen Humanexperten von entscheidender Bedeutung.

5.1 Der „sozial verantwortliche Unternehmer"

Einer der wichtigsten Befunde, die Volker Berghahn in seiner Studie über „Unternehmer und Politik" in der Bundesrepublik herausgestellt hat, ist der Wandel „vom Betriebsführer zum sozial verantwortlichen Manager",[1]) ein Wandel des unternehmerischen Selbstverständnisses also, das um sozialintegrative Aspekte erweitert wurde. Dieser Wandel, der sich während der 1950er und 1960er Jahre vollzog, stand in engstem Zusammenhang mit dem personalpolitischen Feld. Er stellte eine zentrale Auswirkung wie zugleich Bedingung dar, die in einem Rückkopplungseffekt seine Weiterentwicklung maßgeblich bestimmte. Anhand der Untersuchung dieser Wechselwirkungen zwischen Unternehmern und Humanexperten lässt sich die These Berghahns somit bestätigen, differenzieren und ergänzen.

So zeigt sich zunächst, dass das neue Selbstverständnis des „sozial verantwortlichen Unternehmers" das Ergebnis einer interessegeleiteten Rezeption amerikanischer Managementmethoden durch deutsche Unternehmer im Zeichen der „Partnerschaft" als zentralem Leitbild dieses Neuorientierungsprozesses war. Im Gegensatz zu Berghahn, dem der konstatierte Wandel als Beleg für seine „Makro"-These von der „Amerikanisierung" der deutschen Wirtschaft dient, zielt meine Analyse auf eine Einordnung dieses Wandels in den differenzierteren, für ideengeschichtliche Fragestellungen angemesseneren

[1]) *Berghahn*, Unternehmer, S. 228–257.

Prozessbegriff der „Westernisierung“, wie ihn die Tübinger Forschergruppe um Anselm Doering-Manteuffel entwickelt hat. Während Berghahn hauptsächlich die Verbandsebene in den Blick genommen hat, gehe ich konsequent akteursorientiert vor, indem ich den Neuorientierungsprozess in seinem „Durchmarsch“ durch die verschiedenen Ebenen (außerbetriebliche Institutionen, betriebliche Praxis, überbetriebliche Verbände) rekonstruiere. Dabei wird deutlich, dass eine wichtige Rolle für die Herausbildung des neuen unternehmerischen Selbstverständnisses betriebliche Personalleiter spielten. Sie versuchten während der 1950er und 1960er Jahre eine möglichst hohe Position in der betrieblichen Hierarchie zu erobern. Dazu griffen sie zunächst das Leitbild der „Partnerschaft“ auf und entwickelten es weiter, indem sie personal- und sozialpolitische Formen seiner praktischen Aneignung ausprägten. Dies wiederum war die zentrale Voraussetzung dafür, dass sie Ende der 1950er Jahre das neue Selbstverständnis des „sozial verantwortlichen Unternehmers“ propagierten.

Einen der wichtigsten Impulse, der in der unmittelbaren Nachkriegszeit dazu beitrug, das herkömmliche unternehmerische Selbstverständnis in Frage zu stellen, gab Herbert Gross mit seiner Publikation „Manager von morgen“.[2]) Dieses Buch erschien auf Veranlassung der „Wirtschaftspolitischen Gesellschaft von 1947“ (WIPOG). Sie war 1947 von Unternehmern und Verbandsfunktionären im Umkreis der Frankfurter Industrie- und Handelskammer mit dem Ziel gegründet worden, ein „Gegengewicht“ zu „der starken Aktivität der Gewerkschaften und der sozialistisch-marxistischen Wirtschaftsbehörden“ darzustellen.[3]) Die WIPOG, die verstanden werden kann als institutionalisierte unternehmerische Interessenvertretung mit dezidiert ordnungspolitischem Anspruch, vertrat ein sozial-marktwirtschaftliches Programm – auch Ludwig Erhard gehörte zu ihren Gründungsmitgliedern. Aus ihr heraus wurde nicht nur 1950 die „Frankfurter Allgemeine Zeitung“ gegründet. Bereits in der unmittelbaren Nachkriegszeit war die „Wirtschaftspolitische Gesellschaft“ mit ihrer regen Vortragstätigkeit und den ebenfalls von Herbert Gross verfassten „Beratungsbriefen“,[4]) die an alle „führenden Unternehmen“ versandt wurden, eine der wichtigsten Institutionen, die Unternehmern neue Orientierung bot. Am 1. Juli 1948, also nach noch nicht einem Jahr ihres Bestehens, hatte die WIPOG 986 Einzel- und 69 Firmenmitglieder; 1949 wies ihr Mitgliederverzeichnis über 3000 Einträge auf.[5])

[2]) *Gross*, Manager von Morgen; zitiert wird im Folgenden aus der 1. Auflage.

[3]) Vgl. zur WIPOG: *Schulz*, Unternehmerinteresse, S. 12–141.

[4]) Mit den „Beratungsbriefen“ setzte die WIPOG den vom „Pressebüro Röbel“ herausgegebenen internationalen Wirtschaftsdienst fort. Vgl. *Rothering*, Das „Handelsblatt“, S. 30.

[5]) Vgl. für letztere Angabe: ebd. S. 38; für die 1948er-Zahlen: Siegfried *Blasche*, Die Gründungen der Wirtschaftspolitischen Gesellschaft von 1947 e.V. und der Frankfurter Allgemeinen Zeitung (1949), Vortrag am 20. Oktober 2004 in den Räumen der Frankfurter Allgemeinen Zeitung, S. 4; [http://wipog.test.sengai.de/imgs/grp1/user9/pdf/110656682117624941646772915285.pdf] [16.01.2006].

Im Geleitwort zu Gross' Publikation „Manager von morgen" erklärte der WIPOG-Vorsitzende Rechtsanwalt Rudolf Muller „die Erhöhung der industriellen Produktivität und damit des Wohlstandes breitester Schichten" sowie die „Pflege der menschlichen Beziehungen in der Wirtschaft und damit der Selbstachtung und Verbundenheit aller Schichten", das seien „die beiden Forderungen, die mehr und mehr als die einzigen Auswege aus der babylonischen Verwirrung der modernen Gesellschaft erkannt" würden. Dieses Buch diene dazu als „praktischer Wegweiser". Es verdeutliche, dass das „Führungsmandat" derer, „die in der Praxis die Geschäfte der deutschen Wirtschaft führen", sich „auf die systematische Pflege der vielen Beziehungen [...], in die jedes wirtschaftliche Unternehmen gestellt" sei, aufbauen müsse.

„An geschäftlichem Verantwortungsbewusstsein und sozialer Einstellung hat es dem deutschen Unternehmer im großen Durchschnitt seit vielen Generationen nicht gefehlt, wohl aber an der verständigen und geduldigen Pflege des Selbstbewußtseins und der Selbständigkeit seiner Mitarbeiter innerhalb und außerhalb des Betriebes und vor allem auch an der Neigung, eine solche Haltung vor der Öffentlichkeit herauszustellen und zu vertreten."[6])

Dies zu verbessern, dazu sollten Gross' Ausführungen beitragen. „Große Soziologen und Fachleute moderner und wirksamer Organisationen in Amerika", so erläuterte dieser, hätten mit ihren Forschungen nachgewiesen, „daß der Drang des einzelnen nach Würde, sozialer Geltung, innerer Befriedung und Partnerschaft durch eine sinnvoll gestaltete Marktwirtschaft" erfüllt werden könne.

Herbert Gross (1907-1976) hatte nach seinem Studium der Volkswirtschaft in Tübingen und Kiel seit dem Ende der 1920er Jahre für einen privatwirtschaftlichen, internationalen Handelsnachrichtendienst („Eildienst für amtliche und private Handelsnachrichten GmbH") gearbeitet – von 1933 bis 1942 in New York.[7]) Er zeigte in seinem Buch daher anhand einer überblicksartigen Auswertung der amerikanischen sozial- und betriebswissenschaftlichen Forschung der 1940er Jahre Ansätze auf, wie solch „partnerschaftliche" Ansätze unternehmerischen Handelns aussehen könnten. Kapitelüberschriften lauteten etwa: „Grundlagen der industriellen Partnerschaft", „Partnerschaft des Eigentums", „Die Partnerschaft der öffentlichen Meinung". Freilich, so erklärte Gross abschließend, bliebe es der Initiative des einzelnen Unternehmers überlassen, was von den vorgestellten amerikanischen Beispielen auf die

6) *Gross*, Manager von Morgen, S. 5f.

7) In New York arbeitete Gross außerdem als Chefkorrespondent der „Nachrichten für Außenhandel", einer Fachzeitung, die vom „Pressebüro Röbel" (Essen) herausgegeben wurde, sowie als USA-Wirtschaftskorrespondent für die Wochenzeitung „Das Reich", die von 1940 bis 1945 beim „Deutschen Verlag" (Berlin) erschien. Nach seiner Rückkehr aus New York (1942) übernahm Gross die Leitung des Berliner Büros der „Nachrichten für Außenhandel". Nach Kriegsende war er in Düsseldorf als Dolmetscher und Übersetzer für die britische Militärregierung tätig. Vgl. für biographische Angaben zu Gross: *Rothering*, Das „Handelsblatt", S. 27-31.

deutsche Wirtschaft übertragen werde. Wichtig sei nur das Eine: „daß das deutsche Unternehmertum die Notwendigkeit eines neuen Weges erkennt, wenn es nicht dem Untergang zutreiben will.“[8])

Weder Gross noch der WIPOG ging es um eine eindimensionale Adaption amerikanischer Ansätze. Vielmehr hielten sie die Orientierung an wissenschaftsgestützten amerikanischen Managementmethoden für besonders geeignet, um deutschen Unternehmern nach 1945 einen Weg zu weisen. Die Heraushebung des „Partnerschafts“-Gedankens als neuer Leitlinie und Legitimation des unternehmerischen Führungsanspruchs war dabei das Ergebnis ihrer Rezeption. Dieser Aneignungsprozess, in dem westdeutsche Unternehmer neue eigene Handlungsorientierungen entwickelten, stellte damit einen frühen Ansatz unternehmerischer „Westernisierung“ dar. In Richtung des „sozial verantwortlichen Unternehmers“ war dies jedoch nur der erste Schritt. Zwar forderte der WIPOG-Vorsitzende Mueller ihn in seinem Geleitwort bereits ziemlich deutlich ein. Bevor exponierte Unternehmensvertreter dieses erweiterte Anforderungsprofil aber selbst propagierten, bedurfte es zusätzlich der eigenständigen praktischen Erarbeitung. Diese leisteten unter Bezugnahme auf den „Partnerschafts“-Gedanken aufgeschlossene betriebliche Personalleiter im Zusammenhang mit den Auseinandersetzungen über (Montan-) Mitbestimmung und das anstehende Betriebsverfassungsgesetz. Ein besonders wichtiger unter ihnen war Fritz Jacobi, der Personalchef von Bayer.

Jacobi (1902–1974), der seit 1948 in Leverkusen arbeitete, war Jurist und hatte nach einer Banklehre und seinem Studium in Göttingen und Köln von 1931 bis 1945 Karriere in der Marine-Verwaltung gemacht.[9]) Er arbeitete zunächst als Referent für Beamten- und Angestelltenpersonalien im Oberkommando und war zuletzt Ministerialrat und Abteilungsleiter. Seine erste Nachkriegsbeschäftigung fand Jacobi, nachdem er bis August 1946 interniert war, im November des Jahres als Direktions-Assistent bei der Duisburger Kupferhütte. Von dort warb ihn Ulrich Haberland, der Vorstandsvorsitzende von Bayer, im März 1948 als Leiter des Personal- und Sozialwesens ab. Die Duisburger Kupferhütte gehörte ebenso wie das Leverkusener Chemieunternehmen zu diesem Zeitpunkt noch zum I.G. Farben-Komplex. Als Direktions-Assistent bei der Kupferhütte war Jacobi an der Vorbereitung eines der spektakulärsten Versuche der unmittelbaren Nachkriegszeit beteiligt, die betriebliche Sozialordnung neu zu gestalten. Ernst Kuß, Jacobis dortiger Chef, der von den Briten mit der Leitung der Kupferhütte betraut wurde, tat sich mit einer geradezu revolutionären arbeits- und lohnpolitischen Neuerung hervor, die breitestes öffentliches Interesse fand. Kuß richtete 1948 ein Gewinnbeteiligungssystem für die Arbeiter ein und ernannte den Betriebsratsvorsitzenden für die Dauer seiner Amtszeit zum gleichberechtigten Mitglied des

[8]) *Gross*, Manager von Morgen, S. 282.

[9]) Vgl. zu Jacobis Biographie: *Jacobi*, Führung und Erziehen; sowie BAL 271/2, Personalia, Jacobi, 1948–1967.

Direktoriums.[10]) Dieses „soziale Experiment“, vor allem seine „vorauseilende“, weit reichende Mitbestimmungskomponente, war zwar nicht von langer Dauer – in den 1950er Jahren passte sich die Kupferhütte den allgemeinen Bedingungen an,[11]) hatte aber als paradigmatisches Beispiel breite Auswirkungen. Immer wieder diente die Duisburger Kupferhütte in der zeitgenössischen Diskussion als Beleg dafür, dass Veränderungen möglich waren, wenn man nur wollte.[12])

Vor dem Hintergrund dieser Erfahrungen nahm Jacobi unter den Personalleitern westdeutscher Unternehmen eine exponierte Position ein. Diese wurde noch zusätzlich dadurch bestärkt, dass er im Zuge der Neugründung der Bayer AG (1951) in den Vorstand des Unternehmens berufen wurde.[13]) Das war keineswegs üblich. Die meisten Personalchefs fristeten während der 1950er Jahre weiterhin ein untergeordnetes „Verwaltungsdasein“. Auch infolge dieser Entscheidung Haberlands nahm das Leverkusener Unternehmen im Hinblick auf die Entwicklung betrieblicher Personalpolitik eine Vorreiter-Position unter westdeutschen Großunternehmen ein. Im engsten Zusammenhang damit entstand das Leitbild vom „sozial verantwortlichen Unternehmer“.

Der Bayer-Personalchef begann, sich Gedanken über neue Anforderungen an „den Unternehmer“, respektive die Geschäftsleitung von Großunternehmen, zu machen, als seine Ernennung zum Vorstandsmitglied anstand. 1950 platzierte er einen Beitrag in der Zeitschrift „Mensch und Arbeit“.[14]) Darin plädierte Jacobi für eine bisher nicht vorhandene spezifische Ausbildung von Personalleitern, die sich aus praktischen und theoretischen Elementen zusammensetzen sollte. Eine solche hielt er für nötig, um das Problem der „Menschenbehandlung“ besser zu lösen:

„Die Grundlagen seiner technischen und kaufmännischen Kenntnisse hat der Unternehmer – von Ausnahmefällen abgesehen – in einer Lehre oder durch ein Studium erworben. Für seine weitere Aufgabe, die richtige Menschenbehandlung, besteht seltsamerweise der Aberglaube, ihre Kenntnis sei von Natur aus entweder vorhanden oder sie fehle eben.“[15])

Dieser Zustand sei unhaltbar:

„Jeder, der einmal Vorgesetzter wird, muß die Kunst der richtigen Menschenbehandlung lernen. Vor allem muß sie der Unternehmer, sei er Eigentümer des Werks oder leitender Manager, beherrschen. In Unternehmen von einer gewissen Größenordnung an liegt die

[10]) *Diedrich*, Entwicklung und Stand, S. 56; *Geck*, Soziale Betriebsführung, S. 91; L. *E.*, Der Mensch im Mittelpunkt. Neue Lohn- und Arbeitsordnung – Das soziale Experiment der Duisburger Kupferhütte, in: Mann in der Zeit 1, 1949.
[11]) *Spindler*, Praxis der Partnerschaft, S. 208.
[12]) Vgl. etwa: *Diedrich*, Entwicklung und Stand, S. 56; Fritz *Zeidler*, Alte und neue Wege zur sozialen Betriebsgestaltung, in: Mensch und Arbeit 1, 1949, S. 14; Eduard *Gaugler*, Der Weg der Partnerschaft, in: ebd. 10, 1958, S. 234f.; *Spindler*, Partnerschaft statt Klassenkampf, S. 78.
[13]) Curt *Duisberg*, [Chronik der] Sozial- und Personalabteilung, S. 36, BAL, 1/6.6.23.
[14]) Fritz *Jacobi*, Hochschulvorlesungen für künftige Personalleiter?, in: Mensch und Arbeit 2, 1950, S. 226.
[15]) Ebd.

Behandlung aller personellen Dinge in der Hand eines besonderen Personalchefs. Er ist der Berater des Unternehmers in allen Fragen der richtigen Menschenbehandlung im Betrieb. Seiner Tätigkeit kommt daher die gleiche Bedeutung zu, wie der der Leiter der technischen, kaufmännischen oder einer sonstigen Fachabteilung des Werkes.“[16])

Mit diesen Überlegungen war Jacobi einer der ersten, der die Berücksichtigung „menschlicher“ Belange in der betrieblichen Praxis dem unternehmerischen Leitungsanspruch einzuverleiben versuchte. Er griff damit Forderungen auf, welche die neuen Humanexperten im Zeichen der anthropozentrischen Maxime aufgestellt hatten. Nicht zufällig erschien sein Beitrag in der Zeitschrift „Mensch und Arbeit“, *dem* Diskussionsforum betrieblicher Humanexperten. Doch nicht nur ihre Forderungen fanden in Jacobis Ausführungen Niederschlag. Vor allem der Anspruch auf einen Vorstandsposten, den die Arbeitsdirektoren zur adäquaten Vertretung von „Arbeit und Sozialem“ angemeldet hatten, hinterließ hier deutliche Spuren: Jacobi bediente sich einer ihrer zentralen Argumentationsfiguren – der „Drei-Einigkeits“-Vorstellung des Ideal-Vorstands (Technik, Kaufmännisches, Soziales)[17]) – und verwandte sie in seinem Sinne, das heißt zur Etablierung eines unternehmerisch orientierten Personalverantwortlichen.

Der Bayer-Personalchef versuchte mit diesem Vorstoß, die Organisationsstruktur nicht-montanmitbestimmter Unternehmen unter unternehmerischen Vorzeichen den neuen Bedingungen anzupassen. Dem Personalleiter als „Experten für Menschenbehandlung“ räumte er dabei eine zentrale Stellung ein. Bezeichnenderweise ließ er jedoch die Entscheidung offen, ob diesem selbst „Unternehmer“-Status zukomme, oder doch nur eine beratende Funktion. Strategisch geschickt beschränkte sich Jacobi zunächst darauf, die „Menschenbehandlung“ in den Rang einer unternehmerischen Aufgabe zu erheben. Dies tat er gleichsam probeweise zunächst im personalpolitischen Feld, indem er dazu aufrief, den Personalleiter als Garanten für die Erfüllung dieser unternehmerischen Funktion mit Hilfe wissenschaftlichen Wissens zu profilieren.

Dem Adressatenkreis von „Mensch und Arbeit“ leuchtete dieser Ansatz natürlich sofort ein. Jacobi eröffnete mit seinem Beitrag eine regelrechte Debatte über Stellung, Tätigkeitsfeld und Profil des Personalleiters.[18]) Bei den meisten Unternehmern jedoch stießen zu diesem Zeitpunkt solche Forderungen noch auf taube Ohren. Über den Umweg der „Partnerschaft“ aber arbeitete Jacobi weiter an der Profilierung des unternehmerischen „Personalexperten“, einer Art Vorstufe des „sozial verantwortlichen Unternehmers“. Indem er dabei jedoch nicht auf eine Fortsetzung und Intensivierung des lose geknüpften Kontakts zu den Humanexperten setzte – zumal er sich mit deren noch ausstehender betrieblicher Etablierung zusätzlichen Ballast „aufgehalst“ hätte –, sondern stattdessen sein Anliegen als unternehmerische „Image“-

[16]) Ebd.
[17]) Vgl. Kap. 4.2.
[18]) Vgl. Kap. 8.

Kampagne verkaufte, schlug Jacobi eine erfolgreiche Strategie ein. Er wandte sich direkt an die Unternehmer und versprach, woran es ihnen mangelte: öffentliches Ansehen.

Im August 1951 gründete der „Arbeitsring der Arbeitgeberverbände der Deutschen Chemischen Industrie" einen Ausschuss für Öffentlichkeitsarbeit. Dessen Vorsitzender war Fritz Jacobi.[19]) In dieser Funktion entwickelte der Bayer-Personalchef im Laufe der zweiten Jahreshälfte ein erstes umfassendes personalpolitisches Konzept mit dem Titel „betriebliche Partnerschaft": „Mit der Schaffung eines echten Partnerschaftsverhältnisses in den Betrieben", würde die Möglichkeit ausgeschaltet, so Jacobi, „daß die Öffentlichkeit durch kurzsichtige Doktrinäre weiterhin ein verzeichnetes Bild der Unternehmer erhält." Sie müsse vor allem wissen, „daß ohne Schaden für die Gesamtheit die unternehmerische Leistung nicht ausgeschaltet werden" könne.[20]) Ausführlich erläuterte er sein Konzept in zwei Publikationen: in seinem Beitrag zur „1. Nürnberger Sozialwissenschaftlichen Woche" im September 1951, wo sich Vertreter aus Wissenschaft und Wirtschaftspraxis trafen, um gemeinsam über den Themenkreis „Mensch und Betrieb" zu diskutieren,[21]) und in einem Artikel in der Branchenzeitung der chemischen Industrie (Dezember 1951)[22]):

Unter „betrieblicher Partnerschaft" verstand Jacobi „die Überzeugung aller Werksangehörigen, Partner zu sein an einer gemeinsamen Aufgabe, miteinander und mit dem Werk verbunden zu sein zu einer Lebens- und Arbeitsgemeinschaft."[23]) Die Realisierung einer solch „horizontalen" wie „vertikalen Solidarität"[24]) hielt er für „das entscheidende Problem unsere[r] heutigen Wirtschaft".[25]) Im Gegensatz zu den Humanexperten ging der Bayer-Personalchef jedoch nicht von der Möglichkeit einer „Lösung der ‚sozialen Frage'" aus – eine solche gebe es nicht. Anzustreben sei vielmehr eine „‚Bestgestaltung' der sozialen Verhältnisse im Betrieb oder, noch richtiger gesagt, die Überzeugung aller Beteiligten, daß die sozialen Verhältnisse im Betrieb ‚bestgestaltet'" seien. In diesem desillusionierten Sinne akzeptierte es der Bayer-Personalchef, von „sozialer Betriebsgestaltung" zu sprechen, womit er sein Konzept ausdrücklich auch im Verhältnis zu dem der Humanexperten positio-

[19]) Die Abschrift einer entsprechenden Mitteilung des Arbeitsrings findet sich auf der Rückseite von Briefpapier des Elberfelder Bayer-Werks in den Unterlagen des Betriebsratsvorsitzenden Walter Hochapfel. BAL 214/10.2 Personal- und Sozialwesen, Betriebsrat – Unterlagen Walter Hochapfel.

[20]) Fritz *Jacobi*, Betriebliche Partnerschaft, in: Chemische Industrie, Nr. 12, Dez. 1951, BAL 271/2, Personalia, Jacobi, 1948–1967.

[21]) *Jacobi*, Leistungsvergütung. Zur „Nürnberger Sozialwissenschaftlichen Woche" vgl. Kap. 3.3.

[22]) Fritz *Jacobi*, Betriebliche Partnerschaft, in: Chemische Industrie, Nr. 12, Dez. 1951, BAL 271/2, Personalia, Jacobi, 1948–1967.

[23]) *Jacobi*, Leistungsvergütung, S. 99.

[24]) Fritz *Jacobi*, Betriebliche Partnerschaft, in: Chemische Industrie, Nr. 12, Dez. 1951, BAL 271/2, Personalia, Jacobi, 1948–1967.

[25]) *Jacobi*, Leistungsvergütung, S. 108.

nierte. „Soziale Betriebsgestaltung“ konkretisierte er, sei jedoch nicht eine Aufgabe der „Sozialpartner“, sondern stelle sich „jedem einzelnen Betrieb“ und müsse daher „innerhalb des einzelnen Unternehmens“ gelöst werden. Damit beanspruchte Jacobi zugleich unternehmerische Hoheit über das Tätigkeitsfeld der Humanexperten, und zwar im Zeichen der „Partnerschaft“: „Hat man in einem Betrieb diese Bestgestaltung erreicht, dann hat man damit zugleich die Partnerschaft.“ Voraussetzung dafür seien „drei Dinge“:

„1. eine gute Bezahlung,
2. Sicherheit des Arbeitsplatzes, Sicherheit in Not und Krankheit und Sicherheit im Alter und
3. gute Mitarbeiterbeziehungen, d.h. die gegenseitige Achtung aller Werksangehörigen voreinander, d. h. vor der Persönlichkeit des andern und vor seiner Leistung.“[26])

Erläuternd zum dritten Punkt führte er aus, dass neben dem „Erwerbstrieb“ des Arbeitnehmers besonders sein Wunsch nach Anerkennung zu berücksichtigen sei:[27]) „Er will als Persönlichkeit und in seiner Leistung anerkannt sein, mit anderen Worten, er will als Partner im Unternehmen ernst genommen werden.“ Dies zu erfüllen, sei in erster Linie Aufgabe der Vorgesetzten, die durch ihr „Beispiel erzieherisch auf […] Mitarbeiter, insbesondere auf die Mitarbeiter, die selbst wieder Vorgesetzte sind, dahin einwirken [sollen], daß jeder in seinem Bereich gegenseitige Achtung anstrebt“.

Vor diesem Hintergrund richtete als eine seiner ersten Maßnahmen der „Öffentlichkeits-Ausschuss“ der Arbeitgeber der chemischen Industrie eine „Beratungsstelle für betriebliche Partnerschaft“ ein. Hier sollten „alle Erfahrungen der [im Arbeitsring] zusammengeschlossenen Unternehmen auf dem Gebiet der Partnerschaft“ gesammelt werden, um andere Firmen „entweder aus eigener Kenntnis und vorhandenem Material [zu] beraten, oder aber die anfragenden Firmen an ein Unternehmen [zu] verweisen, von dem […] bekannt ist, dass dort die […] angeschnittenen Probleme mit besonders gutem Erfolg behandelt worden sind.“[28]) Ob diese Beratungsstelle tatsächlich jemals ihre Arbeit aufnahm, ist mir nicht bekannt; wenn dem so war, dürfte sich ihr Wirkungsradius in Grenzen gehalten haben, da der „Partnerschafts“-Begriff zumindest für Großunternehmen nur kurzfristig von Bedeutung war. Bereits 1952 wurde er im Zusammenhang mit den Auseinandersetzungen über das Betriebsverfassungsgesetz zunehmend durch den „sozial verantwortlichen Unternehmer“ abgelöst.

Infolge seines außer- und überbetrieblichen Engagements war Jacobi der wichtigste Berater des Bayer-Vorstandsvorsitzenden Ulrich Haberland, als es im Sommer des Jahres 1952 galt, den Forderungen des DGB aus Unterneh-

[26]) Ebd. S. 100.
[27]) Fritz *Jacobi*, Betriebliche Partnerschaft, in: Chemische Industrie, Nr. 12, Dez. 1951, BAL 271/2, Personalia, Jacobi, 1948–1967.
[28]) Vgl. Abschrift der Mitteilung des Arbeitsrings, BAL 271/2, Personalia, Jacobi, 1948–1967.

mersicht Paroli zu bieten. Jacobi und Haberland waren ein höchst erfolgreiches Team. Im Verlauf der 1950er Jahre demonstrierten sie eindrucksvoll, wie ausgehend von einem sozial erweiterten Führungsanspruch in der betrieblichen Praxis trotz Mitbestimmung ein Maximum an unternehmerischem Handlungsspielraum erhalten werden konnte. Voraussetzung dieser Zusammenarbeit war, dass beide Vertreter der „sozialpartnerschaftlichen“ BdA-Linie waren, wie Berghahn sie am Beispiel des ersten Arbeitgeberpräsidenten Walter Raymond herausgearbeitet hat.[29]) Jacobi und Haberland akzeptierten die Gewerkschaften als überbetriebliche Arbeitnehmervertretung und standen dem Betriebsrat ein betriebliches „Mitbestimmungsrecht in sozialen Fragen [zu], insbesondere bei der Verwaltung betrieblicher Wohlfahrtseinrichtungen“. Ihre Devise lautete: „Aufklärung, Vertrauen, Zusammenarbeit“.[30]) Es ist daher kein Zufall, dass sich in den Handakten Jacobis vom Sommer 1952 etwa auch der Juni-„Beratungsbrief“ der WIPOG findet, in dem Herbert Gross unter der Überschrift „Trotz allem – Auf zum Gespräch! Der Weg zu echter sozialer Entspannung“ die „hier stets gepredigte Formel ‚Mitwissen-Mitdenken-Mitwirken‘“ abermals bestärkte.[31])

Unter Verwendung solchen Orientierungswissens verfolgten Jacobi und Haberland eine doppelte Strategie:[32]) Einerseits pflegten sie gute Beziehungen zum Betriebsrat. Dazu gehörte es, die umfangreichen mitbestimmten Sozialleistungen des Unternehmens in den Vordergrund der öffentlichen Selbstdarstellung zu rücken. Andererseits ergänzten sie diese Strategie der „Befriedung“ des Kollektivvertretungsanspruchs von Gewerkschaften und Betriebsräten gleichzeitig um eine, die auf individuelle Integration jedes einzelnen Arbeitnehmers in das Unternehmen abzielte. Dazu diente der systematische Ausbau des Personalbereichs, den Jacobi bis zum Ende der 1950er Jahre zu einem Abschluss führte.[33]) Die damit einhergehende Verschiebung des Schwerpunkts vom Sozialen zum Personalen entging der Arbeitnehmervertretung, die Mitbestimmungsrechte weiterhin hauptsächlich in sozialpolitischen Angelegenheiten praktizierte. Zur Etablierung der personalpolitischen Integrationsstrategie gehörte es außerdem, den betrieblichen Vorgesetzten ihre „erzieherische“ Vorbildfunktion nahe zu bringen, wie Jacobi sie im Zusammenhang mit der „betrieblichen Partnerschaft“ skizziert hatte. In diesem

[29]) *Berghahn*, Unternehmer, S. 234–238.

[30]) So lautete der Titel eines Vortrags, den Arbeitgeberpräsident Walter Raymond am 26.6.1952 anlässlich der Kieler Woche gehalten hatte. Den Text dieser Rede verschickten Jacobi und Haberland mit einem Schreiben, in dem sie Stellung zur Gewerkschaftskritik am Betriebsverfassungsgesetz bezogen, an alle Bayer-Mitarbeiter. Vgl. Schreiben der Geschäftsleitung vom 15.07.1952, BAL, 214/7, Personal- und Sozialwesen, 1952.

[31]) „Beratungsbrief der Wirtschaftspolitischen Gesellschaft von 1947“, Frankfurt, 7.6.1952, Nr. 171, mit einer Einleitung von Dr. Herbert Gross, Trotz allem – Auf zum Gespräch! Der Weg zu echter sozialer Entspannung, BAL, 214/7, Personal- und Sozialwesen, 1952.

[32]) *Rosenberger*, Von der „Bayer-Familie“.

[33]) Vgl. Kap. 6.1.

Zusammenhang argumentierte Haberland, dem Jacobi die entsprechenden Worte in den Mund legte, erstmals mit der „sozialen Verantwortung des Unternehmers".

Für den 16. Juli 1952 beraumte das Bayer-Direktorium im Zusammenhang mit den akuten Auseinandersetzungen über das Betriebsverfassungsgesetz ein außerordentliches Treffen aller „Betriebsleiter" an.[34]) Dort schwor Haberland die versammelten Vorgesetzten mit einer Rede über „Stellung und Gegenwartsaufgaben des Betriebsleiters" auf die Haltung der Geschäftsleitung zur Mitbestimmungsfrage ein. Der Vorstandsvorsitzende erklärte ihnen, dass „Betriebsführer" nicht, wie es die Definition im Betriebsverfassungsgesetz vorsah, Arbeitnehmer seien, sondern „Unternehmer".[35]) Daraus resultiere, dass auch sie „hinsichtlich der Betreuung der Betriebsangehörigen" besondere Sorge zu tragen hätten. „Richtlinie und Begrenzung" dieser Aufgabe müsse „das Wohl des Gesamtwerks sein", denn „nur Maßnahmen, die das Gesamtwohl fördern" seien „wahrhaft sozial". „Oberste[s] Ziel" sei die „engste Zusammenarbeit aller Werksangehörigen". Darin bestehe eine Hauptaufgabe des „Betriebsführers".

Zu Beginn der 1950er Jahre war die Verwendung des Bilds vom „sozial verantwortlichen Unternehmer" somit noch auf einen bestimmten unternehmensinternen Kommunikationsbereich, den zwischen Geschäftsleitung und Führungskräften, begrenzt und diente der Abwehr und Kompensation von Forderungen nach Mitbestimmung. Ende der 1950er Jahre jedoch, augenfälligerweise genau zu jenem Zeitpunkt, als der Ausbau des Personalbereichs bei Bayer vollendet war, trat Jacobi, der inzwischen Vorsitzender des Ausschusses für Öffentlichkeitsarbeit der BdA war,[36]) mit genau demselben Bild auch nach außen. 1958 veröffentlichte er im ersten Jahrgang der „Bayer-Berichte", der Informations-Broschüre, die halbjährlich alle Aktionäre des Unternehmens erhielten, einen Beitrag mit der Überschrift „Von der Verantwortung des Unternehmers".[37]) Jacobi beschrieb darin die Bayer-„Sozialpolitik" als vorbildlich, indem er sie als realisierte Verantwortung darstellte. Ausgangspunkt seiner Ausführungen war die Feststellung, dass „die Aufgabe des Unternehmers" darin bestehe, „wirtschaftlich etwas zu leisten". Diese Leistung sei nur dann möglich,

> „wenn der Unternehmer ‚seinen wirtschaftlichen Auftrag in Übereinstimmung mit den politischen und sittlichen Anschauungen der Gesellschaft' erfüllt (Peter F. Drucker in ‚Die Praxis des Management'). Er muß also sowohl seinen wirtschaftlichen als auch den daraus folgenden sozialen Verpflichtungen gerecht werden."[38])

[34]) Einladung des Bayer-Direktoriums vom 11.7.1952 und Redemanuskript, BAL 214/7, Personal- und Sozialwesen, 1952.
[35]) Redemanuskript, BAL 214/7, Personal- und Sozialwesen, 1952.
[36]) Schreiben von Otto Esser an Ludwig Vaubel vom 7.6.58, RWWA, Abt. 195 Acordis AG, Wuppertal, Best. U 20/03, Schriftwechsel Vaubel.
[37]) Fritz *Jacobi*, Von der Verantwortung des Unternehmers, in: Bayer-Berichte, 1958, H. 2, S. 25–27.
[38]) Ebd. S. 25.

„Betriebliche Sozialpolitik“, so Jacobi weiter, verstanden als „gesellschaftspolitisches Verhalten des Unternehmers“, sei das Mittel zu diesem Zweck. „Betriebliche Sozialleistungen“ in vielfältigster Form („Gewährleistung des Arbeitsplatzes“, „Sicherung für das Alter“, „Maßnahmen zur Erhaltung und Wiederherstellung der Gesundheit“...) stellten nicht mehr Gaben der „Wohltätigkeit“ dar, sondern „Gemeinschaftshilfe des Unternehmens für seine Angehörigen“. Besonderer Wert würde auf „die Erhaltung und Förderung der Selbstverantwortlichkeit“ gelegt. Denn nur,

> „wenn sich unsere Gesellschaftsordnung auf den selbstverantwortlichen Einzelnen stützen kann, wird sie auf Dauer der Welt des genormten Massenmenschen des Ostens widerstehen und sie geistig überwinden können.“[39])

Den „sozial verantwortlichen Unternehmer“, wie der Bayer-Personalchef ihn hier skizzierte, zeichnete somit nicht allein eine vorbildliche Personal- und Sozialpolitik im eigenen Unternehmen aus, sondern vor allem die „Anerkennung seiner gesellschaftspolitischen Verpflichtung“, deren wichtigste Aufgabe Jacobi darin sah, „unsere industrielle Gesellschaft“ vor vermeintlichen Gefahren aus dem Osten zu schützen.[40]) Mit dieser Ausrichtung stellte der „sozial verantwortliche Unternehmer“ die „westernisierte“ Form des bundesrepublikanischen unternehmerischen Selbstverständnisses dar. Er war dabei nicht das adäquate „Gegenstück“ zur „konsenskapitalistischen“ Westernisierung von Gewerkschaften und Sozialdemokratie, die auf der Grundlage einer pluralistischen Gesellschaftsauffassung die Aushandlung von unterschiedlichen Interessen mit dem Ziel der Konsensfindung zur neuen Maxime erhoben.[41]) Der „sozial verantwortliche Unternehmer“ sah seine Aufgabe vielmehr darin, „gesellschaftspolitisch“ integrativ zu wirken, indem er aus eigener Einsicht, das heißt weitgehend ohne institutionalisierten Interessensausgleich, sozial- und personalpolitische Maßnahmen in seinem Unternehmen ergriff. Auch Mitbestimmungsrechte von Betriebsräten waren nicht vorgesehen.

Die Beschränkung auf den betrieblichen Sozialraum und die Aussparung einer Aushandlungspraxis gingen damit einher, dass im Vordergrund der betrieblichen Sozialordnung weiterhin die „Gemeinschaft“ stand. So war das Leitbild der Bayer-Personalpolitik in den 1950er und 1960er Jahren die „Bayer-Familie“, in die es mit Hilfe personalpolitischer Maßnahmen systematisch jeden Einzelnen zu integrieren galt.[42]) Die Bezugnahme auf dieses Leitbild bot sich besonders an, da der „Gründungsvater“ des Unternehmens Carl Duisberg eine solche Tradition begründet hatte, als er beim ersten Jubilarfest 1910 den Begriff der „Bayer-Familie“ prägte.[43]) Indem die Leverkusener Ge-

[39]) Ebd. S.27.
[40]) „Der Unternehmer würde seiner Verantwortlichkeit für unsere industrielle Gesellschaft nicht gerecht, wenn er sie auf seinen Betrieb begrenzte. Er muß sich vielmehr auch für Aufgaben der größeren Gemeinschaft verantwortlich fühlen, [...].“, ebd.
[41]) *Angster*, Konsenskapitalismus.
[42]) *Rosenberger*, Von der „Bayer-Familie“.
[43]) *Beckerath*, Personalwesen, S.394.

schäftsleitung personalpolitisch an dieses herkömmliche Leitbild anknüpfte, verband sie ihr neues „westernisiertes“ Selbstverständnis mit unternehmenseigenen Traditionen. Das Ergebnis ihrer Aneignung des „Partnerschafts“-Gedankens war damit der „sozial verantwortliche Unternehmer“ als Oberhaupt einer vergemeinschafteten Betriebs-„Familie“.

Mit dieser Auffassung, die als exemplarisch zu verstehen ist für die wenigen westdeutschen Großunternehmen, deren Geschäftsleitungen in sozial- und personalpolitischer Hinsicht für amerikanische Impulse aufgeschlossen waren, ging einher, dass betrieblichen Humanexperten keinerlei Funktion zugestanden wurde, weder im Unternehmen noch in Form einer außerbetrieblichen Kooperation. Der „sozial verantwortliche Unternehmer“ beanspruchte die alleinige Hoheit über personal- und sozialpolitische Angelegenheiten und sicherte diese zusätzlich durch die soziale Abschließung der „Betriebsgemeinschaft“ nach außen ab. Weder Gewerkschaften noch wissenschaftliche Experten, die betriebliche Sozialbeziehungen gestalten wollten, gehörten zur „Familie“. Einer Etablierung betrieblicher Humanexperten im betrieblichen Sozialraum war diese „westernisierte“ Neupositionierung westdeutscher Unternehmer daher nicht zuträglich, im Gegenteil sie verhinderte sie sogar.

5.2 Die „Arbeitsgemeinschaft zur Förderung der Partnerschaft in der Wirtschaft e.V.“

Die Adaption von „betrieblicher Partnerschaft“ in mittelständischen Unternehmen knüpfte noch stärker an herkömmliche deutsche Orientierungen an und war entsprechend markanter gemeinschaftsorientiert. Diese mithin noch weniger „westernisierte“ Variante unternehmerischer Neuorientierung nach 1945 trugen allerdings akademische Humanexperten in Kooperation mit den Mittelständlern mit. Diese Kooperation stellte die erste institutionalisierte Zusammenarbeit zwischen Akteuren des personalpolitischen Felds und Unternehmern dar. Die Genese ihrer Entstehung verdeutlicht, dass die Aneignung westernisierter Leitbegriffe durch westdeutsche Unternehmer auch mit Unterstützung der Humanexperten nur eine legitimatorische Funktion hatte. Diese Leitbegriffe dienten in erster Linie als „politisch korrekte“ Referenzen, unter deren Schutz herkömmliche Ideen und Orientierungen transformiert wurden.

Am 30. Oktober 1950 gründete eine Gruppe von etwa 20[44]) „gleichgesinnten“ mittelständischen Unternehmern in Hilden die „Arbeitsgemeinschaft

[44]) Die Zahlenangaben variieren. Kampschulte nennt 33 Gründungsmitglieder, Hermann „etwa 20“, Spindler 20. Ferdinand *Kampschulte*, Aus den Erfahrungen der „AGP“, in: Mensch und Arbeit 3, 1951, S. 198–200; Bruno *Herrmann*, AGP. Arbeitsgemeinschaft zur Förderung der Partnerschaft in der Wirtschaft e.V., in: Mensch und Arbeit 6, 1954, S. 233–235; *Spindler*, Praxis der Partnerschaft, S. 9. Von „gleichgesinnten“ Unternehmern spricht Eduard *Gaugler*, Zwanzig Jahre AGP, in: Personal 23, 1971, S. 7–9, hier S. 7.

zur Förderung der Partnerschaft in der Wirtschaft e.V." (AGP). Die AGP war formal ein Zusammenschluss von Unternehmen, die sich der Realisierung einer „partnerschaftlichen" Betriebsordnung verpflichteten. Unter „betrieblicher Partnerschaft" verstanden sie satzungsgemäß

„jede innerbetrieblich festgelegte Form der Zusammenarbeit zwischen Unternehmensleitung und Mitarbeitern, bei der außer einer ständigen Pflege der zwischenmenschlichen Beziehungen eine Mitwirkung und Mitverantwortung sowie eine materielle Beteiligung am Betriebsergebnis vertraglich vereinbart ist."[45])

Hauptinitiator der AGP war Gert P. Spindler (geb. 1914), ein Textilunternehmer, der 1949 die Leitung des mittelständischen Familienbetriebs, der Paul-Spindler-Werke, in Hilden übernommen hatte. Die weiteren beteiligten Unternehmer gehörten zum Großteil zur „Arbeitsgemeinschaft selbständiger Unternehmer" (ASU), dem 1949 gegründeten Verband selbständiger Eigentümer- und Familienunternehmer[46]). Vertreten waren zum Beispiel die Melitta-Werke Bentz & Sohn, Minden; die Stuhlfabrik Albert Stoll KG, Waldshut/Baden; die Union-Werke Dr. Naegele, Aalen; Theodor Groz & Söhne & Ernst Beckert, Nadelfabrik, Commandit-Gesellschaft, Ebingen.[47])

Wie es in einer zeitgenössischen Selbstdarstellung der AGP hieß, hätte den Gründungsmitgliedern „die Notwendigkeit zur sozialen Betriebsgestaltung auf der Seele" gebrannt, denn sie hätten „andere Ansichten als die traditionellen über die Regelung der Arbeitsbeziehungen" gehabt. Ihnen sei es darum gegangen, „die Gegensätze der Arbeitgeber-Arbeitnehmerstandpunkte [...] durch einen sozialen Ausgleich, durch eine innere und äußere Partnerschaft", zu überwinden.[48]) Als Ursprung des Partnerschaftsgedankens verwiesen sie auf die „Trümmergemeinschaften der kapitallosen Nachkriegsjahre", in denen sich gezeigt habe, dass die „betriebliche Gemeinschaftsarbeit" imstande sei, „schneller und intensiver Werte für alle Mitarbeiter und damit für die soziale Gesellschaft zu schaffen, als dies in dem früheren horizontal gespaltenen Wirtschafts- und Betriebsgefüge möglich gewesen" sei.[49])

Auch die mittelständischen Unternehmer griffen somit unmittelbar nach dem Erscheinen von Gross' Bestseller das Leitbild der „Partnerschaft" auf. Im Gegensatz zu Jacobi bezogen sie sich in ihrer Aneignung jedoch nicht auf diese oder eine ähnliche „amerikanisierte" Vorlage. Sie betonten stattdessen die eigenen betrieblichen Erfahrungen der unmittelbaren Nachkriegszeit und knüpften an den Ansatz der „Sozialen Betriebsgestaltung" an, von dem Jacobi

45) Bruno *Herrmann*, AGP. Arbeitsgemeinschaft zur Förderung der Partnerschaft in der Wirtschaft e.V., in: Mensch und Arbeit 6, 1954, S. 233–235, hier S. 233.
46) Entgegen: *Krell*, Vergemeinschaftende Personalpolitik, S. 168.
47) *Fischer*, Partnerschaft im Betrieb, S. 118–181; *Spindler*, Praxis der Partnerschaft, S. 11 sowie die aktuelle Selbstdarstellung der AGP, die sich als Vereinigung mittelständischer Unternehmen beschreibt. Vgl. URL: [www.agpev.de] [02.11.2005].
48) Bruno *Herrmann*, AGP. Arbeitsgemeinschaft zur Förderung der Partnerschaft in der Wirtschaft e.V., in: Mensch und Arbeit 6, 1954, S. 233–235, hier S. 233.
49) Ebd.

sich ob dessen „unrealistischen" Versprechens, die Lösung der „sozialen Frage" bereit zu halten, distanziert hatte. Und die AGP-Vertreter griffen noch einen zweiten Ansatz auf, der ebenfalls zeitgenössisch ohne Amerikabezug diskutiert wurde: den der Gewinnbeteiligung.

Die Gewinnbeteiligung als materiell ausgerichtetes Instrument zur Integration von Arbeitnehmern dominierte die Diskussion, die seit dem Vorstoß der Duisburger Kupferhütte über Formen einer Neugestaltung der betrieblichen Sozialordnung geführt wurde, während man die Beteiligung des Betriebsratsvorsitzenden an der Geschäftsleitung, die das zweite Element dieses Neuordnungsversuchs darstellte, einfach ignorierte. Diese Schwerpunktsetzung resultierte daraus, dass eine beliebte Argumentationsfigur der Gegner solcher „sozialpolitischen" Neuerungen darin bestand, die Diskussion über Gewinnbeteiligungssysteme als „zyklische Erscheinung" abzutun, die seit den 1930er Jahren des 19. Jahrhunderts alle dreißig Jahre aufkomme, um dann aber auch wieder zu verebben.[50]) Die Debatte unter Unternehmern war damit paradoxerweise maßgeblich geprägt von den Argumenten derjenigen, die sie eigentlich für überflüssig hielten.

Entkräften konnten die Befürworter diese Einwände nicht. Sie versuchten stattdessen Gewinnbeteiligungssysteme in umfassendere Konzepte zur Neuordnung der Betriebsverfassung zu integrieren, wie etwa in das der „betrieblichen Partnerschaft". Dass die Gewinnbeteiligung dabei jedoch nur eine Komponente unter mehreren anderen zur Realisierung dieses neuen Leitbilds der betrieblichen Sozialordnung darstellte; dass sie praktisch also gar nicht *den* Stellenwert hatte, der ihr in der Diskussion eingeräumt wurde, war im Eifer des Gefechts zunächst kein Argument, schien doch eine Relativierung der Gewinnbeteiligung beim gegebenen Stand der Diskussion einem „Klein-Beigeben" gleichzukommen. Erst Ende der 1950er Jahre erkannte und benannte man allmählich diese Schieflage. So erklärte ein Vertreter der AGP 1958, dass „die Erfolgsbeteiligung der Mitarbeiter lediglich *einen* Bestandteil der Partnerschaft" darstelle, die „zur Verwirklichung ihrer sozialpolitischen Zielsetzung der Ergänzung durch eine betriebsindividuell ausgeprägte Form der Zusammenarbeit" bedürfe, „bei der die Mitarbeiter in Mitverantwortung am betrieblichen Geschehen mitwirken".[51])

Zum Zeitpunkt der AGP-Gründung (1950) griffen ihre Initiatoren zwei zentrale Ansätze der Nachkriegsdiskussion über eine neue betriebliche Sozialordnung auf: zum einen die Forderung nach Berücksichtigung „immaterieller Aspekte", die im Rahmen der „Sozialen Betriebsgestaltung" erhoben worden war, und zum anderen die Ertragsbeteiligung als „materiell" ausgerichtetes Instrument zur verbesserten Integration von Arbeitnehmern in das jeweilige Unternehmen. Diese beiden Ansätze versuchten sie in einem neuen übergreifenden Konzept zusammenzufassen. Entsprechend pflegte die Arbeitsgemein-

[50]) Vgl. dazu ebd.; *Jacobi*, Leistungsvergütung, S. 107f.

[51]) Eduard *Gaugler*, Der Weg der Partnerschaft, in: Mensch und Arbeit 10, 1958, S. 234f.

schaft die Auffassung, „daß ideelle und materielle Fragen eng miteinander verwoben" seien. Sie wolle nicht nur einen „neuen Geist" innerhalb des Betriebes verwirklichen, sondern strebe auch „gerechtes Anteilhaben der Mitarbeiter am materiellen Ergebnis" an, weil sie wisse, „daß von hier wieder Rückwirkungen auf die ideelle Einstellung der Beteiligten" ausgingen.[52]) „Betriebliche Partnerschaft" bot sich als übergreifendes Rahmenkonzept an, um dieser doppelten Zielsetzung gerecht zu werden. Die „Arbeitsgemeinschaft zur Förderung der Partnerschaft in der Wirtschaft" war damit eine unternehmerische Initiative, die sich in erster Linie auf nicht-amerikanisch konnotierte Ansätze der aktuellen Diskussion bezog, und so den „westernisierten" „Partnerschafts"-Begriff inhaltlich zu füllen beanspruchte. Angesichts der Tatsache, dass ihre Gründung „Beweis" und Ergebnis einer durchaus veränderten Haltung der beteiligten Unternehmer war – sie erkannten die Notwendigkeit einer Neugestaltung der betrieblichen Sozialordnung an –, stellt die AGP somit das Beispiel einer „Westernisierung" ohne Amerikabezug dar. In ihrer weiterhin maßgeblich gemeinschaftsorientierten Auffassung der betrieblichen Sozialordnung, die nun aber im Zeichen der „Partnerschaft" propagiert wurde, bestand eine zentrale Komponente des „Rheinischen Kapitalismus".

Das Spektrum der innerhalb der AGP vertretenen „Partnerschafts"-Interpretationen war breit. Es reichte vom Verständnis als „schickalshaft" zur Gemeinschaft verbundenen Partnern bis zu betriebsindividuell realisierten Ausprägungen, die sich durch liberale, tatsächlich „partnerschaftlich" anmutende Kommunikations- und Informationsstrukturen zwischen Belegschaft und Geschäftsleitung auszeichneten. Das Schwergewicht lag bis zur ersten Hälfte der 1960er Jahre allerdings eindeutig bei der vergemeinschaftenden Variante. Immer, auch bei der liberalen Auffassung, verblieben Handlungsspielräume maßgeblich auf Seiten des Unternehmers, der Zugeständnisse machte, während die Belegschaft im Gegenzug dafür die von ihm vorgegebenen Ziele und seine „unternehmerische" Handlungsfreiheit anerkennen sollte. Diese Auffassung war nicht weit entfernt von der paternalistischen Strategie, die in den 1920er Jahren bereits der Etablierung betrieblicher Sozialpolitik zugrunde gelegen hatte. Neu war jedoch an der „betrieblichen Partnerschaft", wie die AGP sie vertrat, die Ausrichtung auf die betriebliche Sozialordnung jedes einzelnen Unternehmens und die Konsequenz, mit der ihre praktische Realisierung betrieben wurde.

Die „Arbeitsgemeinschaft zur Förderung de Partnerschaft in der Wirtschaft" war das „Restprodukt" eines viel weiter angelegten „Projekts", das ihr Hauptinitiator Spindler zunächst verfolgt hatte. Der Unternehmer aus Hilden war in der unmittelbaren Nachkriegszeit maßgeblich an dem Versuch beteiligt, eine konservative Partei zu etablieren, die sich programmatisch durch eine katholische, christlich-abendländische Orientierung in Verbindung mit eigen-

[52]) Ferdinand *Kampschulte*, Aus den Erfahrungen der „AGP", in: Mensch und Arbeit 3, 1951, S. 198–200, hier S. 198.

willigen außenpolitischen Vorstellungen auszeichnete. Die „Tatgemeinschaft freier Deutscher“, wie sie heißen sollte, vertrat statt des Kurses der „Westintegration“ der Bundesrepublik eine auf „Unabhängigkeit“ und „Neutralität“ abzielende Position im sich ausbildenden Ost-West-Dualismus.[53]) Parteimitglieder waren zum Großteil Vertriebene, Flüchtlinge und Kriegsteilnehmer, die einen persönlichen Erfahrungsbezug zum „Osten“ hatten. Auch Spindler war 1941 als 26jähriger Offizier für den 21köpfigen „Wirtschaftsstab Ost“ („Wi-Stab“) der Wehrmacht rekrutiert worden.[54]) Dieser „Wirtschaftsstab“ hatte die Aufgabe, eine Organisation zur Wiederingangsetzung der Wirtschaft in denjenigen russischen Landesteilen aufzustellen, die die Wehrmacht besetzt hatte. Spindler war zuständig für die „Verwaltung und Betreuung des gesamten zivilen deutschen Personals des Wirtschaftsstabs Ost“ (angeblich 26000 Personen). Dass ihn diese Zeit und Tätigkeit nachhaltig prägten, brachte er in seinen Memoiren offen zum Ausdruck. Nach dem „ersten Schock“ habe ihn die neue Aufgabe „immer mehr“ gefesselt:

„Ich lernte das ganze besetzte Gebiet auf mehreren Dienstreisen von Reval im Norden bis zur Krim im Süden kennen und war von Land und Leuten positiv beeindruckt. Die Weite und Großzügigkeit der Landschaft, die endlosen Felder von Horizont zu Horizont waren für mich ein großes Erlebnis. Welche ungeheuren Möglichkeiten bestanden damals, die Ukrainer und andere im Westen des Lands lebende Völkerschaften als Verbündete zu gewinnen. Hatten sie doch die deutschen Truppen in den ersten Monaten als Befreier willkommen geheißen. Alles dies wurde durch Engstirnigkeit und ideologischen Fanatismus der Politiker vertan, die Ausbeutung im Sinn hatten, nicht Völkerpartnerschaft.“[55])

Diese Erfahrungen stellten eine zentrale Hintergrundkomponente Spindlers politischer Bestrebungen in der Nachkriegszeit dar. Sie schlugen sich in einer nicht-sozialistischen „Ostorientierung“ nieder, zugleich aber auch in einer besonderen Aufmerksamkeit für „personalpolitische“ Angelegenheiten und sozialintegrative Ansätze und Fragen. Hinzu kam als zweite Bedingung, dass Spindler – ähnlich wie Friedrich Schomerus[56]) – ein Idealist mit starkem Gestaltungsdrang war. Im Gegensatz zu Schomerus allerdings verfügte Spindler infolge seiner großbürgerlichen Sozialisation als Unternehmersohn über eine Vielzahl von Kontakten und war zudem mit einem finanziellen Background ausgestattet, der es ihm erlaubte, unabhängig zu walten und schalten.

In der unmittelbaren Nachkriegszeit stilisierte sich der Jung-Unternehmer aus Hilden mit durchaus „revolutionären“ Anklängen zum selbst ernannten Fürsprecher der so genannten „Kriegsgeneration“, jener „Jungen“, die wie er selbst bisher das Scheitern der Weimarer Demokratie, den Nationalsozialismus und Krieg erlebt hatten. 1948 trat er mit einer Publikation an die Öffentlichkeit, die sich genau an diesen Adressatenkreis richtete: „Der Leistungs-

[53]) Vgl. dazu: *Spindler*, Das Spindler-Modell, S. 139f.
[54]) Vgl. für das Folgende: ebd. S. 79f.
[55]) Ebd. S. 84.
[56]) Vgl. Kap. 1.

staat. Vorschlag zur Neugestaltung unserer politischen, gesellschaftlichen und wirtschaftlichen Ordnung".[57]) „Wir", erklärte Spindler einführend darin,

„ich meine damit jetzt den bestimmten Kreis von jungen Menschen, die durch das Herkömmliche, erziehungsmäßig in sie Gepflanzte, nicht erblindet und bereit sind, einen eigenen Schritt in eine neue Zukunft zu tun, bejahen die Trümmerwelt, weil sie in ihrer grausamen Radikalität wieder einen ebenen Boden schafft, auf dem ein Neubau errichtet werden kann."[58])

Der „Leistungsstaat" sollte als Zukunftsvision für diesen „Neubau" dienen. Er umfasste im Kern ein berufsständisch und landsmannschaftlich gegliedertes Gesellschaftsmodell.[59]) Der Jung-Unternehmer sah darin einen Kompromiss zwischen den „beiden großen Gegenspielern", dem „Kollektivismus" und dem „Liberalismus", die beide „Abarten" darstellten, da sie „Menschen versklaven", weil sie entweder dem Staat oder dem Egoismus des Einzelnen den Primat einräumten.[60]) Von der Spindler eigenen Aufbruchsstimmung war auch das Schlusswort des Buchs geprägt. Unter der Überschrift „Das Nächste, was zu tun ist" rief er dazu auf, „in allen Orten und Städten Arbeitskreise" zu bilden, „in denen sich diejenigen Menschen zusammenfinden, die die geschilderten Pläne als einen gangbaren Weg für die Zukunft ansehen und bereit sind mitzuwirken." Hier offenbarte er auch das ganz konkrete letzte Ziel seiner Bestrebungen:

„Wenn in den einzelnen Orten Klarheit über die zu machenden Vorschläge besteht, sollen sich Abgesandte der Arbeitskreise zusammenfinden, um einen Verfassungsentwurf auszuarbeiten, der dann, durch eine eigene Presse propagiert, dem Volk zur Urabstimmung vorgelegt werden soll."[61])

Dazu kam es bekanntlich nicht. Auch das Projekt „Tatgemeinschaft" scheiterte bereits im Verlauf des Jahres 1950 mit einem bitteren Beigeschmack für den ambitionierten „Millionär", dem seine Kritiker eine „weltverbesserische Haltung" nachsagten[62]). Spindler hatte als „geeigneten Partner", der der geplanten Partei einen breiten Grundstock an Mitgliedern sichern sollte, die „zahlenmäßig starken" Verbände der Ostvertriebenen auserkoren. Die daraus resultierende Dynamik des „Rechtsdralls", wie er es selbst beschrieb, hatte er einfach unterschätzt.[63]) Nach dieser Erfahrung konzentrierte sich Spindler ab dem Beginn der 1950er Jahre stärker auf sein Unternehmen.

57) *Spindler*, Der Leistungsstaat (1948).
58) Ebd. S. 9.
59) Ebd. S. 75–84.
60) Ebd. S. 12.
61) Ebd. S. 117.
62) Vgl. Extremismusbericht 1950 des Innenministeriums Nordrhein-Westfalen, S. 18–23. Dieser 30-seitige Bericht ist verfügbar unter URL: [www.im.nrw.de/sch/doks/vs/ib1950.pdf] [03.11.05].
63) *Spindler*, Das Spindler-Modell, S. 144ff., 154ff.
Das nordrhein-westfälische Innenministerium bescheinigte Spindler zwar, dass er mit seiner Aussage „Wir werden die stärkste Organisation werden" Recht haben könne. So ver-

Dessen Geschäftsführung allein konnte seinen Gestaltungsdrang offensichtlich jedoch nicht befriedigen. Indem er sich von nun an für die „Arbeitsgemeinschaft zur Förderung der Partnerschaft in der Wirtschaft" engagierte, verlagerte er den Rahmen, in dem er seine Ziele zu verwirklichen versuchte. Nicht mehr Politik im gesellschaftsumfassenden Sinne stellte von nun an den Horizont seiner Bestrebungen dar. Gleichsam als Schuster, der bei seinen Leisten blieb, verlegte sich Spindler mit der AGP als betriebspolitische Institution auf diejenige „Schnittmenge", die seinem Unternehmerstatus' und seinen idealistischen Ambitionen am ehesten entsprach. Trotz dieser Schwerpunktverlagerung seines Engagements blieben wesentliche Grundzüge seiner Programmatik dieselben. So war das Konzept der „betrieblichen Partnerschaft", wie es die AGP vertrat, von drei zentralen Aspekten gekennzeichnet, die auch in Spindlers anfänglich gesellschaftsumfassender Programmatik leitend waren: 1. dem Grundgedanken einer Überwindung von Gegensätzen („Klassenkampf") durch sozialen Ausgleich, 2. dem Ansatz einer individuellen Integration jedes Einzelnen (Arbeitnehmers) in die (Betriebs-)Gemeinschaft und 3. der Ertragsbeteiligung jedes Beschäftigten am wirtschaftlichen Ertrag des Unternehmens als wichtigstes Mittel dieser Integration[64]).

Der Erfolg der AGP resultierte jedoch nur zu einem Teil aus Spindlers programmatischer Vorlage. Verbreitung erfuhr diese vor allem dadurch, dass die in der AGP zusammengeschlossenen Unternehmer sich ihrer im Zeichen der „Tat" annahmen.

Die „Tat" als Handlungsorientierung hatte ihren Ursprung – oder zumindest besonders hohe Konjunktur – in den 1920er Jahren. Unter gleichnamigem Titel – „Die Tat" – erschien seit 1909 beim kulturkonservativen Eugen-Diederichs-Verlag eine Monatszeitschrift, die „Intellektuelle der Mittelschichten" ansprach.[65]) Ihre Hochzeit erlebte sie mit einer Auflage von über 20000 Exem-

zeichne die von Spindler 1949 ebenfalls gegründete Zeitschrift „Der Fortschritt – parteifreie Wochenzeitung für neue Ordnung" eine abonnierte Auflage von 40000 Stück und das „politische Büro" in Hilden umfasse sieben „hauptamtliche" Mitarbeiter. Doch galt es nach Ansicht des Düsseldorfer Innenministeriums daher nur umso dringender, „die Gefahrenquelle" einzudämmen. Die „Tatgemeinschaft" stelle vor allem ein „breites Sammelbecken" für „das parteipolitische Treibholz" dar, für „Besitzlose, [...] Unzufriedene [... und] Enttäuschte", die „vor Hitler aller Politik ferngestanden" hätten, „dann zur NSDAP gestoßen" seien und nun „durch die Entnazifizierung sich betrogen" fühlten. Vgl.: Extremismusbericht 1950 des Innenministeriums Nordrhein-Westfalen, S. 18–23.

[64]) Auch diesen Gedanken hatte Spindler bereits im „Leistungsstaat" entwickelt: „Es ist aber gerade eine wichtige Aufgabe der [Leistungs-]Wirtschaft, den Arbeiter [aus seinem Massendasein] herauszuführen, ihm nicht nur durch schöne Worte einzureden, daß er ein aus seinen Möglichkeiten und Veranlagungen gewerteter Einzelmensch ist, der seiner Leistung nach im Unterschied zu anderen bezahlt wird und sich demgemäß sein eigenes Leben gestalten kann. Er muß unmittelbar Anteil am wirtschaftlichen Ergebnis haben, dann erst ist sein Interesse geweckt für tätige Mitarbeit." *Spindler*, Der Leistungsstaat, S. 102.

[65]) *Hanke/Hübinger*, Von der „Tat"-Gemeinde; *Triebel*, Krisenmanagement, S. 41–43, 47; *Kracauer*, Aufruhr der Mittelschichten; *Demant*, Von Schleicher zu Springer, S. 29–79; *Breuer*, Anatomie.

plaren zwischen 1929 und 1933,[66]) als Hans Zehrer für die inhaltliche Ausrichtung verantwortlich war. In dieser Phase schrieb vor allem eine kleine Gruppe von Autoren, der so genannte „Tat"-Kreis, in der Zeitschrift.[67]) Sie „bejahten" die Krise der deutschen Politik und hießen sie als „inneren Selbstreinigungsprozess" willkommen.[68]) „Im Zentrum [der von ihnen vertretenen] ‚Tat-Ideologie' stand der autoritäre Interventionsstaat, der seine Berechtigung von der berufsständisch und landsmannschaftlich gegliederten Volksgemeinschaft herleitete, die wiederum ihre ‚natürlichen' Bindungen durch kulturelle Abwehr der westlichen Zivilisationsprozesse sichern und zugleich in wirtschaftlicher Autarkie ihren Einflussbereich nach Osteuropa ausdehnen sollte."[69]) Träger und Protagonisten dieser Ziele sollte die bürgerliche Jugend sein, jene Schicht, so Zehrer 1929, „die sich heute von allen Positionen zurückzieht", aber „alle durchschaut und sich keiner mehr verpflichtet".[70])

Zu dieser „Ideologie", die der so genannten „konservativen Revolution" zugeordnet wird, wies Spindlers „Leistungsstaat" mit seinem berufsständischen Gesellschaftsmodell, seiner Adressierung an die „Jungen", die nun als „Kriegsgeneration" tituliert wurden, und mit dem Ziel der Abwehr westlicher Einflüsse unter gleichzeitiger Offenheit gegenüber dem „Osten" so deutliche Parallelen auf, dass eine „Patenschaft" anzunehmen ist. Spindler bot daher nicht nur mit seinem durchgreifenden Handeln günstige Voraussetzungen dafür, dass „Tat"-Orientierte sich um ihn scharten. Infolge seiner Tätigkeit beim „Wirtschaftsstab Ost" hatte er zudem Zugang zu einem entsprechenden sozialen Umfeld – besonders Offiziere der Reichswehr und deren oberste Führung ließen sich „außergewöhnlich" durch die Zeitschrift „Die Tat" beeinflussen.[71]) Zwar findet sich der „Tat"-Gedanke in Spindlers Texten nicht explizit, doch ergab sich die Kompatibilität zu seinem Ansatz aus dem konsequenten, manchmal vielleicht sogar radikalen Gestaltungsdrang, der all seine „Projekte" kennzeichnete. Spindler war kein großer Theoretiker. Seine Stärke lag vielmehr in der Umsetzung und Realisierung von Ideen, darin, den Transfer von der Theorie zur Praxis zu gestalten. Der „Tat"-Gedanke war der Deckel für diesen Topf. Er umfasste einen demonstrativen Praxisbezug, der nicht selten mit einer tendenziellen Missbilligung „permanenten Theoretisierens", Zweifelns und Hinterfragens einherging, und war überdies verbunden mit einem elitären Selbstverständnis, wonach es idealiter galt, mit dem eigenen Verhalten stets Exempel zu statuieren.

So lehnte nach eigenem Bekunden die AGP als Mittel zur Verbreitung der „betrieblichen Partnerschaft" „von vornherein die Möglichkeit der Propagie-

[66]) *Triebel*, Krisenmanagement, S. 42.
[67]) *Hanke/Hübinger*, Von der „Tat"-Gemeinde, S. 319–321.
[68]) *Triebel*, Krisenmanagement, S. 41.
[69]) *Hanke/Hübinger*, Von der „Tat"-Gemeinde, S. 319.
[70]) Zit. n. *Triebel*, Krisenmanagement, S. 41.
[71]) Ebd. S. 42, vgl. dort auch die weitere Lit.

rung [...] durch Kundgebungen, Massenversammlungen oder durch Verteilung von Druckschriften in Massenauflagen“ ab. Ihr ginge es „nicht um Propaganda, sondern um das Beispiel, die Tat“. Damit verbunden war die Überzeugung, dass „der Erfahrungsaustausch über praktisch erprobte Maßnahmen im Betrieb dem sozialen Fortschritt mit weit stärkerer Auswirkung dienen kann, als noch so tiefgründige theoretische Erörterungen.“[72]) Entsprechend standen im Vordergrund der AGP Veranstaltungen, die der praktischen Realisierung des Partnerschaftsgedankens dienen sollten.

Anfänglich wurden dreitägige Konferenzen veranstaltet, bei denen beauftragte „Betriebsberater“ den teilnehmenden Unternehmensvertretern das Konzept der „betrieblichen Partnerschaft“ und Beispiele seiner Umsetzung vorstellten, um im Anschluss daran, „auf Anforderung an Ort und Stelle mit dem Unternehmer und den Belegschaftsvertretern die Systematik und Organisation des betriebsindividuellen Partnerschaftsverfahrens“ zu entwickeln und auszuarbeiten.[73]) Diese Vorgehensweise erwies sich sehr bald jedoch als wenig erfolgreich. Die dreitägigen Einführungsveranstaltungen stellten eine zeitlich zu hohe Belastung dar, und es gab Schwierigkeiten bei der Finanzierung der „Betriebsberater“ durch die teilnehmende Firmen, die sich zum Teil nur informieren, jedoch keine weitere Beratung in Anspruch nehmen wollten. Im Dezember 1952 wurde daher mit Unterstützung der AGP das eigenständige „Institut für sozialwirtschaftliche Betriebsberatung“ gegründet, von wo aus die „Betriebsberater“ von nun an agierten.[74]) Die AGP selbst setzte stattdessen auf eine Kombination aus Erfahrungsaustausch und Überzeugen durch „Vormachen“ – „Tat“ in Reinform. Sie verlegte ihre Treffen, an denen auch interessierte Nicht-Mitglieder teilnehmen konnten, in „Partnerschaftsbetriebe“. Dort erhielten die Teilnehmer praktische Anschauung aus erster Hand: Im Januar 1954 wohnten sie dem „partnerschaftlichen Gespräch“ im Wirtschaftsausschuss der Paul-Spindler-Werke über Investitionsplanungen bei, im Juni luden die Dyckerhoff-Portland-Zementwerke ein, sich über ihre „partnerschaftlich“ durchgeführte Arbeitsbewertung zu informieren, und im September präsentierten die Groz & Beckert-Werke ihre „auf der Betriebsratssitzung erörterte“ Erfolgsbeteiligung und ihre Alters- und Hinterbliebenenversorgung.[75]) Der vorrangigen Praxisorientierung der Arbeitsgemeinschaft entsprach auch, dass sie erst 1953 ein eigenes Mitteilungsblatt für Mitglieder einrichtete, die so genannten „AGP-Mitteilungen“. Freilich standen darin Beispiele und Verfahren im Vordergrund. In jedem monatlich erscheinenden Heft wurde detailliert ein „Partnerschaftsbetrieb“ in seiner jeweiligen Ausprägung

[72]) Bruno *Herrmann*, AGP. Arbeitsgemeinschaft zur Förderung der Partnerschaft in der Wirtschaft e.V., in: Mensch und Arbeit 6, 1954, S. 233–235, hier S. 234f.
[73]) Ebd.
[74]) Einer dieser Betriebsberater war Dr. Ferdinand Kampschulte. Er publizierte immer wieder im Namen der AGP.
[75]) Bruno *Herrmann*, AGP. Arbeitsgemeinschaft zur Förderung der Partnerschaft in der Wirtschaft e.V., in: Mensch und Arbeit 6, 1954, S. 233–235, hier S. 234.

vorgestellt,[76]) „so daß er auch von dem kritisch eingestellten Wirtschaftler in seinen Grundlagen und Auswirkungen" habe überprüft werden können[77]).

Der dritte Faktor, der zum Erfolg der AGP beitrug, bestand in einer konservativ-katholischen Komponente, die ihr Programm prägte. Diese ergänzte in gleichsam „gediegener Bodenständigkeit" den „jugendlich-revolutionären" Impetus ihres Initiators und schuf so eine weitere Voraussetzung, um einen noch breiteren Kreis von Adressaten zu erreichen. Diese auf den ersten Blick möglicherweise erstaunliche Koalition zwischen katholisch orientierten Akteuren und dem Hildener Protestanten Spindler, der nach dem Krieg zudem aus der Kirche austrat,[78]) resultierte ebenfalls aus dem vorangegangenen Projekt „Tatgemeinschaft".

Bei der Ausarbeitung des Programms der geplanten Partei hatte Spindler eng mit dem Geistlichen Rat Georg Goebel (1900–1965) zusammengearbeitet, einem ehemaligen Pfarrer aus der Grafschaft Glatz in Schlesien, der sich in der Bundesrepublik für „Ostvertriebene" einsetzte.[79]) Vermutlich auf seinen Einfluss ist es zurückzuführen, dass der protestantische Spindler bereits in seiner ersten Publikation zentrale Elemente der katholischen Soziallehre vertrat. Mit dem berufsständisch gegliederten Gesellschaftsmodell, dass dem „Leistungsstaat" im Kern zugrunde lag,[80]) stellte Spindlers Ansatz im Wesentlichen nichts anderes dar als einen Neuaufguss des entsprechenden katholisch-sozialreformerischen Entwurfs eines „dritten Wegs", wie er im letzten Drittel des 19. Jahrhunderts mit dem Ziel der Überwindung von „Klassengegensätzen" entstanden war,[81]) und an den auch die katholischen Soziallehre nach 1945 zunächst anzuknüpfen versuchte.[82]) Spindlers Konzept war damit zwar weder inhaltlich innovativ noch konzeptionell ausgegoren. Für die AGP aber hatte der „Leistungsstaat" die Funktion, eine Verbindung zwischen Spindlers Zielen und der katholisch-sozialreformerischen Programmatik geschaffen zu haben. Unabhängig von der mangelnden Ausarbeitung des Konzepts fand der Unternehmer hier zu neuen „Grundbekenntnissen", die als Ausgangspunkt für entsprechende weiterführende Kooperationen geeignet waren. Spindler bekannte sich 1948, das heißt sehr früh, zur anthropozentrischen Maxime vom „Menschen im Mittelpunkt" und formulierte in Verbindung damit eine zwar

[76]) Vgl. dazu die überblicksartige Zusammenfassung bei: *Fischer*, Partnerschaft im Betrieb, S. 118–181.

[77]) Bruno *Herrmann*, AGP. Arbeitsgemeinschaft zur Förderung der Partnerschaft in der Wirtschaft e.V., in: Mensch und Arbeit 6, 1954, S. 233–235, hier S. 235.

[78]) Der Kirchenbesuch sei für ihn „nie mehr als eine Pflichtübung gewesen". *Spindler*, Das Spindler-Modell, S. 41. Gleichzeitig schwärmte Spindler jedoch vom niedersächsischen Landesbischof Hans Lilje und spielte „viele Jahre" mit einem befreundeten Pfarrersehepaar wöchentlich Karten. Ebd. S. 196, 267.

[79]) Ebd. S. 151–154. Zu Goebel vgl.: Geistlicher Rat Georg Goebel; darin zur „Tatgemeinschaft": S. 39–41.

[80]) *Spindler*, Der Leistungsstaat, S. 75–84.

[81]) *Schulz*, Bürgerliche Sozialreform, S. 197–199.

[82]) *Oelinger*, Schwerpunkte, S. 161–167.

allgemeine, aber gerade dadurch vielseitig kompatible Ordnungsvorstellung: Die „Leistungsordnung“, wie sie ihm vorschwebte, sollte eine sein,

„in der jeder nach seinen Möglichkeiten seinen Platz einnimmt, sein Leben gestaltet und nach seinem freien Willen aus bewusstem Pflichtgefühl heraus an der Gestaltung des Gesamtlebens teilnimmt. Der dazu notwendige Bürger ist der gemeinschaftsgebundene Einzelmensch. Mittelpunkt der neuen Ordnung ist die köstliche Schöpfung Gottes, der Mensch.“[83])

Das war eine Vorlage, an die sich anknüpfen ließ, besonders in Kombination mit dem „Tat“-Gedanken. So stellte beispielsweise das Leitbild des „katholischen Tatmenschen“, wie es der Bund Neudeutschland als spezifisch katholisch-elitäre Ausprägung des lebensbejahenden Aktivismus der Jugendbewegung in den 1920er Jahren entwickelt hatte,[84]) einen konfessionell gebundenen Kontinuitätspfad dieser Orientierungsreferenz dar. Zugleich aber hatte auch die hauptsächlich protestantische Leserschaft der Zeitschrift „Die Tat“ zu Beginn der 1920er Jahre im Zuge der religiösen Erneuerungsbewegungen verstärkt Einblicke in den „vitalistisch“ sich aufschwingenden Katholizismus erhalten, während gleichzeitig der Protestantismus als „tote, individualisierende Buchreligion“ dargestellt wurde.[85]) Die „Tat“ als Handlungsorientierung war damit auch traditionell mit Grenzüberschreitungen zwischen den Konfessionen verbunden.

Angesichts dieser Konstellation wäre es eher erstaunlich, wenn die AGP *nicht* mit dem Münchner Professor für Betriebswirtschaftslehre Guido Fischer kooperiert hätte. Fischer war Mitglied des Bunds Neudeutschland und einer der ersten Verfechter der anthropozentrischen Maxime als Maßstab zur Neuordnung von Unternehmen.[86]) Hinzu kam, dass er Ende der 1940er Jahre im Zuge innerkatholischer Auseinandersetzungen über die Neuausrichtung der katholischen Soziallehre mit seiner betriebsbezogenen Auffassung den Kürzeren gezogen hatte. Niemand geringerer als der Jesuitenpater, Moraltheologe und spätere Politikberater Oswald von Nell-Breuning (1890–1991) persönlich hatte sich Ende des Jahres 1949 Fischers angenommen.

Der Professor aus München, als Neudeutscher Vertreter einer der wichtigsten, weil „zuverlässigsten“ Institutionen des Verbandskatholizismus, war im Gegensatz zu Nell-Breuning der Überzeugung, dass nicht die überbetriebliche Ebene der wichtigste Ort des sozialen Ausgleichs (der Mitbestimmung) sei, sondern der Betrieb selbst. Zwischen 1947 und 1949 hatte Fischer diese Position auf den vier wichtigsten Veranstaltung des Verbandskatholizismus vertreten: auf beiden Katholikentagen (1948 in Mainz, 1949 in Bochum) sowie auf der ersten und zweiten „Katholischen Sozialen Woche“[87]) in München (1947,

[83]) Ebd. S. 12.
[84]) Vgl. Kap. 1.2.
[85]) *Hanke/Hübinger*, Von der „Tat“-Gemeinde, S. 314f.
[86]) Vgl. Kap. 1.2.
[87]) Vgl. zur „Katholischen Sozialen Woche“: *Rauscher*, Die Katholische Soziallehre, S. 14; *Krehle*, Der Weg aus der Not, S. 196.

1949).[88]) Fischer trug damit maßgeblich zu der Diskussion um eine „naturrechtliche“ Legitimation des Mitbestimmungsrechts bei und bereitete so die spektakuläre Entschließung des Bochumer Katholikentags mit vor, die genau dies zum Inhalt hatte.[89]) Nell-Breuning hingegen sah unter Herleitung aus dem berufsständischen Gesellschaftsmodell in erster Linie in der überbetrieblichen „Sozialpartnerschaft“ mit entsprechenden Vorgaben für eine kooperativ ausgerichtete gewerkschaftliche Organisation *den* Lösungsansatz der „sozialen Frage“.[90]) Dieses Verständnis setzte er bis zum Beginn der 1950er Jahre als das die katholische Soziallehre dominierende durch.

So fand nur kurz nach dem Bochumer Katholikentag auf dem Schloss des Fürsten Alois zu Löwenstein, der zu diesem Zeitpunkt Präsident des „Zentralkomitees der Deutschen Katholikentage“ war, ein Treffen zwischen Nell-Breuning, Fischer und weiteren wichtigen Vertretern des Verbandskatholizismus statt.[91]) Otto B. Roegele, der erste Nachkriegs-„Bundesmeister“ von Neudeutschland,[92]) berichtete im Rheinischen Merkur von einer „hitzigen Diskussion“, in der Nell-Breuning vor einer „‚Ideologie‘ des Betriebes“ gewarnt habe.[93]) Von da ab trat Guido Fischer nicht mehr als Referent auf vergleichbaren Foren des Verbandskatholizismus auf, beerbte 1950 aber Roegele im Amt des ND-„Bundesmeisters“. Als Professor für Betriebswirtschaftslehre verfolgte Fischer seine Linie – unter Wahrung der „gehörigen“ Distanz zur katholischen Soziallehre – dennoch weiterhin. Eine geradezu prädestinierte Mitstreiterin fand er in Spindlers „Arbeitsgemeinschaft zur Förderung der Partnerschaft in der Wirtschaft“.

Fischer wurde zum akademischen „Paten“ der „betrieblichen Partnerschaft“. Ab 1951 wurde nicht nur regelmäßig in „Mensch und Arbeit“, der ersten Humanexperten-Zeitschrift, die Fischer herausgab, über die AGP und das „Partnerschafts“-Konzept berichtet.[94]) Mit seiner 1955 erstmals erschie-

[88]) *Fischer*, Der Betrieb; *ders.*, Forderungen; *ders.*, Die Sozialgemeinschaft; *ders.*, Der Betrieb in der neuen Gesellschaft.

[89]) Die Entschließung lautete: „Die katholischen Arbeiter und Unternehmer stimmen darin überein, daß das Mitbestimmungsrecht aller Mitarbeitenden bei sozialen, personalen und wirtschaftlichen Fragen ein natürliches Recht in gottgewollter Ordnung ist, dem die Mitverantwortung aller entspricht. Wir fordern seine gesetzliche Festlegung.“, in: Gerechtigkeit schafft Frieden. Der 73. Katholikentag von 31.8.–4.9.1949 in Bochum (Berichtsband), hg. v. Generalsekretariat des Zentralkomitees der Deutschen Katholikentage, Paderborn 1949, S. 114.

[90]) Vgl. zur Auseinandersetzung zwischen Gewerkschaften und katholischer Soziallehre: *Schroeder*, Christliche Sozialpolitik; *Hülsdünker*, Praxisorientierte Sozialforschung, S. 367–370.

[91]) Vgl. für das Folgende: *Rehermann*, Die Rezeption, S. 194–204.

[92]) Vgl. Roegeles Vorwort, in: *Cron*, Dreissig Jahre, S. 5–9.

[93]) Zit. n. *Rehermann*, Die Rezeption, S. 203: Otto B. *Roegele*, Sozialpolitische Klärungen, in: Rhein. Merkur, Nr. 45, 5.11.1949, S. 3.

[94]) Ferdinand *Kampschulte*, Aus den Erfahrungen der „AGP“, in: Mensch und Arbeit 3, 1951, S. 198–200; Guido *Fischer*, Die geistigen Grundlagen der betrieblichen Partnerschaft, in: ebd. 5, 1953, S. 2–4; Hermann *Naegele*, Partnerschaft und die soziale Stellung der Werk-

nenen Publikation „Partnerschaft im Betrieb" legitimierte Fischer das neue Leitbild auch wissenschaftlich.[95]) Gleichsam nachholend arbeitete er die „soziologischen" und gesellschaftlichen Grundlagen der „Partnerschaft" heraus und ersetzte so Spindlers „Leistungsstaat" durch ein begrifflich zeitgemäßes und akademisch abgesichertes Rahmenkonzept. Die Grundüberzeugungen blieben jedoch dieselben:[96])

Ebenso wie Spindler verstand auch Fischer die „Partnerschaft" als Phänomen des „dritten Wegs", das sich durch eine vermeintlich ausgewogene Prämisse im Hinblick auf das zu gestaltende Verhältnis zwischen Individuum und Gesellschaft auszeichnete. Fischer erfand dafür den Begriff des so genannten „Dualismus". Dieser habe sich als „Gesellschaftslehre" erst in jüngster Zeit entwickelt, um „die Extreme des Individualismus und des Kollektivismus [zu] beseitigen und beide Grundsätze miteinander [zu] verbinden [...]". So liege dem Individualismus der positive Kern zugrunde, dass jeder einzelne Mensch als Individuum zu achten und zu schützen sei. Nur der „negative Egoismus", der dem Mitmenschen nicht die gleichen personenhaften Rechte zuerkennen wolle, müsse abgestreift werden. Der Kollektivismus habe den richtigen Kerngedanken, dass der einzelne Mensch für sich allein nicht leben könne, sondern dazu des Schutzes der ihn umgebenden Gemeinschaft bedürfe. Hier müsse „die negative Übertreibung des Selbstzwecks dieser Masse" aufgegeben werden. Fischer vertrat damit exakt das Leitbild des „Bürgers als gemeinschaftsgebundenem Einzelmensch" wie Spindler es bereits für seine „Leistungsordnung" vorgesehen hatte. Als ausgewiesener „Partnerschafts-Experte" referierte Fischer von nun an auch regelmäßig auf Tagungen der AGP über „Grundlage und Gestaltung der betrieblichen Partnerschaft".[97]) Seine Ausführungen veröffentlichte die Arbeitsgemeinschaft außerdem in einer gleichnamigen Broschüre, die mehrfach erweitert und neu aufgelegt wurde.[98])

Die Kooperation zwischen dem katholischen Professor für Betriebswirtschaftslehre und der AGP im Zeichen der „betrieblichen Partnerschaft" war vor dem Hintergrund bestehender ideeller Affinitäten das Ad-hoc-Ergebnis in einem höchst dynamisch sich entwickelnden Umfeld, in dem sich Akteurskonstellationen neu formierten. Ebenso wie die Protagonisten der „Sozialen Betriebsgestaltung", aber auch die Rationalisierungsexperten knüpften die

tätigen, in: ebd. 5, 1953, S.4–6; Guido *Fischer*, Organisatorische Maßnahmen zur Partnerschaft, in: ebd. 6, 1954, S.2–5; Bruno *Herrmann*, AGP. Arbeitsgemeinschaft zur Förderung der Partnerschaft in der Wirtschaft e.V., in: Mensch und Arbeit 6, 1954, S.233–235; Eduard *Gaugler*, Der Weg der Partnerschaft, in: ebd. 10, 1958, S.234f.

[95]) *Fischer*, Partnerschaft im Betrieb.

[96]) Vgl. für das Folgende: ebd. S.5–28, Zitate S.18.

[97]) Vgl. z.B. *Herrmann*, Tagung der Arbeitsgemeinschaft zur Förderung der Partnerschaft in der Wirtschaft, in: Psychologie und Praxis 2, 1958, S.48–50.

[98]) Guido *Fischer*, Grundlage und Gestaltung der betrieblichen Partnerschaft. Vortrag gehalten am 11.November 1957 auf einer Tagung der AGP zum Thema: „Betriebliche Partnerschaft – Ein Weg zum sozialen Frieden?", 1. Aufl., Hilden 1959; 3. erweiterte Aufl., Hilden 1967.

Vertreter der AGP mit ihren spezifischen Handlungsorientierung („Tat“, „Gemeinschaft“) nach 1945 an Traditionen an, die im ersten Drittel des 20. Jahrhunderts ihre maßgebliche Ausprägung erfahren hatten. Sie stellten damit eine weitere Akteursgruppe im Zusammenhang des personalpolitischen Felds dar, die „alte“ Ideen im Übergang zur Bundesrepublik transformierten. Für alle diese Akteure war es unumgänglich, traditionelle Orientierungen und Bekenntnisse nach dem Krieg sehr flexibel und pragmatisch zu handhaben. So überwog im Falle der AGP die Aussicht auf eine neues, legitimierendes Rahmenkonzept im akademischen Gewand die mit dem „Tat“-Gedanken verbundene Skepsis gegenüber wissenschaftlicher Reflexion. Auf Seiten von Fischer bot sich die Kooperation mit der Unternehmerinitiative als Alternative zu seiner gescheiterten Etablierung innerhalb der katholischen Soziallehre an.

Fischers Eintreten für die „betriebliche Partnerschaft“ stärkte die vergemeinschaftende Fraktion unter den „Partnerschafts“-Unternehmern entscheidend. Er repräsentierte mit seiner Auslegung den Gegenpol zu Spindler. Der Initiator der AGP praktizierte und propagierte am Beispiel seines Unternehmens eine Form der liberalen Gestaltung betrieblicher Arbeitsbeziehungen durch den Unternehmer: Er sprach mit seinen Mitarbeitern, informierte sie, hörte sich ihre Einwände und Argumente an und beteiligte sie an Gewinnen und Verlusten. Zusammengefasst bezeichnete Spindler dieses Paket von Maßnahmen, das ihm als angemessene Form der Behandlung von Arbeitnehmern als „wissenden Wirtschaftsbürgern“ galt, als „Mitunternehmertum“.[99]) Fischer hingegen erklärte bereits in seinem ersten Artikel zum Thema „Partnerschaft“:

> „Der Name Partnerschaft weist bereits auf die notwendige […] Ergänzung hin. Pars, der ‚Teil‘ ist nicht ohne das Ganze zu denken. Die Partnerschaft ist also der Ausdruck für die Betriebsgemeinschaft.“[100])

In seinen folgenden Ausführungen darüber, wie diese „Partnerschaft im Betrieb“ konkret zu realisieren sei, benannte er diejenigen Aspekte, die er bereits im Rahmen seines betriebswirtschaftlichen Ansatzes als Grundpfeiler einer anthropozentrischen Ordnung aufgezeigt hatte: Existenzsicherung, Menschenwürde, gerechter Lohn.[101]) Im Unterschied zu seiner früheren Aufzählung fehlte nun aber die Forderung, Mitbestimmungs- und Mitwirkungsrechte der Beschäftigten zu gewähren. Stattdessen folgte ein Kapitel über „Organisatorische Maßnahmen zur Verwirklichung der betrieblichen Partnerschaft“.[102]) Darin empfahl Fischer zum einen arbeitswissenschaftlich und arbeitsorganisatorisch fundierte Maßnahmen (klare Abgrenzung und Aufgabenbestimmung jedes Arbeitsplatzes, Einrichtung von Arbeitsgruppen). Zum

99) *Spindler*, Mitunternehmertum; *ders.*, Partnerschaft statt Klassenkampf.
100) Guido *Fischer*, Die geistigen Grundlagen der betrieblichen Partnerschaft, in: Mensch und Arbeit 5, 1953, S. 2–4, hier S. 2.
101) *Fischer*, Partnerschaft im Betrieb, S. 33–60; vgl. Kap. 3.2.
102) *Fischer*, Partnerschaft im Betrieb, S. 61–89.

anderen sah er die Einrichtung eines „Partnerschaftsausschusses" vor. Dieser sollte neben dem Betriebsrat bestehen und unterscheide sich dadurch, dass es hier „keine Frontstellung" gebe.[103]) Fischers Interpretation von „Partnerschaft" kam damit einer vergemeinschaftenden Überformung der inzwischen gesetzlich vorgeschriebenen betrieblichen Arbeitnehmervertretung gleich. Diese Auffassung teilte er mit vielen Vertretern der AGP. So erklärte einer von ihnen unter Verwendung der, wie sich hier zeigt, bereits 1951 beliebten Fußballmetaphorik, dass es „durchaus nicht abwegig" sei, im Zeichen der „Partnerschaft" „die Betriebsgemeinschaft mit einer Fußballmannschaft zu vergleichen, in der einheitlich das Ziel verfolgt wird, durch Zusammenspiel eine möglichst hohe Torzahl zu erzielen."[104])

Die „Arbeitsgemeinschaft zur Förderung der Partnerschaft in der Wirtschaft" stellte mit dieser konservativen Interpretation von „Partnerschaft" die wichtigste Institution dar, in der sich mittelständische Unternehmer nach 1945 unter Adaption eines „westernisierten" Begriffs ein neues Leitbild der betrieblichen Sozialordnung aneigneten. Spindler gab dazu als Initiator den zentralen Anstoß, fand jedoch für seine liberalen Vorstellungen in den 1950er Jahren nur sehr wenige Anhänger. Die beteiligten Unternehmer akzeptierten das Leitbild der „Partnerschaft" zwar – und das war neu nach 1945; dominierend setzte sich aber als Ergebnis der mit der Gründung der AGP in Gang gesetzten Veränderungsdynamik, die Spindler nicht mehr lenken konnte, da sie einer komplexeren institutionseigenen Logik („Tat" und „Gemeinschaft") folgte, ein vergemeinschaftendes Verständnis durch. Eine konsenskapitalistische Auffassung, die die Austragung von Konflikten durch das Mittel der Konsensfindung auch im eigenen Betrieb anerkannt hätte, stand für die hier beteiligten Unternehmer überhaupt nicht zur Debatte, war für sie undenkbar.

Erst in der ersten Hälfte der 1960er Jahren wurde angesichts von „Vollbeschäftigung", erneuter Mitbestimmungsdiskussion und des Aufstiegs verwissenschaftlichter Personalmaßnahmen in Unternehmen diese Übereinkunft in Frage gestellt.[105]) Bis dahin hatte das Leitbild der „betrieblichen Partnerschaft", überformt durch eine holistische Vergemeinschaftung praktisch die Funktion einer Kontinuität.[106]) Dies war jedoch nur möglich, indem man das neue Leitbild akzeptierte und mit einigem Aufwand umdeutete – unter anderem mit der Unterstützung akademischer Humanexperten. Da in den Selbstdarstellungen der AGP nie konkrete Mitgliederzahlen genannt wurden, sondern allenfalls vage „von einigen hundert Partnerschaftsbetrieben" die Rede war,[107]) drängt sich die Vermutung auf, dass sie eine verhältnismäßig kleine

[103]) Ebd. S. 88.
[104]) Ferdinand *Kampschulte*, Aus den Erfahrungen der „AGP", in: Mensch und Arbeit 3, 1951, S. 198–200, hier S. 199.
[105]) Vgl. Kap. 8.
[106]) Vgl. dazu: *Krell*, Vergemeinschaftende Personalpolitik, S. 168–205.
[107]) Z. B. *Gaugler*, Zwanzig Jahre AGP, in: Personal 23, 1971, S. 8.

Organisation blieb.[108]) Im Hinblick auf die Verbreitung des neuen Leitbilds hatte die AGP trotzdem ein schweres Gewicht, weil ihr Anliegen praktisch konkret war und von Unternehmern vertreten wurde. Vor allem die enge Verbindung zur „Arbeitsgemeinschaft selbständiger Unternehmer“ darf nicht übersehen werden.

Im Vergleich zum Bayer-Personalchef Jacobi, der im Zeichen des „sozial verantwortlichen Unternehmers“ den „Partnerschafts“-Begriff für Großunternehmen praktikabel machte, unterlag die Aneignung von „Partnerschaft“ in der AGP anderen Bedingungen und hatte daher ein anderes Ergebnis: Aufgrund der weniger ausgeprägten organisationsstrukturellen Ausdifferenzierung mittelständischer Unternehmen waren die Mitglieder der AGP nicht mit einer solch komplexen Problemlage konfrontiert wie die Vertreter von Großunternehmen. Die Mittelständler mussten die neue „partnerschaftliche“ Haltung der Geschäftsleitung nicht über eine Vielzahl von Führungskräften „nach unten“ vermitteln. Sie mussten sie auch nicht gegenüber traditionell im Vorstand vertretenen Technikern und Kaufleuten erst durchsetzen. Mittelständische Unternehmer, die in der Regel Entscheidungsbefugnisse in ihrer Hand hielten, konnten ohne große Schwierigkeiten an ein „schumpeterianisches“ Selbstbild anknüpfen. Ausgehend von der Auffassung, dass allein das Handeln des Unternehmers umfassende Problemlösungen hervorbringt, wenn er nur seine „schöpferischen“ Qualitäten einsetzt, propagierten sie im klassischen Top-down-Verfahren ein neues Leitbild der betrieblichen Sozialordnung: die „betriebliche Partnerschaft“.

Die Mitglieder der AGP praktizierten somit seit Beginn der 1950er Jahre implizit das, was für die Mehrheit der Geschäftsleitungen von Großunternehmen mit dem „sozial verantwortlichen Unternehmer“ erst explizit eingefordert werden musste. Doch blieb gleichzeitig bei den Mittelständlern eine grundlegende Infragestellung ihres unternehmerischen Selbstverständnisses weitgehend außen vor. Die „betriebliche Partnerschaft“, wie die AGP sie vertrat, stellte damit neben dem „sozial verantwortlichen Unternehmer“ eine zweite Variante unternehmerischer Neuorientierung nach 1945 dar. Sie war noch stärker gemeinschaftsorientiert als die der Großunternehmen. Zwar griffen auch die Vertreter der AGP den „Partnerschafts“-Begriff auf. Da er ihnen jedoch in erster Linie als Leitbild der betrieblichen Sozialordnung galt, sie ihn damit auf ihr Unternehmen bezogen, aber nicht direkt auf sich selbst und ihr (unternehmerisches Führungs-)Verhalten, gelang es ihnen, „Partnerschaft“ noch weniger „westernisiert“ zu praktizieren.

Die beiden Varianten der unternehmerischen Neuorientierung – der „sozial verantwortliche Unternehmer“ als neues Anforderungsprofil des westdeutschen Unternehmers und die „betriebliche Partnerschaft“ als neues Leitbild der betrieblichen Sozialordnung – ergänzten sich in ihrer unterschiedlichen

108) Hartmann weiß, woher auch immer, dass 1954 etwa 200 Firmen den „Partnerschafts“-Gedanken „aktiv“ verwirklicht hatten. *Hartmann*, Der deutsche Unternehmer, S. 103.

Ausrichtung. Sie stellten kombinierbare Elemente eines neuen unternehmerischen Orientierungsrahmens dar, die entweder nebeneinander bestehen oder auch (mit variierender Gewichtung) zusammengefasst werden konnten. Mit beiden Konzepten griffen Unternehmer Forderungen der Humanexperten auf. Doch setzten sie diese weder einfach fort noch räumten sie den Experten freiwillig einen Platz im betrieblichen Sozialraum ein. Vielmehr transformierten Unternehmer die personalpolitische Feldthematik, indem sie neue Anforderungen an sich selbst, ihre Kollegen und die Sozialordnung ihrer Betriebe stellten.

Auffällig ist, dass die Akteure, die sich dabei herausragend engagierten – wie Jacobi und Spindler –, zuvor in verantwortlichen Positionen für ziviles Personal der Wehrmacht tätig gewesen waren, Jacobi bei der Marine und Spindler im „Wirtschaftsstab Osten“. Sie waren aufgrund dieser Erfahrungen besonders sensibilisiert für personalpolitische und sozialintegrative Fragen und deren praktische Handhabung. Der Einsatz wissenschaftsgestützter Verfahren spielte jedoch nur eine untergeordnete Rolle.[109]) Infolge ihrer Initiativen, mit denen sie die Richtung der Neuorientierungsprozesse maßgeblich bestimmten, besetzten die beteiligten Unternehmer das von den Humanexperten beanspruchte Tätigkeitsfeld daher in erster Linie erfahrungsbasiert und allenfalls indirekt und zusätzlich wissenschaftlich legitimiert, wie im Falle der Kooperation zwischen Fischer und der AGP. Mit dieser Vorgehensweise eigneten sich die Unternehmer einen eigenen Weg an, um Forderungen nach mehr Humanität, sozialer Gerechtigkeit und Mitbestimmung gerecht zu werden. Einer Etablierung betrieblicher Humanexperten in westdeutschen Unternehmen jedoch war weder der „sozial verantwortliche Unternehmer“ noch die „betriebliche Partnerschaft“ zuträglich, im Gegenteil.

5.3 „Der Neue Betrieb“

Am 7. Januar 1952 wurde auf Initiative der nordrhein-westfälischen FDP, namentlich unter der Leitung von Walter Scheel im Industrieclub Düsseldorf unter Beteiligung von 27 Unternehmern ein Verein mit dem Namen „Der Neue Betrieb – Studienkreis für sozialwirtschaftliche Betriebsformen“ (DNB) gegründet.[110]) Dieser Verein versuchte, das Manko an wissenschaftlicher Legitimation zu beheben, das unternehmerische Neuorientierungsansätze bisher kennzeichnete. Unter den im vorbereitenden Ausschuss Beteiligten fand sich eine Reihe von Akteuren, die aus den Institutionen des personalpolitischen Felds stammten: Federführend betätigten sich mit Albert Marx und Alfred F.

[109]) Der umfangreiche psychologische Apparat, den die Wehrmacht bis zum Beginn der 1940er Jahre zur Auswahl von Offizieren ausgebaut hatte (*Geuter*, Die Professionalisierung), war nicht für das zivile Personal zuständig.

[110]) Vgl. für das Folgende: *Schmidt-Dorrenbach*, 1952–2002, S. 16–33.

Flender zwei Mitglieder der „Arbeitsgemeinschaft selbständiger Unternehmer“, ebenso waren Vertreter der A.S.B. und der AGP beteiligt.[111]) Satzungsgemäß stellte der neue Verein sich die Aufgabe,

„die Bemühungen und Erfahrungen aller Vereinigungen, Institute, Unternehmen und Einzelpersonen zusammenzufassen, die bestrebt sind, die menschlichen Beziehungen in den Betrieben zu verbessern und durch fortschrittliche Betriebsformen [...] zu fördern. Um diese Ziele zu erreichen, bildet der Verein Ausschüsse, die im Zusammenwirken von Forschung und Praxis Vorschläge für die Betriebe erarbeiten und vermitteln.“[112])

Der DNB war damit eine Organisation, die anhand einer institutionalisierten Kooperation zwischen Wissenschaft und betrieblicher Praxis versuchte, sich als zentrales Koordinierungsorgan des personalpolitischen Felds zu platzieren. Eine solche „Clearingstelle“ gab es bisher nicht. Weder beanspruchte eine der bestehenden Institutionen eine solche Funktion, noch dominierte eine das Feld so eindeutig, dass sie sie mittelbar ausfüllte. Die Struktur des personalpolitischen Felds war bis zum Beginn der 1950er Jahre vielmehr dadurch geprägt, dass wenige wichtige, in „friedlicher“ Arbeitsteilung nebeneinander existierende Organisationen unterschiedliche Positionen besetzten (A.S.B., Forfa, AGP) und dadurch das Spektrum personalpolitisch legitimer und relevanter Zielsetzungen absteckten (zwischen „Sozialer Betriebsgestaltung“ und „Sozialer Rationalisierung“), während alle weiteren Institutionen sich innerhalb dieser Bandbreite positionierten.[113]) Das Anliegen des DNB stellte einen Vorstoß dar, der die Struktur des personalpolitischen Felds zugunsten einer federführenden Position seinerseits grundlegend verändern sollte.

Mitglieder des Studienkreises waren sowohl Unternehmen wie Einzelpersonen. Der zwölfköpfige Vorstand umfasste neben dem „Zugpferd“ (1.) Walter Scheel Unternehmer und Vertreter der Wissenschaft beziehungsweise praxisbezogener Experten-Einrichtungen:

Unternehmer:
2. Gert P. Spindler (Paul-Spindler-Werke, Hilden),
3. Alfred F. Flender (A. Friedrich Flender & Co., Bocholt; ASU-Vorstandsmitglied),
4. Ludwig Vaubel (Vereinigte Glanzstoff-Fabriken AG, Wuppertal),
5. Franz Greiss (Glanzstoff Courtaulds AG, Köln),
6. Emanuel Merck (Merck & Co. GmbH, Darmstadt).

Wissenschaftler/Experten:
7. Alfred Müller-Armack (Universität Köln),
8. Werner W. Neumayer (Arbeitsgemeinschaft Plankosten e.V., RKW),
9. Otto Neuloh (Sozialforschungsstelle Dortmund),
10. Klaus von Bismarck (Sozialamt der Evangelischen Kirche Westfalen),
11. Günter Lehmann (Universität Köln).

[111]) Ebd. S. 19.
[112]) Zit. n. ebd. S. 20.
[113]) Vgl. im Anhang Tab. 5: Institutionen des personalpolitischen Felds zu Beginn der 1950er Jahre im Überblick.

Vorsitzender des Vorstands war (12.) Hans Reuter (Demag AG).[114]) Er war auch derjenige, der durch sein Unternehmen ein üppiges Darlehen zur Anschubfinanzierung des Studienkreises bereitstellte.

Mit diesen Mitteln schuf der DNB im Laufe des Jahres 1952 alle notwendigen Voraussetzungen, um vollständig gewappnet, seinen selbst erteilten Koordinierungsauftrag in Angriff zu nehmen. In Düsseldorf wurde ein Büro mit einer Sekretärin und zwei wissenschaftlichen Mitarbeitern, Hans Friedrichs und Günther Benad, eingerichtet. Sie arbeiteten zunächst daran, die Informationskanäle des DNB auszubauen. Im August erschienen die ersten „DNB-Mitteilungen“, die interne Informationsbroschüre für Mitglieder.[115]) Einleitend erklärte Walter Scheel darin, dass die „Mitteilungen“ einem zweifachen Zweck dienen:

> „Sie sollen im Sinne der Koordinierungsaufgabe, die wir uns gestellt haben, einen engeren Kontakt herstellen zwischen den Verbänden und Gruppen, die mit uns zusammenarbeiten. Unseren Mitgliedern aus der Wirtschaft wird dieses Mitteilungsblatt ein vollständiges Bild von der Vielfalt der Arbeiten vermitteln, die heute in der Wissenschaft und in der Praxis auf dem Gebiete der betrieblichen Zusammenarbeit geleistet werden. Dem Praktiker wird eine gedrängte Übersicht über die aktuellen Probleme und das Geschehen auf sozialwirtschaftlichem Gebiet willkommen sein. Wir sichten das Material und suchen das Wesentliche für Sie aus.“[116])

Man knüpfte außerdem beste Kontakte zum „Industriekurier“, dem Nachfolgeblatt der „Deutschen Bergwerks-Zeitung“,[117]) der in seiner Beilage „Lebensraum Betrieb“ regelmäßig über den DNB sowie Beiträge von Hans Friedrichs und Walter Scheel veröffentlichte.[118]) Desweiteren konnte der Verlag Hoppenstedt und Co. für die Schriftenreihe „Sozialarchiv. Dokumente sozialwirtschaftlicher Betriebsgestaltung“ gewonnen werden. Hier sollten die Ergebnisse der DNB-Ausschussarbeit von jeweils einzelnen Bearbeitern zusammengefasst präsentiert werden.[119]) Parallel zum „Sozialarchiv“ gab es außerdem eine hauseigene Schriftenreihe, die keinen näher bezeichnenden Namen erhielt. Sie umfasste die auf den im zweijährigen Turnus veranstalteten Mitgliederversammlungen gehaltenen Vorträge sowie ebenfalls Ergebnisberichte von Untersuchungen, die der DNB hatte erstellen lassen.[120])

[114]) Vgl. *Schmidt-Dorrenbach*, 1952–2002, S. 22, 25f., 233.
[115]) Der Neue Betrieb. Studienkreis für sozialwirtschaftliche Betriebsformen – Mitteilungen, 1, Heft 1, 15. August 1952, Bibliothek der Deutschen Gesellschaft für Personalführung, Düsseldorf.
[116]) Ebd. S. 1.
[117]) *Rothering*, Das „Handelsblatt“, S. 99f.
[118]) *Schmidt-Dorrenbach*, 1952–2002, S. 29.
[119]) 1953 erschienen drei Bände: Das Vorschlagswesen; Franz *Spiegelhalter*, Die Entwicklung des betrieblichen Sozialaufwands; Herbert *Maucher*, 15 Gespräche über Lohn und Leistung.
[120]) Vgl. dazu den Überblick über die Schriftenreihe bei *Schmidt-Dorrenbach*, 1952–2002, S. 246–249.

Parallel zu diesem organisatorischen Aufbau „tourte“ Walter Scheel durch die Republik und versuchte, die bestehenden Institutionen des personalpolitischen Felds für eine „Kooperation“ mit dem DNB zu gewinnen. Bis Mitte 1953 hatte er mit 68 Einrichtungen verhandelt und war zuversichtlich, dass die überwiegende Zahl dem DNB auch beitreten würde.[121]

Die Liste der Referenten,[122] die auf der ersten offiziellen Tagung und Mitgliederversammlung des DNB am 21. Juli 1953 Vorträge hielten, bestätigt diese positive Einschätzung. Alle wichtigen Institutionen des personalpolitischen Felds waren hier vertreten: Rudolf Werner, der Vorsitzende der „Arbeitsgemeinschaft für soziale Betriebsgestaltung“ (A.S.B.), Heinz Dirks, der Leiter der Düsseldorfer Zweigstelle des „Forschungsinstituts für Arbeitspsychologie und Personalwesen“ (Forfa), Hans Buchner für den „Stuttgarter Arbeitskreis TWI zur Förderung der innerbetrieblichen Arbeitsbeziehungen“ und Ferdinand Kampschulte für die „Arbeitsgemeinschaft zur Förderung der Partnerschaft in der Wirtschaft“ (AGP). Als „benachbarte“ Experten des personalpolitischen Felds vertrat Otto Neuloh die „Sozialforschungsstelle Dortmund“, der Ingenieur Werner W. Neumayer den VDI und das RKW und Hans Richter die gruppenpädagogische Arbeitsstätte „Haus Schwalbach“[123]. Das Schlusswort der Tagung sprach Gert Spindler. Er war dazu nicht nur aufgrund seiner Multifunktion als Vorstandsmitglied des DNB, Initiator der AGP *und* Unternehmer prädestiniert. Ob seiner charismatischen Erscheinung war er auch besonders geeignet, vor 107[124] Zuhörern die „Vision“ des „Neuen Betriebs“ eindrucksvoll zu beschwören.

Die erste Tagung des DNB, die im Rahmen der Rationalisierungsausstellung „Alle sollen besser leben!“ in Düsseldorf stattfand, mutete somit höchst viel versprechend an. Es war tatsächlich gelungen, gleichsam als „Keimzelle“ eines erneuerten sozial- und humanwissenschaftlichen Ansatzes im Zeichen des – an programmatischer Symbolik kaum zu übertreffenden – „Neuen Betriebs“ alle wichtigen Experten-Institutionen mit aufgeschlossenen Unternehmern zusammenzubringen. Und dennoch sollte es anders kommen.

Die anfängliche Kooperationsbereitschaft von Unternehmen und personalpolitisch relevanten Institutionen wich nach dieser Tagung einer zunehmenden Zurückhaltung. Ursächlich war dafür die Intervention der Arbeitgeberverbände, denen der umfassende Koordinierungsanspruch des DNB plötzlich ein Dorn im Auge war. Sie hatten es verpasst, sich rechtzeitig in die Entwicklung des personalpolitischen Felds einzuschalten, und sahen nur noch die Möglichkeit, die Notbremse zu ziehen – so schnell wie möglich, aber auch so unauffäl-

[121]) Ebd. S. 29.

[122]) DNB-Mitteilungen 2, Nr. 15, 1. August 1953, S. 1f.; *Schmidt-Dorrenbach*, 1952–2002, S. 30.

[123]) Zum Haus Schwalbach vgl.: Haus Schwalbach; *Dyk*, Wissenschaftstransfer, S. 105–109; außerdem: Gruppenpädagogische Grundlegungen [Auszüge aus den Schwalbacher Blättern], 4 Bde., Wiesbaden 1978.

[124]) *Schmidt-Dorrenbach*, 1952–2002, S. 31.

lig wie möglich. Der Vorstoß des DNB brachte die Arbeitgeber in die prekäre Situation, einerseits ihren exklusiven Anspruch als alleinige Vertretung unternehmerischer Interessen in sozialpolitischen Fragen sichern zu müssen, andererseits aber dem Konkurrenten kein entsprechendes Paroli bieten zu können.

Die BdA-Führung, die sich in der unmittelbaren Nachkriegszeit vor allem darauf konzentriert hatte, die Kollegen von der Notwendigkeit einer „sozialpartnerschaftlichen“ Haltung zu überzeugen, wandte sich erst 1952, das heißt im Jahr der Verabschiedung des Betriebsverfassungsgesetzes, systematisch der betrieblichen Ebene zu. Im Oktober des Jahres wies auf der BdA-Geschäftsführerkonferenz zum Thema „Arbeitgeberverband und soziale Betriebsgestaltung“ der Hauptreferent Josef Winschuh eindringlich darauf hin, dass es dringend notwendig sei,

> „Anschluß an die Gesamtlinie der sozialen Betriebsgestaltung [zu] gewinnen, und zwar als Berater und Helfer, als Sammelstelle für Erfahrungsaustausch, vielleicht auch als Regulator falscher und übertriebener Entwicklungen.“[125])

Anhand eines Überblicks über die neu gegründeten Institutionen des personalpolitischen Felds (A.S.B., Stuttgarter Arbeitskreis, AGP, Der Neue Betrieb, „Arbeitskreis für soziale Betriebspraxis“, München) verdeutlichte Winschuh den Anwesenden, dass „diese Organisationsfreude [...] zum großen Teil an den Arbeitgeberverbänden vorbeigestoßen ist und sie gewissermaßen unterwandert hat.“[126]) Die „Aufgabe guter Arbeitgeberverbände“ bestünde darin, „die Grenzen der sozialen Betriebsgestaltung aufzuzeigen, damit die Bäume nicht in den Himmel wachsen.“ Die „Lust an der sozialen Betriebsgestaltung“ sei nämlich „gefährlich“, da sie die Unternehmerexistenz bedrohe,

> „wenn [...] sich [...] der Unternehmer als Führung aufspalten lässt durch eine Fülle von Spezialisten, die sich um die soziale Seite des Betriebs bemühen und vergessen machen, daß er in erster Linie eine Arbeits- und Produktionsstätte mit unerläßlicher Disziplin und der Härte einer männlichen Aufgabe ist.“[127])

Überdies würden die materiellen Zuwendungen des Wohlfahrtsbetriebs bekanntlich nicht von Arbeitern in Anspruch genommen, die etwas auf sich hielten und selbständige Menschen seien, sondern von einer Schicht, die weder sozial noch wirtschaftlich wertvoll sei. Und außerdem verhalte sich der Arbeiter im allgemeinen auch gegenüber der Psychologie, die sein Innenleben erforschen will, keuscher und verschlossener als der gebildete Mensch, was einen „gesunden Zug“ darstelle. Es sei daher höchste Zeit, dass sich die Arbeitgeber als Regulatoren der sozialen Betriebsgestaltung endlich positionierten:[128])

> „Der Geschäftsführer [der Arbeitgeberverbände] sollte sich an den neuen Ideen und Formen der sozialen Betriebsgestaltung orientieren und sich von ihnen anregen lassen. [...]

125) *Winschuh*, Arbeitgeberverband und soziale Betriebsgestaltung, S. 10.
126) Ebd. S. 6.
127) Ebd. S. 16f.
128) Ebd. S. 17.

Er braucht diese Anreicherung, denn der Arbeitgeberverband ist reformbedürftig und muß sich weiter entwickeln."[129])

Der Referent, der es sich herausnahm, solche Kritik zu üben, war nicht irgendjemand: Josef Winschuh[130]) (1897–1970), der 1923 von Walter Troeltsch in Marburg mit einer Arbeit über die Reform des staatlichen Schlichtungswesens promoviert worden war,[131]) unterrichtete kraft eines Lehrauftrags von 1950 bis 1952 an der Frankfurter Universität „Ziele und Methoden sozialer Betriebsgestaltung". Er, der nach dem Krieg Teilhaber und Geschäftsführer der Tuch- und Filztuchfabrik seines Schwiegervaters J.J. Marx in Lambrecht (Pfalz) geworden war, gehörte zu den Gründungsmitgliedern der „Arbeitsgemeinschaft selbständiger Unternehmer". Von hier aus nahm Winschuhs „Karriere" als einer der wichtigsten Impulsgeber bei der Neuorientierung westdeutscher Unternehmer nach 1945 ihren Ausgang. Er konnte auf seine breiten Erfahrungen und Kontakte aufbauen, über die er infolge seiner Tätigkeiten als Sozialsekretär, als Wirtschaftspublizist mit sozialpolitischem Schwerpunkt und als „Pressesprecher" der Vereinigung deutscher Arbeitgeber seit Beginn der 1920er Jahre verfügte.[132]) So stammte aus seiner Feder „Das neue Unternehmerbild", das 1954 die Trägergesellschaft der Baden-Badener Unternehmergespräche zur gültigen Maxime erhob.[133])

Im Oktober 1952 jedoch wies der Wahl-Pfälzer zunächst den Arbeitgebern erfolgreich den Weg. In ihren offiziellen „Gedanken zur sozialen Ordnung" erklärte nur kurz nach der Geschäftsführerkonferenz die BdA:

„Nicht eine das Wesen des Betriebes missverstehende Demokratisierung, sondern die Humanisierung, die Wahrung der Menschenwürde und die Pflege der Persönlichkeitswerte der Mitarbeiter bilden den Inhalt unserer sozialen Betriebsgestaltung."[134])

Vermittelt über die ASU eignete sich somit auch die Verbandsspitze der Arbeitgeber jenen Begriff an, den die Humanexperten geprägten hatten: „soziale Betriebsgestaltung". Was das aber im Hinblick auf die eigene Organisation bedeuten sollte, darüber konnte man sich bei der BdA nicht so schnell einigen. Während der nordrheinische Arbeitgeberverband, dessen Hauptge-

[129]) Ebd. S. 18.
[130]) Vgl. zu Winschuh: *Keilen*, Josef Winschuhs Beiträge.
[131]) *Winschuh*, Die Nutzbarmachung.
[132]) Winschuh hatte zunächst als Sozialsekretär der Press- und Walzwerk AG, Düsseldorf-Reisholz (Thyssen) gearbeitet. Daraus ging seinen ersten beiden umfangreicheren arbeits- und sozialpolitischen Monographien hervor, die vor allem von den Soziologen des Briefs'schen Instituts für Betriebssoziologie und soziale Betriebslehre rezipiert wurden. (*Winschuh*, Betriebsrat oder Gewerkschaft?; *ders.*, Praktische Werkspolitik) Ab Mitte der 1920er Jahre schrieb Winschuh mit einer Unterbrechung – von 1929 bis 1932 arbeitete er für den Arbeitgeberverband – bis 1945 hauptsächlich als Wirtschaftspublizist für verschiedene Zeitungen.
[133]) *Winschuh*, Das neue Unternehmerbild.
[134]) Gedanken zur sozialen Ordnung, hg. v. BdA, Köln 1953, S. 13; zit. n. *Kaste*, Arbeitgeber, S. 20.

schäftsführer Walter Lobeck Walter Scheels Werbungsversuchen für den DNB bereits 1952 eine deutliche Absage erteilt hatte,[135]) über einen eigenen „Ausschuss für soziale Betriebsgestaltung" verfügte, gab es auf Bundesebene zum gleichen Zeitpunkt nur einen „Arbeitskreis für betriebliche Sozialpolitik". Dieser erhielt 1953 als schnellst mögliches Zugeständnis eine Vertretung in der BdA-Geschäftsführung.[136]) Erst 1955 jedoch fand mit der Einrichtung eines „Ausschusses für soziale Betriebsgestaltung" sowie der entsprechenden Umbenennung des Geschäftsführungs-Ressorts auch auf Bundesebene eine nachhaltige Neuordnung statt.[137]) Dieser neue BdA-Ausschuss sah seine Aufgabe darin,

„Grundsatzfragen der sozialen Betriebsgestaltung und betrieblichen Personalführung sachverständig, koordinierend und wegweisend zu klären und die Ergebnisse als Empfehlungen den angeschlossenen Verbänden zu übermitteln. Insbesondere sollen in diesem Arbeitskreis die Erfahrungen fortschrittlicher Betriebspraktiker auf ihre Anwendung in anderen Betrieben geprüft sowie die Ergebnisse der arbeitswissenschaftlichen Forschung und der überbetrieblichen Ausbildungseinrichtungen untersucht, kritisch gewürdigt und den Verbänden in geeigneter Form zugänglich gemacht werden."[138])

Damit setzte sich die BdA gegenüber dem DNB durch und trotzte ihm erfolgreich den überbetrieblichen Koordinierungsanspruch ab. Durch ihre abweisende Haltung, die Unternehmen davon abhielt, dem Studienkreis als zahlungskräftige, korporative Mitglieder beizutreten, hatte die Führung der Arbeitgeberverbände dem Studienkreis zunächst das Wasser abgegraben und gleichzeitig selbst Strukturen geschaffen, die geeignet waren, eine umfassende, überbetriebliche Koordinierungsfunktion auszufüllen. Mit der Einrichtung des „Ausschusses für soziale Betriebsgestaltung" bei der BdA war Mitte der 1950er Jahre das personalpolitische Feld auf der höchsten Verbandsebene bei den Unternehmern beziehungsweise vielmehr bei den Arbeitgebern angekommen. Dieser Schritt stellte eine der wichtigsten Zäsuren des personalpolitischen Felds dar. Nun war der Prozess seiner Entstehung abgeschlossen. Er vollzog sich als sukzessive Aneignung der von den Humanexperten aufgeworfenen Thematik und Begrifflichkeit durch die verschiedenen Instanzen unternehmerischer Organisation von unten nach oben. Bezeichnenderweise fungierte der neue BdA-Ausschuss unter genau dem Schlagwort, mit dem die Genese des personalpolitischen Felds unmittelbar nach dem Krieg ihren Ausgang genommen hatte: „soziale Betriebsgestaltung".

Mit der Ausbildung dieser Konstellation schien Mitte der 1950er Jahre wieder alles im Lot. Nachdem die Fronten geklärt waren, das heißt die BdA ihren Führungsanspruch behauptet hatte, einigte man sich mit dem DNB auf einen kooperativen Modus. Alfred Flender, der 1955 Vorstandsvorsitzender des

[135]) Seiner Meinung nach sollten alle Bestrebungen der Sozialpolitik von den Arbeitgeberverbänden ausgehen. *Schmidt-Dorrenbach*, 1952–2002, S. 36.

[136]) Ebd. S. 23.

[137]) *Kaste*, Arbeitgeber, S. 23.

[138]) BdA-Jahresbericht 1955, S. 237, zit. n. *Kaste*, Arbeitgeber, S. 178.

Studienkreises wurde, war gleichzeitig Vorsitzender des „Ausschusses für soziale Betriebsgestaltung" der BdA,[139]) während Jochen Wistinghausen, der den Ausschuss in der BdA-Geschäftsführung vertrat, (formal) die Funktion als geschäftsführendes Vorstandsmitglied des DNB übernahm[140]). Des Weiteren gehörte auch Ludwig Vaubel sowohl dem DNB-Vorstand wie dem BdA-Ausschuss an.[141]) Auf zusätzliche Unterstützung durch ausgewiesene Experten oder Wissenschaftler verzichtete man im BdA-Gremium allerdings weitgehend.

Die hier versammelten Unternehmer, die in der Mehrzahl eine juristische Ausbildung absolviert hatten, versuchten stattdessen, – freilich unter Auswertung des vorhandenen Wissens – eigenes „Experten"-Wissen zu produzieren. Im Vordergrund stand – wie auch im Zusammenhang mit Spindlers „betrieblicher Partnerschaft" und Jacobis Personal- und Sozialpolitik des „sozial verantwortlichen Unternehmers" – in erster Linie der Praxisbezug, mithin eine erfahrungsbasierte Legitimation dieses Wissens. Entsprechend war eine der ersten Maßnahmen, die der neue BdA-Ausschuss ergriff, die Gründung der Loseblatt-Sammlung „Soziale Betriebs-Praxis".[142]) Diese, herausgegeben von Jochen Wistinghausen, umfasste sortiert nach Teilbereichen betrieblicher Sozial- und Personalpolitik (zum Beispiel: Betriebliches Vorschlagswesen, Löhne und Gehälter, Ertragsbeteiligung, Werkszeitung, ...) Beispiele aus der Praxis unterschiedlichster, auskunftswilliger Unternehmen und sollte so als ständig zu erweiterndes Nachschlagewerk die Entwicklung dokumentieren und gleichzeitig Anregungen für die geben, die noch auf der Suche nach „passenden" Maßnahmen waren. Der BdA-Ausschuss übernahm damit das vom DNB projektierte „Sozialarchiv",[143]) nicht jedoch dessen Konzeption als Schriftenreihe, in der einzelne Bearbeiter empirische Befunde zu einem Thema systematisch aufarbeiteten. Wistinghausen präsentierte stattdessen eine, wenn man so will, radikal erfahrungs- und praxisorientierte, dafür aber wenig strukturierte Fallsammlung, deren praktischer Gebrauchswert mit zunehmendem Umfang unausweichlich abnahm.

Worin eines der wichtigsten Ziele bestand, das mit dieser Ausrichtung verbunden war, wird deutlich anhand der Ausführungen von Wistinghausen, die

[139]) Vgl. zu Flender: *Schmidt-Dorrenbach*, 1952-2002, S. 68f.

[140]) Wistinghausen (1908–1990), der als Jurist „zunächst in der kommunalen Selbstverwaltung" tätig war, arbeitete ab 1949 als „ständiger Personalberater" für eine „Firmengruppe in der keramischen Industrie" in Frechen. Vgl. ebd. S. 69f. Wistinghausen war auch Mitglied der „Arbeitsgemeinschaft selbständiger Unternehmer" und hatte an der Gründungssitzung der „Arbeitsgemeinschaft zur Förderung der Partnerschaft in der Wirtschaft" teilgenommen. *Spindler*, Das Spindler-Modell, S. 193.

[141]) Vgl. zur Zusammensetzung des DNB-Vorstands von 1952-2001 die Übersicht in: *Schmidt-Dorrenbach*, 1952-2202, S. 232-245; für Vaubels Mitgliedschaft im BdA-Ausschuss: Schriftwechsel zwischen Vaubel und Wistinghausen, in: RWWA, Abt. 195 Acordis AG, Wuppertal, Best. U 20/03, Schriftwechsel Vaubel.

[142]) *Wistinghausen*, Soziale Betriebs-Praxis.

[143]) Der letzten beiden Bände der Schriftenreihe erschienen 1955: *Schirm*, Zwischenbilanz; *Gottschalk*, Gewinnbeteiligung.

als Vorwort für das „Handbuch für soziale Betriebs-Praxis" gedacht, zunächst in der Zeitschrift der „Arbeitsgemeinschaft selbständiger Unternehmer" „Die Aussprache" und in den „DNB-Mitteilungen" erschienen.[144]) Wistinghausen konstatierte darin als wichtigsten „Leitgedanken" einer „sozialen Betriebsgestaltung" unter unternehmerischen Vorzeichen, dass „betriebliche Geschäftspolitik nur Voraussetzung, nicht aber Inhalt einer sozialen Betriebsgestaltung sein" könne.[145])

> „Gesunder Menschenverstand und ethische Grundhaltung sollen selbstverständlicher Ausgangspunkt, aber nicht Gegenstand [...] sein. Vielmehr sollen konkrete Sachgebiete unter Aufzeigung verschiedener Möglichkeiten beschrieben werden, deren Realisierung nach praktischer Erfahrung die menschliche Zusammenarbeit im Betrieb schon vom Führungsbereich und von der organisatorischen Seite her erleichtert."[146])

Der BdA-Verantwortliche sprach damit so etwas wie ein „Machtwort", mit dem er das Kratzen der anthropozentrisch orientierten Humanexperten an den Grundfesten der herkömmlichen betrieblichen Sozialordnung zu beenden suchte.

Die Praxis habe gezeigt, so erklärte Wistinghausen weiter,

> „dass ein vertrauensvolles Miteinander ohne Auflösung der betrieblichen Ordnung möglich ist. Die Frage darf daher nicht [mehr] lauten: Hierarchie oder Partnerschaft, sondern es sollte der Grundsatz gelten: team work im Rahmen einer unvermeidlichen betrieblichen Hierarchie."[147])

Was Wistinghausen seinen Unternehmerkollegen unterbreitete, war somit nichts weniger als die Argumentationsvorlage zur Beendung der bisher von Humanexperten geübten Kritik an der traditionell hierarchischen betrieblichen Sozialordnung. Natürlich seien, so lässt sich seine Entgegnung zusammenfassen, Unternehmer keine „Un-Menschen", die sich ihrer ethischen und sozialen Verantwortung entzögen; darüber müsse nun wirklich nichts mehr geschrieben werden. Vielmehr stünde es an, praktische Formen der Realisierung zu finden. Dazu müssten die Humanexperten von ihrem „utopischen Wunschbild" Abschied nehmen und stattdessen die „Realität" zum Ausgangspunkt ihrer Vorschläge machen:

> „Im Vordergrund steht also nicht [mehr] die programmatische Forderung, sondern die Aufzeigung von Möglichkeiten. Ausgangspunkt muß [...] das Erscheinungsbild des Betriebs sein."[148])

Die Bezugnahme auf ein „modern" anmutendes, „amerikanisiertes" Schlagwort – „team work" – diente Wistinghausen als gipfelnde „Totschlag-Referenz" zur Erhaltung der hierarchischen Sozialordnung im Betrieb. Indem er so tat, als ob die Humanexperten diejenigen seien, die sich nicht an die allge-

[144]) Jochen *Wistinghausen*, Leitgedanken für eine soziale Betriebsgestaltung, in: Die Aussprache, Mai 1955, auch erschienen in: DNB-Mitteilungen 4, Nr. 12, 15. 6. 1955, S. 3–5. Hier zitiert nach den DNB-Mitteilungen.
[145]) Ebd. S. 4.
[146]) Ebd.
[147]) Ebd. S. 5.
[148]) Ebd. S. 3.

mein anerkannten Spielregeln hielten, während Unternehmer offen für Auseinandersetzungen und Vorschläge seien, bestimmte er diese Spielregeln unter unternehmerischen Vorzeichen überhaupt erst:

> „Unter Wahrung dieser Hierarchie sollten die traditionellen Gegenspieler zu ‚Mitspielern' werden. Ihre Spielregel sollte lauten: Wer sich auseinandersetzen will, muß sich zusammensetzen."

Wistinghausen wies mit seinen unternehmerisch geprägten „Leitgedanken zur sozialen Betriebsgestaltung" betriebliche Humanexperten in ihre Schranken. „Betriebsnahe" Vorschläge zur Verbesserung der innerbetrieblichen Zusammenarbeit sollten sie machen anstatt sich ausgehend von „utopischen Wunschvorstellungen" in die „Geschäftspolitik" der Unternehmer einzumischen.

Damit, das heißt 1955, als der „Ausschuß für soziale Betriebsgestaltung" der BdA seine Arbeit aufnahm, begann eine neue Phase der Entwicklung des personalpolitischen Felds. Mit ihm und dem DNB hatten zwei neue Institutionen die personalpolitische Bühne betreten. Sie veränderten die Lage dahingehend, dass nun nicht mehr nur außerbetriebliche Experten forderten, den „Menschen in den Mittelpunkt" zu stellen, sondern Unternehmer und Arbeitgeber selber sich der personalpolitischen Thematik in institutionalisierter Form angenommen hatten. Bis zum Beginn der 1960er Jahre liefen diese neuen unternehmerischen Organisationen den „alten", stärker expertenorientierten wie der A.S.B. und dem Forfa zunehmend den Rang ab. Damit fand eine Neuformierung des personalpolitischen Felds unter unternehmerischen Vorzeichen statt. Zentrale Voraussetzung dafür war, dass – trotz der „chiastischen" Verknüpfung von BdA-Ausschuss und DNB vermittels der doppelten Leitungsfunktionen von Wistinghausen und Flender – zwischen beiden Institutionen weiterhin ein Konkurrenzverhältnis herrschte.

Welche Funktion sollte der DNB haben, nachdem die BdA ihm seine ursprüngliche Existenzberechtigung abspenstig gemacht hatte? Diese Frage hatten sich die Arbeitgeber nicht gestellt, als sie die Zielsetzung der „sozialen Betriebsgestaltung" für sich beanspruchten und dabei in Fortführung des herkömmlichen unternehmerischen Entscheidungs- und Führungsverständnisses im Top-down-Verfahren erfahrungsbasiertes Wissen zu vermitteln versuchten. Schnell sollte sich jedoch zeigen, dass eine solche Vorgehensweise inzwischen auf Widerstände stieß. Der DNB wurde auf der Suche nach einem neuen Tätigkeitsprofil bald fündig. Um jedoch verstehen zu können, warum es *ihm* letztendlich doch gelang, sich auch gegenüber der BdA dominierend im personalpolitischen Feld zu positionieren, ist es notwendig, sich zunächst zu vergegenwärtigen, welche Auswirkungen all die bis hierhin beschriebenen außer- und überbetrieblichen Transformationen auf die Praxis betrieblicher Sozial- und Personalpolitik hatten. Wie viel und was veränderte sich in den Unternehmen? Inwieweit etablierte sich das personalpolitische Feld im Zuge seiner unternehmerischen Aneignung auch innerhalb des betrieblichen Sozialraums?

6. Die Praxis wissenschaftsgestützter Personalpolitik in Unternehmen – Drei Fallbeispiele

Die Auseinandersetzungen und Kooperationen zwischen Unternehmern und Humanexperten stellten die letzte und wichtigste Bewährungsprobe des personalpolitischen Felds dar. Ihr Beginn markiert einerseits den endgültigen Abschluss seiner Entstehung. Nun akzeptierten auch Unternehmer die personalpolitische Thematik, indem sie sich ihr in unterschiedlicher Form selber annahmen. Andererseits stellte diese Anerkennung gleichzeitig auch die Passage zu einer neuen Phase der Feldgenese dar: die zur Etablierung des personalpolitischen Felds im betrieblichen Sozialraum, das heißt in den Unternehmen. Diese letzte Bewährungsprobe war für die Humanexperten die schwierigste. Sie konnte im Zuge der Entstehung des personalpolitischen Felds, das heißt bis zur Mitte der 1950er Jahre, nicht erfolgreich abgeschlossen werden. Dies aufzuzeigen, ist Gegenstand des folgenden Kapitels. Hier nehme ich anhand von drei Fallbeispielen die betriebliche Praxis im Hinblick auf personalpolitische Innovationen in den Blick, die sich als Ergebnis der vorangegangenen Auseinandersetzungen und Diskussionen verstehen lassen. Was veränderte sich in den Unternehmen? Wie wirkten sich die verschiedenen Formen der unternehmerischen Neuorientierung in der betrieblichen Praxis aus? Und was bedeutete das für das personalpolitische Feld?

Mit der Aneignung und Transformation personalpolitischer Ziele durch Unternehmer und Arbeitgeber Jahre hatten sich in der ersten Hälfte der 1950er die Bedingungen für eine Etablierung der Humanexperten in den Unternehmen wesentlich verschlechtert. Erstens beanspruchten die Unternehmer, selbst und allein für sozial- und personalpolitische Fragen zuständig zu sein, und zweitens setzten sie in erster Linie auf Erfahrungs-, nicht auf wissenschaftsgestütztes Wissen. In der betrieblichen Praxis entsprach dieser Haltung die Fortsetzung und gar der Ausbau herkömmlicher betrieblicher *Sozial*politik. So konstatierte schon Heinz Hartmann in seiner Studie über deutsche Unternehmer, in der er ein Kapitel auch der Praxis betrieblicher Personalpolitik widmete, dass parallel zum Boom der Human Relations-Bewegung in westdeutschen Unternehmen eine „gründliche Restauration traditioneller deutscher Muster der Sozialpolitik“ stattfand.[1]) Aber nicht alle Unternehmen verfolgten ausschließlich diesen Kurs. Einzelne Unternehmer – in der Regel die, die sich auch in den außerbetrieblichen Organisationen oder auf Verbandsebene engagierten – versuchten darüber hinaus, neue Wege zu gehen. Im Folgenden werden drei solche Fallbeispiele vorgestellt: Bayer, Glanzstoff und Merck. Sie repräsentieren exemplarisch die personalpolitisch „experimentierende Avantgarde“ westdeutscher Großunternehmen. An ihnen lässt sich

[1]) *Hartmann*, Der deutsche Unternehmer, S. 101.

nicht nur das Spektrum der Möglichkeiten aufzeigen. Zugleich veranschaulichen diese Beispiele, dass und inwiefern verschiedene neu geschaffene betriebliche Realitäten den zuvor im personalpolitischen Feld von unterschiedlichen Akteursgruppen entwickelten Ansätzen entsprachen, und unter welchen Bedingungen die Einbindung von Humanexperten in Unternehmen damit einherging.

6.1 Unternehmerische Personalpolitik: Bayer

Mit dem Auf- und Ausbau einer umfassenden Personalabteilung durch Personalchef und Vorstandsmitglied Fritz Jacobi[2]) repräsentiert der Bayer-Fall die konsequenteste Umsetzung dessen, was in den 1950er Jahren möglich war. Jacobi hatte als einer der ersten (an)erkannt, dass betriebliche Sozialpolitik allein nicht mehr zeitgemäß war. Zwischen 1949 und 1957 etablierte er parallel zum Ausbau der auf kollektive „Befriedung" ausgerichteten mitbestimmten betrieblichen Sozialleistungen des Unternehmens[3]) eine Personalpolitik mit komplementärer Zielsetzung. Die neue Leverkusener Personalpolitik versuchte, vermittels individualisierender Maßnahmen und Instrumente jeden einzelnen Beschäftigten nachhaltig in das Unternehmen, die „Bayer-Familie", zu integrieren.

Gleich zu Beginn seiner Tätigkeit in Leverkusen nahm Jacobi entsprechende Maßnahmen in Angriff. 1949 begann er, die „Arbeiter-Annahme" zur „Personalabteilung für Arbeiter" umzugestalten.[4]) Die bisherige „Arbeiter-Annahme" war als Teil der „Sozial-Abteilung" zuständig für die Einstellung von Personal im produzierenden Bereich,[5]) während es für Angestellte eine eigene Personalabteilung gab. Die Sachbearbeiter der „Arbeiter-Annahme" hatten die genehmigten Bedarfsmeldungen entgegen genommen, aus den vorliegenden Bewerbungsunterlagen die nach ihrer Ansicht geeignetsten Kandidaten ausgesucht und der jeweiligen Fachabteilungen zugewiesen. Sie verwalteten außerdem die Personalakten, machten die Lohnbuchhaltung und erledigten disziplinarische Angelegenheiten.

Die Umgestaltung dieser Abteilung durch Jacobi umfasste eine Systematisierung des gesamten Verfahrens der Personalauswahl, die von nun an mit Hilfe wissenschaftsgestützter Methoden erfolgte. Jacobi führte einen Fragebogen ein, anhand dessen jeder Bewerber Auskunft über sich, seine bisherigen Tätigkeiten und seine Berufswünsche zu geben hatte. Außerdem legte er fest, dass sich nun alle Arbeitssuchenden einer psychologischen Eignungsunter-

[2]) Vgl. Kap. 5.1.
[3]) *Pogarell/Pohlenz*, Betriebliche Sozialpolitik.
[4]) *Duisberg*, [Chronik der] Sozial- und Personalabteilung, S. 50–70, BAL 1/6.6.23; vgl. auch Rundschreiben der Personalabteilung vom 13.1.1955, BAL 110/1, Organisation.
[5]) *Duisberg*, [Chronik der] Sozial- und Personalabteilung, S. 60, BAL 1/6.6.23.

suchung zu unterziehen hatten – zuvor galt dies nur für Auszubildende, Frauen und Ungelernte. Die auf diese Weise zusammengetragenen Informationen über die Bewerber dienten neben den üblichen einzureichenden Unterlagen (Zeugnisse, Empfehlungen, Arbeitsnachweise, ...) als Grundlage der Personalentscheidung. Das war insofern neu, als damit die Zuweisung von vermeintlich geeigneten Kandidaten an die anfragende Fachabteilung nicht mehr allein nach Gutdünken des jeweiligen Sachbearbeiters erfolgte. Der Bewerber sei vielmehr anhand der vielseitigen Erhebungen für alle nun „kein Unbekannter“ mehr. Damit seien besonders gute Voraussetzungen geschaffen, um, wie der zuständige Abteilungsleiter erklärte,

„die persönliche Eigenart, die Fähigkeiten und Interessen, sowie die Mentalität des Einzelnen zu erkennen, ihn auf Grund dieser Erkenntnisse zweckmäßig in die Werksgemeinschaft einzugliedern und somit für beide Teile ein befriedigendes Arbeitsverhältnis zu schaffen.“[6])

Mit der Neugestaltung der „Personalabteilung für Arbeiter“ ging zugleich eine Ausweitung ihrer Funktion einher. Im Gegensatz zu früher war ihre Aufgabe nicht mehr mit der Einstellung des jeweiligen Arbeiters erledigt. Die neue „Personalabteilung“ beanspruchte darüber hinaus, auch weiterhin für dessen erfolgreiche Einbindung in das Unternehmen, für seine „persönliche Betreuung am Arbeitsplatz“ Sorge zu tragen. Sie schaltete sich als Vermittlungsinstanz bei Konflikten ein. Und sie legte – erstmals für den produktiven Bereich – eine umfassende Personalkartei an, die nicht mehr allein disziplinarischen Zwecken diente, sondern auch als Grundlage einer systematischen Aufstiegs- und Karriereplanung. Außerdem verteilte sie an alle Neueintretenden neben der Arbeitsordnung des Unternehmens eine besondere Broschüre.[7]) Anhand dieser offenbart sich die Methode und Zielsetzung der neuen Personalpolitik in besonders anschaulicher Weise.

Gleichsam nachholend stellte sich darin zunächst die Bayer AG mit einem kurzen historischen Abriss, der alle Standorte, Produkte und Marken umfasst, dem Neueintretenden vor:

„Sie haben uns über Ihre Person und über Ihren bisherigen Lebensweg ausführlich Auskunft gegeben. Sie sollen nun auch von uns erfahren, wie die Werke der Farbenfabriken Bayer entstanden sind und welches ihr bisheriges Schicksal war.“[8])

Die Broschüre enthielt zudem einen Abschnitt über das Selbstverständnis des Unternehmens und die daraus resultierenden Pflichten und Rechte des einzelnen Beschäftigten.[9]) Diese galt es für den „Neuen“ zu berücksichtigen, wenn er in den Genuss der besonderen Vorzüge eines Bayer-Mitarbeiters treten wollte, die hier ebenfalls ausgebreitet wurden. Das war so freilich nicht formuliert. Der „Neue“ erfuhr vielmehr zunächst, dass das Werk „mehr als eine zu-

[6]) Zit. n. *Duisberg*, [Chronik der] Sozial- und Personalabteilung, S. 61 f., BAL, 1/6.6.23.
[7]) Broschüre für Neueintretende, ebd. Anlage 6.
[8]) Ebd. S. 1.
[9]) Vgl. für das Folgende ebd. S. 13–16.

fällige Ansammlung von Maschinen, Apparaten, Vorräten und Menschen" sei, dass es „ein[en] lebende[n] Organismus" darstelle, der „um der Menschen willen für die Menschen da" sei. Wie in jedem Organismus könne kein einzelnes Glied ohne Schaden für das Ganze allein seinen eigenen Weg gehen. Jeder sei notwendig auf den anderen angewiesen. Der „Neue" wurde daher darum „gebeten", „Vorgesetzten, Mitarbeitern und Untergebenen, Achtung vor deren Person und Arbeit entgegenzubringen", „vertrauensvoll [... mit ihnen] zusammen zu arbeiten" sowie stets „fröhlich und mit guter Miene an jede Arbeit heranzugehen". Nur dann, so erklärte man ihm, seien die Voraussetzungen für eine „innere Befriedigung" gegeben, „um die es doch jedem letzten Endes im Beruf" ginge. Und nur dann könne ein „wirtschaftlich gesundes Werk" „gute Löhne und Gehälter zahlen und darüber hinaus seinen Angehörigen in den Nöten und Wechselfällen des Lebens und im Alter helfen". „In diese Gemeinschaft", so wurde am Ende der Broschüre in Aussicht gestellt, „treten auch Sie ein, wenn Sie, wovon wir überzeugt sind, ein rechter Bayer-Angehöriger werden".

Anhand solcher Maßnahmen versuchte die „Personalabteilung für Arbeiter" vom frühest möglichen Zeitpunkt an, nämlich bereits beim Eintritt in das Unternehmen, jeden einzelnen Arbeitnehmer davon zu überzeugen, dass es zu seinem persönlichen Vorteil wie auch zu dem seines Arbeitgebers gereiche, wenn er sich in erster Linie als Mitglied der „Bayer-Gemeinschaft" verstehe und verhalte.

Mitte der 1950er Jahre erreichte der sukzessive Ausbau der Personalabteilung eine erste Zäsur. 1955 wurde die „Personalabteilung für Arbeiter" unter der Leitung von Paul Gert von Beckerath[10]) (geb. 1917) als eigenständige Abteilung aus der Sozialabteilung ausgegliedert.[11]) Sie stand von nun an gleichberechtigt neben derjenigen für Angestellte.

Noch im selben Jahr richtete von Beckerath die so genannten „Meister-Arbeitsgemeinschaften" ein.[12]) Dabei handelte es sich um eine Art Fortbildungsveranstaltung, die dazu diente, den Führungskräften des produktiven Bereichs systematisch die Fähigkeit zu vermitteln, um „bei dem einzelnen Werksangehörigen das Interesse und die innere Beteiligung an der eigenen Arbeit zu fördern". In Gruppen von höchstens 20 Teilnehmern durchliefen die Meister in wöchentlichen Sitzungen ein 22-stündiges Programm, das von Diskussionen über die Frage „Was ist der Meister in der Industrie?", über einen Besuch der

[10]) Von Beckerath war seit März 1951 als stellvertretender Leiter der Sozialabteilung bei Bayer tätig. Er hatte nach seinem Abitur 1935 eine Lehre bei der Deutschen Bank absolviert, dann Arbeits- und „Kriegs"-Dienst geleistet und sechs Monate in Gefangenschaft verbracht, bevor er nach dem Krieg Volkswirtschaft in Bonn studierte (Promotion 1949). Bevor von Beckerath zu Bayer kam, hatte er außerdem als Sekretär für Hermann Josef Abs und bei der Kreditanstalt für Wiederaufbau gearbeitet. Vgl. *Kleinschmidt*, Der produktive Blick, S. 178f.

[11]) *Duisberg*, [Chronik der] Sozial- und Personalabteilung, S. 44f., BAL 1/6.6.23.

[12]) Ebd. S. 46–48, Anlage 3.

Personalbegutachtungsstelle, die Anleitung zur Erstellung von Beurteilungen bis zur „Zusammenfassung der Ergebnisse in Gegenwart von Direktor Dr. Jacobi" reichte. Besonderer Wert wurde darauf gelegt, dass die Teilnehmer bei der Erarbeitung des Stoffs aktiv einbezogen wurden. „Akademisches Dozieren" sollte unbedingt vermieden werden. Ziel war vielmehr, „unter aktiver Mitgestaltung und Mitarbeit" den Meistern etwas zu bieten, wovon sie vor allem „praktisch" profitierten. „Gespräche am runden Tisch" mit „Bier und Rauchwaren" gehörten daher ebenso zum methodischen Ansatz wie „praktische Übungen" und ein straffer Zeitplan, der für das jeweilige Referat nur eine Viertelstunde vorsah, für die anschließende Diskussion inklusive Zusammenfassung der Ergebnisse jedoch mehr als eine Stunde. Mit dieser Veranstaltung versuchten Jacobi und von Beckerath, auch die Meister als „Arbeiterelite" und vermittelt über sie die gesamte produktive Belegschaft in ihr individualisierendes personalpolitisches Programm zu integrieren.

Mitte der 1950er Jahre entsprach dem inhaltlichen Ausbau einer individualisierenden Personalpolitik bei Bayer auch eine organisationsstrukturelle Institutionalisierung. Damit erreichte der Aufbau der Personalpolitik des Unternehmens insofern einen entscheidenden Einschnitt, als von nun an nicht mehr die Tätigkeit der Sozialabteilung im Vordergrund der unternehmerischen Personal- und Sozialpolitik stand, sondern zunehmend die der Personalabteilung. 1957 verlieh Jacobi dieser Schwerpunktverlagerung zusätzlichen Ausdruck dadurch, dass er beide Personalabteilungen, die für Arbeiter und die für Angestellte, gemeinsam unter der Leitung von Beckeraths zusammenfasste. Damit war endgültig der Personalbereich der umfangreichste und ausdifferenzierteste im Personal- und Sozial-Direktorium Jacobis (vgl. Abb. 2: Bayer-Personal- und Sozialabteilung, 1957).[13])

Die bei Bayer praktizierte Kombination aus kollektiv „befriedender" Sozial- und individuell integrierender Personalpolitik stellte die praktische Realisierung der „sozialen Verantwortung" des Unternehmers dar. Dieser Entwurf entsprach der unternehmerischen Neuorientierung nach 1945, wie Jacobi sie als einer der ersten mit dem neuen Leitbild des „sozial verantwortlichen Unternehmers" propagiert hatte. Bezeichnend für diese Form betrieblicher Personal- und Sozialpolitik war, dass sich ihre Träger zwar an den Methoden und Zielsetzungen orientierten, die die Humanexperten entwickelt und beworben hatten; im jeweiligen Unternehmen räumten sie diesen Experten jedoch keinen eigenständigen Platz und kein Mitspracherecht ein. Alle Befugnisse verblieben in der Hand des „Unternehmers" und seiner Vertreter (Jacobi, von Beckerath und Mitarbeiter), die es sich vorbehielten, Instrumente der wissenschaftsgestützten Humanexpertise unter eigenen Verwendungsprämissen heranzuziehen.

So wurden bei Bayer 1950 und 1951 zwar zwei „Fach-Psychologen" eingestellt,[14]) doch ging damit nicht einher, dass eine eigene betriebspsychologische

[13]) BAL 271/2, Personalia, Jacobi, 1948–1967.

[14]) *Beckerath*, Die Entwicklung der Berufsausbildung, S. 16–20, hier S. 18.

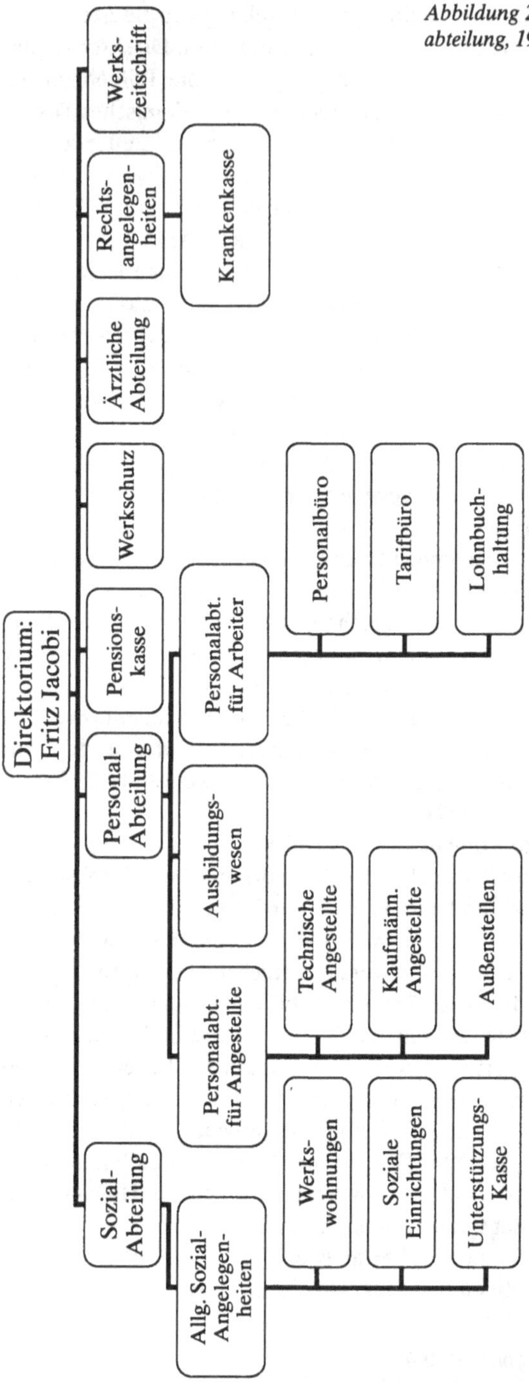

Abbildung 2: Bayer-Personal- und Sozialabteilung, 1957

Abteilung eingerichtet wurde. Die Humanexperten gehörten stattdessen zur „Personalbegutachtungsstelle", die seit 1922 im Rahmen der ingenieursdominierten Lehrwerkstatt bestand. Signifikant für diese Art des personalpolitischen Umgangs unter unternehmerischen Vorzeichen mit humanwissenschaftlichem Wissen war ebenso, dass die „Meister-Arbeitsgemeinschaften" ohne Beteiligung spezifischer Experten konzipiert und durchgeführt wurden,[15]) obwohl auch bei Bayer freilich als Vorbild für diese Maßnahme die „Kohlhof-Gespräche" dienten, die während des Kriegs Psychologen des „Göring-Instituts" für die BASF entwickelt und erprobt hatten.[16])

Mit diesem Ansatz betrieblicher Personal- und Sozialpolitik begannen die Personalverantwortlichen bei Bayer, einen eigenen Expertenstatus zu profilieren, denjenigen betrieblicher Personalexperten. Sie verwendeten humanwissenschaftliches Wissen, räumten dessen außerbetrieblich legitimierten Trägern jedoch keinen eigenen Status innerhalb des Unternehmens ein, sondern ordneten sie einem eigenen Hoheitsanspruch unter. Einen solchen Anspruch hatte Jacobi bereits im Zusammenhang mit seinen Überlegungen zur systematischen Ausbildung von Personalleitern vertreten, als er in der Zeitschrift „Mensch und Arbeit" „Vorträge von Männern der Praxis" an wirtschaftswissenschaftlichen Fakultäten – „möglichst in den Abendstunden und öffentlich" – forderte.[17]) Diese Haltung behielt er auch bei, als er im April 1951 in der Dortmunder „Sozialforschungsstelle" der versammelten soziologischen Prominenz die „Aufgaben der Personalführung in einem chemischen Großbetrieb" erläuterte.[18])

Personalpolitik, konstatierte Jacobi eingangs seines Vortrags, sei „ein Aufgabengebiet für die Zusammenarbeit von Wissenschaft und Praxis". Die Praktiker wünschten jedoch „keinen Lehrauftrag, sondern nur die Möglichkeit, aus ihrer Praxis zu erzählen". Das ließen die empirischen Sozialforscher großzügig gelten – konnten sie auch leicht, denn alles, was Jacobi an wissenschaftsgestützten Verfahren vorstellte, betraf psychologisches Wissen, damit nicht ihr

[15]) Verantwortlich für Konzeption und Durchführung war maßgeblich der neue Personalchef Paul Gert von Beckerath.

[16]) Vgl. Kap. 1.2

[17]) Fritz *Jacobi*, Hochschulvorlesungen für künftige Personalleiter?, in: Mensch und Arbeit 2, 1950, S. 226.

[18]) „Niederschrift über den Vortrag von Arbeitsdirektor Dr. Jacobi der Firma Bayer-Leverkusen ‚Die Aufgaben der Personalführung in einem chemischen Großbetrieb' am Dienstag, dem 24. 4. 1951", Archiv des Landesinstituts Sozialforschungsstelle Dortmund, Geschichte der SFSD, 1/3. Diesen Beleg verdanke ich freundlicherweise Jens Adamski durch Vermittlung von Stefan Moitra.
Aus dem Diskussionsprotokoll ergibt sich, dass nachweislich folgende Personen anwesend waren: Von Seiten der Soziologie: Helmut Schelsky, Otto Neuloh, Ernst Bornemann, Walther G. Hoffmann, Gunther Ipsen; von Seiten der Industrie: Dr. Kunze, Siemens-Schuckert, Erlangen; „Assistent" Schräpler, Duisburger Kupferhütte; Herr Oeser, Assistent von Wilhelm Schäfer, dem Arbeitsdirektor der Dortmund-Hoerder Hüttenunion.

Hoheitsgebiet.[19]) Indem der Bayer-Personalchef sich mit seinem Vortrag an die „Sozialforschungsstelle“ wandte – und nicht etwa an das psychologische „Forschungsinstitut für Arbeitspsychologie und Personalwesen“ (Forfa) in Braunschweig –, ließ er sich seine Konzeption unternehmerischer Personalpolitik von denjenigen Wissenschaftlern „absegnen“, die gerade dabei waren, ihren Status als Vertreter *der* Leitwissenschaft schlechthin, als „akademische Legitimatoren“ mit größt möglichen Gewicht, zu etablieren. Das war wirkungsvoll und sehr geschickt zugleich, denn dass die legitimatorische Funktion der Soziologen in diesem Fall ihre fachliche Kompetenz eigentlich überschritt, interessierte mangels Ankläger niemanden der Beteiligten. Jacobi konnte daher ausführlich den Einsatz von Personalauswahl-Verfahren bei Bayer erläutern, ohne der Gefahr von Widersprüchen oder Einwänden betroffener Experten (Psychologen) ausgesetzt zu sein. Die von ihm geschilderte breit gefächerte Handhabung dieser Verfahren veranschaulicht deutlich die Kriterien des Umgangs mit humanwissenschaftlichem Wissen im Kontext unternehmerischer Personalpolitik: Am wichtigsten war die Differenzierung gemäß der betrieblichen Hierarchie:[20]) Anwärter für handwerkliche Lehrberufe und Arbeiter wurden von der „Personalbegutachtungsstelle“ vermittels massenwirksam einsetzbarer so genannter „Papier-und-Bleistift-Tests“[21]) beurteilt. Kaufmännische Lehrlinge, die nur für die „besonders qualifizierte Verwendung“ bei Bayer selbst ausgebildet wurden, mussten sich einer „Bildungsprüfung durch Rundgespräche mit 5–6 Herren“, einer Art frühem Assessment-Center, unterziehen. Und Akademiker stellte man in Leverkusen nach Empfehlung der Hochschulen ein, wobei im Bedarfsfall zusätzlich graphologische Gutachten hinzugezogen wurden.

Als Regel für den Einsatz wissenschaftsgestützter Verfahren im Kontext unternehmerischer Personalpolitik galt somit: Je höher der Proband in der Betriebshierarchie angesiedelt werden sollte, desto weniger Wert wurde auf wissenschaftlich-„objektiv“ ermittelte Beurteilungsergebnisse gelegt. Die Tests, die zur Auswahl von Arbeitern verwendet wurden, entsprachen noch am ehesten den Kriterien sachlicher Rationalität, für deren Wahrung spezifische Experten bürgten – selbstverständlich, so Jacobi jovial, könnten Tests nicht von Laien ausgewertet werden.[22]) Die Durchführung der „Rundgespräche“ hingegen lag schon nicht mehr in den Händen von Experten, sondern bei den verantwortlichen „Herren“. Und auch bei der Auswahl von Akademikern wurde ihre (externe) Unterstützung nur im Bedarfsfall hinzugezo-

[19]) Allein Ernst Bornemann betonte die Wichtigkeit der Zusammenarbeit zwischen Psychologen und Personalabteilung, da sie sich gegenseitig ergänzten. Ebd. S. 6.

[20]) Vgl. für das Folgende ebd. S. 1–2.

[21]) Vgl. dazu: *Schneider/Heim/Wacker*, Tätigkeitsspezifische Eignungstests, S. 47–83; *Hanft*, Eignungsdiagnostik in Betrieben; *Horn*, Test und Theater, S. 112–118.

[22]) Genau dies propagierten Psychologen als „schlagendes Argument“ für die Notwendigkeit, ihre professionelle Expertenkompetenz einzubeziehen. Vgl. z. B.: Heinz *Dirks*, Psychologische Tests in den Händen von Laien, in: Mensch und Arbeit 2, 1950, S. 200–202.

gen und zwar in der besonderen Form des heimlich beratenden, durch seine Intuition besonders qualifizierten Graphologen, dessen wissenschaftliche Anerkennung auch zeitgenössisch umstritten war.[23]) In Leverkusen kam somit zwar das komplette Angebot an wissenschaftsgestützten Methoden zum Einsatz; weder den Verfahren noch ihren Trägern wurde jedoch ein Status eigener Entscheidungsrelevanz eingeräumt.

Die Zusammenarbeit zwischen Wissenschaft und Praxis, wie Jacobi sie für Leverkusen beschrieb, bestand im Wesentlichen darin, dass wissenschaftliche Experten oder Verfahren immer dann als Entscheidungshilfe oder -legitimation eingeschaltet wurden, wenn Betriebspraktiker Schwierigkeiten hatten oder solche befürchteten. Jacobis unternehmerische Personalpolitik stellte damit eine vermittelte Form von Verwissenschaftlichung dar. Sie zeichnete sich besonders dadurch aus, dass die Betriebspraktiker sich gegenüber den Experten eigene Handlungsspielräume vorbehielten, zugleich aber den Wert wissenschaftlicher Verfahren anerkannten. Dies war die Ausgangslage, aus der heraus, die Personalverantwortlichen der Unternehmen selbst einen eigenen Expertenstatus zu entwickeln begannen, den von Personalexperten. Dieser Expertenstatus unterschied sich von dem der herkömmlichen Humanexperten dadurch, dass er nicht allein auf Wissenschaftlichkeit als legitimierende Referenz setzte, sondern stattdessen versuchte, Erfahrung mit Wissenschaftlichkeit zu verbinden. So betonte der Bayer-Personalchef am Ende seines Vortrags in Abgrenzung zu den „reinen" Humanexperten – aber im Einklang mit der unternehmerischen Rhetorik – die Bedeutung von Erfahrungswerten und zeigte sich einer entsprechenden „Menschenkenntnis" unter humanoptimistischen Vorzeichen verpflichtet: In Personaldingen müsse neben einem „klaren Verstand" immer auch „das Herz" beteiligt sein.[24])

Mit dieser Haltung ließ sich nicht nur betriebliche Sozialpolitik verbinden, die in paternalistischer Tradition über den Arbeitsvertrag hinaus reichende soziale Leistungen bereitstellte. Parallel dazu konnte die neue individual-integrativ vergemeinschaftende Personalpolitik auch als rational und „herzlich" zugleich „verkauft" werden. Und drittens bot diese Kombination offene Spielräume für sonstige „Grundsätze", die die Ausrichtung unternehmerischer Personalpolitik zusätzlich bedingten. Jacobi erklärte den Soziologen in Dortmund nämlich auch, dass für ihn die Maxime gelte:

> „Menschen ‚mit kleinen Fehlern', d.h. die in jüngeren Jahren Torheiten gemacht haben, soll man durchaus einstellen, wenn ihre Torheiten nicht aus Schlechtigkeit begangen wurden."[25])

[23]) Vgl. dazu nicht nur den so genannten „Methodenstreit" in der akademischen Psychologie (*Métraux*, Methodenstreit; *Grossheim*, Die westdeutsche Psychologie), sondern auch die Auseinandersetzungen über Aufnahme und Anerkennung der Graphologen in den Berufsverband deutscher Psychologen: *Bönner/Lück*, Die Mitteilungen, S. 43, 87f., 249–253.

[24]) Vortrag von Fritz *Jacobi*, Die Aufgaben der Personalführung in einem chemischen Großbetrieb, gehalten am Dienstag, 24.4.1951, Archiv des Landesinstituts Sozialforschungsstelle Dortmund, Geschichte der SFSD, 1/3, hier S. 5.

[25]) Ebd. S. 3.

Die Unterscheidung, ob es sich im Einzelfall um „tolerierbare Jugendsünden" oder um „grundsätzliche Schlechtigkeit" handelte, überantwortete der Bayer-Personalchef damit implizit der Einschätzung des verantwortlichen Personalexperten, seinem „gesunden Menschenverstand". Dass er als Referenz in diesem Zusammenhang einen „früheren Chef" (Marine?) mit der Aussage „Wer nicht Dummes zustande bringt, bringt auch nichts Kluges zustande" zitierte, weist zudem daraufhin, dass solche „Jugendsünden" nicht nur als tolerierbar, sondern tendenziell als normal oder unvermeidlich angesehen wurden – prinzipiell sogar als auszeichnend interpretiert werden konnten.

Berücksichtigt man zwei spezifische Bedingungen, unter denen diese Äußerungen gemacht wurden, dann lassen sich die konkreten Interessen, die die Verwissenschaftlichung betrieblicher Personalpolitik unter unternehmerischen Vorzeichen („Herz" und „Erfahrung") begrenzten, noch deutlicher benennen: Jacobi betrieb den Aufbau betrieblicher Personalpolitik als Teil einer unternehmerischen Image-Kampagne.[26]) Grundsätze, wie der oben genannte, standen im engen Zusammenhang mit der tief greifenden Erschütterung des unternehmerischen Selbstbewusstseins und Ansehens, die zu Beginn der 1950er Jahre noch keineswegs überwunden war.[27]) Nimmt man zugleich in den Blick, dass auch Jacobi, wenn er solche Grundsätze formulierte, in der Regel nur männliches Personal vor seinem inneren Auge hatte, dann wird deutlich, dass es auch Bestrebungen zur Restabilisierung unternehmerischer Männernetzwerke waren, die die Verwissenschaftlichung betrieblicher Personalpolitik begrenzten.

Die Vorstellungen von „Männlichkeit", wie Jacobi sie zur Maxime betrieblicher Personalrekrutierung erhob, ermöglichte es, „Fehltritte" oder „Ausrutscher" im „jugendlichen Alter", das bei den betroffenen Bewerbern nicht selten zwischen 1933 und 1945 gelegen haben dürfte, in ein integres Persönlichkeitsprofil zu übersetzen. Dazu waren die „modernen" wissenschaftlichen Methoden – abgesehen von der Graphologie –, die darauf ausgerichtet waren, Fähigkeiten und Fertigkeiten unabhängig von Geschlecht und persönlichem Lebensweg zu ermitteln, einfach nicht geeignet. Entsprechend setzte Jacobi auch bei der „Bewährung" von Personal auf weniger elaborierte Methoden, die entsprechende Erfahrungen beim Militär vermuten lassen: Eine Probezeit erachtete er als unerlässlich, sie müsse „auch wirklich als solche gehandhabt werden".[28]) Was der Bayer-Personalchef damit meinte, lässt sich weiterhin erahnen angesichts seiner Skepsis gegenüber individuellen Fördermaßnahmen für Mitarbeiter in Form von Schulungen und Kursen: Um Chancen zu geben,

[26]) Vgl. Kap. 5.1.

[27]) *Wiesen*, West German Industry.

[28]) Vortrag von Fritz *Jacobi*, Die Aufgaben der Personalführung in einem chemischen Großbetrieb, gehalten am 24.4.1951, Archiv des Landesinstituts Sozialforschungsstelle Dortmund, Geschichte der SFSD, 1/3, hier S. 3.

seien sie gut, man dürfe es aber nicht übertreiben.[29]) Kurz: Man verzichtete auf eine wissenschaftlich-„objektiv" ermittelte Einschätzung der jeweiligen Eignung. Der „Mann mit kleinen Fehlern" musste sich stattdessen in Form von einzelkämpferischem „Durchboxen" bewähren. Typisch für diese Form männlich-kämpferischer Personalpolitik war es außerdem, „Mitarbeiterbeziehungen" durch betrieblichen (Mannschafts-)Sport zu pflegen. Nicht nur die 1957 von Bayer in Leverkusen errichtete Sporthalle trug Jacobis Namen. Gleich zu Beginn seiner Tätigkeit für das Unternehmen übernahm der Personalchef den Vorsitz von „Bayer 04" (1949) sowie von zwei weiteren betriebseigenen Sportvereinen und spielte selbst aktiv Hockey.[30]) Der aus dieser Tätigkeit resultierende „persönliche Kontakt" diente ihm zudem als eine seiner wichtigsten betrieblichen Informationsquellen, um sich Wissen über Belegschaft und Führungskräfte zu beschaffen.[31])

6.2 Betriebspsychologische Abteilungen als personalpolitisches Surrogat

Die bei Bayer während der 1950er Jahre praktizierte unternehmerische Personalpolitik stellte auch unter den aufgeschlossenen Unternehmen eine Ausnahme dar. Zumeist blieb die bestehende Organisationsstruktur – eine Sozialabteilung mit angehängter Personalverwaltung – unangetastet. In einigen Großunternehmen jedoch, wo personalpolitische Innovationen zwar keine Mehrheit in der Geschäftsleitung fanden, aber von einzelnen Protagonisten der zweiten Reihe dennoch forciert wurden, richtete man in der ersten Hälfte der 1950er Jahre betriebspsychologische Abteilungen ein.

Diese neuen humanexpertiellen Abteilungen hatten als Kompromiss-Ergebnis interner Verhandlungen oder als Maximal-Ergebnis einer „heimlichen" Ausnutzung persönlicher Handlungsspielräume die Funktion eines provisorischen personalpolitischen Surrogats. Im Unterschied zur unternehmerischen Personalpolitik, wie sie bei Bayer unter Federführung der angehenden Personalexperten praktiziert wurde, stellten die betriebspsychologischen Abteilungen institutionalisierte Kooperationen zwischen Psychologen als nun

[29]) Ebd. S. 4. Die Einrichtung der „Meister-Arbeitsgemeinschaften" war maßgeblich von Beckeraths Projekt.

[30]) Vgl. Sonderheft „Vereinsmitteilungen" Bayer 04 aus Anlass der Verabschiedung des Vorsitzers Dr. Fritz Jacobi am 21.02.1967, S. 4–9, hier S. 7f., BAL 271/2, Personalia, Jacobi, 1948–1967.

[31]) Vortrag von Fritz Jacobi, Die Aufgaben der Personalführung in einem chemischen Großbetrieb, gehalten am 24.4.1951, Archiv des Landesinstituts Sozialforschungsstelle Dortmund, Geschichte der SFSD, 1/3, hier S. 8.
Diese Haltung teilte Jacobi mit Hanns Martin Schleyer, dem Personalchef von Daimler-Benz, der die „Sportgemeinschaft Stern" gründete, „da mit Pulli rumlief" und „den Kontakt zu seinen Leuten" gesucht habe. So Schleyers Sohn Arnd, in: *Hachmeister*, Schleyer, S. 254.

betrieblichen Humanexperten und Unternehme(r)n dar. In denjenigen Unternehmen also, wo die Geschäftsleitung Personalpolitik nicht mit ihrem unternehmerischen Führungsanspruch verband, gelang es der „professionalisiertesten" Akteursgruppe des personalpolitischen Felds die Grenze zum betrieblichen Sozialraum zu überschreiten.

In diesen Unternehmen kam es nicht zu einer Aufwertung der herkömmlichen Personalverantwortlichen, die sich auf Kosten der neuen betrieblichen Akteure selber zu (Personal-)Experten aufschwangen, indem sie sich deren spezifisches (betriebs-)psychologisches Wissen aneigneten, gleichzeitig den Psychologen als Trägern dieses Wissens aber einen (organisationsstrukturellen) Platz bei den „alten" Experten, den Ingenieuren, zuwiesen. In den meisten der wenigen für personalpolitische Fragen aufgeschlossenen Großunternehmen etablierten sich stattdessen unter dem „Protektorat" einzelner Geschäftsleitungsmitglieder Psychologen eigenständig als neue betriebliche Akteursgruppe. Da ihre Position abhängig war vom Handlungsspielraum und der Durchsetzungskraft des jeweiligen Schirmherrn, war ihr Status ein vergleichsweise unsicherer. Gleichzeitig jedoch bot ihnen diese Konstellation, weil von betrieblicher Seite wenig regulative Vorgaben gemacht wurden, zunächst verhältnismäßig große Gestaltungsspielräume.

Im Überblick lassen sich bis zur ersten Hälfte der 1950er Jahre zwei Varianten der betriebspsychologischen Praxis unterscheiden, die den konkurrierenden Ansätzen des personalpolitischen Felds entsprachen: Während beispielhaft die betriebspsychologische Abteilung bei Glanzstoff in Wuppertal eine „sozial rationalisierende" Zielsetzung verfolgte, die nahtlos überging zu der angeblich neuen der „Human Relations", entsprach das Tätigkeitsfeld der Psychologin bei Merck in Darmstadt dem Ansatz der „Sozialen Betriebsgestaltung" in seiner spezifisch weiblichen Ausprägung. In denjenigen westdeutschen Unternehmen also, wo personalpolitische Fragen nur von zweitrangiger, aber immerhin überhaupt von Bedeutung waren, vertraten und praktizierten somit Betriebspsychologen in neu eingerichteten Abteilungen personalpolitische Ansätze. In längerfristiger Perspektive war vor allem der „sozial rationalisierende" Ansatz erfolgreich. Warum das so war, erschließt sich anhand eines Vergleichs der unterschiedlichen Bedingungen, denen die Genese und Praxis dieser beiden betriebspsychologischen Varianten unterlagen.

6.3 Sozial rationalisierende Betriebspsychologie: Glanzstoff

Bei der Vereinigte Glanzstoff Fabriken AG, die während der 1950er Jahre zum erfolgreichsten Kunstfaserhersteller der Bundesrepublik avancierte,[32]) erfolgte die Einrichtung der betriebspsychologischen Abteilung 1955 mit der Festanstellung des Psychologen Gustav Spengler. Spengler (1913–1992), ein

[32]) *Vaubel*, Glanzstoff, Bd. 1; *Wicht*, Glanzstoff.

ehemaliger Wehrmachtspsychologe, gehörte neben Bernhard Herwig und Heinz Dirks zu den Gründungsmitgliedern des Braunschweiger „Forschungsinstituts für Arbeitspsychologie und Personalwesen" (Forfa). In dieser Funktion war er seit 1949 in freiem Arbeitsverhältnis für Glanzstoff tätig gewesen. Spenglers Karriere als Betriebspsychologe bei dem Wuppertaler Textilunternehmen hatte eine Schlüsselfunktion für die Bestrebung des Forfa, das betriebliche Tätigkeitsfeld der Psychologen weiter auszubauen und zu verfestigen. Er verkörperte die Schnittstelle zwischen dem Institut und seinem wichtigsten Förderer-Unternehmen. Spenglers Beispiel steht damit nicht nur idealtypisch für den Werdegang der über 40 Forfa-Mitarbeiter.[33]) Ausgehend von ihm lassen sich auch die Bedingungen und Grenzen der betriebspsychologischen Professionalisierungsstrategie aufzeigen, die das Forfa als wichtigstes arbeits- und betriebspsychologisches Institut der jungen Bundesrepublik verfolgte.

Die Kooperation zwischen dem Unternehmen und dem Braunschweiger Experteninstitut entstand, als Glanzstoff unmittelbar nach der Währungsreform vom leistungsgestaffelten Zeit- auf Akkordlohn umstellte.[34]) Dabei wurden im Unternehmen Refa-Methoden eingeführt. Da die Forfa-Psychologen die Refa-Ingenieure im Zuge der gemeinsamen Nachkriegsneugründung ihrer Institute davon überzeugt hatten, dass jeder Refa-Anwärter eine psychologische Eignungsprüfung durchlaufen musste,[35]) traten auch die Psychologen in diesem Zusammenhang mit Glanzstoff in Kontakt. Dies war die Voraussetzung dafür, um zwischen 1949 und 1955 weitere Überzeugungsarbeit für die Verwendung von betriebspsychologischem Wissen im personalpolitischen Bereich zu leisten.

Spengler konnte an eine seit den 1920er Jahren bei Glanzstoff bestehende psychotechnische Tradition anknüpfen.[36]) Entsprechend wurde er im Mai 1949 zunächst damit beauftragt, Eignungsuntersuchungen für das Unternehmen durchzuführen, das dabei war, seine Belegschaft für die Nachkriegsproduktion aufzustocken.[37]) Ausschlaggebend für die Einbindung des Psychologen war die Überlegung, dass

„der Mangel an Kapital die technische Rationalisierung begrenzt, [... weshalb] die ‚Lücken' in den Produktionsmethoden nur durch Massnahmen der Arbeitsrationalisierung ge-

[33]) Vgl. zum Forfa Kap. 4.1 sowie im Anhang Tabelle 9: Forfa-Mitarbeiter, 1948–1963.

[34]) Vgl. auch für den folgenden Abschnitt, wenn nicht anders angegeben: *Wicht*, Glanzstoff, S. 212–218.

[35]) Vgl. Kap. 4.1.

[36]) *Wicht*, Glanzstoff, S. 215.

[37]) Insgesamt wurden zwischen 1949 und 1953 4525 Eignungsuntersuchungen für Glanzstoff durchgeführt, das heißt monatlich durchschnittlich ca. 75 Untersuchungen, was auf einen sehr breiten Einsatz der Psychologen schließen lässt. Vgl. für alle Zahlen: *Weyhenmeyer/Spengler*, Bericht über die „Einführung der Betriebspsychologie in das Unternehmen und ihre Aufgaben" vom August 1953, RWWA, Abt. 195 Acordis AG, Wuppertal, Best. AA DS, S. 4f.

schlossen werden [können]. Das Gelingen dieses Ansatzes zur Kompensation der Mängel im technischen Fortschritt hängt wesentlich ab von der Eignung der Mitarbeiter."[38])

Die Devise lautete also: soziale statt technischer Rationalisierung. Auch innerhalb von Unternehmen war mithin dieselbe Maxime wirksam, auf die sich im außerbetrieblichen Raum Betriebspsychologen und Rationalisierungsexperten als Grundlage ihrer arbeitsteiligen Übereinkunft im Zeichen des „Menschen im Mittelpunkt" gleichzeitig einigten[39]). Obwohl in den innerbetrieblichen Diskussionen das anthropozentrische Bekenntnis nur eine untergeordnete Rolle spielte, waren vor diesem Hintergrund auch betriebliche Rationalisierungsingenieure und ihre Vorgesetzten für „soziale" Rationalisierungsmaßnahmen offen.

Bis zum Beginn der 1950er Jahre entwickelten die Forfa-Psychologen ein eigenes „sozial rationalisierendes" eignungsdiagnostisches Verfahren. Dabei griffen sie auf ein psychologisches Klassifikationssystem zurück, das Heinz Dirks zu Beginn der 1940er Jahre bei der Wehrmachtspsychologie entwickelt hatte.[40]) Ebenso wie Arthur Mayers betriebspsychologischer Nachkriegsansatz baute diese Typologie auf Erich Rothackers geschichtetem Persönlichkeitsmodell auf, rückte ins Zentrum der Konstruktion aber gemäß dem typischen Philipp Lersch folgenden wehrmachtspsychologischen charakterologischen Ansatz den „Willen".[41]) Das neue so genannte „Strukturschema", das Dirks und Herwig 1951 in der „Psychologischen Rundschau" – dem neu begründeten Organ der akademischen Deutschen Gesellschaft für Psychologie – vorstellten,[42]) spannte sich zwischen den drei Dimensionen „Vitalität" (= Kraft, mit der sich das jeweilige „psycho-physische Leben" entfaltet), „Dynamik" (= Antriebe und Strebungen) und „Steuerung" (= Wille) auf,[43]) so dass sich in jeweils dreifacher Unterteilung insgesamt 27 „Strukturtypen" ergaben (vgl. Abb. 3: „Strukturschema" nach Dirks und Herwig, 1951)[44]).

Die Autoren erläuterten, dass ihr Modell den Anforderungen an eine zeitgemäße Diagnostik in mehrfacher Hinsicht besonders gerecht würde. Grundsätzlich ginge es nicht mehr nur darum, bestehende Fähigkeiten und Fertigkeiten der Probanden aufzuspüren, sondern vor allem Entwicklungspotentiale

[38]) *Weyhenmeyer/Spengler*, „Einführung der Betriebspsychologie", RWWA, Abt. 195 Acordis AG, Wuppertal, Best. AA DS, S. 2. Weyhenmeyer war bis 1967 kaufmännischer Leiter des Glanzstoff-Werks Oberbruch. Vgl. *Wicht*, Glanzstoff, S. 264.

[39]) Vgl. Kap. 4.1.

[40]) *Dirks*, Lebenskraft und Charakter. Dieses Buch erschien in der von Max Simoneit, dem Leiter der Wehrmachtspsychologie, begründeten Schriftenreihe „Die Lehre von der praktischen Menschenkenntnis (praktische Charakterologie). Eine Darstellung ihrer Probleme, Methoden, Begriffe und Anschauungen".

[41]) *Geuter*, Die Professionalisierung, vor allem S. 153, 168–185; *Horn*, Test und Theater, S. 117.

[42]) Bernhard *Herwig*/Heinz *Dirks*, Strukturtypen des praktischen Handelns, in: Psychologische Rundschau 2, 1951, S. 20–28.

[43]) Zur äußerst knappen Erläuterung dieser Kategorien vgl. ebd. S. 25.

[44]) Ebd. S. 23.

Abbildung 3: „Strukturschema“ nach Dirks und Herwig, 1951

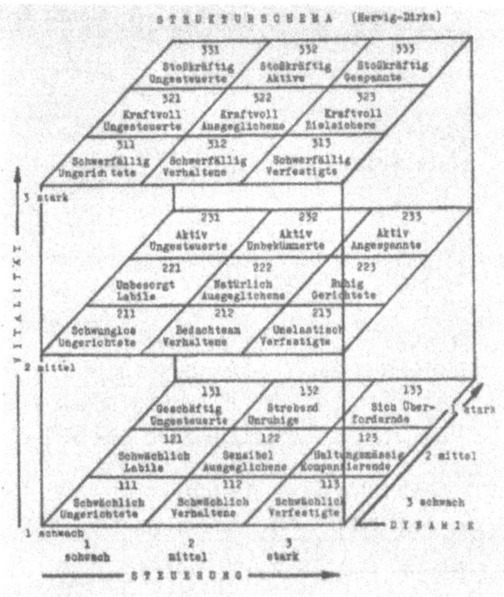

zu erkennen („vom ‚Prüftest‘ zum ‚Entfaltungstest‘“). Herkömmliche „Entfaltungstests“ jedoch, die allein gedeutet würden, liefen Gefahr, „sich von der notwendigen Basis wissenschaftlicher Exaktheit [zu] entfernen und in subjektive, nicht genügend gesicherte Meinungsbildung [zu] verlieren“.[45]) Ihr Modell der „Strukturtypen des praktischen Handelns“ hingegen sei dagegen gefeit. Denn der Psychologe sei bei der Einordnung jedes einzelnen Falles gezwungen,

„über Verhaltensbeschreibungen hinaus zu einer strukturellen Aufhellung der in der Persönlichkeit gegebenen Hintergründe dieses Verhaltens vorzudringen. Eine solche Selbstkontrolle haben wir [...] unbedingt nötig, wenn wir verantwortliche Entscheidungen treffen müssen.“

Darüber hinaus trüge das „Strukturschema“ den spezifischen Bedingungen Rechnung, welche die (betriebliche) Praxis an eignungsdiagnostische Verfahren stelle:

„Das [...] diagnostische Problem liegt im Bereich der charakterologischen Konzeption zur Aufdeckung des Wesenskerns der Persönlichkeit. [...] Die Bedürfnisse der Praxis gehen [aber] über die reine Feststellung einer bestimmten Individualität hinaus; es müssen Ordnungen geschaffen werden, entweder in bezug auf bestimmte Berufsstrukturen oder aber auch für Gruppen von Menschen, wie sie etwa in Betrieben unter bestimmten Bedingungen zusammen arbeiten müssen.“

Daher umfasse ihr Modell – und darin lag seine größte „sozial rationalisierende“ „Errungenschaft“ – auch eine „psychologisch vertiefte Berufsanalyse“: Bei einer größeren Anzahl von Untersuchungen zeigten sich nämlich für bestimmte Berufe Häufungen an bestimmten Stellen des Schemas. Dadurch könne „für

[45]) Vgl. auch für die folgenden Zitate: ebd. S. 20.

	Befund (0=nichts, 3=normal, 5=viel)	0	1	2	3	4	5
1. Körperliche Anforderung	Größe						
	Kraft						
	Ausdauer						
	Körpergeschick						
	Hand- und Fingergeschick						
2. Sinnes-anforderungen	Sehschärfe						
	Farbsehen						
	Gehörschärfe						
	Geräuschempfindlichkeit						
	Übrige Sinne (Tasten, Riechen, Schmecken)						
3. Anforderungen an die Aufmerksamkeit	Konzentration der Aufmerksamkeit						
	Verteilung der Aufmerksamkeit						
4. Anforderungen an die Intelligenz	Theoretische Intelligenz						
	Praktische Intelligenz						
	Technisches Verständnis						
	Dispositions- und Organisationsfähigkeit						
5. Anforderungen an die Verantwortung	Menge (Tempo – Antrieb)						
	Qualität (Genauigkeit – Steuerung)						
6. Soziale Anforderungen	Einordnungsfähigkeit (Gemeinschaftsfähigkeit)						
	Führungsfähigkeit						

Abbildung 4: Anforderungsprofil nach Spengler, 1952

die psychologische Kennzeichnung bestimmter Berufe über einzelne berufswichtige Eigenschaft hinaus eine strukturtypische Bestimmung der entscheidenden Wesensart“ geleistet werden.

Welche „sozial rationalisierenden“ und zugleich betriebspsychologisch professionalisierenden Möglichkeiten sich daraus in der betrieblichen Praxis ergaben, machte Gustav Spengler bei Glanzstoff vor: Er verband das Herwig/Dirks'sche „Strukturschema“ mit dem herkömmlichen arbeitswissenschaftlichen Verfahren der „Arbeitsplatzanalyse“. Indem er jede Tätigkeit, für die er Personal auswählen sollte, zunächst genauestens in ihre Einzelabläufe zerlegte, erstellte er einen umfassenden Anforderungskatalog, der in sechs Kategorien mit jeweils wiederum zwei bis fünf Unterkategorien aufgeteilt war (vgl. Abb. 4: Anforderungsprofil nach Spengler, 1952)[46]).

[46]) Material zum Vortrag: Auslese, Ausbildung und Erziehung, Dr. G. Spengler, RWWA, Abt. 195 Acordis AG, Wuppertal, Best. S 12-7.

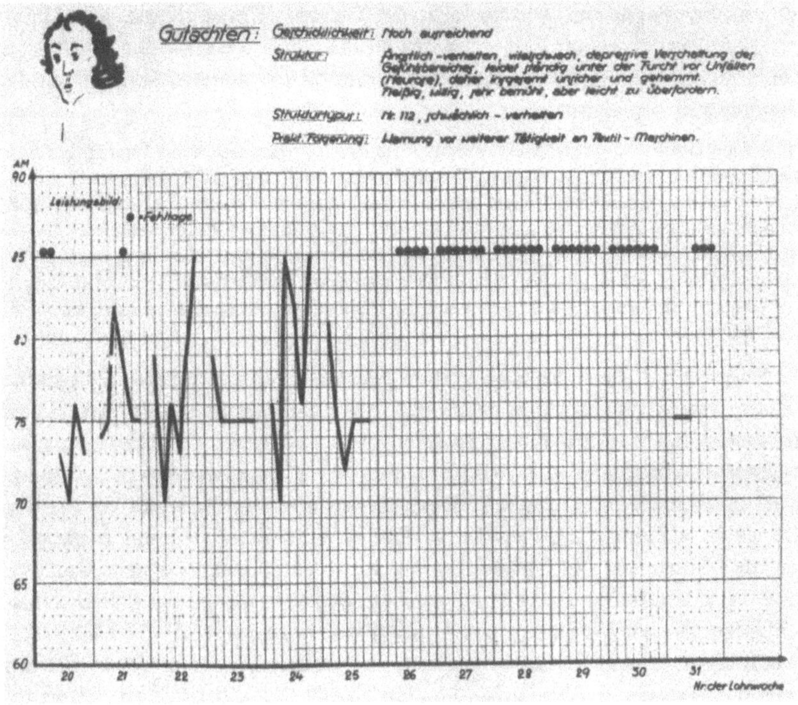

Abbildung 5: Beispiel-Gutachten der Glanzstoff-Psychologen, 1952

Diese Anforderungen wurden anhand von Tests überprüft und mit einer Leistungsbeobachtung über einen bestimmten Zeitraum korreliert, so dass Spengler im Abgleich zwischen strukturtypischer Zuordnung und empirischem Befund eine Aussage über das jeweilige persönlichkeitsbedingte Potential zur Erbringung einer bestimmten Arbeitsleistung, die „Eignung", machen konnte. Wie ein mit diesem Verfahren erstelltes Gutachten aussah, präsentierte Spengler Anfang der 1950er Jahre bei einem Vortrag anhand einiger fiktiver Beispiele, da authentisches Material freilich streng vertraulich behandelt wurde (vgl. Abb. 5: Beispiel-Gutachten der Glanzstoff-Psychologen, 1952)[47]).

Die Forfa-Psychologen passten mit dieser Vorgehensweise bis zum Beginn der 1950er Jahre herkömmliche eignungsdiagnostische Grundlagen, die bei der Wehrmachtspsychologie entwickelt worden waren, im Zeichen der „sozialen Rationalisierung" neuen betrieblichen Erfordernissen an. Diese von ihnen entwickelten arbeits- und betriebspsychologischen Verfahren waren mithin nicht „amerikanisiert", im Gegenteil: Trotz ihrer Anpassung an arbeitswissenschaftliche und rationalisierende, an „vernünftige" Standards waren sie durchtränkt vom „deutschen" Glauben an „Wesen" und „Wille". Gerade des-

[47]) Ebd.

wegen überzeugte das, was Spengler bei Glanzstoff präsentierte. So schrieb beispielsweise einer der Leitenden des Werks Oberbruch, wo der Psychologe seine Eignungsuntersuchungen zuerst durchführte, in einem Vermerk an die Wuppertaler Sozialabteilung:

„Die Eignungsprüfungen von Dr. Spengler werden von den leitenden Herren in Oberbruch positiv beurteilt. Das von Dr. Spengler angewandte und Prof. Herwig wissenschaftlich entwickelte System beschränkt sich nicht nur auf psychologische Eignungsprüfungen, sondern stellt die Ergebnisse dieser Einzelprüfungen in den Gesamtrahmen einer charakterologischen Studie. [...] In Anbetracht der Bedeutung, die zweifellos in der ganzen Sache steckt, erscheint es geboten, einen ziffernmässigen Überblick über die Auswirkungen der eingesparten Anlernzeit zu gewinnen. [...] Ich selbst werde mich [darum] bemühen [...]."[48])

Aufbauend auf diese Erfolge konnte Spengler das betriebspsychologische Tätigkeitsspektrum bei Glanzstoff auch über die Eignungsdiagnostik hinaus ausweiten. In einem zusammenfassenden Bericht über die Einführung der Betriebspsychologie von 1953 erklärte er, dass er die Verantwortlichen bei Glanzstoff davon hätte überzeugen können, dass es zur bestmöglichen Verwertung des durch eignungsdiagnostische Verfahren generierten Wissens notwendig sei, die Mitarbeiter des Unternehmens „nicht nur mit den betriebspsychologischen Maßnahmen vertraut zu machen, sondern sie grundsätzlich aufzuschließen für den Gedanken der Produktivitätssteigerung".[49]) Der Betriebspsychologe verknüpfte also – genauso wie Arthur Mayer in seiner für das personalpolitische Feld bahnbrechenden Habilitationsschrift – eine Erweiterung des psychologischen Programms bei Glanzstoff mit der Zielsetzung der „sozialen Rationalisierung". Ganz im Sinne der genuin betriebspsychologischen Ausrichtung, dem Einzelnen durch Arbeit bei der Entwicklung seiner Persönlichkeit behilflich zu sein, konstatierte Spengler, dass die Feststellung der Eignung allein „nicht zu optimaler Auswirkung [komme], wenn sie nicht durch Anlernung und Ausbildung ausgewertet" würde. Dazu sollten systematische Anlernverfahren für die Arbeiter dienen und vor allem Schulungen, so genannte „Gespräche", für Vorgesetzte.

Als ersten konnte der Psychologe den Leiter der Ausbildungsabteilung des Werks Obernburg, den Ingenieur Eberhard Schiöberg, für eine solche Maßnahme gewinnen.[50]) Mit ihm zusammen führte Spengler 1949 die so genannten „Vorarbeiter-Gespräche" ein. Dabei handelte es sich um halbjährlich durchgeführte einwöchige Lehrgänge mit durchschnittlich 15 Teilnehmern, die in einer anderthalbstündigen Sitzung im Anschluss an die Arbeit zunächst von Schiöberg, ab 1950 von den zuständigen Abteilungsleitern geleitet wur-

[48]) Vermerk von Dr. W. Eggemann an Herrn Dr. Wegner, 21.10.1949, RWWA, Abt. 195 Acordis AG, Wuppertal, Best. S 12/7.

[49]) *Weyhenmeyer/Spengler*, „Einführung der Betriebspsychologie", RWWA, Abt. 195 Acordis AG, Wuppertal, Best. AA DS, S. 5f.

[50]) Eberhard *Schiöberg*, Das Bild des Vorarbeiters. Überlegungen am Ende der Vorarbeiterlehrgänge, Obernburg 1951, RWWA, Abt. 195 Acordis AG, Wuppertal, Best. S 12/3.

den.[51]) Inhaltlich ging es um Produktionsverfahren, Arbeitsplatzorganisation, Fragen der betrieblichen Sozialpolitik, des Lohnes sowie um Menschenbeurteilung und Ausbildung. Die Vorarbeiter erhielten damit einen breiten Einblick in das Werksgeschehen. Erklärtes Ziel der Veranstaltung war die „Persönlichkeitsentwicklung der einzelnen Vorarbeiter(innen)", um sie „in ihrer Einstellung zu Aufgabe und Mitarbeitern überlegener und sicherer zu machen".[52])

Nicht nur mit dieser Zielsetzung waren die „Vorarbeiter-Gespräche" innovativ. Auch methodisch setzte der Psychologe neue Maßstäbe im Unternehmen. Unter der Überschrift „Ein Spiel für Männer – nur ein Spiel?" berichtete 1952 Schiöberg in der Glanzstoff-Werkszeitung anschaulich über die Vorgehensweise in den „Gesprächen":[53]) Als Auftakt wurde den Teilnehmern die Aufgabe gestellt, in „Dauerproduktion" Spielmarken herzustellen. Dazu wurden Gruppen eingeteilt, die kleine runde Plättchen mit buntem, quadratisch ausgeschnittenem Papier bekleben und in bestimmter Stückzahl verpacken sollten. Weitere Anweisungen wurden nicht erteilt. Eigenverantwortlich mit dieser Aufgabe betraut, hätten die Teilnehmer schnell die Erfahrung gemacht, dass sich die Durchführung als schwieriger und komplexer erwies als erwartet. Es seien Probleme der Zusammenarbeit, der Rationalisierung, der Arbeitsorganisation, der Eignung usw. aufgetreten, so dass ausgehend von den Erfahrungen, die jeder Teilnehmer selbst gemacht hatte, diese Themen im Anschluss daran mit jeweils vertiefenden Vorträgen und Diskussionen hätten erarbeitet werden können. Diese Art der jeweils individuellen aktiven Aneignung durch eigene Erfahrung, hatte Spengler gemeint, als er von „grundsätzlichem Aufschließen" jedes Einzelnen für den Gedanken der Produktivitätssteigerung sprach.

Die „Vorarbeiter-Gespräche" lösten eine nachhaltige Eigendynamik innerhalb des Unternehmens aus. Bald nach ihrer Einführung beschwerten sich die Meister, warum sie keine gleichartige Förderung erhielten. Spengler bemühte sich, diese Reaktion als Verdienst und Erfolg des Betriebspsychologen darzustellen:[54]) „Man spürte, daß für Ansehen und Geltung mehr als zuvor das Können und der Wert der Persönlichkeit bestimmend" sei, wenngleich auch er wusste, dass durch die „Vorarbeiter-Gespräche" in erster Linie „die natürliche Spannung zwischen Meistern und Vorarbeitern neu akzentuiert worden"

[51]) Ab Mitte der 1950er Jahre wurden die „Vorarbeiter-Gespräche" mit 20–40 Teilnehmern einmal im Jahr ganztägig durchgeführt. Vgl. Materialzusammenstellung für Bericht über betriebspsychologische Arbeiten im Bereich der VGF-AG und befreundeter Gesellschaften, 1955, RWWA, Abt. 195 Acordis AG, Wuppertal, Best. ZO-7848.

[52]) *Weyhenmeyer/Spengler*, „Einführung der Betriebspsychologie", RWWA, Abt. 195 Acordis AG, Wuppertal, Best. AA DS, S. 5.

[53]) Eberhard *Schiöberg*, Ein Spiel für Männer – nur ein Spiel?, in: Wir vom Glanzstoff 12, H. 2 (1952), S. 16–18.

[54]) *Weyhenmeyer/Spengler*, „Einführung der Betriebspsychologie", RWWA, Abt. 195 Acordis AG, Wuppertal, Best. AA DS, S. 6.

war. Gleichwohl begünstigte diese „Spannung“ den hierarchischen Aufstieg und die Etablierung der Maßnahme. 1951 wurden bei Glanzstoff die so genannten „Birkensteiner Meistergespräche“ eingeführt, die sich in der Folge zu einer festen Institution etablierten.[55]) Zwei Jahre später (1953) installierte man außerdem Gespräche für Abteilungsleiter in Bad Nauheim.[56]) Zwar waren die Veranstaltungen für Meister und Abteilungsleiter anders organisiert als die Vorarbeiter-Gespräche; sie fanden an auswärtigen Orten statt und als Vortragende fungierten insbesondere hohe Führungskräfte des Unternehmens, auch Vorstandsmitglieder, die über ihre jeweiligen Zuständigkeitsbereiche referierten.[57]) Prinzip und Zielsetzung waren jedoch dieselben wie bei den Vorarbeiter-Gesprächen.

Die positiven und differenzierten Rückmeldungen der Teilnehmer des ersten „Abteilungsleiter-Gesprächs“ – von Spengler um schriftliche Äußerung gebeten – bestätigen,[58]) dass der neue Veranstaltungstyp durchaus Auswirkungen auf Kommunikationsverhalten und Selbstverständnis der teilnehmenden Führungskräfte hatte: Die Abteilungsleiter zeigten sich erstaunt über die Offenheit der Diskussion,[59]) fühlten sich ausgezeichnet durch die Anwesenheit von Vorstandsmitgliedern[60]) und bemerkten positiv die Gelegenheit, Kontakte zwischen Technikern, Chemikern und Kaufleuten aufnehmen zu können[61]).

Bis 1953 gelang es Spengler, bei Glanzstoff ein umfassendes betriebspsychologisches Programm einzuführen: Ausgehend von herkömmlichen „klas-

[55]) Notiz von Spengler an Vorstandsmitglieder und Werksleitungen vom 10.10.55, RWWA, Abt. 195 Acordis AG, Wuppertal, Best. S 12/3.

[56]) Notiz von Spengler an den Vorstandsvorsitzenden vom 7.7.1953, RWWA, Abt. 195 Acordis AG, Wuppertal, Best. S 1/11.

[57]) Programm der „Abteilungsleitergespräche Juni/Juli 1953“, ebd.; Notiz von Spengler an die Sozial-Abteilung vom 7.5.1962, RWWA, Abt. 195 Acordis AG, Wuppertal, Best. S 12/3.

[58]) Vgl. für alle Teilnehmer-Rückmeldungen, RWWA, Abt. 195 Acordis AG, Wuppertal, Best. S 1/11.

[59]) „Primär war doch wohl daran gedacht, durch eine Schulung der Abteilungsleiter bei ihnen eine Resonanz für die Arbeit der Birkensteiner [Meister-]Schulungswochen zu schaffen und deshalb in ähnlicher Weise wie dort vorzugehen. Das Niveau der Diskussionsteilnehmer in Bad Nauheim machte jedoch im Laufe der Gespräche eine Verlagerung des Schwerpunktes von der Schulung auf die Diskussion notwendig.“, Enslin, 24.7.1953; „Weiterhin bin ich dankbar dafür, daß man auch heiklen Fragen nicht aus dem Wege ging, sondern freimütig zur Diskussion stellte“, Wunker, 28.7.1953.

[60]) „Die Art, wie die Herren des Vorstandes an einem Tisch mit uns sassen, menschlich nahe, in keiner Weise distanziert, empfand ich als Auszeichnung.“, Richter, 1.8.1953.

[61]) „Obwohl ich anfangs starke Bedenken hatte, ob es möglich sei, die verschiedenen Berufssparten (Chemiker, Ein- und Verkäufer, Verwaltungsleute, Techniker) auf ein gemeinsames Ziel auszurichten, erkannte ich bald, daß es recht zweckmäßig war, mir einseitig orientiertem Techniker auch einmal einige Grundsätze der Konzernführung, Bilanzaufstellung, Sozial-Wesen [...] nahe zu bringen.“, Wunker, 28.7.1953; „Der Konnex, der sich zwischen Technikern, Chemikern und Kaufmann in Nauheim ergab, hat meines Erachtens dazu beigetragen, Ressentiments abzubauen.“, Laumeister, 17.7.1953.

sischen“, dann „sozial rationalisierend“ angepassten Eignungsuntersuchungen erweiterte er sukzessive die Verwendungen betriebspsychologischen Wissens im Unternehmen um Fortbildungsmaßnahmen für alle Gruppen innerbetrieblich „schulbarer“[62]) Führungskräfte. Diese Veranstaltungen waren im Zeichen der „sozialen Rationalisierung“ auf die Entwicklung der Persönlichkeit des Einzelnen ausgerichtet, entsprachen somit exakt der doppelten Zielsetzungen, wie Betriebspsychologen sie zugleich in außer- und überbetrieblichen Auseinandersetzungen mit Rationalisierungsexperten entwickelten.

Doch nicht allein dieser erfolgreiche, forfa-gestützte Ausbau des betriebspsychologischen Angebots bei Glanzstoff war eine wichtige Voraussetzung für Spenglers Festanstellung. 1953 fielen zudem zentrale Entscheidungen für das „Nachkriegsschicksal“ des gesamten Unternehmens. Am 9. Juli des Jahres einigte sich die Glanzstoff-Geschäftsleitung vertraglich mit dem niederländischen AKU-Konzern (Algemene Kunstzijde Unie N.V.) auf einen neuen gemeinsamen Kurs.[63]) Seit 1929 hatten die Vereinigten Wuppertaler Textilfabriken mit der AKU eine Kooperation gepflegt, die jedoch während des Nationalsozialismus stark beeinträchtigt worden war. Die Einigung von 1953 war zentrale Bedingung für die endgültige Nachkriegsbesetzung von Vorstand und Aufsichtsrat sowie die Organisationsstruktur des gesamten Unternehmens. So war in dem neuen Kooperationsvertrag festgelegt, dass der Glanzstoff-Vorstand aus vier deutschen Vertretern und einem von den Niederländern bestellten Mitglied bestehen sollte. Mit der Berufung von Ludwig Vaubel zum neuen „Chefjustitiar“ (1.7.1953), der damit seinen bisherigen Vorgesetzten Karl Schmekel, der 65-jährig seinen Ruhestand antrat, beerbte, konstituierte sich dieses Gremium. Vaubel, von nun an zuständig für „Recht und Soziales“ bei Glanzstoff, war damit neben dem AKU-Vertreter Ir. Arie van Halewijn, der seit 1947 zum Vorstand gehörte, der einzige „Neue“ in der Geschäftsleitung. Ernst Hellmut Vits war seit 1939 Vorstandsvorsitzender von Glanzstoff, Hermann Rathert seit 1942 technischer Leiter und Carl Ritzauer seit 1940 zuständig für Kaufmännisches.[64]) Der Jurist Vaubel (1908–1988) arbeitete seit 1934 für das Unternehmen, seit 1939 als Leiter der Rechtsabteilung.[65]) Von 1940 bis 1944 hatte er den deutschen Glanzstoff-Vorstand bei der AKU im besetzten Holland vertreten. Trotz der im Verlauf des Krieges zunehmenden Dissonanzen in den Geschäftsbeziehungen zwischen Deutschen und Niederländern

[62]) Führungskräfte oberhalb der Ebene von Abteilungsleitern ließen sich nicht innerbetrieblich, d.h. von hauseigenen Psychologen fortbilden oder „auslesen“, da die Schranken der Betriebshierarchie dies nicht erlaubten. Für ihre Auswahl und Fortbildung boten zunehmend außerbetriebliche „Personal-Berater“ ihre Dienste an. *Koller*, Psychologie und Selektion; vgl. im Anhang Tab. 10: Durchführungsorte betriebspsychologisch gestützter Personalmaßnahmen in ihrer Beziehung zur Betriebshierarchie im Überblick.

[63]) *Vaubel*, Glanzstoff, Bd. 1, S. 84–110, zum Vertrag von 1953: S. 111–113.

[64]) Vgl. ebd. S. 250; *Vaubel*, Tagebuch, S. 18f.

[65]) *Zempelin*, Ludwig Vaubel.

hatte Vaubel es verstanden, persönlich gute Kontakte aufrecht zu erhalten.[66]) Diese Komponente stellte neben seiner persönlichen Bewährung gegenüber Vits, die er im Zusammenhang mit dem so genannten „Spinnfaser"-Prozess (1947) bestand,[67]) eine wichtige Bedingung seiner Bestellung zum Vorstandsmitglied dar.

Vaubel fertigte seit Januar 1949 die Protokolle der Direktionssitzungen an.[68]) Er hatte, nachdem am 24. Juni 1947 sein Entnazifizierungsverfahren erfolgreich abgeschlossen worden war („politisch unbelastet"), zudem bereits Vorbereitungen für eine etwaige Karriere bei Glanzstoff getroffen. Als „zuverlässigen Zwischenposten" in der Wuppertaler Hauptverwaltung hatte er Wolfgang Wicht, der aus dem Krieg zurückgekehrt auf der Suche nach Arbeit war, im Februar 1948 als Leiter der Sozialabteilung protegiert.[69]) Ebenso profitierte der Psychologe Gustav Spengler vom Aufbau dieses informellen Vaubel'schen Netzwerks. Vaubel wurde der wichtigste Förderer des Forfa, während er wiederum bei seiner personal- und sozialpolitischen Vorstandsarbeit in besonderem Maße auf die betriebspsychologische Expertise Spenglers baute. „Chefjustitiar" Schmekel noch hatte dem Forfa 1951 für die Einrichtung der Zweigstelle in Düsseldorf ein Darlehen in Höhe von DM 10000 gewährt.[70]) Erst unter Vaubels Ägide jedoch wurde die psychologische Expertise im eigenen Unternehmen institutionalisiert. Dies war nicht zufällig einer der ersten Schritte, den Vaubel als Vorstandsmitglied in Angriff nahm. Indem er sich den von Spengler aufgezeigten Weg der betriebspsychologisch gestützten Führungskräfte-Förderung zu Eigen machte, versuchte Vaubel gleichsam als „heimlicher" Personalchef einen neuen personalpolitischen Kurs bei Glanzstoff zu realisieren.

Am 18. Dezember 1953, das heißt etwa ein halbes Jahr nach Vaubels Berufung in den Vorstand, fand gemeinsam mit allen Werksleitern in Wuppertal eine Vorstandssitzung statt, bei der es genau um dieses Thema ging: die „Sor-

66) Dafür spricht nicht nur, dass die Niederländer Vaubel im Zusammenhang seines Entnazifizierungsverfahrens ein entlastendes Zeugnis ausstellten (vgl. *Vaubel*, Tagebuch, Einträge vom 17. und 23.09.1946), sondern auch, dass er an den Nachkriegsverhandlungen zwischen Glanzstoff und AKU beteiligt war (*Vaubel*, Glanzstoff, Bd. 1, S. 102); vgl. außerdem *Zempelin*, Ludwig Vaubel, S. 17.

67) Im so genannten „Spinnfaser"-Prozess, in dem exemplarisch die moralische und rechtliche Legitimität von Schwarzmarktgeschäften verhandelt wurde, mussten sich leitende Angestellte von Glanzstoff gegen die Anklage verteidigen, Kompensationsgeschäfte zu betreiben. Vgl. *Vaubel*, Tagebuch, mehrere Einträge Juni/Juli 1947, 25.07.: „z. Zt. besteht zwischen Vits und mir ein stiller Kampf um die Anerkennung als selbständige Person". Vgl. zum „Spinnfaser"-Prozess: *Benz*, Zwischen Hitler und Adenauer, S. 79-97.

68) *Vaubel*, Tagebuch, 5. 1. 1949.

69) Ebd. 26. 2. 1948. Wolfgang Wicht promovierte im Ruhestand über Glanzstoff: *Wicht*, Glanzstoff.

70) Notiz von Karl Schmekel über die „Besprechung mit Herrn Prof. Herwig" am 25. 1. 1952, RWWA, Abt. 195 Acordis AG, Wuppertal, Best. V 03 – 37/38; vgl. auch Kap. 4. 1.

ge um den Führungsnachwuchs".[71]) Vaubel hatte somit anscheinend sogar Vits davon überzeugen können, dass „nach der Stabilisierung der Verhältnisse [...] nunmehr auch diesem bislang etwas vernachlässigten Gebiet der Personalpolitik erhöhte Aufmerksamkeit und verstärkte Initiative zugewendet werden" müsse[72]) – mit diesen Worten leitete der Vorstandsvorsitzende die Sitzung ein. Es folgten Erläuterungen von Rathert und Halewijn über bestehende Maßnahmen zur Nachwuchsförderung im technischen und chemischen Bereich. Sie verdeutlichten, dass in der bisherigen Praxis hauptsächlich eine Reihe von Stationen festgelegt war, die potentielle Anwärter zu durchlaufen hatten. Der Versuch, diese Vorgehensweise als systematische Förderung angehender Führungskräfte („Auslese" und „Bewährung") darzustellen, konnte jedoch nicht verdecken, dass man bisher allein die Tätigkeit in bestimmten Abteilungen als „Karrieresprungbrett" handhabte.[73]) Umso steiler war die Vorlage für Vaubel. Er präsentierte ein von Spengler ausgearbeitetes Konzept zur „Fortbildung von Nachwuchskräften für Führungsaufgaben in der Industrie",[74]) das zudem alle Sitzungsteilnehmer als 20-seitiges Manuskript erhielten.

Der Psychologe erläuterte darin nicht nur allgemein, sondern vor dem Hintergrund seiner mehrjährigen Tätigkeit für das Unternehmen auch für Glanzstoff im Besonderen die gegenwärtige Lage der systematischen Nachwuchsrekrutierung. Er fasste außerdem überblicksartig zusammen, was es an außerbetrieblichen Angeboten in Westdeutschland gab (A.S.B., Forfa, TWI, Refa). Kern seiner Ausführung jedoch war der Vorschlag, „Fortbildungsausschüsse" in den einzelnen Glanzstoff-Werken sowie einen koordinierenden in der Wuppertaler Hauptverwaltung einzurichten, die sich systematisch um den Auf- und Ausbau der Führungskräfte-Nachwuchspflege kümmern sollten:

> „Im Vordergrund steht die Entwicklung von Persönlichkeiten (Urteilskraft, menschliche Überlegenheit und Einfühlungsfähigkeit, Elastizität und Belastungsfähigkeit, Mut zur Verantwortung), die in Forschung, Produktion, Absatz und Verwaltung Schwerpunktaufgaben übernehmen können [...]."[75])

In einem detaillierten 12 Punkte-Plan erläuterte Spengler die notwendigen zu ergreifenden Schritte. Dieses Programm stellte den umfassenden Aufriss der

[71]) Niederschrift über die Sitzung des Vorstandes gemeinsam mit den Werksleitern am 18.12.1953, RWWA, Abt. 195 Acordis AG, Wuppertal, Best. S 1/11.
[72]) Ebd. S. 3.
[73]) Der Chemikernachwuchs würde, so Rathert, „aus Forschung und Produktionskontrolle" rekrutiert, fände „auch in diesen Abteilungen seine erste Bewährung und Auslese". Bei den Ingenieuren sah er als „erste Stufe" das „Planungsbüro Arnold" vor und als zweite „die Bewährung und weitere Auslese bei der T[echnischen] V[ersuchsanstalt] in Elberfeld". Von hier aus würde „nach Bewährung" die Delegierung zu einem der Werke vorgenommen. Ebd. S. 5.
[74]) Gustav *Spengler*, Die Fortbildung von Nachwuchskräften für Führungsaufgaben in der Industrie, Dezember 1953, RWWA, Abt. 195 Acordis AG, Wuppertal, Best. S 11/9.
[75]) Ebd. S. 2.

Tätigkeit einer unverkennbar anvisierten betriebspsychologischen Abteilung dar.

„1. Untersuchungen zum gegenwärtigen Stellenplan (Führungsaufbau).
2. Aufstellung eines (provisorischen) Stellenplans [...] unter Berücksichtigung zukünftiger Erfordernisse.
3. Auslese der im Stammpersonal vorhandenen Führungsnachwuchskräfte [...].
4. Feststellung der Art und Zahl notwendiger Neueinstellungen für Führungsnachwuchskräfte [...].
5. Anlage einer Nachfolgekartei (Stellvertreter).
6. Untersuchung des gegenwärtigen Fortbildungsweges von Führungsnachwuchskräften (Chemiker, Ingenieure, Betriebswirte u.a).
7. Entwicklung von Fortbildungsplänen unter angemessener Berücksichtigung von Kursen und Gesprächen sowie der planmässigen Beschäftigung in verschiedenen Abteilungen.
8. Unterrichtung aller leitenden Angestellten über die Ziele und Wege der Fortbildung von Führungsnachwuchskräften, Bekanntgabe der Fortbildungspläne.
9. Kontrolle und Koordinierung der Fortbildungsmaßnahmen [...] und Abstimmung von ‚Theorie' und ‚Praxis'.
10. Entwicklung von Beurteilungsbögen [...].
11. Auswertung der Beurteilungen, [...] Vorschlag über weitere Verwendung der Führungsnachwuchskraft.
12. Jahresberichte an den Generaldirektor über die Nachwuchskräfte, die für höhere und höchste Stellen geeignet erscheinen [...].“[76])

Am Ende seines Exposés betonte der Psychologe, dass der vorliegende „gedankliche Grundriss zum Problem der Fortbildung von Führungsnachwuchskräften“ „eine Auswahl wesentlicher Gedanken solcher Männer der Industrie, die zu Fragen der Führung, der Auslese und Fortbildung Entscheidendes zu sagen“ hätten, beinhalte. Sie alle seien „einhellig der Auffassung, daß die Lösung des Nachwuchsproblems bestimmend ist für die Zukunft ihrer Unternehmen und – so darf hinzugefügt werden – ihrer Länder“. Die „Inangriffnahme einer durchdachten und geordneten Fortbildung von Führungsnachwuchskräften auf breiter Basis und auf lange Sicht“ sei daher, so Spengler mit besonderem Nachdruck abschließend, „nicht nur eine Frage des Wollens, sondern des Müssens“.[77])

Diese Strategie war erfolgreich. Mit der Festeinstellung Spenglers zum 1. Januar 1955[78]) wurde die betriebspsychologische Arbeit bei Glanzstoff endgültig institutionalisiert. Bis dahin waren bereits fünf weitere Psychologen für Glanzstoff tätig: Heinz Schmidtke seit dem Herbst 1949 im Werk Oberbruch, Wolfgang Schumann seit August 1950 bei der Beteiligungsgesellschaft Spinnfaser AG in Kassel, Friedrich Fricke seit Oktober 1951 bei der Beteiligungsge-

[76]) Ebd. S. 19f.
[77]) Ebd. S. 20.
[78]) Zwischen Ratio und Intuition. Chronik der Betriebspsychologie in den Werken der Vereinigten Glanzstoff-Fabriken AG und den angeschlossenen Unternehmen mit acht Sachbeiträgen. Nicht veröffentlichte Festschrift der Glanzstoff-Psychologen für Gustav Spengler zum 50. Geburtstag, Wuppertal 1963, keine durchgängige Paginierung; vgl. hier den chronologischen Überblick über die „Psychologie in der Hauptverwaltung“.

sellschaft J.P. Bemberg AG, Kurt Billenkamp seit 1953 im Werk Kelsterbach und Bernd Stannek seit Mai 1954 in der Hauptverwaltung Wuppertal.[79]) 1956 trat außerdem der Psychologe Albrecht Bendziula (geb. 1925) im Werk Kelsterbach in den Dienst von Glanzstoff. Bendziula stieg über die Leitung des Kelsterbacher Personal- und Sozialwesens (ab 1960) und die der Wuppertaler Personal- und Verwaltungsdirektion (ab 1967) schließlich bis zum „Arbeitsdirektor“ in den Vorstand des Unternehmens auf (1976–1984).[80]) Er war neben Vaubel und Spengler die dritte Zentralfigur im psychologisch dominierten, zunehmend sich aber personalexpertiell profilierenden Netzwerk der Humanexperten bei Glanzstoff.

Die Einrichtung der betriebspsychologischen Abteilung in der Wuppertaler Hauptverwaltung stellte in den 1950er Jahren das Maximum des bei Glanzstoff an personalpolitischer Innovation Möglichen dar. Die grundlegende Organisationsstruktur des gesamten Personal- und Sozialbereichs blieb, so lange Vits das Steuer in der Hand hielt, unantastbar. Bis 1969 setzte sie sich im Wesentlichen zusammen aus der „Personal- und Verwaltungsdirektion“, die dem Vorstandsvorsitzenden untergeordnet war, und der Sozialabteilung, die mit der Lohnbuchhaltung zusammengefasst Vaubels Ressort unterstand (vgl. Abb. 6: „Personalabteilung“ bei Glanzstoff vor der Reorganisation 1969)[81]).

Personal und Soziales waren bei Glanzstoff nicht – wie bei Bayer, wo der Vorstandsvorsitzende Haberland den neuen personalpolitischen Kurs Jacobis mittrug, was eine grundlegende Neuorganisation der Personalabteilung bereits während der 1950er Jahre ermöglichte, – in einer umfassenden Abteilung vereint, sondern zwei unterschiedlichen Vorstandsressorts zugeordnet. Vaubels sozialpolitischem Bereich wurde in Nachbarschaft zur Ausbildungsabteilung auch die neu eingerichtete betriebspsychologische Abteilung zugeschlagen. Dies ergab sich aus der engen Zusammenarbeit zwischen Spengler und Vaubel, aber auch daraus, dass in den einzelnen Werken, wo die Psychologen zunächst Fuß fassen konnten, die Betriebspsychologie in der Regel zur Ausbildungsabteilung gehörte. Die Organisationsstruktur derjenigen Abteilungen bei Glanzstoff, die „Personalfunktionen“ erfüllten, war somit nicht systematisch aufgebaut, sondern hatte teilweise provisorischen und personenbezogenen Charakter. Zwar lässt sich ganz grundsätzlich das herkömmliche paternalistische Muster einer Sozialabteilung mit angehängter Personalverwaltung erkennen. Gleichzeitig jedoch wies diese Struktur aber auch bereits Anzeichen ihrer Auflösung auf.

Erstens waren die Kompetenzen zwischen Vits und Vaubel keineswegs eindeutig geklärt. Beide waren formal zuständig für die Abteilungen der „Perso-

[79]) Vgl. für alle Angaben: ebd.

[80]) *Wicht*, Glanzstoff, S. 312.

[81]) Das Organigramm basiert auf folgenden Organisationsplänen der Glanzstoff Hauptverwaltung in Wuppertal: Organisationsplan vom 15.7.1961, RWWA, Abt. 195 Acordis AG, Wuppertal, Best. C 1-29; 1.11.1963, Best. ZO-6347; 1.10.1964, ebd.; 15.3.1969, ebd.

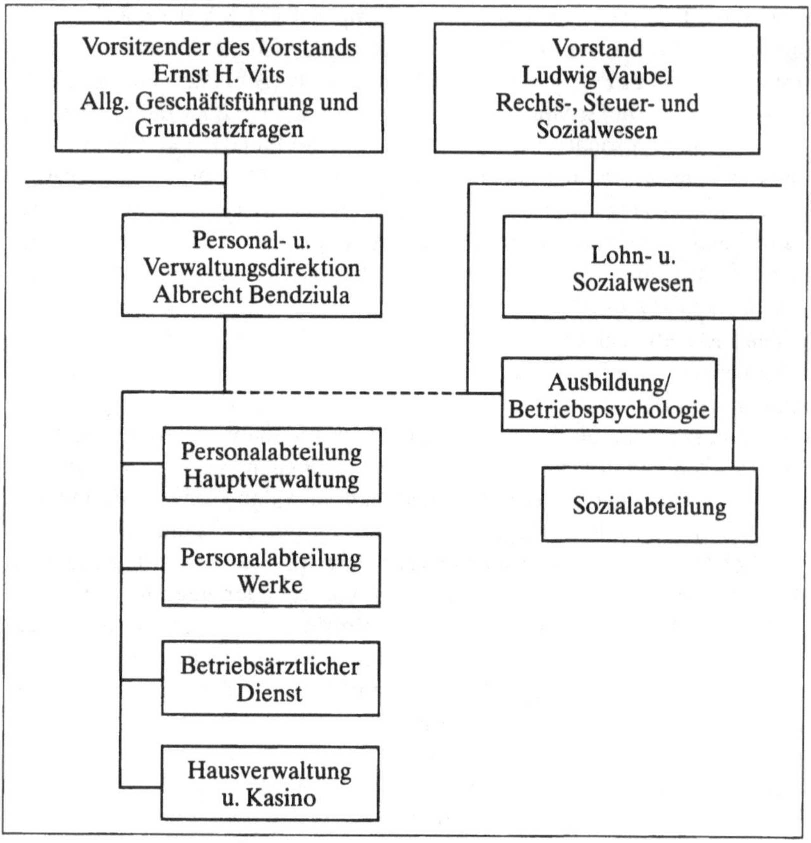

Abbildung 6: „Personalabteilung" bei Glanzstoff vor der Reorganisation 1969

nal- und Verwaltungsdirektion", während ebenso die betriebspsychologische Abteilung gleichzeitig Vaubel direkt wie auch der Vits zugeordneten „Personaldirektion" unterstand. Diese organisationsstrukturelle Unklarheit war eine entscheidende Bedingung dafür, dass Vaubel sein psychologisch dominiertes informelles Netzwerk mit der Einrichtung der betriebspsychologischen Abteilung zunächst institutionell verankern und dann sukzessive immer weiter ausbauen konnte. Bezeichnend ist zweitens, dass insbesondere diese neue Abteilung – die erste „Bastion" betrieblicher Humanexperten – sich nicht in die herkömmliche Struktur der Sozialabteilung plus Personalverwaltung einfügen ließ. Die betriebspsychologische Abteilung, die weder verwalten noch betreuen, sondern gestalten wollte, hatte daher eher provisorischen Status. Dennoch war sie für die Neuausrichtung der Personalpolitik bei Glanzstoff von entscheidender Bedeutung. Hier wurden neue Verfahren und Methoden entwickelt, die das umsetzten, was aufgeschlossene Unternehmer und Vorstandsmitglieder wie Vaubel nach 1945 personalpolitisch zwar für erforderlich hielten, aber mangels eigener Vorstellungen von konkreten Praktiken nicht umzusetzen wussten.

Im Gegensatz zu Spengler ist Vaubel in der Forschung kein Unbekannter. Schon Volker Berghahn hat ihn, der 1950 von Vits und Hermann Josef Abs[82]) nach Amerika geschickt wurde, um als erster Deutscher am Advanced Management Program der Harvard Business School teilzunehmen,[83]) zur Gallionsfigur der „fortschrittlichen" „amerikanisierten" westdeutschen Unternehmer erhoben, die den weiterhin „autoritären" Ruhrindustriellen à la Reusch und Berg Paroli boten.[84]) In der Tat gehörte Vaubel nicht nur in seinem Unternehmen, sondern vor allem auch auf überbetrieblicher Ebene zu den treibenden Kräften, die während der 1950er und 1960er Jahre mit der Einrichtung und Etablierung von Fortbildungs- und Orientierungsinstitutionen für Unternehmer und Führungskräfte neue Maßstäbe setzten.[85]) Er war beteiligt an der Durchführung des ersten Baden Badener Unternehmergesprächs, gehörte zu den Initiatoren des so genannten „Wuppertaler Kreises", in dem ab 1955 die neu gegründeten unternehmerischen Fort- und Weiterbildungsinstitutionen ihre Arbeit koordinierten. Ebenso verdankt die „Walter Raymond-Stiftung" – „Gesprächskreis für führende Persönlichkeiten aus Wirtschaft, Wissenschaft und Gesellschaft" – (1959 gegründet) ihm ihre Existenz, wie auch das „Universitätsseminar der deutschen Wirtschaft", das 1968 seine Pforten öffnete. Vaubel war *die* Zentralfigur bei der Gestaltung einer institutionell ausdifferenzierten Landschaft unternehmerischer Orientierungsorte und Selbstverständigungsinstitutionen in der Bundesrepublik der 1950er und 1960er Jahre.

Sein viel beachteter Erfahrungsbericht über seinen Aufenthalt in den Staaten, den er 1952 unter dem Titel „Unternehmer gehen zur Schule" veröffentlichte, stand am Anfang dieser Karriere als „Lehrmeister" westdeutscher Unternehmer. Dieses Buch hatte in der Tat eine zentrale Bedeutung für Vaubels Werdegang. Die Publikation von 1952 eröffnete dem bisherigen Leiter der Glanzstoff-Rechtsabteilung nicht nur den Zutritt zur Bühne der Unternehmer-Fort- und Weiterbildung. In seiner breiten Rezeption trug das Buch maßgeblich dazu bei, dass diese sich überhaupt erst konstitutierte. Hans Günter Zempelin etwa, Vaubels Nachfolger im Vorstandsvorsitz bei Glanzstoff, berichtete, dass Vaubel selbst ihm gegenüber „wiederholt" geäußert habe, „daß sich aus dem 3monatigen Aufenthalt in den USA ‚eigentlich alles entwickelte'", was er auf überbetrieblicher Ebene danach in Angriff nahm. Zempelin ergänzte diese Aussage um die eigene Beobachtung, dass man „in weiten

[82]) Abs war von 1939 bis 1972 Aufsichtsratsvorsitzender bei Glanzstoff; vgl. *Vaubel*, Glanzstoff, Bd. 1, S. 247.

[83]) *Vaubel*, Unternehmer gehen zur Schule (1952).

[84]) *Berghahn*, Unternehmer, S. 252–254; vgl. außerdem: *Kipping/Kleinschmidt*, Ludwig Vaubel.

[85]) Vgl. für das Folgende: *Zempelin*, Ludwig Vaubel, S. 19–23 sowie die entsprechenden Beiträge in der FS zu Vaubels 60. Geburtstag: Unternehmer und Bildung.

Kreisen" auf Vaubel aufmerksam geworden sei „und die Anforderungen gleichsam von selbst auf ihn zukamen".[86])

Die Bedeutung von Vaubels Erfahrungsbericht lag weniger darin, dass er tatsächlich neue Ideen und Methoden aus Amerika mitbrachte. In erster Linie zeichnete das Buch seinen Verfasser in der Wahrnehmung der anderen westdeutschen Unternehmer als einen aus, dem man in besonderer Weise glauben und vertrauen konnte, weil „die Richtigen und Wichtigen" („die Amerikaner" sowie Vits und Abs) ihm eine vorzugsweise Behandlung hatten angedeihen lassen, indem sie ihm Einblicke in das „Allerheiligste", das Advanced Management Program der Harvard Business School, gewährt hatten. Und: Vaubel hatte ja auch durchaus etwas zu bieten – nur war sein Angebot nicht ganz so amerikanisch, wie man es gerne glauben oder glauben machen wollte. Dennoch bediente Vaubel freilich diese Erwartung weiterhin. So zitierte auch Spengler in seinem dem Glanzstoff-Vorstand präsentierten Konzept zur „Führungskräftenachwuchspflege" nicht die wehrmachtspsychologischen Autoritäten wie Lersch oder Rothacker, sondern *nur* „amerikanisierende" Referenzen: Peter F. Drucker und eine ganze Reihe von Unternehmern, die sich 1952 in einer Artikelserie in der Frankfurter Allgemeinen Zeitung zu dem Thema geäußert hatten, unter anderem den Chef von DuPont E.I. du Pont de Nemours, Sir Charles Renold, den Aufsichtsratsvorsitzenden von Renold & Coventry Chain und Vizepräsidenten des British Institute of Management sowie natürlich den großen Amerikanisierer Ernst H. Vits.[87]) In erster Linie war das aber nicht Spenglers und Vaubels eigentlichem personalpolitischen Anliegen, sondern den Adressaten geschuldet, überspitzt formuliert: „Antragslyrik".

Dass die Forfa-Psychologen, zu denen Spengler gehörte, erst „Human Relations-Spezialisten" wurden, als das RKW als deutsche Produktivitätszentrale Marshall-Plan-Mittel bereitstellte, und *nachdem* sie bereits *eigene* neue Konzepte entwickelt hatten, wurde bereits aufgezeigt.[88]) Aber auch Vaubel wartete zwischen 1945 und 1950 nicht allein darauf, endlich nach Amerika fahren zu dürfen, um dort zu lernen, dass „Human Relations" wichtig seien. Sein veröffentlichtes Tagebuch, das genau diesen Zeitraum abdeckt, dokumentiert, dass er durch Lektüre und in Gesprächen mit Vertrauten und Vertretern der Glanzstoff-Unternehmensleitung bereits unmittelbar nach dem Krieg aktiv und intensiv nach neuer Orientierung suchte und dabei auch fündig wurde. Die in dieser Phase errungenen „Erkenntnisse" und Entscheidungen, seine ideelle Positionierungsarbeit während der unmittelbaren Nachkriegszeit bildeten die Voraussetzung dafür, dass der Unternehmer so eng mit den Psychologen kooperierte und dass er nach Amerika fahren durfte.

[86]) *Zempelin*, Ludwig Vaubel, S. 19.
[87]) Gustav *Spengler*, Die Fortbildung von Nachwuchskräften für Führungsaufgaben in der Industrie, Dezember 1953, RWWA, Abt. 195 Acordis AG, Wuppertal, Best. S 11/9, S. 3f.
[88]) Vgl. auch Kap. 4.1.

Vaubel nahm in dieser Orientierungsphase in etwa den „CDU-Weg“[89]). Am 5. März 1946 notierte er in seinem Tagebuch:

„Aretz[90]) erklärte heute: Die Zukunft Deutschlands kann nur sozialistisch sein. Es hat keinen Zweck, daß die Unternehmen in den nächsten Jahren versuchen, ein kapitalistisches Zwangsgebäude unter dem Schutz der Amerikaner aufrechtzuerhalten, um dann nach deren Weggang von einer gewaltsam aufgestauten Arbeiterbewegung weggespült zu werden. Es gilt, in die zukünftige Entwicklung schon jetzt hineinzuwachsen. Ich konnte ihm nur zustimmen. Nur eine stetige Entwicklung kann einen deutschen Sozialismus schaffen, der allen Schichten des Volkes Rechnung trägt und den deutschen Voraussetzungen entspricht.“[91])

Ein halbes Jahr später war er schon nicht mehr ganz so überzeugt von dieser allein sozialistischen Zukunftsperspektive. Nach einem Gespräch mit Vits und Aretz, in dem letzterer über Möglichkeiten einer „paritätischen Unternehmensleitung“ nachdachte, während der Vorstandsvorsitzende auf die „Gefahr“ verwies, dass dadurch eine „effiziente Unternehmensleitung“ beeinträchtigt würde, wenngleich „Zugeständnisse“ unumgänglich seien, positionierte sich Vaubel sukzessive zwischen den beiden: „Wesentlich wird sein, sich eine etwaige Entwicklung nicht nur abringen zu lassen, sondern für notwendig Erkanntes freiwillig zu gestalten.“[92]) Worin dieses zu Erkennende allerdings bestehen sollte, wenn nicht in einer sozialistischen Umgestaltung von Wirtschaft und Unternehmen; *was* es also „freiwillig zu gestalten“ galt und vor allem *wie*, davon erarbeitete sich Vaubel erst im Verlauf der Jahre 1948 und 1949 eine konkretere Vorstellung. Zentrale Begriffe, die sich als wichtigste Orientierungsreferenzen herausschälten, waren „Masse“, „Führung“ und „Persönlichkeit“. Im April 1948 hielt Vaubel fest:

„Wir – Schmekel, Aretz und ich – sprechen über den Massenmenschen, darüber, daß es darauf ankommt, dem einzelnen wieder ein Bewusstsein vom Wert und den Anforderungen gelernter und gekonnter Arbeit zu geben und damit die geistige Verarmung zu bekämpfen, die aus der Monotonie des Handgriffs ebenso erwächst wie aus der Unbildung des Spezialisten, der keinen Überblick mehr über das Leben als Ganzes und seine Aufgaben hat.“[93])

89) In ihrem legendären „Ahlener Programm“ von 1947 sah die konservative Partei noch „in gewissem Umfang“ eine Planung und Lenkung von Wirtschaft und Unternehmen durch Selbstverwaltungskörperschaften und gemischte Eigentumsverhältnisse der Schlüsselindustrien vor. (Vgl. etwa *Hockerts*, Ausblick: Bürgerliche Sozialreform, S. 247.) Diese „sozialistischen Zugeständnisse“ waren jedoch nicht von langer Dauer. Sie sind als Ausdruck der tief greifenden Verunsicherung und Suche nach Neuorientierung in der unmittelbaren Nachkriegszeit zu verstehen, bei der zunächst auch bisher unvorstellbare Varianten und Verknüpfungen ernsthaft in Betracht gezogen wurden.

90) Aretz war von den Amerikanern 1946 zum Untertreuhänder für das Glanzstoff-Werk Kelsterbach bestellt worden, später dort Werksleiter. Er vertrat für unternehmerische Verhältnisse geradezu radikale Positionen und tat sich mit besonderem Engagement für die Belegschaft des Kelsterbacher Werks hervor. Vaubel scheint das imponiert zu haben. Aretz gehörte zu seinen wichtigsten Gesprächspartnern in dieser Orientierungsphase. Vgl. *Vaubel*, Tagebuch, 24.6.1946, 26.9.1946, 26.4.1948, 4.5.1948.

91) Ebd. 5.3.1946.

92) Ebd. 26.9.1946.

93) Ebd. 26.4.1948.

Bei seiner Suche nach Möglichkeiten, dieses Problem praktisch zu lösen, setzte Vaubel besonders auf wissenschaftliche Erkenntnis. Wissenschaftlichkeit galt ihm als Synonym für „Vernunft“, als einziges Mittel, das geeignet war, der „gefühlsgeleiteten Masse“ zu begegnen. Die Lektüre eines Aufsatzes in den Frankfurter Heften über das „Element der Wiederholung in der Propaganda“ – ironischerweise am „Tag der Arbeit“ – lenkte seine Aufmerksamkeit auf das „weite Feld der Psychologie und insbesondere der Massenpsychologie“. Vor dem Hintergrund Vaubels zeitgleicher Beschäftigung mit „der modernen Physik“, wobei ihn besonders die Idee einer „Feinsteuerung des Lebens aus dem Bereich der nichtkausalen Quantenwirklichkeit“ faszinierte,[94]) überlegte er:

„Wir müssen mit dem Problem der Massen fertig werden, wenn die Menschheit künftig überhaupt mit sich selbst fertig werden soll. Eine großartige Verknüpfung zu den Erkenntnissen der modernen Physik über die Bedeutung des statischen Gesetzes im Mikrokosmos bietet sich an. Gibt es nicht ein System, das in ähnlicher Weise menschliches Verhalten mit einbeziehen und verständlich machen würde?“[95])

In weiteren Auseinandersetzungen mit Aretz konkretisierte sich ein erster Ansatzpunkt:

„Es ist richtig, daß die Masse zuerst das Argument aus dem Gefühl verlangt und daß deshalb ein Handeln aus Vernunft nicht leicht auf Massenwirkung hoffen kann. Aber bei den Führern der Masse, die schließlich auch aus der Vernunft handeln müssen, wenn das Gewollte Bestand haben soll, wäre der Ansatzpunkt zu suchen. Richtig erscheint mir sein [Aretz'] Vorschlag, dieser Aufgabe durch lokal zu organisierende Aussprachen und Arbeitsgemeinschaften näher zu kommen.“[96])

Die zunehmende Profilierung seiner eigenen Position ermöglichte es Vaubel, sich sukzessive auch von den Vorstellungen seiner Gesprächspartner abzugrenzen. Diese Distanzierung betraf insbesondere die anvisierte Reichweite des neu zu Schaffenden: „Er [Aretz] ist auf die absoluten Lösungen ausgerichtet, will das Ziel im Großen durchsetzen. Ich würde eine Mitwirkung im praktischen Experiment schon für einen Erfolg halten.“[97]) Die gleiche Skepsis pflegte Vaubel zunehmend auch gegenüber Julius C. Funcke, dem technischen Leiter des Glanzstoff-Werks Obernburg,[98]) dem er sich dennoch weiterhin freundschaftlich verbunden fühlte:

„Mit Funcke eine Stunde im Wald hinter der Orgelwiese. Die Aufgabe durch intensiven persönlichen Einsatz Einfluß auf die Massen zu nehmen und den Betrieb wirklich zu führen, ergreift ihn immer mehr. Seine Gefahr – zu viel zu wollen. Aber er ist ein starker Anreger in der ernstesten Frage, die an uns alle gestellt ist.“[99])

[94]) Ebd. 19.2.1949. Nachweislich las Vaubel Bernhard Bavink (vermutlich: Das Weltbild der heutigen Naturwissenschaften und seine Beziehungen zu Philosophie und Religion, Iserlohn 1947) und Pascual *Jordan*, Das Bild der modernen Physik, Hamburg-Bergedorf 1947.
[95]) Ebd. 1.5.1948.
[96]) Ebd. 4.5.1948.
[97]) Ebd.
[98]) Vgl. zu Funcke: *Vaubel*, Glanzstoff, Bd. 1, S. 62.
[99]) *Vaubel*, Tagebuch, 20.3.1948.

Gleichsam als externe, noch ausstehende Bestätigung seines Ansatzes, derer er bedurfte, um das, was er bisher dachte, aber noch nicht offen zu sagen oder gar praktisch umzusetzen sich getraute, erlebte Vaubel einen Vortrag über „amerikanische Methoden der Menschenführung" auf der Werksleitersitzung am 24. März 1949. Der niederländische AKU-Personalleiter Elfers stellte hier, aufgefordert von einem der leitenden „Herren" bei Glanzstoff, das TWI-Programm in seiner holländischen Adaption vor.[100]) In der Essenz, erklärte Elfers den versammelten Werksleitern, liege diesem amerikanischen Programm zugrunde,

„dass das Wort *Masse* hier nie, wie in anderen Ländern, eine gewaltige Kollektivität zum Ausdruck bringt, sondern dass es sich immer handelt um eine ‚gewaltige Anzahl individuelle[r] Personen' und dass die massige Produktion, die aus ihren Bedürfnissen entsteht, vor allem bezweckt, laut einem ein wenig krassen, jedoch richtigen Ausdruck ‚das Glück in den Bereich eines jeden zu bringen'."[101])

Elfers, notierte Vaubel, „zeigt[e] […] einen überlegenen Geist, umfassende Wirklichkeitseinsicht verbunden mit dem ‚Dennoch' eines idealistischen Gestaltungswillens. […] Bei uns sind die Geister zum Thema des Vortrags noch wenig geklärt, umso wichtiger seine Anregung."[102]) Ihm persönlich erschien das vorgestellte Konzept der „Menschenführung" geradezu als Missing link. Drei Tage später – nach einem weiteren Gespräch mit Funcke – hielt er in seinem Tagebuch fest:

„Wir sprachen lange über Gewinnbeteiligung der Arbeiter. Er sieht darin einen Weg zur Befriedung des sozialen Lebens. Ich fürchte den Missbrauch der damit aus der Hand gegebenen Macht durch die andere Seite, deren erklärtes Ziel schon jetzt die volle Mitbestimmung in wirtschaftlichen Fragen ist. Dies müsste das Ende der Eigeninitiative des Unternehmers und seiner Verantwortung bedeuten. Richtiger erscheint mir Leistungslohn und Prämien, weitgehende Information und gute Menschenführung, die die Idee des Klassenkampfes durch überzeugende praktische Wirklichkeit endgültig ad absurdum führen."[103])

Im Frühjahr 1949, das heißt ein Jahr bevor er nach Amerika reiste, hatte Vaubel somit bereits ziemlich konkrete Vorstellungen von Zielsetzung und Reichweite derjenigen Maßnahmen, die seiner Meinung nach geeignet waren, betriebliche Sozialbeziehungen in westdeutschen Unternehmen unter den neuen Bedingungen zu gestalteten. Diese Vorstellungen entwickelte er in der unmittelbaren Nachkriegszeit hauptsächlich in Gesprächen auf der Ebene der Glanzstoff-Werksleiter. Er setzte sich mit Vertretern besonders „progressiver" Vorstellungen auseinander, behielt jedoch im Kopf, dass Vits bereits 1946 vor der Gefahr einer Beeinträchtigung der Unternehmerposition gewarnt hatte. Zusätzlich holte Vaubel sich Anregung durch die Lektüre der links-katholischen Kulturzeitschrift „Frankfurter Hefte" und setzte sich intensiv mit zeit-

100) Vgl. das Vortragsmanuskript, RWWA, Abt. 195 Acordis AG, Wuppertal, Best. S 12/3.
101) Ebd. S. 3.
102) *Vaubel*, Tagebuch, 24. 3. 1949.
103) Ebd. 27. 3. 1949.

genössischen Erkenntnissen der Physik auseinander. Im Verlauf dieser drei- bis vierjährigen Orientierungsphase entwickelte er sukzessive eine eigene gemäßigte Position, die mit ihrem individualisierenden, persönlichkeitsorientierten Kernkonzept der „Menschenführung" nicht nur das Universalmittel zu umfassen schien, um der „Masse" wie dem „Klassenkampf" entgegenzutreten. Vaubel trug, indem er eine Art Mittelweg wählte, zugleich beiden zeitgenössisch konkurrierenden Positionen, dem „Schutz der Unternehmerfreiheit" (Vits) und der „Anerkennung betrieblicher Arbeitnehmerrechte" (Aretz) Rechnung. Die „Amerika"-Kompatibilität dieser Auffassung war neben den anderen Fähigkeiten, Eigenschaften und Erfahrungen, die Vaubel auszeichneten, eine Voraussetzung dafür, dass Vits und Abs ihn 1950 nach Harvard schickten. Dieser Aufenthalt wiederum war Voraussetzung dafür, dass er in seinem „Erfahrungsbericht" von 1952 unter der Überschrift „Human Relations" in erster Linie das anpries, was man sich im Forfa und in der A.S.B., das heißt in den neuen Institutionen des personalpolitischen Felds in der Bundesrepublik, ausgedacht hatte:

Bezeichnenderweise erteilte der „Amerika-Erfahrene" in diesem Kapital zuallererst dem TWI-Programm eine Absage. Das TWI, so Vaubel, „das bei uns noch vielfach als ein typisches neues Programm aus der amerikanischen ‚human relations'-Lehre behandelt" würde, gelte „inzwischen drüben als weitgehend überholt".[104]) Diese Feststellung war zwar bedingt zutreffend;[105]) an dieser exponierten Stelle diente sie in erster Linie jedoch den Interessen der dominierenden Akteure im bundesrepublikanischen personalpolitischen Feld, wo sich die TWI-Vertreter sowohl bei Rationalisierungsexperten wie auch bei den neuen Humanexperten äußerst unbeliebt gemacht hatten.[106]) Vaubel erklärte im Zeichen seiner transatlantischen Autorität: Wenn man in den USA über „human relations" spreche, bemühe man sich, „die Essenz des Systems in freierer Form zu verwirklichen." Es ginge vor allem darum, sich der Zusammenhänge zwischen menschlichen Beziehungen und Leistungserbringung im Betrieb „wirklich bewußt zu werden [...] und daraus wirklich Konsequenzen zu ziehen."

Im Anschluss daran verwies er auf die neuen westdeutschen personalpolitischen Einrichtungen und zählte eine beliebige Auswahl von praktischen Verfahren auf, die hier ihrer betrieblichen Verwendung harrten. Nicht zufällig zitierte Vaubel als ersten „unseren praktischen Betriebspsychologen" Ludwig Kroeber-Keneth[107]) und als letzten Wilhelm Hergt, den Werksarzt der BASF, der gemeinsam mit Albrecht Weiß die „Soziale Betriebsgestaltung" ausgeru-

[104]) *Vaubel*, Unternehmer gehen zur Schule, S. 79f.

[105]) Der Human-Relations-Ansatz geriet an der Harvard Business School in der ersten Hälfte der 1950er Jahre zunehmend in die Kritik der „Behavioristen". *Walter-Busch*, Das Auge der Firma, S. 157–171.

[106]) Vgl. Kap. 4.1.

[107]) Vgl. zu Kroeber-Keneth: Kap. 4.1.

fen hatte.[108]) Dazwischen – durchsetzt mit englischsprachigen Zitaten, die den Eindruck der Authentizität erhöhen sollten, und zahlreichen „case studies“, die man auch einfach anekdotenhaft lesen konnte – listete er die Maßnahmen aus Spenglers betriebspsychologischem „Unterführer“-Schulungs-Programm auf,[109]) betonte die Bedeutung freiwilliger betrieblicher Sozialleistungen und widmete breiten Raum dem so genannten „Interview“, teilweise auch synonym mit „Aussprache“ verwendet, als neuem Kommunikationsinstrument zur Förderung guter „human relations“. Neu – abgesehen von der Sozialpolitik – war das nur für westdeutsche Unternehmer, die ersten Adressaten dieses Buchs.

An sie gerichtet war ebenso, dass Vaubel als Essenz seiner transferierbaren Amerika-Erfahrungen genauso wie der Bayer-Personalchef Fritz Jacobi, der nie in Amerika war, ein gelungenes Zusammenspiel von „Herz“ (= Erfahrung) und „Verstand“ (= Wissenschaft) propagierte. Vaubel wählte allerdings eine geschicktere, wissenschaftsintegrative Überzeugungsstrategie. Im Gegensatz zu Jacobi beteiligte er sich nicht daran, die bestehende Diskrepanz mit unternehmerisch-selbstbewusstem „Hauruck“ auch gegenüber Wissenschaftlern als unerschütterliche Doxa zu zementieren.[110]) Vaubel diente der namentlich nicht identifizierte „Professor aus Harvard“ stattdessen als besonders ausgewiesene Autorität, um westdeutschen Unternehmer eine neue Verbindung zwischen „Herz“ und „Ratio“, zwischen Erfahrung und Wissenschaftlichkeit aufzuzeigen. Ihm legte er in den Mund, dass das „Wesen“ der „human relations“ darin bestünde, „‚to bring it from the heart to the head‘, d.h. das Problem vom Herzen zum Kopf zu bringen, es bewußt zu machen“.[111])

Vaubel appellierte damit an westdeutsche Unternehmer, nicht allein am „Herz“, an der herkömmlichen, maßgeblich erfahrungsbasierten Legitimation ihres Selbstverständnisses und Handelns festzuhalten, sondern auch wissenschaftliches Wissen und wissenschaftsgestützte Vorgehensweisen, „rationale“ und „vernünftige“ Handlungsorientierungen anzuerkennen und zu realisieren – und zwar permanent und immer: Lebenslanges Reflektieren als neue Verhaltensmaxime – das war die „Message“, die er im Zeichen von „Amerika“ und „Human Relations“ zu vermitteln versuchte. Das war es auch, was westdeutsche Unternehmer lernen konnten, die beim Wuppertaler „Lehrmeister“ mit transatlantischer Erfahrung in die Schule gingen. Zur Realisierung eines entsprechenden personalpolitischen Programms innerhalb des eigenen Unternehmens diente ihm das von den Forfa-Psychologen entwickelte betriebspsychologische Fortbildungsprogramm für Glanzstoff-Führungskräfte.

108) *Vaubel*, Unternehmer gehen zur Schule, S.80, 96.
109) Ebd. S.87.
110) Jacobi: „Die Betriebspraktiker wünschen [bei der Zusammenarbeit mit der Wissenschaft] keinen Lehrauftrag, sondern nur die Möglichkeit, aus ihrer Praxis zu erzählen“. Vgl. Kap. 6.1.
111) *Vaubel*, Unternehmer gehen zur Schule, S.83.

6.4 Betriebspsychologie als „Soziale Betriebsgestaltung": Merck

Die aus der Initiativbewegung des personalpolitischen Felds („soziale Betriebsgestaltung") resultierende Variante betriebspsychologischer Praxis wurde nicht wie die „sozial rationalisierende" mit einer amerikanisierenden Rhetorik überzogen. Sie war daher auch nicht mit unternehmerischen Neuorientierungsprozessen im Zeichen des „lebenslangen Lernens" verbunden, sondern stellte eine stärker kontinuitätsorientierte Variante der nach 1945 in westdeutschen Unternehmen möglichen personalpolitischen Innovationen dar. Am Beispiel des Pharma- und Chemieunternehmens Merck mit Hauptsitz in Darmstadt lässt sich im Vergleich mit den beiden vorangehenden Fallstudien aufzeigen, dass sich mit der „sozial betriebsgestaltenden" Betriebspsychologie, wie sie hier praktiziert wurde, deutlich weniger veränderte. Diese Form der betriebspsychologisch personalpolitischen Neuorientierung hatte in erster Linie die Funktion eines kompensatorischen Platzhalters, der ab Mitte der 1950er Jahre zunehmend einer wieder obligaten Orientierung an militärischen Vorbildern wich und sich stattdessen in Form einer wissenschaftsgestützten, jedoch weiterhin in erster Linie fürsorglich ausgerichteten Sozialpolitik etablierte.

Im Gegensatz zu Bayer und Glanzstoff, die seit Beginn der 1950er Jahre beide managergeleitete Aktiengesellschaften darstellten, war Merck ein Familienunternehmen mit der Rechtsform einer offenen Handelsgesellschaft. Auch als 1953 die „E. Merck Aktiengesellschaft" ausgegliedert wurde, um Nicht-Familienmitglieder in die Geschäftsleitung aufzunehmen, änderte sich an den Eigentumsverhältnissen nichts.[112]) Die Aktien wurden nicht an der Börse gehandelt, sondern verblieben in der Hand der Familie Merck, deren Mitglieder als offene und stille Gesellschafter in der weiterhin bestehenden oHG zusammengeschlossen waren. Die AG war als Betriebsgesellschaft für Produktion und Vertrieb zuständig. Sie verfügte über alle beweglichen Werte – Rohstoffe, Halb- und Fertigfabrikate, Verpackungsmaterial und Betriebsstoffe, während der oHG alle unbeweglichen Werte – Grundstücke, Gebäude und Maschinen – gehörten, die sie der AG durch Pachtvertrag zur Nutzung überließ.[113])

Die Verwendung eignungsdiagnostischer Verfahren zur Auswahl von produktivem Personal hatte bei Merck ihren Ursprung ebenso wie bei Bayer und Glanzstoff in den 1920er Jahren, als im Zuge der Rationalisierungsbewegung auch in Darmstadt eine „psychotechnische Prüfstelle" eingerichtet worden

[112]) *Posseh1*, Modern aus Tradition, S. 116f.; vgl. auch die sehr übersichtliche Darstellungen in der Werkszeitung: E. Merck Aktiengesellschaft. Zur rechtlichen Neuordnung unseres Unternehmens, in: ebd. 1953, 4, S. 3f.; Die E. Merck Aktiengesellschaft. Rechtsform – Eigentumsverhältnisse – Gesellschafter, in: Merck-Blatt 1963, 4, S. 8–11.

[113]) 1969 wurde die AG wieder aufgelöst. Von da an war das Unternehmen wiederum eine offene Handelsgesellschaft mit einem 23-köpfigen Gesellschafterrat (hauptsächlich bestehend aus Familienmitgliedern) an der Spitze. Vgl. Kap. 9.1.

war.[114]) Nicht zufällig befand sich diese in unmittelbarer Nachbarschaft zur Prämien- und Akkordabteilung. In der „psychotechnischen Prüfstelle“ arbeitete von 1939 bis 1944 Liselotte Cauer-Klingelhöffer (1916–1998?), nachdem sie bei Erwin Bramesfeld an der TH Darmstadt eine Ausbildung als psychotechnische Assistentin[115]) absolviert (1934–1937) und im Anschluss daran zunächst zwei Jahre für die Bayer-Personalbegutachtungsstelle in Leverkusen gearbeitet hatte.[116]) Nach dem Krieg studierte Cauer in Frankfurt. Von 1949 an – nun mit der Fächerkombination Philosophie, Pädagogik und Mineralogie promoviert – begutachtete sie neben anderen „sozialerzieherischen“ freischaffenden Tätigkeiten[117]) wiederum Merck'sche Lehrlinge.

In dieser Funktion berichtete 1951 erstmals der Leiter der Sozialverwaltung im „Merck-Blatt“, der Werkszeitung, über sie. Im Zeichen des Wiederaufbaus händeringend auf der Suche nach qualifizierten Arbeitskräften bemühte er sich in einem Artikel über die vielseitigen Ausbildungsmöglichkeiten bei Merck – „Unser Nachwuchs“ – herauszustellen, dass nicht nur Söhne und Töchter von Werksangehörigen eine Chance auf Beschäftigung in dem Unternehmen hätten, sondern „jedes Gesuch [...] ausschließlich unter dem Gesichtspunkt der Gewinnung geeigneter Nachwuchskräfte für das Werk geprüft“ würde:[118])

„Die Prüfung wird von einer eigens hierfür geschulten Kraft vorgenommen, die mit den neuesten Erkenntnissen auf dem Gebiete der psychologischen Personalauslese vertraut ist und die Gewähr dafür bietet, daß der Prüfling nicht danach beurteilt wird, woher er kommt und von wem er empfohlen wird, sondern ausschließlich nach seinen persönlichen Eigenschaften, Fähigkeiten und Neigungen.“

Das war leicht übertrieben, *sollte* eher so sein; und dass die Jugendlichen sich während dieser Prozedur auch nicht besonders wohl fühlten, geschweige denn ein offenes Gespräch mit der vogelbenesteten, eindringlich ihnen zugewandten Humanexpertin führten, offenbarte zugleich das beigefügte Bild von Frau Cauer bei der Arbeit (vgl. Abb. 7: Liselotte Cauer-Klingelhöffer, Betriebspsychologin bei Merck 1949–1979)[119]). Dennoch waren die von ihr verfassten ein- bis zweiseitigen Gutachten etwa folgender Art den Personalentscheidern eine Hilfe, die sie unternehmensintern zu institutionalisieren für Wert hielten:

[114]) *Löffler*, Bericht über die Einrichtung der Psychotechnischen Prüfstelle, Prämien-Abteilung, 1. Mai 1926, Merck-Archiv, Best. J 20, blaue Mappe; vgl. auch: Ernst *Eberle*, Eignungsprüfungen an Arbeiterinnen der chemischen Industrie, in: Psychotechnische Zeitschrift 1, 1926, S. 165–171.
[115]) Vgl. dazu: *Geuter*, Daten, Bd. 1., S. 28.
[116]) Zum Lebenslauf Cauer-Klingelhöffers vgl. die Gesprächsnotizen zu den beiden mit ihr 1983 und 1986 durchgeführten Interviews im Merck-Archiv; im Folgenden zitiert als Cauer-Interview, Merck-Archiv.
[117]) Cauer war ab 1946 Dozentin am Seminar für soziale Berufsarbeit in Frankfurt, wo Fürsorgerinnen ausgebildet wurden; sie arbeitete in Frankfurt und in Darmstadt für Erziehungsberatungsstellen sowie in der Frauenstrafanstalt Preungesheim.
[118]) Friedrich K. *Jünger*, Unser Nachwuchs, in: Merck-Blatt 1951, 3, S. 3–7, hier S. 3.
[119]) Ebd. S. 4.

Abbildung 7: Liselotte Cauer-Klingelhöffer, Betriebspsychologin bei Merck 1949–1979; Corporate History, Merck KGaA

„E. ein mittelgroßer, normal entwickelter Junge ist etwas blass. Körperliche Anstrengungen liegen ihm nicht, doch hält er sich gern im Freien auf, spritzt und pflegt die Bäume des elterlichen Gartens. [...] Der Junge sieht ordentlich aus, macht einen Diener und gibt einem aus freien Stücken die Hand, wenn er sich verabschiedet. Er hat lustige Mundwinkel und versteht Spass, ist friedliebend [...]. Es fällt jedoch auf, daß der Junge etwas hasenfüssig und altjüngferlich in seinen Ansichten ist und nicht gern etwas riskiert. [...] er [...] erwägt heute, was morgen passieren könnte. Diese wenig jugendliche, auf Sicherheit bedachte und am Gewohnten festhaltende Lebenshaltung rührt sicher von der Erziehung her. Die Eltern sind verhältnismässig alt, der Vater ist durch ein steifes Bein körperbehindert, und E. ein Nachkömmling. [...] Der zarte Junge [...] hat sich [...] noch nicht von der elterlichen Meinung und Führung abgesetzt. Im Gegenteil, er neigt schon jetzt zur moralistischen Selbstzufriedenheit und schmückt seine Sprache gern mit Sentenzen und Zitaten. E. wird später einmal im Schutze der Mittelmässigkeit sein Leben zuverlässig und geruhsam verbringen.
Letzteres entspricht auch seiner Durchschnittsbegabung im Begreifen, Kombinieren und Reagieren; im Beobachten und Planen. E. rechnet gut, hat recht geschickte Hände und ist anschaulich begabt. Sein technisches Verständnis ist gering.
Wenn er arbeitet, braucht er manchmal etwas Hilfe und Druck, weil er – zwar guten Willens – aber etwas lasch ist. Arbeitstempo und Arbeitsgüte liegen im Durchschnitt.
E. ist zum Magazinsjungwerker geeignet.“[120])

In der Durchführung von Eignungsprüfungen an Auszubildenden bestand das „Kerngeschäft“ der Humanexpertin auch weiterhin, als sie 1954 schließlich bei Merck fest eingestellt wurde. Maßgeblich hatte sich Hermann Handrack

[120]) Merck-Archiv, Best. J 20, Ordner „Beurteil. V. Fr. C. A-G“, Psychologisches Gutachten vom 24.2.1954.

für sie eingesetzt, der seit 1952 die sozialpolitische Abteilung in Darmstadt leitete. Handrack (geb. 1908)[121]), ebenso wie Vaubel und Jacobi Jurist, war Mitglied, später Vorsitzender der hessischen Tarifkommission (ab 1963 Tarifkommission der Gesamtchemie). Er arbeitete außerdem als Richter in der Arbeitsgerichtsbarkeit.[122]) In seiner Abschiedslaudatio wurde er charakterisierte als „Chef, bei dem es nie langweilig war", und als „Wirbelwind", der, „wenn er keine Turbulenzen vorfand", jederzeit in der Lage gewesen sei, „welche zu erzeugen". Ein Wink mit dem Zaunpfahl in dieselbe Richtung und zugleich bezeichnend für den konservativen „Geist" des Merck'schen Hauses, der auch die personalpolitisch „Progressiven" der 1950er und 1960er noch in den 1970ern beseelte, war sein Abschiedsgeschenk: eine extra für ihn aufgestellte Bank mit „malerischer" Aussicht, die den Namen „Hermanns Ruh" trug.[123])

Im Juni 1954 teilte Handrack im Namen der „Leitung S[oziales]" in einem Rundschreiben an die Geschäftsleitung und alle Unternehmensabteilungen mit:[124])

„Frau Dr. Cauer ist als betriebspsychologische Beraterin wieder in unsere Dienste getreten. Sie wird in dieser Eigenschaft in der bisherigen Weise Einstellungsuntersuchungen vornehmen [...]."

Der Sozialchef und die Humanexpertin hatten aber noch mehr vor. Handrack erklärte weiter:

„Wir beabsichtigen, die Untersuchungen in geeigneter Form auf weitere Gruppen von Bewerbern auszudehnen. Eine psychologische Begutachtung empfiehlt sich auch bei Bewerbern für qualifizierte Posten, ohne daß dabei an eine Eignungsprüfung gedacht ist, wie sie die Berufsanfänger in unserem Hause durchlaufen. So kann unter Umständen schon hinreichend Aufschluss gefunden werden, wenn Frau Dr. Cauer Gelegenheit hat, zeitweise an den Einstellungsverhandlungen oder auch an dem Mittagessen mit dem Bewerber teilzunehmen."

Und noch ein drittes etwas vage profiliertes Aufgabengebiet der Psychologin kündigte er mit dem Schreiben an:

„Darüber hinaus ist daran gedacht, Frau Dr. Cauer in allen Fällen einzuschalten, in denen ihre Wirkung angezeigt erscheint, vornehmlich also bei Schwierigkeiten in der Zusammenarbeit, die ihren Grund nicht nur in ungenügenden Leistungen haben, und dann, wenn das Verhalten eines Mitarbeiters eine Aussprache mit der psychologischen Beraterin empfehlenswert erscheinen lässt."

Die Festeinstellung Cauers, die einherging mit der Einrichtung der so genannten „Betriebspsychologischen Beratung", wie die neue Abteilung auf Wunsch

[121]) Geburtsdatum unsicher; erschlossen aus dem Datum seiner Pensionierung 1973, für die das Lebensalter von 65 angenommen wurde.
[122]) *Possehl*, Modern aus Tradition, S. 118f.
[123]) „Dem müden Wanderer zur Rast..." Herman Handrack verabschiedet – Dieter Röckel hielt die Laudatio, in: Merck-Blatt 1973, 4, S. 2.
[124]) Rundschreiben Leitung S vom 15. 6. 1954, Merck-Archiv, Best. J 20, grauer Hängehefter.

der Humanexpertin hieß, stand somit auch bei Merck am Anfang des Versuchs, eine wissenschaftsgestützte, individuell differenzierende Personalpolitik im Unternehmen zu etablieren. Wie bei Glanzstoff und Bayer auch lag die Initiative beim Leiter der Sozialabteilung, der mit der neuen Humanexpertin kooperierte, und nicht bei der Geschäftsleitung; ihr galt es vielmehr mühselig kleinschrittig eine neue Personalpolitik abzuringen. Die vorsichtige, vor allem im dritten Aufgabenbereich eher wolkige Verklausulierung des Anliegens in Handracks Schreiben ist bezeichnend für die Widerstände, mit denen er und die Psychologin sich durch die von beschmissten Chemikern und kriegsgefangenschaftserfahrenen Offizieren dominierte Geschäftsleitung des Unternehmens konfrontiert sahen.

Einen Fürsprecher im Vorstand hatten sie erst, als 1958 Emanuel W. Merck Vorstandsmitglied wurde. Er übernahm neben dem „technischen Betrieb" vom 73-jährig scheidenden Vorstandsvorsitzenden Karl Merck das Ressort „Personal und Soziales".[125]) Dass die Verantwortung für diesen Bereich ein Familienmitglied wahrnahm, entsprach nicht nur der Tradition des Unternehmens, sondern in diesem Fall auch persönlichen Neigungen. Emanuel Merck (1920–1969),[126]) „Hauptmann der Artillerie", erlebte nach dem Krieg eine „mehrjährige harte Gefangenschaft im Osten" und zog sich dadurch eine so schwerwiegende Krankheit zu, dass er sein zunächst begonnenes Studium der Chemie nicht beenden konnte, sondern als etwa Dreißigjähriger seine Tätigkeit „in den verschiedensten Abteilungen des Unternehmens" direkt aufnahm. Während dieser Zeit engagierte er sich überbetrieblich in diversen Unternehmerorganisationen. 1953 wurde Emanuel Merck Vorsitzender der „Jungen Unternehmer", während der noch amtierende Vorstandsvorsitzende Karl Merck gleichzeitig Vorstandsmitglied der „Arbeitsgemeinschaft selbständiger Unternehmer" (ASU) war. Über diese ASU-Tätigkeit dürfte auch der Kontakt zum „Neuen Betrieb" (DNB) entstanden sein, dem „Studienkreis für sozialwirtschaftliche Betriebsformen", der sich zu Beginn der 1950er Jahre als unternehmerische Koordinierungsinstanz an der Spitze aller neu gegründeten Institutionen des personalpolitischen Felds zu platzieren versuchte[127]). Von 1955 bis 1959 gehörte Emanuel W. Merck zum DNB-Vorstand.[128])

Das „Gespann" der personalpolitisch „Progressiven" bei Merck – bisher Handrack und Cauer – wurde mit ihm außerdem um Eugen von Vietsch erweitert. Von Vietsch (geb. 1917)[129]) – ebenfalls Offizier (Kriegsgefangenschaft bis 1948), zudem ehemals Mitglied im Jungstahlhelm, der im Winter 33/34 in die SA überführt wurde – war über seine Frau verwandt mit der Familie

[125]) Vgl. zu Karl Merck: Dr. Karl Merck tritt in den Ruhestand, in: Merck-Blatt, 1959, 3, S. 3.
[126]) Vgl. zu Emanuel W. Merck: Direktor Emanuel W. Merck 25 Jahre im Unternehmen tätig, in: Merck-Blatt, 1962, 2, S. 4; Direktor Emanuel W. Merck †, in: ebd. 1969, 2, S. 2–4.
[127]) Vgl. Kap. 5.3.
[128]) *Schmidt-Dorrenbach*, 1952–2002, S. 233ff.
[129]) Von Vietsch-Interview, Merck-Archiv.

Merck. Er begann seine Karriere in dem Unternehmen 1949 als kaufmännischer Lehrling mit verkürzter Ausbildungszeit und familiengemäß aufgestockter Vergütung, um dann in der Export-Abteilung zu arbeiten. Hier entstand sein enger Kontakt zu Emanuel W. Merck.

Eines der wichtigsten Nachkriegsprobleme des Darmstädter Traditionsunternehmens bestand ähnlich wie bei Glanzstoff mit der niederländischen AKU darin, die Beziehungen zum amerikanischen Schwesterunternehmen Merck & Co in Whitehouse Station, New Jersey neu zu regeln. Merck & Co, ehemals Tochterunternehmen der Darmstädter Zentrale, im Ersten Weltkrieg (1917) jedoch konfisziert und seitdem eigenständig, hatte sich während der 1940er Jahre auch auf dem deutschen „Merck-Markt" breit gemacht. Es galt für die Darmstädter also, ihr Terrain neu zu behaupten. Das war besonders schwierig, weil die Amerikaner verständlicherweise zunächst wenig Interesse für solche Verhandlungen aufbrachten. Dennoch gelang es, 1955 ein Namensabkommen zu vereinbaren, wonach die amerikanische Firma den Namen „Merck" nur in den USA und in Kanada führen durfte, während er ansonsten dem deutschen Unternehmen vorbehalten blieb.[130]) Es scheint, dass insbesondere Emanuel Merck an der Aushandlung dieses Vertrags beteiligt war. Er reiste im Sommer 1955 in die USA; er war auch derjenige, der in den Selbstdarstellungen des Unternehmens immer als USA-Reisender erschien.[131]) Eugen von Vietsch hatte dieses Abkommen vorbereitet. Von Januar bis Oktober 1955 war er in den USA, sondierte die Lage und baute Kontakte auf. Als Mitarbeiter der Export-Abteilung hatte er sich, der vor seinem Beitritt zum Stahlhelm „aktiv" in die Jugendbewegung eingebunden war, auch um die kaufmännischen Auszubildenden gekümmert. Der gemeinsame Amerika-Aufenthalt mit Emanuel W. Merck ermöglichte in der Abgeschiedenheit der Fremde mehrere Gespräche zwischen den beiden über „Personalangelegenheiten". Laut von Vietsch war man sich einig, dass in Darmstadt mehr für die systematische Personalpflege getan werden müsse.

Trotzdem waren – zurück in Deutschland – die Schritte nur klein. Gemeinsam mit Liselotte Cauer, die seit 1954 anhand von Fragebögen systematisch die „Bewältigung" des Berufseintritts von Auszubildenden untersuchte und zu einem unbefriedigenden Ergebnis kam,[132]) wurde die so genannte „Altensteig"-Fahrt eingerichtet.[133]) Dabei handelte es sich um einen zwölftägigen Aufenthalt aller „Lehrbuben" des zweiten Jahres im Schwarzwald. Einleitend zum Bericht über die erste Fahrt 1955 – verfasst im Stile eines Tagesbuchs – erklärte Cauer in der Werkszeitung:

> „Worum geht es in Altensteig? [...] Die Erfahrungen lehren eindringlich, daß er [der Jugendliche] in jedem Sinne zu jung, zu unfertig, und zu wenig orientiert ist, um sich bei uns

[130]) *Possehl*, Modern aus Tradition, S. 110.
[131]) Z.B.: Direktor Emanuel W. Merck in New York, in: Merck-Blatt 1963, 6, S. 4.
[132]) Ordner „Lehrlingsinterviews von 1954–", Merck-Archiv, Best. J 20.
[133]) Tagebuchblätter aus Altensteig, in: Merck-Blatt 1955, 6, S. 10–13.

zurecht zu finden. In Altensteig wird dem Jugendlichen die Möglichkeit gegeben, etwas Zusätzliches für die Bildung seiner Persönlichkeit zu tun. [...] Der Jugendliche ist herausgelöst aus dem Alltag und allgemein aufgeschlossener für die in Vorträgen, Diskussionen und anderen Veranstaltungen an ihn herangetragenen Gedanken. Darüber hinaus ist mit dem Aufenthalt in Altensteig ein echtes Gemeinschaftserlebnis verbunden, das der Jugendliche sucht und das ihn fördert."

Das Altensteig-Programm umfasste nach dem Kennenlernen als erstes die Wahl eines „Präsidenten": „Wir sollten gut überlegen, wer sich am besten dazu eigne. Es ist doch klar, daß wir keinen vorgeschlagen hätten, der nur jazzt oder ewig dumme Witze erzählt!" Es folgten Vorträge von „Herren" aus Darmstadt, Diskussionen (5. Tag: „Heute hat ein großer Teil schon beim Gespräch mitgemacht."), Anstandsstunden, das Erstellen einer „Zeitungsschau", eine Einführung in die Werksbücherei, Rollenspiele: Bundestagssitzung, Gerichtsverhandlung, aufgelockert mit unverkennbar jugendbewegter Freizeitgestaltung: Waldlauf, Wandern, Geländespiel, Volkslieder singen mit Hausmusik usw. Die Altensteig-Fahrten waren pädagogisch sicher sinnvoll, als Demokratie-Erziehung gar besonders wirksam und haben obendrein bestimmt auch Spaß gemacht – doch: eine Lehrlingsfahrt in den Schwarzwald war nicht das, was Handrack, Cauer und von Vietsch sich unter neuer Personalpolitik vorstellten.

Ein bisschen näher kam ihren Vorstellungen das in der Folge (1957) unter der Leitung von von Vietsch durchgeführte „Seminar für kaufmännische Lehrlinge" in Eltville.[134] Dieses Seminar markierte zugleich jedoch die „Schlappe", die die personalpolitisch „Progressiven" zugunsten des neuen Personalchefs Werner Zahn einstecken mussten. Zahn (geb. 1897), Offizier im Ersten Weltkrieg, „Major der Luftwaffe" im Zweiten (Kriegsgefangenschaft bis 1947), trat 1956 als Leiter des Personalwesens mit Prokura in den Dienst von Merck.[135] Mit seiner Person setzte sich endgültig die am militärischen Vorbild orientierte personalpolitische Linie gegenüber der betriebspsychologischen, wissenschaftsgestützten durch.

Liselotte Cauer, die an der Konzeption des Eltviller Seminars maßgeblich beteiligt war, hatte noch stärker die Persönlichkeitsentwicklung der Teilnehmer als Ziel der Veranstaltung betont:

„Der Sinn dieses Seminars soll sein, auch unseren kaufmännischen Lehrlingen über die rein berufliche Schulung hinaus fachliches Rüstzeug, ein breiteres Wissen und Bildungswerte zu vermitteln. [... Es] sollen außerdem ihre Interessen, ihre Zielsetzungen, ihre Haltung und das Schwergewicht ihrer beruflichen Begabung erkannt werden, damit ihre weitere Ausbildung danach eingerichtet werden kann."[136]

Zahn hingegen setzte durch, dass im Vordergrund die Förderung und langfristige Bindung angehender „Unternehmensrepräsentanten" stand:

[134] Seminar der kaufmännischen Lehrlinge in Eltville, in: Merck-Blatt 1957, 4, S. 15–17.

[135] Direktor Werner Zahn im Ruhestand, in: Merck-Blatt 1965, 1, S. 9.

[136] Auswertung und Zusammenfassung der „Aussprache am 10. 12. 1956 über ein Seminar für kaufmännische Lehrlinge" zwischen Handrack, Zahn, Laber und Cauer, Merck-Archiv, Best. J 20, Ordner „Vorgesetzten-Schulung".

„Wir wollen selbstkritische, fachlich tüchtige, bewegliche und fleißige Kaufleute heranbilden, die zu ihrem Unternehmen, mit dem sie aufs Engste verbunden sind, die rechte Einstellung haben. [...] Nur dann, wenn man dieses Unternehmen nicht nur in Einzelteilen sieht, sondern es als eine organisch gewachsene Ganzheit nimmt, wird jene Einstellung erreicht, die den Kaufmann unserer Firma zum echten Repräsentanten werden lässt."[137])

Einer der Teilnehmer durfte nach dem Seminar in der Werkszeitung entsprechend erklären, dass ihn vor allem die „kameradschaftliche" Begleitung beeindruckt habe und dass „mit einer grenzenlosen Begeisterung in uns" der „Geist von Eltville" „im Innern" zurückbleiben würde.[138]) Bezeichnend für diese Ausrichtung des Seminars war, dass sie im Gegensatz zum Ansatz der Betriebspsychologin, die zwar auch das „Gemeinschaftserlebnis" für die volle Entfaltung der Persönlichkeit als notwendig erachtete, trotzdem aber das Individuum in den Vordergrund stellte, der „Gemeinschaft" den Vorrang gab. So erfuhren die Teilnehmer des Eltviller Seminars aus dem Munde des Soziologie-Professors Ludwig Neundörfer (Soziographisches Institut, Johann Wolfgang Goethe-Universität, Frankfurt), der über „Den Einzelnen und die Gemeinschaft" referierte, wie einer der angehenden „Repräsentanten" protokollierte,

„dass es den Einzelnen nicht gibt. Es gibt zwar den Menschen in seiner Einzelerscheinung im physischen Sinne seiner Gestalt, [... aber] nur der Ich-Bezogene sieht sich alleine und ordnet alles nach sich aus. Keiner kann für sich alleine existieren. [...] Es sind vier Arten der Gemeinschaft, die der Mensch notwendig braucht: die Gemeinschaft des Haushaltes, des Betriebs, der Ortschaft und des Staates."[139])

Jede dieser Gemeinschaften, so erklärte Neundörfer weiter, konstituiere sich „wesensmäßig" durch „Autorität". Diese Autorität sei nicht nur „auctor", Urheber und Vorsteher der Gemeinschaft, sondern auch ihr „Bürge". In der Demokratie liege Autorität in dieser Form bei jedem einzelnen Bürger. Daraus resultiere, dass jeder, der das 21. Lebensjahr vollendet habe, eine „Mitverantwortung für die anderen" trage. Diese Pflicht setze einen hohen Stand des Verantwortungsgefühls und der Selbstverantwortung voraus. Die Entscheidung über das Gemeinwohl hänge vom Verhalten jedes Einzelnen ab, davon, dass „jeder aktiv aus innerem Impuls hilft".

Mit dieser soziologisch fundierten „elitevergemeinschaftenden" Zielsetzung gehörte das Eltviller Seminar nicht zum betriebspsychologischen Zuständigkeitsbereich. Es war zunächst überhaupt keiner bestimmten Abteilung zugeordnet, sondern schwebte bezeichnenderweise als Einzelmaßnahme ohne eindeutige Anbindung über der bestehenden Organisationsstruktur: Während der neue Leiter der Personalabteilung Zahn und der Leiter der sozialpolitischen Abteilung Handrack verantwortlich zeichneten – mit Schwer-

[137]) Seminar der kaufmännischen Lehrlinge in Eltville, in: Merck-Blatt 1957, 4, S. 15.
[138]) Ebd. S. 17.
[139]) Vgl. für das Folgende: Lehrlingsseminar Eltville, Protokoll zum Referat „Der Einzelne und die Gemeinschaft" von Prof. Dr. Neundörfer, 30.05.1957, Merck-Archiv, Best. J 20, Ordner „Vorgesetzten-Schulung".

gewicht bei Ersterem –, wurde das Seminar vom Export-Fachmann von Vietsch, der sich aus persönlichem Interesse in der Lehrlingsausbildung besonders engagierte, geleitet und war unter maßgeblicher Beratung durch die Betriebspsychologin Cauer konzipiert worden. Diese informelle Kooperation zwischen Vertretern verschiedener Abteilungen war für personalpolitische Neuerungen keineswegs untypisch. Bezeichnend für Merck ist jedoch, dass man im Zuge der folgenden Institutionalisierung in den Händen von Zahn eine personalpolitische Wissenschaftsorientierung vermied. Weder wurde die Psychologin weiterhin einbezogen, noch arbeitete der neue Personalchef Zahn – wie Jacobi und Vaubel es taten – daran, einen eigenen Expertenstatus der Personalverantwortlichen oder ein erweitertes Unternehmerbild zu entwickeln. Ähnlich wie beim Wirtschaftswissenschaftlichen Institut der Gewerkschaften adaptierte man als Legitimationsgrundlage des neuen personalpolitischen Ansatzes eine soziologische Deutung, die es im Gegensatz zu der betriebspsychologischen erlaubte, Personalpolitik ohne die Intervention praktisch ausgewiesener Humanexperten zu betreiben. Dennoch konnten die Personalverantwortlichen bei Merck nicht ganz auf die Expertise der Psychologin verzichten, brauchten sie doch jemanden, der ihnen in der Begründungsphase dabei half, eine realisierbare Konzeption der neuen Maßnahme zu gestalten. Mit dieser praktischen „Beratungsleistung" aber hatte sie ihre Funktion erfüllt.

Die Einrichtung des Seminars für kaufmännische Lehrlinge 1957, das auf die Bildung einer loyal eingeschworenen Gruppe zukünftiger Unternehmensrepräsentanten abzielte, war die erfolgreichste personalpolitische Neuerung in dem Darmstädter Unternehmen. Die personalpolitisch Wissenschaftsorientierten gerieten damit an die Grenze dessen, was bei Merck an Innovation möglich war. Signifikant dafür ist, dass parallel zur Einrichtung des Eltviller Seminars der Versuch Cauers und Handracks, ausgehend von so genannten „Meisteraussprachen" ein systematisches Programm der betriebspsychologischen „Vorgesetztenschulungen" zu etablieren, kläglich scheiterte:

Die erste „Meisteraussprache" fand gleich im ersten Jahr der Festanstellung Cauers statt, 1954.[140]) Im Gegensatz zu den „Vorarbeiter-" und „Meister-Gesprächen" bei Glanzstoff waren die „Aussprachen" bei Merck nicht in ein umfassendes betriebspsychologisch erweitertes Rationalisierungsprogramm eingebettet. Auch waren an der Durchführung außer den Meistern keine Betriebsangehörigen beteiligt, wie dies bei den Bayer-„Meister-Arbeitsgemeinschaften" der Fall war. Bei Merck war allein ein externer Psychologe mit der Leitung der „Aussprachen" beauftragt, Rolf Werner Schirm (1918–1997). Schirm arbeitete während der 1950er und 1960er Jahre als freiberuflicher Berater bevor er in den 1970er Jahren mit dem Kommunikationskonzept „Kürzer, knapper, präziser" und dann der so genannten „Biostruktur-Analyse" zum

140) Ordner „Vorgesetzten-Schulung", Merck-Archiv, Best. J 20.

bis heute aktuellen „Management-Guru“ avancierte.[141]) Bei Merck hatte er die Aufgabe, „über die Menschen am Arbeitsplatz mit den Meistern ins Gespräch zu kommen und ihnen Hilfestellung innerhalb der rein menschlichen Belange zu geben“[142]). Das erwies sich unter den gegebenen Bedingungen als ziemlich schwierige Angelegenheit.

Nach einjährigem Bestehen der „Aussprachen“ führte Cauer eine Evaluation der Maßnahme per Fragebogen durch, die ein positives Votum der Teilnehmer erbrachte.[143]) Als sie die Ergebnisse beim nächsten Treffen den Meistern mitteilen wollte, hörten diese ihren Vortrag jedoch gar nicht erst an, sondern setzten direkt mit Kritik ein, woraufhin eine zweistündige Diskussion um die Veranstaltung entbrannte. Wie auch bei Glanzstoff waren es die Meister, die im Zusammenhang mit der neuen Förder-Maßnahme für Führungskräfte des produktiven Bereichs Beschwerde erhoben. Bei den Merck-Meistern erweckte die „Aussprache“ jedoch keineswegs ein neues Vertrauensverhältnis, sondern brachte im Gegenteil ihr angestautes Misstrauen gegenüber der Geschäftsleitung und höheren Vorgesetzten komplett zu Tage. Sie fragten, warum gerade *sie* diese „Schulung“ bekämen und warum nicht der Leiter der Sozialabteilung (Handrack) auch daran teilnähme. Eine isolierte Maßnahme, die nur sie betraf, erschien ihnen überhaupt nicht sinnvoll:

„Die Gedankengänge, die uns in den Meisteraussprachen [...] nahe gebracht werden, laufen darauf hinaus, dass wir nicht im Kasernenhofton mit den Leuten umgehen sollen, dass wir sie als Menschen behandeln sollen, gelegentlich aber auch fest und konsequent sein müssen. Ich nehme an, dass diese Auffassung diejenige ist, die die Firma uns als Maßstab für unser Verhalten gesetzt hat. Ich möchte nur fragen, ob die höheren Vorgesetzten auch diesen Maßstab für sich als verbindlich erklären?“[144])

Angesichts der nahezu durchgängig soldatischen Vergangenheit des Merck'schen Führungspersonals erscheint der Einwand nicht nur besonders gerechtfertigt, sondern die Situation auch doppelt grotesk: Während man sich einerseits auch personalpolitisch an militärischen Vorbildern orientierte, versuchte anderer-

[141]) Rolf Werner Schirm verkörperte in dieser letzten Phase seines Schaffens ähnlich wie Ernest W. Dichter, den Rainer Gries als Pionier der Absatz-Experten gewürdigt hat und den seine Kritiker „Tiefenheini“ schimpften, den Typus des „genialen“ Experten. *Gries*, Die Geburt der Werbeexperten.
Bevor Schirm zum internationalen Management-Guru avancierte, veröffentlichte er in zahlreichen Schriftenreihen der Institutionen des personalpolitischen Felds: in der Schriftenreihe der A.S.B., des DNB, des „Arbeitsrings der Arbeitgeber der chemischen Industrie“: *Schirm*, Vorgesetzte, Mitarbeiter; *ders.*, Zwischenbilanz; *ders.*, Praktische Menschenführung. Schirms erfolgreichstes Buch, das im Jahr 2000 neu aufgelegt wurde, nachdem es 1983 bereits eine Auflagenhöhe von 39tausend erreicht hatte, erschien in erster Auflage 1973: *ders.*, Kürzer, knapper, präziser.

[142]) Bericht der Betriebspsychologischen Beratung über die Meisteraussprache, 6.2.1956, Ordner „Vorgesetzten-Schulung“, Merck-Archiv, Best. J 20.

[143]) Ebd.

[144]) Bericht der Betriebspsychologischen Beratung über die Meisteraussprache vom 26.10.1955, Merck-Archiv, Best. J 20, Ordner „Vorgesetzten-Schulung“.

seits der beauftragte Psychologe zugleich den Merck-Meistern im Zeichen des „Menschen im Mittelpunkt“ einen humaneren Umgangston zu vermitteln. Diese Diskrepanzen mussten unweigerlich zum Konflikt führen, zumal man außerdem eine direkte Kommunikation miteinander von beiden Seiten verweigerte. Während die Geschäftsleitung einen externen Psychologen beauftragte, lehnten es auch die Meister ab – von Cauer zum Gespräch mit den Vorgesetzten aufgefordert –, sich mit „denen“ an einen Tisch zu setzen, weil dann „die Meinung nicht mehr frei geäußert“ würde.[145])

Im Ergebnis führte dies dazu, dass sich Schirm ein weiteres Jahr lang unter verschärften Bedingungen gemeinsam mit den Meistern quälte – der offene Ausbruch des Konflikts bedingte eine von nun an permanent latent aggressive Stimmung, welcher der Psychologe nur zu begegnen wusste, indem er sich auf seinen Expertenstatus zurückzog, immer wieder darauf verwies, allein betriebspsychologische „facts“, wissenschaftlich abgesicherte Erkenntnisse, zu vermitteln. Geholfen hat das nicht. Auch die erneute Intervention von Frau Cauer, die in einem Bericht an Handrack abermals konstatierte,[146]) es sei wohl an der Zeit,

> „daß man aus der Vorgesetztenschulung ein auf unsere spezifische betriebliche Situation abgestimmtes Instrument der Menschenführung macht, das alle Beteiligten gleichermaßen umfasst und für alle Beteiligten gleichermaßen verbindlich erklärt“,

blieb folgenlos. Geradezu als Erlösung muss es allen Beteiligten daher erschienen sein, als ab 1957 die „Meisteraussprachen“ nicht mehr von Schirm geleitet wurden. Sie gehörten von nun an zum Zuständigkeitsbereich von Zahns Personalabteilung und fanden als Vortragsveranstaltung mit anschließender Diskussion statt.[147]) Während dabei zunächst dem Vortrag die größere Bedeutung zugemessen wurde, hoben die Ankündigungen seit Beginn der 1960er Jahre auch anschließende Diskussion und die Referenten, die Betriebsangehörige waren, hervor.[148])

Der ausgewachsene Misserfolg der betriebspsychologischen „Meisteraussprachen“ bei Merck war das Ergebnis folgender Konstellation: Während man auf Seiten der Geschäftsleitung eine unentschiedene Halbherzigkeit pflegte, hielten Cauer und Handrack – das Ziel einer Ausweitung der betriebspsychologisch gestützten personalpolitischen Maßnahmen im Unternehmen fest im Blick – mit hoffender Hartnäckigkeit an der Veranstaltung fest, obwohl sie die bestehenden Probleme genau kannten. Mit der Bestellung von Werner Zahn zum Leiter des Personalwesens fand diese Konstellation ihre Entscheidung zuungunsten der Betriebspsychologen. 1957 vollendete der „Major“ die vom

[145]) Ebd.

[146]) Ebd.

[147]) Notiz der Personalabteilung vom 07.03.1957 „Betr.: Meisteraussprachen“, Merck-Archiv, Best. J 20, Ordner „Vorgesetzten-Schulung“.

[148]) Notiz der Ausbildungsabt. Vom 14.01.1960 „Betr.: Vorgesetztenaussprachen“, Merck-Archiv, Best. J 20, Ordner „Vorgesetzten-Schulung“.

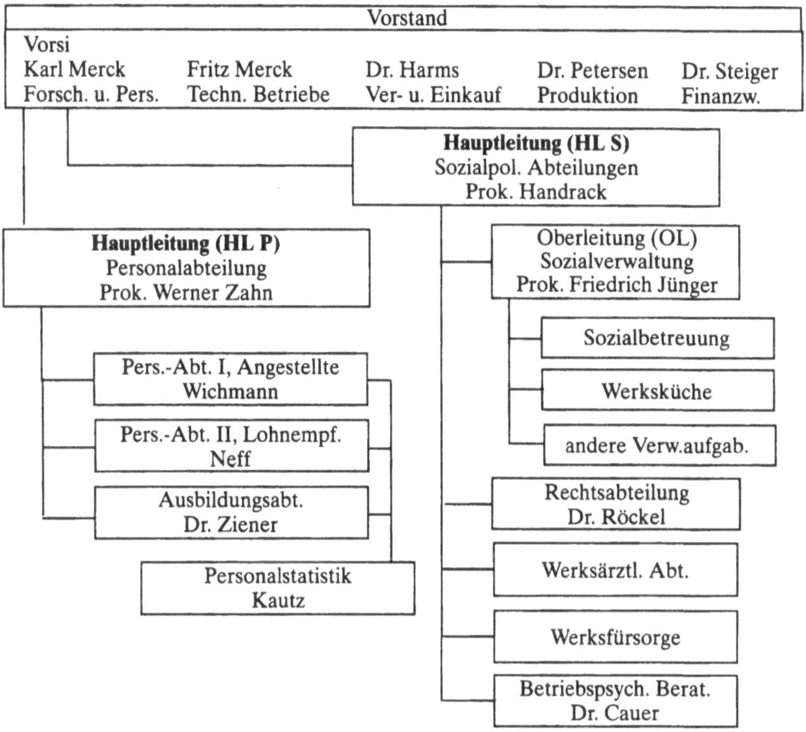

Abbildung 8: Personal und Soziales, Merck AG, 1957

scheidenden Vorstandsvorsitzenden Karl Merck vorbereitete Neuorganisation der alten sozialpolitischen Abteilung. Wie auch bei Bayer wurde die bisherige Personalabteilung aus der Sozialabteilung ausgegliedert und ihr als eigenständige Organisationseinheit nebenan gestellt. Im Laufe des Jahres 1957 verpasste Zahn der alten Personalabteilung eine neue innere Ordnung (vgl. Abb. 8: Personal und Soziales, Merck AG, 1957)[149]).

Die neue „Hauptleitung P" umfasste nicht mehr die bisherigen Abteilungen Personaleinsatz, Lohnabteilung, Gehaltsverrechnung und Akkord,[150]) sondern genauso wie bei Bayer zusammengefasst in einer Zuständigkeit eine Personalabteilung für Angestellte, eine für Arbeiter und die Ausbildungsabteilung, zusätzlich ergänzt um eine Kraft, die sich um die Erfassung und Erstellung personalstatistischer Daten kümmerte – als AG gab Merck ab 1953

[149]) Das Organigramm basiert auf folgenden Bekanntmachungen der Merck-Geschäftsleitung: Bekanntmachung Nr. 42, 22. 12. 1955; Bekanntmachung Nr. 43, 22. 12. 1955, Merck-Archiv, Best. F4, 35; Bekanntmachung Nr. 46, 21. 12. 1956, Merck-Archiv, Best. F4, 36; Bekanntmachung Nr. 47, 19. 12. 1957, Merck-Archiv, Best. F4, 37.

[150]) Vgl. Rundschreiben Nr. 11, Merck-Archiv, Best. F4, 26.

regelmäßig einen jährlichen „Sozialbericht" heraus, „Unser Werk". Werner Zahn hatte sich damit im Zeichen einer männlich-kameradschaftlich vergemeinschaftenden, am militärischen Vorbild eines eingeschworenen Offizierskaders, dessen Mitglieder als inkorporierte Träger für den Erhalt und Bestand des Merck'schen Haus-„Geistes" bürgten, gegen die betriebspsychologische, individualisierende und wissenschaftsorientierte personalpolitische Variante durchgesetzt.

Der Karl Merck 1959 nachfolgende Vorstandsvorsitzende Hans Harms (geb. 1906), Chemiker, der seit 1933 für das Unternehmen arbeitete, seit Kriegsende als kaufmännisches Vorstandsmitglied und seit 1953 als stellvertretender Vorstandsvorsitzender,[151]) erwärmte sich in besonderer Weise für das Eltviller Seminar – und personalpolitisch nur für dieses. Bereits im Bericht über das erste Seminar von 1957 hieß es, Harms hätte sich „über das Gesehene und Gehörte sehr befriedigt" gezeigt.[152]) Im folgenden Jahr ließ er anlässlich seines 25-jährigen Dienstjubiläums in der Werkszeitung verlauten, dass er sein „besonderes Augenmerk" „dem seiner Obhut anvertrauten kaufmännischen Nachwuchs" widme, „dem er seit Jahren unter strengen Anforderungen eine vorzügliche Ausbildung zuteil werden" lasse.[153]) Gegen Harms Okkupation dieses Bereichs konnte sich auch Emanuel W. Merck, der seit 1958 im Vorstand zuständig war für „Personal und Soziales", nicht durchsetzen. Zwar schaffte er es als Nachfolger von Zahn, 1965 Eugen von Vietsch an der Spitze der Hauptleitung Personal zu platzieren.[154]) Doch Harms, der zwar keine militärische Laufbahn aufzuweisen hatte, da er sich während des Kriegs um Unternehmensangelegenheiten gekümmert hatte – stattdessen aber zierten zwei markant männliche Schmisse sein Konterfei –, war nicht zugänglich für von Vietschens Ambitionen, gemäß dem Harzburger Modell die Merck'sche Personalpolitik durch systematische Stellenbeschreibungen, Beurteilungssysteme und Vorgesetztenschulungen auf Vordermann zu bringen.[155]) Als Eugen W. Merck 1969 starb, verlor die Personalabteilung ihren letzten Zugang zur Geschäftsleitung. Erst infolge des Streiks von 1971 und unter der Leitung eines neuen Mannes an der Spitze des Unternehmens – Otto Esser, der von Glanzstoff kam und dort zum Teil in Vaubels Fußstapfen getreten war – waren grundlegende Veränderungen in Darmstadt möglich.

Die Betriebspsychologische Beratung gehörte bis dahin weiter zur sozialpolitischen Abteilung. Sie war damit zwar nicht, wie bei Bayer, in die ingenieursdominierte Ecke abgeschoben, verfügte aber auch nicht über Kontakte

[151]) Direktor Dr. Harms 25 Jahre bei E. Merck, in: Merck-Blatt 1958, 4, S. 3; Direktor Dr. Harms, in: ebd. 1959, 3, S. 5; Direktor Dr. Harms zum Präsidenten des VCJ gewählt, in: ebd. S. 3f., Direktor Dr.-Ing. Hans Harms zum 60. Geburtstag, in: ebd. 1966, 3, S. 3.

[152]) Seminar der kaufmännischen Lehrlinge in Eltville, in: ebd. 1957, 4, S. 15–17, hier S. 17.

[153]) Direktor Dr. Harms 25 Jahre bei E. Merck, in: ebd. 1958, 4, S. 3.

[154]) Wir stellen vor: Eugen v. Vietsch, in: ebd. 1965, 1, S. 10.

[155]) Von Vietsch-Interview, Merck-Archiv.

zur Personalabteilung, wie dies bei Glanzstoff der Fall war. Die Betriebspsychologin bei Merck richtete sich als Bestandteil der Merck'schen Sozialpolitik ein. Indem sie sich besonders dem „weiblichen" Tätigkeitsfeld einer wissenschaftsgestützten Werksfürsorge für Frauen widmete, realisierte sie das, was Erika Hantel 1947 in ihrem Konzept von „Betriebspsychologie" skizziert hatte, und was auch die Psychologin Irmgard Berghaus im Referat „Werksfürsorge" der Heidelberger „Arbeitsgemeinschaft für soziale Betriebsgestaltung" zu Beginn der 1950er Jahre vertrat.[156]) Spezifisch für diesen Ansatz war, dass ausgehend von einer angeblich „wesensgemäß" weiblichen Intuition und Empathie diese Expertinnen es sich zur Aufgabe machten, das „verborgene Kräftespiel" (Hantel) beziehungsweise den „ungeschriebenen Organisationsplan"[157]) (Cauer) aufzudecken, um so zu helfen. Der Cauer'sche Entwurf von praktischer Betriebspsychologie entsprach damit dem Ansatz der „sozialen Betriebsgestaltung" in seiner weiblichen Ausprägung. Dies war der Möglichkeitsrahmen, der sich ihr über das eignungsdiagnostische Kerngeschäft hinaus in dem von militärisch und männer-kameradschaftlich orientierten Männern dominierten Familienunternehmen bot.

Im Gegensatz zu den Forfa- und Glanzstoff-Psychologen machte sich die Betriebspsychologin bei Merck den Rationalisierungsgedanken nicht zu Eigen. Cauer, deren Status als „Psychologin" – promoviert mit der sehr traditionellen Fächerkombination Philosophie, Pädagogik, Mineralogie, obwohl es seit 1941 das Diplom als berufsqualifizierenden Abschluss für Psychologen gab – der besonderen Anerkennung durch den Berufsverband der Deutschen Psychologen bedurfte,[158]) fühlte sich allein dem Individuum in seiner „Ganzheit", jedem einzelnen Belegschaftsmitglied und besonders den Schwachen, Auszubildenden und Frauen, verpflichtet. Bezeichnenderweise führte sie nach 1945 Eignungsuntersuchungen hauptsächlich an Auszubildenden, nicht mehr nur an produktivem Personal durch. 1956 ließ sie entsprechend einen Lehrling, der ein Referat über die „Aufgaben und Methoden der Betriebspsychologie" halten musste, erklären:

„Wenn aber Betriebsangehörige das Fabriktor passiert haben, werden sie ja keine anderen Menschen, nur noch Arbeiter und Angestellte; sie können ja ihr persönliches Ich nicht am Tor abstellen. Sie kommen als ganze Menschen und nehmen ihre privaten Dinge mit, und meistens sind es Sorgen und Nöte um die Familie und das Geld; dazu kommt die Umstellung auf die ganz neue Umgebung, auf Vorgesetzte, Mitarbeiter usw. [...] Da kann nun der Psychologe versuchen, helfend einzugreifen, um die Sorge zu verkleinern."[159])

[156]) Vgl. Kap. 3.3, Kap. 3.4.
[157]) Liselotte *Cauer-Klingelhöffer*, Der Neuling im Betrieb, in: Merck-Blatt 1957, 3, S. 3f.
[158]) Interview 2 vom 13.11.00; Cauer war 1949 und 1959 Mitglied des BDP, vgl. Psychologentaschenbuch 1949, S. 21; Psychologentaschenbuch 1959, S. 21. Danach wird sie nicht mehr im Mitgliederverzeichnis aufgeführt.
[159]) Lehrlingsreferat am 11.7.1956 von Wolfgang *Schäufele*, Aufgaben und Methoden der Betriebspsychologie, hier S. 4, Merck-Archiv, Best. J 20, Ordner „Vorgesetzten-Schulung".

Eignungsuntersuchungen hatten für die Merck'sche Humanexpertin nicht nur den Charakter einer funktionellen Auslese, sondern sie praktizierte sie eher als individuelle Berufsberatung, bei der auch eine Nichtempfehlung pädagogischen Wert hatte. Dieser ganzheitlich-sozialen Auffassung entsprach, dass Cauer auch so genannte Einzelberatungen durchführte. In der Regel handelte es sich um Betriebsangehörige, die wiederholt um Vorschüsse oder Darlehen anfragten. In äußerst umfangreichen Gutachten, die bis zu zehn Seiten umfassten, und denen Gespräche mit dem gesamten familiären Umfeld vorausgingen, analysierte sie vornehmlich die private Situation der betreffenden Person und sprach gegenüber der Sozialabteilung eine Empfehlung aus, wie am besten zu verfahren sei. Sie arbeitete zudem eng mit der betriebseigenen medizinischen Abteilung, vor allem mit der Werksärztin Frau Mende,[160]) und mit den Werksfürsorgerinnen Grete Röper, Frau Fuchs und Frau Hartmann zusammen.[161]) Cauer hatte zudem über den betrieblichen Kontext hinaus Kontakte zu psycho-sozial beratenden und betreuenden Einrichtungen, wohin sie die Betroffenen vermittelte, wenn es ihr nötig schien.

Neben dieser sozialen Komponente umfasste ihre Tätigkeit aber auch einen Bereich, der stärker wissenschaftlichen Charakter hatte. Anhand von Fragebögen und Gesprächen erhob die Humanexpertin für alle möglichen Belegschaftsgruppen betriebssoziologische Daten. Wie bereits im Zusammenhang mit den „Meister-Aussprachen" und der „Altensteig"-Fahrt ersichtlich, dienten ihr diese in aufbereiteter Form gegenüber der Geschäftsleitung als Argument für und zur Veranschaulichung von Handlungsbedarf. Nachdem im Laufe des Jahres 1957 deutlich geworden war, dass Zahn die personalpolitische Kompetenz für sich und seine neu formierte Abteilung beanspruchte, ohne die Psychologin strukturell einzubeziehen, konzentrierte sie sich immer mehr auf solche Erhebungen. Bis zum Beginn der 1960er Jahre führte Cauer regelmäßig so genannte „Austrittsgespräche". Sie interviewte Arbeitnehmerinnen, die freiwillig aus dem Unternehmen ausschieden, um ihre Beweggründe für die Kündigung zu erfahren.

Die Gesprächsnotizen, die in diesem Zusammenhang entstanden, bieten sich besonders an, um anhand einiger Kostproben den Cauer'schen Stil noch deutlicher zu veranschaulichen. Denn er repräsentiert in exquisiter Weise die ganzheitlich-intuitive philosophische Ausprägung psychologischer Gutachten der 1950er und 1960er Jahre. Diese Notizen, die zumindest in Auszügen auch an Vorgesetzte weitergegeben wurden, machen in ihrer Mischung aus feiner Beobachtung, persönlichem Eindruck, gleichsam literarischer, bildhaft anschaulicher Schilderung des Augenblicks in Verbindung mit Versatzstücken einer ganzheitlich-psychologischen Analyse, die gerne mit privaten Informationen über die Betreffenden aufwartete, vor dem Hintergrund einer integren 1950er-Jahre-Moral, welche jedoch unverkennbar durchsetzt war mit dem

[160]) Interview 1 vom 13.11.00.
[161]) Grete *Röper*, Ein Leben für andere, in: Merck-Blatt 1965, 1, S. 18.

durchaus emanzipatorischen Selbstbewusstsein der spezifisch weiblich qualifizierten Humanexpertin, sehr deutlich, warum ihre Arbeit trotz der umfassenden zeitgenössischen Kritik an den von ihr eingesetzten Methoden praktisch überzeugte. Im Gegensatz etwa zu Spenglers „sozial rationalisierenden“ Gutachten, die mit wissenschaftlichen Kurvenbildern und deren „vitalistischer“ Interpretation zu überzeugen versuchten, wobei in der Regel wohl nur die Zeile der ausgesprochenen Empfehlung von den Personalverantwortlichen tatsächlich zur Kenntnis genommen wurde, erhielt man hier einen viel anschaulicheren, freilich höchst subjektiv gefärbten Eindruck von der betreffenden Person:[162])

„Eine kleine Puppe kommt mit jenem hochhackigen Gang herein, der den kurzen Weg in mein Zimmer zum Laufsteg macht. Das maskenhaft glatte Gesichtchen trägt ein rosiges Make-up, die hoch- und nachgezogenen Augenbrauen stehen über umränderten Augen. Sie blickt mir mit starrem Ernst entgegen. Sie tritt bei uns aus, weil sie Leukämie hat. Mit einem Schlag sehe ich hinter die Maske und immer wieder kommt in der Unterhaltung der Satz ‚seitdem ich so schwer krank bin‘. [...] Die Hoffnung, doch noch eine Mannequinschule besuchen zu können, versucht sie hochzuhalten, aber ob der Vater es erlaubt? [...] Und ob ich bis in einem Jahr wieder gesund bin? Die Sätze hängen wie hilflose Fragezeichen in der Luft. Sie geht – wieder wie über einen unsichtbaren Laufsteg – davon, ich bleibe innerlich erschüttert zurück.“

„Die rundliche Lohnempfängerin, die schon 11 Jahre bei uns ist und in letzter Zeit bei den ‚Angestellten‘ ausgeholfen hat, inspiziert mich hinter ihren Brillengläsern. Ihr Motto ‚man muß diplomatisch sein‘ kann sie nicht immer befolgen. Manchmal rutscht ihr eine deftige Randbemerkung heraus, über die sie dann fast selbst erschrickt, aber wenn sie eine Antwort begründen oder näher erläutern soll, rückt sie nicht recht mit der Sprache heraus. [...] In 8 Tagen wird sie einen Schlosser heiraten. [...] Bislang war die 33-jährige wohl das Aschenbrödel, das abends die Arbeit für die kranke Mutter machen musste. ‚Da wird Sie aber die Mutter vermissen‘, sage ich. ‚Nun, da muß halt der Vater mehr ran‘, meint sie. Der pensionierte Oberjustizsekretär wird sich darauf wohl recht umstellen müssen, denn vermutlich hat er zu Hause ein strammes Regiment geführt. Deshalb ist ihr auch ein männlicher Vorgesetzter lieber: ‚Vor einem Mann soll man mehr Achtung haben und hat man auch meistens‘, stellt sie fest. Der Schlosser kann sich freuen.“

„Die junge, 22-jährige Chemotechnikerin aus Hannover mit dem aparten eigenwilligen Köpfchen, dem feingeschnittenen Profil und den schmalen Madonnenhänden wirkt wie geschliffenes Glas. Der Satz: ‚Das hätte ich auch nicht mitgemacht‘ – sie meint einen häufigen Arbeitsplatzwechsel – steht unsichtbar zwischen uns beiden. Sie ist ein kluges Kräutchen-rühr-mich-nicht-an und sagt nichts über ihren Arbeitsplatzwechsel, den sie nach 2½ Jahren jetzt vornimmt. [...] Im Grunde hofft sie wohl auf den Ritter, der die Dornenhecke durchbricht, denn ihrer Meinung nach macht die Berufstätigkeit unweiblich, die Frauen hätten dann keinen Drang mehr, eine Familie zu gründen und fühlten sich alleine wohler. Weibliche Vorgesetzte [...] lehnt sie ab [...]; sie fand auch keine Freundinnen durch ihre Tätigkeit bei uns. Sie geht ein wenig steif, ein wenig förmlich von hier weg [...]. Das zarte Mädchen, das in ein Samtetui gehört, passt nicht ins Berufsleben.“

„Ihre starren Augen blicken mich misstrauisch an. Sie hat einen kleinen Vogelkopf und ist sehr geschwätzig und aufgeregt. Sie hört kaum richtig hin, was ich frage, und plappert drauflos. Ein Wort kehrt immer wieder: ‚Wir im Osten‘. ‚Wir im Osten sind auch fleißig‘,

[162]) Vgl. für alle folgenden Zitate: Merck-Archiv, Best. J 20, Ordner 295 „Laufende Frauenbefragungen Nr. 127-178“.

sagt sie beispielsweise, ‚ich sage ihnen, es gibt böse Menschen hier.' Sie hat schlechte Erfahrungen gemacht im Magazin 8 mit den Mädchen, die sie vom Band verdrängten und mit der Vorgesetzten, die wohl nicht auf alle ihre Wünsche einging. [...] Den 69-jährigen Vater hat sie vor 2 Jahren alleine in Thüringen zurückgelassen und ist mit ihrem Mann in den Westen, wo dieser schon einmal 12 Jahre war. Sie haben [...] sich schon vom Kaffeelöffel bis zum Wintermantel alles angeschafft. Es war ihr gar nicht recht, dass sie nicht mehr Akkord verdienen konnte, da sie auf jeden Pfennig angewiesen ist, aber die zappelige Frau ist wohl in jeder Arbeitsgruppe schwer zu verkraften. [...]"

Nicht zuletzt in diesem eingängigen Stil lag die Ursache dafür, dass Cauer ihren Platz behauptete. Aussagen von Zeitgenossen wie: „Sie war 'ne Nummer hier im Unternehmen" oder auch der Hinweis, dass auf Jubilarsveranstaltungen regelmäßig von ihr die Rede gewesen sein soll, bestätigen diesen Eindruck.[163]) Und sie hat es immerhin geschafft, die Ergebnisse ihrer jahrelangen Erhebungen über Frauen im Unternehmen[164]) ergänzt um Untersuchungen in neun weiteren chemischen Unternehmen 1966 in der Schriftenreihe „Aus der Praxis betrieblicher Sozialpolitik" des Arbeitsrings der Arbeitgeberverbände der Deutschen Chemischen Industrie zu veröffentlichen: „Die Frau als Mitarbeiterin in der chemischen Industrie".[165])

In dieser Publikation zeichnete Cauer ein typologisierendes Bild von der Lage arbeitstätiger Frauen: „Die jugendliche Arbeiterin", „Die ausländische Arbeiterin", „Die weibliche Vorarbeiterin", „Die jüngere alleinstehende Mitarbeiterin". Sie versuchte zudem zu zeigen, dass der angeblich erhöhte Krankenstand weiblicher Beschäftigter nicht eine „wesensgemäße" Eigenschaft, sondern ein Vorurteil und das Ergebnis der spezifischen Arbeitsbedingungen sei, denen Frauen unterlägen. Insgesamt wollte die Humanexpertin mit dieser Publikation dazu beitragen, dass die Situation arbeitstätiger Frauen genauer

„erkannt und das betriebliche Interesse besser darauf abgestimmt werden kann. Insbesondere sollen unsere Ausführungen die Personalleiter dazu anregen, die Verhältnisse in den eigenen Betrieben mit den vorgetragenen Problemen zu vergleichen. Letztlich ist das Ziel dieser Veröffentlichung, die Betriebe zu eigener Initiative und Fragestellung anzuregen."[166])

Cauer präsentierte Ergebnisse, die in den Deutungsmustern betrieblicher Entscheidungsträger bisher keinen Platz hatten, da niemand sie in überzeugender Form bereitgestellt hatte. Die Kombination aus praktischer Erfahrung und wissenschaftlicher Absicherung, die den ganzheitlichen Ansatz der Psychologin kennzeichnete, stellt jedoch ein Arrangement dar, das ein weiteres Ignorieren zumindest bedeutend erschwerte. Die Rolle, die Liselotte Cauer als Humanexpertin bei Merck und mit dieser Publikation auch branchenweit ein-

163) Interview vom 20.9.2000.

164) Im Mai 1961 initiierte sie gemeinsam mit den Werksfürsorgerinnen einen Frauengesprächskreis im Unternehmen, Mitte der 1960er Jahre machte sie erneut Interviews mit Vorarbeiterinnen über ihre Arbeit als Vorgesetzte. Vgl. Merck-Archiv, Best. J 20, Ordner 295 „Laufende Frauenbefragungen Nr. 127–178".

165) *Cauer-Klingelhöffer*, Die Frau als Mitarbeiterin (1966).

166) Ebd. S. 3.

nahm, war damit eher die einer „Weisen“, wie sie ansonsten nicht Psychologen, sondern Soziologen für sich beanspruchten, wenn sie mit Hilfe spezifisch erhobener Daten auf Probleme aufmerksam machten und dadurch auf Einsicht und gegebenenfalls Veränderung hofften.

Diese Rolle der „weisen“, beratenden Humanexpertin vertrat auch die Psychologin Erika Hantel. Sie hatte nicht nur mit ihrer breit rezipierten Publikation „Verborgenes Kräftespiel“ (1947) dazu beigetragen, dieses weiblich legitimierte humanexpertielle betriebliche Tätigkeitsfeld vorzubereiten,[167]) sondern leistete auch ganz gezielt an Unternehmer adressierte Überzeugungsarbeit. Zu Beginn der 1950er Jahre referierte Hantel auf Tagungen der „Arbeitsgemeinschaft selbständiger Unternehmer“ und veröffentlichte Beiträge in deren Zeitschrift „Die Aussprache“.[168]) Die spezifisch weiblich konnotierte Variante der betriebspsychologisch gestützten „sozialen Betriebsgestaltung“ war beim Transfer vom außerbetrieblichen Raum in die Unternehmen hinein mithin erfolgreicher als die männliche technisch orientierte à la Scherke. Das hing freilich auch damit zusammen, dass letztere der Konkurrenz der „sozial rationalisierenden“ Forfa-Psychologen wenig entgegenzusetzen hatte, während die weiblichen Expertinnen aufgrund ihres anderen Ansatzes von dieser Rivalität nicht gleichermaßen betroffen waren. Zugleich aber bedingte diesen Erfolg die freiwillige Selbstbeschränkung, welche die Frauen sich auferlegten.

Liselotte Cauer beispielsweise beteiligte sich weiterhin an dem Seminar für kaufmännische Lehrlinge, nachdem es zum Zuständigkeitsbereich von Zahns Personalabteilung gehörte. Sie kommentierte während des Abendprogramms den Film „Menschen im Werk“, um den angehenden „Unternehmensrepräsentanten“ eine Vorstellung von der sozialen und beruflichen Vielschichtigkeit des Unternehmens zu vermitteln.[169]) Damit erfüllte sie eine Funktion, die traditionell zur Aufgabe einer herkömmlichen Sozial-, oder gar „Gefolgschaftsabteilung“ gehörte, die sich in erster Linie der Belegschaft verpflichtet sah, aber natürlich nicht gewerkschaftlich sympathisierte. Neu war in den 1950er Jahren, Interessen der Beschäftigten nun auch durch „PR“ nach innen zu vertreten, das heißt in das kollektive Selbstverständnis des Unternehmens einzufiltern, wobei angehende „Unternehmensrepräsentanten“ als Adressaten eine besonders wichtige, weil exponierte Position einnahmen.

Auch bei Bayer nahm sich die Sozialabteilung während der 1950er Jahre dieser Aufgabe an. Beispielsweise gab sie 1959 einen Taschenkalender „Be-

[167]) Vgl. Kap. 4.3.

[168]) Erika *Hantel*, Das Attest. Menschlicher Kontakt löst Spannungen, in: Die Aussprache, 1950, 12; *dies.*: Arbeitstherapie am Arbeitsplatz, in: Die Aussprache, 1952, 1; *dies.*, Das menschliche Erlebnis im Betrieb als Ausgangspunkt der Sozialpolitik, Vortrag in Boppard/Rhein, Juni 1951, Arbeitsgemeinschaft Selbständiger Unternehmer; vgl. für alle Texte: *Hantel*, Brücken.

[169]) Vgl. Programm des Seminars für die kaufmännischen Lehrlinge 1960, Merck-Archiv, Best. J 20, Ordner „Vorgesetzten-Schulung“.

rufe bei Bayer“ mit Spiralbindung heraus,[170]) eine Art frühen „Organizer“, dessen Verwendung etwa als Weihnachtsgeschenk für leitende Angestellte gut denkbar ist. Man konnte diesen Kalender mit sich tragen oder auf dem Schreibtisch aufstellen. Jeden Monat wurde man dann in Bild und Text – für die jener Rolf W. Schirm verantwortlich zeichnete, der sich drei Jahre zuvor noch bei Merck mit den Meistern gequält hatte – über drei verschiedene Berufe und Tätigkeitsbereiche informiert, die auch dazu beitrügen, „die Chemie in den Dienst des Menschen zu stellen“:

> „Mehr als 50000 Menschen – die zusammenarbeiten, an verschiedenen Orten und in verschiedenen Betrieben, aber doch zusammengehörig, für die gleiche Sache tätig – das ist Bayer. [...] Mit wie viel Einsatzbereitschaft, Fleiß und echter Mitarbeit an *allen* Stellen diese Aufgaben bei Bayer bisher gelöst wurden, dafür ist der imponierende Wiederaufstieg nach dem Kriege ein klarer Beweis. Man sollte daran denken, um die Rolle der eigenen Tätigkeit im Gesamtrahmen, aber auch die Leistung der anderen, im rechten Licht zu sehen.“[171])

Über „Personalsachbearbeiter“ beispielsweise erfuhr man, dass sie den Vorgesetzten die „zeitraubende Verwaltungsarbeit“ abnähmen, die notwendig sei, „wenn jemand eingestellt, beurteilt, eingestuft und richtig und pünktlich entlohnt werden“ solle. Ihnen sei es daher „zu einem guten Stück zu verdanken, [...] wenn man sich im Betrieb wohl fühlt“.[172]) Ein Film à la „Menschen im Werk“ gehörte Ende der 1950er Jahre zum Standardrepertoire der Selbstdarstellung westdeutscher Großunternehmen. Bei Glanzstoff etwa hieß er „Werke und Menschen“,[173]) bei Hoesch „Im Mittelpunkt steht der Mensch“[174]). Die Filme wurden in der Regel Neueintretenden im Rahmen eines speziellen Einführungsprogramms gezeigt.

Diese Form sozial-differenzierend vergemeinschaftender Personalpolitik, zu der Vertreter der Sozialabteilung durch eingängige Vermittlung der sozialen und beruflichen Vielfältigkeit des jeweiligen Unternehmens beitrugen, stellte eine Form der „Modernisierung“ herkömmlicher Sozialpolitik dar. Hier wurde nicht der Schritt zur individualisierenden Personalpolitik gegangen, wozu sich die Einbindung psychologisch gestützter Verfahren besonders anbot. Aber man verblieb auch nicht dabei, weiterhin nur „freiwillig“ betriebliche Sozialleistungen anzubieten, sondern passte die Art und Weise, wie diese nach innen und außen kommuniziert wurden der anthropozentrischen Nachkriegsmaxime an. Für diese Zwischenform der Erneuerung sozialpolitischer Maßnahmen bedurfte es einer wissenschaftlichen Legitimierung durch betriebliche Humanexperten nicht originär, wie sich am Beispiel von Bayer zeigt. Als Träger glaubwürdigkeitsfördernder Titel und Diplome unterstützten sie

[170]) Berufe bei Bayer, hg. v. der Sozial- und Personalabteilung, Leverkusen 1959, BAL 220/12.
[171]) Ebd. einleitend o.S.
[172]) Ebd. S. 60: „Helfer für Betrieb und Mitarbeiter“ – Der Personalsachbearbeiter.
[173]) RWWA, Abt. 195 Acordis AG, Wuppertal, Best. W 02, 44–48.
[174]) *Ellerbrock*, „Im Mittelpunkt steht der Mensch“, S. 37f.

aber in solchen Unternehmen wie Merck, wo die Geschäftsleitung personalpolitischen Neuerungen generell äußerst skeptisch gegenüberstand, die Realisierung von Elementen dieser neuen Strategie. Insgesamt jedoch blieb es allein bei diesen Elementen; sie wurden nicht in eine entsprechend neu gestaltete Organisationsstruktur eingebettet. Der Humanexpertin bei Merck etwa gelang es daher nicht, eine personalpolitisch dominierende Position innerhalb des Unternehmens zu erringen.

In erster Linie arbeitete Cauer in einem Frauennetzwerk betrieblicher Sozialbetreuung – mit Werksfürsorgerinnen und der Werksärztin, die sich traditionell besonders um die im Unternehmen beschäftigten Frauen kümmerten. Dieses weibliche Sozialnetzwerk stellte ein Spezifikum des konservativen Familienunternehmens Merck dar. Neben militärisch orientierten Männern in den Führungspositionen verfügten Frauen hier im Gegensatz zu den anderen untersuchten Unternehmen über einen eigenen institutionalisierten Ort innerhalb des betrieblichen Sozialraums. Dieser Befund zeichnete die konservative „sozial betriebsgestaltende“ Betriebspsychologie gegenüber der vermeintlich „fortschrittlicheren“ „sozial rationalisierenden“, „amerikanisierenden“ und „lebenslang lernenden“ als nicht „frauenfrei“ aus. Während die „sozial rationalisierenden“ Betriebspsychologen bei Glanzstoff und im Forfa sich in einer reinen Männerwelt bewegten – im Forfa arbeitete keine einzige Frau;[175]) bei Glanzstoff war vom Beginn der 1950er bis zum Ende der 1970er Jahre eine Psychologin unter mehr als mindestens 20 Kollegen tätig[176]) –, war die bei Merck realisierte wissenschaftsgestützte Sozialpolitik hingegen fest in Frauenhand.

Auffällig an dem Entwurf von Weiblichkeit, der diese Strategie kennzeichnete, waren zwei zentrale Aspekte: Erstens knüpfte er in besonders ausgeprägtem Maße an traditionelle ganzheitlich-psychologische Konzepte an, wie sie die „Göring“-Therapeuten im NS entwickelt hatten. Die aus diesem Denken übernommene grundlegende „Mann-Frau“-Dichotomie war *die* zentrale Voraussetzung dafür, dass Frauen überhaupt einen eigenen Platz beanspruchen konnten. Zweitens ging mit dieser grundlegenden Ordnungsvorstellung zugleich eine signifikante Selbstbeschränkung einher: Die Annahme eines spezifisch „weiblichen Wesens“ und daraus resultierend spezifisch „weiblicher“ Aufgaben und Themen grenzte sich insbesondere gegenüber dem gesamten Bereich der „Technik“ ab, der als männlich angesehen wurde. Aus diesem Grund war es für die Expertinnen, die diesen Ansatz verfolgten, undenkbar, mit Arbeitswissenschaftlern und Rationalisierungsingenieuren zusammenzuarbeiten wie es die „sozial rationalisierenden“ Psychologen taten. Diese Barriere verhinderte es, dass die Frauen bei Merck etwa sich als Expertinnen eines personalpolitisch erweiterten Tätigkeitsfelds etablieren konnten. Zwischen ihrem Selbstverständnis und der herkömmlichen ingenieurs- und

[175]) Vgl. im Anhang Tab. 9: Forfa-Mitarbeiter, 1948–1963.
[176]) Vgl. im Anhang Tab. 6: Psychologen bei Glanzstoff 1949–1970er Jahre.

verwaltungstechnischen Orientierung der „Personalabteilung", gab es keinerlei Verbindungsmöglichkeiten. Als der Versuch, mit den „Meister-Aussprachen" betriebspsychologisch gestützte Vorgesetztenschulungen zu etablieren, scheiterte, blieb ihnen nichts anderes übrig, als sich weiterhin beschränkt auf ihr Expertinnen-Netzwerk, das zudem auch bei seinen Adressatinnen frauenspezifische Schwerpunkte setzte, einzurichten.

Dieser Befund der weiblichen Selbstbeschränkung korrespondiert mit den Ergebnissen von Petra Holz, die konservativen Politikerinnen der CDU attestiert, während der 1950er Jahre ein „restriktives, auf Ergänzung des Männlichen hin angelegtes Konzept von Weiblichkeit" vertreten zu haben, das im Widerspruch zum realiter praktizierten Berufsalltag dieser Frauen stand, und so zugleich das emanzipatorische Potential ihrer Tätigkeit blockierte.[177]) Während Holz allerdings betont, dass dieses „restriktive Konzept" trotzdem einen „Stachel der Veränderung" in sich getragen habe – nicht zufällig stehe Angela Merkel inzwischen als „neue starke Frau" an der Spitze der CDU[178]) –, lassen sich am Beispiel der weiblich konnotierten „sozial betriebsgestaltenden" Betriebspsychologie keine nachhaltigen Auswirkungen dieses Stachels erkennen. Cauers männlicher Nachfolger, der die „Betriebspsychologische Beratung" bei Merck komplett neu strukturierte, machte nichts anders als seine Kollegen in anderen Unternehmen während der 1970er Jahre. Eher noch lässt sich eine Gegenbewegung zu Cauers ganzheitlichem Ansatz beobachten. Ihr Nachfolger vertrat eine besonders technisch ausgerichtete, stark auf wissenschaftlich „objektive" Diagnostik konzentrierte Betriebspsychologie. Allein, dass es in Darmstadt noch immer eine „Sozialberatung" gibt, lässt sich als langfristig bestehendes Ergebnis einer auch nach 1945 weiterhin fürsorglich orientierten Personal- und Sozialpolitik interpretieren, die den Rahmen für die „sozial betriebsgestaltenden" Humanexpertinnen bot.

Am Beispiel Merck zeigt sich somit wiederum sehr deutlich, dass es nicht amerikanische Vorbilder waren, durch deren praktische Anschauung (vor Ort) die Bereitschaft erhöht worden wäre, sich auch im eigenen Unternehmen stärker für eine systematische Personalpolitik zu engagieren. „Amerika" hatte in diesem Fall vor allem die Funktion eines Orts der „Abgeschiedenheit in der Fremde", der es begünstigte, dass zwei deutsche Vertreter desselben Unternehmens ins Gespräch kamen, die sich ansonsten nicht in der Form miteinander ausgetauscht hätten. Wenn man soll will, war somit auch in diesem Fall „Amerika" Wahrnehmungs- und Kontakt-Transmitter. Inhaltlich jedoch orientierten sich weder die Personalverantwortlichen noch die Betriebspsychologin bei Merck an amerikanischen Vorbildern. Während die Geschäftsleitung bei der Rekrutierung ihres Führungspersonals auf die Erfahrung militärisch bewährter Offiziere setzte, wodurch die Orientierung an hierarchischen Vorstellungen verbunden mit einer männer-kameradschaftlich elitären Kader-

[177]) *Holz*, Zwischen Tradition und Emanzipation, S. 281 f., 285.
[178]) Ebd, S. 280.

bildung mehr implizit als ausdrücklich, gerade daher aber umso wirksamer praktiziert wurde, hielt Frau Cauer amerikanische Maßnahmen explizit nicht für geeignet, um sie im „Abendland" zu verwenden: „Für den Europäer, für den psychologisch noch nicht sehr modernen Deutschen", sei es noch lange nichts Alltägliches, im Betrieb mit einer Psychologin konfrontiert zu werden.

„Wir sind eben doch komplizierter, differenzierter, mehr in einer vom Gefühl bestimmten, affektiven Welt lebend, als der unkomplizierte, nüchterne, moderner denkende Amerikaner in der, wie es richtig heißt, ‚Neuen' Welt."[179])

Eine solche „affektive" Prämisse kennzeichnete auch das, was bei Merck an personalpolitischer Innovation über die Betriebspsychologie hinaus möglich war. Trotz einer Neustrukturierung der Personalbteilung gab es keine umfassende wissenschaftsgestützte, individualisierende Personalpolitik: keine Stellenbeschreibungen, keine „Vorgesetztenschulungen", kein Beurteilungssystem, sondern nur Maßnahmen zur männer-kameradschaftlich vergemeinschaftenden Heranbildung einer kaufmännischen „Elite" von „Unternehmensrepräsentanten".

6.5 Der Markt der Möglichkeiten

Die Auswirkungen des zunächst maßgeblich im außerbetrieblichen Raum angesiedelten personalpolitischen Felds in Unternehmen waren, wie sich anhand der drei Fallstudien zeigt, zwar unterschiedlich, jedoch keineswegs beliebig. Im Überblick über die personalpolitische Praxis in westdeutschen Großunternehmern der 1950er Jahre, die nicht allein bei einer Fortsetzung herkömmlicher Sozialpolitik blieben, lassen sich drei Formen festhalten:

Erstens gab es in denjenigen Unternehmen, wo die Geschäftsleitung direkt nach dem Krieg neue personalpolitische Ziele mit einem (sozial) erweiterten unternehmerischen Führungsanspruch verband, die Variante *unternehmerische Personalpolitik* (1). Sie versuchte mit wissenschaftsgestützten Maßnahmen jeden einzelnen Beschäftigten in die Gemeinschaft des Unternehmens zu integrieren. Diese Form von Personalpolitik war auf das Engste verbunden mit unternehmerischen Neuorientierungsprozessen, die mit der Rezeption des „Partnerschafts"-Begriffs unmittelbar nach dem Krieg einsetzten, um dann während der 1950er Jahre sukzessive das Bild des „sozial verantwortlichen Unternehmers" zu schärfen. Mit ihr ging zudem einher, dass betriebliche Personalverantwortliche einen eigenen Expertenstatus zu entwickeln begannen, den betrieblicher Personalexperten. Sie beanspruchten im Namen eines erweiterten unternehmerischen Führungsauftrags die Hoheit über die Verwendung humanwissenschaftlichen Wissens im Unternehmen. Da sie sich

[179]) Lehrlingsreferat am 11.7.1956 von Wolfgang *Schäufele*, Aufgaben und Methoden der Betriebspsychologie, S.5, Merck-Archiv, Best. J 20, Ordner „Vorgesetzten-Schulung".

legitimatorisch nicht nur auf wissenschaftliches, sondern in erster Linie auf erfahrungsbasiertes Wissen beriefen, setzten sie zugleich neue Maßstäbe im personalpolitischen Feld. Damit schufen sie einen neuen Ausgangspunkt, der für die weitere Entwicklung des Felds von entscheidender Bedeutung sein sollte.

Zweitens gab es den Entwurf einer „sozial rationalisierenden" Betriebspsychologie, die ebenso wie die dritte Form der „sozial betriebsgestaltenden" Betriebspsychologie eine Art personalpolitisches Surrogat darstellte. Diese Varianten repräsentierten eine vorläufige Konstruktion in denjenigen Unternehmen, wo die Geschäftsleitung personalpolitischen Innovationen skeptisch bis ablehnend gegenüberstand, aber einzelne Protagonisten der zweiten Reihe Veränderungen zu erreichen versuchten. In diesen Unternehmen gelang es der professionalisiertesten Akteursgruppe des personalpolitischen Feld, Psychologen, sich als neue betriebliche Humanexperten zu etablieren. Nicht zufällig entsprachen diese beiden Entwürfe daher den konkurrierenden Ansätzen, wie sie bisher im personalpolitischen Feld entwickelt worden waren:

Kennzeichnend für die *„sozial rationalisierende" Betriebspsychologie* (2) waren drei Aspekte: Erstens kooperierten ihre Vertreter im Gegensatz zu den Vertreterinnen der „sozial betriebsgestaltenden" Betriebspsychologie mit den „alten" technisch orientierten Rationalisierungsexperten, die bisher bestimmt hatten, was an Verwissenschaftlichung in Unternehmen möglich war. Zweitens beanspruchten in den Unternehmen, wo den „sozial rationalisierenden" Psychologen der Eintritt gelang, die Personalverantwortlichen keinen eignen Expertenstatus. Und drittens verbanden diese Psychologen ihr Anliegen sehr geschickt mit der zunehmend angesagten amerikanisierenden Rhetorik westdeutscher Unternehmer. Im Ergebnis beanspruchten damit *sie* als Psychologen den Status betrieblicher Personalexperten. Dennoch mussten sie sich organisationsstrukturell mit einem Provisorium begnügen. Zu einer Neuorganisation der Personalabteilung kam es bei Glanzstoff während der 1950er Jahre nicht. Dennoch war aufgrund der informellen Kontakte der Psychologen zum Vorstandsmitglied Vaubel, der als „Lehrmeister" westdeutscher Unternehmer im Zeichen des „lebenslanges Lernens" permanentes Reflektieren zum neuen unternehmerischen Handlungsmaßstab erklärte, auch die „sozial rationalisierende" Betriebspsychologie eng verbunden mit unternehmerischen Neuorientierungsprozessen nach 1945.

Dass dies bei der *„sozial betriebsgestaltenden" Betriebspsychologie* (3) nicht der Fall war, kennzeichnet sie als konservativ-„modernisierende" Variante der personalpolitischen Praxis der 1950er Jahre. Ihr wichtigstes Kriterium bestand darin, dass Frauen die wichtigsten Akteurinnen waren. Dies hing zusammen mit der spezifischen Legitimation dieser Expertise, die auf einer grundlegenden Mann-Frau-Dichotomie basierte, wobei dem Mann die technische, der Frau die „gefühlsmäßige" Welt zugeschrieben wurde. Da die „sozial betriebsgestaltende" Betriebspsychologie sich aufgrund dieser Voraussetzungen komplementär zur Technik verhielt, konnten und wollten ihre Trägerinnen nicht mit Arbeitswissenschaftlern und Rationalisierungsexperten kooperieren. Bei dieser personalpolitischen Variante bestand somit nicht die „Gefahr", dass die neuen Humanexpertinnen über ihren „sozialen" Bereich hinaus ins „Unternehmerische" auszugreifen versuchen würden. Sie etablierten sich als Trägerinnen einer wissenschaftsgestützt erneuerten Sozialpolitik, repräsentierten damit eine Zwischenform nicht personal-, sondern noch sozialpolitischer Innovation. Gleichzeitig jedoch gaben sie Anstoß dazu, dass auch das männliche Führungspersonal bei Merck sich zunehmend Gedanken über systematische Personalmaßnahmen machte. Ihnen jedoch diente als Orientierungsreferenz der gemeinsame militärische Erfahrungshorizont. Dies führte im Ergebnis dazu, dass Maßnahmen zur Heranbildung einer männlichen, kaufmännischen „Elite" von „Unternehmensrepräsentanten" ergriffen wurden, während man insgesamt jedoch von der Etablierung einer umfassenden, wissenschaftsgestützten Personalpolitik absah. Die Personalverantwortlichen bei Merck beanspruchten keinen eigenen Status als Personalexperten, sie beteiligten sich auch nicht daran, den unternehmerischen Führungsanspruch sozial zu erweitern. Für alles „Soziale" waren in ihrem Unternehmen weibliche Humanexpertinnen und weiterhin Vertreter der Sozialabteilung zuständig.

Das Nebeneinanderbestehen dieser drei Ansätze kennzeichnete den Zustand des in den 1950er Jahren auch in Unternehmen angesiedelten personalpolitischen Felds. Es stellte zu diesem Zeitpunkt einen Markt der Möglichkeiten dar. Dieser war insofern etabliert, als sich Unternehmensvertreter in kooperativer wie abwehrender Auseinandersetzung mit den Humanexperten an der Ausbildung neuer Orientierungen und personalpolitischer Strategien beteiligten – ein Zurück war nun ohne Weiteres nicht mehr möglich. Dennoch markierte das aufgezeigte breite und heterogene Spektrum der Möglichkeiten, das sich zudem auf wenige „Vorreiter"-Unternehmen beschränkte, noch einen vorläufigen, zum Teil experimentellen Zustand, in dem sich verschiedene Akteursgruppen mit unterschiedlichen, konkurrierenden Ansätzen in jeweils noch verhältnismäßig beschränktem Raum positionierten. Über deren nachhaltigen „feldweiten" Erfolg war noch nicht entschieden, wenngleich wichtige Weichen bereits gestellt waren.

7. Zwischenresümee: Das personalpolitische Feld als Ort der Neuorientierungen nach 1945

Im Zeitraum zwischen 1945 und der ersten Hälfte der 1950er Jahre entstand das personalpolitische Feld als Ort verschiedener verdichtet institutionalisierter Organisationen und Akteure, die sich auf der Basis wissenschaftlichen Wissens und im Zeichen des „Menschen im Mittelpunkt“ die Integration des Einzelnen in den betrieblichen Sozialraum zur Aufgabe gemacht hatten. Waren es in der unmittelbaren Nachkriegszeit noch wenige vereinzelte Einrichtungen, wie die „Arbeitsgemeinschaft für Soziale Betriebsgestaltung“ (A.S.B.) in Heidelberg und das „Forschungsinstitut für Arbeitspsychologie und Personalwesen“ (Forfa) in Braunschweig, die als erste die Initiative ergriffen hatten, so zeigte sich Mitte der 1950er Jahre ein breit ausdifferenziertes Spektrum zahlreicher Akteure und Institutionen, die um die Hoheit über die dominante Ausrichtung des Felds rangen. Nun agierten Humanexperten nicht mehr nur von schwach integrierten außerbetrieblichen Instituten aus, sondern sahen sich mit einer komplexen Konstellation unterschiedlich verorteter, konkurrierender Ansätze konfrontiert. Dieser Wandel war das Ergebnis eines vielschichtigen Transformations- und Neuorientierungsprozesses:

Nachdem die Humanexperten mit der „sozialen Betriebsgestaltung“ zunächst einen Nenner gefunden hatten, dem sich sowohl ihre praktisch ausgerichteten Vertreter wie auch die akademisch anwendungsorientierten anschließen konnten, gelang es ihnen unter Ausnutzung dieser gegenseitigen Bereicherung, sichtbar eine gemeinsame Position zu besetzen und nachhaltig eine entsprechende Forderung zu erheben: „soziale Betriebsgestaltung“. Deren wichtigste Stoßrichtung bestand in der Kritik am technischen Denkstil der herkömmlichen Rationalisierungsingenieure, die bisher allein bestimmt hatten, was an Verwissenschaftlichung in Unternehmen möglich war. Dem technischen Denkstil setzten Humanexperten die Orientierung am „Menschen im Mittelpunkt“ entgegen. Begleitet von Kirchen und Gewerkschaften, die ebenfalls nach den Erfahrungen von Krieg, Nationalsozialismus und Niederlage die anthropozentrische Prämisse zum Fixpunkt jedweder Neuordnung erklärten, waren sie mit dieser Strategie erfolgreich.

Im Zeichen der „sozialen Rationalisierung“ gelang es einem Teil der Humanexperten, sich arbeitsteilig mit den Rationalisierungsexperten zu arrangieren. Deutlichster Ausdruck dieser Kooperation war die Einrichtung der „Rationalisierungsgemeinschaft Mensch und Arbeit“ (1950) im wieder begründeten Rationalisierungskuratorium der deutschen Wirtschaft, der Dachorganisation der (west-)deutschen Rationalisierungsbewegung. Damit erlangten Humanexperten nicht nur Anschluss an das Tätigkeitsfeld der „alten“, etablierten Experten. Mit der neuen Leitorientierung „soziale Rationalisierung“, die von nun an als Kontrapunkt gegenüber der „sozialen Betriebsgestaltung“ bestand, wurde vor allem das spezifische Spannungsgefüge des personalpolitischen Felds, der Motor seiner Veränderungsdynamik, mithin letztlich der Kern seiner Existenz, institutionell konstituiert. Von nun an erstreckte sich das personalpolitische Feld, vertreten durch entsprechend unterschiedlich orientierte Expertengruppen, die jedoch das gemeinsame Ziel der wissenschaftsgestützten Integration des Einzelnen in den betrieblichen Sozialraum verfolgten, auf einer Achse zwischen stärker humanisierender „sozialer Betriebsgestaltung“ und rationalisierungs- beziehungsweise technikkompatibler „sozialer Rationalisierung“. An dieser Konstellation, die ihr besonderes Gewicht dadurch erhielt, dass sich alle personalpolitischen Akteure in den Dienste des „Menschen im Mittelpunkt“ stellten, kamen angesichts der seit dem Ende der 1940er Jahre permanent geführten Verhandlungen über Mitbestimmung und eine neue Betriebsverfassung weder Unternehmer beziehungsweise Arbeitgeber noch Gewerkschaften vorbei.

Für beide gilt, dass die Mehrheit ihrer jeweiligen Vertreter zunächst Berührungsängste gegenüber den Humanexperten gepflegt hatte. Freilich war dies auch den spezifischen Re-Organisationsschwierigkeiten geschuldet, die in der unmittelbaren Nachkriegszeit allerorten gleichermaßen Aufmerksamkeiten nach innen bündelten. Zugleich waren diese Schwierigkeiten jedoch begleitet von einer ausgeprägten Ignoranz oder distanzierten Skepsis gegenüber den neuen Experten. Die „Fortschrittlichen“ unter den Unternehmern und Arbeitgebern glaubten, mit Zugeständnissen an die Gewerkschaften auf überbetrieblicher Ebene ihren demokratischen Anpassungsleistungen genüge zu tun, und waren in erster Linie damit beschäftigt, diejenigen im eigenen Lager, die schon damit Schwierigkeiten hatten, davon zu überzeugen. Für die „Marotten“ weniger Humanexperten, die auch noch die „Lösung der sozialen Frage“ im Betrieb realisieren wollten, glaubten sie, kein gesteigertes Interesse aufbringen zu müssen. Mindestens ebenso schwierig war die Lage der Gewerkschaften nach dem Krieg. Sie sahen sich zwar nicht mit einem ähnlich demontierenden Image-Schaden wie die Unternehmer konfrontiert („Steigbügelhalter Hitlers“), hatten dafür aber ein zwölfjähriges Organisationsdefizit aufzuholen. Gewerkschaftsvertreter befürchteten daher, die Humanexperten könnten die Bindungskraft ihrer neu zu etablierenden Organisation zugunsten der Arbeitgeber untergraben.

In beiden Lagern gab es dennoch einzelne Vertreter, die entgegen der dominanten Ignoranz oder Abwehr die Aktivitäten der Humanexperten von Anfang an aufmerksam verfolgten und in ihrem Sinne zu intervenieren versuchten, indem sie unter eigenen Vorzeichen Teile ihrer Ansätze adaptierten und weiterentwickelten. Während solche Bestrebungen von Unternehmervertretern bis zur Mitte der 1950er Jahre eine Veränderungsdynamik auslösten, die für das gesamte personalpolitische Feld von grundlegender Bedeutung sein sollte, war dies bei den Gewerkschaften nicht der Fall. Der frühzeitige Versuch des Schmalenbach-Schülers und Stahltreuhänders Erich Potthoff, vom „Wirtschaftswissenschaftlichen Institut der Gewerkschaften“ aus die Arbeitsdirektoren als betriebswirtschaftlich ausgewiesene Personalexperten, als erste verhältnismäßig homogene und an exponierter Stelle – im Vorstand – in die betriebliche Praxis eingebundene Akteursgruppe des personalpolitischen Felds zu profilieren, scheiterte am Widerstand in den eigenen Reihen. Die Einheitsgewerkschafter zogen es vor, ihre „Mitbestimmungselite" im Rahmen der etablierten Rationalisierungsbewegung, als Experten eines sozial erweiterten, aber weiterhin technisch basierten Rationalisierungsbegriffs, als sozialwirtschaftliche Rationalisierungsexperten, zu verorten. Bezeichnend für den Erfolg dieser alternativen Strategie ist die Entwicklung der „Rationalisierungsgemeinschaft Mensch und Arbeit" zur größten RKW-Abteilung „Arbeits- und Sozialwissenschaft", die bis in die 1960er Jahre unter der Leitung von Arbeitsdirektoren stand. Zur wissenschaftlichen Absicherung bediente man sich in erster Linie der Deutungsexpertise „gelehrter" Soziologen, während die praktische Kompetenz betrieblicher Humanexperten, die wissenschaftliches Wissen in Verfahren und Methoden umsetzten, überflüssig war. Freiwillig verzichteten die Gewerkschaften somit zugunsten ihres Anschlusses an die mächtige Rationalisierungsbewegung auf eine Positionierung im personalpolitischen Feld.

Umso leichter fiel es Unternehmern daher – zwar spät, im zweiten Viertel der 1950er Jahre aber gerade noch rechtzeitig –, ihren Einfluss geltend zu machen. Von Anfang an hatte sich die „Arbeitsgemeinschaft selbständiger Unternehmer" (ASU), der 1949 gegründete Interessenverband selbständiger in der Mehrzahl mittelständischer Eigentümer- und Familienunternehmer mit stark katholischem Impetus, unter unternehmerischen Vorzeichen der personalpolitischen Thematik angenommen. Von hier gingen wesentliche Impulse aus, die entscheidend dazu beitrugen, die BdA-Verbandsspitze aus ihrer anfänglichen Nachkriegs-Lethargie wachzurütteln. Vertreter der ASU waren nicht nur maßgeblich beteiligt an Gert Spindlers „Arbeitsgemeinschaft zur Förderung der Partnerschaft in der Wirtschaft", die sich seit 1950 im klassischen Top-Down-Verfahren die Realisierung eines neuen „partnerschaftlichen" Leitbilds der betrieblichen Sozialordnung zur Aufgabe gemacht hatte, und damit die erste spezifisch personalpolitisch relevante unternehmerische Institution darstellte. ASU-Mitglieder waren ebenso federführend an der Gründung des Studienkreises „Der Neue Betrieb" beteiligt, der zu Beginn der 1950er Jahre in Kooperation zwischen Wissenschaftlern, Experten und Unternehmern versuchte, sich als „Clearingstelle" des personalpolitischen Felds zu etablieren. Und drittens war es Josef Winschuh, Gründungsmitglied der ASU, der im Oktober 1952 den BdA-Geschäftsführern explizit erklärte, dass der Arbeitgeberverband reformbedürftig sei, sich weiter entwickeln müsse, und dass es vor allem höchste Zeit sei, „Anschluss an die soziale Betriebsgestaltung" zu erlangen.

Klandestin und wenig öffentlichkeitswirksam setzte infolgedessen die Verbandsspitze der Arbeitgeber per „Flüster-Propaganda" alle Hebel in Bewegung und bremste so gerade noch rechtzeitig den bereits sehr konkreten und erfolgversprechend positionierten Institutionalisierungs-Ansatz zwischen Humanexperten und „übereifrigen" Einzelunternehmern („Der Neue Betrieb") aus, um sich einen eigenen Platz (N.N.) im personalpolitischen Feld freizuhalten. Diesen besetzte sie allerdings erst 1955 mit der Einrichtung des BdA-„Ausschusses für soziale Betriebsgestaltung", nicht ohne freilich sogleich den eigenen Führungsanspruch zu untermauern, indem sie die Spielregeln des personalpolitischen Felds unter unternehmerischen Vorzeichen neu definierte: Hierarchie im Zeichen des „team work" statt Partnerschaft – so lautete die neue Devise. Wer sich daran nicht halte, disqualifiziere sich selbst.

Mit diesem Einspruch setzte die BdA-Spitze den bisher im personalpolitischen Feld geführten Diskussionen ein Ende, in denen die herkömmliche hierarchische Sozialordnung von Unternehmen im Zeichen der anthropozentrischen Prämisse in Frage gestellt worden war. Gleichzeitig versuchten auch einige Unternehmer selber, neue Formen und Wege des betrieblichen Miteinanders zu entwickeln und zu erproben, indem sie sich den zum Teil in Auseinandersetzung mit amerikanischen Management-Methoden rezipierten „Partnerschafts"-Begriff aneigneten. Das BdA-„Machtwort" war zudem besonders wirksam, weil sich in der personalpolitischen Praxis einiger Vorreiter-Unternehmen, wo die jeweils Verantwortlichen in der Regel auch in außer- und überbetriebliche Institutionen des personalpolitischen Felds eingebunden waren, bis zur Mitte der 1950er Jahre bereits Einiges verändert hatte. Diese Unternehmen hatten damit begonnen, der herkömmlichen Sozialpolitik als Instrument der Bindung und Motivation von Arbeitnehmern zunehmend eine neue personalpolitische, das heißt individualisierende und stärker wissenschaftsgestützte Strategie beiseite zu stellen. Da diese Bemühungen überdies verbunden waren mit der Ausbildung eines sozial erweiterten unternehmerischen Führungsanspruchs und eines neuen „lebenslang lernenden" unternehmerischen Selbstverständnisses, schufen sie entscheidende Voraussetzungen für einen nachhaltigen Wandel.

Mit der Ausgestaltung der Personalbereiche in diesen Unternehmen ging insbesondere einher, dass sich die Anforderungen an das Profil personalpolitischer Experten veränderten. In der unmittelbaren Nachkriegszeit hatten sich zunächst Psychologen als erfolgreichste humanexpertielle Akteursgruppe etablieren können. Eng an den Bedingungen der betrieblichen Praxis orientiert und unter Rückgriff auf Vorarbeiten, die sie während der Zeit des Nationalsozialismus bei der Wehrmachtspsychologie und im therapeutisch ausgerichteten „Göring-Institut" geleistet hatten, entwickelten sie neue Personalauswahlverfahren und Führungskräfte-Fortbildungsveranstaltungen. Nun traten ihnen gleichsam im Schlepptau der sich neu positionierenden Unternehmer die betrieblichen Personalverantwortlichen entgegen, die einen eigenen, nicht allein wissenschaftsgestützten, sondern auch erfahrungsbasierten Expertenstatus beanspruchten. Dieser wiederum war prädestiniert als Anknüpfungspunkt für die Weiterentwicklung des personalpolitischen Felds unter unternehmerischen Vorzeichen, weil er selbstverständlich von der „sachlichen Notwendigkeit" einer hierarchischen Unternehmensorganisation ausging.

Seit etwa der zweiten Hälfte der 1950er Jahre stritten die Hauptakteure des personalpolitischen Felds somit nicht mehr vorrangig entlang der Achse technischer Denkstil versus humanwissenschaftlich gestützter Anthropozentrismus („soziale Rationalisierung" versus „soziale Betriebsgestaltung"). Von nun an stellte sich die dominante Akteurskonstellation mehr und mehr als Konkurrenz zwischen zwei inzwischen spezifisch personalpolitisch profilierten Expertengruppen dar, zwischen Psychologen und angehenden Personalexperten. Sie rangen, nachdem Rationalisierungsingenieure, Arbeitsdirektoren und Soziologen sich nicht als ernst zu nehmende Mitstreiter positioniert hatten, um die Hoheit im Feld. Zentraler Verhandlungsgegenstand war dabei die Legitimation des personalpolitisch relevanten „Human"-Wissens. Wie viel Erfahrung sollte und durfte die Wissenschaftlichkeit dieses Wissens ergänzen, um es sozial, finanziell und/oder öffentlichkeitswirksam Gewinn bringend in der betrieblichen Praxis zu verwenden? Das war die Frage, die es im Weiteren zu klären galt.

Die Herausbildung dieser beiden Expertengruppen als zentrale personalpolitische Akteure stellte die wichtigste Zäsur dar, die die nunmalig unhinterfragbare Existenz des personalpolitischen Felds in der Bundesrepublik markiert. Die Entstehung dieses Felds im Zeitraum zwischen Kriegsende und der ersten Hälfte der 1950er Jahre war das Ergebnis eines vielschichtigen Transformationsprozesses, an dem eine Reihe von Akteuren mit unterschiedlichen Auswirkungen beteiligt war. Der Befund Hermann Kastes, wonach „soziale Betriebsgestaltung" allein als Strategie der Arbeitgeber zu verstehen sei, „die sich zwar aus einem Anpassungszwang [nach 1945] veränderte – und für die Kapitalseite gefährliche – soziale Bedingungen gerade auch in der betrieblichen Praxis entwickelte", dann aber „unter dem Schlagwort der ‚Humanisierung der Arbeit' zu einem abgehobenen Instrument in der politisch-ideologischen Auseinandersetzung mit den Organisationen der Arbeiterbewegung" geworden sei,[1]) greift viel zu kurz und verkennt die komplexen Wechselwirkungen zwischen Arbeitgebern, Unternehmern, Experten, Wissenschaftlern und anderen Akteuren komplett.

Alle Akteure, die an der Entstehung des personalpolitischen Felds beteiligt waren – auch die, die von Anfang an eher auf eine Begrenzung des sozialpraktischen Wandels unter neuen Leitbegriffen abzielten – bemühten sich um Neuorientierung und stellten dabei herkömmliche ordnungspolitische Grundfesten in Frage. Diejenigen, die das nach 1945 nicht taten, hatten mit diesen personalpolitisch relevanten Diskussionen nichts zu tun. Sie ignorierten sie, solange sie konnten. Gleichwohl etablierte sich das personalpolitische Feld maßgeblich als konservativ geprägtes. So tendierte seine Programmatik im Spektrum der westdeutschen „Ideenlandschaft" der 1950er Jahre, das sich

[1]) *Kaste*, Arbeitgeber, S. 42.

nach Axel Schildt zwischen den Polen „Abendland“ und „Amerika“ erstreckte,[2]) stärker zum „Abendland“ als nach „Amerika“. Beispielsweise erklärte der Soziologe Dirk Cattepoel, der im Rahmen der WIPOG eng mit Herbert Gross zusammenarbeitete und mit seiner Publikation „Sozialreise durch Deutschland. Vom Arbeiter zum Mitarbeiter“ (1953) einen soziologisch gestützten, popularisierenden „personalpolitischen Klassiker“ der 1950er Jahre vorlegte,[3]) 1954:

> „Der Betrieb hat noch nicht solchen Gehalt und solche Form, daß der westabendländische Mensch seine Gotteswürde und seine Freiheit in ihnen [sic] finden kann. Damit aber muß es zum Grundanliegen jeglicher sozialer Betriebsgestaltung werden, solche Gehalte und Formen zu schaffen.“[4])

Wenn nötig, war somit auch die personalpolitische Programmatik kompatibel mit „abendländischer“ Rhetorik. Doch war dies in erster Linie Ausdruck des soziologischen Anspruchs der Universaldeutung, während die Humanexperten als Hauptakteure des personalpolitischen Felds eine andere Sprache und einen weniger umfassenden Deutungsanspruch bevorzugten, da sie lieber praktisch gestalten wollten.

Freilich trugen auch Sozialdemokratie und Gewerkschaften zur demokratischen Neuorientierung in Westdeutschland nach 1945 maßgeblich bei – nicht jedoch im personalpolitischen Feld. Ihre sozialistisch orientierten Neuordnungsvorstellungen stellten hier eher Rahmenbedingungen dar, auf die die Akteure des entstehenden Felds reagieren zu müssen glaubten. Während Vertreter der Sozialdemokratie an der Entstehung des personalpolitischen Felds so gut wie überhaupt nicht beteiligt waren, verzichteten die Einheitsgewerkschaften zugunsten ihrer Etablierung als überbetriebliche Verhandlungspartner der Arbeitgeber und als Experten für arbeits- und sozialwirtschaftliche Fragen im Rahmen der Rationalisierungsbewegung auf eine Positionierung im personalpolitischen Feld. In beiden Fällen spielte es eine wichtige Rolle, dass sozialistische, das heißt kollektiv ausgerichtete, Neuordnungskonzepte die Akzeptanz des sozial ausgleichenden und individuell vermittelnden personalpolitischen Ansatzes wesentlich erschwerten.

Eine Ausnahme, die belegt, dass Überbrückungen jedoch nicht prinzipiell unmöglich waren, stellte Potthoffs gemeinsam mit dem Sozialdemokraten Heinrich Deist unternommener Versuch dar, die Sondergruppe der Arbeitsdirektoren ausgehend von einer betriebswirtschaftlichen Interpretation der wirtschaftsdemokratischen Gewerkschaftsprogrammatik als Personalexperten zu professionalisieren. Dieser Versuch scheiterte vorrangig am Widerstand in den eigenen Reihen. Aufgrund seiner konsequenten betriebswirtschaftlichen Fundierung war er zugleich aber auch nicht ausreichend kompatibel gegen-

[2]) *Schildt*, Zwischen Abendland.
[3]) *Cattepoel*, Sozialreise.
[4]) Dirk *Cattepoel*, Theorie und Praxis der sozialen Betriebsgestaltung, in: Sozialer Fortschritt 3, 1954, H. 1, S. 3f., hier S. 3.

über den zentralen Orientierungsreferenzen, die verbunden mit der übergeordneten Prämisse vom „Menschen im Mittelpunkt“ in der ersten Hälfte der 1950er Jahre das personalpolitische Feld dominierten: „Partnerschaft“, „Persönlichkeit“, „Masse“, „Tat“ und „Führung“.

Bis auf den „Partnerschafts“-Begriff stammten all diese Referenzen aus den 1920er Jahren. Die verschiedenen Akteursgruppen des personalpolitischen Felds griffen diese „alten“ Orientierungen nach 1945 wieder auf und stellten sie im Zeichen der anthropozentrischen Maxime in den Dienst mehr oder weniger demokratisch angepasster Zielsetzungen. Dieser Rückgriff begünstigte zudem nicht selten die Neugründung von Organisationen wesentlich, glaubte man sich unter den Beteiligten doch besonders einig. Dass solche Transformationen auch statt fanden mit Bezug auf Handlungsorientierungen, die in bisher eher demokratiefernen Kreisen gepflegt wurden, zeigt sich am Beispiel der „Arbeitsgemeinschaft zur Förderung der Partnerschaft in der Wirtschaft“ (AGP). Hier machten sich Unternehmer im Zeichen der ehemals konservativ-revolutionären „Tat“ die Verbreitung des neuen „Partnerschafts“-Gedankens zur Aufgabe. Dass dabei de facto bis in die 1960er Jahre ein „betriebsgemeinschaftliches“ Verständnis überwog, wundert nicht wirklich; entscheidend war jedoch, dass man sich mit der „Partnerschaft“ freiwillig ein neues Leitbild der betrieblichen Sozialordnung aneignete, das im Gegensatz zur „Betriebsgemeinschaft“ ein „demokratisierendes“ Potential aufwies. Nicht zufällig setzten die Diskussionen der 1960er Jahre bei genau diesem Konzept an.

Zugleich entstanden in dieser Phase der verdichteten Transformation von alten zu neuen Orientierungen auch Verbindungen von und zwischen Ideen und Milieus, die bisher keine oder nur wenige Kontakte zueinander hatten. So wurden im Zusammenhang mit der „sozialen Betriebsgestaltung“ nicht nur konfessionelle Grenzen überschritten, als etwa Albrecht Weiß, der aus einer prominenten protestantischen Theologen-Familie stammte, gemeinsam mit dem neudeutschen Katholiken Guido Fischer die Zeitschrift „Mensch und Arbeit“ gründete. Auch die 1950 konstituierte Arbeitsgemeinschaft „Gemeinsame Sozialarbeit der Konfessionen im Bergbau“ stellte ein „ökumenisches“ Projekt dar.[5]) Elemente der katholisch sozialreformerischen Nachkriegs-Programmatik, die sich dem anthropozentrischen Gemeinplatz besonders verpflichtet zeigte, wurden zudem von den Unternehmern der AGP übernommen, was wiederum dazu führte, dass der Professor für Betriebswirtschaftslehre Fischer sich den „Partnerschafts“-Gedanken aneignete. Diese zahlreichen und vielfältigen wechselseitigen Beeinflussungen und Interdependenzen waren Ausdruck der hoch verdichteten Veränderungsdynamik unter den besonderen Bedingungen der unmittelbaren Nachkriegszeit. Hans Günter Hockerts hat 1985 bereits als spezifisches Kennzeichen dieser „Orientierungswirklichkeit der durcheinander geschüttelten Nachkriegsbevölkerung“ ihre „außergewöhn-

[5]) Vgl. *Jähnichen*, Den Wandel gestalten.

liche Disparatheit" betont, in der neben Kontinuitäten spezifischer Sozial- und Regionalmilieus ebenso vielfältige Aufspaltungen und Überlagerungen festzustellen seien.[6]) Antikapitalistische Stimmungen seien weit verbreitet gewesen, genauso hätten sich aber „die Zeichen für individualistisch-antikollektivistische Reaktionsweisen auf NS-Erfahrungen und Schwarzmarktbedingungen und nicht zuletzt für viel Politik-Indifferenz und Erschöpfung unter der Last drückender Versorgungs- und Ernährungsnot" gehäuft. Hockerts fand als Beschreibung dieses Zustands eine metaphorische Betrachtung anregend, die die Journalistin Margret Boveri[7]) in ihrer Autobiographie skizzierte. Danach habe nach Kriegsende für eine Weile ein Zustand geherrscht,

> „in dem sich die aus den bisherigen Ordnungen herausgesprengten Kräfte wie Elementarteilchen in der Schwebe befinden [...]. Sie sind bereit für Anschlüsse unbekannter Art. Alle Möglichkeiten sind offen. Oft scheint es nur von einem Zufall abzuhängen, von einem Eingriff von außen oder einem einsamen Beschluss, der wie ein Säurezusatz im chemischen Raum wirkt, was für unvorhersehbare Verbindungen in Sekundenschnelle zusammenschließen."

Auch wenn diese Beschreibung in erster Linie eine Art der zeitgenössischen Wahrnehmung repräsentiert – ganz so beliebig und zufällig zeigte sich in der historischen Rückschau die Veränderungsdynamik der Neuorientierungsprozesse nämlich keineswegs; so ist dennoch in Übereinstimmung mit Hockerts zu konstatieren, dass die Neuorientierung nach 1945 auch nicht so linear verlief, wie es die Forschung im Zeichen der „Amerikanisierung" oder auch der „verhinderten Neuordnung" unterstellt, die implizit von einem (potentiellen) „Stunde Null"-Modell ausgeht:

Am Beispiel des personalpolitischen Felds zeigt sich deutlich, dass deutsche Akteure vor dem Hintergrund ihrer persönlichen Erfahrungen während Krieg, Nationalsozialismus und unmittelbarer Nachkriegszeit unter Rückgriff auf eigene herkömmliche Orientierungsreferenzen neue demokratisch angepasste Leitbegriffe entwickelten. Einer der allerwichtigsten, der daraus hervorging, war der Gemeinplatz vom „Menschen im Mittelpunkt". Diese freiwilligen Neuorientierungsbestrebungen waren maßgeblich getragen von einer Kooperation zwischen Akteuren, die sich in der Weimarer Zeit bereits mehr oder weniger erfolglos um entsprechende Veränderungen bemüht hatten, und solchen, die nach dem Krieg im Alter zwischen Mitte 30 bis Anfang 40 in einer Mischung aus persönlichem Ehrgeiz und gesellschaftlich-moralischer Verantwortung gleich in welchen Zusammenhängen ihre Gestaltungsspielräume zu nutzen versuchten. Sie bedienten sich mit unterschiedlich weitreichenden inhaltlichen Auswirkungen auch, aber weder ausschließlich noch initiativ, der Angebote und Möglichkeiten, die die Amerikaner im Dienste der Demokratisierung Westdeutschlands bereitstellten.

[6]) *Hockerts*, Ausblick: Bürgerliche Sozialreform, S. 249.
[7]) *Görtemaker*, Ein deutsches Leben; *Belke*, Auswandern.

Bei den Unternehmern nahm daher neben der ASU vor allem die „Wirtschaftspolitische Gesellschaft von 1947“ (WIPOG), deren Mitglieder die Auseinandersetzung mit amerikanischen Management-Methoden für einen besonders geeigneten Weg der Neuorientierung hielten, eine zentrale Funktion als institutionalisierter Transformationsmotor ein. Bezeichnend für die jedoch nur sekundäre Bedeutung vermeintlich demokratisierender „Amerikanisierungs“-Effekte, die daraus hervorgingen, ist die Rolle, die Herbert Gross in diesem Zusammenhang spielte. Dass er in seinem Bestseller „Manager von morgen“ (1949), in dem er die US-amerikanische sozialwissenschaftliche und betriebsbezogene Forschung der 1940er Jahre auf praktikable Ansätze für die deutsche Verwendung hin abklopfte, insbesondere den „Partnerschafts“-Gedanken als neuen Leitbegriff hervorhob, war in erster Linie das Ergebnis seiner Rezeption. Ich jedenfalls hab keine Hinweise dafür finden können, dass etwa Elton Mayo oder Fritz Roethlisberger „Partnerschaft“ in ähnlicher Weise propagiert hätten, geschweige denn, dass an der Harvard Business School eine derartige Verwendung Usus gewesen sei.[8]) Gross diente die Bezugnahme auf amerikanische Referenzen in erster Linie als Transmitter für das Wahrgenommenwerden im eigenen Land. Ebenso war dies der Fall bei Ludwig Vaubel, dem es die Teilnahme am Harvard-Manager-Seminar ermöglichte, im Zeichen der „Human Relations“ das zu bewerben, was sich die Forfa-Experten und „unsere [deutschen] praktischen Betriebspsychologen“ ausgedacht hatten.

Der „Partnerschafts“-Begriff hatte unter Unternehmern zudem nur kurzzeitig zu Beginn der 1950er Jahre Konjunktur. Er wurde sehr bald vom zunehmend profilierten Leitbild des „sozial verantwortlichen Unternehmers“, nicht Managers (!), abgelöst. Dazu trug besonders bei, dass den „Partnerschafts“-Begriff auch Akteure übernahmen, die weder über persönliche Amerika-Erfahrungen verfügten, noch die produktive wissenschaftsrezeptive Amerika-Orientierung teilten, wie Vertreter der WIPOG sie pflegten. So kann man den Mitgliedern der „Arbeitsgemeinschaft zur Förderung der Partnerschaft in der Wirtschaft“ wirklich nicht bescheinigen, dass sie mit ihrem konservativ-katholischen „Gepäck“ die großen „Amerikanisierer“ der westdeutschen Wirtschaft gewesen seien. Ebenso wenig war der Bayer-Personalchef Fritz Jacobi besonders amerikaorientiert, der gemeinsam mit dem Vorstandsvorsitzenden Ulrich Haberland in Leverkusen das umfassendste personalpolitische Konzept der 1950er Jahre realisierte und in seiner gleichzeitigen Funktion als Chef der BdA-Öffentlichkeitsarbeit maßgeblich zur Verbreitung des Leitbilds vom „sozial verantwortlichen Unternehmer“ beitrug. Jacobi und Haberland orientierten sich zwar an Grossens Ausführungen in den „Beratungsbriefen der Wirtschaftspolitischen Gesellschaft“ wie auch an Walter Raymonds liberal-sozialpartnerschaftlichen Aufrufen zu „Aufklärung, Vertrauen und Zusammenarbeit“ als Leitlinie neu zu ordnender Arbeitsbeziehungen. Da ihnen diese neuen Maßstäbe jedoch nur für die überbetriebliche Ebene galten, während

[8]) *Walter-Busch*, Das Auge der Firma, vor allem S. 48–98, 151–171.

innerbetrieblich Kooperation weiterhin gleichgesetzt wurde mit „Gemeinschaft“, die Konflikte ebenso ausschloss wie die Institutionalisierung von Aushandlungspraktiken, verhinderte diese Form der Neuorientierung einen Wandel der betrieblichen Sozialordnung in Westdeutschland vielmehr als sie ihn beförderte. Dass sich westdeutsche Unternehmer eine „amerikanisierende“ Rhetorik aneigneten, diente in erster Linie dazu, den Erhalt der hierarchischen Unternehmensorganisation zu bemänteln.

Spannend an diesem Befund und festzuhalten als eines der wichtigsten Ergebnisse am Ende der formativen Phase der bundesrepublikanischen Wirtschaftsordnung (Mitte der 1950er Jahre) ist somit dies: Im Hinblick auf die innere Sozialordnung westdeutscher Großunternehmen veränderte sich bis zu diesem Zeitpunkt de facto verhältnismäßig wenig, während gleichzeitig jedoch außerhalb des betrieblichen Sozialraums fundamentale Wandlungen sich vollzogen oder eingeleitet wurden. Angesichts der ambivalenten Funktion, die „amerikanisierende“ Orientierungsreferenzen bei der Ausbildung dieser Konstellation hatten, stellt sich mithin die Frage, ob die Situation, wie sie Mitte der 1950er Jahre bestand, den Beginn eines von nun an einer spezifisch deutschen, „abendländischen“ Logik folgenden, aber trotzdem unaufhaltsam fortschreitenden unternehmerischen Westernisierungsprozesses markiert? Oder zeigt sich hier das tiefere Geheimnis des „Rheinischen Kapitalismus“,[9] dessen Vertretern es gelang, die eigentliche „german obstinacy“[10] „amerikanisierend“ drapiert den westlichen Nachbarn zu „verkaufen“? Der Blick auf das personalpolitische Feld der 1960er und 1970er Jahre im folgenden Kapitel soll helfen, diese Fragen zu klären.

[9]) *Albert*, Kapitalismus.
[10]) *Locke*, The Collapse, S. 55–103.

Führung statt Partnerschaft

Das personalpolitische Feld in Unternehmen, 1955–1977

8. Vom „Neuen Betrieb“ zur „Deutschen Gesellschaft für Personalführung“: Der Aufstieg der Personalexperten, 1955–1968

Durchschlagend erfolgreich etablierten sich betriebliche Humanexperten erst zu Beginn der 1970er Jahre in westdeutschen Großunternehmen. Die Einrichtung eigenständiger, ausdifferenzierter Personalabteilungen zu diesem Zeitpunkt war zugleich der Beginn einer Reihe grundlegender Um- und Neuorientierungen in den Unternehmen. Entscheidende Anstöße dazu gaben die Humanexperten selbst, indem sie im Zuge ihrer Professionalisierung während der 1960er Jahre ein neues Verständnis von Unternehmensführung und der Rolle, die Unternehmen im Kontext der gesellschaftlichen Ordnung einzunehmen hätten, einforderten.

Die Herausbildung von Betriebspsychologen und Personalexperten als wichtigste konkurrierende Akteursgruppen des personalpolitischen Felds erfuhr in der zweiten Hälfte der 1950er Jahre insbesondere mit der Neuausrichtung des Düsseldorfer Studienkreises „Der Neue Betrieb“ (DNB) schärfere Konturen. Der DNB sah sich 1955 nicht nur infolge der Einrichtung des BdA-„Ausschusses für soziale Betriebsgestaltung“[1]) mit dem schwerwiegenden Problem konfrontiert, eigentlich überflüssig geworden zu sein. Hinzu kam, dass im gleichen Jahr auf Initiative des Personalchefs von Siemens und Vorsitzenden der „Gesellschaft zur Förderung des Unternehmernachwuchses“ Wolf-Dietrich von Witzleben noch eine zweite Organisation gegründet wurde, die dem DNB auch Konkurrenz machte: der „Wuppertaler Kreis“.

Der Wuppertaler Kreis stellte zunächst in Form einer „lockeren Arbeitsgemeinschaft“[2]) einen überbetrieblichen Zusammenschluss von Unternehmern und Institutionen dar, die Fort- und Weiterbildungsmaßnahmen für betriebliche Führungskräfte anboten.[3]) Zu den 24 Organisationen, die 1957 hier mitarbeiteten, gehörten freilich die Pioniere des personalpolitischen Felds: die Heidelberger „Arbeitsgemeinschaft für Soziale Betriebsgestaltung“ (A.S.B.), das Braunschweiger „Forschungsinstitut für Arbeitspsychologie und Personalwesen“ (Forfa) wie auch der DNB.[4]) Die neue Koordinierungsplattform, der niemand anders als Ludwig Vaubel vorsaß, war hervorgegangen aus den Bemühungen des Bundesverbands der Deutschen Industrie (BDI) um eine systematische Förderung des deutschen Unternehmernachwuchses, dem man sich – aufgeschreckt durch Vaubels Amerika-Bericht – seit Beginn der 1950er

[1]) Vgl. Kap. 5.3.

[2]) *Vaubel*, Tagebuch, S. 13.

[3]) *Faßbender*, Überbetriebliche Weiterbildung; *Kaste*, Humanisierung, S. 38.

[4]) Für einen vollständigen Überblick über die beteiligten Organisationen vgl. im Anhang Tab. 7: Organisations-Mitglieder des „Wuppertaler Kreises“, 1957.

Jahre verstärkt widmete.[5]) 1953 war dazu unter Federführung des BDI „im Einvernehmen“ mit der BdA, dem Deutschen Industrie- und Handelstag (DIHT) und der Arbeitsgemeinschaft selbständiger Unternehmer (ASU) das „Deutsche Institut zur Förderung des industriellen Führungsnachwuchses“ (DIF) gegründet worden.[6]) Dieses Institut hatte zum einen die Aufgabe, die Baden-Badener Unternehmergespräche vorzubereiten, die erstmals 1954 stattfanden. Zum anderen sollte es auch Kontakte zu Weiterbildungseinrichtungen der Wirtschaft pflegen. Letzterem Zweck dienten die Treffen in Wuppertal, die unter dieser Bezeichnung zur Institution wurden. Entsprechend bestand eine der ersten Maßnahmen, die der Wuppertaler Kreis ergriff, darin, einen Veranstaltungskalender herauszugeben – „Führungskräfte fördern, wie – wo – wann“ –, der dreimal jährlich erscheinend alle interessierten westdeutschen Unternehmen überblicksartig über das Angebot an Kursen, Seminaren und Tagungen informierte.[7])

Der Wuppertaler Kreis besetzte im Bereich der Führungskräfte-Fort- und Weiterbildung diejenige überbetriebliche Koordinierungsfunktion, die der BdA-„Ausschuss für soziale Betriebsgestaltung“ im Bereich betrieblicher Sozial- und Personalpolitik wahrnahm. Mit dieser Konstellation, die zwei Arbeitgeber- beziehungsweise Unternehmer-Institutionen dominierten, waren Mitte der 1950er Jahre die beiden zentralen Verwendungsbereiche personalpolitisch relevanten Wissens festgelegt: erstens Führungskräfte-Fort- und Weiterbildung und zweitens betriebliche Sozial- und Personalpolitik. Nicht nur der DNB hatte dem als „unabhängige“ und „eigenständige“ Organisation wenig entgegenzusetzen. Für all die zahlreichen neu entstandenen kleinen und größeren Institutionen des personalpolitischen Felds und in dessen Umfeld – insgesamt etwa 40 bis 50[8]) – bedeutete dies eine einschneidende Weichenstellung. Die meisten von ihnen arrangierten sich, indem sie ihr Angebot von nun an stärker auf den Bereich der Führungskräfte-Fortbildung ausrichteten.

Die Verantwortlichen des Wuppertaler Kreises gaben dazu ganz konkrete Anstöße. Sie sahen ihren überbetrieblichen Koordinierungsauftrag keineswegs damit erfüllt, nur als Plattform für einen „Gedanken- und Erfahrungsaustausch“ über Fragen der Aus- und Weiterbildung von Führungskräften zwischen den verschiedenen Organisationen zu dienen. Von Witzleben und Vaubel wollten darüber hinaus, „die grundsätzlichen Probleme“, die sich daraus ergäben, auch „einer eingehenden und systematischen Untersuchung […]

[5]) Vgl. „Entstehung und Geschichte“ des Wuppertaler Kreises URL: [www.wkr-ev.de/geschich.htm] [13.02.06].

[6]) Die „Gesellschaft zur Förderung des Unternehmernachwuchses e.V.“ war der Förderverein des DIF.

[7]) *Vaubel*, Geleitwort, in: *Faßbender*, Die Führungskräfte, o.S.

[8]) Geschätzte Zahl. Vgl. im Anhang Tab. 7: Organisations-Mitglieder des „Wuppertaler Kreises“, 1957 und Tab. 5: Institutionen des personalpolitischen Felds zu Beginn der 1950er Jahre im Überblick.

unterziehen“,[9]) um bestehende Unklarheiten zu überwinden und zu einer „gewissen Homogenität des Teilnehmerkreises“ zu gelangen[10]). Unmittelbar nach der Gründung des Wuppertaler Kreises richteten sie daher einen Arbeitsausschuss ein, der mit der Aufgabe betraut wurde, „die einzelnen Führungskategorien im Betrieb näher zu definieren, weil danach die Auswahl der für die jeweiligen Veranstaltungen in Betracht kommenden Führungskräfte zu erfolgen“ habe.[11]) Die sieben Mitglieder dieses Ausschusses waren keine Humanexperten, sondern großteils Ingenieure und Volkswirte: Prof. Erwin Bramesfeld (Arbeitspsychologe), Dipl.-Ing. Karl G. Hetzer, Dr.-Ing. Erich Mittelsten-Scheid, Ludwig Vaubel (Jurist), Dipl.-Volkswirt Siegfried Faßbender, Dipl.-Volkswirt Schmädeke und Dr. phil. Studders.[12]) Die Arbeitsergebnisse dieses Ausschusses fasste Siegfried Faßbender unter dem Titel „Die Führungskräfte im Unternehmen. Gedanken zu ihrer Gliederung und ihrer überbetrieblichen Weiterbildung“ zusammen. Sie wurden 1957 veröffentlicht als programmatischer Eröffnungs-Band einer entsprechenden Schriftenreihe des „Deutschen Instituts zur Förderung des industriellen Führungsnachwuchses“.[13])

Diese Publikation, die die Forschung bisher nicht zur Kenntnis genommen hat, stellte so etwas wie die „Bibel“ eines erneuerten Selbstverständnisses westdeutscher Unternehmer dar, das zugleich verbunden war mit einer „neuen“ Vorstellung der betrieblichen Sozialordnung westdeutscher Unternehmen. Hier wurden mit expliziter „Missions“-Absicht die neuen Bekenntnisse ganz systematisch propagiert. Zentral war ein nicht inhaltlich erneuerter, sondern in erster Linie personell erweiterter Führungsbegriff.

Faßbender erklärte einleitend, dass „die Führung des Unternehmens“ nur in besonderen Fällen (beim Handwerk und bei kleineren Handelsfirmen) in einer Person verkörpert sei.[14]) In der „modernen Wirtschaft“ bedürfte es „übermenschlicher Kräfte“, „zugleich der schöpferisch tätige Konstrukteur und Gestalter, der vorbildliche Leiter des Betriebes, der kaufmännische Leiter des Unternehmens, der beste Verkäufer, hervorragender Organisator und Spezialist für Finanztransaktionen zu sein“.

„Der Unternehmer bedarf [daher] zur Führung des Unternehmens der Mithilfe eines Führungskorps. Ihm überträgt er einen Teil der Führungsaufgaben zu weitgehend selbstverantwortlicher Erledigung. Zudem bedarf er der Vorarbeit dieses Führungskorps, um seine Unternehmerentscheidungen in Kenntnis aller erreichbaren Fakten und nach systematischer Durchleuchtung der anstehenden Probleme zu treffen.“[15])

[9]) Von *Witzleben*, Vorwort, in: *Faßbender*, Die Führungskräfte, o.S.
[10]) *Vaubel*, Geleitwort, in: ebd.
[11]) Ebd.
[12]) *Faßbender*, Die Führungskräfte, S. 21, Fußnote 18.
[13]) Ebd.
[14]) Vgl. für das Folgende: ebd. S. 11.
[15]) Ebd.

Dieses „Führungskorps“ könne nicht einfach „ernannt“, sondern müsse „geformt“ werden. Der Unternehmer

> „muß [...] seine Führungskräfte zu einem einheitlichen Ganzen zusammenschweißen, denn auf den Geist und die Fähigkeit des Führungs*korps*, nicht nur auf diejenigen der einzelnen Führungskräfte, kommt es an.“[16])

Voraussetzung dafür sei einerseits freilich, dass die einzelnen Führungskräfte den Willen mitbringen, sich in das Führungskorps einzugliedern; andererseits jedoch dürfe die Weiterbildung von Führungskräften nicht als einmalige, sondern müsse als ständige Aufgabe des Unternehmers gesehen werden. Ihm bei dieser Aufgabe zu helfen, darin bestehe die Funktion des Wuppertaler Kreises.

Mit der vorliegenden Studie sollte ein Überblick über die Voraussetzungen und Bedingungen einer solchen Kooperation gegeben werden. Sie umfasste im ersten ihrer zwei Teile daher als Grundlage der Verständigung eine systematische Darstellung der Gliederung betrieblicher Führungskräfte („Die Führungskräfte im Unternehmen“). Im zweiten Teil konkretisierte Faßbender „die Voraussetzungen für sinnvolle überbetriebliche Weiterbildung“ anhand der notwendigen „Vorarbeit“ des Unternehmers einerseits und des jeweiligen Veranstalters andererseits. Während der Unternehmer sich Gedanken über die Zielsetzung der Weiterbildung machen sollte, gelte es für den Veranstalter, Möglichkeiten aufzuzeigen.

Das Neue, was der Wuppertaler Kreis westdeutschen Unternehmern zu vermitteln versuchte, war die „Entdeckung der Führungskräfte“. Der Erfolg jedes Unternehmens wurde weiterhin untrennbar verknüpft mit den Entscheidungen des „Unternehmers“. Zugleich aber versuchte man davon zu überzeugen, dass dieser abhängig war vom „Führungskorps“ ihm loyaler Führungskräfte, die es in entsprechenden Fort- und Weiterbildungsveranstaltungen permanent zu solchen zu formen galt. Zwar sollte es noch etwa zehn Jahre dauern, bis diese „Wahrheit“ bei der Mehrzahl westdeutscher Unternehmer durchschlagende Wirkung zeitigte.[17]) Die „ordnungspolitischen“ Voraussetzungen jedoch, die bis in die Gegenwart die Vorstellungen davon prägen, was ein Unternehmen ist und wie es funktioniert, die präsentierte der Wuppertaler Kreis in seltener „Reinstform“ mit der Studie von Faßbender bereits 1957.

[16]) Ebd. S. 12.

[17]) In den 1950er Jahren wurden außerdem die „C. Rudolf Poensgen-Stiftung“ (1956) und die „Walter-Raymond-Stiftung“ (1959) gegründet. (Poensgen-Stiftung, Qualität durch Qualifikation; *Eversmann*, Die Walter-Raymond-Stiftung) Erst Ende der 1960er Jahre jedoch, nachdem auch das „Universitätsseminar der deutschen Wirtschaft“ seine Tore geöffnet hatte (USW, 25 Jahre; USW, Management-Ausbildung), lässt eine hohe Dichte der Veröffentlichungen von Faßbender auf ein tatsächlich gesteigertes Interesse an Weiterbildungsmaßnahmen für Führungskräfte schließen. Vgl.: *Arndt/Faßbender/Hellwig*, Weiterbildung; *Faßbender*, Überbetriebliche Weiterbildung; *Faßbender*, Wie lehrt und lernt man Management?

Abbildung 9: Die „Führungspyramide“ des Wuppertaler Kreises, 1957

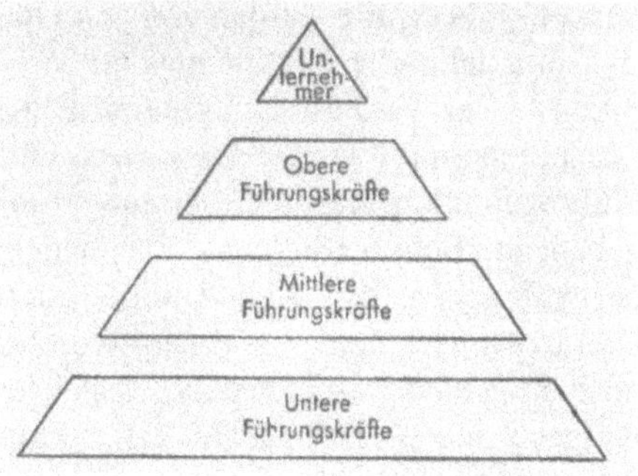

Als „Diskussionsgrundlage“ schlug der Arbeitsausschuss die so genannte „Führungspyramide“ vor (vgl. Abb. 9: Die „Führungspyramide“ des Wuppertaler Kreises, 1957[18]). Deutlich zeigt sich daran, dass sich an der Vorstellung einer hierarchisch strukturierten Grundordnung eines jeden Unternehmens nach 1945 nichts änderte. Weiterhin ging man davon aus, dass der Wichtigste im Unternehmen der Unternehmer sei, der „als Träger der unternehmenspolitischen Entschlüsse und der letzten Verantwortung“[19]) an der Spitze der Organisation angesiedelt alle ihm Untergeordneten führe. Die wichtigste Anforderung, die sich aus dieser Position ergebe, sei „schöpferische Gestaltungsfähigkeit“[20]). Sie sei die zentrale Voraussetzung um „Geschäftspolitik“ zu betreiben, die „Gestalt und Gesicht des Unternehmens“ wesentlich bestimme.[21]) In der „Geschäftspolitik“ bestünde, so Fassbender, nicht nur „die wichtigste Aufgabe des Unternehmers“, die Festlegung der Geschäftspolitik sei auch „ein schwerwiegender Entschluß“. Neu war die Ausdifferenzierung der untergeordneten Gruppen von Führungskräften, die dem Unternehmer bei der Erfüllung seiner bedeutenden und schweren Aufgabe behilflich sein sollten. Zu ihrer systematischen Erfassung erdachten die Mitglieder des Arbeitsausschusses drei Kategorien: Obere, Mittlere und Untere Führungskräfte.[22])

Als Obere Führungskräfte galten alle, die unmittelbar dem Unternehmer unterstellt waren. Ihre Aufgabe bestünde in der „weitgehend selbständigen“ Führung eines oder mehrerer Hauptarbeitsgebiete und in der Beratung des Unternehmers. Die spezifischen Anforderungen an diese Position unterschieden sich von den Mittleren Führungskräften nur in der Ausprägung der Anforderungen. Sollten die Oberen über „hohe dispositive Fähigkeiten in Bezug auf Planung, Organisation, Verwaltung und Kontrolle“ verfügen, reichte es für die Mittleren, wenn überhaupt solche Fähigkeiten vorhanden waren. Mitt-

[18]) *Faßbender*, Die Führungskräfte, S. 21.
[19]) Ebd.
[20]) Ebd. S. 22.
[21]) Vgl. zum Begriff der „Geschäftspolitik“ ebd. S. 25f.
[22]) Vgl. für das Folgende: ebd. S. 21–23.

lere Führungskräfte wurden von den Oberen außerdem dadurch abgegrenzt, dass ihre definierte Position eine größere Distanz zum Unternehmer aufwies, und dass ihr Verantwortungsbereich nicht als „weitgespannt“, sondern als „enger“ definiert wurde. Als Untere Führungskräfte galten die „Träger von Aufträgen mit begrenztem Verantwortungsbereich, in der Regel ohne Untergebene mit Führungsbefugnis“. Sie bildeten das Schlusslicht in der Hierarchie der Führenden. Was vom Anforderungskatalog, der, je weiter man in der Hierarchie nach unten voranschritt, desto mehr zusammenschrumpfte, für sie noch übrig blieb, war neben der „fachlichen Beherrschung der beaufsichtigten Aufgabe“ vor allem die „Fähigkeit zur Menschenführung“, die von allen Führungskräften, nicht hingegen vom Unternehmer, erwartet wurde.

Was Faßbender als Ergebnis der Ausschussarbeit im Auftrag des Wuppertaler Kreises hier zusammenfasste, war mithin nicht weniger als eine führungsorientierte und daher hierarchisch strukturierte Vorstellung der betrieblichen Sozialordnung westdeutscher Unternehmen. Ein Betriebsrat beispielsweise, dessen Anerkennung als Institution der betrieblichen Arbeitnehmervertretung die Akzeptanz einer Aushandlungspraxis voraussetzte, kam hier überhaupt nicht vor. Zentralfigur war stattdessen weiterhin der schumpeterianische „Unternehmer“. Er gestaltete nun zwar nicht mehr allein kraft seiner übermenschlichen „Genialität“ „schöpferisch“ die jeweilige „Geschäftspolitik“ und damit in „schwerwiegenden“ Entschlüssen Gesicht und Gestalt des Unternehmens, sondern sollte darin durch ein dreifach gestaffeltes „Führungskorps“ unterstützt werden. Dass diese Neuinterpretation jedoch in irgendeiner Art eine Anpassung der betrieblichen Sozialordnung an demokratische Vorzeichen darstellte, kann ich jedenfalls nicht erkennen.

Der Wuppertaler Kreis trug mit der Veröffentlichung dieser „Diskussionsgrundlage“ vielmehr maßgeblich dazu bei, diejenigen Ansätze, die die Humanexperten im Zeichen der (auch) „hierarchie-kritischen“ Nachkriegsmaxime vom „Menschen im Mittelpunkt“ entwickelt hatten, unter unternehmerischen Vorzeichen so zu adaptieren, dass sie zwar nichts an „Modernität“ (wissenschaftsgestützte Förderung des Einzelnen) einbüßten, zugleich aber stillschweigend ihrer „subversiven“ Implikationen entledigt wurden. Hatten etwa die A.S.B. oder auch das Forfa seit Beginn der 1950er Jahre ihr Seminarangebot in tastenden Suchbewegungen freiwillig stärker auf die Fortbildung von Führungskräften ausgerichtet,[23]) so bestätigte und forcierte der Wuppertaler Kreis genau diese Entwicklung in der zweiten Hälfte der 1950er Jahre. Indem er mit der „Führungspyramide“, die zudem mit Nachdruck verbreitet wurde,[24]) eine eingängige Legitimation dafür lieferte, warum und mit welchem Ziel besonders Führungskräfte die Adressatengruppe solcher Veranstaltungen sein soll-

[23]) Vgl. Kap. 3.4, Kap. 4.1.

[24]) [Veranstaltungskalender] Führungskräfte fördern, wie – wo – wann, 1956, 3; [Veranstaltungskalender] Sonderausgabe 1957; Siegfried *Fassbender*, Kennzeichen und Aufgaben der typischen Führungsgruppen, in: Mensch und Arbeit 9, 1957, S. 243f.

ten, stellte er entscheidende Weichen für die Zusammenarbeit der Institutionen des personalpolitischen Felds und Unternehmern. Sie diente unter dieser Prämisse in erster Linie dem Erhalt der betrieblichen Hierarchie.

Die Intervention des Wuppertaler Kreises hatte damit im Vergleich zum BdA-„Ausschuss für soziale Betriebsgestaltung“ eine noch wichtigere, nämlich nachhaltige Auswirkung auf die Entwicklung des personalpolitischen Felds; doch bereitete gleichsam komplementär der BdA-Ausschuss den Boden dafür. Er besetzte nicht nur erfolgreich das bisher humanexpertielle Label „Soziale Betriebsgestaltung“ unter unternehmerischen Vorzeichen und machte damit den personalpolitischen Institutionen ihre wichtigste Legimitation abspenstig. Jochen Wistinghausen, der BdA-Verantwortliche, leitete zugleich auch qua seines „Machtworts“, mit dem er die Diskussionen über Hierarchie oder Partnerschaft für beendet erklärte,[25]) den Übergang zur Verwendung unternehmerisch geprägter Begrifflichkeiten ein. So nahmen auch in seiner Argumentation die Termini „Geschäftspolitik“ und „Führung“ ganz zentrale Positionen ein: „Betriebliche Geschäftspolitik“ sei „nur Voraussetzung, nicht aber Inhalt einer sozialen Betriebsgestaltung“.[26]) Und: Humanexperten sollten in diesem Sinne Möglichkeiten aufzeigen, um „die menschliche Zusammenarbeit im Betrieb schon vom Führungsbereich [...] her“ zu erleichtern.[27])

Ab der zweiten Hälfte der 1950er Jahre übernahmen somit, indem sich die Aktivitäten des BdA-„Ausschusses für soziale Betriebsgestaltung“ und die des Wuppertaler Kreises wechselseitig ergänzten, zunehmend unternehmerische Institutionen die Hoheit im personalpolitischen Feld. Die Verbreitung der „Führungspyramide“ als neues, weiterhin maßgeblich hierarchisch strukturiertes Leitbild einer betrieblichen Sozialordnung hatte dabei eine fundamentale Bedeutung. Mit ihr wurde als wichtigstes unternehmerisch relevantes Verwendungsgebiet von humanwissenschaftlichem Wissen die Fort- und Weiterbildung von Führungskräften festgelegt. Sie habe mit dem Ziel zu erfolgen, ein „Führungskorps“ zu bilden, das sich allein dem an der Spitze eines jeden Unternehmens führenden Unternehmer verpflichtet fühlt. Indem auch die „soziale Betriebsgestaltung“ dieser Zielsetzung untergeordnet wurde, degradierte man sie zur herkömmlich kompensierenden Sozialpolitik – von einem „Neuen Betrieb“ konnte nicht mehr die Rede sein.

Sollte in dieser sich ab 1955 abzeichnenden Konstellation der mit viel Elan, persönlichem Einsatz und einer gehörigen Portion Idealismus auf den Weg gebrachte Düsseldorfer Studienkreis, der sich mit der Entwicklung „sozialwirtschaftlicher Betriebsformen“ einem genau solchen „Neuen Betrieb“ verschrieben hatte, nach zweijährigem Bestehen auf der Strecke bleiben? Nicht

[25]) Vgl. Kap. 5.3.
[26]) Jochen *Wistinghausen*, Leitgedanken für eine soziale Betriebsgestaltung, in: Die Aussprache, Mai 1955, auch erschienen in: DNB-Mitteilungen 4, Nr. 12, 15.6.1955, S. 3–5. Hier zitiert nach den DNB-Mitteilungen, S. 4.
[27]) Ebd.

wenige hatten den Eindruck. Vorstand und Geschäftsführung des DNB konstatierten im Frühjahr 1955 bereits, dass der selbst auferlegte Gründungsauftrag gescheitert war. Man dachte darüber nach, die Tätigkeit komplett einzustellen und den Verein aufzulösen.[28]) Demag-Chef Hans Reuter etwa, der erste Vorstandsvorsitzende des DNB, ließ sich in dieser Funktion nicht wieder wählen.[29]) Aber nicht alle ließen sich entmutigen. Die neue Idee kam „von ganz unten“ – und der verbliebene Vorstand war in der gegebenen Situation so offen, dass sie eine Chance hatte.

Hans Friedrichs, der 30-jährige wissenschaftliche Mitarbeiter des DNB,[30]) hatte bei seiner Tätigkeit für den Studienkreis viel Kontakt mit Personalleitern in Unternehmen. „Durch Zufall“ habe er erfahren, dass sich Anfang des Jahres 1955 die Personalleiter der Phoenix-Gummi-Werke, der J.M. Voith GmbH und der Schmöle-Metallwerke bei einer „Seminarveranstaltung für Personalleiter“ in Heidelberg kennen gelernt hatten und darüber einig gewesen seien, „dass es in Deutschland eine Institution geben müsse, die es Personalleitern und -fachkräften ermöglicht, sich systematisch in Fragen der Personal- und Sozialarbeit weiterzubilden sowie Erfahrungen auszutauschen.“ Friedrichs, so berichtet Schmidt-Dorrenbach in der hauseigenen Geschichte des DNB, hätte sogleich die Idee gehabt, den Studienkreis einzuschalten. Der junge Mitarbeiter sei sich sicher gewesen, dass der Verein für die gewünschte Aus- und Weiterbildung der Personalleiter sorgen und auch den Erfahrungsaustausch organisieren könne.[31]) Damit hatte Friedrichs in der Tat nicht zu viel versprochen.

Die Mitgliederversammlung des DNB akzeptierte im März 1955 seinen Vorschlag, das Profil des Studienkreises von nun an stärker auf die Bedürfnisse betrieblicher Personalleiter auszurichten.[32]) Der Düsseldorfer Studienkreis schlug mit dieser Entscheidung im Gegensatz zu den meisten anderen Institutionen des personalpolitischen Felds, die sich alle in mehr oder weniger ausdifferenzierten Fach-Sparten auf die Fortbildung von Führungskräften unterschiedlich großer Unternehmen einschossen,[33]) einen alternativen Weg ein – und erschloss damit ein Feld, das Unternehmer und Arbeitgeber übersehen oder ignoriert hatten.

Freilich jedoch war diese Entscheidung nicht, wie Schmidt-Dorrenbach es suggeriert, das Ergebnis eines „glücklichen Zufalls“. Vielmehr „wilderte“ der DNB auf der Suche nach einer neuen Aufgabe in fremden Gefilden. Dass Friedrichs nichts von den Personalleiter-Seminaren in Heidelberg gewusst habe, bevor er mit den erwähnten Personalchefs in Kontakt kam, ist höchst

[28]) *Schmidt-Dorrenbach*, 1952–2002, S. 37.
[29]) Ebd. S. 31f.
[30]) Vgl. zu Friedrichs auch Kap. 5.3.
[31]) *Schmidt-Dorrenbach*, 1952–2002, S. 39.
[32]) Ebd.
[33]) Vgl. dazu den Überblick über die Mitglieder des Wuppertaler Kreises 1969, in: *Faßbender*, Überbetriebliche Weiterbildung.

unwahrscheinlich, zumal die A.S.B., die diese Seminare veranstaltete, zu den Mitgliedsinstitutionen des DNB gehörte.[34]) Ihr Gründer Albrecht Weiß hatte sich als einer der ersten nach 1945 Gedanken über ein spezifisches Profil betrieblicher Personalleiter gemacht, was einer der Hauptgründe für die Einrichtung der A.S.B. (1947) als erste personalpolitische Institution in Westdeutschland gewesen war.[35]) Seitdem gab es zudem immer wieder Vorstöße verschiedener Akteure des personalpolitischen Felds, die in diese Richtung zielten: Fritz Jacobi etwa, der Personalchef von Bayer, entzündete 1950 mit seinem Plädoyer in „Mensch und Arbeit“ für eine systematische Ausbildung betrieblicher Personalleiter, die sich aus praktischen und theoretischen Elementen zusammen setzen sollte, einen regelrechten „Begeisterungssturm“ unter den Lesern dieser Zeitschrift.[36])

Zwar diskutierten die hier versammelten Humanexperten und Betriebspraktiker noch darüber, wie viel „Theorie“ der als unersetzlich angesehenen praktischen Erfahrung des Personalleiters in seiner Ausbildung gegenüber zu stellen sei. Georg Paul zum Beispiel vertrat nachdrücklich die Position der „Theorie-Skeptiker“:[37]) Die Aufgaben eines Personalchefs seien „mit einer hochschulmäßigen Ausbildung *allein* niemals zu lösen“. „Diese ‚theoretische‘ Ausbildung“ erhalte erst dann für den künftigen Personalleiter ihren „richtigen Wert“, „wenn er sich vorher lange genug in einem Industriebetrieb praktisch bewährt habe“. Um der Personalleitung eines größeren Unternehmens gewachsen zu sein, bedürfe es in erster Linie nämlich einer „geeigneten Persönlichkeit!“. Da Jacobis Vorschlag mit seinem doppelten Ansatz diesem Einwand aber ja bereits Rechnung trug, waren diese Diskussionen nicht mehr grundsätzlicher Art. Sie erscheinen vielmehr als Beilegung eines Streits, den betriebliche Sozialexperten in den 1920er Jahren mit genau derselben Polarisierung – „Theorie“ versus „Praxis“ – bereits geführt hatten, jedoch nicht zu einer Einigung gelangt waren, und unter anderem genau deshalb ihren subordinierten betrieblichen Status nicht zu überwinden vermochten.[38]) Zu Beginn der 1950er Jahre hingegen stimmte man nun darin überein: „Der Personalleiter gehört zur Betriebsspitze“.[39])

[34]) Vgl. Kap. 5.3.
[35]) Vgl. Kap. 3.1, Kap. 3.4.
[36]) Vgl. Kap 5.1; Fritz *Jacobi*, Hochschulvorlesungen für künftige Personalleiter?, in: Mensch und Arbeit 2, 1950, S. 226; Georg *Paul*, [Diskussionsbeitrag zu Jacobis Artikel], in: Mensch und Arbeit 3, 1951, S. 19f.; Georg *Aigner*, Der Personalleiter gehört zur Betriebsspitze, in: ebd. S. 50f.; Kurt *Kitzke*, Der „Personalchef“ gehört in den Vorstand, in: ebd. S. 170f.
[37]) *Paul*, [Diskussionsbeitrag zu Jacobis Artikel], ebd. S. 19.
[38]) Vgl. exemplarisch die Auseinandersetzungen zwischen dem Zeiss-Personalchef Friedrich Schomerus und dem Leiter des „Sozialen Museums“ Heinz Marr, Kap. 1.1.
[39]) So Tenor folgender Beiträge: Georg *Aigner*, Der Personalleiter gehört zur Betriebsspitze, in: ebd. S. 50f.; Kurt *Kitzke*, Der „Personalchef“ gehört in den Vorstand, in: ebd. S. 170f.

Im Anschluss an diese Artikel-Reihe meldete sich auch Albrecht Weiß wieder zu Wort. Er ergänzte sie mit einem Beitrag über die systematische Organisation des betrieblichen Personalwesens.[40]) Angeregt durch einen Vortrag, den der Arbeitsdirektor und Rationalisierungsexperte Adolf Jungbluth auf einer der A.S.B.-Personalleiter-Tagungen über genau diese Frage gehalten hatte, und in dessen anschließender Diskussion sich herausgestellt hätte, dass „die Auffassung der Betriebe über die [personalpolitischen] Zuständigkeitsfragen außerordentlich verschieden" seien, präsentierte Weiß anhand von drei Organigrammen mögliche Formen des Aufbaus eines umfassenden betrieblichen Personalbereichs. Neben Jungbluths Vorschlag verwies er auch auf den Entwurf des „Wirtschaftswissenschaftlichen Instituts der Gewerkschaften"[41]) sowie auf amerikanische Beispiele eines kleinen, eines mittleren und eines großen Unternehmens. Jungbluth verfolgte entsprechend seiner sozial rationalisierenden Orientierung eine andere Strategie als Weiß, aber dasselbe Ziel. Er forderte 1952: „Wir brauchen den Sozial-Ingenieur".[42]) Darunter verstand er einen „Fachmann", „der sowohl die wirksame Zusammenfassung der sozial- und arbeitswissenschaftlichen Disziplinen zu einer Wissenschaft wie auch einen Zweig des Betriebsmanagements verkörpert, dem die Durchsetzung sozial- und arbeitswissenschaftlicher Erkenntnisse in der Praxis obliegt".[43]) Diesen Ansatz versuchte 1953 die „Rationalisierungsgemeinschaft Mensch und Arbeit" des RKW zu konkretisieren, als sie sich auf der „Nachlese-Sitzung" zur Rationalisierungsausstellung intensiv mit den Anforderungen an die Ausbildung des zukünftigen „Arbeitsingenieurs" beschäftigte.[44])

Betriebspraktiker aus der zweiten Reihe, – noch allein kraft Selbsternennung diesen Status beanspruchende – Personalexperten und Rationalisierungsingenieure hatten somit bereits seit Beginn der 1950er Jahre mit großen Schritten und ohne Berührungsängste gegenüber den Arbeitsdirektoren daran gearbeitet, das betriebliche Personalwesen unter verschiedenen Vorzeichen zu „emanzipieren". Insbesondere der Jacobi'sche Ansatz von 1950 bot dazu ob seiner Integration der personalpolitischen Zielsetzung in die unternehmerische Leitfunktion einen besonders geeigneten Anknüpfungspunkt. Er stellte für jeden Einzelnen der beteiligten Praktiker in Aussicht, der vom unternehmerischen Persönlichkeitskult umnebelten Betriebsspitze näher zu kommen. Schon allein deshalb war es undenkbar, allein aufs „Theoretisieren" zu setzen.

Das wussten auch die Verantwortlichen des DNB. Sie schlugen 1955, indem sie „Erfahrungsaustauschgruppen" für Personalleiter einrichteten, die so ge-

[40]) Albrecht *Weiß*, Der Bereich der Personalaufgaben, in: Mensch und Arbeit 4, 1952, S.5f.

[41]) Vgl. WWI, Die Aufgaben des Arbeitsdirektors; Kap. 4.2.

[42]) Adolf *Jungbluth*, Wir brauchen den Sozial-Ingenieur, in: Sozialer Fortschritt 1, 1952, H. 4, S.87–90.

[43]) Ebd. S.88.

[44]) Gerhart *Schretzmayr*, Bericht über eine Arbeitssitzung der RG Mensch und Arbeit beim RKW, in: Soziale Beziehungen in der Industrie 4, 1953, H. 12, S.335f.

nannten „Erfas", eine besonders geschickte Strategie ein.[45]) Diese Gruppen stellten das „Kernstück" der Neukonzeption des DNB dar. Sie setzten sich aus zunächst 15 bis 20, später 30 festen Teilnehmern zusammen – *nur* „ranghöchste"[46]) Personal- und Sozialleiter, die Entsendung von Vertretern war nicht erlaubt –, die jeweils aus gleich großen Unternehmen stammten, während die Branchenzugehörigkeit bis zum Ende der 1960er Jahre keine Rolle bei der Zusammensetzung der Gruppen spielte. Die „Erfas" trafen sich zwei- bis dreimal im Jahr und diskutierten jeweils ein bestimmtes personalpolitisches Thema, in das ein ausgewiesener Experte zunächst in einem anderthalbstündigen Referat einführte.

„Erfa 1", zu dem Personal- und Sozialleiter aus Betrieben mit über 3000 Mitarbeitern gehörten, traf sich erstmals am 13. Mai 1955 in Bad Soden.[47]) Anhand der Etablierung dieser Gruppe wurden die Maßstäbe für alle weiteren gesetzt. Es folgten solche für Personalleiter von Unternehmen mit weniger als 3000 Beschäftigten und einer für Personalchefs von Betrieben mit weniger als 1000 Arbeitnehmern. Der wichtigste Referent, den der DNB für diese Veranstaltungen gewann, war der Betriebspsychologe Arthur Mayer, der seit 1954 Professor an der Wirtschaftshochschule Mannheim war.[48]) Mayer erklärte den „Erfa"- Mitgliedern von nun an regelmäßig, wie sich ihre Aufgaben, Instrumente und Position im Unternehmen aus der Sicht eines Humanexperten systematisch darstellten, und diskutierte seine Vorstellungen mit den Betriebs-Praktikern.[49]) Neben ihm waren außerdem Ludwig Vaubel, Jochen Wistinghausen (Mitglied der BdA-Geschäftsführung und formal geschäftsführendes Vorstandsmitglied des DNB), natürlich Hans Friedrichs, aber auch Gustav Spengler, der Betriebspsychologe von Glanzstoff, als Referenten an den „Erfas" beteiligt.[50])

Mit dieser neuen, personalpolitischen Strategie sicherte der DNB seine Existenz nachhaltig. Indem die Teilnahme an den „Erfahrungsaustauschgruppen" für Personalleiter an eine Vereinsmitgliedschaft gebunden wurde, erwiesen sie

[45]) Vgl. für das Folgende, wenn nicht anders angegeben: Aus der Arbeit des DNB, in: DNB-Mitteilungen 4, Nr. 8, 14.04.1955, S. 2; ebd. 4, Nr. 10, 15.05.1955, S. 2; ebd. 4, Nr. 16, 15.08.1955, S. 2; ebd. 4, Nr. 22, 15.11.1955, S. 2; ebd. 5, Nr. 6, 15.03.1956, S. 2; ebd. 5, Nr. 8, 15.04.1956, S. 2; ebd. 5, Nr. 10, 15.05.1956, S. 2; ebd. 8, Nr. 2, 15.02.1959, S. 8.

[46]) *Schmidt-Dorrenbach*, 1952-2002, S. 57.

[47]) Aus der Arbeit des DNB, in: DNB-Mitteilungen 4, Nr. 10, 15.05.1955, S. 2.

[48]) Vgl. zu Mayer Kap. 4.1.

[49]) *Schmidt-Dorrenbach*, 1952-2002, S. 40. Vgl. auch die Berichte über den Verlauf der „Erfas" in den DNB-Mitteilungen. Daraus geht hervor, dass Mayer über folgende Themen sprach: „Aufgaben des Personal- und Sozialleiters", „Stellung der Personal- und Sozialabteilung im Rahmen der Betriebsorganisation", „Charakterologie und Persönlichkeitsdiagnostik".

[50]) Vaubel sprach über „Probleme der betrieblichen Organisation, besonders aus der Sicht des Personalchefs"; Wistinghausen über den „Organisationsplan als Führungsmittel"; Friedrichs in der Regel über „Freiwillige betriebliche Sozialleistungen und ihre mögliche Umgestaltung"; Spengler über „Möglichkeiten des Einsatzes von Psychologen im Betrieb"; vgl. DNB-Mitteilungen.

sich als „gutes Akquisitionsinstrument“[51]) für den Studienkreis. Die Personalleiter vertraten ihr jeweiliges Unternehmen, das formal Vereinsmitglied war. Diese rechtliche Konstruktion diente in erster Linie dazu, die Akzeptanz des DNB auf Seiten der Unternehmen zu verbessern, die so ihre Interessen vertreten glaubten. 1962 zahlten 156 Mitglieder Beiträge in Höhe von DM 135359.[52]) Das reichte zwar immer noch nicht, um die budgetierten Kosten zu decken. Doch hatte man mit der neuen inhaltlichen Ausrichtung etwas aufzuweisen, was das Land Nordrhein-Westfalen für so förderungswürdig hielt, dass es für den Rest in Form von Zuschüssen an den gemeinnützigen Verein aufkam.[53]) Unter diesen Voraussetzungen ergriff der DNB eine Reihe von Maßnahmen, die systematisch darauf abzielten, die Tätigkeit betrieblicher Personalleiter zu professionalisieren. Die in den Erfahrungsaustauschgruppen zusammengetragene Information stellte die Basis dar, von der aus der Studienkreis einen spezifischen Expertenstatus der Personalpraktiker auszuformen und abzusichern versuchte. Er verfolgte dabei einen Mittelweg zwischen „sachlichem“ Expertentum und erfahrungsbasierter Praxisorientierung. Personalexperten, wie der DNB sie profilierte, waren weder „Idealisten“ mit „utopischen Wunschvorstellungen“[54]) noch so stark wissenschaftsorientiert wie Betriebspsychologen.

Nicht zufällig stellte daher A.S.B.-Chef Albrecht Weiß 1956 in der Zeitschrift „Mensch und Arbeit“ die kritisch gemeinte Frage: „Hat und braucht der Personalleiter ein ‚Berufsbild‘?“[55]) Weiß musste sich angesichts der ehrgeizigen und erfolgversprechenden Ambitionen des DNB nicht nur persönlich auf den Schlips getreten fühlen. Die ausgeprägt praxisorientierte Vorgehensweise des Düsseldorfer Studienkreises war zudem besonders geeignet, den viel stärker normativ ausgerichteten, idealistischen Ansatz der A.S.B., die davon überzeugt war, dass man zum „Personalleiter“ in erster Linie kraft seiner „Persönlichkeit“ berufen sei,[56]) in den Hintergrund zu drängen. Aufhalten

[51]) *Schmidt-Dorrenbach*, 1952–2002, S. 41.
[52]) Ebd. S. 51.
[53]) Ebd.
[54]) Vgl. Wistinghausens Fundamentalkritik an den Humanexperten von 1955; Kap. 5.3.
[55]) Albrecht *Weiß*, Hat und braucht der Personalleiter ein ‚Berufsbild‘?, in: Mensch und Arbeit 8, 1956, S. 162–164.
[56]) Weiß zitierte als Referenz für seine Vorstellungen C.H. *Northcott*, The Personnel Management. Its Scope and Practice, 2. ed., London 1950, ebd. S. 163: „In der Personalleitung ist der Mensch wichtiger als seine Ausbildung, und der Besitz gewisser Charakter- und Persönlichkeitseigenschaften wird als Voraussetzung für die Zulassung zu jedwedem Studienkreis verlangt. Folgende Eigenschaften werden […] für einen erfolgreichen Personalleiter vorgeschlagen:
1. Eine Art Berufung, hervorgegangen aus dem Idealismus […]. Damit muß der Glaube an den Menschen und an die Möglichkeit einer besseren Betriebsordnung verbunden sein.
2. Fähigkeit zum Führertum. Dafür braucht er Tatkraft […] physische[n] Mut [… und] Überzeugungskraft […].
3. Ein Gefühl für soziale Verantwortung und soziale Gerechtigkeit. […]
4. Persönliche Redlichkeit.
5. Die Fähigkeit […] klar zu denken zusammen mit Geduld und Duldsamkeit.
6. Ein freundliches und zugängliches Wesen […].

konnte Weiß' Interventionsversuch die Entwicklung freilich nicht. Zu Beginn der 1960er Jahre hatte der DNB unter Federführung von Wistinghausen und Friedrichs entscheidende Schritte einer dezidiert praxisbezogenen und „sachlichen" Professionalisierung betrieblicher Personalexperten realisiert.

1962 fand erstmals das so genannte „DNB-Seminar" statt, das leitende Mitarbeiter von Personal- und Sozialabteilungen und zukünftige Personalchefs in vier Wochen mit allen Fragen des Aufgabenbereichs vertraut machen sollte.[57]) „Erfahrene, personalverantwortliche Führungskräfte" aus den Mitgliedsfirmen des DNB brachten den Teilnehmern unterschiedliche Bereiche des betrieblichen Personalwesens nahe. Das Seminar wurde von nun an jährlich angeboten. 1963 erschienen zudem als Band 13 der Schriftenreihe des DNB unter dem Titel „Der Personalleiter im Betrieb. Grundsätze und Erfahrungsberichte" die Ergebnisse des 1959 eingerichteten DNB-Ausschusses, der unter anderem zur Vorbereitung des Seminars einen umfassenden Überblick über „Stellung, Aufgabe und Leitbild des Personalleiters" erarbeitete.[58])

Wistinghausen und Friedrichs erklärten im Vorwort der Publikation, dass mit dieser Schrift „die Öffentlichkeit, insbesondere die Wirtschaft, auf die Bedeutung des Personalleiterberufes" hingewiesen werden solle.[59]) Ebenso wie die Konzeption des DNB-Seminars war die Vorgehensweise der Studie maßgeblich praxisorientiert. Sie umfasste die Ergebnisse einer empirischen Erhebung anhand eines Fragebogens, den 70 Personalleiter der 150 angeschriebenen Mitgliedsfirmen des DNB beantwortet hatten.[60]) In Form einer Art „Ist-Analyse" diente die Studie nicht nur als wissenschaftsgestützte Legitimation des konstatierten Handlungsbedarfs, sondern auch als Ausgangspunkt für zu ergreifende Maßnahmen. Die Präsentation der Ergebnisse, die sich im Wesentlichen auf Unternehmen mit weniger als 3000 Beschäftigten in Nordrhein-Westfalen und Hessen bezogen,[61]) erfolgte anhand von vier Schwerpunkten:

„1. Die Vorbildung der Personalleiter,
2. Der berufliche Werdegang der Personalleiter,
3. Die Stellung des Personalleiters in der betrieblichen Hierarchie,
4. Der Arbeitsbereich des Personalleiters im Betrieb."

7. Besondere Charakteristika einer soliden Persönlichkeit: Spontaneität im Sprechen, Nichtvorhandensein von Schüchternheit, Beweglichkeit des Gesichtsausdrucks, Höflichkeit, soziale Erkenntnis und endlich persönliche Würde."

[57]) *Schmidt-Dorrenbach*, 1952-2002, S. 47.

[58]) DNB, Der Personalleiter im Betrieb.

[59]) *Wistinghausen/Friedrichs*, Vorwort, in: ebd. S. 10.

[60]) Ebd. S. 23.

[61]) Genau die Hälfte der antwortenden Personalleiter stammte aus Betrieben mit bis zu 2500 Beschäftigten, ein Fünftel aus Unternehmen mit mehr als 10000 Mitarbeitern. Fast 50% dieser Unternehmen hatten ihre Standorte in Nordrhein-Westfalen (39%) und in Hessen (17%), wobei im Hinblick auf die Branchenzugehörigkeit – abgesehen von 12 Unternehmen des Maschinenbaus und 9 aus der Elektroindustrie – keine auffälligen Häufungen zu erkennen sind, sondern das gesamte nicht-montanmitbestimmte Spektrum vertreten war. Vgl. zur statistischen Übersicht zur Erhebung: ebd. S. 24–28; zu statistischen Angaben über die Personen: ebd. S. 35–37.

Im Wesentlichen lassen sich folgende Befunde zusammenfassen:

Ad 1)[62]) Mehr als die Hälfte der befragten Personalleiter (56%) verfügten über ein abgeschlossenes Universitätsstudium. Die Mehrzahl unter ihnen waren Juristen (59%), relativ dicht gefolgt von Wirtschaftswissenschaftlern (41%, VWLer und BWLer), während von den verbleibenden fünf oder sechs Personalleitern, die ein anderes Studium absolviert hatten, zwei Psychologen waren. Etwa ebenso viele wie studiert hatten, verfügten über keine spezielle Ausbildung im Personalbereich (58%). Immerhin ein Drittel (32%) aber besuchte Kurse, Seminare und Tagungen, die von den Institutionen des personalpolitischen Felds angeboten wurden. Bezeichnenderweise stand dabei an erster Stelle (mit 9 Nennungen) die A.S.B., gefolgt vom „Arbeitskreis für Soziale Betriebspraxis“, den Franz Goossens in München leitete (4 Nennungen),[63]) dem RKW (3) und dem Forfa (2), während Reinhard Höhns „Akademie“ in Bad Harzburg zusammen mit neun weiteren Institutionen, die jeweils einmal genannt wurden, noch abgeschlagen auf dem letzten Platz landete. Berücksichtigt man, dass alle hier befragten Personalleiter zum DNB gehörten, so bildet diese Liste ganz deutlich die Hierarchie personalpolitischer Institutionen ab, wie sie in der betrieblichen Personalpraxis zu Beginn der 1960er Jahre wahrgenommen wurde. Interessant ist allerdings, dass das Drittel der Personalleiter, die dieses außerbetriebliche Kursangebot aktiv in Anspruch nahmen, zu mehr als 50% aus Personalleitern ohne akademischen Abschluss bestand. Von den „Studierten“ (oder deren Chefs) versprach sich hingegen nur jeder Dritte eine Bereicherung von der Teilnahme an solchen Veranstaltungen.

Ad 2)[64]) Bezeichnend für den beruflichen Werdegang westdeutscher Personalleiter war besonders der Befund, dass nahezu Dreiviertel (73%) andere berufliche Pläne hatten, bevor sie diese Tätigkeit übernahmen. Trotzdem gaben immerhin 40% an, den Beruf aus „Neigung“ auszufüllen, während mehr als die Hälfte (56%) dem Vorschlag eines Vorgesetzten folgten, als sie Personalleiter wurden – was sich jedoch nicht notwendig gegenseitig ausschließt. Signifikant für die sich darin spiegelnde ungeklärte Situation betrieblicher Personalleiter ist zudem, dass fast genauso viele (49%) auf die Frage, ob die Position als Personalleiter im Unternehmen als End- oder Übergangsstellung betrachtet wird, antworteten, dass darüber nicht gesprochen würde. Einem Drittel der Befragten selbst (31%) galt der Personalleiter-Posten als endgültig. Auf die Frage, welche Berufstätigkeit Personalleiter ausübten, bevor sie diese Funktion übernahmen, zeichnete sich ein deutlicher Schwerpunkt im Bereich der kaufmännischen Verwaltung, besonders im Rechnungswesen (49%) ab, während folgende Tätigkeitsfelder jeweils um die 20% schwankten: Personalarbeit (21%), juristischer Dienst (20%), Vertrieb (19%), technische Tätigkeit

[62]) Ebd. S. 29-32.
[63]) Vgl. Kap. 3.5.
[64]) DNB, Der Personalleiter im Betrieb, S. 33-38.

(19%) Verbandsarbeit (17%), öffentlicher Dienst (16%). Dieses breite Spektrum korrespondiert mit der Feststellung, dass nur 38% der Personalleiter als solche eingestellt wurden, während alle anderen erst über Umwege zum Personalwesen gelangten.

Ad 3)[65]) Die Befunde zur Position des Personalleiters in der betrieblichen Hierarchie lassen sich am wenigsten vereinheitlichen. Zwar gaben 83% der befragten Personalleiter an, unmittelbar der Geschäftsleitung unterstellt zu sein – bei den Betrieben mit 2500 bis 7500 Beschäftigten waren es nur noch 76%. Dass jedoch solche Feststellungen wenig über die tatsächlichen Handlungsspielräume der Personalleiter aussagen, war auch den Bearbeitern der Erhebung bewusst. Aufschlussreicher erschien auch ihnen, dass weniger als die Hälfte aller Personalleiter (49%) regelmäßig an Sitzungen des Vorstands oder der Geschäftsführung teilnahm, ein Viertel etwa von Fall zu Fall (23%) und ein weiteres Viertel überhaupt nicht (24%). Wenig aussagekräftig war gleichermaßen der Befund, dass 40 % der erfassten Personalleiter den Rang eines Hauptabteilungsleiters gehabt hätten, 20 % den eines Abteilungsdirektors, während 16% mit Direktoren gleichgestellt gewesen seien. Dies zusammengefasst mit der Feststellung, dass fast alle Personalleiter – abhängig vom (Dienst-)Alter – mit Prokura (59%) oder Handlungsvollmacht (31%) ausgestattet waren, offenbart allein, dass die Stellung des Personalleiters in der betrieblichen Hierarchie jeweils sehr unterschiedlich war, was sich in einer quantitativen Auswertung im Mittel niederschlägt.

Ad 4)[66]) Ähnlich disparat waren die Antworten auf die Frage „In welche Referate oder Sachgebiete ist ihre Abteilung gegliedert?“. Während der eine konstatierte, dass keine Referate vorhanden seien, gab ein anderer lakonisch „Personalverwaltung“ an, wieder andere fügten umfangreiche Organisationsübersichten mit genauen Tätigkeitsbeschreibungen für jeden einzelnen Sachbearbeiter bei. In 10% der Fragebogen wurden überhaupt keine Angaben zur Gliederung des Personalbereichs gemacht. Als einzig mögliche zusammenfassende Präsentation dieser Ergebnisse erschien den Bearbeitern der Studie eine nach Häufigkeit der Nennungen sortierte Liste. Hier wird nur deren Spitze wiedergegeben. Sie verdeutlicht, dass der Tätigkeitsschwerpunkt betrieblicher Personalabteilungen zu Beginn der 1960er Jahre noch immer in der Verwaltung von Personal und im Bereich des Sozialen lag:

„74 % Personalverwaltung Tarifangestellte
67 % Personalverwaltung AT [außertariflich] -Angestellte
66 % Personalverwaltung Arbeiter
41 % Verwaltung von Sozialeinrichtungen
34 % Ausbildungsabteilung
24 % Werksärztlicher Dienst
17 % Betriebskrankenkasse
15 % Werksküche

[65]) Ebd. S. 38–43.
[66]) Ebd. S. 43–58.

13 % Allgemeine Verwaltungsaufgaben
[...]
7 % Werkspsychologischer Dienst“[67])

Aufschlussreicher waren die Ergebnisse zur Tätigkeit des Personalleiters selbst. Hier mussten die Befragten eine Reihe angebotener Tätigkeiten entsprechend ihrer Praxis in eine Reihenfolge sortieren (mache ich in % immer ganz, überwiegend, teilweise, nie selbst). Eine Überblickstabelle, in der die Aktivitäten der Personalleiter aufsteigend von „sehr gering“ bis „besonders ausgeprägt“ erfasst wurden, ermöglichte deutliche Beobachtungen, was man sich konkret unter „Personalverwaltung“ vorzustellen hatte (vgl. Abb. 10: Überblick über die Tätigkeit von Personalleitern, DNB-Studie 1960)[68]).

Als wichtigste Aufgaben, die betriebliche Personalleiter in ihrer Selbsteinschätzung erfüllten, lassen sich anhand dieser Aufstellung drei erkennen: 1. die Erarbeitung von Arbeits- und Disziplinarordnungen, die im Übrigen keineswegs eine rein verwaltende Tätigkeit darstellte, sondern durchaus gestaltenden Charakter hatte; 2. die Einstellung, Versetzung, Beförderung und Entlassung sowie die Entlohnung von Personal inklusive all der damit verbundenen Einzelschritte und -verfahren und 3. Aus- und Fortbildungsmaßnahmen.

Insgesamt gab der DNB mit der Präsentation dieser Ergebnisse, die zudem ergänzt wurden um Ausführungen über den Beruf des Personalleiters in Großbritannien, in der Schweiz, in Frankreich und über das US-amerikanische Fachstudium „Personalleitung“, erstmals einen umfassenden Überblick über das Tätigkeitsfeld und Profil westdeutscher Personalpraktiker. Erst vor diesem Hintergrund konnte er mit besonderem Nachdruck erklären, dass man die „wichtige Aufgabe des Einsatzes der menschlichen Arbeitskraft nicht mit der ‚linken Hand‘ oder durch eine unzureichend besetzte Abteilung erfüllen lassen könne“.

„Die Personalabteilungen müssen – sowohl zahlenmäßig als auch von der Sachkunde her – so besetzt sein, daß der Personalleiter neben der laufenden verwaltenden Tätigkeit [...] noch genügend Zeit für die Beschäftigung mit Grundsatzfragen hat, z.B. Entwurf von Führungsrichtlinien, Aufstellung von Nachwuchs- und Ausbildungsplänen, Kontakt zu sachkundigen Gesprächspartnern.“[69])

In erster Linie diente somit diese Studie dazu, erstmals öffentlich – und insbesondere an die Adresse „der Wirtschaft“ gerichtet – Interessen und Ansprüche betrieblicher Personalpraktiker anzumelden, die gemäß eines zunehmend profilierten eigenen Expertenstatus nicht mehr nur verwalten, sondern auch gestalten wollten. Dass „Der Neue Betrieb“ ab 1963 nicht mehr das eher allgemeine Ziel verfolgte, „sozialwirtschaftliche Betriebsformen“ zu entwickeln, wie es seit seiner Gründung der „Untertitel“ im Institutionsnamen konkreti-

[67]) Ebd. S. 43.
[68]) Ebd. S. 49.
[69]) Ebd. S. 14.

Sehr geringe Aktivität	Geringe Aktivität	Mittlere Aktivität	Gute Aktivität (Durchschnitt))	Sehr gute Aktivität	Besonders ausgeprägte Aktivität
0–30 % Nennungen	*über 30 % Nennungen*	*über 40 % Nennungen*	*über 50 % Nennungen*	*über 60 % Nennungen*	*über 70 % Nennungen*
Anwesenheitskontrolle (16 %)	Durchführung von Ausbildungsmaßnahmen (34 %)	Erarbeitung der Arbeitsplatzbewertung (41 %)	Erarbeitung von Einführungsschriften (50 %)	Einrichtung von Ausbildungsmaßnahmen (61 %)	Durchführung von Einstellungsgesprächen (73 %)
Verwaltung von Pensionskassen (16 %)	Überwachung der Meisterausbildung (34 %)	Durchführung von Leistungs- und Führungsbeurtlg. (47 %)	Überwachung der Lehrlingsausbildung (50 %)	Einstellungen (63 %)	Auslese von Bewerbern (67 %)
Lohn- und Gehaltsauszahlung (19 %)	Überwachung des werksärztlichen Dienstes (34 %)	Vertretung vor dem Arbeitsgericht (47 %)	Verwaltung vorhandener Sozialeinrichtungen (53 %)	Durchführung von Abgangsgesprächen (64 %)	Allgemeine Zuständigkeit für betriebliche Aus- u. Fortbildungsmaßnahmen (76 %)
Verwaltung von Stipendienfonds (24 %)	Vertretung in Studien- und Forschungsgesellschaften (36 %)		Ausbau, Umbau etc. der vorhandenen Sozialleistungen (53 %)	Entlassungen (66 %)	Erarbeitung von Arbeitsordnungen und Disziplinarordnungen (79 %)
Führung der Personalstatistik (26 %)	Überwachung der Werksfürsorge (39 %)		Urlaubsregelungen und Bewilligungen (54 %)	Beratung der Mitarbeiter (69 %)	
			Erteilung von Zeugnissen (54 %)	Lohn- und Gehaltsregelungen (69 %)	
			Auswahl von Bewerbern für Ausbildungsmaßnahmen (54 %)		
			Beförderungen (56 %)		
			Vertretung im Arbeitgeberverband (56 %)		
			Erarbeitung von Stellenplänen (59 %)		
			Erarbeitung allgemeiner Verwaltungsunterlagen (59 %)		
			Erschließung des Arbeitsmarktes (59 %)		
			Entscheidung bei Arbeitsplatzwechseln (59 %)		

Abbildung 10: Überblick über die Tätigkeit von Personalleitern, DNB-Studie 1960

sierte, sondern sich von nun als „Studienkreis für betriebliche Personal- und Sozialpolitik“ verstand, war daher nur konsequent.[70]) Zugleich jedoch verließ man sich nicht nur auf solche öffentlichkeitswirksamen, proklamatorischen Maßnahmen. Die Verantwortlichen des DNB gingen auch direkt in die Offensive. Ende der 1950er Jahre etwa verschickten sie zusammen mit Arthur Mayer, dem Mannheimer Professor, der regelmäßig bei den „Erfahrungsaustauschgruppen“ referierte, ein Rundschreiben an die Geschäftsleitungen aller Mitgliedsfirmen.[71]) Darin wurde konstatiert, dass die personellen und menschlichen Probleme in Unternehmen noch immer „nicht als gleichwertig mit technischen und kaufmännischen Fragen betrachtet“ würden.

„Da aber ohne die Pflege der menschlichen Beziehungen und eine motivationsgerechte Menschenführung kein effizienter Betrieb entstehen kann, kommt dem Personalleiter die Aufgabe zu, das Menschliche im Betrieb zur Geltung zu bringen.“[72])

Zur Verstärkung seiner Forderungen bediente sich der DNB somit nicht nur der Fachautorität exponierter Experten. Er griff auch die von Erich Potthoff im Zusammenhang seiner Bemühungen um eine personalexpertielle Profilierung der Arbeitsdirektoren entwickelte „Drei-Einigkeits“-Vorstellung des Ideal-Vorstands auf – Technik, Kaufmännisches, Soziales –,[73]) die sich auch schon Bayer-Personalchef Fritz Jacobi angeeignet hatte, als er zu Beginn der 1950er Jahre öffentlich über eine systematische Ausbildung von Personalleitern räsonierte[74]).

Der Düsseldorfer Studienkreis „Der Neue Betrieb“ bündelte somit zentrale Ansätze des personalpolitischen Felds unter einem Dach und mit einer Zielrichtung. Indem er so gleichsam aus den bisher noch vereinzelt bestehenden, in Farbe und Material unterschiedlich beschaffenen, aber allesamt personalpolitisch relevanten Fäden verschiedener Provenienz einen Strang knüpfte, war er in der ersten Hälfte der 1960er Jahre auf dem besten Weg, sich als Zentrale betrieblicher Personalexperten und als berufsständische Vereinigung westdeutscher Personalleiter zu etablieren. Zwar weigert(e) man sich im DNB strikt, den berufsständischen Vertretungsaspekt in den Vordergrund der institutionellen Selbstdarstellung zu rücken. Man legt(e) stattdessen Wert darauf, als „eigenständige Experten-Organisation“ wahrgenommen zu werden, die sich durch die Mitgliedschaft von Unternehmen auszeichne und zugleich „unabhängig von Arbeitgeberverbänden und Gewerkschaften“ sei.[75]) Doch ist dieses spezifische Verständnis von Personalexpertise in erster Linie das Ergebnis der inkorporierten Verschränkung von unternehmerischen Arbeit-

[70]) *Schmidt-Dorrenbach*, 1952–2002, S. 54.
[71]) Ebd. S. 44f.
[72]) Zit. n. ebd. S. 44.
[73]) Vgl. Kap. 4.2.
[74]) Vgl. Kap. 5.1.
[75]) So der Vorsitzende Roland Schulz und der Geschäftsführer der DGfP im Vorwort zur „Hausgeschichte“, *Schmidt-Dorrenbach*, 1952–2002, S. 10.

geberinteressen mit denen betrieblicher Humanexperten, wie sie sich anhand der Genese des personalpolitischen Felds deutlich offenbart. Mit der Professionalisierung und Institutionalisierung betrieblicher Personalexpertise setzte der DNB zu Beginn der 1960er Jahre im personalpolitischen Feld neue Maßstäbe, die genau dieser unternehmernahen Orientierung entsprachen. Damit verschafften sich Personalexperten gegenüber ihren feldinternen Konkurrenten, den Betriebspsychologen, die sich bisher erfolgreicher in Unternehmen hatten etablieren können, entscheidende Vorteile. Nicht nur der dezidierte Praxis- und Erfahrungsbezug war eine Komponente, die dazu maßgeblich beitrug. Zugleich spielte auch ein bestimmtes Konzept von „Führung" beim Aufstieg der Personalexperten eine zentrale Rolle.

Die Vorarbeit in dieser Hinsicht leistete jedoch nicht der DNB selbst. Er erhielt vielmehr unerwartet Hilfe von außen. Zum entscheidenden Erfolg, zum Durchbruch in der betrieblichen Praxis nämlich, verhalf den Personalexperten Arbeitgebervertreter und Bayer-Personalchef Fritz Jacobi. Er legte ebenfalls 1963 als „Frucht" seiner langjährigen Bemühungen um ein erneuertes Selbstverständnis westdeutscher Unternehmer in Verbindung mit einer entsprechend neu gestalteten betrieblichen Sozialpraxis[76]) unter dem Titel „Personalpolitik heute und morgen" erstmals ein umfassendes personalpolitisches Konzept vor, das allgemein verständlich eine klare Vorstellung davon vermittelte, was Personalpolitik sein, wie sie funktionieren und zu welchem Zweck sie in Unternehmen betrieben werden sollte.[77]) Jacobi war ob seiner exponierten Position freilich kein „Erfa"-Teilnehmer und kooperierte auch sonst in keinem erkennbaren engeren Zusammenhang mit dem DNB. Dass sein Buch trotzdem genau zu diesem „passenden" Moment erschien, ist daher als Ergebnis der spezifischen Felddynamik zu verstehen, die auch unabhängig von den bewussten Wahrnehmungen und Intentionen einzelner Akteure in Form unintendierter Koinzidenzen zu einschneidenden Veränderungen führen kann.

Die programmatische Devise, die Jacobi mit seiner Publikation ausgab, lautete auf einen Nenner gebracht: „Personalpolitik ist auch Gesellschaftspolitik".[78]) Unter dieser Überschrift fasste er in seinem Konzept die drei wichtigsten Aspekte zusammen, die in den seit dem Ende der 1950er Jahre geführten Diskussionen immer wieder auftauchten: erstens die Möglichkeit der Effizienz- und Leistungssteigerung durch personalpolitische Maßnahmen, zweitens die Notwendigkeit auf Seiten der Unternehmer und Arbeitgeber, auf die gestiegenen Erwartungen der selbstbewusster gewordenen Arbeitnehmer reagieren zu müssen und drittens die mit dem Leitbild des „sozial verantwortlichen Unternehmers" verbundene Forderung, wonach auch in Unternehmen Verantwortung für die gesellschaftliche Ordnung übernommen werden solle.

[76]) Vgl. zu Jacobis bisherigen Bemühungen: Kap. 5.1.1; Kap. 5.2.1.
[77]) *Jacobi*, Personalpolitik.
[78]) So die Überschrift des einleitenden Kapitels, ebd. S. 5.

Aus diesem „Anforderungskatalog“ resultiere, so Jacobi, eine ganz spezifische Zielsetzung betrieblicher Personalpolitik:

„Betriebliche Personalpolitik heute und morgen kann sich [...] nicht darauf beschränken, für das Unternehmen eben noch brauchbare Arbeitnehmer zu gewinnen, die in ihrer Tätigkeit allein den Sinn sehen, die nötigen Mittel für ihr privates Leben zu erarbeiten. Ihr Ziel ist vielmehr der selbstverantwortliche Mitarbeiter, der selbstbewusste Bürger und die politisch denkende und handelnde Persönlichkeit.“[79])

Das war geradezu revolutionär. Erstens unterschied sich der geforderte individualisierende Zugriff auf jeden einzelnen Arbeitnehmer, den es zu seinem eigenen Vorteil wie auch zu dem des Unternehmens in seiner persönlichen Entwicklung zu fördern gelte, ganz grundlegend von dem herkömmlichen Ansatz betrieblicher Sozialpolitik. Sozialpolitische Maßnahmen, die seit den 1920er Jahren das wichtigste unternehmerische Instrument zur Einbindung und Integration von Belegschaften in das jeweilige Unternehmen darstellten, zielten mittels Versorgung und Schutz für alle „Gemeinschaftsmitglieder“ kollektiv auf die Beschäftigten ab. Jacobis neuer Ansatz hingegen nahm jeden Einzelnen ins Visier. Zweitens war damit der Anspruch verbunden, dass sich Unternehmen im Rahmen der gesellschaftlichen Ordnung neu positionierten, indem auch sie durch eine neu gestaltete „personalpolitische“ Praxis Verantwortung für deren Sicherung und Erhalt übernähmen. Jacobi verband in dieser Konzeption somit die ökonomisch relevante Pflege der Arbeitskraft mit dem gesellschaftspolitischen Ziel der „Erziehung mündiger Bürger“. Damit schuf er nicht nur einen Ausgangspunkt für einen grundlegenden Wandel des Selbstverständnisses westdeutscher Unternehmer und Unternehmen, das er um gesellschaftliche Aspekte erweitert wissen wollte. Indem er gleichzeitig den Begriff „Personalpolitik“ als Bezeichnung für ein zentrales Tätigkeitsfeld der Unternehmenspolitik überhaupt erst prägte und daraus wiederum die praktische Notwendigkeit der Einrichtung entsprechender Personalabteilungen ableitete, wies er auch den weiteren Weg.

In der personalpolitischen Praxis ergäben sich, so Jacobi weiter, aus dieser neuen Zielsetzung drei grundlegende Aufgabenbereiche in Unternehmen: erstens Personalordnungsmaßnahmen, zweitens Personalbetreuungsmaßnahmen und drittens Personalführungsmaßnahmen.[80]) Dass sie alle am besten aufgehoben seien in der Kompetenz einer zentralen Personalabteilung, musste er freilich nicht explizit machen, ergab sich diese Forderung doch aus der entsprechenden Kategorisierung der Aufgabenbereiche als *Personal*-Maßnahmen. Unter Personalordnungsmaßnahmen verstand Jacobi den systematischen Einsatz, das heißt die Beschaffung, Beförderung, Versetzung und Entlassung von Personal, weiterhin Lohn- und Gehaltsfragen sowie die Regelung

[79]) Ebd. S. 8.
[80]) Vgl. für das Folgende: Kapitel „II. Von der äußeren und inneren Ordnung in Personaldingen“, „III. Notwendigkeit und Grenzen der Sorge für den Mitarbeiter“ und „IV. Die hohe Kunst der Personalführung“, ebd. S. 33ff., 75ff., 97ff.

von Urlaubs- und Arbeitszeiten. Unter Personalbetreuungsmaßnahmen fasste er all das zusammen, was bisher unter der Bezeichnung betriebliche Sozialleistungen in die Zuständigkeit herkömmlicher Sozialabteilungen gefallen war. Mit beiden Aufgabenbereichen bezog sich Jacobi somit auf Tätigkeiten, die bereits in Unternehmen ausgeführt wurden. Neu war insofern der Anspruch, dass sie nun im Zuständigkeitsbereich einer spezifisch qualifizierten Personalabteilung zusammengefasst werden sollte. Worin diese spezifische Qualifikation bestand, ergab sich aus dem dritten Aufgabenbereich, der so genannten „Personalführung“, mit der Jacobi ein neues Tätigkeitsfeld betrieblicher Personalpolitik einforderte.

Dieses neue Tätigkeitsfeld sollte anhand systematisch aufgebauter Personalführungsmaßnahmen diejenigen Mittel und Methoden bereitstellen, die notwendig seien, um das neue Ziel betrieblicher Personalpolitik praktisch zu realisieren. So konstatierte Jacobi, dass unter „Personalführung“ all das zu verstehen sei,

> „was den Werksangehörigen durch Ausbildung, durch berufliche und menschliche Förderung und Weiterbildung, durch Unterrichtung über alles für [... ihn] Wissenswerte und durch fachlich und menschlich richtige Führung zum leistungs- und verantwortungsbereiten, selbstbewußten Mitarbeiter und guten Staatsbürger heranbildet.“[81])

„Personalführung“ war damit der Schlüsselbegriff in Jacobis Konzept. Nicht mehr Personalordnungs- und -betreuungsmaßnahmen sollten im Vordergrund betrieblicher Personalpolitik stehen, sondern vielmehr Fortbildungs-, Informations- und Schulungseinrichtungen, mit deren Hilfe jeder einzelne Arbeitnehmer so weit als möglich individuell angesprochen, gefördert, integriert würde und folglich auch viel motivierter arbeite. Indem Jacobi betriebliche Personalpolitik somit in erster Linie als „Führungs“-Angelegenheit konzipierte, trug er den Vorgaben Rechnung, die der Wuppertaler Kreis Mitte der 1950er Jahre mit der „Führungspyramide“ als neuem unternehmerisch geprägten, aber humanwissenschaftlich gestützten Leitbild der betrieblichen Sozialordnung gemacht hatte.

Der langjährige Bayer-Personalchef schuf so die entscheidende Voraussetzung dafür, um auch innerhalb von Unternehmen ein spezifisches humanwissenschaftlich gestütztes Tätigkeitsfeld systematisch zu etablieren, während im außerbetrieblichen Raum ein solches mit dem gesamten Spektrum derjenigen Institutionen, die Fortbildungsveranstaltungen für Führungskräfte anboten, bereits bestand. Deren Existenz konnten Unternehmer akzeptieren, ohne Angst um ihren exklusiven Führungsanspruch zu haben, weil all diese Einrichtungen ja vorgaben, ihnen dabei zu helfen, genau diesen Führungsanspruch innerhalb der Unternehmen trotz zunehmender organisationsstruktureller Ausdifferenzierung weiterhin aufrecht zu erhalten. Gegenüber Akteuren hingegen, die *innerhalb* des betrieblichen Sozialraumes beanspruchten,

[81]) Ebd. S. 97.

vermittels Personalführungsmaßnahmen jedem einzelnen Beschäftigten bei der Entwicklung seiner Persönlichkeit mit dem Ziel der Selbständigkeit, Eigenverantwortung und politischen Mündigkeit behilflich sein zu wollen, wie es die Personalexperten nun taten, mussten Unternehmer wie auch das gesamte ihnen verpflichtete „Führungskorps“ befürchten, dass hier nicht allein ihre Interessen vertreten wurden. Die Etablierung einer individualisierenden betrieblichen Personalpolitik war im Vergleich mit der Einrichtung außerbetrieblicher Führungskräfte-Fortbildungs-Institutionen daher eine viel diffizilere Angelegenheit, die mehr an Konzeptions- und Überzeugungsarbeit bedurfte und deswegen auch länger dauerte. Insbesondere musste geklärt werden, wie die Arbeitsteilung im Hinblick auf die betriebliche „Führungskompetenz“, die das zentrale Legitimationskonstrukt für alle Beteiligten darstellte, zwischen Personalexperten und Führungskräften aussehen sollte.

Eine praktikable und wissenschaftlich fundierte Lösung für genau dieses Problem hatte der Vordenker Erich Potthoff bereits zu Beginn der 1950er Jahre entworfen.[82]) Er unterschied in Anlehnung an Taylors Konzept der „wissenschaftlichen Betriebsführung“ zwischen „direkten“ (ausführenden) und „indirekten“ (planenden) personalpolitischen „Funktionsbereichen“. „Personalführung“ als Aufgabe jedes Vorgesetzten gegenüber seinen Mitarbeitern stelle, so Potthoff, einen „direkten Funktionsbereich“ dar, in den die Personalabteilung nur „indirekt“, d.h. beratend, koordinierend und durch Schulungen eingreife. Diese „indirekte“ Form der „Personalführung“ sei zusammen mit der „Personalverwaltung“ ihr wichtigstes Aufgabengebiet. Eine solche Konzeption sollte Anfang der 1970er Jahre jedoch erst einer der DNB-Personalexperten „neu“ erfinden. Jacobi hingegen bot zehn Jahre zuvor mit seinem Konzept keine klaren Entscheidungen. Der 61-jährige ehemalige Marine-Personalchef, der in Leverkusen unmittelbar nach dem Krieg in nur drei Jahren zum Vorstandsmitglied aufgestiegen war, propagierte diplomatisch einen Kompromiss. Er versuchte Neues zu integrieren, ohne das Alte aufzugeben. Gerade in dieser Offenheit bestand ein zentraler Erfolgsfaktor seines Konzepts, zumal niemand sich zur Gegenwehr gemüßigt fühlte.

Für Jacobi war „betriebliche Personalpolitik“ eine „Wissenschaft und eine Kunst zugleich“;[83]) eine Wissenschaft insofern, als zu ihr neben der Kenntnis von den tatsächlichen und den rechtlichen Umständen des Arbeitsverhältnisses vor allem Wissen um die Grundregeln des menschlichen Verhaltens, Handelns und Reagierens – mithin originär humanwissenschaftliches Wissen – gehöre. Diese Dinge seien lehr- und lernbar. Eine Kunst sei betriebliche Personalpolitik insofern, als „richtig führen [...] in einem weiten Maße eine Frage der Persönlichkeit des Vorgesetzten“ sei, so dass man „vielleicht besser von dem Handeln einer Persönlichkeit“ spreche. Es gebe Menschen, denen die „Kunst der Menschenführung angeboren“ sei. Diese würden „in den meisten

[82]) Vgl. Kap. 4.2.

[83]) Vgl. für das Folgende: *Jacobi*, Personalpolitik, S. 137f.

Fällen unwillkürlich das Richtige tun“, aber auch andere könnten „gute Menschenführer“ werden. Wie sie das haben werden können, führte Jacobi nicht explizit aus. Auch die Reduzierung von Personalpolitik auf den Bereich der Personalführung vollzog er unkommentiert. Stattdessen beschwor er in zwei weiteren Absätzen die „Persönlichkeit“ des Vorgesetzten, der Personalpolitik als „Herzenssache“ betreiben müsse. Durch den quasi proleptischen Verweis auf die Lehr- und Lernbarkeit wissenschaftlichen Wissens jedoch integrierte er die Notwendigkeit, „sich ständig um eine Ergänzung und Vervollkommnung dieses Wissens“ zu bemühen.

Unter Aufgreifen derjenigen Referenzen also, die Jacobi bereits zu Beginn der 1950er Jahre den Soziologen der Dortmunder Sozialforschungsstelle als zentrale Bezugspunkte betrieblicher Personalpolitik präsentiert hatte – „Herz“ und „Verstand“ –, und um die gleichzeitig auch Ludwig Vaubels Ausführungen zum „lebenslangen Lernen“ im Zeichen der Human Relations gekreist waren („to bring it from the heart to the head“),[84]) entwickelte der Bayer-Personalchef ein umfassendes Programm zur Verwendung humanwissenschaftlichen Wissens in Unternehmen. Indem er bei der Gesamteinordnung seines Konzepts eine – je nach Sichtweise – unentschiedene oder vielseitig kompatible Position einnahm, vereinte er zwei widerstreitende Standpunkte: Legitimation durch Erfahrungs-Wissen und -Können und Legitimation durch wissenschaftlich gestütztes Wissen und Können. Neu und nachhaltig wirkungsvoll war daran, dass Jacobi im Gegensatz zu seinen früheren Ausführungen den „Verstand“ (= „Wissenschaft“) nicht mehr dem „Herz“ und der „Erfahrung“ (= „Kunst“) unterordnete, sondern beide nun als gleichberechtigte Bezugspunkte nebeneinander stellte. Er schuf damit – allerdings eher unfreiwillig – die entscheidende Voraussetzung für die Verwissenschaftlichung betrieblicher Personalpolitik.

Angesichts der breiten Ignoranz, die westdeutsche Unternehmer zu Beginn der 1960er Jahre gegenüber personalpolitischen Fragen noch immer pflegten, ist Jacobis Engagement umso erstaunlicher. Bezeichnend etwa war der Verlauf einer Tagung der Evangelischen Akademie Loccum.[85]) Im März 1959 trafen sich hier – laut Ausschreibung – Personalleiter und Unternehmer, um drei Tage lang über die „Die Entdeckung des Mitarbeiters“ zu diskutieren. Die Teilnehmer kamen dabei zu dem Schluss, wie im Protokoll vermerkt, dass die Position der Personalabteilungen in den meisten Fällen deshalb so unbefriedigend sei, weil die Unternehmer von der Wichtigkeit ihrer Aufgabe nicht überzeugt seien. An erster Stelle stünde es daher an, ihnen klarzumachen, was Personalleitung bedeute. Bereits dieses Ergebnis lässt darauf schließen, dass nur

[84]) Vgl. zu Jacobi: Kap. 6.1; zu Vaubel: Kap. 6.3.
[85]) Vgl. Protokoll der Tagung 67 in Loccum: Die Entdeckung des Mitarbeiters. Tagung für Unternehmer und Personalleiter, 07.–10.03.1959, das mir freundlicherweise Morten Reitmayer überlassen hat. Danke! Vgl. zu den Evangelischen Akademien demnächst: *Reitmayer*, Elite.

sehr wenige Unternehmer zu den Tagungsteilnehmern gehörten. Berücksichtigt man zudem, dass die angetretenen Referenten allesamt Vertreter einer eher unternehmernahen Konzeption betrieblicher Personalpolitik waren,[86]) erhält der Befund zusätzliche Signifikanz: Die Mehrzahl westdeutscher Unternehmer glaubte trotz „sozialer Betriebsgestaltung" und „human relations" Ende der 1950er Jahre noch immer, dass Personalpolitik überflüssig sei.

Möglicherweise war Jacobi zu beschäftigt mit Überzeugungsarbeit im eigenen Lager, um im Blick zu behalten, welche fundamentale Wandlungen sich zu Beginn der 1960er Jahre im personalpolitischen Feld gleichzeitig anbahnten. In jedem Fall hatte er die Dynamik keineswegs beabsichtigt, die seine Vorlage auslöste, indem die inzwischen im DNB gut positionierten Personalexperten sie im Dienste ihrer Ziele geradezu begierig aufgriffen. Der DNB stellte bereits seine nächste Mitgliederversammlung (1965) unter das Motto „betriebliche Personalführung".[87]) Und 1967 erklärte der Personalchef von Bosch, Karl Schreiber, als stellvertretender Vorsitzender des DNB in einem der Grundsatzreferate den versammelten Mitgliedern:

> „Der Betrieb ist das zentrale Gemeinschaftserlebnis des arbeitenden Menschen und das Bild, das er sich dort macht, besitzt Modellcharakter für seine Einstellung zu Wirtschaft und Staat. Dieses Bild beeinflusst damit nicht nur den Geschäftserfolg, sondern auch den Bestand der freiheitlichen Staats- und Gesellschaftsordnung. So gesehen ist betriebliche Personalpolitik stets ein Teil Gesellschaftspolitik."[88])

Jacobis Konzept war eingängig und fiel auf fruchtbaren Boden. Bezeichnend für den persönlichen Eindruck des Bayer-Personalchefs jedoch, der „Geister", die er gerufen hatte, bald nicht mehr Herr zu sein, war eine Bemerkung gegenüber Vaubel, der Ende der 1960er Jahre unter Kollegen für soziologische Studien über westdeutsche Unternehmer und Führungskräfte warb. Jacobi fand, dass „der Wissensdrang" dieser Wissenschaftler sich allmählich „zu einer Landplage auszuwachsen drohe".[89]) Was er zu diesem Zeitpunkt nicht wissen konnte, war, dass es noch schlimmer kommen sollte.

Gleichwohl verdeutlicht bereits dieser Groll anschaulich die Grenzen der unternehmerischen Bereitschaft, wissenschaftsgestützte Expertise als deutende Weltsicht zu akzeptieren – übertreiben dürfe man es schließlich nicht. So verstand Jacobi auch sein personalpolitisches Konzept trotz der wissenschaftsorientierten Zugeständnisse in erster Linie als unternehmerische und damit weiterhin unternehmer- beziehungsweise führungszentrierte Programmatik. Diese stellte ebenso wenig wie seine Auffassung vom „sozial verantwortlichen Unternehmer" das gelungene konsenskapitalistische Ergebnis einer Westerni-

[86]) Jochen Wistinghausen sprach über „Möglichkeiten und Grenzen der Personalleitung"; Kurt Lotz über „Die Personalleitung als unternehmerische Aufgabe", Gisbert Kley über „Ausbildung und Vorbereitung zur Personalleitung".
[87]) DNB, Die betriebliche Personalführung.
[88]) Karl *Schreiber*, Grundsätze einer modernen Personalpolitik, in: DNB, Grundsätzliche und aktuelle Fragen, S. 9–19, hier S. 19.
[89]) Zit. n. *Kleinschmidt*, Das „1968" der Manager, S. 28.

sierung des Selbstverständnisses westdeutscher Unternehmer dar. Zwar konstatierte Jacobi, dass „betriebliche Personalpolitik [...] eine wesentliche Voraussetzung für eine freiheitliche Ordnung und eine starke Waffe in unserer geistigen Auseinandersetzung mit dem Osten sei“[90]). Damit konkretisierte er seine Ende der 1950er Jahre noch allgemeineren Überlegungen, dass besonders ein individualisierender Ansatz förderlich sei, um die Gefahren des „genormten Massenmenschen des Ostens“ abzuwehren.[91]) Spuren oder Ansätze eines konsensliberalen Verständnisses in dem Sinne, dass auf der Grundlage einer pluralistischen Gesellschaftsauffassung auch in der betrieblichen Praxis die Aushandlung unterschiedlicher Interessen permanenter Bestandteil derselben sein müssten, lassen sich in Jacobis Ausführungen jedoch nicht finden.

Was sich im Rahmen dieses Umorientierungsprozesses während der 1960er Jahre also veränderte, war zwar die Anforderung an westdeutsche Unternehmer, die nun auch im Unternehmen Verantwortung für die gesellschaftliche Ordnung übernehmen sollten. Zu einer Westernisierung im Sinne einer konsensliberalen Einstellung, die auf der Akzeptanz pluralistischer Interessen basierte, reichte es jedoch nicht. Dennoch lieferte der Bayer-Personalchef mit seinem personalpolitischen Konzept, das sich legitimatorisch nicht mehr nur auf Erfahrungswissen bezog, sondern erstmals auch (human-)wissenschaftliches Wissen umfasste, die „letzte“ Komponente, die den Personalexperten dazu verhalf, sich als dominante Expertengruppe im personalpolitischen Feld zu positionieren. 1962/63 hatte sich die Akteurskonstellation nicht nur mit der erfolgreichen Neuausrichtung des DNB grundlegend verändert. Auch in den anderen Institutionen des personalpolitischen Felds schlug sich der Wandel deutlich nieder.

1961 war Albrecht Weiß gestorben. Ihm folgte als Vorstandsvorsitzender der A.S.B. Hellmuth Flammer, Präsident der Industrie- und Handelskammer Heilbronn. Flammers Rede zum 15-jährigen Bestehen der A.S.B. (1963) veranschaulichte ganz offensichtlich den Kurswechsel, den auch die personalpolitische Pionier-Institution bis zum Beginn der 1960er Jahre vollzogen hatte.[92]) In den Worten ihres neuen Vorsitzenden kam auch zum Ausdruck, wie die Transformation der herkömmlichen kollektiv-vergemeinschaftenden Vorstellungen einer betrieblichen Sozialordnung in neue um individualisierende und anthropozentrische Komponenten erweiterte Vorstellungen sich praktisch vollzog – und welch gewagten Hybride der Umdeutungsprozess zum Teil hervorbrachte.

[90]) *Jacobi*, Personalpolitik, S. 149.

[91]) Nur „wenn sich unsere Gesellschaftsordnung auf den selbstverantwortlichen Einzelnen stützen kann, wird sie auf Dauer der Welt des genormten Massenmenschen des Ostens widerstehen und sie geistig überwinden können“, so Jacobi in seinen Ausführungen zur Verantwortung des Unternehmers: Fritz *Jacobi*, Von der Verantwortung des Unternehmers, in: Bayer-Berichte, 1958, H. 2, S. 25–27, hier S. 27; vgl. Kap. 5.1, 6.1.

[92]) *Flammer*, Begrüßungsansprache des Vorsitzenden der A.S.B. am 15.11.1963, in: RWWA, Abt. 195 Acordis AG, Wuppertal, Best. V 9 – 2+4/9.

Unter geziemender Huldigung des A.S.B.-„Gründungsvaters“ erklärte Flammer eingangs seiner Rede:

„Wenn wir heute davon berichten können, daß unsere Arbeitsgemeinschaft nach 15-jährigem Bestehen einen festen Platz in der Reihe der Organisationen einnimmt, welche sich um den Menschen im betrieblichen Geschehen, seine Führungsbefähigung, sein Wissen und Können annehmen, so ist dies ein bleibendes Verdienst von Albrecht Weiß.“[93])

Zwar habe die Bedeutung betrieblicher Sozialleistungen angesichts des zunehmenden Wohlstands abgenommen, nicht jedoch der Gedanke der sozialen Betriebsgestaltung, den Flammer wie folgt neu interpretierte:

„Es zeigt sich […], daß eine klare Gliederung des Betriebes in Aufgaben- und Kompetenzbereiche, die Delegation von Verantwortung und Vollmacht, das pädagogische Anliegen in der Führung der Führungskräfte in entscheidender Weise in den Mittelpunkt eines neuen Führungsstils getreten ist. Dieser Führungsstil befähigt alle in einem Betrieb an verantwortlicher Stelle Stehenden zu einer ihren Kräften entsprechenden optimalen Darbietung ihrer Fähigkeiten und ihres Könnens und ist damit die Grundlage zu einer wahrhaft freiheitlichen Zusammenarbeit innerhalb einer Betriebsgemeinschaft.“[94])

In der Realisierung dieses Ziels vermittels eines neuen Führungsstils, der jedem entsprechend seinem Können und Wollen einen Platz in der „höheren Ordnung jenseits von Angebot und Nachfrage“ zuwies, sah die A.S.B. ihre neue Aufgabe. Bekräftigt wurde diese Neuausrichtung mit einer Namensänderung. Ab 1963 hieß die Institution unter Beibehaltung des alten Akronyms „Arbeitsgemeinschaft für wirtschaftliche Betriebsführung und soziale Betriebgestaltung“.[95]) Wie Flammer stolz berichtete, hätten innerhalb des 15-jährigen Bestehens der A.S.B. fast 40000 Führungskräfte an den angebotenen Seminaren, Kursen und Tagungen teilgenommen, fast die Hälfte davon innerhalb der letzten sechs Jahre.[96]) Die Anzahl der Vereinsmitglieder hingegen konnte nicht entscheidend erhöht werden. Flammer sprach von „rund 200“ Unternehmen und befreundeten Einzelpersonen, was dem Stand vor zehn Jahren entsprach.[97])

Trotz dieses sich anbahnenden Bedeutungsverlusts schaffte es die A.S.B. im Gegensatz zu anderen personalpolitischen Institutionen der ersten Stunde, sich auch unter veränderten Rahmenbedingungen weiterhin im personalpolitischen Feld als Führungskräftefortbildungs-Einrichtung zu behaupten. Indem sie sich in den Dienst einer „wahrhaft freiheitlichen Zusammenarbeit innerhalb der Betriebsgemeinschaft“ stellte, tendierte die Programmatik der zu Beginn der 1960er Jahre noch meist frequentierten Führungskräfte-Fortbildungs-Institution, noch immer deutlich stärker zum „Abendland“ als nach „Ame-

[93]) Ebd. S. 2.
[94]) Ebd. S. 2f.
[95]) Satzung der A.S.B. Arbeitsgemeinschaft für wirtschaftliche Betriebsführung und soziale Betriebsgestaltung e.V., Heidelberg, in der Fassung vom 15.11.1963, in: RWWA, Abt. 195 Acordis AG, Wuppertal, Best. V 9 – 2+4/9.
[96]) *Flammer*, Begrüßungsansprache des Vorsitzenden der A.S.B. am 15.11.1963, in: RWWA, Abt. 195 Acordis AG, Wuppertal, Best. V 9 – 2+4/9.
[97]) Vgl. Kap. 3.4.

rika“[98]). Dies ging einher mit einer Verdrängung von Psychologen als stärker wissenschaftsorientierten Humanexperten zugunsten von Personalexperten, denen die Erfahrungen der betrieblichen Praxis und der Primat der „Führung“ als wichtigster Maßstab ihres Handelns galten. Mit dem Wechsel an der Spitze des Vereins wurde auch die Geschäftsführung neu besetzt. Nicht mehr der Psychologe Rudolf Werner durfte sein ganzheitliches Konzept hier verwirklichen; stattdessen zeichnete seit dem Ende der 1950er Jahre der Ingenieur Gerhard Höhne verantwortlich für die Geschäfte der A.S.B.[99])

Deutlichstes Anzeichen für den parallel zum Aufstieg der Personalexperten sich vollziehenden „Niedergang“ der praktischen Betriebspsychologen jedoch war die Schließung des Braunschweiger „Forschungsinstitut für Arbeitspsychologie und Personalwesen“ (Forfa) am 30. Juni 1963.[100]) Als Grund für diesen Schritt benannte Institutsleiter Bernhard Herwig in einer Mitteilung an die Leser der „Forfa-Briefe“ und alle Freunde und Förderer der Stiftung die schwierige Finanzlage. Ein Drittel der Arbeiten im Forfa war als „Forschung“ deklariert, die aus öffentlichen Mitteln gefördert wurde. Herwig verwies auf die gängige Verwaltungspraxis, der die Vergabe dieser Mittel unterlag: Sie stünden „erst nach Bewilligung des jeweiligen Haushaltes zur Verfügung [...], häufig also erst, wenn schon Monate des Jahres vergangen sind,“ müssten „dann aber bis zum Ende des Jahres verbraucht werden“.[101]) Dies habe dazu geführt, dass das Institut immer wieder Mitarbeiter verloren habe, wenn ihnen gesicherte Stellungen angeboten wurden. Angesichts der umfangreichen Liste von Forfa-Mitarbeitern, die bezeugt, dass trotzdem immer wieder Neue nachrückten,[102]) scheint *das* zwar ein permanentes Problem gewesen zu sein, mit dem das Institut zu kämpfen hatte, jedoch nicht das entscheidende, das ihm den Garaus bereitete. Der eigentliche Anlass für die Schließung des Instituts bestand darin, dass zu Beginn des Jahres 1962 „nicht etatisierte“ Mittel „aus nicht im Institut liegenden Gründen mindestens auf Monate hinausgeschoben und zum Teil unsicher wurden“,[103]) wie Herwig einigermaßen verklausuliert in seinem „Abschiedsbrief“ auch bemerken musste. Wer hier genau den Geldhahn zudrehte, ist anhand des vorliegenden Materials zwar nicht zu eruieren; dass es aber Vertreter auf Seiten der Unternehmen waren, ist sicher, zumal seit 1954, als das Forfa in eine Stiftung umgewandelt wurde, Industrie und Wirtschaft die wichtigsten Förderer des Instituts darstellten.[104])

[98]) *Schildt*, Zwischen Abendland.
[99]) 30 Jahre ASB Management-Seminare Heidelberg, in: Computerwoche Nr. 51, 15.12.1978.
[100]) Bernhard *Herwig*, An unsere Leser der Forfa-Briefe und die Freunde und Förderer des Forschungsinstituts in Wissenschaft und Wirtschaft, in: Forfa-Briefe 1963, H. 12, S. 97f.
[101]) Ebd. S. 97.
[102]) Vgl. im Anhang Tabelle 9: Forfa-Mitarbeiter, 1948–1963.
[103]) *Herwig*, An unsere Leser, S. 98.
[104]) Vgl. Kap. 4.1.

Dass die Schließung des Forfa zudem in unmittelbarem zeitlichen Zusammenhang mit Herwigs Emeritierung (1961) erfolgte, ist nicht nur signifikant für dessen egozentrischen Führungsstil, der die Suche nach einem etwaigen Nachfolger bedeutend erschwert haben dürfte. Zugleich ist ebenso die Tatsache, dass satzungsgemäß das gesamte Institutsinventar und -vermögen an die Braunschweiger Technische Hochschule fiel,[105]) bezeichnend für die nun einsetzende stärker akademisch orientierte Entwicklung der Betriebspsychologie in den 1960er Jahren. Als Auftakt dafür ist das Erscheinen des von Arthur Mayer und Bernhard Herwig herausgegebenen Handbuchs Betriebspsychologie (1961) zu verstehen, mit dem die Betriebspsychologie in den Kanon der akademisch anerkannten psychologischen Fachteile aufgenommen wurde.[106]) In der Zeitschrift „arbeitswissenschaft“ war außerdem gerade erst (1962) das umfangreichste Portrait des Forschungsinstituts, das es überhaupt gab, erschienen,[107]) und Herwig, der sich freilich auch als Emeritus ein Mitspracherecht bei der Verfügung über die ehemaligen Institutsmittel und -instrumente vertraglich zusichern ließ, verzichtete nicht darauf, in seinem „Abschiedsbrief“ auf dieses Portrait zu verweisen.

Mit der Schließung des Forfa fand auch der Mitte der 1950er Jahre eingerichtete „Betriebspsychologische Erfahrungsaustausch“ sein Ende. Dabei handelte es sich um jährliche Treffen von Betriebspsychologen und Personalleitern verschiedener Unternehmen, die – initiiert in Kooperation zwischen Forfa-Chef Herwig und dem Glanzstoff-Betriebspsychologen Gustav Spengler[108]) – dem Zweck dienen sollten, die Zusammenarbeit zwischen betrieblichen Personalabteilungen und Betriebspsychologie zu verbessern. Ganz offiziell hatte Herwig 1955 an Spengler geschrieben, dass sich der Plan zu einem solchen Vorhaben bei einer Stifterversammlung des Forfa ergeben habe:

„Mehreren der beteiligten Herren bzw. Unternehmungen, die schon seit Jahren psychologische Arbeiten in ihren Betrieben durchführen, erschien es als sehr wünschenswert und sicher für die Zukunft fruchtbar, wenn man sich über die Art der psychologischen Betriebsarbeit, ihre Eingliederung in die Betriebsorganisation, Möglichkeiten der weiteren Entwicklung, vor allem auch in Hinsicht auf die von der Betriebspsychologie zu bearbeitenden Sachgebiete unterhalten würde.“[109])

Herwigs Bemühungen, die insbesondere Spenglers Vorgesetztem Vaubel galten, den man als Fürsprecher der Veranstaltung gewinnen wollte, waren jedoch nicht erfolgreich. Vaubel hatte immer wieder große Terminschwierigkeiten, so dass schlussendlich an den Treffen zunächst meistens Direktor

[105]) Satzung des Forfa, RWWA, Abt. 195 Acordis AG, Wuppertal, Best. V 03 - 37/38; vgl. dort auch: Zusatz-Protokoll der Übergabe-Verhandlungen vom 17.07.1964.

[106]) *Mayer/Herwig*, Betriebspsychologie.

[107]) Das Forschungsinstitut für Arbeitspsychologie und Personalwesen, in: arbeitswissenschaft 2, 1962, S.58–65.

[108]) Vgl. die Korrespondenz zwischen beiden in dieser Sache, in: RWWA, Abt. 195 Acordis AG, Wuppertal, Best. Z0 7848.

[109]) Schreiben vom 29.06.1955 von Herwig an Spengler, ebd.

Weiss, der Verwaltungschef von Glanzstoff, teilnahm und später Otto Esser als Leiter des Glanzstoffwerks Obernburg. Entsprechend blieb der Kreis derjenigen Unternehmen, die sich an diesen Treffen beteiligten, verhältnismäßig beschränkt. Der „feste Stamm“, der regelmäßig teilnahm, bestand aus weniger als zehn Unternehmen. Zu den ersten gehörten neben Glanzstoff die Siemens-Schuckert-Werke in Erlangen und Nürnberg, die Dyckerhoff Portland-Zementwerke, Wiesbaden; die Hackethal Draht- und Kabelwerke, Hannover und die Voigtländer AG in Braunschweig. Später kamen die Olympia-Werke in Wilhelmshaven und die Duisburger Kupferhütte hinzu. Der „Betriebspsychologische Erfahrungsaustausch“ war damit in erster Linie eine „Forfa-Veranstaltung“. Das Braunschweiger Forschungsinstitut versuchte hier seine Rolle als führende Experteninstitution zu sichern und auszubauen. Die meisten Unternehmen, die sich beteiligten, folgten damit dem Anstoß ihres Betriebspsychologen oder betriebspsychologischen Beraters, der ein (ehemaliger) Forfa-Mitarbeiter war. Verglichen mit den gleichzeitigen Professionalisierungsbestrebungen der Personalexperten im DNB, die als Konkurrenzveranstaltung zu dieser betriebspsychologischen Variante zu betrachten sind, hatten die Psychologen somit eindeutig schlechtere Karten. Auch darin, dass es ihnen nicht gelang, während der zweiten Hälfte der 1950er Jahre die bestehenden inhaltlich-fachlichen Ansätze weiter auszubauen, das heißt den Veränderungen im personalpolitischen Feld anzupassen,[110]) lag eine weitere Ursache dafür, dass das Forfa zu Beginn der 1960er Jahre von der Bildfläche verschwand.

Parallel zur abnehmenden Bedeutung des vom Forfa betriebenen „Betriebspsychologischen Erfahrungsaustauschs“ formierte sich gegen Ende der 1950er Jahre zudem die 1953 gegründete Sektion „Arbeits- und Betriebspsychologie“ im Berufsverband Deutscher Psychologen (BDP) mit einem neuen, eigenständigen Gewicht. 1958 übernahm Horst Fischer die Leitung dieser Sektion von Heinz Dirks.[111]) Fischer (geb. 1922), der seit 1952 als Betriebspsychologe im Werk Huckingen des montanmitbestimmten Unternehmens Mannesmann arbeitete,[112]) repräsentierte im Gegensatz zu Dirks, der wie Herwig und Spengler ehemaliger Wehrmachtspsychologe war und zu den Gründungsmitgliedern des Forfa gehörte, eine stärker technisch ausgerichtete, „sozial rationalisierende“ Variante der Betriebspsychologie. Er arbeitete in Ausschüssen der Wirtschaftsvereinigung Eisen- und Stahl mit, wo die Arbeitsdirektoren sich

[110]) Bezeichnend ist, dass die Psychologen erst 1960 das Thema „Führungskräfte-Fortbildung“ auf die Agenda ihres Erfahrungsaustauschs setzten, während sie sich zuvor weiterhin mit Fragen beschäftigt hatten, die hauptsächlich in der ersten Hälfte der 1950er Jahre aufgeworfen worden waren: 1956: „Aufgaben und Stellung des Meisters“, 1958: „Gewinnbeteiligungssysteme“, 1960: „Auswahl und Förderung von Führungskräften“; vgl. die Protokolle der jeweiligen Veranstaltungen am 19.10.1956, 06./07.05.1958, 21.06.1960 in: RWWA, Abt. 195 Acordis AG, Wuppertal, Best. Z0 7848.

[111]) Vgl. für das Folgende, wenn nicht anders angegeben: Heinz-Ludwig *Horney*, Horst Fischer wird 75 Jahre alt, in: ABOaktuell, 3, 1997, S. 58f.

[112]) Vgl. *Platz*, „Überlegt euch das mal ganz gut“, S. 220ff.

als sozialwirtschaftliche Rationalisierungsexperten etabliert hatten, und beschäftigte sich intensiv mit präventiver Unfallforschung. So war Fischer beispielsweise maßgeblich an den jährlich in Düsseldorf abgehaltenen „Arbeitsschutz-Kongressen“ beteiligt.

Unter seiner Leitung avancierten die Tagungen der BDP-Sektion „Arbeits- und Betriebspsychologie“ zu einer etablierten Institution. Nicht zu Unrecht konstatierte Fischers Laudator zum 75. Geburtstag, dass sich der Jubilar vor allem „durch die mustergültige Planung, straffe Durchführung und kostengünstige Abwicklung der alljährlich von der Sektion veranstalteten Arbeitstagungen“ besondere Verdienste erworben habe.[113]) Nahmen am ersten Treffen des neuen Stils im April 1959, das wie fast alle dieser Tagungen bis zur Mitte der 1960er Jahre in den Räumlichkeiten einer Industrie- und Handelskammer stattfand[114]) – worin wohl ein entscheidender Faktor der von Horney gelobten „kostengünstigen Abwicklung“ bestand –, 41 Psychologen teil, so waren es ab 1960 bis zur Mitte der 1960er Jahre regelmäßig circa 70.[115]) Abgesehen von der 4. Arbeitstagung (1962), die dem Thema „Auswahl und Ausbildung von Führungskräften in Wirtschaft und Verwaltung“ gewidmet war, und an der bezeichnenderweise die Berliner Siemens-Betriebspsychologen teilnahmen, deren fränkische Kollegen zuvor noch bei dem vom Forfa geleiteten „Betriebspsychologischen Erfahrungsaustausch“ den neuesten Fachtrends auf die Spur zu kommen hofften, standen die meisten dieser BDP-Treffen im Zeichen Fischers stärker technisch orientierter Ausrichtung. Für die teilnehmenden Arbeits- und Betriebspsychologen resultierte daraus, dass sie sich weiterhin besonders auf ihre diagnostischen Kompetenzen konzentrierten, während Fragen der Personalführung sie wenig interessierten. Entsprechendes signalisierten die Titel der Tagungen zwischen 1960 und 1965: „Arbeitseignung und Personalauswahl“, „Arbeitsanforderung und Arbeitseignung“, „Psychologische Faktoren der technischen und organisatorischen Arbeitsgestaltung“, „Psychologische Aspekte der Ausbildung und Unfallverhütung“, „Psychische Arbeitsbeanspruchung“.

Fischers Neuausrichtung der BDP-Sektion Arbeits- und Betriebspsychologie, die in den 1960ern den ganzheitlichen „Pendelschlag“ der 1950er in Rich-

[113]) *Horney*, Horst Fischer, S. 59.

[114]) Weitere Sektions-Tagungen, die – soweit anhand der Tagungsberichte ersichtlich – in IHK-Räumlichkeiten stattfanden: 3. Arbeitstagung 1961 in Ludwigshafen, 4. Arbeitstagung 1962 in Berlin, 5. Arbeitstagung in München. Vgl.: Horst *Fischer*, Bericht 3. Arbeitstagung, in: Psychologische Rundschau 12, 1961, S. 231–233; *ders.*, Bericht 4. Arbeitstagung, in: ebd. 13, 1962, S. 308–310; *ders.*, Bericht 5. Arbeitstagung, in: ebd. 14, 1963, S. 297–300.

[115]) In der ersten Hälfte der 1970er Jahre erfuhren die Tagungen der Sektion nochmals einen Teilnehmerzuwachs, allerdings unter veränderten Vorzeichen. Nun stand „betriebliche Bildungsarbeit“ im Vordergrund. 1970: 140 Teilnehmer; 1971: 165; 1972: über 200; 1973: fast 200. Vgl.: Günter *Marschner*, Bericht 12. Arbeitstagung, in: Psychologische Rundschau 21, 1970, S. 291–293; *ders.*, Bericht 13. Arbeitstagung, in: ebd. 22, 1971, S. 300–302; *ders.*, Bericht 14. Arbeitstagung, in: ebd. 23, 1972, S. 318–320; *ders.*, Bericht 15. Arbeitstagung, in: ebd. 24, 1973, S. 289–292.

tung Betriebspsychologie zugunsten einer wieder stärkeren Betonung der technisch orientierten Arbeitspsychologie korrigierte, bescherte der Sektion einen rapiden Zuwachs an Mitgliedern. Zählte die Sektion Arbeits- und Betriebspsychologie 1962 85 Mitglieder,[116]) was gegenüber den 41, die 1955 verzeichnet waren, schon eine Verdopplung darstellte,[117]) so waren es 1968 nochmals mehr als doppelt so viele: 178[118]. Berücksichtigt man zudem, dass die Gesamtzahl aller im BDP erfassten praktisch tätigen Psychologen im gleichen Zeitraum stagnierte (1960: 1231 Mitglieder;[119]) 1968: 1227[120]), so ist der Befund umso erstaunlicher.

Trotzdem gingen von der BDP-Sektion Arbeits- und Betriebspsychologie in den 1960er Jahren nur sehr wenige Impulse aus, die der betrieblichen Etablierung von Psychologen in Konkurrenz zu den Personalexperten besonders zuträglich war. Zwar übernahm die BDP-Sektion sozusagen das Erbe des Forfa. Indem sie jedoch den doppelten technisch *und* ganzheitlich ausgerichteten Ansatz, den die Braunschweiger noch gepflegt hatten, wieder auf eine, die stärker technisch orientierte arbeitspsychologische Komponente reduzierte, hatten sie den Personalexperten, die inzwischen „Personalführung" als neuen Leitbegriff ausgerufen hatten, nicht mehr viel entgegenzusetzen. Im Ergebnis überließen damit die Psychologen während der 1960er Jahre ihren Konkurrenten die Deutungshoheit im personalpolitischen Feld nahezu freiwillig. Dass sie, während sie sich maßgeblich auf angestammte Verwendungsbereiche ihres spezifischen Wissens konzentrierten, bisher nur zaghaft geknüpfte Allianzen vertieften, beispielsweise mit den Arbeitsdirektoren als sozialwirtschaftlichen Rationalisierungsexperten, spielte in dieser Hinsicht keine Rolle.

Der Aufstieg der Personalexperten im DNB nahm unaufhaltsam seinen Lauf. Ende des Jahres 1967 gab es 13 „Erfa"-Gruppen, in denen rund 300 Personalleiter mitwirkten: sechs Gruppen für Unternehmen mit mehr als 3000 Beschäftigten, sechs für solche mit weniger als 3000 und eine für Personalleiter von Unternehmen mit weniger als 1000 Mitarbeitern.[121]) 1968 wurden noch vier weitere „Erfas" gegründet, so dass sich die Zahl der beteiligten Personalleiter auf nahezu 400 erhöhte.[122]) 204 DNB-Mitglieder zahlten im Jahr 1967 Beiträge in Höhe von DM 290000.[123]) Hinzu kamen Einnahmen in Höhe

[116]) *Maikowski/Mattes/Rott*, Psychologie und ihre Praxis; S. 260.

[117]) Ebd. S. 460, Anm. 640.

[118]) Psychologen-Taschenbuch, 1968, S. 199f.

[119]) *Maikowski/Mattes/Rott*, Psychologie und ihre Praxis; S. 118.

[120]) Psychologen-Taschenbuch, 1968, S. 77–184.

[121]) *Schmidt-Dorrenbach*, 1952-2002, S. 57.

[122]) Ebd. S. 75.

[123]) Vgl. auch für die weiteren Angaben: ebd. S. 66f. Dass sich die Einnahmen aus Mitgliedsbeiträgen im Vergleich zu 1962, als 156 Mitglieder DM 135359 zahlten, mehr als verdoppelten (1967: 204 Mitglieder, DM 290000), während der Mitgliederzuwachs nur ein Viertel betrug, erklärt sich nur aus erhöhten Mitgliedschaftsbeiträgen oder zusätzlichen freiwilligen Zahlungen.

von DM 160000 aus Fortbildungsveranstaltungen und Auftragsstudien, die der DNB seit Anfang der 1960er Jahre etwa in Form von Betriebsvergleichen oder Forschungsarbeiten auch in sein Angebot aufgenommen hatte. Mit einem Gesamtetat von DM 450000 war der Verein nun in der Lage, ohne fremde Hilfe auf eigenen Füßen zu stehen – und dies, obwohl er seinen Personalstock in den letzten Jahren erheblich ausgeweitet hatte: Neben dem Geschäftsführer umfasste er nun 14 Mitarbeiter, davon sechs wissenschaftliche.

Zum krönenden Abschluss dieser Etablierung gab sich auch der DNB einen neuen Namen. Im Verlauf des Jahres 1967 sei, wie der „Haus-Chronist“ Schmidt-Dorrenbach berichtet, die Diskussion erneut aufgekommen, ob „Der Neue Betrieb“ noch seine Berechtigung habe.[124]) In mehreren Sitzungen hätte der Vorstand diese Frage diskutiert. Beteiligt waren unter Federführung von Alfred Flender, der vertreten wurde von Karl Schreiber, dem Personalchef von Bosch, und Hans-Heydan von Frankenberg, dem Personalchef von Siemens, insgesamt elf Personen – darunter Gert Spindler, Arthur Mayer und Jochen Wistinghausen.[125]) Man sei sich schnell darüber einig gewesen, dass ein neuer Name Not tat, der das zum Ausdruck brächte, was der Verein inzwischen darstelle: „die Zentralstelle für betriebsnahe personelle Fragen in Deutschland“. Uneinigkeit herrschte jedoch über den „treffenden Oberbegriff“: „Personalwesen“ oder „Personalführung“? Für die Bezeichnung „Personalwesen“ spräche, dass sie in vielen Unternehmen für den betreffenden Funktionsbereich verwendet würde. Die Mehrheit der Vorstandsmitglieder habe den Begriff jedoch für „zu statisch“ gehalten, „um die aktive Seite der Personalarbeit zum Ausdruck zu bringen“, um die sich der Verein von Anfang an bemüht hätte.

Und so erklärte Alfred Flender auf der außerordentlichen Mitgliederversammlung am 16. Januar 1968, dass der Verein von nun an „Deutsche Gesellschaft für Personalführung“ (DGfP) heißen sollte. Der Begriff „Personalführung“ biete sich besonders an, da er in den letzten Jahren eine breite Ausweitung erfahren habe. Er würde nicht mehr nur als Führungsaufgabe der Vorgesetzten verstanden, sondern auch als dynamisches Element der betrieblichen Personalarbeit. Zudem habe sich auch die Betriebswirtschaftslehre gewandelt und fungiere immer häufiger unter Bezeichnung „Unternehmensführung“. Diese Tatsache ließe es nur folgerichtig erscheinen, die betriebliche Personalaufgabe als Teil der Unternehmensführung begrifflich anzulehnen. Und nicht zuletzt entspräche der Begriff „Personalführung“ dem angelsächsischen „Personnel Management“, so dass internationale Sichtbarkeit gewährleistet sei. Die Mitglieder waren überzeugt.

Mit der Gründung der „Akademie für Personalführung“ im darauf folgenden Jahr (1969) erhielten die DGfP-Fortbildungs- und Schulungsveranstaltungen, die in den folgenden Jahren breit ausdifferenziert werden sollten,

[124]) Vgl. für das Folgende: ebd. S. 74–80.
[125]) Vgl. zur Vorstandszusammensetzung: ebd. S. 236.

ein eigenes institutionalisiertes Dach.[126]) Bis zur offiziellen Verabschiedung einer neuen DGfP-Satzung sollte es zwar noch bis 1975 dauern. De facto jedoch hatten sich mit diesem Schritt Personalexperten Ende der 1960er Jahre in der „Deutschen Gesellschaft für Personalführung" gegenüber ihren Konkurrenten, den Betriebspsychologen, als dominante Akteursgruppe des personalpolitischen Felds fest und nachhaltig positioniert.

Damit hatte während der 1960er Jahre eine „Laien"-Expertengruppe, deren Expertenstatus nicht akademisch abgesichert war, sondern in erster Linie aus dem Anspruch und der Selbsternennung ihrer Vertreter resultierte, die Hoheit im Feld errungen. Die Personalwissenschaft war als Fachteil der Betriebswirtschaftslehre im Gegensatz zur Betriebspsychologie, die 1961 im Spektrum der psychologischen Teildisziplinen universitäre Anerkennung gefunden hatte, noch keineswegs etabliert. Vielmehr wird augenfälligerweise genau dasselbe Datum als „Geburtsjahr" des akademischen „Personalmanagements" gehandelt:[127]) 1961 beschäftigte sich die alljährliche Pfingsttagung des Verbands der Hochschullehrer für Betriebswirtschaftslehre erstmals nach dem Krieg explizit mit einem personalpolitisch relevanten Thema: „Arbeit und Lohn als Forschungsobjekt der BWL". Zugleich beendete Joseph Kolbinger die Arbeit an seinem Lehrbuch zum betrieblichen Personalwesen.[128]) Und an der Mannheimer Universität wurde 1961 die erste Professur für „Personalwesen und Arbeitswissenschaft" eingerichtet (August Marx, Theologe), was mit der Aufnahme dieses Fachteils als spezielle Betriebswirtschaftslehre in die Prüfungsordnung für Diplomkaufleute einherging.

Der Befund Gertraude Krells, dass es nach diesem Start bis zur Mitte der 1970er Jahre allerdings eher langsam voran ging,[129]) ist ihrer Fachperspektive geschuldet, die sich allein auf die Entwicklung der akademischen Betriebswirtschaftslehre konzentriert. Bis der Verband der Hochschullehrer für Betriebswirtschaft 1973 die „Wissenschaftliche Kommission Personalwesen" einrichtete, passierte, wie bereits anhand der Professionalisierung der Personalexperten in der DGfP deutlich wurde, sehr viel. Vor allem veränderte das, was passierte, indem es die herkömmlichen Fachgrenzen überschritt, den Zuschnitt der einzelnen akademischen Disziplinen wie auch die Konstellationen zwischen ihnen.

Arthur Mayer beispielsweise, der Psychologe, der bisher an der Mannheimer Universität gearbeitet und seit den 1950er Jahren eng mit dem DNB kooperiert hatte, wurde 1964 an die Ludwig-Maximilians-Universität nach München berufen. Als nunmaliger Inhaber des auf Betreiben von Philipp Lersch, dem Leiter des dortigen psychologischen Instituts, neu gegründeten Lehrstuhls für Organisations- und Wirtschaftspsychologie arbeitete Mayer

[126]) Ebd. S. 90–93.
[127]) *Krell*, Geschichte der Personallehren, S. 224; *Gaugler*, Personalmanagement, S. 254f.
[128]) *Kolbinger*, Das betriebliche Personalwesen.
[129]) *Krell*, Geschichte der Personallehren, S. 225.

hier unter anderem mit Guido Fischer zusammen; beispielsweise boten sie gemeinsame Lehrveranstaltungen an.[130]) Insbesondere mit solchen Kooperationen wurden neue Allianzen geknüpft, die für die weitere Entwicklung der gesamten personalpolitischen und damit zunehmend auch akademisch etablierten Expertenkultur wegweisend sein sollten. Gerade die Psychologie erschloss sich mit dieser Neuausrichtung einen Fachteil, der von einer eigenen, betriebswirtschaftlich orientierten Ausrichtung geprägt war und von nun an neben den anderen herkömmlichen psychologischen Fachteilen bestehen sollte. Bezeichnend für Diskrepanzen, die mit dieser Entstehung einhergingen, war zum Beispiel, dass Mayer, der dem BDP zeitlebens verbunden blieb, bis zur Mitte der 1970er Jahre kein einziges Mal bei den von Horst Fischer geleiteten technisch-arbeitspsychologisch ausgerichteten Arbeitstagungen der BDP-Sektion „Arbeits- und Betriebspsychologie“ referierte – noch nicht einmal in Form eines öffentlichen Abendvortrags.

Doch nicht nur die Psychologie und die Betriebswirtschaftslehre, damit genau diejenigen Wissenschaftsdisziplinen, die Albrecht Weiß bereits 1947 im Rahmen seines Aufrufs zur „Sozialen Betriebsgestaltung“ als neue orientierende Wissensbestände für betriebliche Personal- und Sozialexperten vorgesehen hatte,[131]) veränderten sich in den 1960er Jahren grundlegend, indem sie Fachteile etablierten, die auf diese betrieblichen Anforderungen zugeschnitten waren. Gleichzeitig wurden auch in den technisch geprägten ingenieurwissenschaftlichen Disziplinen zaghafte Neuorientierungsversuche unternommen. Seit dem Ende der 1960er Jahre fand hier eine Öffnung in Richtung sozialer und sozialpsychologischer Aspekte statt. So gab 1971 beispielsweise Walter Rohmert, Inhaber des Lehrstuhls für Arbeitswissenschaft an der Technischen Hochschule Darmstadt, in der REFA-Reihe eine Broschüre heraus, die sich mit dem Thema „Probleme der Menschenführung in der Industrie“ beschäftigte.[132]) Auch das Rationalisierungskuratorium der Deutschen Wirtschaft (RKW) kooperierte nun mit der DGfP, indem es etwa Forschungen bei ihr in Auftrag gab.[133])

Exemplarisch zeigt sich somit anhand dieser Veränderungen während der 1960er Jahre, dass ausgehend von der Dynamik des personalpolitischen Felds als eigener hybrider Handlungsebene der Verwendung humanwissenschaftlichen Wissens sich nicht nur die Anforderungen an die Praxis betrieblicher Personarbeit grundlegend wandelten, sondern zugleich auch die Bedingungen der wissenschaftlichen Wissensproduktion. Mit diesen wechselseitigen Beziehungen und Auswirkungen zwischen Wissenschaft und Praxis formte sich hier

[130]) Vgl.: Wirtschaftspsychologische Gesellschaft der LMU München, URL: [www.wpgs.de/src/content/Organisation1.Hintergrund.htm] [28.02.2006].

[131]) Vgl. Kap. 3.5.

[132]) *Rohmert*, Probleme der Menschenführung.

[133]) Die Studie von Renate Haack „Die Personalabteilung. Förderung des funktionsgerechten Aufbaues von Personalabteilungen“ beispielsweise war 1965 vom RKW bei der DGfP in Auftrag gegeben worden. DGfP, Die Personalabteilung.

die Grundkonstellation einer zunehmend akademisch wie praktisch etablierten neuen Expertenkultur, die betrieblicher Humanexperten.

Zogen in den 1960er Jahren noch mehr oder weniger alle an einem Strang, da es galt, überhaupt eine eigenständige Position zu erringen, so differenzierte sich seit Beginn der 1970er Jahre das Binnenspektrum betrieblicher Humanexperten zunehmend aus. Bahnbrechenden Charakter hatte in diesem Zusammenhang die Publikation „Moderne Personalführung" (1973) von Hans Friedrichs.[134]) Friedrichs (1925-1995), der langjährige Geschäftsführer des DNB beziehungsweise der DGfP, dessen Karriere ihren Ausgang 1955 nahm, als der junge wissenschaftliche Mitarbeiter die Idee hatte, die Vereinstätigkeit auf die Bedürfnisse betrieblicher Personalleiter auszurichten, hatte nach dem Krieg in Göttingen Volkswirtschaft und Soziologie studiert und parallel zu seiner Tätigkeit beim DNB Ende der 1950er Jahre an der Universität Mannheim erfolgreich eine Dissertation im Fach Betriebssoziologie verfasst.[135]) Er legte nun ein personalpolitisches Konzept vor, das ob seiner ausgeprägten Wissenschaftsorientierung besonders geeignet war, einen eigenständigen Status betrieblicher Personalexperten zu beanspruchen.

Unter „Moderner Personalführung" verstand Friedrichs eine Personalarbeit, die als kontinuierlicher und systematischer Teilbereich der jeweiligen Unternehmenspolitik im Wechselspiel zwischen dem Personalbereich, dem Vorgesetzten beziehungsweise der Geschäftsleitung und dem Mitarbeiter als Aushandlung der unterschiedlichen Interessen stattfinden sollte.[136]) Indem so jedem einzelnen Arbeitnehmer „mehr Entwicklungs- und Entfaltungsmöglichkeiten", „mehr funktionaler Spielraum durch verstärkte individuelle Mitwirkung und Mitbestimmung" eröffnet würde, erschlössen sich „ungeahnte Leistungsreserven" und gleichzeitig die Möglichkeit der „Anwendung von mehr Menschlichkeit bei allen unternehmenspolitischen Überlegungen".[137]) Die Rolle der Humanexperten beziehungsweise der Personalbereiche sah Friedrichs maßgeblich in der Vermittlung zwischen den Interessen jedes einzelnen Beschäftigten und denen des Unternehmens. Der Vorgesetzte, so führte er aus, sei mit einer solchen Zielsetzung überfordert. Er könne nicht die institutionalisierten Maßnahmen der Personalführung erbringen, wie sie in der betrieblichen Entwicklungs- und Bildungsarbeit vorgesehen waren.[138]) Für betriebliche Humanexperten hingegen war diese Aufgabenstellung maßgeschneidert, da ihr spezifisches Kapital sie allein qualifizierte.

Friedrichs Konzept der „Modernen Personalführung" war in erster Linie eine Vorlage zur „Emanzipation" betrieblicher Humanexperten. Er gab sich

[134]) *Friedrichs*, Moderne Personalführung.
[135]) Vgl. für biographische Angaben zu Friedrichs: *Schmidt-Dorrenbach*, 1952–2002, S. 104f., Alfons *Schad*, Hans Friedrichs 50 Jahre, in: Personal 27, 1975, S. 328.
[136]) *Friedrichs*, Moderne Personalführung, S. 64–68.
[137]) Ebd. S. 343.
[138]) Ebd. S. 64.

nicht mehr damit zufrieden, dass Personalexperten Führungskräfte beraten sollten, damit diese dann nach eigenem Gutdünken mit dem bereit gestellten humanwissenschaftlichen Wissen verfuhren. Friedrichs beanspruchte für die Humanexperten vielmehr ein eigenständiges Arbeitsfeld in Unternehmen, das nicht an die Vorgesetzten gebunden war, sondern sich allein durch eigenes Expertenwissen und daraus entwickelte Verfahren legitimierte. Damit ging er weit über das hinaus, was Jacobi zu Beginn der 1960er Jahre unter dem Titel „Personalpolitik heute und morgen“ vorgesehen hatte. Im Gegensatz zum Bayer-Personalchef, der sich stellvertretend für die Mehrheit westdeutscher Unternehmer mit einer westernisierten Variante ihres Selbstverständnisses äußerst schwer tat, machte Friedrichs für die Personalexperten genau diesen Schritt. Galt Jacobi der „sozial verantwortliche Unternehmer“ in Verbindung mit einer unternehmerzentrierten Personalpolitik als maximales, angesichts der „Gefahren“, die „im Osten“ lauerten, notwendiges Zugeständnis, so vertrat Friedrichs mit seinem Konzept freiwillig einen konsenskapitalistischen Ansatz zur Gestaltung betrieblicher Sozialbeziehungen. Sein Buch war obendrein in den 1970er Jahren höchst erfolgreich. 1978 bereits erreichte es die fünfte Auflage.[139]) Ein Teil der Humanexperten vertrat somit tatsächlich etwas verspätet ein westernisiertes Konzept.

Das konnten die Unternehmer natürlich nicht auf sich sitzen lassen. Mitstreiter fanden sie in Humanexperten, die sich ihre weiterhin autoritäre, persönlichkeitszentrierte Führungskonzeption zu Eigen machten und den westernisierten Kollegen Paroli boten, indem sie entsprechende alternative personalpolitische Maßnahmen entwickelten. Dies war die Konstellation, die in den 1970er Jahren die verwissenschaftlichte Personalpraxis in westdeutschen Unternehmen prägte. Bevor jedoch diese Aushandlungen detaillierter in den Blick genommen werden, gilt es zunächst aufzuzeigen, dass und wie die Humanexperten sich mit der Einrichtung ausdifferenzierter Personalabteilungen in westdeutschen Unternehmen endgültig im betrieblichen Sozialraum etablierten.

139) *Friedrichs*, Moderne Personalführung: [1]1973, [2]1974, [3]1975, [4]1976, [5]1978.

9. Die Einrichtung ausdifferenzierter Personalabteilungen und ihre Auswirkungen auf die Sozialordnung westdeutscher Unternehmen, 1965–1977

9.1 Der strukturelle Durchbruch betrieblicher Personalpolitik

Die Etablierung des personalpolitischen Feldes in westdeutschen Unternehmen vollzog sich anhand drei einander sich ergänzender Entwicklungen: Erstens zeichnete sich im Verlauf der 1960er Jahre bereits eine zunehmende Institutionalisierung von Personalaufgaben in entsprechenden Abteilungen ab, zweitens unterlagen diese Abteilungen einer laufenden Erweiterung und einem hierarchischen Aufstieg ihres Zuständigkeits- und Verantwortungsbereichs und drittens erfuhr die Position des zuständigen Leiters eine Aufwertung in der Betriebshierarchie.[1])

Anhand zweier Bestandsaufnahmen von 1965 und 1973/74 wird zunächst dieser Befund allgemein verdeutlicht. Dabei beziehe ich mich zum einen auf eine Untersuchung, die 1965 das Rationalisierungs-Kuratorium der Deutschen Wirtschaft unter dem Titel „Die Personalabteilung. Förderung des funktionsgerechten Aufbaues von Personalabteilungen“ vom „Neue Betrieb“, der nachmaligen DGfP, anfertigen ließ, um anhand empirischen Materials einen Überblick über den Entwicklungsstand betrieblicher Personalpolitik zu erlangen.[2]) Und zum anderen hat Fritz Bisani für den Zeitraum der ersten Hälfte der 1970er Jahre eine Studie vorgelegt, in der er zur Erstellung eines Curriculums für das Studienfach „Betriebliches Personalwesen und Unternehmensführung“ an der Universität Essen praktische Erfordernisse der betrieblichen Personalarbeit untersucht hat.[3]) Da eine solche Vorgehensweise jedoch nur die schlaglichtartige Beleuchtung von Zuständen erlaubt, und zumal das Datenmaterial nicht in die zweite Hälfte der 1970er Jahre reicht, zeige ich außerdem, um auch den Aushandlungscharakter und die Dynamik des Prozesses zu veranschaulichen, anhand zweier Fallbeispiele (Glanzstoff und Merck), wie sich die strukturelle Etablierung der Personalabteilung in einzelnen Unternehmen seit dem Ende der 1960er Jahre en detail vollzog.

Die von Renate Haack durchgeführte DNB-Studie stellte eine Ausweitung der Personalleiter-Erhebung von 1963 dar. Sie basierte auf einem in vier Bereiche gegliederten Fragebogen (Einstellung der Unternehmensleitung zur Personalarbeit, Grundsatzfragen, Position und Profil der Personalleiter, Funktionen der Personalabteilung), den Personalleiter und Geschäftsleitungen von

1) *Bisani*, Das Personalwesen, S. 5.
2) DGfP, Die Personalabteilung.
3) *Bisani*, Das Personalwesen.

30 Unternehmen ausfüllten.[4]) Das Sample der Unternehmen war zwar nicht systematisch auf westdeutsche Repräsentativität hin zusammengesetzt worden, wies aber in Bezug auf Größe, Branchenzugehörigkeit und Standort der untersuchten Unternehmen ein sehr breites Spektrum auf,[5]) so dass die Ergebnisse in der Tendenz dennoch als allgemein aussagekräftig anzusehen sind. Die Befunde zeigen sehr deutlich, dass 1965 Personalarbeit in westdeutschen Unternehmen zum großen Teil noch wenig profiliert, das heißt eigenständig abgegrenzt und positioniert war. Es bot sich insgesamt ein sehr heterogenes, aber auch dynamisches Bild.[6])

Für zwölf der 30 befragten Unternehmen lässt sich erschließen, dass eine Umstrukturierung entweder der gesamten Unternehmensorganisation oder der Personalabteilung „in jüngster Zeit" statt gefunden hatte, dass sie zum Zeitpunkt der Befragung statt fand oder in Planung war.[7]) Die Personalleiter unterstanden alle – in allen möglichen Variationen – der Geschäftsführung, das heißt keiner hatte einen eigenen Vorstandsposten inne. Die ressortbezogene Zuordnung lässt einen Schwerpunkt im Bereich „Recht und Verwaltung" erkennen (9)[8]). Üblicher schien jedoch die Unterstellung entweder unter den Vorstandsvorsitzenden ohne spezifisches Ressort oder die gesamte Geschäftsleitung (jeweils 7), worin sich nicht nur ungeklärte Zuständigkeiten spiegeln, sondern teilweise auch einfach Ignoranz.[9]) 23 Personalleiter benannten an erster oder zweiter Stelle Personalbeschaffung und/oder Personalverwaltung zwar als wichtigste Aufgaben ihrer Personalabteilung[10]), was darauf verweist, dass Veränderungen erst im Begriff waren, sich durchzusetzen. Doch zeigt sich bei genauerem Hinsehen, dass schon zu diesem Zeitpunkt die Auffassungen davon, was Personalbeschaffung und/oder Personalverwaltung sei, sehr unterschiedlich waren.

Nimmt man beispielsweise die Existenz und Handhabung etwaiger Grundsätze oder Richtlinien der jeweiligen Personalpolitik in den Blick, so zeigt sich bezeichnenderweise eine Pari-Situation: Während die eine Hälfte der befragten Unternehmen angab, nicht über Grundsätze ihrer jeweiligen Personalpolitik zu verfügen, hatte sich die andere Hälfte mit unterschiedlich weitreichenden Ergebnissen bereits Gedanken darüber gemacht. (Vgl. für die folgenden Er-

[4]) DGfP, Die Personalabteilung, S. 2–5.

[5]) Betriebsgröße: 10 Unternehmen mit 1000/2500 Beschäftigten; 15 mit 5000/7500 Beschäftigten; 5 mit 10000 und mehr Beschäftigten; Standort: jeweils 8 in Nordrhein-Westfalen und Baden-Württemberg; 5 in Hamburg, 4 in Bayern und 3 in Hessen, jeweils 1 in Niedersachsen und Rheinland-Pfalz; Branchen: 6 Maschinenbau; 5 Eisen und Metall erzeugende und verarbeitende Industrie; ansonsten das komplette Spektrum inklusive Banken und Handel. DGfP, Die Personalabteilung, S. 6–7.

[6]) Die Unternehmen wurden durch die Bearbeiter der Studie anonymisiert und durchnummeriert. Die folgenden Angaben beziehen sich auf diese Nummerierung.

[7]) Unternehmen 1, 3, 5, 9, 12, 20, 21, 23, 24, 25, 29, 30.

[8]) Unternehmen 3, 12, 16, 7, 8, 9, 19, 22, 29.

[9]) Unternehmen 2, 4, 13, 14, 17, 21, 25, 1, 10, 18, 24, 26, 27, 28.

[10]) Unternehmen 1, 2, 3, 4, 5, 6, 7, 8, 9, 10, 11, 12, 16, 17, 19, 21, 23, 24, 25, 26, 27, 28, 29.

Tabelle 3: Auswertung des Spektrums „Grundsätze betrieblicher Personalpolitik", 1965

Kategorien	Unterneh-mensgruppen systematisch		Befund	Unternehmen	Σ	Σ gesamt
bewusst	1	1a	Schriftliche, öffentliche Grundsätze	2, 17, 18, 28	4	9
		1b	Halb-öffentliche, schriftliche Grundsätze	10, 11, 15, 19, 22	5	
unbewusst/ implizit/ Konzeption durch die Experten-abteilung	2	2a	Grundsätze aus der Vorstellung der betrieblichen Sozialordnung abgeleitet	5, 12, 24	3	6
		2b	Konzeption, die durch die PA entwickelt und verfolgt wird	1, 3, 7	3	
Ablehnung/ Ignoranz	3	3a	Keine Grundsätze	4, 6, 8, 9, 13, 14, 16, 20, 21, 23, 25, 26, 27, 29, 30	15	15
		3b	(davon) explizit kein Interesse	6, 9, 13, 16, 20, 21, 23, 27	(8)	
Σ gesamt						30

gebnisse Tabelle 3: Auswertung des Spektrums „Grundsätze betrieblicher Personalpolitik", 1965.)
15 der befragten Unternehmen arbeiteten im Personalbereich ohne festgelegte Richtlinien (Gruppe 3). Für acht dieser Unternehmen (Gruppe 3b) bescheinigten zudem entweder Vertreter der Geschäftsleitung oder der zuständige Personalleiter selbst, dass Personalangelegenheiten „zweitrangig" seien, da an erster Stelle die Gewinnmaximierung oder technische Fragen rangierten. Nicht selten ging mit dieser ablehnenden Haltung einher, dass die Interviewten den jeweiligen Zustand als „noch ein bisschen patriarchalisch" beschrieben oder zugaben, dass „Reste eines gewissen Patriarchalismus" vorhanden seien.[11]) In diesen Unternehmen wurde Personalbeschaffung und -verwaltung vorwiegend noch im herkömmlichen Sinne, das heißt weitgehend ohne gestaltenden Anspruch, betrieben.[12])

Das Spektrum derjenigen Unternehmen, die Mitte der 1960er Jahre bereits in unterschiedlicher Form über Personalgrundsätze verfügten, differenzierte sich im Verhältnis 9:6 wiederum in Unternehmen, die sich der Aufgabe bereits bewusst angenommen hatten (Gruppe 1), und solche, bei denen noch so etwas wie ein Zustand der unbewussten Latenz vorherrschte (Gruppe 2). Zunächst zu Gruppe 1:

[11]) Unternehmen 13, 21.
[12]) Vor allem deutlich bei Unternehmen 14, 21, 23.

Insgesamt neun der 30 befragten Unternehmen, also knapp ein Drittel, verfügten über schriftlich fixierte Grundsätze ihrer jeweiligen Personalpolitik. In fünf dieser Unternehmen (Gruppe 1b) wurden diese Grundsätze allerdings nicht öffentlich kommuniziert, sondern nur den Vorgesetzten in entsprechenden „Führungsschulungen" mitgeteilt. Für diese Unternehmen mit halböffentlichen Grundsätzen kann davon ausgegangen werden, dass sich die verfassten Regeln hauptsächlich auf den Bereich der Personalführung, also einen Teilbereich betrieblicher Personalpolitik bezogen – allerdings auf einen Teilbereich, den neun Unternehmen in Zukunft in ihrer Personalpolitik stärker berücksichtigen wollten.[13]) Der Bereich der Personalführung stellte, gefolgt von der Personalplanung (5),[14]) denjenigen Aufgabenbereich von Personalabteilungen dar, wo aus Sicht der befragten Unternehmensvertreter in erster Linie Handlungsbedarf herrschte. In nur vier Unternehmen (Gruppe 1a) war es bis zu diesem Zeitpunkt gelungen, zwischen den verschiedenen betrieblichen Gruppen – wobei in der Regel die Personalabteilung und die Geschäftsleitung, teilweise auch der Betriebsrat, beteiligt waren – in einen Aushandlungsprozess zu treten und auch eine Einigung zu erzielen, die so tragfähig war, dass sie offen und transparent gehandhabt wurde.

Die in Gruppe 2 zusammengefassten verbleibenden sechs Unternehmen nahmen eine Zwischenposition ein. Dort existierten zwar keine schriftlichen Vereinbarungen zur Personalarbeit, doch leitete die Geschäftsleitung entweder aus ihrem „partnerschaftlichen" Verständnis der betrieblichen Sozialordnung oder einer ausgeprägt christlichen Wertbindung personalpolitisch relevante Handlungsorientierungen ab[15]) oder die jeweilige Personalabteilung hatte ein Konzept entwickelt, das Richtlinien für den Personalbereich vorgab[16]). In diesen Unternehmen war das Arbeitsgebiet betrieblicher Personalpolitik von einer friedlichen Koexistenz zwischen Geschäftsleitung und Personalabteilung geprägt. Hier erschien es nicht notwendig, erst gemeinsam eine von allen getragene Position zu erringen. Trotz nicht vorhandener schriftlich festgelegter Grundsätze unterschied sich diese Haltung deutlich von der ablehnenden in denjenigen Unternehmen, wo kein oder nur geringes Interesse an Personalfragen gezeigt wurde. Im Gegenteil betrachteten in denjenigen Unternehmen, wo personalpolitische Handlungsmaximen aus einer übergeordneten Werte- beziehungsweise Sozialordnung abgeleitet wurde, die Geschäftsleitungen Personalfragen durchgängig als besonders wichtig. In denjenigen, wo die Konzeption der jeweiligen Personalpolitik der Personalabteilung überlassen wurde, räumten sie den Experten einen großen Handlungsspielraum ein, auch wenn Personal-Angelegenheiten beim Vorstand keine hohe Priorität einnahmen. Bezeichnend ist in diesem Zusammenhang die scheinbar para-

[13]) Unternehmen 2, 5, 7, 8, 9, 11, 17, 20.
[14]) Unternehmen 1, 2, 4, 9, 11, 22.
[15]) Unternehmen 5, 12, 24.
[16]) Unternehmen 1, 3, 7.

doxe Aussage eines Vorstandsmitglieds: „Wenn man gute Leute in der Personalabteilung hat, braucht man keine Grundsätze."[17])

Im Überblick wies das in seiner Grobstruktur Mitte der 1960er gespaltene Spektrum betrieblicher Personalpolitik zumindest für die eine Hälfte von Unternehmen bereits rege Aktivitäten auf. Die hier entwickelten Ansätze zielten auf die Integration betrieblicher Personalpolitik in den betrieblichen Sozialraum ab, indem entsprechende Abteilungen mit Experten versehen oder das vorhandene Personal zu solchen entwickelt wurde, die sich der Personalarbeit des jeweiligen Unternehmens annahmen. Dadurch begann sich die Funktion dieser Abteilungen zu verändern. Deutlich wird dies vor allem am Trend einer Verschiebung von der verwaltenden zur gestaltenden Tätigkeit, der sich an der Umorientierung weg von der Personalverwaltung und -beschaffung hin zur Personalführung und -planung ablesen lässt.

Die Ergebnisse der Studie Bisanis von 1973/74, die Repräsentativität für westdeutsche Unternehmen mit mehr als 1000 Beschäftigten beansprucht,[18]) bestätigen und bekräftigen diese Befunde. So nannten die Unternehmen, befragt nach den vier wichtigsten Teilbereichen ihrer Personalarbeit, mit jeweils mehr als 50% aller Antworten die Bereiche Personalbeschaffung, Aus- und Weiterbildung, Personalführung und Personalplanung (in dieser Reihenfolge).[19]) Als besonders wichtige Themenbereiche, die in Fortbildungsveranstaltungen vertieft werden sollten, gaben dieselben Unternehmen an erster Stelle Personalführung (83,8%) und an zweiter Stelle Personalplanung (64,8%) an.[20]) Mehr als 90% dieser Unternehmen hatten allerdings mehr als 5000 Beschäftigte. Im Vergleich mit kleinen Unternehmen (weniger als 1000 Beschäftigte), die zu 69% angaben, die wichtigste Aufgabe der Personalabteilung bestehe in der Personalverwaltung, gefolgt von der Personalführung (31%), wird sehr deutlich, dass Personalpolitik in erster Linie ein Phänomen mittlerer und großer Unternehmen darstellt. Deren neue Schwerpunktsetzung wie auch die gleichzeitig fortschreitende Institutionalisierung und Etablierung betrieblicher Personalbereiche wurde zudem begünstigt dadurch, dass in der Mehrzahl der Unternehmen die Position des Personalleiters bis zum Beginn der 1970er Jahre neu besetzt wurde. 49 von insgesamt 120 Unternehmen gaben an, dass ihr Personalleiter die Position seit 1970 innehabe, 30 Personalleiter hatten sie zwischen 1965 und 1969 eingenommen, 18 zwischen 1960 und 1964.[21]) Seit Beginn der 1960er Jahre hatten somit mehr als Dreiviertel der befragten Unternehmen einen neuen Personalleiter eingestellt. Diese hohe Zahl verweist einerseits auf den in den 1960er Jahren einsetzenden Generationswechsel des

[17]) Unternehmen 12.
[18]) *Bisani*, Das Personalwesen, S. 39.
[19]) Ebd. S. 77.
[20]) Ebd. S. 48, 72.
[21]) Ebd. S. 71.

betrieblichen Führungspersonals, andererseits jedoch auch auf einen absoluten Zuwachs dieser Position.

Die Tatsache, dass insbesondere 1970 die meisten Personalleiterstellen neu besetzt oder eingerichtet wurden, muss zudem im Zusammenhang mit der seit Mitte der 1960er Jahre diskutierten Novellierung des Betriebsverfassungsgesetzes gesehen werden, dessen baldige Verabschiedung zu diesem Zeitpunkt bereits abzusehen war. Das im Januar 1972 schließlich in Kraft getretene Gesetz bewirkte einen besonderen Schub bei der Ausdifferenzierung betrieblicher Personalarbeit.[22]) Im Gegensatz zum Betriebsverfassungsgesetz von 1952, das als „Personelle Angelegenheiten" „Einstellungen, Umgruppierungen, Versetzungen und Entlassungen" definierte, bei denen „der Betriebsrat [...] mitzuwirken und mitzubestimmen" habe,[23]) beinhaltete das neue Gesetz spezifische Vorgaben für die Bereiche Personalplanung, die Ausschreibung von Arbeitsplätzen, Personalbeurteilung, -auswahl und zur Aus- und Weiterbildung.[24]) Damit wurden Standards im Bereich der wissenschaftlich gestützten und damit auch gestaltenden Personalarbeit festgesetzt, die es in der betrieblichen Praxis nun unwiderruflich umzusetzen galt. Richard Osswald, Personalleiter bei Daimler-Benz, hob in seiner „Sozialgeschichte der Daimler-Benz AG" rückblickend außerdem hervor, dass durch eine Reihe von Bestimmungen, die den Arbeitgeber zu rechtzeitiger und umfassender Information des Arbeitnehmers verpflichteten, dieses Gesetz auch zu mehr Transparenz beigetragen habe. Dies sei insofern eine entscheidende Grundlage für die Etablierung betrieblicher Personalpolitik gewesen, als erst dadurch zunehmend Glaubwürdigkeit, das heißt Vertrauen in diese Maßnahmen erreicht wurde.[25])

Die Integration betrieblicher Personalarbeit in westdeutsche Unternehmen war in der ersten Hälfte der 1970er Jahre noch keineswegs abgeschlossen, sondern vielmehr „voll im Gange". Als eines der Hauptprobleme mit wenig Aussicht auf Verbesserung erwies sich, wie von Bisani in einer gesonderten Untersuchung befragte Personalberatungsfirmen zu Protokoll gaben, insbesondere die Erstellung von Richtlinien zu unterschiedlichen Bereichen der Personalarbeit.[26]) Angesichts der oben dargelegten grundlegenden Bedeutung solcher Richtlinien verwundert dies nicht wirklich. Etwa ein Viertel der befragten Unternehmen gaben an, dass sie mit dem verwaltungsmäßigen Ablauf ihrer Personalabteilung nicht zufrieden seien. Mehrfach wurde als Begründung für diesen Zustand auf die mangelnde Bereitschaft hingewiesen, die

[22]) *Gragert*, Das neue Betriebs-Verfassungs-Gesetz; *Metz*, Das neue Betriebsverfassungsgesetz.

[23]) Betriebsverfassungsgesetz vom 11. Oktober 1952, in: Bundesgesetzblatt Teil 1, Nr. 43, 1952, S. 681–695, hier S. 688f.

[24]) Betriebsverfassungsgesetz vom 15. Januar 1972, in: Bundesgesetzblatt Teil 1, Nr. 2, 1972, S. 13–43, hier S. 31f.

[25]) *Osswald*, Lebendige Arbeitswelt, S. 185f.

[26]) *Bisani*, Das Personalwesen, S. 61f.

Abteilung personell besser zu besetzen und ihre Bedeutung im Rahmen der Betriebshierarchie anzuerkennen.[27])

Ein Unternehmen, wo die Integration der Personalabteilung in den betrieblichen Sozialraum sowie die damit einhergehende Ausdifferenzierung beziehungsweise Verwissenschaftlichung betrieblicher Personalpolitik sehr erfolgreich verlief, war Glanzstoff. Diese Fallstudie bietet sich daher an, um einen „Ideal"-Verlauf des Prozesses bis in die zweite Hälfte der 1970er Jahre mikrohistorisch aufzuzeigen. Die Neuausrichtung der Personalabteilung begann hier Ende der 1960er Jahre im Zuge grundlegender Umstrukturierungen des gesamten Konzerns, wie es in den meisten westdeutschen Großunternehmen der Fall war. 1969 fusionierte Glanzstoff mit dem niederländischen Konzern Enka. Damit ging eine Reorganisation der gesamten Unternehmensstruktur im Sinne der Divisionalisierung einher. Die Fusion stellte einen nicht unbedeutenden begünstigenden Faktor der Erneuerung betrieblicher Personalpolitik dar, sahen sich die Verantwortlichen bei Glanzstoff doch sehr bald mit Problemen im „Umgang mit den in einer ‚freieren' Gesellschaft aufgewachsenen holländischen Mitarbeitern" konfrontiert.[28]) Zugleich trat im Zusammenhang dieser Neustrukturierung des Konzerns auch der langjährige Vorstandsvorsitzende Ernst Hellmut Vits ab, der seit 1940 dieses Amt bekleidet hatte.[29])

Inwiefern der Beginn dieser Reorganisationen westdeutscher Unternehmen, die seitdem mit mehr oder weniger ausgeprägter Intensität permanent fortgesetzt wurden, insgesamt als Folge und/oder Bedingung sich grundlegend verändernder „Marktverhältnisse" verstanden werden kann, ist in der Forschung noch nicht umfassend geklärt.[30]) Am Beispiel der Neuausrichtung von Personalabteilungen lässt sich aber zeigen, dass ein Bündel von Bedingungen die Position der bisher in der Regel personalpolitischen Innovationen eher skeptisch bis ablehnend gegenüberstehenden Geschäftsleitungen schwächte und dadurch gleichzeitig die der Humanexperten begünstigte. Die dabei zu berücksichtigenden Veränderungen betrafen in erster Linie freilich den Arbeitsmarkt. Seit Beginn der 1960er Jahre verengte die so genannte „Vollbeschäftigung" die Handlungsspielräume der Unternehmer und Arbeitgeber. Nicht zufällig wurden gleichzeitig auch Forderungen nach Mitbestimmung wieder lauter und die Gangart in den Tarifauseinandersetzungen härter.[31]) Die Rezession von 1966/67, die in der Wahrnehmung der „wirtschaftswunderverwöhnten" Zeitgenossen zudem stark überbewertet wurde, schien die Kri-

[27]) Ebd. S. 95.

[28]) *Bosler*, Entwicklung, S. 192f.

[29]) Im Januar 1970 starb Vits, war also auch nicht mehr im Aufsichtsrat des Unternehmens präsent. Zur Fusion des Unternehmens und zur Neubesetzung des Vorstands vgl. *Vaubel*, Glanzstoff, Bd. 1, S. 132–166.

[30]) Vgl. dazu: *Kleinschmidt*, Der produktive Blick, S. 260–275; *Abelshauser*, Die BASF, S. 570–584; *Erker*, Der lange Weg.

[31]) *Schroeder*, Industrielle Beziehungen.

senbewältigungskompetenz der Geschäftsführungen noch stärker auf die Probe zu stellen. Sie sahen sich infolge der zunehmenden Größe der Unternehmen, infolge technischer Innovationen, etwa der Einführung der EDV, und daraus unter anderem resultierender steigender Anforderungen an die Mitarbeiter, die es zu vermitteln galt, einer „komplexeren Umwelt" und „verschärften Wettbewerbsbedingungen" ausgesetzt.[32]) Die Versprechungen der Humanexperten schienen in dieser Situation besonders aussichtsreich: Durch personalpolitische Maßnahmen mehr Leistung und Effizienz zu sichern, während gleichzeitig darauf verwiesen werden konnte, freiwillig Arbeitnehmerinteressen zu berücksichtigen – freilich ohne dabei grundsätzliche Zugeständnisse etwa in Form von Mitbestimmungsrechten machen zu müssen –, war durchaus im Sinne der Geschäftsleitungen.

Diese Bedingungen waren neben der Professionalisierung der Personalexperten in der DGfP grundlegende Voraussetzungen für die Etablierung betrieblicher Personalarbeit. Mit der Einrichtung ausdifferenzierter Personalabteilungen reagierten westdeutsche Unternehmen auf die neue (Arbeitsmarkt-)Lage, aber auch auf veränderte sozio-politische Anforderungen, die in einer zunehmend auch in außerparlamentarischen Bereichen sich demokratisierenden Gesellschaft an sie herangetragen wurden. Gleichwohl handelte es sich bei der Einrichtung ausdifferenzierter Personalabteilungen weniger um „schöpferische Akte dynamischer Unternehmerpersönlichkeiten". Vielmehr war für die Richtung und Dynamik der betrieblichen Veränderungen im Personalbereich das maßgeblich, was die neuen Experten seit Beginn der 1960er Jahre einforderten: Verwissenschaftlichung und Individualisierung. Die Neuausrichtung betrieblicher Personalabteilungen war in erster Linie das Ergebnis eines seit Beginn der 1950er Jahre anhaltenden Aushandlungsprozesses zwischen Geschäftsleitungen und Humanexperten, die nun die Gelegenheit erhielten, ihre inzwischen professionell aufbereiteten Ziele in den Unternehmen zu realisieren, weil dort zwar Handlungsbedarf konstatiert wurde, gleichzeitig aber auch Ratlosigkeit über zu ergreifenden Maßnahmen vorherrschte.

Bis 1969 wies die Organisation derjenigen Abteilungen, die bei Glanzstoff Personalfunktionen ausfüllten (Sozialabteilung, Personalverwaltung, Betriebspsychologische und Ausbildungsabteilung), in ihrer Grundform noch die herkömmliche paternalistische Struktur in jeweils getrennten Abteilungen auf.[33]) Doch gab es mit dem unter Vaubels Schirmherrschaft seit Beginn der 1950er Jahre sukzessive aufgebauten psychologisch dominierten informellen Netzwerk von Humanexperten zugleich eine Alternativstruktur, die sich nicht in das herkömmliche Muster einfügen ließ und deren Protagonisten zudem aktiv

[32]) Vgl. die Zitate bei *Kleinschmidt*, Der produktive Blick, S. 263 ff.; *Abelshauser*, BASF, S. 481 f., 571.

[33]) Vgl. Abb. 6: „Personalabteilung" bei Glanzstoff vor der Reorganisation 1969, Kap. 6.3.

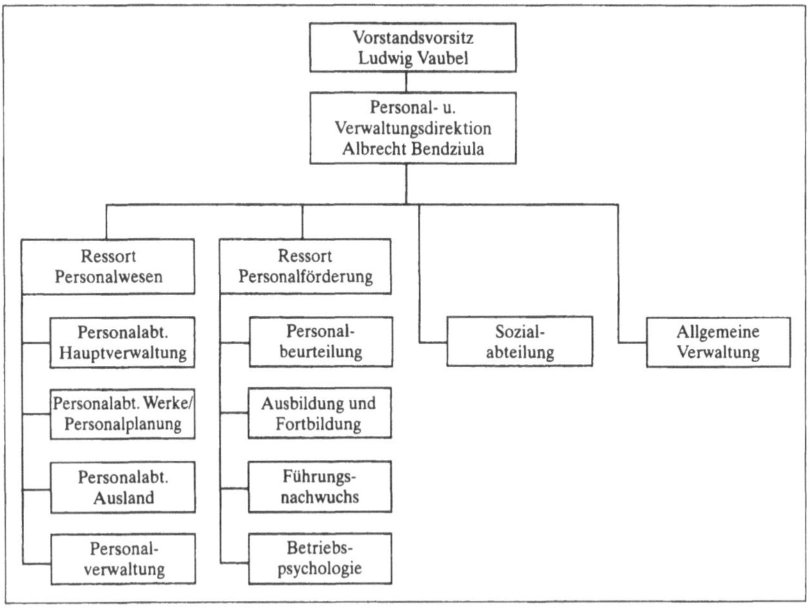

Abbildung 11: Personalabteilung bei Glanzstoff 1971

daran arbeiteten, die traditionelle Ordnung durch eine neue zu ersetzen. Zug um Zug besetzten sie strategisch wichtige Entscheidungspositionen, sicherten so ihre Position und erweiterten ihren Einfluss: Zu Beginn der 1960er Jahre formierte sich in der Wuppertaler Hauptverwaltung unter Gustav Spenglers Leitung mit der Einrichtung zweier betriebspsychologischer Planstellen (Wolfram Hoelemann und Wolfgang Schumann) eine Art psychologisches „headquarter".[34]) 1967 schließlich wurde der Psychologe Albrecht Bendziula Leiter der Wuppertaler Personaldirektion[35]). Die Glanzstoff-Humanexperten waren daher gut vorbereitet, als 1969 im Zuge der Fusion des Unternehmens Vaubel den Vorstandsvorsitz von Vits übernahm.

Unter Vaubels Ägide stand einer grundlegenden Neuorganisation des gesamten Personalbereichs nichts mehr entgegen. Zum Jahresbeginn 1971 war sie abgeschlossen. Als Ergebnis ging daraus eine umfassende Zentralabteilung hervor, die im Wesentlichen aus zwei Ressorts bestand: „Personalwesen" und „Personalförderung" (vgl. Abb. 11: Personalabteilung bei Glanzstoff 1971)[36]).

[34]) Interview vom 24.01.01.

[35]) *Wicht*, Glanzstoff, S. 312.

[36]) Das Organigramm basiert auf den Organisationsplänen „Zentralstellen Wuppertal, Personal- und Verwaltungs-Direktion Wuppertal", 01.01.1971, RWWA, Abt. 195 Acordis AG, Wuppertal, Best. C1-30; und „Personal- und Verwaltungs-Direktion Wuppertal", 01.08.1974, ebd. Best. ZO-6347.

Das Ressort „Personalwesen" umfasste diejenigen Abteilungen, die bisher zur Personal- und Verwaltungsdirektion gehört hatten. Im Unterschied zu früher wurde hier nicht mehr nur die Verwaltungsarbeit, sondern auch die Lohnbuchhaltung. Beim Ressort „Personalförderung" handelte es sich komplett um die ehemalige betriebspsychologische Abteilung, deren bisherige Tätigkeit nun in entsprechenden Bereichen ausdifferenziert – Personalbeurteilung, Ausbildung und Fortbildung, Führungsnachwuchs und Betriebspsychologie[37]) – institutionalisiert worden war. Im Zuge dieser Neuorganisation wurde somit insbesondere die vormalige betriebspsychologische Abteilung in die Personal- und Verwaltungsdirektion integriert. Auch der neue Personaldirektor Bendziula war Psychologe. Die ehemalige betriebspsychologische Abteilung war nun nicht mehr gleichsam frei schwebende Einheit, die am Tropf des Wohlwollens und Fürsprechens eines einzelnen Vorstandmitglieds hing, sondern konnte sich als zweites Ressort, das heißt als grundlegender Aufgabenbereich der Personal- und Verwaltungsdirektion etablieren.

Die Reorganisation der Personalabteilung bei Glanzstoff stellte im Wesentlichen eine Aufwertung der betriebspsychologischen, und damit der wissenschaftlich gestützten, gestaltenden Personalarbeit dar. Nun waren endgültig auch in der betrieblichen Praxis in Form institutionalisierter Ausbildungs-, Fortbildungs-, Führungskräftenachwuchs- und Personalbeurteilungseinrichtungen personalpolitische Maßnahmen etabliert, die auf individuelle Integration jedes einzelnen Beschäftigten abzielten. Nicht nur in dieser Hinsicht entsprach die Neuausrichtung der Personalabteilung bei Glanzstoff den Forderungen, die die Humanexperten seit Beginn der 1960er Jahren aufgestellt hatten. Gleichzeitig ging bezeichnenderweise mit der Aufwertung der wissenschaftsgestützten Personalbereiche auch eine Abstufung der Sozialabteilung einher: Die Sozialabteilung erhielt im Zuge der Neuorganisation keinen Ressortstatus.

Betriebliche Sozialexperten, die Hauptakteure herkömmlicher Sozialpolitik als kollektiv-kompensatorisches Instrument zur Einbindung der Beschäftigten in das jeweilige Unternehmen wichen betrieblichen Humanexperten, die von nun an mit Hilfe personalpolitischer Maßnahmen versuchten, jedem Einzelnen Möglichkeiten der zeitgemäßen Motivation und Identifikation anzubieten. Der Aufstieg betrieblicher Humanexperten lässt sich somit auch als Niedergang betrieblicher Sozialexperten lesen, was allerdings nicht bedeutet, dass auch betriebliche Sozialleistungen abgeschafft wurden. Sie wurden im Zuge dieser Entwicklung zunächst zur Selbstverständlichkeit, die zumindest im Untersuchungszeitraum nicht grundlegend verhandelbar war. Dennoch nahm zu Beginn der 1970er Jahre mit der personalpolitischen Transformation in westdeutschen Großunternehmen, deren Stoßrichtung sich zusammenfassend als

[37]) Der Begriff „Betriebspsychologie" bezeichnet hier das Tätigkeitsfeld der Personalauswahl, das seit den 1960er Jahren im Zeichen der „Testkritik" zunehmend hinterfragt wurde. Vgl. *Grubitzsch/Blanke*, Testtheorie – Testpraxis, S. 318–324.

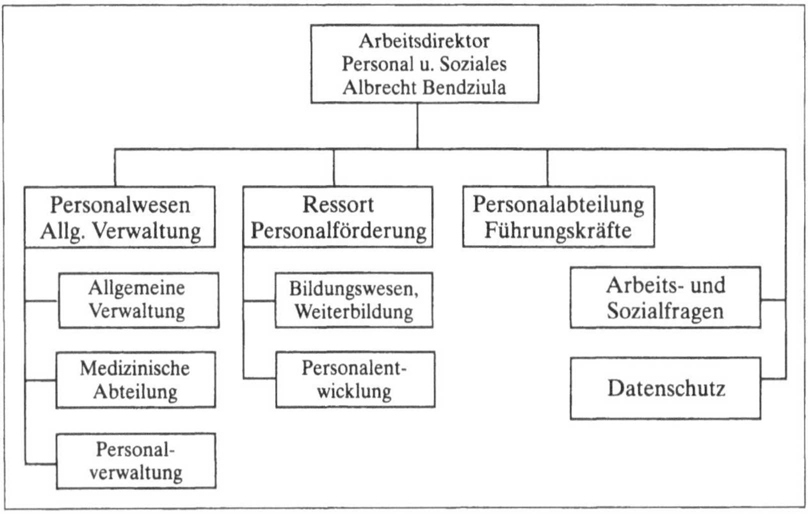

Abbildung 12: Personalabteilung bei Glanzstoff 1977

Wandel vom kollektiven Sozialen zum individualisierenden Personalen bezeichnen lässt, jene Entwicklung ihr Ende, die im Zeichen betrieblicher Sozialpolitik in den 1920er Jahren ihren Ausgang genommen hatte. Sie wurde von einem neuen „Paradigma", demjenigen betrieblicher Personalpolitik, abgelöst.

Im Laufe der 1970er Jahre setzte sich dieser Trend auch bei Glanzstoff weiter fort. Während der erneute Wechsel an der Unternehmensspitze 1974 – Hans Günther Zempelin beerbte Vaubel im Amt des Vorstandsvorsitzenden – keine wesentlichen Änderungen im Personalbereich nach sich zog,[38]) so tat dies hingegen das neue Mitbestimmungsgesetz (1976). Dieses sah ab 1977 für alle Unternehmen mit mehr als 2000 Beschäftigten einen „Arbeitsdirektor" im Vorstand vor, der vom nun paritätisch zu besetzenden Aufsichtsrat mit „neutralem" Vorsitzenden zu wählen war.[39]) Nicht nur, dass Bendziula, der Leiter Personal- und Verwaltungsdirektion, nun als Arbeitsdirektor zum Vorstandsmitglied aufrückte und damit der Personalbereich nun direkt im Vorstand vertreten war. Gleichzeitig wurden auch in der Organisationsstruktur der Abteilung die wissenschaftsgestützten, gestaltenden Personalbereiche gegenüber den verwaltenden nochmals ausdifferenziert und aufgewertet (vgl. Abb. 12: Personalabteilung bei Glanzstoff 1977)[40]).

[38]) Vgl. Organisationsplan der „Personal- und Verwaltungs-Direktion Wuppertal", 01.08.1974, RWWA, Abt. 195 Acordis AG, Wuppertal, Best. ZO-6347.

[39]) Gesetz über die Mitbestimmung der Arbeitnehmer vom 4. Mai 1976, in: Bundesgesetzblatt Teil I, Nr. 51, 1976, S. 1153–1165, hier S. 1154ff., 1160f. Vgl. außerdem: *Lauschke*, Mehr Demokratie.

[40]) Vgl. Organisationsplan „Personal- und Sozialwesen Hauptverwaltung Wuppertal", März 1977, RWWA, Abt. 195 Acordis AG, Wuppertal, Best. ZO-6347.

Während das 1971 eingerichtete Ressort „Personalwesen" um die bisher noch eigenständige Abteilung „Allgemeine Verwaltung" erweitert und somit zu einem großen Verwaltungsbereich zusammengefasst wurde, wurde aus dem Ressort „Personalförderung" die Abteilung „Führungsnachwuchs" ausgegliedert und als „Personalabteilung Führungskräfte" gleichrangig neben den beiden bisherigen Ressorts angesiedelt. Sowohl im Ressort „Personalförderung" wie auch in der Führungskräfte-Abteilung hatten weiterhin die Psychologen, mithin Humanexperten das Sagen. Zwar stellte Glanzstoff insofern eine Ausnahme dar, als sich hier die Betriebspsychologie aufgrund der besonderen Verbindung zwischen Vaubel und Gustav Spengler, respektive dem Forfa, seit dem Ende der 1940er Jahre ohne Konkurrenz von Personalexperten hatte entwickeln können. Dies führte jedoch dazu, dass bei Glanzstoff die Psychologen zu Personalexperten wurden.

Mit der Neuordnung der Personalabteilung 1977 war bei Glanzstoff strukturell im doppelten Sinne eine Etablierung betrieblicher Personalarbeit erreicht, die für diesen Zeitpunkt als idealtypisch für westdeutsche Großunternehmen anzusehen ist: Zum einen schrieb das neue Mitbestimmungsgesetz nun mit dem Arbeitsdirektor die gleichrangige Berücksichtigung von technischen, kaufmännischen und personellen Aspekten in der Unternehmensführung vor. Damit wurde eine Forderung realisiert, die Personalexperten seit Beginn der 1950er Jahre permanent vertreten hatten.[41]) Und zum anderen waren wissenschaftsgestützte Personalmaßnahmen in der betrieblichen Hierarchie nun bis zur Zielgruppe der oberen Führungskräfte aufgestiegen. Während in den 1950er Jahren Lehrgänge und Schulungen für Vorarbeiter und Meister eingerichtet worden waren, in den 1960ern solche für Abteilungsleiter folgten,[42]) wurden in den 1970er Jahren Seminare für obere Führungskräfte, in der Regel bis zur zweiten Führungsebene, entwickelt. Personalpolitische Maßnahmen erreichten damit die Grenzen dessen, was innerbetrieblich durchführbar war.[43])

Auch bei Merck verlief die Neuausrichtung der Personalabteilung im selben Zeitraum trotz ganz anderer Voraussetzungen sehr ähnlich. Die Merck'sche Betriebspsychologie und Personalpolitik war noch weniger „amerikanisiert" als die von Glanzstoff. Die Darmstädter Variante repräsentierte anhand einer Mischung aus an militärischen Vorbildern orientierter exklusiver Männervergemeinschaftung und einer in Frauenhand gelegten kompensatorisch fürsorglichen Sozialversorgung eher die „abendländisch" deutsche Variante.[44]) Das Beispiel dieses hessischen Familien-Unternehmens belegt, dass auch Unternehmen mit konservativ-„modernisierendem" personalpolitischen Ansatz,

[41]) Vgl. für Erich Potthoff: Kap. 4.2, Fritz Jacobi: Kap. 5.1, Arthur Mayer: Kap. 8.

[42]) Vgl. Kap. 6.3.

[43]) Vgl. *Koller*, Psychologie und Selektion sowie im Anhang Tab. 10: Durchführungsorte betriebspsychologisch gestützter Personalmaßnahmen in ihrer Beziehung zur Betriebshierarchie im Überblick.

[44]) Vgl. Kap. 6.4.

wenn sie sich denn in den 1950er Jahren auf eine Kooperation mit den neuen Humanexperten eingelassen hatten, einigermaßen gewappnet waren, um den „Herausforderungen" der 1970er Jahre zu begegnen.

Bei Merck wurde die Neuorganisation der Personalabteilung ausgelöst durch ein für die Beteiligten subjektiv noch einschneidenderes Ereignis als es bei Glanzstoff anhand der Fusion der Fall war. Ausschlaggebend für die Bestellung von Otto Esser zum neuen Mitglied der Darmstädter Geschäftsleitung, zuständig für die Bereiche „Sozial-, Personalwesen, Öffentlichkeitsarbeit und Organisation", (1. Oktober 1972) war ein Streik im Sommer des vorangegangenen Jahres. Dieser Streik, der vom 21. Juni bis zum 4. Juli 1971, also zwei Wochen lang dauerte,[45]) erschütterte die Verantwortlichen des Familienunternehmens bis ins Mark.

Zwar diente die Firma Merck einerseits als strategisch günstiges Streikobjekt,[46]) um der Hessischen Tarifkommission im Streit um eine Lohnerhöhung von DM 120 den Rücken zu stärken, nachdem die dritte Verhandlungsrunde ergebnislos geblieben und tags vor Streikbeginn auch die Bundesschlichtung gescheitert war. Doch hatte die Auseinandersetzung ebenso eine Merck-interne Vorgeschichte. Entzündet hatte sich Widerspruch, der vor allem von Seiten der Gewerkschaft und den Vertrauensleuten geäußert wurde, während der Merck-Betriebsrat einen eher kooperativen Kurs gegenüber der Geschäftsleitung verfolgte, bereits 1969 an der Rückwandlung der AG in eine Offene Handelsgesellschaft. Mit dieser Rechtsform war das Unternehmen nicht mehr verpflichtet, alljährlich Bilanzen zu veröffentlichen. Zudem wurde der bisherige Aufsichtsrat in einen „Beirat" umgewandelt, dessen einziger Arbeitnehmervertreter (Betriebsratsmitglied) nicht gerade als Repräsentant anerkannter Mitbestimmungsrechte angesehen wurde.[47]) Im Januar des Jahres 1971 hatten außerdem Geschäftsleitung und Betriebsrat bei Merck eine neue Arbeitsordnung verabschiedet, die die „Verbesserungsvorschläge" von Gewerkschaftsseite und Vertrauensleuten angeblich nicht berücksichtigte.[48])

[45]) *Vertrauensleutekörper-Leitung*, Vorgeschichte.

[46]) Merck-Personalchef von Vietsch, ehemaliger Offizier, notierte Anfang August vier Ursachen, warum gerade Merck aus „taktischen Gründen" bestreikt wurde:

1. „optimale Größe des Unternehmens: hoher Bekanntheitsgrad der Firma, aber nicht so groß, daß die finanzielle Belastung der Gewerkschaft [...] durchaus tragbar und in einem für die IG Chemie günstigen Verhältnis zum Effekt",
2. „außerordentlich günstige geographische Lage: leicht abzuriegeln, überschaubares, abgeschlossenes Gelände, Lage an der Frankfurter Str."
3. „TH mit linksradikalen Studentengruppen am Ort"
4. „Vorhandensein einer linken Kadergruppe im Werk selbst (Eintritt 1970/71: Kissel, Heiber, Harder, Schwind!)",

vgl. handschriftliche Notiz an Aktennotiz von Vietsch, HL P, „Merck als Streikobjekt", 04.08.1971, Merck-Archiv, Best. J 10, 601; sowie die ausführlichen Erläuterungen in dieser Notiz.

[47]) Ebd. S. 47.

[48]) Ebd. S. 48/49.

Während des Streiks eskalierte die ohnehin schon angespannte Situation. Die Merck-Geschäftsleitung hatte – seit über zwanzig Jahren von Arbeitskämpfen verschont – trotz allem nicht damit gerechnet, dass ihr Unternehmen tatsächlich bestreikt würde. Wie Anfang August 1971 der stellvertretende Vorstandvorsitzende Hans Joachim Langmann in einer internen Notiz festhielt, hatte der Streik die Geschäftsführung „ziemlich unvorbereitet getroffen".[49]) Sie war mit den Ereignissen überfordert und verhielt sich höchst undiplomatisch,[50]) was dazu führte, wie die Vertrauensleute berichteten, dass für alle offensichtlich geworden sei, „was hinter der so viel beschworenen Partnerschaft im Betrieb und den ‚lieben Mitarbeitern' steckte"[51]). Bereits auf der Betriebsversammlung am 21. Juni 1971, auf der der Vollstreik – ohne Urabstimmung – beschlossen wurde, kam es zu „scharfen Auseinandersetzungen", da die Geschäftsleitung NS-Parallelen zog („Sportpalast-Atmosphäre", „roter Goebbels"). Als in den folgenden Tagen „Streikbrecher" unter Beteiligung der Bereitschaftspolizei in wohl nicht ganz gewaltfreien Rangeleien vor den Werkstoren versuchten, die Streikpostenkette zu durchbrechen, um „Arbeitswilligen" den Zugang zum Werk zu ermöglichen, war der Höhepunkt der Konfrontation erreicht. Für die zweite Streikwoche regelte eine einstweilige Verfügung des Arbeitsgerichts Darmstadt, dass der Zugang zum Werk gewährleistet sein müsse.[52])

Anfang Juli wurden die Bonner Verhandlungen mit einem 7,8- beziehungsweise 6,5-Prozent-Abschluss beendet, was nicht der gewerkschaftlichen Forderung entsprach. Die Situation bei Merck war damit noch lange nicht geklärt. Vielmehr setzte eine nachhaltige Auseinandersetzung mit den Ereignissen erst jetzt ein. Insbesondere Personalleiter Eugen von Vietsch, der seit dem Tod von Emanuel Merck (1969) für seine lange gehegten Pläne, ein umfassendes Personalführungskonzept zu realisieren, kein offenes Ohr mehr bei der Geschäftsleitung hatten finden können, sah nun endlich seine Stunde gekommen. Die wichtigste Lehre, die die Merck'sche Geschäftsleitung aus der Streikerfahrung zog, war die, dass umfassende Information nach innen wie außen einen viel wichtigeren Stellenwert in der Unternehmenspolitik einnehmen müsse, als es bisher der Fall gewesen war.

Die Aufarbeitung der Ereignisse begann unmittelbar nach Streikende. Am 14. Juli 1971 fand unter Beteiligung der ersten drei Führungsebenen (Vorstand, Hauptleitungen und Oberleitungen) inklusive aller Prokuristen des Unternehmens eine Diskussion darüber statt, welche Konsequenzen gezogen

[49]) Bemerkungen zu den Vorbereitungen für Streik, 3. Entwurf vom 05.08.1971, von Dr. Hans Joachim Langmann, Merck-Archiv, Best. J 10, 601. Hans Joachim Langmann war seit 1970 stellvertretender Vorstandsvorsitzender.

[50]) Vgl. zum Verlauf des Streiks: *Vertrauensleutekörper-Leitung*, Vorgeschichte, S. 54–58.

[51]) Ebd. S. 57.

[52]) Ebd. S. 58.

werden müssten.[53]) Doch nicht nur diese neue Form der Unternehmenskommunikation und Informationspolitik kündigte den infolge des Streiks hoch beschleunigten Wandel ideeller Orientierung bei Merck an. Auch der Inhalt der Diskussionen mit den Leitenden markiert, dass sich im Vergleich zu den 1950er Jahren, als es noch galt, „echte Repräsentanten" des Unternehmens als „organisch gewachsener Ganzheit" zu profilieren, Einiges verändert hatte. Zunächst erweckt das Protokoll des Treffens den Eindruck, dass es sich tatsächlich nicht um eine Pro-Forma-Veranstaltung handelte, bei der allein die Geschäftsleitung eine neue Richtung vorgab, nach der sich die versammelten Führungskräfte von nun an zu richten hätten. Es scheint tatsächlich diskutiert worden zu sein. Neben den Ursachen des Streiks, die einen sehr breiten Raum einnahmen, ging es vor allem um Maßnahmen, die ergriffen werden müssten, um in Zukunft solche Situationen zu vermeiden oder im Falle des Falles zumindest besser gewappnet zu sein. Einig waren sich alle Beteiligten, dass das „Zusammengehörigkeitsgefühl" im Unternehmen gestärkt werden müsse. Dass eine „Kontaktpflege à la ‚Rheindampferfahrt'" allerdings ebenso „unzeitgemäß" war wie eine „‚väterliche' Haltung der Geschäftsleitung unangebracht",[54]) sah man schnell ein – wenngleich die Option noch diskutiert werden musste. Als „wichtiger" wurde es betrachtet, „im Betrieb zwischenmenschlichen Kontakt über die hierarchischen Ebenen hinweg zu pflegen" und die „Vorstellung des Mit-Verantwortlich-Seins" zu stärken. Jemand regte an, insbesondere die Meister-Kurse wieder zu intensivieren und dabei nicht nur fachliche Themen zu behandeln, „sondern auch allgemeine Fragen der Führung". Solche längerfristigen Maßnahmen standen allerdings nicht im Mittelpunkt der Diskussion, sondern wurden eher gestreift. In erster Linie ging es um die Frage,

„ob – sozusagen zum Abschluß der Ausnahmesituation ‚Streik' – Kontakt zwischen Geschäftsleitung und Belegschaft angebracht erscheint, entweder in Form
- einer Ansprache (Belegschaftsversammlung)
- eines Briefes der Geschäftsleitung entweder nur an diejenigen, die nicht gestreikt haben, oder an alle
- von ‚Merck informiert' [zusätzlich zur Werkszeitung erscheinendes Informationsblatt für Mitarbeiter]."[55])

Während die Brief-Option als indirekte Form der Kommunikation, die am wenigsten öffentlichen Charakter hatte – gesteigert in der Variante der exklusiven Kommunikation mit allein den „Arbeitswilligen" – von den Diskussionsteilnehmern anscheinend überhaupt nicht in Betracht gezogen wurde, hielten sie den Zeitpunkt für eine Betriebsversammlung für verfrüht. Man solle noch zwei bis drei Monate abwarten, da „man [...] selbst mit den Erlebnissen noch nicht fertig" sei und „Emotionen" nicht wieder geweckt werden

[53]) Protokoll „Zusammenkunft der Geschäftsleitung mit der Prokura", 14.07.1971, Merck-Archiv, Best. J 10, 606.
[54]) Ebd. S. 2.
[55]) Ebd. S. 2f.

sollten, so lange jede Äußerung noch „Anlaß für [einen] Flugblätterkrieg" darstelle. Die dritte Option der „Kontaktpflege" vermittels des Informationsblattes „Merck informiert" wurde am breitesten diskutiert. Ein Diskussionsteilnehmer betonte, man müsse „den Argumenten der anderen Seite", das heißt vor allem der gewerkschaftlichen Berichterstattung, Informationen entgegensetzen. Dabei sei besonders die „richtige Sprache" wichtig, sowohl „Gebildete und weniger Gebildete" sollten sich angesprochen fühlen. „Merck informiert" könne nicht „auf Bild-Zeitungs-Niveau" argumentieren. Ein weiterer Leitender regte an, in einer Serie von Artikeln auf die im Streik „aufgegriffenen und hochgespielten Probleme" einzugehen. Es dürfe aber nicht gegen den Streik argumentiert werden, sondern das Recht auf Streik müsse anerkannt werden, solange „die freiheitlich gesellschaftliche Ordnung [...] nicht aufs Spiel gesetzt oder vielleicht sogar zerstört" würde.[56])

Deutlich zeigt sich somit, dass solche Diskussionen, wie sie zu Beginn der 1970er Jahre auch in westdeutschen Familien-Unternehmen geführt wurden, nicht mehr vom Ideal des Unternehmens als „organisch gewachsener Ganzheit" ausgingen und Streikenden auch nicht mehr vorgeworfen wurde, „unweigerlich zum Ende der Demokratie", gar „zum Anfang einer neuen Diktatur" beizutragen[57]). Sie waren vielmehr durchzogen von individual-psychologisierenden Argumenten und Deutungsmustern („man ist selbst mit den Erlebnissen noch nicht fertig", „Emotionen, die geweckt werden") und umfassten Stimmen, die auf der Basis einer „freiheitlich gesellschaftlichen Ordnung" einforderten, konsensliberal Grundrechte etwa der Arbeitnehmerinteressenvertretung unternehmens-öffentlich anzuerkennen.

Solche Diskussionen waren zudem begleitet von einer zeittypischen Berichterstattung beispielsweise in der „Darmstädter Studentenzeitung" – „linksradikale" Studentengruppen der TH hatten sich auch am Streik beteiligt[58]) –, die anprangerte, dass „der Bürokratismus eines Großbetriebes – und Merck nicht ausgenommen" sich als „ebenso starr wie die Staatsbürokratie" erweise: „Hohe Beweglichkeit und Mitbestimmung bleiben Wunschvorstellungen."[59]) Neben Bildern vom Merck-Streik, über die die Geschäftsleitung eigentlich wohlweislich äußerst restriktiv zu verfügen versuchte,[60]) fand sich in dem Artikel auch eine Karikatur (vgl. Abb. 13: Karikatur in der „Darmstädter Stu-

[56]) Ebd. S. 4.

[57]) So Fritz Jacobi und Ulrich Haberland 1952 in einem Brief an die Bayer-Belegschaft, vgl. *Rosenberger*, Von der „Bayer-Familie".

[58]) Aktennotiz, von Vietsch, HL P, „Merck als Streikobjekt", 04.08.1971, S. 3, Merck-Archiv, Best. J 10, 601.

[59]) Streik hintertrieben, in: Darmstädter Studentenzeitung 7, 1971, S. 25–27, Merck-Archiv, Best. J 10, 606.

[60]) Während des Streiks waren ca. 25 Fotoapparate ausgegeben worden. Die belichteten Filme erhielt Direktor Peter Merck, der der Abteilung „Öffentlichkeitsarbeit" jedoch kein Bildmaterial zur Verfügung stellte. Vgl. Aktennotiz, Dr. Ebner, Abt. Öffentlichkeitsarbeit, an HL P, von Vietsch, 27.07.1971, S. 1, Merck-Archiv, Best. J 10, 601.

Abbildung 13: Karikatur in der „Darmstädter Studentenzeitung“, 1971

dentenzeitung“, 1971)[61]). Sie zeigte, wie Angestellte beim allmorgendlichen Betreten des Werksgeländes durch Fabriktor IV von einem Arbeiter, „bewaffnet“ mit einem Demonstrationstransparent, darauf hingewiesen wurden, dass sie gerade dabei seien, „den demokratischen Sektor der Bundesrepublik“ zu verlassen. Die Karikatur veranschaulicht deutlich, dass solche kapitalismuskritischen Forderungen mit arbeitersolidarischer Attitüde im Zeichen der „Demokratie“ erhoben wurden.

Diese Lage, in der sich westdeutsche Unternehmer und Unternehmen mit gesellschaftspolitisch gespeister Kritik von allen Seiten konfrontiert sahen, stellte den Hintergrund der Neuformierung betrieblicher Personalarbeit zu Beginn der 1970er Jahre dar. Am Beispiel Merck zeigt sich idealtypisch, wie vermittels eines Streiks, der getragen war von dieser neuen Koalition zwischen Arbeitern und „kritischer Intelligenz“, die Geschäftsleitung eines konservativen Familienunternehmens schlagartig gezwungen war, der neuen Realität ins Auge zu schauen. Zwar hatte der Merck-Streik von 1971 auch die Funktion des herkömmlichen Instruments im Streit um Löhne. Zugleich jedoch wurde hier um etwas ganz anderes gestritten: die betriebliche Sozialordnung westdeutscher Unternehmen, die mit ihrer hierarchisch-autoritären Struktur nicht mehr zeitgemäß erschien. Einige der Verantwortlichen bei Merck gehörten zu den Ersten, die das erkannten.

Zwar lässt sich anhand des vorliegenden Materials nicht erschließen, wer genau diese Einsichtigen waren. Die Bestellung von Otto Esser, bisher Leiter des Glanzstoff-Werkes Obernburg und Vorsitzender des Arbeitgeberverbands Chemie auf Bundesebene, im Oktober 1972 zum neuen Merck-Vorstandsvorsitzenden mit den Zuständigkeiten „Sozial-, Personalwesen, Öffentlichkeitsarbeit und Organisation“ spricht jedoch Bände. Das sahen auch die Vertrauensleute von Merck so. Sie interpretierten die Ankündigung, die Esser selbst offen als „politischen Akt“ deklarierte, als Bestätigung ihrer Befürchtung, dass „Merck zum Musterbetrieb für innere Betriebsführung ausgebaut werden

[61]) Streik hintertrieben, S. 26.

wird".[62]) Dem war in der Tat so, wenngleich die klassenkämpferische Rhetorik nur eine Form der Wahrnehmung darstellte, die zwar kompatibel mit derjenigen der profitierenden Humanexperten war, jedoch nicht ihren individualisierenden Orientierungsreferenzen entsprach, auf die sie sich in erster Linie bezogen.

Am 7. Juli 1971 bereits, also nur drei Tage nach Streikende, hatte Dr. Alshuth von der Ausbildungsabteilung, die seit jeher von Vietsch'ens persönliches „Lieblingskind" war, in einem Arbeitspapier angeregt, in einer der nächsten Besprechungen der Personal- und Sozialverantwortlichen bei Merck „die grundsätzliche Frage zu erörtern, mit welchen Methoden antikapitalistischen Kampfmassnahmen wirkungsvoll begegnet werden kann".[63]) Freilich diente diese Frage in erster Linie dazu, die (seit Jahren) bereit gehaltene Antwort zu präsentieren. Die Ausbildungsabteilung plädierte für einen „langfristigen Aufbau einer Führungsausbildung für Vorgesetzte auf allen Ebenen".[64]) Sie sei am besten geeignet, um der Belegschaft „unternehmenspolitische Zielsetzungen [...] nahezubringen und [stelle] somit die wirkungsvollste Motivation zur Aufrechterhaltung der Arbeitswilligkeit [dar]".[65]) Für diese „Führungsausbildung", „deren Grundtenor sich am Prinzip der Zielvorgabe und der Entscheidungsdelegation innerhalb der Führungshierarchie [Höhn, Harzburger Modell] ausrichten sollte, müssten spezielle Pläne entwickelt werden, welche die besonderen Gegebenheiten unseres Unternehmens zu berücksichtigen haben." Von Vietsch griff diese Vorlage vorsichtig auf in seinem umfangreichen und „streng vertraulichen!" Zwischenresümee der Streikauswertung, das am 4. August 1971 der stellvertretende Vorstandsvorsitzende Langmann von ihm erhielt.[66]) Eindringlich mahnte der Personalchef:

> „Wenn wir [...] die Auseinandersetzung, die auf ideologisch-politischem Hintergrund von den gesellschaftspolitischen Aktivisten in den Unternehmen gesucht wird, auch in Zukunft ausschließlich mit der Argumentation der Vernunft, Sachlichkeit und Kooperation bestreiten wollten, so würden wir den Klassenkämpfern das Feld allein überlassen. Wir müssen im Gegenteil lernen, den Kampf auf diesem Feld aufzunehmen."[67])

Angesichts des zu erwartenden neuen Betriebsverfassungsgesetzes, „das das Eindringen der Politik in das betriebliche Leben als eine Tatsache ansieht und diese legalisiert", sei es untragbar, dass ein großer Teil der Mitarbeiter und

[62]) *Vertrauensleutekörper-Leitung*, Vorgeschichte, S. 61.

[63]) Dr. Alshuth, Ausbildungsabteilung, Diskussionspunkt zur P+S-Besprechung, an von Vietsch, HL P, und Handrack, HL S, inkl. dreiseitigem „Arbeitspapier zum Problem der Aufrechterhaltung des Arbeitsablaufes und der Arbeitswilligkeit im Industriebetrieb", 07.07.1971, Merck-Archiv, Best. J 10, 606.

[64]) Ebd. Arbeitspapier, S. 2.

[65]) Ebd. S. 3.

[66]) Aktennotiz von Vietsch, HL P, „Merck als Streikobjekt", 04.08.1971, Merck-Archiv, Best. J 10, 601.

[67]) Ebd. S. 7.

Vorgesetzten „politisch unwissend und abstinent" sei und „damit jeder Irreführung zum Opfer" falle.

„Sehr wenige Vorgesetzte sind in der Lage, eine politische Diskussion zu bestreiten, am wenigsten mit Argumenten aus der Wirtschafts- und Sozialpolitik. Die Scheu, in größerem Kreis frei zu sprechen und seine Meinung zu sagen, ist weit verbreitet. Rhetorische Schulung fehlt den meisten der Vorgesetzten, ebenso wie das Begriffsvermögen für die Dialektik der Gegenseite."[68])

Während Langmann sich persönlich jedoch darauf konzentrierte, einen „Aktionsplan" und ein „Notfallprogramm" für den Fall eines weiteren Streiks zu erarbeiten,[69]) gehörten die Aspekte, die von Vietsch anmahnte, zum Zuständigkeitsbereich des designierten neuen Vorstandsvorsitzenden Otto Esser. Dennoch autorisierte Langmann am 13. August 1971 den „Arbeitskreis: Ausbildung von Vorgesetzten".[70]) Er bestand unter Federführung von Alshuth aus dem Werksarzt, dem Personalreferenten für AT-Kräfte, der Betriebspsychologin und vier weiteren Mitgliedern aus der Sozialabteilung und war beauftragt, bis zum 15. September 1971 konkrete Vorschläge im Hinblick auf Durchführungsart, Referenten und schriftliches Material sowie die jeweiligen Teilnehmergruppen vorzulegen. Bis zu Essers Eintritt in das Unternehmen passierte in dieser Hinsicht allerdings nichts. Zwar bemühte sich die Geschäftsleitung, die Personalpolitik des Unternehmens einheitlicher und konsequenter zu gestalten: Im Herbst des Jahres 1971 ordnete sie an, dass von nun an regelmäßig „Personalgespräche" zu führen seien, in denen die Vorgesetzten ihren Mitarbeitern die personalpolitischen Richtlinien des Unternehmens mitteilen sollten.[71]) Im Winter folgte eine ganze Reihe von Einzelanweisungen, die diese Richtlinien im Hinblick auf alle möglichen Sachfragen konkretisierten (Versetzungen, Sonderurlaub, Lohn- und Gehaltsänderungen, Verhalten gegenüber Vertrauensleuten, Einhaltung der Arbeitszeit usw.).[72]) Organisationsstrukturelle Änderungen hingegen erfolgten erst unter Essers Ägide.

Esser hatte bei Glanzstoff in den Fußstapfen Vaubels Karriere gemacht – nach dem Krieg als Werksleiter an verschiedenen Standorten und ab 1958 als einziger Generalbevollmächtigter des Unternehmens.[73]) Als der neue Vorstandsvorsitzende im Oktober 1972 seinen Dienst in Darmstadt antrat, wurde

68) Ebd.

69) Dr. H.J. Langmann, Bemerkungen zu den Vorbereitungen für Streik, 3. Entwurf, 05.08.1971, Merck-Archiv, Best. J 10, 601.

70) Bemerkungen zum Thema: Ausbildung von Vorgesetzten, 13.08.1971, Merck-Archiv, Best. J 10, 606.

71) Direktionsrundschreiben Nr. 9/71, Merck-Archiv, Best. E 10.

72) Direktionsrundschreiben Nr. 11/71, Merck-Archiv, Best. E 10.

73) *Vaubel*, Glanzstoff, Bd. 1, S. 188, Fußnote 18. Esser übernahm 1957 Vaubels Mitgliedschaft im BdA-Ausschuss für soziale Betriebsgestaltung, ebenso vertrat er ihn beim „betriebspsychologischen Erfahrungsaustausch". Vgl. Vaubel an Wistinghausen, Einsetzung Essers im Ausschuß für soziale Betriebsgestaltung, 21.01.57, RWWA, Abt. 195 Acordis AG, Wuppertal, Best. U 20-0-3.

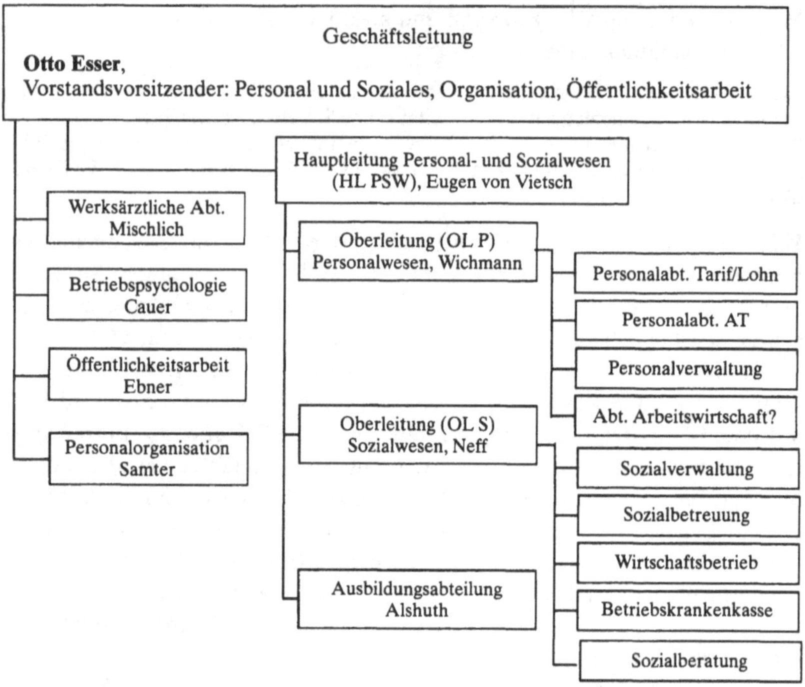

Abbildung 14: Personal- und Sozialwesen, Merck oHG, Okt. 1972

zunächst die seit 1957 bestehende bisherige Organisation des Merck'schen Personal- und Sozialwesens in zwei getrennten Bereichen[74]) in einer Hauptleitung (HL) zusammengefasst (vgl. Abb. 14: Personal- und Sozialwesen, Merck oHG, Okt. 1972)[75]).

Für die neue „Hauptleitung Personal- und Sozialwesen“ zeichnete Eugen von Vietsch, der direkt Esser untergeordnet war. Diese Organisationsstruktur stellte jedoch nur ein Provisorium dar, was sich insbesondere daran zeigt, dass diejenigen Abteilungen, die humanwissenschaftliche Expertise bereit hielten, nicht in die Struktur der Haupt- und Oberleitungen eingegliedert wurden: Die Betriebspsychologie, die werksärztliche Abteilung und die 1970 neu gegründete Abteilung „Personalorganisation“ unterstanden dem Vorstandsvorsitzenden direkt – ebenso wie die Abteilung „Öffentlichkeitsarbeit“, die zwar bereits 1967 eingerichtet worden war, aber, wie sich vor allem während des Streiks gezeigt hatte, ihrer Aufgabe bisher nicht hindernisfrei hatte nachkom-

[74]) Vgl. Abb. 8: Personal und Soziales, Merck AG, 1957, Kap. 6.4.

[75]) Das Organigramm basiert auf der Auswertung folgender Bekanntmachungen der Merck-Geschäftsleitung: Bekanntmachung Nr. 20, 09.04.1970, Merck-Archiv, Best. F4, 50; Bekanntmachung Nr. 34, 03.09.1972; Bekanntmachung Nr. 37, 11.10.1972, Merck-Archiv, Best. F4, 52.

men können. Dass auch die werksärztliche Abteilung hier einbezogen wurde, kennzeichnet ein Spezifikum des konservativen Familienunternehmens, wo der medizinischen Kompetenz vor dem Hintergrund einer ausgeprägt sozialfürsorglichen Tradition ein besonders hoher Stellenwert eingeräumt wurde. Die Wirksamkeit eben dieser Tradition zeigt sich auch daran, dass, obwohl die Betriebspsychologie und die werksärztliche Abteilung aus der ehemaligen „Sozialpolitischen Abteilung“ ausgegliedert wurden, die neue „Oberleitung Sozialwesen“ mit fünf Abteilungen noch immer über ein überdurchschnittlich breit ausdifferenziertes Angebot verfügte. Bezeichnend ist besonders, dass im Zuge der personalpolitischen Neustrukturierungen sogar die „Werksfürsorge“ nicht aufgelöst, sondern ohne Änderung des Aufgabengebiets in „Sozialberatung“ umbenannt wurde.[76])

Bereits in der ersten Hälfte des Jahres 1973 jedoch stellte Esser die Weichen für eine endgültige Neuorganisation des Merck'schen Personal- und Sozialbereichs. Nachdem im Frühsommer 1973 Hermann Handrack, der langjährige Leiter der ehemaligen sozialpolitischen Abteilung, in Ruhestand gegangen war, traten die Neuregelungen zum 1. Juni 1973 in Kraft. Das wesentliche Novum bestand darin, dass aus der Hauptleitung Personal- und Sozialwesen ein eigenständiger, ebenfalls Esser direkt unterstellter Bereich ausgegliedert wurde: der „Bereich Ausbildung und Mitarbeiterförderung“ (Bereich AMF) (vgl. Abb. 15: Personal- und Sozialwesen, Merck oHG, Juni 1973)[77]). Dieser neue Bereich AMF umfasste die ehemalige Ausbildungsabteilung, die ab 1975 „Berufsausbildung“ hieß, die betriebspsychologische Abteilung und den Bereich „Betrieblicher Bildungsarbeit“, dessen Etablierung Alshuth von der Ausbildungsabteilung im „Arbeitskreis: Ausbildung von Vorgesetzten“ besonders forciert hatte. Mit der Institutionalisierung dieses eigenständigen Bereichs AMF bestand zu Beginn der 1970er Jahre auch im Rahmen der Personalabteilung von Merck, die weiterhin großteils nach dem herkömmlichen Muster der Personal- und Sozialverwaltung organisiert war, ein humanwissenschaftlich gestütztes personalpolitisches Modul. Vertreter dieser Abteilungen versuchten, indem sie vorgaben zu fördern, jeden einzelnen Beschäftigten mithilfe humanwissenschaftlich gestützter Verfahren etwa in Form von Führungskräftefortbildung oder psychologischer Eignungsdiagnostik individuell zu motivieren und in das Unternehmen zu integrieren.

Wie Frau Cauer sich zu Beginn der 1980er Jahre erinnerte,[78]) unterstützte Esser diese Stoßrichtung aktiv. Beispielsweise habe er verfügt, dass nicht mehr nur gewerbliche Bewerber von den Psychologen getestet wurden, sondern nun auch alle Akademiker sich einer eignungsdiagnostischen Untersuchung zu unterziehen hatten. Das war zwar nicht durchgängig der Fall,[79]) hätte zu-

[76]) Vgl. Bekanntmachung Nr. 34, ebd.
[77]) Vgl. Bekanntmachung Nr. 17, 04.06.1973, Merck-Archiv, Best. F4, 53.
[78]) Cauer-Interview, Merck-Archiv.
[79]) Interview 2 vom 13.11.00.

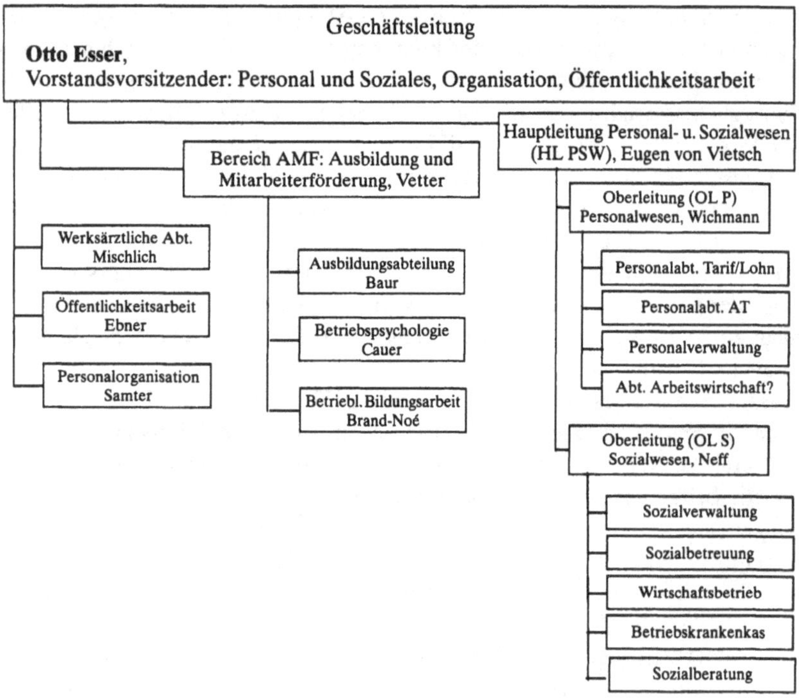

Abbildung 15: Personal- und Sozialwesen, Merck oHG, Juni 1973

dem die personellen Kapazitäten der Betriebspsychologie überfordert. Anhand eines Überblicks über das Personal der betriebspsychologischen Abteilung zeigt sich aber ganz deutlich, dass während der 1970er Jahre ein außerordentlicher Zuwachs stattfand (vgl. Abb. 16: Personal der betriebspsychologischen Abteilung bei Merck, 1949–1989)[80]).

Dargestellt sind in anonymisierter Form die Beschäftigungszeiten aller identifizierbaren Mitarbeiter der betriebspsychologischen Abteilung im Zeitraum zwischen 1949 und 1989. Ab 1949 war Frau Cauer freiberuflich für Merck tätig, 1954 wurde die „Betriebspsychologische Beratung" offiziell als Abteilung eingerichtet und 1989 wurde sie geschlossen. Die hellen Balken im Diagramm markieren Psychologen, die schwarzen nicht-wissenschaftliches Personal. Während von den Psychologen meines Wissens alle erfasst sind, gibt die Aktenlage über das nicht-wissenschaftliche Personal hingegen wenig Auskunft.

[80]) Der Personal-Überblick basiert auf der Auswertung der Akten der betriebspsychologischen Abteilung, der Interviews mit Beteiligten und einer Auswertung der Telefonverzeichnisse von 1960, 28.05.1963, 01.06.1967, 1968, 29.10.1969, 20.05.1970, 05.1973, 11.1973, 05.1974, 09.1975, Merck-Archiv, Best. W 10.

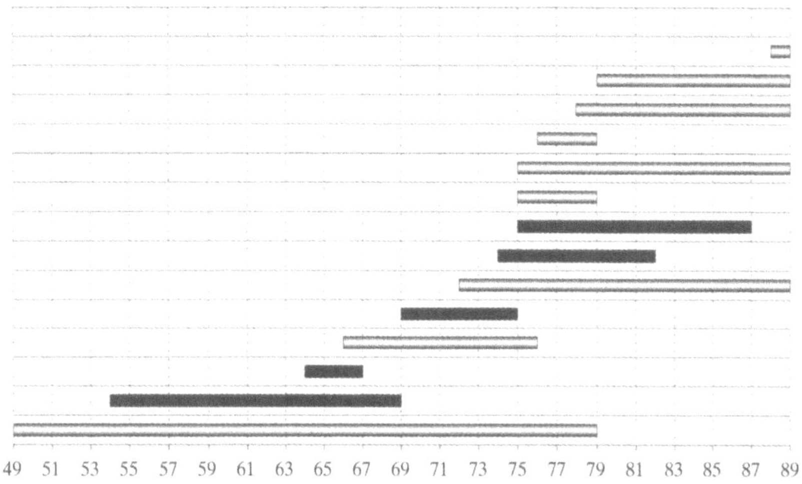

Abbildung 16: Personal der betriebspsychologischen Abteilung bei Merck, 1949–1989

Insgesamt haben in der betriebspsychologischen Abteilung bei Merck während des gesamten Zeitraums ihres Bestehens neun Psychologen und schätzungsweise zehn bis 20 psychologisch-technische Assistentinnen, die hauptsächlich zuständig waren für die Organisation und Auswertung der Tests, gearbeitet; zusammengefasst damit etwa 20 bis 30 Personen. Die höchste Psychologen-Dichte zeichnet sich in der zweiten Hälfte der 1970er Jahre ab (1978:7 Psychologen). Zu diesem Zeitpunkt erreichte humanwissenschaftlich gestützte Personalarbeit nicht zuletzt im Umfeld des neuen Mitbestimmungsgesetzes ihren Höhepunkt. Zugleich nahm angesichts steigender Arbeitslosigkeit auch die Anzahl der Bewerber zu. Andererseits markiert dieser Befund aber auch das Gerangel um die Nachfolge der Abteilungs-Leitung bei Merck, die 1979 schließlich ein Externer übernahm.

Dieser Überblick veranschaulicht exemplarisch, dass während der 1970er Jahre betriebspsychologische Abteilungen in westdeutschen Unternehmen ihre Hochzeit erlebten. Wenn sie nicht wie bei Glanzstoff die „Keimzelle" einer verwissenschaftlichten neuen Personalpolitik darstellten, so gehörten sie zu den „Pionier-Bastionen" betrieblicher Humanexperten, die als Teilbereiche neu eingerichteter Ressorts zur individualisierenden „Mitarbeiterförderung" oder „Personalentwicklung" unentbehrlich schienen. Im Vergleich zwischen dem ausgeprägt wissenschaftsorientierten Unternehmen Glanzstoff und dem konservativ-modernisierenden Familienunternehmen Merck zeigt sich zudem, dass unterschiedliche Ereignisse, die im Übergang von den 1960er zu den 1970er Jahren jeweils das gesamte Unternehmen betrafen, im Personalbereich zu sehr ähnlichen Ergebnissen führten. Während bei Glanzstoff die Neuorganisation der Personalabteilung aufgrund der guten Vorbereitung, die Vaubel in Kooperation mit den seit Anfang der 1950er Jahre in Wuppertal verhältnismäßig gut positionierten Betriebspsychologen bereits geleistet hatte, vergleichsweise reibungslos verlief, war dies bei Merck nicht der Fall. Hier bedurfte es erst der einschneidenden Erfahrung des Streiks, um die Geschäftsleitung von der Notwendigkeit einer „zeitgemäßen", das heißt individualisierenden, humanwissenschaftlich gestützten Personalarbeit zu überzeugen. Zentrale Akteure, die diese Entwicklung forcierten, waren jedoch auch hier Personalleiter Eugen von Vietsch, die Betriebspsychologin Liselotte Cauer-Klingelhöffer und nicht zuletzt der neue Merck-Chef Otto Esser, der bezeichnenderweise seine Karriere 1942 bei Glanzstoff begonnen hatte und dort von Ludwig Vaubel gelernt hatte.

Beide Fallstudien verdeutlichen, dass der Etablierungsprozess betrieblicher Personalpolitik während der 1970er Jahre maßgeblich angetrieben wurde durch eine Dynamik, die aus der Wechselwirkung zwischen neuen Gesetzen (Betriebsverfassungsgesetz 1972, Mitbestimmungsgesetz 1976), der erfolgreichen Professionalisierung betrieblicher Humanexperten und ihrer Auseinandersetzung mit Mitgliedern der jeweiligen Geschäftsleitungen resultierte. Das herkömmliche Leitbild der betrieblichen Sozialordnung, die „Betriebsfamilie" oder „Betriebsgemeinschaft" wurde so lange aufrecht erhalten, wie diejenigen Unternehmer das Steuer in der Hand behielten, die sich als charismatische Persönlichkeiten verstanden, derer die „Gemeinschaft" zwecks Führung und Schutz vermeintlich bedurfte. Dieses Verständnis der betrieblichen Sozialordnung trug wesentlich dazu bei, die Etablierung einer wissenschaftsgestützten, sachbezogenen und systematischen Personalpolitik in westdeutschen Unternehmen lange zu blockieren. Gleichzeitig ließ sich jedoch nicht verhindern, dass sich zum einen betriebliche Humanexperten im außerbetrieblichen Raum professionalisierten und Forderungen gegenüber den Unternehmen aufstellten. Ebenso wenig hatte man zur Kenntnis genommen, dass sich mit Rückendeckung einiger aufgeschlossener Unternehmer auch innerhalb von Unternehmen erste Humanexperten in betriebspsychologischen Abteilungen hatten etablieren können. Diese Kooperationen wurden während der 1950er und 1960er Jahre zunehmend ausgebaut, um, sobald sich die Gelegenheit bot, hervorzutreten und weitere eigene Vorstellungen zu realisieren. Dies war der Fall, als Ende der 1960er Jahre beziehungsweise Anfang der 1970er Jahre westdeutsche Großunternehmen begannen, ihre Organisation neu zu strukturieren.

Mit dem Erfolg dieser Strategie betrieblicher Humanexperten veränderte sich die Funktion betrieblicher Personalarbeit dahingehend, dass nun nicht mehr nur verwaltende Tätigkeiten ausgeführt wurden, sondern individualisierend gestaltende Aufgaben den Schwerpunkt ihrer Tätigkeit darstellten (Aus- und Weiterbildung, Personalführung und -planung). Die Verabschiedung des Mitbestimmungsgesetzes 1976 stellte den Höhepunkt dieser Entwicklung dar, da mit diesem Gesetz eine Vertretung von „Personal und Sozialem" im Vorstand aller Unternehmen mit mehr als 2000 Beschäftigten von nun an gesetzlich vorgeschrieben war. Damit hatten betriebliche Humanexperten erreicht, was sie seit Beginn der 1950er Jahre gefordert hatten: Neben Technischem und Kaufmännischem musste Personal und Soziales gleichrangig in der Unternehmenspolitik berücksichtigt werden. In der zweiten Hälfte der 1970er Jahre war es ihnen gelungen, ihre Professionalisierungsstrategie, sich als Teil der betrieblichen „Führungs-Elite“ zu profilieren, indem sie Personalarbeit als zentrales Steuerungsparadigma der allgemeinen Unternehmensführung konzipierten, zu einem erfolgreichen Abschluss zu bringen.[81]) Nun war ihr spezifisches Kapital – ein Mischung aus Expertenwissen über den Menschen, Insiderwissen über das jeweilige Unternehmen und Expertenwissen über die Verwendung dieses Wissens in Unternehmen – in der Struktur betrieblicher Personalabteilungen verankert und in der Unternehmensleitung vertreten, mithin umfassend geschützt.[82]) Dies war zentrale Bedingung der Möglichkeit, dass von betrieblichen Humanexperten wesentliche Impulse ausgingen, die auf einen grundlegenden Wandel des Leitbilds der betrieblichen Sozialordnung abzielten. Ob sich die Experten auch damit durchsetzen konnten, ob also aus ihrer betrieblichen Tätigkeit resultierende Konsequenzen in der sozialen Praxis westdeutscher Unternehmen tatsächlich als demokratisierend zu bezeichnen sind, wird abschließend im letzten Kapitel überprüft.

9.2 Der neue Führungsstil

Bereits in der ersten Hälfte der 1960er Jahre konstatierten Humanexperten der „alten Schule“ argwöhnisch eine „Krise“ der „betrieblichen Partnerschaft“. Das Verhalten der Gewerkschaften lasse es nicht mehr zu, „das gute Wort von der Partnerschaft“ weiter zu strapazieren. Die „Gemeinschaft im Betrieb“ sei nur noch „Wunschtraum“.[83]) Dem müsse man energisch entgegenwirken. „Der Begriff ‚Partnerschaft‘ sollte nicht verwässert werden“, titelte der Münchner Professor für Betriebswirtschaftslehre Guido Fischer programmatisch:[84]) Stets habe der „Partnerschafts“-Begriff die Vorstellung beinhaltet, dass „Teile das Ganze voraus[setzen], das aus mehr als einem einzigen Teil gebildet wird“. Gegenwärtig sei jedoch zu beobachten, dass „nur ein bestimmter Teil in seiner Fürsorge, Vormachtstellung [...] gesehen“ wird. „Die Vorstellung des gemeinsamen Ganzen verblasst [...] immer mehr, wird vielfach sogar überhaupt nicht mehr beachtet.“

> „Demgegenüber muß der ursprüngliche und eigentliche Sinn der betrieblichen Partnerschaft herausgestellt und wiedergefunden werden [...]: Dieses Ganze ist [...] die bewusst geübte Betriebsgemeinschaft aller, zwischen den leitenden Männern im Betrieb, ein-

[81]) *Beyer/Metz*, Professionalisierungspfade, S. 198ff.
[82]) *Hartmann/Meyer*, Soziologie der Personalarbeit, S. 33.
[83]) Karl *Schlessmann*, Sozialpartnerschaft in der Krise, in: Mensch und Arbeit 14, 1962, S. 34–38, hier S. 35.
[84]) Guido *Fischer*, Der Begriff der „Partnerschaft“ sollte nicht verwässert werden, in: Mensch und Arbeit 17, 1965, S. 66–69.

schließlich aller Vorgesetzten, und allen Mitarbeitern […]. Das partnerschaftliche Verhalten zwischen all diesen innerhalb der Betriebsgemeinschaft hebt dabei weder die Wirkung von Autorität und Subordination auf, noch die Unterschiede in der Bedeutung der Aufgaben- und Verantwortungsbereiche und der daraus abzuleitenden Weisungs- und Entscheidungsrechte, oder die notwendig damit verbundenen unterschiedlichen Lohn- und Gehaltshöhen. Darüber bleibt aber im Betrieb als Ganzes die Betriebsgemeinschaft bestehen."[85])

Trotz solcher eindringlichen Aufrufe und Mahnungen ausgewiesener Autoritäten eigneten sich während der 1960er Jahre aufgeschlossene Humanexperten und Unternehmer das kritisierte neue Verständnis von „Partnerschaft" zunehmend an. „Partnerschafts-Papst" Gert Spindler beispielsweise erklärte nahezu zeitgleich wie Fischer in derselben Zeitschrift: „Betriebliche Partnerschaft",

„richtig angewandt, bedingt das Vorhandensein von in geistiger und materieller Hinsicht weitgehend voneinander unabhängiger Partner, die gemeinsam an einer Aufgabe tätig sind und diese durch Zusammenarbeit erfüllen."[86])

Was der Fischer-Fraktion übel aufstieß, war mithin nicht weniger als eine neue, konsensliberale Interpretation des „Partnerschafts"-Begriffs. In der Tat stand dabei nicht mehr die „Betriebsgemeinschaft" noch irgendein „Ganzes" im Vordergrund, sondern man ging nun von zwei unabhängigen, gleichberechtigten Partnern aus, die in gegenseitiger Anerkennung permanent ihre jeweiligen Interessen auszuhandeln hatten. Diese Konstellation, bei der im Wesentlichen also über die Durchsetzung eines westernisierten Verständnisses betrieblicher Sozialbeziehungen gestritten wurde, war kennzeichnend für die Situation des personalpolitischen Felds in den 1960er Jahren. Mit dem Aufstieg der Personalexperten in der „Deutschen Gesellschaft für Personalführung" und der Etablierung betrieblicher Humanexperten in ausdifferenzierten, wissenschaftsgestützt arbeitenden Personalabteilungen in westdeutschen Großunternehmen schienen die Konsensliberalen sich eine gute Ausgangsposition verschafft zu haben. Der Blick in die betriebliche Personalpraxis der 1970er Jahre zeigt jedoch, dass auch Unterstützung für die vorhanden war, die glaubten, dass jede Lockerung der betrieblichen Hierarchie unweigerlich zum „Chaos" und zum „Untergang des Abendlandes" führen würde.

Die Diskussion in den Unternehmen wurde, nachdem sich Personalexperten dort erfolgreich positioniert hatten, anhand verschiedener Konzeptionen eines neuen „Führungsstils" geführt. Betriebliche Humanexperten nahmen dabei insofern eine exponierte Rolle mit großen Handlungsspielräumen ein, als sie die Verfahren und Maßnahmen entwickelten, mit denen dieser neue Führungsstil in den jeweiligen Unternehmen realisiert werden sollte. Während eine Gruppe unter ihnen versuchte, an die konsensliberale Stoßrichtung anzuknüpfen, die besonders Hans Friedrichs mit seinem Konzept der „Mo-

85) Ebd. S. 67.
86) Gert P. *Spindler*, Grundlagen der betrieblichen Partnerschaft, in: Mensch und Arbeit 16, 1964, S. 108–109, hier S. 108.

dernen Personalführung" zu Beginn der 1970er Jahre entscheidend stärkte,[87]) orientierte sich eine zweite, sich zunehmend formierende Gruppe betrieblicher Humanexperten an Reinhard Höhns „Harzburger Modell". Dieses sparte konsensliberale Elemente zugunsten des Erhalts der betrieblichen Hierarchie aus. Wer sich in diesen Aushandlungen durchsetzte, ob mithin die aus dieser Konstellation resultierende Praxis betrieblicher Sozialbeziehungen als demokratisiert, westernisiert oder eher als liberalisiert zu bezeichnen ist, wird im Folgenden anhand von Fallstudien überprüft.

Bei Siemens wurde eine verwissenschaftlichte Personalarbeit besonders früh realisiert. Dies erklärt sich daraus, dass die Restrukturierung des Konzerns und ein damit einhergehender Leitbildwandel in der Unternehmensführung zwischen dem Ende der 1960er Jahre und dem Beginn der 1970er sehr konsequent durchgeführt wurden. Begünstigend wirkte auf die Erneuerung der Personalpolitik zudem, dass man bei Siemens bereits in den 1920er Jahren begonnen hatte, betriebliche Personalarbeit systematisch zu betreiben.[88]) Mit der Einrichtung eines Vorstandsressorts für Personalangelegenheiten 1919 hatte das Unternehmen nicht nur zu jenem Zeitpunkt, sondern infolgedessen auch später immer wieder eine Vorreiterrolle eingenommen. Zwar etablierte sich eine humanwissenschaftlich orientierte Betriebspsychologie bei Siemens erst verhältnismäßig spät, nämlich durchschlagend erst in der zweiten Hälfte der 1960er Jahre. Zu diesem Zeitpunkt entwickelten hier beschäftigte Psychologen für neue bei Siemens hergestellte Datenverarbeitungsanlagen eine Testbatterie zur Auswahl von Personal, das im Zusammenhang mit diesen Anlagen eingesetzt wurde (Programmierer, Systemanalytiker, Wartungstechniker, usw.). Diese Testbatterie wurde im „Kompaktpaket" den Kunden, die die Siemens-Anlagen bezogen, angeboten – mit Erfolg.[89]) Bis dahin jedoch hatten psychologische Verwendungen bei Siemens noch stark in der Kontinuität der maßgeblich technisch geprägten „Ingenieurs-Psychologie" gestanden. In Nürnberg beispielsweise war Richard Bolt, ein Ingenieur, der bei Walter Moede „gelernt" hatte, von 1920 bis in die späten 1950er Jahre verantwortlich für die psychologisch gestützten Eignungsuntersuchungen.[90]) Was die Fort- und Weiterbildung von Führungskräften betraf, gehörte das Unternehmen und insbesondere Siemens-Personalchef Wolf-Dietrich von Witzleben (1886–1970) jedoch seit Beginn der 1950er Jahre zu den exponierten Akteuren, die aus der „Gesellschaft zur Förderung des Unternehmernachwuchses" heraus auch überbetrieblich entscheidende Weichen stellten (Baden-Badener-Unternehmergespräche, Wuppertaler Kreis).[91])

[87]) Vgl. Kap. 8.

[88]) *Homburg*, Scientific Management.

[89]) *Hempel*, Psychologische Testverfahren, S. 177–185.

[90]) Richard *Bolt*, Chronik der Eignungsprüfungen der Nürnberger Werke seit 1920, 1958, Siemens-Archiv, 9956.

[91]) Von Witzleben war bis zum Ende der 1950er Jahre Präsident der Gesellschaft. Vgl. Redemanuskripte vom 09.03.1957, Tagung der „Gesellschaft zur Förderung des Unter-

Eine der ersten Maßnahmen, welche die 1969 neu eingerichtete „Zentralabteilung Personal"[92]) ergriff, war die Ausarbeitung von „Leitsätzen für Führungskräfte". Nach dem Wechsel an der Unternehmensspitze 1971 verabschiedete der Vorstand unter dem Vorsitz von Bernhard Plettner diese Leitsätze. Darin wurde erklärt, dass „Führung heute" bedeute,

> „aus fundierter Kenntnis der Sache und mit besserer Kenntnis der Zusammenhänge nach eingehender Beschäftigung mit dem Vorgang eine vorurteilslose Entscheidung zu treffen."[93])

Führung wurde damit bei Siemens zu Beginn der 1970er Jahre als situations-, personen- sowie sachabhängige Angelegenheit aufgefasst, mit deren jeweiligen Bedingungen sich jeder Vorgesetzte sachlich, das heißt möglichst objektiv und distanziert, auseinander zu setzen habe. Hier ging es nicht mehr darum, einen „richtigen" Führungsstil durchzusetzen, wie es in den 1950er Jahren noch vorherrschende Meinung gewesen war. Vielmehr wurde den Führungskräften, indem ihnen ein gleichsam wissenschaftliches Vorgehen empfohlen wurde, ein Handlungsprinzip vermittelt, das wesentlich auf die permanente Reflexion des eigenen Verhaltens und der jeweiligen Situation setzte.

Dass die Umsetzung dieses neuen Leitbilds nicht allein durch seine Propagierung zu realisieren war, war den Verantwortlichen bei Siemens durchaus bewusst. Abhilfe leistete die größte betriebspsychologische „Mannschaft", die es in westdeutschen Unternehmen gegeben hat. Im Juli 1978 standen bei Siemens 27 Psychologen zur Verfügung, davon 16 in München. Sie sahen es laut einer hausinternen Broschüre „Betriebspsychologie" als ihre Aufgabe an, „Interpretationshilfe im Hinblick auf die Realisierung der Leitlinien in der Führungspraxis des Alltags zu leisten"[94]) Dazu wurde ein internes Seminar-Programm entwickelt, das sich aus so genannten „zentralen Maßnahmen" und „bereichs- und problemorientierten Maßnahmen" zusammensetzte.

Erstere zielten darauf ab, das Thema „Führung und Zusammenarbeit", wie es bei Siemens genannt wurde, generell einzuführen und die Leitsätze zu vermitteln, während die „bereichs- und problemorientierten Maßnahmen" jeweils in Zusammenarbeit mit den Teilnehmern auf spezifische Fragen zugeschnitten wurden. Mit Personalsachbearbeitern einstellender Personalabteilungen führten die Betriebspsychologen beispielsweise ein Interviewtraining durch, mit Führungskräften und Mitarbeitern einzelner Werke ein Seminar zum Thema „Treffpunkt Werk: Bessere Kontakte zwischen Werken, Kunden

nehmernachwuchses" und vom 14.11.1959, Verabschiedung von Karl Guth, dem bisherigen Leiter der Baden-Badener Unternehmergespräche, Siemens-Archiv, VvA; vgl. zu von Witzleben außerdem: *Kipping/Kleinschmidt*, Ludwig Vaubel, S. 525.

[92]) Für einen Überblick über die Unternehmensstruktur der Siemens AG zum 01.10.1969 vgl. auf der Siemenshomepage „Übersicht Unternehmensstruktur 1969".

[93]) Zit. n. *Feldenkirchen*, Siemens, S. 366f.

[94]) Vgl. für das Folgende: [Hausinterne Siemens-Broschüre] Betriebspsychologie, hg. v. der Zentralen Personalabteilung Psychologie, o. O. 1978, die mir freundlicherweise ein Interviewpartner überlassen hat.

und Vertrieb". Die Ausbilder der Gewerblichen Ausbildung nahmen an einer Maßnahme zur „Führung von Jugendlichen" teil. Insgesamt zielten diese Veranstaltungen somit darauf ab, die betrieblichen Sozialbeziehungen kommunikativer zu gestalten, sie stärker zu vernetzen und dadurch zu verbessern. Speziell für obere Führungskräfte wurde überdies 1976 das einwöchige „Trainingsseminar zur Verbesserung der Effektivität im Management" eingeführt. Inhalt dieser Veranstaltung war die Analyse des individuellen Führungsverhaltens, der eigenen Führungssituation und die Erarbeitung von Ansatzpunkten zur Veränderung der Situation. Dieses Seminar hatte insofern besondere Bedeutung, als damit im Unternehmen das Zeichen gesetzt wurde, es mit der Durchsetzung eines neuen Führungsverständnisses tatsächlich ernst zu meinen, wobei insbesondere die Vorbildwirkung von hohen Führungskräften samt allem, was man ihnen angedeihen ließ, zu betonen ist.

Keineswegs war die Einrichtung eines solchen Seminars ein Schritt, der allein durch Beschluss einiger weniger zu realisieren war. Mit der Verabschiedung der Führungsleitsätze durch den Vorstand war eine wichtige Voraussetzung zwar gegeben. Deren Zustandekommen ist im Wesentlichen auf Plettners ausgeprägte Ergebnisorientierung zurückzuführen,[95]) die auch bei Siemens – wie Abelshauser es für die BASF konstatiert[96]) – zu Beginn der 1970er Jahre den Übergang vom technischen zum betriebswirtschaftlichen Leitbild in der Unternehmensstrategie markiert. Dennoch waren weiter reichende Vorbereitungen und geschickte Überzeugungsarbeit unumgänglich. Die wichtigsten Akteure dabei waren betriebliche Humanexperten.

„Türöffner" für die Etablierung des „Trainingsseminars" war die so genannte „Siemens-Tagung". An dieser Veranstaltung, die erstmals 1971 und zum zweiten Mal 1973 stattfand, nahmen alle Leitenden des Unternehmens teil. 1973 waren das 21 Vorstandsmitglieder, 60 Direktoren, 240 Abteilungsdirektoren und 680 Prokuristen.[97]) Die Tagungen dienten der Vorbereitung einer systematischen, strategischen Neupositionierung des Unternehmens. Wie einer der Beteiligten sich erinnerte, war es erklärtes Ziel, „von innen heraus" festzustellen, „was sind denn so die Knackthemen im Unternehmen, wie wird sich die Zukunft entwickeln, wo sehen wir unsere Märkte und wo sehen wir im Unternehmen Schwierigkeiten"[98]).

Nachdem das unternehmensinterne Echo auf die erste Veranstaltung, die in herkömmlicher Art als Vortragsreihe mit anschließender Podiumsdiskussion konzipiert war, „zwiespältig" ausgefallen war – besonders wurde kritisiert, dass nur einige „Redelöwen" zu Wort gekommen seien[99]) –, scheute man bei

[95]) Vgl. z.B.: *Plettner*, Leistung.
[96]) *Abelshauser*, Die BASF, S. 482.
[97]) *Rüßmann*, Olympischer Disput bei Siemens, S. 61.
[98]) Interview vom 18.07.2001.
[99]) Vgl. für das Folgende, wenn nicht anders angegeben: *Rüßmann*, Olympischer Disput bei Siemens.

der Vorbereitung der zweiten Siemens-Tagung keinerlei Kosten und Mühen. Man bediente sich höchst experimentell aller „Geschütze", die der neue Markt der Unternehmensberatungen bot. Unter Federführung des „Quickborner Teams", einer Hamburger Unternehmensberatung, die 1956 die Brüder Wolfgang und Eberhard Schnelle gegründet hatten, bereitete ein im Juli 1972 schließlich eingesetzter 20-köpfiger Arbeitskreis, der aus Vertretern fast aller Unternehmensbereiche gebildet war, ein halbes Jahr lang die zweite Tagung vor.[100]) Leitgedanke war dabei die Devise: „Heraus aus der Fachbereichs-Enge, besseres Kennenlernen und mehr Kommunikation innerhalb der Führungsgruppe".[101])

Das „Quickborner Team", das sich unter dem Namen „Organisationsteam Schnelle" zunächst auf die Einführung von Großraumbüros spezialisiert hatte, entwickelte im Verlauf der 1960er Jahre partizipative Kommunikationsmethoden und Organisationskonzepte.[102]) Dieser inhaltlichen Akzentverschiebung und Ausweitung der Beratungsleistung unter gleichzeitiger personeller Verstärkung war der neue Name, den die GmbH seit 1965 trug, geschuldet. 1968 zeichneten 14 „gleichberechtigte" Gesellschafter verantwortlich. Sieben von ihnen waren gleichzeitig als „Gesellschaftsführer" tätig, die per Beschluss abgewählt werden konnten.[103]) Zu Beginn der 1970er Jahre geschah genau dies. Die „Gründungsväter" stolperten über ihre eigenen Ideen. 1972 gründeten daher die Brüder Schnelle eine neue Firma: „Metaplan", während sowohl das „Quickborner Team" mit architektonischem Schwerpunkt weiter bestehen blieb, wie auch weitere „Abspaltungen" von nun an eigenständige Wege gingen.[104]) Das in der Folge maßgeblich von Eberhard Schnelle entwickelte „Metaplan"-Konzept stellte eine Art Synthese der vorausgegangenen langjährigen Erfahrungen und Arbeitsergebnisse dar. Es fußte auf folgendem Beratungsverständnis (1973):

> „Die Aufgabe heißt: Methoden entwickeln, die die Zielfindung zum selbstverantwortlichen Bürger unterstützen, der wohl weiß, daß Ablaufprozesse in Verwaltung und Industrie Genauigkeit und Schnelligkeit erfordern, Eigenschaften, die [...] Disziplin und Fleiß erfordern; der aber auch weiß, daß seine Einordnung in die Ablauforganisation nicht mehr das Aufgeben aller Selbstbestimmung sein darf; der weiß, daß nicht determinierte Arbeit und Freizeit, sondern determinierte Arbeit und Mitwirkung an den öffentlichen Belangen sich ergänzen."[105])

Parallel zu diesem Ansatz bestanden die Verfahren und Konzepte, die andere ehemalige „Quickborn"-Mitglieder weiterverfolgten. Dazu gehörte beispiels-

[100]) Eberhard Schnelle hatte bereits in den 1960er Jahren „bei der Durchforstung organisatorischer Regelungen des repetitiven Geschäfts" für Siemens gearbeitet. Vgl. *Volkmann*, Der große Basar, S. 111–113.

[101]) *Rüßmann*, Olympischer Disput bei Siemens.

[102]) Vgl. zur Geschichte des „Quickborner Teams": *Freimuth/Straub*, Demokratisierung von Organisationen, besonders darin: *Freimuth*, Wirtschaftliche Demokratie.

[103]) Ebd. S. 30.

[104]) Ebd. S. 36.

[105]) Eberhard *Schnelle*, Metaplanung, Quickborn 1973, zit. n. *Freimuth*, Wirtschaftliche Demokratie, S. 37.

Abbildung 17: Siemens-Tagung im Olympia-Zentrum München, 1973; Siemens Corporate Archives

weise die (später) so genannte „ModerationsMethode“,[106]) „eine Mischung aus Planungs- und Visualisierungstechniken, aus Gruppendynamik und Gesprächsführung, aus Sozialpsychologie, Soziologie, Betriebs- und Organisationslehre mit einem Verständnis von sozialen und psychischen Prozessen, die sich an Erkenntnisse und Erfahrungen der Humanistischen Psychologie“[107]) anlehnte – der Siemens-Betriebspsychologe sprach von „Management by Packpapier“.

All diese neuen Verfahren kamen bei der Konzeption der zweiten Siemens-Tagung sowohl in der Vorbereitungsphase als auch bei der endgültigen Durchführung zum Einsatz. Ein Mitglied des vorbereitenden Arbeitskreises berichtete nach fast dreißig Jahren noch immer begeistert: „Und da wurden also überall Teams gebildet und der Trick war da, dass diese Teams hierarchiefrei waren. Da war also der Werkleiter mit dem Jungingenieur im Pullover mit dem Filzschreiber auf den Knien dabei, ja, Dinge zu malen, das hat auch Spaß gemacht, und sie waren eigentlich auch alle verblüfft, dass da noch einiges an Ideen zusammenkam.“[108]) Kernkonzept der Veranstaltung, die am 2. Februar 1973 auf dem Münchner Olympia-Gelände stattfand, war nicht mehr eine herkömmliche Vortragsveranstaltung, sondern ein so genannter „Markt der Foren“, auf dem alle der 1001 teilnehmenden Siemens-Manager an der Diskussionen beteiligt werden sollten (vgl. Abb. 17: Siemens-Tagung im Olympia-Zentrum München, 1973)[109]).

[106]) *Klebert/Schrader/Straub*, Kurzmoderation, S. 7.
[107]) Ebd. S. 8.
[108]) Interview vom 18.07.2001.
[109]) Vgl. für das Folgende: *Rüßmann*, Olympischer Disput bei Siemens.

An dreißig „Themenständen“, die in vier Gruppen aufgeteilt waren (1. „Technik“, 2. „Typen und Teile“, 3. „Vertrieb und Preise“, 4. „Rationell abwickeln“), stellten Fachabteilungen ihre Bereiche dar. Die Vertreter dieser Abteilungen waren an der Erstellung der Stände beteiligt, die in eingängiger Form den jeweiligen Gegenstand und Probleme präsentierten. Die jeweiligen Bereichsrepräsentanten waren auch von Quickborner „Moderatoren“ geschult worden, ihr Thema mit wenigen einführenden Worten „diskutierbar zu machen und für neue Lösungsansätze aufzuschließen“. Das Konzept ging auf.

Die teilnehmenden Führungskräfte, die sich aussuchen konnten, was sie interessierte, zeigten sich angetan: „Viele diskutierten stehend; die Hocker aus Pappe zu 79 Pfennig das Stück reichten [...] nicht aus.“ Die Stellwände, an denen mit Hilfe von Karteikarten die kontroversen Meinungen „geclustert“ wurden, waren voll. Den meisten Zulauf verzeichnete Stand 4 zum Thema „Kritische Fragen an das Unternehmen – Kritische Fragen an uns alle“, wo unter einem Lenin-Foto der Diskussionsleiter die Siemens-Manager zu Äußerungen über gesellschaftspolitische Themen provozierte. 93% der Teilnehmer drängten sich am Ende der Veranstaltung durch das Tor „Mit dem Verlauf des Forums zufrieden“ nach draußen. Wie der Beobachter des Manager Magazin zudem bemerkte, habe „mancher der Manager (Durchschnittsalter 53) am Forums-Tag ungewohnte Lebhaftigkeit und Spontaneität“ gezeigt. Vorstandsvorsitzender Bernhard Plettner bestärkte die Siemens-Führungskräfte mit seiner abschließenden Rede in dieser Aktivität:

> „Der Erfolg der Tagung wird aber natürlich in höchstem Maße von Ihnen selbst abhängen. Sie haben nun eine Fülle von Problemen gesehen, erfaßt, darüber nachgedacht. Sie werden weiter darüber nachdenken, und ich bitte Sie auch zu handeln, nicht darauf zu warten, bis Befehle kommen.“[110])

Erst vor dem Hintergrund dieser Erfahrungen begann sich im Unternehmen die Einsicht zu verbreiten, dass angesichts der Notwendigkeit erhöhter Flexibilität und ständigen organisatorischen Wandels die Anforderungen an die so genannten „social skills“, an die Fähigkeit, zusammen zu arbeiten, Mitarbeiter zu motivieren und eigeninitiativ zu handeln, zunahmen. Nach der ersten „echten“ Siemens-Tagung, der 1975 eine zweite gleicher Art folgte,[111]) war diese Überzeugung im Unternehmen zumindest so weit vorhanden, dass die Implementierung eines verhaltenswissenschaftlichen Trainingsseminars für obere Führungskräfte in Angriff genommen und zwei Jahre später erfolgreich abgeschlossen werden konnte. Betriebliche Humanexperten erwiesen sich dabei gleichsam als „Schleuse“ für die Transformation und den Import extern entwickelten Expertenwissens in das Unternehmen. Sie verfolgten explizit das Ziel, Verhalten zu verändern.

Das Siemens'sche „Trainingsseminar zur Verbesserung der Effektivität im Management“ baute grundlegend auf dem Konzept „Managerial Effec-

110) Zit. n. *Volkmann*, Der große Basar, S. 116.
111) Ebd. S. 117.

tiveness“ auf, das der britische Arbeits- und Organisationspsychologe William J. Reddin Ende der 1960er Jahre entwickelt hatte,[112]) und das zunächst in Kanada und den USA eingesetzt wurde. Am Anfang von Reddins Organisationsentwicklungskonzept stand eben dieses einwöchige Seminar, welches die deutschen Betriebspsychologen übernahmen und zum Teil gemeinsam mit dem Briten den Siemens'schen Bedingungen anpassten. Fragen der praktischen Umsetzung, zunächst insbesondere die Methodik der konkreten Vermittlung, rückten dabei zunehmend in den Vordergrund, während theoretische Aspekte, die anfangs noch als wichtig eingestuft wurden, gleichzeitig an Bedeutung verloren.[113]) Reddins so genannte „3-D-Theorie“ definierte Führung als Verhalten in den Dimensionen Aufgabe, Beziehungen und Situation.[114]) Als wichtigste Verwendungsmethode umfasste sie das Konzept des so genannten „Management by Objectives“.[115]) Dieses war in den 1960er Jahren maßgeblich von George S. Odiorne und John Humble in den Staaten beziehungsweise in Großbritannien entwickelt und gleichzeitig durch Peter F. Drucker popularisiert worden.[116]) „Management by Objectives“ zielte darauf ab, die Ergebnisorientierung der Führungskräfte und Mitarbeiter zu stärken, indem ihnen vermittelt wurde, dass der Weg zum Ziel variabel und eben aufgaben-, beziehungs- und situationsabhängig sei. „Not giving directions but direction“ war die neue Devise.[117])

Wichtiger noch bei der Durchführung des Seminars war jedoch, dass die Siemens'schen Humanexperten konsequent auf Vermittlung durch Verwendung setzten. Sie stützten sich maßgeblich auf das von den US-amerikanischen Organisationspsychologen Jane Srygley Mouton und Robert R. Blake entwickelte Konzept des so genannten „Instrumentierten Lernens“.[118]) Mouton und Blake betrieben seit 1961 eine auf verhaltenswissenschaftliche Verfahren spezialisierte Unternehmensberatung in Austin, Texas. Das fünftägige Seminar „How to Design and Use Instrumented Team Learning“ wurde seit 1973 von ihnen angeboten, gehörte somit ebenso wie die „ModerationsMethode“ und das „Metaplan“-Konzept des Quickborner Teams zu Beginn der 1970er Jahre zum Neuesten, was es im Bereich humanwissenschaftlicher Expertise gab. Das Innovationspotential ihres Konzepts sahen Mouton und Blake besonders darin, dass sie mit dem „Team“ eine eigenständige Lerninstitution konstituierten, die durch die Vermittlung entsprechender Verfahren so ausgestattet werden sollte, dass die jeweiligen Mitglieder in der Lage waren, sich

[112]) *Reddin*, Managerial Effectiveness (1970); deutsche Übersetzung 1981 unter dem Titel „Das 3-D-Programm zur Leistungssteigerung des Managements“.

[113]) *Münster*, Verhaltensänderung durch Training, S. 286.

[114]) *Reddin*, Managerial Effectiveness, S. 11ff.

[115]) Ebd.; *Münster*, Verhaltensänderung durch Training, S. 185.

[116]) *Odiorne*, Management by Objectives; *Humble*, Management by Objectives; *Drucker*, The Effective Executive.

[117]) Interview vom 18.07.2001.

[118]) *Mouton/Blake*, Instrumentiertes Lernen.

selbst zu lehren beziehungsweise von- und miteinander zu lernen. Zentrales Lernmedium des Siemens-Seminars war daher die Gruppe, welche die gestellten Aufgaben mit einer möglichst großen Selbstverantwortlichkeit lösen sollte.[119]) Als besonders wichtig erwies es sich dabei, die zurückhaltende, moderierende Rolle des Seminarleiters so klar zu definieren und zu praktizieren, dass sie auch gegen Widerstand und andere Erwartungen der Teilnehmer, die vor allem in der Anfangszeit des Seminars zu „erheblichen Auseinandersetzungen über Rolle und Person der Seminarleiter" führten, Stand hielt und dadurch überzeugte.[120])

Mit der Etablierung des „Trainingsseminars zur Verbesserung der Effektivität im Management" umfasste 1978 das betriebspsychologische Seminar-Programm bei Siemens alle Akteursgruppen des betrieblichen Sozialraumes, die sich innerbetrieblich fortbilden ließen. Es erreichte damit das Maximum seines möglichen Wirkungsgrads. Die neuen humanwissenschaftlich gestützten Fort- und Weiterbildungs-Maßnahmen stellten nicht nur das Vermittlungsinstrument eines neuen Führungsverständnisses dar. Sie transportierten vor allem eine neue Ziel gerichtete sowie reflexive Handlungsorientierung. Damit trugen Betriebspsychologen und Personalexperten wesentlich dazu bei, eine neue Grundlage betrieblicher Sozialbeziehungen und damit den Kern einer neuen betrieblichen Sozialordnung westdeutscher Großunternehmen zu realisieren. Die „Leitsätze für Führungskräfte" bei Siemens eröffneten zu Beginn der 1970er Jahre als konsequente Anwendung des neuen betriebswirtschaftlichen Leitbilds der Unternehmensführung auch im sozialen Bereich die Möglichkeit dessen, was Weingart als „Generalisierung des Handlungstypus der Forschung", als „systematische und kontrollierte Reflexion" und als konstitutives Kriterium der Wissensgesellschaft bezeichnet hat.[121]) Das betriebspsychologische Seminarprogramm bei Siemens stellte in institutionalisierter Form das Instrument seiner Realisierung dar.

Siemens war damit eines der, wenn nicht *das* erste westdeutsche Großunternehmen, das in institutionalisierter Form über Maßnahmen und Instrumente verfügte, die die Lernfähigkeit der Organisation im Sinne eines reflexiven Lernens, das nicht mehr auf Erfahrungswissen oder trial-and-error-Verfahren rekurrierte,[122]) beförderten. Dieses Beispiel zeigt, dass es nicht erst eine Auswirkung der so genannten „Japanisierung" der 1980er Jahre war, die diesen Wandel begründete,[123]) sondern betriebliche Humanexperten vorher bereits Weichen stellten, die für die Wahrnehmung japanischer Managementmethoden durch deutsche Unternehmer Voraussetzung waren. Betriebspsychologen und Personalexperten waren diejenigen Experten, die diese Verfahren und

[119]) *Münster*, Verhaltensänderung durch Training, S. 287.
[120]) Ebd. S. 289f.
[121]) *Weingart*, Die Stunde der Wahrheit?, S. 16f.
[122]) Vgl. auch für weitere Literaturangaben: *Kleinschmidt*, Der produktive Blick, S. 42.
[123]) So ebd. S. 394, 403.

Maßnahmen in Unternehmen auftragsgemäß entwickelten und einführten. Entscheidend war, dass sie ihre Vorstellungen nicht nur mit herkömmlichen Mitteln propagierten, sondern anhand der neu entwickelten Verfahren und Methoden auch für andere erfahrbar und praktikabel machten. Sie bedienten sich in der Regel aus dem seit Ende der 1960er Jahre sprießenden Angebot außerbetrieblich bereit gestellter Konzepte und begleiteten oder besorgten deren Anpassung an die jeweils eigenen Bedingungen im Unternehmen. Die Existenz solcher Humanexperten-Abteilungen war somit eine notwendige Voraussetzung für die Durchsetzung eines westernisierten Leitbilds betrieblicher Sozialbeziehungen in westdeutschen Unternehmen während der 1970er Jahre, wenngleich jedoch keine Garantie, wie noch zu zeigen sein wird.

Ausgehend von Unternehmen wie Siemens zielte das Selbstverständnis der stärker wissenschaftlich orientierten, konsensliberalen Humanexperten gegen Ende der 1970er Jahre nicht mehr nur auf die prinzipielle Einbindung ihres Wissens in Unternehmen, wie es noch in Friedrichs Konzept der „Modernen Personalführung" 1973 der Fall war. Stattdessen rückten nun die konkreten Bedingungen und Absichten der Verwendung dieses Wissens in den Mittelpunkt. Typisch war eine Haltung, die sowohl in Bezug auf sich selbst als auch in Bezug auf alle anderen Akteure unter Verwendung des reflexiven Handlungsprinzips die Notwendigkeit des permanenten Lernens betonte, wie sie Eberhard Schnelle als Nukleus der Metaplan-Beratungskonzeption bereits 1973 formuliert hatte. Der „Senior Director Human Resources Development" der Siemens AG etwa erklärte zu Beginn der 1980er Jahre in Anlehnung an den amerikanischen Organisationspsychologen Michael Maccoby, dass in der betriebspsychologischen Praxis folgendes Leitbild gepflegt würde:

> „Ein guter Sozialwissenschaftler bringt seinen Werdegang, seinen Sachverstand und seine Sichtweise als ‚Mitarbeiter' in den Gesamtprozess ein und wird das auf eine Weise tun, dass er zusammen mit anderen Beteiligten lernt. Ein Sozialwissenschaftler hat ein bestimmtes Wissen und er hat Fertigkeiten zum Messen, Interpretieren und Verstehen entwickelt; aber sein Ziel ist es auch, die Fähigkeit der betroffenen Arbeiter, Manager und Betriebsratsmitglieder zu fördern, damit diese selbst in der Lage sind, zu untersuchen, zu bewerten, zu verstehen, Sozialwissenschaft zu praktizieren. In gewisser Weise ist das eine Demokratisierung der Sozialwissenschaft."[124]

Ein solches Selbstverständnis betrieblicher Humanexperten konnte sich nur in Unternehmen wie Siemens ausbilden. Es ist zu verstehen als Ergebnis der Wechselwirkungen zwischen den Erfahrungen, die die Experten seit Beginn der 1970er Jahre in Unternehmen gemacht hatten, den Veränderungen im betrieblichen Sozialraum während dieses Zeitraums und ihren eigenen Vorstellungen, die sie diesen Veränderungen permanent anpassten. Betriebliche Humanexperten schrieben sich im Übergang von den 1970er zu den 1980er Jahren eine zentrale, aktive Rolle im sozialen Wandlungsprozess der Ordnung westdeutscher Unternehmen zu, die gar missionarischen Eifer im Dienste

[124]) *Hempel*, Betriebspsychologie, S. 259.

wissenschaftlicher Aufklärung erkennen ließ. Nun wollten sie nicht mehr nur betriebliche Sozialbeziehungen gestalten, das wollten sie weiterhin auch; die Art und Weise aber, wie sie dieses Ziel zu erreichen suchten, griff viel weiter aus, indem sie auf eine der Grundfesten der betrieblichen Sozialordnung abzielte: Jedem einzelnen betrieblichen Akteur sollte ihr wissenschaftsgestütztes, reflexives Prinzip als neue, generelle Handlungsorientierung vermittelt werden und damit der herkömmliche Richtlinien-, Weisungs- und Erfahrungsbezug durch jeweils eigene Aktivität und Beteiligung jedes einzelnen ersetzt werden. „Demokratisierung" war daher in erster Linie ein Verwissenschaftlichungsprozess. Die Frage, ob diese Gruppe der konsensliberalen Humanexperten ihre hoch gesteckten Ziele tatsächlich erreichte, gilt es später noch einmal aufzugreifen. Zunächst muss dazu das neue Führungsverständnis nicht der Vorreiter-Unternehmen wie Siemens, sondern der Mehrheit westdeutscher Unternehmen während der 1970er Jahre in den Blick genommen werden.

Bei Siemens fand der Auf- und Ausbau von Maßnahmen zur Realisierung der „Führungsleitsätze" nach ihrer Verabschiedung durch den Vorstand statt. Diese Reihenfolge entspricht der in der Unternehmensgeschichte noch immer gängigen Vorstellung betrieblicher Prozesse, die Alfred D. Chandler auf den griffigen Nenner „structure follows strategy" gebracht hat.[125]) Grundlegend ist dabei die Annahme, dass strategische Entscheidungen an der Unternehmensspitze gefällt werden und sich dann in der Organisationsstruktur niederschlagen, die wiederum den Handlungsrahmen der betrieblichen Akteure vorgibt. Am Beispiel Daimler-Benz lässt sich jedoch aufzeigen, dass dies bei der Durchsetzung eines neuen Führungsverständnisses während der 1970er Jahre nicht zwangsläufig der Fall war. Hier hinkte der Gesamtvorstand hinter der Entwicklung auch im eigenen Unternehmen her. Dies war auch in anderen Unternehmen eher die Regel als eine Ausnahme.

Die mit der Etablierung betrieblicher Personalpolitik in westdeutschen Unternehmen seit der zweiten Hälfte der 1960er Jahre einhergehenden Anzeichen des sozialen Wandels entgingen Unternehmer-Personalexperten freilich nicht. Sie reagierten in erster Linie defensiv, indem sie – wie beispielsweise Fritz Jacobi mit der Publikation „Führen und Erziehen zur Mitbestimmung" –, ihre herkömmlichen Konzepte in neuer Form veröffentlichten, wobei Schwerpunkte anders gesetzt wurden, Begrifflichkeiten verändert, der Kern, das heißt Ordnungsvorstellungen und Deutungsmuster, jedoch im Wesentlichen erhalten blieben.[126])

Eine zentrale Rolle spielte hierbei Reinhard Höhns „Harzburger Modell", das Konzept der so genannten „Führung im Mitarbeiterverhältnis". Höhns „Akademie für Führungskräfte" in Bad Harzburg – 1956 gegründet – profitierte in den ersten zehn Jahren ihres Bestehens entscheidend von der zuneh-

[125]) *Chandler*, Strategy, S. 14.
[126]) *Jacobi*, Führen und Erziehen.

menden Nachfrage nach Führungskräfte-Fortbildungen. Sie etablierte sich schnell als eine der wichtigsten Institutionen, die herkömmlichen Organisationen wie etwa der A.S.B. den Rang abliefen. Zwischen 1957 und 1964 hatte sich die Anzahl der Teilnehmer an „Harzburg"-Lehrgängen nahezu verzehnfacht (1956: 1188 Teilnehmer; 1964: 10053) und die Tendenz war weiterhin deutlich steigend (1965: 13396).[127]) Mit vermeintlich „sachlichen" Argumenten legitimierte das Harzburger Modell unter Adaption militärischer Vorbilder (Stab-Linie-Organisation) den Erhalt der betrieblichen Hierarchie und verband dies zugleich mit dem „partizipativen" Zugeständnis der Delegation von Führung. Es bot so eine geeignete Vorlage, die in Bedrängnis geratene Unternehmer und ihnen verpflichtete Humanexperten begierig aufgegriffen. Das Konzept wurde zudem in schnell aufeinander folgenden Auflagen um in der anhaltenden Diskussion jeweils neu aufgeworfene Aspekte ergänzt und erweitert.[128]) Damit reagierte man auch auf Kritik, die Vertreter der neuen anwendungsorientierten, sozialwissenschaftlichen Fachdisziplinen, beispielsweise der Personalwissenschaft, bereits in der ersten Hälfte der 1970er Jahre am Harzburger Modell übten.[129])

Im Gegensatz zum Harzburger Modell entbrannte um andere gleichartige Publikationen keine entsprechende Diskussion. Sie wurden auch nicht in die Harzburg-Kritik einbezogen. Breite Wirkung etwa hatte Hanns-Martin Schleyers „Soziales Modell" von 1973,[130]) das während der 1970er Jahre „auch in liberalen Konzernen an leitende Angestellte verteilt" wurde.[131])

Schleyer war seit 1956 in leitender Funktion des Personalbereichs bei Daimler tätig gewesen war, davon seit 1963 als Vorstandsmitglied mit dem Ressort „Personal- und Sozialwesen und Zentralverwaltung". Er sah sich Anfang der 1970er Jahre genötigt, die durch den „Kollektivismus" der Gewerkschaften und Sozialdemokraten bedrohte „Freiheit" der marktwirtschaftlichen Ordnung, respektive die der Unternehmer, zu verteidigen. In seiner Publikation warnte Schleyer zwar, dass die Unternehmer sich als fähig erweisen müssten, „die innere Ordnung ihrer Unternehmen mehr und mehr der offenen, demokratischen Gesellschaft mündiger Bürger anzupassen."[132]) Da seiner Meinung

[127]) Die A.S.B. verzeichnete 1963 nach 15-jährigem Bestehen insgesamt 40000 Kurs-Teilnehmer (vgl. Kap. 8). Die Harzburger Akademie hatte zum gleichen Zeitpunkt nach nur achtjährigem Bestehen fast genauso viele Teilnehmer aufzuweisen: 36729. Vgl. für die Bad Harzburger Zahlen: Reinhard *Höhn*, 10 Jahre Stabsarbeit für die Wirtschaft. Aufbau und Entwicklung der Akademie für Führungskräfte der Wirtschaft (1956–1966), in: Harzburger Hefte 3, 1966, S. 135–144, hier S. 141.

[128]) *Höhn*, Führungsbrevier: 1. Aufl. 1966; 6. grundlegend überarb. Aufl. 1969; 7. überarb. Aufl. 1970; 8. ergänzte Aufl. 1974, 9. durchgesehene Aufl. 1977.

[129]) *Guserl*, Bürokratie à la Harzburg; *ders.*, Das Harzburger Modell; *Hickel*, Eine Kaderschmiede; *Braun*, Das Harzburger Modell; die erste Antwort aus Bad Harzburg: *Schönfelder*, Führung oder Gruppen-Konfusion.

[130]) *Schleyer*, Das soziale Modell.

[131]) *Hermann*, Der Boss der Bosse, S. 86.

[132]) *Schleyer*, Das soziale Modell, S. 214.

nach aber Demokratisierung nichts mit Demokratie zu tun habe,[133]) sei die „Kapitulation vor den Machtansprüchen der Gewerkschaften, die als Forderung nach paritätischer Mitbestimmung kaschiert sind", der falsche Weg. Vielmehr, so Schleyer, sei eine „Erziehung zur Demokratie" vonnöten, die sich auf der betrieblichen Ebene vor allem durch die „richtige Führungsmethode" erreichen lasse.[134]) Führung sei nämlich ein gesellschaftliches Grundphänomen und könne nur um den Preis des permanenten Chaos abgeschafft werden,[135]) während gleichzeitig zur Führung berufen in erster Linie die Unternehmer seien:

„Unternehmen heißt Führen. Alle unternehmerischen Aufgaben sind Führungsaufgaben. [...]. Zeitgemäße Führungsmethoden müssen daher [...] sicherstellen, dass einerseits das Gefüge der Institutionen und Kompetenzen auf jeden Fall funktionstüchtig bleibt, die leitenden Positionen aber mit Personen besetzt werden, die Autorität haben oder das Zeug dazu, sie zu erwerben. Das muß die Grund-Maxime der Personalpolitik im Unternehmen sein."[136])

Unter Verwendung des Schumpeterschen Unternehmerbildes und Gehlens Institutionenbegriff stellte Schleyers „Soziales Modell" somit nichts weniger dar als einen Versuch, die reichlich beschädigte Position der „charismatischen Unternehmerpersönlichkeit" zu retten: Er verband ihre Existenz mit dem Erhalt der vermeintlich bedrohten „abendländischen Freiheit" beziehungsweise der Abwendung von „Chaos" und überantwortete dem „Unternehmer" zugleich die Aufgabe der „Erziehung" mündiger Bürger mit Hilfe betrieblicher Personalpolitik.

Parallel dazu stellte es auch Reinhard Höhn als eine der wichtigsten Errungenschaften seines Harzburger Modells heraus, dass „in einem Unternehmen, das mit Delegation von Verantwortung führt", in dem also sein Modell angewendet wird, „der Staatsbürger von morgen herangebildet" würde.[137]) Wie Schleyer befürchtete auch Höhn, dass die Auflösung traditioneller Hierarchien zu „Chaos" und „Anarchie" führe.[138]) Im Unterschied zu Schleyer, dessen Haltung dem Ausbau betrieblicher Personalabteilungen, insbesondere deren Fort- und Weiterbildungsbereichen, durchaus zuträglich war, konzentrierte sich Höhn in seinem Konzept maßgeblich auf die („sachliche") Notwendigkeit, die betriebliche Hierarchie zu zementieren, was letztendlich noch direkter dem Erhalt der „unternehmerischen" Handlungsfreiheit diente. Um die

133) „Demokratisierung hat nichts mit Demokratie zu tun; sie entspringt einem ideologisch verformten und verfremdeten Demokratiebegriff [...]", ebd. S. 83.
134) Ebd. S. 214.
135) Ebd. S. 208.
136) Erster Satz des Zitats: ebd. S. 207; alles weitere: ebd. S. 212.
137) *Höhn*, Führungsbrevier, S. 38.
138) „Eine völlige Auflösung der Hierarchie, wie sie die ‚organisatorischen Bilderstürmer' anstreben, würde gleichzeitig die Auflösung jeder Ordnung bedeuten und damit zur Anarchie und zum Chaos führen", Reinhard *Höhn*, Delegation von Verantwortung und hierarchische Ordnung, in: Organisation und Betrieb 26, 1971, S. 11–13, hier S. 11.

Demokratisierung der innerbetrieblichen Arbeitsbeziehungen im Sinne eines Übergangs von der Konfrontation zur Kooperation zu befördern, war weder diese noch jene Alternative geeignet.

Dennoch setzte auch in Unternehmen wie Daimler-Benz während der 1970er Jahre ein, wenn auch vergleichsweise langsamer Wandlungsprozess ein. 1971 legte die Personalabteilung dem Daimler-Vorstand ein „Memorandum zur Personalpolitik" vor, das die Notwendigkeit eines kooperativen Führungsstils betonte und ein Programm anstehender Personalmaßnahmen enthielt (zum Beispiel Fort- und Weiterbildung der Mitarbeiter, Integration der Ausländer, Sozialleistungen aufgrund ausgebauter Rechtsansprüche usw.). Dieses Memorandum wurde – wie es der an der Verfassung beteiligte Richard Osswald ausdrückte, nach Schleyer der zweite Mann im Personalbereich – vom Vorstand jedoch nicht nur abgelehnt, sondern gar „in Acht und Bann getan".[139]) Ein offiziell, das heißt auch von der Geschäftsleitung abgesegneter Leitbildwandel war zu Beginn der 1970er Jahre bei Daimler somit nicht möglich. Doch Osswald, dem laut Edzard Reuter „alle Beteiligten (einschließlich Schleyer selbst) misstrauten",[140]) gab nicht auf.

Die sich verschärfende Lage auf dem Arbeitsmarkt begünstigte seine Position. Seit 1974 traten infolge der gesunkenen Pkw-Nachfrage nach dem Öl-preis-Schock auch bei Daimler-Benz „Beschäftigungsprobleme" auf.[141]) Diese eröffneten den betrieblichen Humanexperten neue Handlungsspielräume. Zum einen entwickelten sie ein öffentlichkeitswirksames Beschäftigungskonzept, das System der so genannten „Abordnungen", das auf einem Austausch von Mitarbeitern zwischen verschiedenen Werken beruhte, um Kündigungen zu vermeiden.[142]) Gleichzeitig erarbeiteten sie in einem Arbeitskreis aus Mitarbeitern des Personal- und Bildungsbereichs einen Entwurf von Leitsätzen der kooperativen Führung und von Grundsätzen der Zusammenarbeit im Unternehmen.[143]) Dieser Entwurf wurde in den Jahren 1976 und 1977 im Rahmen von Fortbildungsveranstaltungen mit – so Osswald – 3000 Führungskräften diskutiert. Den Hauptwert dieser Diskussionen sah er darin, „dass sich ein breiter Kreis intensiv mit Fragen der Führung befasste", so dass sich daraus „wie eine reife Frucht" die Frage ergeben habe, „wann endlich der Gesamtvorstand über den Entwurf beschließen würde." Erst im Frühjahr 1979 kam es dazu. Zu diesem Zeitpunkt hatte nicht nur das Abflauen des Lkw-Exportbooms in den Nahen Osten erneute und zudem schwerwiegendere „Beschäftigungsprobleme" beschert.[144]) Am 1. März 1979 hatte außerdem das Bundesverfassungsgericht die Beschwerde gegen das Mitbestimmungsgesetz von 1976

[139]) *Osswald*, Lebendige Arbeitswelt, S. 181 ff.
[140]) *Reuter*, Schein und Wirklichkeit, S. 157.
[141]) *Kruk/Lingnau*, 100 Jahre Daimler-Benz, S. 276.
[142]) *Osswald*, Lebendige Arbeitswelt, S. 191.
[143]) Vgl. für das Folgende: ebd. S. 230–233.
[144]) *Kruk/Lingnau*, 100 Jahre Daimler-Benz, S. 276.

zurückgewiesen, an der der Daimler-Gesamtvorstand maßgeblich beteiligt war.[145]) Nach langjährigem Sträuben und vergeblichen Abwendungsversuchen sah sich der Daimler-Gesamtvorstand somit erst nach dieser Zurückweisung und unter dem Druck der schwierigen Beschäftigungslage bereit, einem neuen Führungsverständnis nun auch offiziell Tür und Tor zu öffnen.

Die im März 1979 bei Daimler verabschiedeten Leitsätze[146]) waren inhaltlich nahezu identisch mit den Handlungsanweisungen einer Broschüre der Rheinischen Braunkohlenwerke AG mit dem Titel „Führungshilfen für Vorgesetzte" aus der zweiten Hälfte der 1970er Jahre.[147]) Zwar wies der Daimler-Vorstand im Unterschied zum Rheinbraun'schen im Vorwort seiner Leitsätze darauf hin, dass das Führungsverhalten „nicht nur am einzelnen Mitarbeiter" ausgerichtet sein dürfe, „sondern [...] auch die Beziehungen der Mitarbeiter untereinander beachten" müsse.[148]) In den Leitsätzen fand diese eigene Forderung jedoch keinen sichtbaren Niederschlag. Ein weiterer Unterschied bestand darin, dass die Rheinbraun-Broschüre nur an außertarifliche Führungskräfte verteilt wurde, während bei Daimler die Leitsätze unternehmensintern für alle zugänglich waren. Letzteres war sicherlich Osswalds Vorarbeit geschuldet, der großen Wert auf Transparenz und Glaubwürdigkeit legte, während die Rheinländer die Angelegenheit weiterhin als „Elitendiskurs" handhabten.

Bei Rheinbraun war in Folge der so genannten „Großen Fusion" (1959), als vier Gesellschaften des rheinischen Braunkohlenbergbaus unter dem neuen Namen verschmolzen worden waren,[149]) Mitte der 1960er Jahre ein psychologisch ausgebildeter Personalexperte von der Allianz abgeworben worden. Als „Personalchef" war er dem neuen Gesamtvorstand direkt untergeordnet; eine Konstruktion, die in dem montanmitbestimmten Unternehmen vermeiden sollte, dass der Arbeitsdirektor dem gesamten Personalbereich vorstand. Der Personalchef war dafür zuständig, die „Fusionserfolge personell zu bewältigen". Dies bedeutete zum einen, Mitarbeiter zu entlassen, zum anderen aber auch, organisatorische Strukturen der bisherigen Einzelgesellschaften in gemeinsame zu überführen, so dass „etwas wie ein gemeinsamer Stil herauskam".[150]) 1965 wurde im Zuge dieser Bemühungen bei Rheinbraun der Be-

[145]) *Osswald*, Lebendige Arbeitswelt, S. 86–92.

[146]) Vgl. ebd. S. 232 f.

[147]) Führungshilfen für Vorgesetzte, hg. v. d. Rheinischen Braunkohlenwerke AG, Köln o. J. Die Datierung der Broschüre basiert auf der Erinnerung eines Zeitzeugen. Auch eine Anfrage im Rheinbraun-Archiv sowie weitere Recherchen haben kein genaueres Ergebnis erbracht.

[148]) *Osswald*, Lebendige Arbeitswelt, S. 232.

[149]) Die Rheinische Aktiengesellschaft für Braunkohlenbergbau und Brikettfabrikation (RAG) übernahm die Gesellschaften Braunkohlen und Brikettwerke Roddergrube AG, Brühl, die Braunkohlen-Industrie-AG (BIAG) „Zukunft", Eschweiler, und die Braunkohlenbergwerke Neurath AG, Düsseldorf. Vgl. dazu: *Kleinbeckel*, Unternehmen Braunkohle, S. 247 ff.

[150]) Interview vom 14. 04. 2000.

reich „Personal- und Bildungswesen“ eingerichtet, der unter anderem Aus- und Weiterbildungsfunktionen umfasste und zunächst vor allem auf die Fort- und Weiterbildung oberer Führungskräfte ausgerichtet und in Händen von Psychologen war. Nach der Verabschiedung des Mitbestimmungsgesetzes von 1976 ließ sich diese einseitige Schwerpunktsetzung jedoch nicht mehr aufrecht erhalten. Die Aufteilung in einen Bereich für außertarifliche und einen für tarifliche Mitarbeiter, wobei letzterer dann dem Arbeitsdirektor unterstand, war der daraus resultierende Kompromiss. Vermutlich sind die „Führungshilfen“ während dieser Restrukturierungen entstanden. Mit ihrer Verabschiedung durch den Vorstand wurden sie zur offiziellen Maxime erhoben.

Im Vorwort der Broschüre erklärte der Rheinbraun-Vorstand, dass das Erreichen des Unternehmensziels die gemeinsame Anstrengung von Mitarbeitern und Vorgesetzten verlange und diese nur durch die Einsicht in die Notwendigkeit der Zusammenarbeit garantiert sei. Vom Mitarbeiter würden Leistungsbereitschaft und Verantwortungsbewusstsein gefordert, vom Vorgesetzten darüber hinaus ein zeitgemäßes Führungsverhalten.[151]) Wie dieses Führungsverhalten aussehen sollte, und wie es sich konkret realisieren ließe, sollte Inhalt der Broschüre sein. Die wichtigste „Message“ war Überschrift des ersten Abschnitts: „Effektiv führen = kooperativ führen“. Auch hier zeigt sich, dass die Maßnahme mit einer neuen, maßgeblich betriebswirtschaftlich orientierten Unternehmensstrategie verbunden war. Kooperativ an dem Verhalten, das in der Broschüre als ideal beschrieben wurde, sollte sein, dass die Führungskraft sich in ihren Entscheidungen nicht mehr nur an Arbeitszielen orientiert, sondern nun auch Bedürfnisse und Fähigkeiten der Mitarbeiter berücksichtigt und individuell einbezieht. Dabei ergäben sich sechs Aufgabenbereiche gegenüber dem Mitarbeiter, bezeichnet als „Führungsaufgaben“ und „Führungsverantwortung“:

1. „Die Voraussetzung: Information“,
2. „Zielsetzung – Forderung an den Mitarbeiter“,
3. „Fördern durch Delegation von Verantwortung“,
4. „Kontrolle ist unerlässlich“,
5. „Möglichkeiten durch Anerkennung und Kritik“ und
6. „Beurteilung als Entscheidungshilfe“.[152])

Die aktive Wahrnehmung dieser „Führungsaufgaben“, so der letzte Satz der Broschüre, verschaffe „jene persönliche Autorität, die notwendig sei, um die Interessen des Unternehmens mit den Interessen der Mitarbeiter bestmöglich in Einklang zu bringen“.[153]) War das also nun die Demokratisierung der innerbetrieblichen Arbeitsbeziehungen in westdeutschen Großunternehmen?

Neu am Konzept des Rheinbraun'schen kooperativen Führungsstils war, dass die Vorgesetzten aufgefordert wurden, sich im Gespräch mit den Mitar-

[151]) Führungshilfen für Vorgesetzte, S. 3f.
[152]) Ebd. Überschriften der Abschnitte S. 17–27.
[153]) Ebd. S. 31.

beitern auseinanderzusetzen, „das fachliche Gespräch über Ziele und Aufgaben, in kleinem oder größerem Kreis; das Beurteilungsgespräch über Fähigkeiten, Stärken wie Schwächen; das persönliche Gespräch über Erwartungen und Enttäuschungen.“[154]) Allerdings ging es weniger darum, im Gespräch einen Konsens zu finden – das Wort kommt im ganzen Heft nicht vor –, sondern darum, vermittels der persönlichen Autorität des Vorgesetzten die Interessen von Unternehmen und Mitarbeiter in Einklang zu bringen. Damit blieb das Maß an Kooperation und Integration abhängig vom Ermessen und der Kompetenz des jeweiligen Vorgesetzten. Bezeichnend ist in diesem Zusammenhang besonders die Feststellung, dass „die Grenzen der kooperativen Führung dort liegen, wo es im Einzelfall an der Bereitschaft zur Kooperation und Mitverantwortung [also des Mitarbeiters] mangelt.“[155]) Dies wiederum war nicht wirklich weit entfernt vom „Können und Wollen“ des Einzelnen – erkannt und bestimmt durch die Menschenkenntnis des Vorgesetzten –, das im Konzept der „Menschenführung“, wie Fritz Jacobi etwa sie seit dem Beginn der 1950er Jahre vertrat,[156]) entscheidend für die Integration des Einzelnen war. Das Rheinbraun'sche Konzept des kooperativen Führungsstils enthielt mit dem Gespräch somit zwar ein neues Element, das als Vermittlungsmedium potentiell ein Verhältnis zwischen Vorgesetzten und Mitarbeitern hätte begründen können, das auf gegenseitigem Austausch und einer gemeinsamen Konsensfindung beruht hätte. Dadurch jedoch, dass die Vermittlung zwischen den unterschiedlichen Interessen nur als Aufgabe der Führungskraft und nicht als gemeinsames Ziel angesehen wurde, erfuhr dieses Potential eine entscheidende Begrenzung.

Deutliche Parallelen lassen sich hier wiederum im Harzburger Konzept der „Führung im Mitarbeiterverhältnis“ finden. Nicht nur, dass die „Führungseignung“ des Vorgesetzten, so Höhn, „sich zum überwiegenden Teil in der Fähigkeit“ erweise, „das Wissen und Können seiner Mitarbeiter für das Unternehmen fruchtbar einzusetzen“.[157]) Auch die sechs Rheinbraun'schen Aufgabenbereiche der „Führungsverantwortung“ – ein Begriff, den auch Höhn verwendete[158]) – entsprechen einer Zusammenfassung der wichtigsten Führungsprinzipien des Harzburger Modells, die sich auf den einzelnen Vorgesetzten beziehen lassen.[159]) Ebenso widmete Höhn zwei Kapitel seines

[154]) Ebd. S. 11.
[155]) Ebd. S. 30.
[156]) Vgl. Kap. 5.1.
[157]) *Höhn*, Führungsbrevier, S. 5.
[158]) Ebd. S. 10.
[159]) Den Rheinbraun'schen „Führungsaufgaben entsprechen folgende Kapitel in Höhns Führungsbrevier (in der Rheinbraun-Reihenfolge): „Die Information als Führungsmittel“, „Die Zielsetzung als Führungsaufgabe“, „Die Delegation von Verantwortung als Führungs- und Organisationsprinzip“, „Die Kontrolle“, „Kritik und Anerkennung als Führungsmittel“. Kein entsprechendes Kapitel gibt es für den Bereich der Beurteilung.

Führungsbreviers dem „Gespräch", das darin in ähnlich einseitiger Weise zur Verwendung empfohlen wurde.[160])

Da diese Form der „kooperativen Führung" somit ein reflexives Handlungsprinzip, wie es die Humanexperten bei Siemens etwa propagierten, aussparte, bot sie keine alternative und schon gar keine konsensliberale, westernisierte Ordnungsvorstellung betrieblicher Sozialbeziehungen. Angesichts der aber dennoch vermittelten, dem „Management-by-Objectives"-Konzept entsprechenden, neuen Ergebnisorientierung stellte sie vielmehr eine stärker effizienzorientierte Ausprägung weiterhin autoritär strukturierter Verhältnisse dar.

Die Realitäten verwissenschaftlichter Personalarbeit in westdeutschen Unternehmen waren somit während der 1970er Jahre unterschiedlich. Im Gegensatz zu Siemens verblieb man bei Rheinbraun und Daimler-Benz bei einer Führungskonzeption, in deren Mittelpunkt weiterhin die „persönliche Autorität" der Führungskräfte stand. Zwar wurden an sie nun neue Anforderungen im Umgang mit den Mitarbeitern gestellt, ein grundlegendes Umdenken im Hinblick auf die betriebliche Sozialordnung ging damit jedoch nicht einher. Bei Siemens hingegen war mit der Durchsetzung eines neuen, flexiblen Führungsverständnisses die Etablierung einer reflexiven Handlungsorientierung verbunden. Damit löste wissenschaftliches Wissen beziehungsweise seine praktische Verwendung in entsprechenden Verfahren Erfahrungswissen als Legitimation von Autorität ab. Diesem Wandel entsprach der Auf- und Ausbau institutionalisierter Maßnahmen, die die Lernfähigkeit der Organisation sicherstellen sollten. Vor allem ein ausdifferenziertes Seminar-Programm zielte darauf ab, jedem Einzelnen das reflexive Prinzip als neue Handlungsorientierung zu vermitteln. Die Humanexperten-Abteilungen erfüllten dabei eine Art „Schleusenfunktion": Indem Betriebspsychologen und Personalexperten außerbetrieblich generiertes, wissenschaftsgestütztes Wissen für die praktische Verwendung im Unternehmen transformierten – das heißt entsprechende Maßnahmen und Verfahren entwickelten und implementierten –, stellte ihre Tätigkeit einen „Kanal" dar, der den betrieblichen Sozialraum mit seiner Umwelt, mit gesellschaftlichen und sozialen Bedingungen verband, gleichzeitig aber auch die Möglichkeit umfasste, die Grenze zwischen dem Innen und Außen selbst zu kontrollieren. Die Institutionalisierung und Etablierung ausdifferenzierter personalpolitischer Abteilungen ist insofern zu verstehen als ein Instrument, mit dem westdeutsche Unternehmen auf Anforderungen reagierten, die in einer sich zunehmend auch in außerparlamentarischen Bereichen demokratisierenden Gesellschaft an sie herangetragen wurden; keinesfalls jedoch als Indikator für eine gelungene Westernisierung oder Demokratisierung betrieblicher Sozialbeziehungen – dies zeigt sich besonders deutlich am Beispiel Rheinbraun.

[160]) *Höhn*, Führungsbrevier, S. 40ff., S. 61ff.

Hier dienten die Maßnahmen der Humanexperten dem Erhalt der „persönlichen Autorität" der Führungskraft, die – „verantwortlich für das Ganze"[161]) – in ihrer Position nicht geschwächt oder verunsichert werden durfte. Dem entsprechend wurden, so der verantwortliche Personalexperte, auch die „Führungshilfen" „ganz bescheiden und zurückhaltend"[162]) gestaltet. Ähnlich verhielt es sich mit der Funktion des Mitte der 1960er Jahre bei Rheinbraun eingerichteten „Personal- und Bildungswesens", wo zur Einführung der neuen Maßnahmen „mit ausgelesenen Führungskräften" ein Jahr lang die Führungshilfen „durchgepaukt" wurden.[163]) Damit reicherte man vorrangig das Erfahrungswissen der Vorgesetzten nach dem herkömmlichen Prinzip der Weisung an. Es wurde keine reflexive Handlungsorientierung vermittelt. Psychologisch besonders subtil und nachhaltig sollte stattdessen ein den „Führungshilfen" beiliegender „Bastelbogen" wirken, der sich zu einem Würfel zusammenfalten ließ, auf dessen sechs Seiten die „Führungsaufgaben" mit den wichtigsten Handlungsanweisungen zusammengefasst waren, und der, auf dem Schreibtisch der Führungskräfte platziert, sie tagtäglich bei der Realisierung ihrer „Führungsverantwortung" unterstützen sollte.

Entsprechend unterschiedlich weitreichend waren auch die Auswirkungen der verwissenschaftlichten Personalarbeit auf die Sozialordnung der Unternehmen. Dort, wo die Geschäftsleitung als konsequente Verwendung des neuen betriebswirtschaftlichen Leitbilds auch im personalpolitischen Bereich betrieblichen Humanexperten einen großen Handlungsspielraum gewährte, wie etwa bei Siemens, trugen diese wesentlich dazu bei, indem sie eine reflexive Handlungsorientierung vermittelten, dass sich während der 1970er Jahre eine flexible, mehrdimensionale Vorstellung der gesamten betrieblichen Sozialordnung durchzusetzen begann. Diese Ordnungsvorstellung zeichnete sich dadurch aus, dass ihr zunehmend keine fixe Form mehr zu Grunde lag, sondern diese vielmehr von der permanenten Gestaltung durch die beteiligten Akteure unter den jeweils gegebenen Bedingungen abhing. Genau diese Ordnungsvorstellung haben die französischen Soziologen Luc Boltanski und Ève Chiapello als „projektbasierte Polis", als Kern eines „neuen Geist des Kapitalismus" ausgemacht, der sich seit den 1970er Jahren in westlich-liberalen Gesellschaften herausgebildet habe.[164]) In den meisten westdeutschen Unternehmen jedoch blieben die Geschäftsleitungen betrieblichen Humanexperten gegenüber noch skeptisch eingestellt, wie auch ein Bericht im „Manager Magazin" von 1976 über die Integrationsschwierigkeiten von Betriebspsychologen belegt[165]). In diesen Unternehmen gelang es allenfalls, das Leitbild des „kooperativen Führungsstils" und damit neue Anforderungen an den Umgang der

161) Führungshilfen für Vorgesetzte, S.31.
162) Interview vom 14.04.2000.
163) Ebd.
164) *Boltanski/Chiapello*, Der neue Geist.
165) *Gottschall*, Anwälte der Seele.

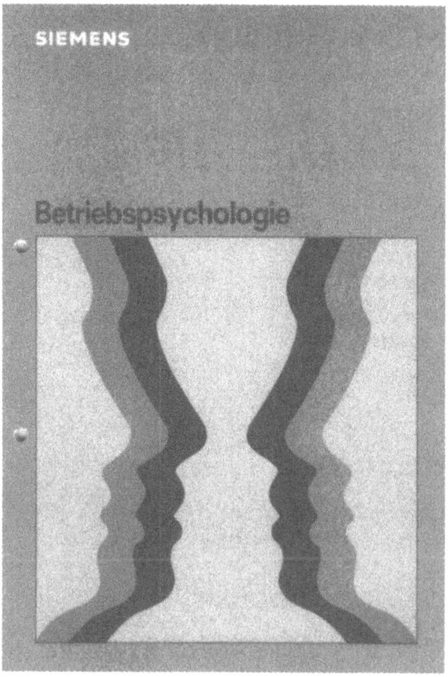

Abbildung 18: Titelbild Siemens-Broschüre „Betriebspsychologie", 1978; Siemens Corporate Archives

Führungskräfte mit Mitarbeitern durchzusetzen. Die herkömmliche Vorstellung der betrieblichen Sozialordnung, die von einer hierarchisch organisierten Pyramide ausging, deren Spitze per delegationem bis in den letzten Winkel des betrieblichen Sozialraumes ihre Direktiven wirksam werden ließ, blieb dabei weitgehend unangetastet.

Anschaulich verdeutlicht diese Unterschiede der Vergleich der beiden Titelbilder der Siemens-Broschüre „Betriebspsychologie" und der Rheinbraun'schen „Führungshilfen", die beide in der zweiten Hälfte der 1970er Jahre entstanden. Beide zeigten schematisierte menschliche Gesichtsprofile. Dies war dem seit den 1950er Jahren durch alle gesellschaftlichen Gruppen hindurch gängigen Gemeinplatz vom „Menschen im Mittelpunkt" geschuldet, der in den 1970er Jahren mit dem meist arbeitswissenschaftlich ausgerichteten Programm zur „Humanisierung der Arbeit" ein Revival erlebte.

Während man sich bei Siemens für mehrere einander zugewandte, kommunizierende Profile entschied, deren dreifache Schichtung gleichsam mehrdimensional die Tiefe des betrieblichen Sozialraumes abbildete und in der Mitte eine gralsförmige Figur als Symbol der Verheißung entstehen ließ (vgl. Abb. 18: Titelbild der Siemens-Broschüre „Betriebspsychologie", 1978), zierte die Rheinbraun-Broschüre nur ein einziger Kopf, eine Führungskraft (vgl. Abb. 19: Titelbild der Rheinbraun-„Führungshilfen", zweite Hälfte der 1970er). Das diese als menschliches Wesen kennzeichnende Profil mit markantem,

Abbildung 19: Titelbild der Rheinbraun-„Führungshilfen", zweite Hälfte der 1970er

„Führungspersönlichkeiten" zugeschriebenem Kinn erinnert nicht nur an Kaiser römischer Münzprägungen, sondern konnte außerdem durch einen Klappdeckel versteckt werden, der dann auch die ganze Broschüre wie ein geheimes Päckchen verschloss, das eben nur außertarifliche Führungskräfte etwas anging – von institutionalisierter Kommunikation und Dynamik keine Spur. Die Siemens-Broschüre in Kompromiss-Ocker, das aussieht, als wäre es am liebsten ein „richtiges" 1970er-Jahre-Orange gewesen, was dann aber doch für unpassend, weil zu schrill und trendy, befunden wurde, erweckt mit beige-braunen Abstufungen im Bild Assoziationen, die eindeutig mit den 1970er Jahren in Verbindung stehen. Das edel-distanzierte Silbergrau der Rheinbraun-Führungshilfen hingegen verstärkt nicht nur den Eindruck der Exklusivität, sondern verweist zudem eher auf die Kühle der aufziehenden 1980er Jahre – die Jubiläumschronik zum 100-jährigen Bestehen von Daimler-Benz, die 1986 erschien, hatte genau dieselbe silbergraue Farbe.[166]) Als ob diese Unternehmen mit silbergrauem Schild das grelle Orange der 1970er Jahre abzuwehren versuchten…

[166]) *Kruk/Lingnau*, 100 Jahre Daimler-Benz.

9.3 Fazit: Führung zwischen Autorität und Reflexivität

Im Zeitraum zwischen dem Ende der 1960er und dem Beginn der 1980er Jahre veränderten sich zum einen die Leitbilder westdeutscher Unternehmensstrategien sowie gleichzeitig die Anforderungen, die in einer zunehmend auch in außerparlamentarischen Bereichen sich demokratisierenden Gesellschaft an westdeutsche Unternehmen herangetragen wurden. Die Einrichtung ausdifferenzierter, mit Experten versehener Personalabteilungen war eine der wichtigsten Folgen, die aus dieser Konstellation resultierten. Dennoch handelte es sich weniger um einen wie auch immer vermittelten Demokratisierungsprozess, sondern mit der Institutionalisierung und Etablierung der Verwendung humanwissenschaftlichen Wissens in Unternehmen in erster Linie um einen Verwissenschaftlichungsprozess. Dass betriebliche Humanexperten sich als Hauptakteure dieses Prozesses zum Teil Demokratisierungsforderungen zu Eigen machten, widerspricht dieser Auffassung nicht, weil sie damit maßgeblich eigene Ziele verfolgten. Vielmehr offenbart sich an dieser Beobachtung die bisher unbeantwortete Frage, woher denn die Dynamik eines Demokratisierungsprozesses in der sozialen Praxis kommen soll?

Mit diesen Veränderungen in den Unternehmen ging ein Wandel der Rolle und des Selbstverständnisses betrieblicher Humanexperten einher. Während sie sich in den 1950er und 1960er Jahren noch maßgeblich als Diagnostiker und Berater verstanden hatten, sah sich ein Teil von ihnen seit dem Ende der 1970er Jahre als verwendende und vielleicht auch missionierende Sozialwissenschaftler. Parallel zur Etablierung ausdifferenzierter Personalbereiche in den Unternehmen veränderte sich somit die professionelle Zielsetzung betrieblicher Humanexperten. Sie gaben sich nicht mehr damit zufrieden, anhand ihrer spezifischen Kompetenz Zustände festzustellen, um den Führungskräften Information zur Verfügung zu stellen, die diese nach eigenem Gutdünken verwenden konnten oder eben nicht. Vielmehr wollten Humanexperten nun selber gestalten, zunächst betriebliche Sozialbeziehungen, dann aber auch die (betriebliche) Handlungsmaxime jedes einzelnen Akteurs.[167]) Für die Auswirkung dieser Bestrebung auf den betrieblichen Sozialraum waren zwei Aspekte von grundlegender Bedeutung:

Erstens bezog sich der neue Verwissenschaftlichungsanspruch der Humanexperten nicht mehr allein auf das Individuum, wie es zuvor der Fall gewesen war. Seit dem Beginn der 1970er Jahre galt er vielmehr zunehmend der bis dahin gleichsam sakrosankten „Gemeinschaft“, die, geführt, versorgt und be-

167) Im Vergleich mit den Befunden für das psychosoziale Handlungsfeld, das seit Beginn der 1960er Jahre einen Wandel vom diagnostischen zum therapeutischen (reflexiven) Leitbild vollzog, kann dieser Leitbildwandel für einen Teil der arbeits- und betriebspsychologischen Praxis mit einer zeitlichen Verzögerung bestätigt werden, für den anderen Teil aber eben nicht. Vgl. zum psychosozialen Handlungsfeld: *Keupp/Straus/Gmür*, Verwissenschaftlichung, S. 163f.

schützt durch die „charismatische Unternehmerpersönlichkeit", bisher unantastbar war. Ein Konflikt mit den Unternehmern war daher vorprogrammiert. Und zweitens bezog sich der neue Verwissenschaftlichungsanspruch nun derart auf das Individuum, dass es durch die Generalisierung des reflexiven Handlungsprinzips selbst aktiv am Verwissenschaftlichungsprozess beteiligt werden sollte – ein Frontalangriff gegen die „charismatische Persönlichkeit". Nicht zuletzt hierin liegt eine Erklärung für die von Berghahn konstatierte und auch bei Schleyer und Höhn offenkundige Panik,[168]) in die sich die Mehrheit der Unternehmer zu Beginn der 1970er Jahre hinein gesteigert hat, und in der ihre Lernfähigkeit – und nicht nur die der älteren Generation – zum Teil tatsächlich an ihre Grenzen stieß. Sie taten sich deshalb so schwer damit, wissenschaftliches Wissen als Legitimation von Autorität zu akzeptieren, weil es eben nicht ihrem Selbstverständnis entsprach.

Die Auswirkungen dieser Konstellation in der betrieblichen Praxis westdeutscher Unternehmen waren, so hat sich gezeigt, während der 1970er Jahre im Hinblick auf einen Wandel der betrieblichen Sozialordnung noch unterschiedlich weitreichend. Insbesondere diejenigen Unternehmen, die seit den 1950er Jahren über betriebspsychologische Abteilungen verfügten, wie Siemens oder auch Glanzstoff, nahmen in der Regel Vorreiterrollen ein. Hier fiel die Integration betrieblicher Humanexperten und ihres spezifischen Wissens und Denkens in den betrieblichen Sozialraum aufgrund der zuvor erfolgten Annäherung leichter. Mit Verweis auf einzelne Mitglieder der Geschäftsleitungen gerade dieser Unternehmen hat Berghahn einen Wandel vom „Betriebsführer" zum „sozialverantwortlichen Manager" konstatiert.[169]) Daher lässt sich seine These bestätigen. Korrigierend sind jedoch zwei Aspekte zu ergänzen:

Erstens war es nicht „Amerikanisierung" in dem von Berghahn attestierten Sinne einer inhaltlich neuen Orientierungsreferenz, die diesen Wandel maßgeblich bewirkte. Dies zeigt sich besonders deutlich daran, dass das praktisch wirksame neue Leitbild westdeutscher Unternehmer eben kein „Manager"-Bild war, sondern weiterhin der „Unternehmer" – nämlich der „sozial verantwortliche", den vor allem Bayer-Personalleiter Fritz Jacobi seit Beginn der 1950er Jahre zunehmend profilierte und als Arbeitgeber-Personalexperte der BdA in den 1960er Jahren allgemein propagierte. Zweitens erhielt dieses erneuerte Selbstverständnis westdeutscher Unternehmer erst durch die Kooperation mit den Humanexperten, durch die von ihnen entwickelten neuen humanwissenschaftlich gestützten personalpolitischen Maßnahmen im betrieblichen Sozialraum praktische Relevanz. Die Gruppe der „sozialverantwortlichen" Unternehmer ermöglichte somit die Entfaltung einer Eigendynamik, in deren Folge alle westdeutschen Unternehmen in den 1970er Jahren mit nur schwerlich zu ignorierenden Anforderungen aus dem inzwischen in-

[168]) *Berghahn*, Unternehmer, S. 325.
[169]) Ebd. S. 228–257.

ner- und überbetrieblich, wie auch in Ansätzen zumindest akademisch institutionalisierten und damit etablierten personalpolitischen Feld konfrontiert wurden.

Diejenigen Unternehmen hingegen, die wie Daimler-Benz oder Rheinbraun während der 1950er und 1960er Jahre zwar auch begonnen hatten, Fortbildungsveranstaltungen für Führungskräfte einzurichten, dabei jedoch maßgeblich das „Führungskorps" des Unternehmens zusammenschweißen wollten, um so der Anziehungskraft von Betriebsrat und Gewerkschaften etwas entgegen zu setzen,[170]) hatten auch zu Beginn der 1970er Jahre noch große Schwierigkeiten, sich mit den Ideen und Vorstellungen wissenschaftlich orientierter Humanexperten anzufreunden. Sie hatten es bisher nicht nur bewusst vermieden, Betriebspsychologen in das Unternehmen einzubinden; ebenso war eine konsequent ablehnende Haltung gegenüber extern entwickelten Führungs-, Fortbildungs- oder Kommunikationskonzepten Tradition geworden. Laut Osswald wurde „die Flut der Management-Techniken" an Daimler-Benz etwa „weitgehend vorbeigeleitet", stattdessen habe man nach „eigenen Wegen" gesucht.[171]) Indem durch eine solche Abschottung des betrieblichen Sozialraumes nach außen die Auseinandersetzung mit den neuen Experten vermieden wurde, entledigten sich die Mitglieder dieser Geschäftsleitungen der Frage, ob ihr Selbstverständnis als „charismatische Unternehmerpersönlichkeiten" den Bedingungen einer demokratischen Gesellschaftsordnung entsprach. Durch die Entwicklungen in aufgeschlosseneren Unternehmen wie Siemens jedoch, durch die sich verschärfende Beschäftigungslage während der 1970er Jahre, durch das Betriebsverfassungsgesetz von 1972 und das Mitbestimmungsgesetz von 1976 und nicht zuletzt durch die institutionelle Etablierung der Humanexperten in der DGfP und zunehmend auch an den Universitäten war es während der 1970er Jahre nicht mehr möglich, eine solche Haltung weiterhin kompromisslos zu vertreten.

Dieser Neuorientierungsbedarf sowie der gleichzeitig einsetzende Wandel vom technischen zum betriebswirtschaftlichen Leitbild westdeutscher Unternehmensstrategien eröffneten einen Handlungsspielraum, den betriebliche Humanexperten nutzten. Sie waren auch in denjenigen Unternehmen, wo die Geschäftsleitung personalpolitischen Innovationen skeptisch bis ablehnend gegenüber stand, die Akteure, die Veränderung wollten und ihre Realisierung betrieben. Die Durchsetzung des „kooperativen Führungsstils" als neues Leitbild betrieblicher Sozialbeziehungen war der größte Erfolg ihrer Bemühungen. Damit wurde allerdings weder notwendig ein grundsätzlicher Wandel der betrieblichen Sozialordnung eingeleitet, noch die Demokratisierung oder

[170]) So in einem Referat zum Thema „Nachwuchsförderung" bei der Werkleiterbesprechung am 04.12.1967, in: Dokumente aus der Bildungsarbeit bei Daimler-Benz 1882–1982, Stuttgart-Untertürkheim 1983, vgl. auch *Rosenberger*, Der schwierige Dialog, S. 188.
[171]) *Osswald*, Lebendige Arbeitswelt, S. 227.

Westernisierung innerbetrieblicher Arbeitsbeziehungen.[172]) Es wurde allein die Möglichkeit ihrer Liberalisierung geschaffen. Ein Übergang von der Konfrontation zur Kooperation fand zwar insofern statt, als die neue Devise lautete: Nicht mehr Kommandieren und Befehlen, sondern Überzeugen. Ein Konsens zur Konsensfindung zwischen verschiedenen gleichberechtigten Partnern ging damit jedoch ebenso wenig einher, wie die Vorstellung der betrieblichen Sozialordnung als hierarchisch organisierter Pyramide notwendig in Frage gestellt wurde. Die Aufwertung des Gesprächs als Vermittlungsmedium zwischen den Akteuren der betrieblichen Praxis beinhaltete potenziell die Möglichkeit eines gegenseitigen Austauschs. Dadurch jedoch, dass das zugrunde liegende Kommunikationsmodell in der Regel einseitig die Aktivität des Vorgesetzten betonte und damit weiterhin eine „Einbahnstraßen"-Kommunikation darstellte, wurde diese „Chance" begrenzt. Dennoch konnte mit diesen eingeschränkten Zugeständnissen das dem Verwissenschaftlichungsanspruch der Humanexperten immanente Dekonstruktionspotential gegenüber der „charismatischen Unternehmerpersönlichkeit" entschärft werden.

Die mit dem „kooperativen Führungsstil" einhergehende Möglichkeit der Liberalisierung betrieblicher Sozialbeziehungen erscheint vor diesem Hintergrund keineswegs als Ergebnis eines linearen Modernisierungsprozesses, sondern als notwendiges Minimalzugeständnis in einem mehrfach gebrochenen, durch zahlreiche Wechselwirkungen immer wieder umgelenkten Verwissenschaftlichungsprozess. Nicht nur zeitgenössische Feststellungen wie die von Hans Günther Zempelin, dem Vorstandsvorsitzenden von Glanzstoff, der 1975 in einer vertraulichen Mitteilung gegenüber seinem niederländischen Enka-Kollegen äußerte, „dass der autoritäre Führungsstil im Prinzip tot" sei, „in der Praxis [aber] häufig noch munter weiter" lebe,[173]) geben somit durchaus Anlass, im Hinblick auf eine Einschätzung der Verhältnisse in westdeutschen Unternehmen skeptisch zu bleiben.

[172]) Vgl. *Schneider*, Demokratisierungs-Konsens.

[173]) Schreiben von Zempelin an Bakkenist, 05.09.1975, RWWA, Abt. 195 Acordis AG, Wuppertal, Best.ZO-2151.

Experten für Humankapital – Zentralakteure einer liberal-demokratisch und kapitalistisch geprägten Gesellschaft

Zu Beginn der 1970er Jahre markierten drei Aspekte die endgültige Refiguration des personalpolitischen Felds in der Bundesrepublik: erstens die Existenz ausdifferenzierter, wissenschaftsgestützt arbeitender Personalabteilungen in westdeutschen Großunternehmen, zweitens die eigenständig institutionalisierte Profession betrieblicher Personalexperten in der „Deutschen Gesellschaft für Personalführung" und drittens die Herausbildung neuer entsprechender Fachteile an den Universitäten: in der Psychologie die Teildisziplin Arbeits-, (Betriebs-) und Organisationspsychologie und im Rahmen der Betriebswirtschaftslehre das Personalmanagement. Mit dieser Konstellation, die durch das novellierte Betriebsverfassungsgesetz von 1972 und das Mitbestimmungsgesetz von 1976 auch legislativ bestätigt und abgesichert wurde, war das personalpolitische Feld als Ort einer spezifisch betriebsbezogenen humanwissenschaftlichen Expertenkultur sowohl praktisch wie akademisch strukturell im sozialen Raum verankert. Es stellte sich nun dar als etabliertes Ensemble aus wissenschaftsgestützten Verfahren, einem eigenen ideellen System von Referenzen und Leitbildern und einer inner- wie außerbetrieblich institutionalisierten Profession.

Die Expertenkultur im personalpolitischen Feld war das Ergebnis eines vielschichtigen Transformationsprozesses, der zu Beginn des 20. Jahrhunderts seinen Ausgang nahm, aber erst nach dem Ende des Zweiten Weltkriegs in Westdeutschland durchschlagende Auswirkungen zeitigte. An diesem Transformationsprozess war eine Reihe unterschiedlichster Akteure beteiligt: Unternehmer, Gewerkschaften, Alliierte, Betriebspraktiker und natürlich Vertreter verschiedener wissenschaftlicher Disziplinen.

In der ersten Hälfte des 20. Jahrhunderts, als deutsche Großunternehmen auf die tief greifenden sozio-ökonomischen Umwälzungen seit dem ausgehenden 19. Jahrhundert auch mit der Etablierung betrieblicher Sozialpolitik reagierten, gelang Sozialexperten als neuer betrieblicher Akteursgruppe zwar der Einzug in die Unternehmen. Sie stellten das Personal der zu Beginn der 1920er Jahre eingerichteten sozialpolitischen Abteilungen. Doch kam es in Deutschland nicht zu einer eigenständigen, durch die Anbindung an eine (human-)wissenschaftliche Disziplin auch außerbetrieblich abgesicherten Institutionalisierung dieser spezifischen Form betrieblicher Expertise.[1]) Betriebliche Sozialexperten, deren tonangebende Protagonisten aus dem Umkreis des liberalen Flügels der bürgerlichen Sozialreform stammten, konnten sich gegen

[1]) Vgl. für GB und USA: *Niven*, Personnel Management; *Jacoby*, Employing Bureaucracy.

die vom technischen Denkstil geprägte Koalition zwischen Unternehmern und Ingenieuren nicht durchsetzen. Sozialreformerische „fabrikparlamentarische" und „wirtschaftsdemokratische" Ansätze, die bereits zu Beginn der 1920er Jahre mit individualisierender Stoßrichtung darauf abzielten, jeden einzelnen Arbeitnehmer vom „Industrieuntertan zum Industriebürger" zu machen, unterlagen dem im Zeichen der „Rationalisierung" erhobenen exklusiven Anspruch der technisch orientierten Experten, allein für die Adaption von wissenschaftlichem Wissen in Unternehmen zuständig zu sein. Betriebliche Sozialexperten arrangierten sich daher vornehmlich in der Rolle als Vertreter und Berater der jeweiligen Geschäftsleitung in sozialpolitischen Angelegenheiten. Viele von ihnen waren Juristen. Sie vertraten das Unternehmen im jeweiligen Arbeitgeberverband, erledigten arbeitsrechtliche Aufgaben und verwalteten die betrieblichen Sozialleistungen in ihrer kompensatorischen Funktion als kollektiv auf die Belegschaften ausgerichtetes unternehmerisches Instrument zur Motivation und Integration der Arbeitnehmer. Die Verrechtlichung betrieblicher Arbeitsbeziehungen, die mit dieser Entwicklung auch einherging, diente dazu, die Aushandlung von Konflikten nicht innerhalb des Unternehmens bewältigen zu müssen, sondern in Form arbeitsrechtlicher Verfahren den Juristen außerhalb des betrieblichen Sozialraums zu überlassen.

Trotz dieser verhinderten eigenständigen Etablierung gaben betriebliche Sozialexperten ihre individualisierenden Ideen nicht auf. Die Gelegenheit, einen erneuten Versuch zu unternehmen, ihr betriebliches Tätigkeitsfeld ausgehend von diesen Orientierungen auszubauen, bot sich Ende der 1930er Jahre. Zu diesem Zeitpunkt hatte die Deutsche Arbeitsfront im Fahrwasser des Vierjahresplans mit Hilfe des „Arbeitswissenschaftlichen Instituts", einem äußerst umfangreichen interdisziplinären anwendungsorientierten Expertenapparat, ihren umfassenden Anspruch, für alle arbeits- und sozialpolitischen Fragen im Nationalsozialismus allein zuständig zu sein, entscheidend ausgebaut. Die DAF-Experten nutzten im Zeichen ihres „totalen" Gestaltungsauftrags alle Mittel, um jeden „Volksgenossen" in die wie auch immer akzentuierte „Leistungs-", „Volks-" oder „Betriebsgemeinschaft" zu integrieren. Sie bedienten sich zu diesem Zweck auch des Angebots humanwissenschaftlicher Disziplinen, insbesondere der Psychologie. Im Zuge dieser Bestrebungen kam es während der ersten Kriegsjahre etwa in Form von „Unterführer-Gesprächen" erstmals zur systematischen Verwendung von humanwissenschaftlichem Wissen in deutschen Unternehmen, mithin zu Kooperationen zwischen betrieblichen Sozial- und Humanexperten. Der fortschreitende Krieg verhinderte jedoch eine Etablierung dieser Ansätze. Und mit dem Ende der nationalsozialistischen Herrschaft gingen auch all diejenigen Experten-Institutionen unter, die diese Zusammenarbeit getragen hatten. Was allerdings nicht mit unterging, war die (Kooperations-)Erfahrung, die betriebliche Sozial- und Humanexperten in dieser Zeit gemacht hatten.

An genau diese knüpften sie nach 1945 an, als sie im Zeichen der nun dezidiert christlich konnotierten anthropozentrischen Maxime vom „Menschen im

Mittelpunkt" zur „Sozialen Betriebsgestaltung" aufriefen und damit das personalpolitische Feld in der Bundesrepublik initial zündeten. Angesichts der Orientierungslosigkeit, die nach den Erfahrungen von Krieg, Nationalsozialismus und Niederlage allenorten vorherrschte, trugen die neuen Experten so maßgeblich dazu bei, einen nachhaltigen Transformationsprozess anzustoßen. Dessen schnell entfalteter Eigendynamik konnten sich auch Unternehmer und Rationalisierungsingenieure nicht entziehen, obwohl die Weichenstellung für eine zukünftige marktorientierte Wirtschaftsordnung der Bundesrepublik bereits 1948 mit der Einigung auf eine „sozialpartnerschaftliche" Tarifordnung, mit der allgemeinen Akzeptanz des Marshall-Plans und der Währungsreform entschieden zu sein schien.

In einer etwa zehnjährigen Phase des hoch verdichteten Wandels verhandelten die neuen Experten in Auseinandersetzung mit Unternehmern, Gewerkschaften und etablierten Rationalisierungsexperten erfolgreich die Existenzbedingungen des personalpolitischen Felds als institutionalisiertem Ort der Rezeption, Generierung und Transformation von humanwissenschaftlichem Wissen, das in Unternehmen verwendet werden sollte. Die Motivation der Beteiligten war dabei unterschiedlich: Galt es den einen, neue leistungssteigernde Maßnahmen im Dienste des Wiederaufbaus der deutschen Wirtschaft zu entwickeln, versprachen sich andere Mittel für eine, wissenschaftsgestützte unternehmerische Defensivstrategie zur Abwehr gewerkschaftlicher Mitbestimmungsforderungen und wieder andere fühlten sich als berufene Vertreter eines humanoptimistischen Gewissens der kapitalistischen Marktwirtschaft.

Ebenso waren die einzelnen Vorstöße verschiedener Gruppen der neuen Humanexperten von unterschiedlicher Reichweite. Während die Psychologen im Braunschweiger „Forschungsinstitut für Arbeitspsychologie und Personalwesen" (Forfa) besonders erfolgreich von der Pionierarbeit der Heidelberger „Arbeitsgemeinschaft für soziale Betriebsgestaltung" (A.S.B.) profitierten, gab es auch Ansätze, die überhaupt nicht fruchteten – wie etwa der des „Stuttgarter Arbeitskreises TWI zur Förderung der innerbetrieblichen Arbeitsbeziehungen", der sich die Verbreitung der amerikanischen „Training within Industry"-Methode (TWI) zur Aufgabe gemacht hatte. Bis zur Mitte der 1950er Jahre vollbrachten jedoch alle benachbarten Akteure des personalpolitischen Felds – Unternehmer, Gewerkschaften und Rationalisierungsingenieure – in teilweise hartem Ringen demokratietaugliche Anpassungsleistungen. Sie hatten sich damit bewegt und so ein Plätzchen für die „Neuen" frei gemacht: Rationalisierungsexperten hatten sich einen anthropozentrisch angepassten, sozial erweiterten Rationalisierungsbegriff angeeignet; westdeutsche Unternehmer ein neues, demokratiekompatibles Leitbild ihres Selbstverständnisses als „sozial verantwortliche Unternehmer" entwickelt und die Gewerkschaften hatten sich nach anfänglichem Liebäugeln doch dafür entschieden, mit den neuen Experten nichts zu tun haben zu wollen. Diese neuen Positionen stellten die Bedingungen dar, unter denen das personalpolitische

Feld zum Zeitpunkt seiner gesicherten Existenz Mitte der 1950er Jahre in Westdeutschland bestand. Sie waren zugleich das Ergebnis „demokratisierender“ Neuorientierungen zentraler Akteursgruppen der westdeutschen Wirtschaft und Gesellschaft.

Die Entstehung des personalpolitischen Felds im Zeitraum zwischen Kriegsende und Mitte der 1950er Jahre markiert damit eine Phase der verdichteten Transformation handlungsrelevanter Orientierungen der westdeutschen Gesellschaft. In dieser Phase trafen in einer Auseinandersetzung über grundlegende Fragen des sozialen Miteinanders im Zeichen der „Demokratie“ unterschiedlich weit zurückreichende Traditionsstränge aufeinander, wodurch ein neuer Markt der Möglichkeiten entstand. Zentral war die Konfrontation zwischen technischem Denkstil und humanwissenschaftlicher Expertise.

Zwischen 1945 und 1955 traten die „alten“ Antagonisten jener Konstellation einander direkt entgegen, die sich seit dem ausgehenden 19. Jahrhundert im Zuge der Hochindustrialisierung zunehmend ausgebildet hatte: Technik versus Soziales. Rationalisierungsingenieure und bürgerliche Sozialreformer waren genau diejenigen Akteursgruppen, die seitdem diese beiden Pole repräsentierten. In ihrer gegenseitigen Abgrenzung voneinander waren sie zwar eng miteinander verbunden, hatten jedoch praktisch höchst selten Kontakt. Nur anlässlich grundlegender Einschnitte, die die gesamte gesellschaftliche und wirtschaftliche Ordnung in Frage stellten, kam es zu Annäherungen – beispielsweise nach der Weltwirtschaftskrise, als die Rationalisierungsbewegung unter dem Druck gewerkschaftlicher Kritik erstmals soziale Öffnungsversuche unternahm. In der unmittelbaren Nachkriegszeit war dies nun in Westdeutschland wiederum der Fall, als angesichts des kometenhaften Aufstiegs der neuen Maxime vom „Menschen im Mittelpunkt“ die Rationalisierungsbewegung arg in Bedrängnis geriet.

Bei diesem erneuten Zusammentreffen der beiden alten Kollektivantagonisten während der „demokratisierenden“ Auftaktphase der Bundesrepublik veränderte sich das Profil der Vertreter und damit auch die grundlegende Konstellation. Vor allem die Sozialreformer herkömmlich bürgerlichen Zuschnitts verabschiedeten sich von der Bildfläche. Sie gaben den Staffelstab des „Menschlichen“ und „Sozialen“ an die neuen Humanexperten weiter, die mit ihrer humanwissenschaftlich gestützten Kompetenz den Rationalisierungsingenieuren schärferes Paroli bieten konnten. Bezeichnenderweise brach genau im Jahr 1955 die Berichterstattung über betriebsbezogene sozialpolitische Themen in der Zeitschrift „Sozialer Fortschritt“ ab, dem 1952 wieder gegründeten Nachfolgeorgan der sozialreformerischen „Sozialen Praxis“.[2]) Der Rationalisierungsbewegung hingegen gelang es dank der Gewerkschaften, insbesondere der Arbeitsdirektoren, die sich alternativ zur Kooperation mit den neuen Humanexperten als sozialwirtschaftliche Rationalisierungsexperten

[2]) Vgl. dazu: *Hockerts*, Ausblick: Bürgerliche Sozialreform, S. 260f.; *Kaste*, Arbeitgeber, S. 37.

profilierten, als nun paritätisch getragene Institution mit einem sozial erweiterten Rationalisierungsbegriff den neuen Bedingungen zu trotzen.

Neu an dieser Konstellation war vor allem der humanwissenschaftlich gestützte Zugriff auf den Einzelnen im Zeichen der „abendländisch" humanisierend aufgeladenen Maxime vom „Menschen im Mittelpunkt". Er stellte einen „demokratisierenden" Grundkonsens der westdeutschen Nachkriegsgesellschaft dar, auf den man sich von nun an (zum Teil bis in die Gegenwart) immer wieder besann, wenn es galt, grundlegende Weichen neu zu stellen. Augenfällig war dies etwa zu Beginn der 1970er Jahre der Fall, als das Bundesministerium für Arbeit mit einem groß angelegten Programm zur „Humanisierung der Arbeit" (1974) auf den immer offensichtlicher zu Tage tretenden sozioökonomischen Strukturwandel zu reagieren versuchte.

Das personalpolitische Feld, wie es Mitte der 1950er Jahre als Ergebnis dieses tief greifenden „demokratisierenden" Transformationsprozesses bestand, war im Hinblick auf sozialpraktische Konsequenzen, die aus den neuen Grundorientierungen folgen sollten, zunächst ein Markt der Möglichkeiten. Dies zeigt sich besonders deutlich an den unterschiedlichen Realitäten verwissenschaftlichter Personalpraxis in westdeutschen Großunternehmen zu diesem Zeitpunkt. Während die meisten Unternehmen sich noch sehr zögerlich verhielten, zwar viel über Human Relations redeten, de facto aber ihre herkömmlichen sozialpolitischen Maßnahmen mit kollektiver Ausrichtung auf die Belegschaften ohne humanwissenschaftliche Fundierung ausbauten, bildete sich in einigen Vorreiter-Unternehmen zugleich ein breites Spektrum an personalpolitischen Varianten aus. Es reichte vom Entwurf einer frühzeitig besonders konsequent durchgeführten „unternehmerischen Personalpolitik", wie Personalchef und Vorstandsmitglied Fritz Jacobi sie mit Rückendeckung des Vorstandsvorsitzenden Ulrich Haberland bei Bayer in Leverkusen etablierte, bis zu betriebspsychologischen Provisorien. Sie stellten als gleichsam personalpolitisches Surrogat das Maximum an möglicher Innovation in denjenigen Unternehmen dar, wo die Geschäftsleitungen sich weiterhin skeptisch bis ablehnend verhielten, aber einzelne Protagonisten der zweiten Reihe in Kooperation mit den neuen Humanexperten Veränderungen zu erreichen versuchten. Zwei Ausprägungen lassen sich anhand der hier untersuchten Fallbeispiele unterscheiden: die dezidiert wissenschaftsorientierte „sozial rationalisierende" Betriebspsychologie, wie sie bei Glanzstoff praktiziert wurde, und die konservativ-„modernisierende" Variante der „sozial betriebsgestaltenden" Betriebspsychologie, wie sie die Psychologin im Familienunternehmen Merck realisierte.

Weder diese Varianten der westdeutschen personalpolitischen Praxis in den 1950er Jahren noch die parallel dazu entwickelten neuen demokratiekompatiblen unternehmerischen Ordnungsvorstellungen (der „sozial verantwortliche Unternehmer", „betriebliche Partnerschaft") waren das Ergebnis einer „Amerikanisierung" – nicht im Sinne einer Zwangsanpassung auf Druck der Alliierten, aber auch nicht im Sinne einer freiwilligen Orientierung an amerikanischen Vorbildern. Zwar setzte sich ein Teil der Akteure mit neuen wissenschaftsgestützten US-amerikanischen Managementlehren auseinander (WIPOG, Herbert Gross), doch wurden dabei keine amerikanischen Konzepte übernommen, sondern eigene entwickelt. So war beispielsweise der neue Leitbegriff der „Partnerschaft“ das Ergebnis dieser deutschen Rezeption. Bezeichnenderweise aber war genau dieser „Partnerschafts“-Begriff, den auch Unternehmer übernahmen, die nach 1945 ohne Bezug auf amerikanische Referenzen nach neuer Orientierung suchten (AGP, ASU), nur eine Zwischenstation in diesem Transformationsprozess. Er wurde in der ersten Hälfte der 1950er Jahre quasi „überrollt“ von einer stärkeren, anderen Veränderungsdynamik:

Eine Vielzahl verschiedener Unternehmergruppen reaktivierte seit dem Ende der 1940er Jahre herkömmliche Ideen der Weimarer Zeit und passte diese den neuen demokratischen Vorzeichen der Bundesrepublik an. Dabei handhabten sie die alten Referenzen wie „Gemeinschaft“, „Tat“, „Masse“, „Persönlichkeit“ und „Führung“ sehr flexibel. Konfessionsgrenzen wurden ebenso überschritten wie traditionelle Berührungsängste zwischen Wissenschaft und Praxis aufgegeben. Was als Ergebnis dieses zum Teil sehr unübersichtlichen, „wilden Neumischens“ der alten Karten an neuen Koalitionen und Allianzen herauskam, war der im sozialpraktischen Detail noch ungefestigte, aber in seiner grundlegenden Ausrichtung konsensual bestätigte „Rheinische Kapitalismus“. Dieser manifestierte sich in erster Linie anhand des Selbstverständnisses westdeutscher Unternehmer und der damit verbundenen Auffassung von der Sozialordnung „ihrer“ Unternehmen, nicht anhand der überbetrieblichen „Sozialpartnerschaft“, deren konsensliberales Leitbild die Verbandsspitzen von Arbeitgebern und Gewerkschaften pflegten.

Den Kern des Rheinischen Kapitalismus kennzeichnete, dass westdeutsche Unternehmer auf eine konsenskapitalistische Westernisierung ihrer zentralen Ordnungsvorstellungen verzichteten. Weder der „sozial verantwortliche Unternehmer“ noch die „betriebliche Partnerschaft“, wie sie mehrheitlich verstanden wurden, sahen institutionalisierte Aushandlungspraktiken im Unternehmen vor. Dominant war stattdessen weiterhin ein unternehmerzentriertes und führungsorientiertes „Gemeinschafts“-Modell, das Kooperation durch kollektive Vergemeinschaftung aller Betriebsangehörigen erzeugte. Die alten Weimarer Ideen im neuen Gewand erwiesen sich damit auch unter den demokratischen Vorzeichen der Bundesrepublik als weiterhin brauchbar. Zudem ließen sie sich ohne Schwierigkeiten mit einer amerikanisierenden Rhetorik verbinden – sei es zum Zwecke der lukrativen Teilhabe am großen Marshall-Plan-Kuchen oder als Transmitter für das Wahrgenommenwerden im eigenen Land, wo im Verlauf der 1950er Jahre der Gebrauch amerikanisierender „Fahnenwörter“ immer mehr an Bedeutung gewann. Gar ließ sich der rheinisch-kapitalistische „sozial verantwortliche Unternehmer“, dessen „Schöpfer“ Fritz Jacobi bezeichnenderweise ein „waschechter“ Rheinländer war – geboren sozusagen auf dem Bayer-Werksgelände, in Köln-Flittard, humanistisches Abitur in Köln-Mühlheim –, im Sinne einer Westernisierung ohne konsenskapitalistische Komponente auch in den Dienst der Abwehr von „Gefahren aus dem Osten“ stellen: Der „sozial verantwortliche Unternehmer“ erklärte sich zu diesem Zweck auch zuständig für den Erhalt der westlich-freiheitlichen gesellschaftlichen Ordnung der Bundesrepublik. Diese umfassende Verantwortung in allein ihren Händen war das Maximum an Westernisierung, was westdeutsche Unternehmer – „zur Führung berufen“[3]) – zu leisten bereit waren. Umso härter musste es sie daher treffen, als am Ende der 1960er Jahre nunmehr unignorierbar – nach etwa zehnjähriger Inkubationszeit – das zutage trat, was sich als betriebspsychologischer „Bazillus“ zunächst mehr oder weniger unbemerkt in den Rheinischen Kapitalismus auch eingenistet hatte und nun mit dem Gewicht der ausgewachsenen Expertenprofession die Forderung stellte, jedem einzelnen Beschäftigten im westdeutschen Unternehmen Handlungsspielräume zu eröffnen, um ihm die Entwicklung seiner Persönlichkeit zum mündigen Bürger zu ermöglichen.

Nicht nur der Ruf nach dem „Mehr“ an Demokratie, das gewagt werden sollte; auch die anhaltende „Vollbeschäftigung“, der verschärfte technologische Wandel und international sich verändernde „Märkte“ verengten die Handlungsspielräume der Unternehmer im Verlauf der 1960er Jahre entscheidend. Zudem hatte das Spektrum von Ansätzen einer verwissenschaftlichten Personalpolitik in westdeutschen Unternehmen, das in den 1950er Jahren noch großteils von Psychologen als neuen betrieblichen Akteuren getragen wurde, dazu geführt, dass sich die herkömmlichen betrieblichen Personalverantwortlichen herausgefordert fühlten. Sie hatten im Zeitraum zwischen Mitte der 1950er und Mitte der 1960er Jahre einen eigenen Expertenstatus entwickelt, den betrieblicher Personalexperten. Mit der zunehmenden Ausbildung dieser Konstellation stritten die Akteure des personalpolitischen Felds nicht mehr entlang der Achse technischer Denkstil versus humanwissenschaftlich gestützter Anthropozentrismus („soziale Rationalisierung“ versus „soziale Betriebsgestaltung“). Seit der zweiten Hälfte der 1950er Jahre stellte sich die dominante Akteurskonstellation vielmehr als Konkurrenz zwischen zwei spezifisch personalpolitisch profilierten Expertengruppen dar, zwischen Psychologen und angehenden Personalexperten.

Spätestens zu diesem Zeitpunkt war das personalpolitische Feld ein in seiner Daseinsberechtigung gesellschaftlich anerkanntes, eigenständiges Tätigkeitsfeld von Experten. Nun wurde seine Existenz nicht mehr grundlegend in Frage gestellt. Es ging vielmehr darum, die konkreten, feldinternen Regeln und Zugangsbedingungen im Detail festzulegen. Daran beteiligten sich die benachbarten gesellschaftlichen Kollektivakteure – Unternehmer, Gewerkschaften usw. nur noch indirekt. Die interne Ausgestaltung des Felds war in erster Linie Sache der personalpolitischen Experten, die anhand dieser Verhandlungen um die Hoheit im Feld rangen.

[3]) *Reitmayer*, „Unternehmer zur Führung berufen“.

Zentral für diese Entwicklungsphase des personalpolitischen Felds war, dass der Status der Personalexperten sich von dem der Betriebspsychologen insofern unterschied, als er sich legitimatorisch nicht allein auf wissenschaftliches Wissen stützte, sondern zugleich auf erfahrungsbasiertes Wissen. Mit diesem dezidierten Erfahrungs- und Praxisbezug hatten die angehenden Personalexperten jene Referenz aufgegriffen, derer Unternehmer sich seit Mitte der 1950er Jahre bedienten, um die von den Humanexperten im Zeichen der neuen anthropozentrischen Maxime erhobene Kritik an der hierarchischen Sozialordnung westdeutscher Unternehmen abzuwehren. Dies war die entscheidende Voraussetzung dafür, dass sich betriebliche Personalexperten im Zuge ihrer Professionalisierung während der 1960er Jahre gegenüber ihren Hauptkonkurrenten, den Betriebspsychologen, als dominante Expertengruppe des personalpolitischen Felds durchsetzen konnten. Zugleich war die somit in das Selbstverständnis dieser neuen Profession eingeschriebene Verbindung zu originär unternehmerischen Orientierungsreferenzen auch eine der wichtigsten Voraussetzungen dafür, dass Personalexperten im Übergang von den 1960er zu den 1970er Jahren die endgültige betriebliche Etablierung aller Akteure des personalpolitischen Felds ermöglichten. Mit dem Gewicht ihrer inzwischen in der „Deutschen Gesellschaft für Personalführung" (DGfP) erfolgreich institutionalisierten Profession konzipierten sie im Zeichen der „Modernen Personalführung" individualisierende und wissenschaftsgestützte „betriebliche Personalpolitik" als zentrales Steuerungsparadigma der allgemeinen Unternehmensführung.

Das war eine Vorlage, der sich aufgeschlossene Unternehmen im Zuge der divisionalen Restrukturierungen ihrer Organisation, die Ende der 1960er Jahre einsetzten, gerne bedienten. Denn solche personalpolitischen Maßnahmen boten sich als verhaltensbezogenes Begleitprogramm für die auf Flexibilisierung ausgerichtete Neupositionierung der Großkonzerne an, wenn man bereit war, den rheinisch-kapitalistischen, exklusiv-unternehmerischen Führungsanspruch im Zeichen einer neuen betriebswirtschaftlichen Leistungsorientierung mit allen Mitarbeitern des Unternehmens, zumindest aber mit den Führungskräften zu teilen. Die Geschäftsleitungen solcher Unternehmen integrierten die Humanexperten in ausdifferenzierten Personalabteilungen und nutzten ihre spezifische Kompetenz, um während der 1970er Jahre mit Hilfe systematisch aufeinander abgestimmter betrieblicher Personalmaßnahmen etwa in Form von Fortbildungen, Führungsleitsätzen, „Management-by"-Konzepten, regelmäßigen „Mitarbeitergesprächen" usw. jedem einzelnen Beschäftigten, allen voran den Führungskräften als wichtigsten Multiplikatoren, eine neue wissenschaftsbasierte, nämlich reflexive Handlungsorientierung zu vermitteln. Sie betonte gegenüber dem herkömmlichen Richtlinien-, Weisungs- und Erfahrungsbezug die Aktivität, Beteiligung und Verantwortung jedes einzelnen Handelnden. Diese neue generelle Handlungsmaxime entsprach den Notwendigkeiten eines „flexibel" organisierten Unternehmens mit vielen eigenständigen Einzelbereichen um einen verbliebenen „Torso" von Geschäftsleitung als

Steuerungszentrale. Die reflexive Handlungsorientierung als generalisierter „Handlungstypus der Forschung"[4]) war damit zugleich der „ideelle Kern" einer neuen Sozialordnung westdeutscher Großunternehmen. Betriebliche Humanexperten trugen anhand neuer personalpolitischer Maßnahmen, die *sie* entwickelten und durchführten, maßgeblich dazu bei, diese in aufgeschlossenen Vorreiter-Unternehmen während der 1970er Jahre zu realisieren.

Die Mehrheit westdeutscher Großunternehmen hatte allerdings auch noch in den 1970er Jahren große Schwierigkeiten, sich mit den Ideen der Humanexperten anzufreunden. Exponierte Unternehmerrepräsentanten wie Hanns-Martin Schleyer – BdA- und BDI-Präsident – befürchteten, dass jedwede Lockerung der betrieblichen Hierarchie zu „Chaos" und „Anarchie", zum „Untergang der abendländischen Freiheit" führe. Allein der Erhalt und die Ausweitung des Führungsanspruchs der Unternehmer seien geeignet, um dieser Bedrohung zu begegnen. Der gesellschaftliche und ökonomische Druck jedoch, der während der 1970er Jahre immer größer wurde, machte es unmöglich, eine solche Haltung weiterhin kompromisslos zu vertreten. Durch die Entwicklung in aufgeschlossenen Unternehmen, durch die sich verschärfende Beschäftigungslage, durch das Betriebsverfassungsgesetz von 1972 und das Mitbestimmungsgesetz von 1976, durch die institutionelle Etablierung der Humanexperten in der DGfP wie an den Universitäten spitzte sich die Lage so weit zu, dass Zugeständnisse unausweichlich waren.

Das Ergebnis war das neue Leitbild der „kooperativen Führung", das Vorgesetzte dazu anhielt, Mitarbeiter nun im Gespräch davon zu überzeugen, dass sie eine bestimmte Aufgabe zu erfüllen hätten, anstatt wie bisher allein autoritär legitimiert zu weisen. Da damit jedoch keineswegs zwangsläufig ein betrieblicher Konsens zur Konsensfindung zwischen verschiedenen gleichberechtigten Partnern einherging, sondern das zugrunde liegende Kommunikationsmodell in der Regel einseitig die Aktivität des Vorgesetzten betonte, wurde die herkömmliche Vorstellung der betrieblichen Sozialordnung als hierarchisch organisierte Pyramide im Zuge dieser Neuerung nicht notwendig in Frage gestellt. Der „kooperative Führungsstil", der in dieser Form die Vermittlung des neuen reflexiven Handlungsprinzips aussparte, eröffnete allein die Möglichkeit einer Liberalisierung weiterhin hierarchisch strukturierter betrieblicher Sozialbeziehungen in westdeutschen Großunternehmen.

Die Auswirkungen der während der 1970er Jahre realisierten verwissenschaftlichten Personalmaßnahmen zeitigten mithin weder eine Demokratisierung der betrieblichen Sozialordnung westdeutscher Unternehmen, noch kann von einer konsenskapitalistischen Westernisierung die Rede sein. Was sich als Ergebnis dieses Veränderungsprozesses im Zeichen der Verwissenschaftlichung in erster Linie veränderte, war die Semantik von Individualität.

Nicht mehr die Vorstellung einer Persönlichkeit mit konstanten Eigenschaften lag den neuen Maßnahmen betrieblicher Personalarbeit zugrunde.

[4]) *Weingart*, Die Stunde der Wahrheit?, S. 16f.

Vielmehr zielten sie auf einen „sich selbst dynamisierenden Menschen, der seine Persönlichkeit als Projekt einer permanenten Vervollkommnung entwirft". Dieser löst sich damit auf „in einen Prozess und ein Potential, er ist nicht mehr konstant in seiner Funktionalität, sondern seine Funktionalität liegt gerade in seiner endlosen Flexibilisierung."[5]) Als neues Leitbild dieser Auffassung begann sich seit der zweiten Hälfte der 1970er Jahre das „Unternehmerische Selbst" (enterprise self) heraus zu kristallisieren,[6]) wie es sich in Unternehmen beispielsweise in der Figur des „Intrapreneurs" oder des „Mitunternehmers" während der 1980er Jahre fand, aber auch im Harzburger Modell oder in Spindlers Partnerschaftskonzept bereits angelegt war.[7]) Mit der Durchsetzung dieses Leitbilds behaupteten sich die unternehmernahen Personalexperten im personalpolitischen Feld gegenüber der stärker wissenschaftlich orientierten Fraktion, indem sie der von ihnen durch die Generalisierung des reflexiven Handlungsprinzips beschleunigten Dynamik eine inhaltliche Richtung gaben. Bis in die Gegenwart ist dieses Leitbild hochaktuell.[8])

Auch im Hinblick auf die Organisationsstrukturen westdeutscher Unternehmen lässt sich die Durchsetzung dieser Ordnungsvorstellung, eines sich selbst optimierenden, wie eine Qualle anpassungsfähigen Fluidums oder einer aus kleinen Einheiten bestehenden, flexibel zusammensetzbaren ‚Menge' beobachten. Werner Maly etwa, Personalvorstand bei Siemens, stellte dem Bild seines Unternehmens als schwerfälligem Tanker die „Vision" einer Flotte von Jollen und Schnellbooten gegenüber, deren Besatzung durch einen einheitlichen „Geist der Führungsmotivation" ausgezeichnet sein sollte.[9]) Während der 1980er Jahre entsprach die Einrichtung so genannter „Profit-Center", eigenständiger Geschäftsbereiche, mit der die Divisionalisierung der späten 1960er und 1970er Jahre in letzter Konsequenz realisiert wurde, somit ebenso dieser Kapitalisierung sozialpraktischer Strukturen wie die gleichzeitige, nun weit verbreitete Durchsetzung von „Management-by-Objectives"-Verfahren. Alle diese Maßnahmen beruhten grundlegend auf der maßgeblich effizienzorientierten Vorstellung, gemeinsam Ziele zu vereinbaren, den Weg des Erreichens jedoch dem jeweiligen Bereich oder der Person zu überlassen.

Die Negativauswirkungen dieser Form von radikaler Ergebnisorientierung zeigten sich in den Unternehmen jedoch sehr schnell. „Man hat [...] eine eigentlich unerwünscht hohe Zahl an Ellbogen-Typen sich dadurch herangezüchtet, die dann [...] sehr schwer wieder zur Zusammenarbeit zu bringen waren."[10]) Ebenso zeitigte die Aufteilung der Organisationskolosse in viele, kleine Einheiten entsprechende Schwierigkeiten, diese insgesamt zusammenzu-

[5]) *Horn*, Test und Theater, S. 123, 125.
[6]) *Miller/Rose*, Production, Identity, and Democracy, S. 454f.
[7]) Vgl. z. B.: „Er [der Mitarbeiter] muß sich [...] unternehmerisch verhalten [...]." *Höhn*, Führungsbrevier, S. 14; *Spindler*, Mitunternehmertum.
[8]) *Bröckling*, Jeder könnte.
[9]) Interview vom 18.07.01; *Maly*, Führungsaufgabe Ideenmanagement.
[10]) Interview vom 18.07.01.

halten. Als Folge dieser Erfahrung wiederum wurden die betrieblichen Trainings- und Fortbildungsveranstaltungen erweitert und ausgebaut, in denen die so genannten „soft skills" der Führungskräfte und Mitarbeiter noch mehr verbessert werden sollten. „Personalentwicklungs-" oder auch Assessment-Verfahren begnügten sich nicht mehr damit, einzelne Fähigkeiten der Probanden zu entwickeln und zu fördern; vielmehr zielten sie nun vorrangig auf die – wie Eva Horn sie nennt – „Fähigkeit dritter Ordnung": Führung, die „zuletzt zurückgewendet wird auf das Subjekt selbst"[11]). Sie leisteten damit dem „Unternehmerischen Selbst" direkten Vorschub. Bröckling weist darauf hin, dass mit dieser „Einsetzung des Marktes als oberstem Richter" die Grenzen sozialer Inklusion wie Exklusion theoretisch zwar durchlässig bleiben, praktisch jedoch aufgrund sozialer Ungleichheiten einer selektiven Realisierung unterliegen. Das „Schattenbild" des „Unternehmerischen Selbst" ist daher nicht nur das „Überflüssige Selbst", sondern gleichzeitig auch selbst dafür verantwortlich.[12])

Die Frage nach demokratisierenden Auswirkungen verwissenschaftlichter Personalpraktiken in westdeutschen Unternehmen erscheint angesichts dieses Ausblicks in die 1980er Jahre fast obsolet – aber auch nur fast: Denn die Subjektivierungsfigur des „Unternehmerischen Selbst" stellt gleichsam als Kristallisationspunkt die praktische Durchsetzung einer neuen Form der Herrschaftsausübung dar, diejenige liberal-demokratisch und kapitalistisch geprägter Gesellschaften. Die Autonomie des Selbst ist dabei nicht mehr

„timeless antithesis of political power, but one of the objectives and instruments. [...] Governing in a liberal-democratic way means governing through the freedom and aspirations of subjects rather than in spite of them. [...] Governing in a liberal-democratic way depends upon the availability of such techniques that will shape, channel, organize and direct the personal objectivity, neutrality and technical efficacy rather than one of political partiality. Through the indirect alliances established by the apparatus of expertise, the objectives of ‚liberal' government can be brought into alignment with the selves of ‚democratic' citizens."[13])

Mit der Herausbildung dieser Konstellation gewann auch und besonders in Unternehmen immaterielles Kapital eine immer größere Bedeutung. Indikator dafür wie gleichzeitig Folge davon ist, dass Humanexperten beziehungsweise humanwissenschaftliches Wissen und Denken in den betrieblichen Sozialraum integriert wurden. Dies ermöglichte es, nun auch Bereiche, wie den „Menschen" oder „Wissen", die der bisher dominierende technische Denkstil nicht adäquat zu erfassen beziehungsweise zu verändern vermocht hatte, einer ökonomischen Logik zu unterziehen. Nicht zufällig ging mit dieser Entwicklung der Aufstieg und die Verbreitung von Gary S. Beckers Konzept des „Human Capital" einher.[14]) Statt einer Demokratisierung zeigt sich somit

11) *Horn*, Test und Theater, S. 124.
12) *Bröckling*, Jeder könnte, S. 24f.
13) *Rose*, Governing the Enterprise Self, S. 147.
14) *Becker*, Human Capital: [1]1964, [2]1975, [3]1983, [4]1993; vgl. dazu: *Bröckling*, Menschenökonomie, S. 17ff.; *Bourdieu*, Ökonomisches Kapital, S. 185f.

als Folge der zu Beginn der 1970er Jahre sich ausbildenden gesteigerten Effizienzorientierung in Kombination aus reflexivem Handlungsprinzip und „Unternehmerischem Selbst" vielmehr eine bis in die Gegenwart reichende Kapitalisierung des Individuums, der Organisationsstrukturen von Unternehmen wie auch der interpersonalen betrieblichen Arbeitsbeziehungen unter liberal-demokratischen Vorzeichen. Betriebliche Humanexperten haben dazu maßgeblich beigetragen, indem sie das reflexive Handlungsprinzip in westdeutschen Unternehmen seit den 1970er Jahren verwendbar machten.

Dieser Befund korrespondiert mit den Ergebnissen soziologischer Studien, die den Übergang von einer modernen zu einer noch moderneren oder nachmodernen Gesellschaft zu erfassen suchen und dabei mehr oder weniger dezidiert die 1970er Jahre als Durchbruchsjahrzehnt identifizieren. Als spezifisches Konstituens einer in diesem Zeitraum entstehenden neuen Veränderungsdynamik nimmt der Begriff der „Reflexivität" immer wieder eine zentrale Position ein.[15]) Dies wird in kausalem Zusammenhang mit der Institutionalisierung von Expertensystemen gesehen, die nach Giddens spezifische Merkmale „post-traditionaler" Gesellschaften darstellen, da sie permanent Anstoß zur Reflexion geben[16]) und dadurch wiederum, wie Weingart mit Luhmann konstatiert, permanent gesichertes Wissen über und für den entsprechenden Bereich erzeugen[17]).

Die betriebsbezogene humanwissenschaftliche Expertenkultur im personalpolitischen Feld stellte ein solches Expertensystem dar, das genau diese Funktion für Unternehmen erfüllt. Voraussetzung ist dafür vor allem, dass die humanwissenschaftliche Expertenkultur im Zuge ihrer Genese mit dem Personalexperten einen neuen, spezifischen Expertentypus geprägt hat. Dieser Typus unterscheidet sich von anderen Experten dadurch, dass er seinen Expertenstatus weder vom Intellektuellen noch direkt vom Wissenschaftler ableitet – den beiden zentralen Figuren, die das Spektrum der in besonderer Form wissensbasiert handelnden Akteure im 20. Jahrhundert maßgeblich prägten[18]). Der Personalexperte rechtfertigt seinen Expertenanspruch in erster Linie durch einen dezidierten Praxis- und Erfahrungsbezug. Damit war er in den Augen seiner von Beginn an mehr oder weniger wissenschaftlich abgesicherten Expertenkollegen und -konkurrenten, etwa den Betriebspsychologen, zunächst ein „Laie". Bestätigung erfuhr er jedoch durch die Übereinstimmung mit zentralen unternehmerischen Orientierungsreferenzen. Indem es gelang, parallel zur praktischen Professionalisierung der Personalexperten diese spezifische Erfahrungs-Referenz auch zum Ausgangspunkt einer Neuformierung entsprechender akademischer Teildisziplinen zu machen (spezielle

[15]) *Beck*, Risikogesellschaft; *Giddens*, The Consequences; *Beck/Giddens/Lash*, Reflexive Modernisierung; *Weingart*, Die Stunde der Wahrheit?

[16]) *Giddens*, The Consequences, S. 45, 83f.

[17]) *Weingart*, Die Stunde der Wahrheit?, S. 17.

[18]) *Stehr*, Arbeit, S. 379–381; *Van Laak*, Zur Soziologie.

Betriebswirtschaftslehre: Personal, ABO-Psychologie), erhielt der Status der Personalexperten gleichsam nachträglich auch eine wissenschaftliche Legitimation gemäß den herkömmlichen Anforderungen. Gleichzeitig veränderten sich damit Bedingungen der akademischen Wissensproduktion: Ein dezidierter Praxisbezug galt nun auch Vertretern herkömmlicher akademischer Disziplinen wie der Psychologie als legitime wissenschaftliche Referenz.

An diesem Beispiel zeigt sich nicht nur, wie sich im Zuge von Verwissenschaftlichungsprozessen in wechselseitigen Rückkopplungseffekten soziale Praxis *und* akademische Wissensproduktion veränderten. In der akademischen Verankerung der wissenschaftlichen Praxisorientierung bestand auch die wichtigste Grundlage der humanwissenschaftlichen betriebsbezogenen Expertenkultur. Ihre Vertreter pflegen im Gegensatz zu herkömmlichen „gelehrten" Sozial-, Humanwissenschaftlern und Intellektuellen, wie die Soziologen sie etwa repräsentieren, nicht notwendig einen umfassenden Deutungsanspruch – und sie konzentrieren sich nicht allein aufs Deuten. Akademische und praktische Humanexperten sehen ihre Aufgabe darin, mit Hilfe ihrer spezifischen Kompetenz akute und in ihrer Relevanz auf bestimmte praktische Kontexte begrenzte „Sachprobleme" zu lösen, indem sie Verfahren und Methoden bereitstellen. Diese basieren zwar auf mehr oder weniger ausgefeilten eigenen Ordnungssystemen, doch steht in der Regel nicht die Vermittlung dieser Weltsicht als solche im Vordergrund.[19])

Im Gegensatz zu anderen Expertensystemen, die beispielsweise technisches oder wirtschaftliches Know-How bieten, nehmen Humanexperten mit dieser Ausrichtung im Hinblick auf soziale Prozesse eine gesonderte Stellung ein. Die von ihnen entwickelten Verfahren werden im Zuge ihrer erfolgreichen Institutionalisierung in der alltäglichen Verwendung nämlich zu sozialen Praktiken. Damit erhalten die in diesen Verfahren impliziten Ordnungsvorstellungen und Deutungsmuster eine verstärkte Wirkkraft im betrieblichen Sozialraum, das heißt auf alle Beschäftigten. In dieser Funktion humanwissenschaftlicher Experten als professionalisierten Erfindern wissenschaftsgestützter Praktiken, deren sich jeder Einzelne mit dem Ziel der Optimierung seiner

[19]) In dieser Hinsicht unterscheidet sich der Status betrieblicher Humanexperten gravierend von dem des „Musterexperten" Ernest W. Dichter, den Gries portraitiert hat (*Gries*, Die Geburt der Werbeexperten). Denn Dichters Expertise-Angebot hatte in erster Linie die Funktion der Sinnstiftung. Auch im Sinne der Definition van Laaks, wonach die „Allzuständigkeit, auch für letzte Fragen" den Intellektuellen in Abgrenzung vom Experten auszeichnet (*Van Laak*, Zur Soziologie, S. 423), ist Dichter somit kein „reiner" Experte. Eher verkörpert er den Typus des „genialen Experten", der mit einer Mischung aus wissenschaftsgestütztem Wissen und deutender Prophetie, als „Grenzgänger" zwischen den Welten, besonders weitreichende Beratungsleistungen erbrachte, wozu sich die ganzheitliche Psychologie aufgrund ihres holistischen Ansatzes, der sich quasi-religiös handhaben ließ, besonders eignete. Dieser „geniale" Expertentypus scheint als außerbetrieblich angesiedelter „Management-" oder eben „Werbe-Guru" besonders nachgefragt worden zu sein. Einen weiteren Vertreter dieser Art stellte Rolf W. Schirm dar (vgl. Kap. 6.4).

Persönlichkeitsentwicklung bedienen kann, besteht eine der entscheidenden Neuerungen der 1970er Jahre.

Dieses Phänomen, das eine zentrale Voraussetzung neuartiger Veränderungsdynamiken der sozialen Welt seit jener Durchbruchsdekade darstellt, war keineswegs auf Unternehmen beschränkt. In allen möglichen Bereichen brachen sich wissenschaftsgestützte „Bewegungen" mit individualisierender und therapeutischer Stoßrichtung Bahn – sei es im Sinne der „Selbsthilfe" als Lebensprinzip oder als unterstützende Dienstleistung: vom Katholizismus, wo um Authentizität bemühte, befreiungstheologisch inspirierte Laieninitiativen mit der als „Dienst am Individuum" erneuerten „Caritas"-Arbeit konkurrierten, über die medizinisch und sportwissenschaftlich basierte Laufbewegung, die in den 1970ern ihren rasanten Aufstieg erlebte, bis hin zum Marketing, das mit immer ausgefeilteren Marktforschungsmethoden Produktmärkte auszudifferenzieren begann, um für jeden Persönlichkeitsentwurf entsprechend „gestylte" Anreize und Accessoires zu bieten.[20]) All diesen Entwicklungen lag zugrunde, was der „Senior Director Human Resources Development" der Siemens AG zu Beginn der 1980er Jahre als „Demokratisierung der Sozialwissenschaft" bezeichnete: das Bemühen um individuelle Persönlichkeitsentfaltung in Verbindung mit einer generellen reflexiven (beziehungsweise alternativ: konsumtiven?) Handlungsorientierung. Keinesfalls notwendig ging mit dieser Form der Verwissenschaftlichung eine Demokratisierung grundlegender institutioneller Ordnungsvorstellungen, etwa der betrieblichen Sozialordnung, einher. Es wurden in erster Linie Möglichkeitsräume für diejenigen eröffnet, die es am besten verstanden, sich diesen neuen Anforderungen anzupassen.

Das humanwissenschaftliche Expertensystem zeichnet sich ob seiner ausgeprägten Orientierung auf Methoden und Verfahren zunächst durch eine inhaltliche Neutralität oder zumindest Offenheit aus. Die hier entwickelten Maßnahmen konnten sowohl dazu dienen, bestehende Leitbilder und Handlungsorientierungen zu bestärken oder eben zur Durchsetzung von neuen beizutragen.[21]) Während der 1970er Jahre war in westdeutschen Unternehmen beides der Fall. Die Generalisierung des reflexiven Handlungsprinzips als Durchsetzung einer neuen Ordnungsvorstellung, die nicht nur betriebliche Sozialbeziehungen in den folgenden Jahrzehnten prägen sollte, hatten wissenschaftlich orientierte Humanexperten (auch) in Unternehmen zu ihrer Aufgabe gemacht und sich damit erfolgreich gegen den Widerstand der Mehrheit westdeutscher Unternehmer durchgesetzt. Die Überformung dieser zunächst offenen, da maßgeblich methodisch orientierten Handlungsmaxime durch die unternehmernahen Personalexperten mit dem Leitbild des „Unternehme-

[20]) *Ziemann*, Zwischen sozialer Bewegung; *Köhler*, Marketing als Krisenstrategie; vgl. zur Laufbewegung demnächst die Studie von Tobias Dietrich.

[21]) Nach Rose basiert der Erfolg der Psychologie in liberal-demokratischen Gesellschaften darauf, dass sie besonders geeignet ist, „sich an soziale Kontexte auszuleihen", indem sie deren Denkstil „kolonialisiert". *Rose*, Experts, S. 92.

rischen Selbst“ ließ – der Akteurskonstellation im personalpolitischen Feld entsprechend – allerdings nicht lange auf sich warten und ebnete so den Weg der einsetzenden „Kapitalisierung des verwissenschaftlichten Sozialen“.

Indem unter diesem Begriff insbesondere die Wechselwirkungen zwischen Gesellschaft und unternehmerischer Organisation in den Blick genommen werden, stellt er eine Perspektive dar, die einem zentralen Aspekt von „Globalisierung“ Rechnung trägt[22]. Zugleich ist er auch relevant für die Unternehmensgeschichte, die sich auf ein „Kerngeschäft“ konzentrieren möchte. So zeigt sich am Beispiel betrieblicher Humanexpertise deutlich, dass eine Annäherung an das „proprium“ des Unternehmens nicht nur möglich ist, wenn man sich auf die Analyse unternehmensinterner Entscheidungssemantiken konzentriert, sondern auch die Berücksichtigung der zunehmend permeablen Grenze zwischen dem Innen und Außen von Unternehmen erfordern kann. Gleichzeitig gilt es jeweils zu überprüfen, ob die zu beschreibende Unternehmensentwicklung tatsächlich einer allein ökonomisch erschließbaren Logik folgte. Der Wandel betrieblicher Personalpolitik in westdeutschen Unternehmen jedenfalls lässt sich vermittelt über die Veränderungsdynamik einer vermeintlich neutralen Wissenschaftsorientierung auch als gesellschaftliche und soziale Formierung der Organisation Unternehmen begreifen, die nur indirekt wirtschaftlichen Bedürfnissen folgte, trotzdem aber grundlegend für die Sicherung ihrer Existenz war.[23]

Insgesamt kann der Beitrag des humanwissenschaftlichen Expertensystems zur Ausformung von sozialem Wandel in westdeutschen Unternehmen und darüber hinaus keinesfalls allein als moderne „Errungenschaft“ verstanden werden. Weder von der „Stilllegung eines traditionellen Krisenpotentials“, aber auch nicht allein vom „Inkubationsherd einer neuen Krise“ – wie Michael Prinz und Matthias Frese die Modernisierungs-Alternativen aufgezeigt haben[24] – kann die Rede sein. Vielmehr handelt es sich um ein janusköpfiges Phänomen zwischen Humanisierung und sozialer Rationalisierung, zwischen Demokratie und Leistungskontrolle, das sich dadurch auszeichnet, im Zugriff auf das Subjekt und seine Selbstkonstruktion radikal auf dessen ‚Innenräume‘ abzuzielen. Individualisierung in diesem Sinne umfasst nicht allein das „Zurücktreten kollektiver Bindungen vertikaler und horizontaler Art“, die „Freisetzung des Individuums“ und „fortschreitende Rollendifferenzierungen“; schon gar nicht stellten Industriebetriebe als „Welt für sich“ einen Gegenpol zu dieser Entwicklung dar.[25] Vielmehr wurden gerade ausgehend von hier vermittels neuer personalpolitischer Verfahren seit den 1970er Jahren engere „Kopplungen“ nicht nur zwischen verschiedenen gesellschaftlichen Funktions-

[22]) *Osterhammel/Petersson*, Geschichte der Globalisierung, S. 11–15; *Plumpe*, Perspektiven, S. 404.
[23]) *Rosenberger*, Von der sozialpolitischen.
[24]) *Frese/Prinz*, Sozialer Wandel, S. 6.
[25]) *Prinz*, Demokratische Stabilisierung, S. 669–674.

bereichen – Wirtschaft und Humanwissenschaften – begründet,[26]) sondern gleichzeitig auch ein Modus neuer Qualität zur Integration jedes Einzelnen in den sozialen Raum einer liberal-demokratisch und kapitalistisch geprägten Gesellschaft.

Für die bundesrepublikanische „Gesellschaftsgeschichte" ergibt sich am Beispiel der betriebsbezogenen humanwissenschaftlichen Expertise ein Verlaufsmodell, bei dem weder die 1950er noch die 1960er Jahre als Jahrzehnte der „Modernisierung" oder des „dynamischen Wandels" in den Blick geraten, sondern vielmehr eben die 1970er Jahre als Zeitraum erscheinen, innerhalb dessen sich eine neue Konstellation sozialer Bedingungen herausbildete. In den 1970er Jahren wurden jene traditionellen Leitbilder und Ordnungsvorstellungen – man kann nicht sagen überwunden, aber zum Teil schmerzhaft durch neue Konstruktionen abgelöst und ersetzt, die die sozialgeschichtliche Einheit des Zeitraums zwischen der Jahrhundertwende und den 1960er Jahren begründeten. Voraussetzung dafür war freilich, dass sich zunächst eine Konstellation formierte, aus der heraus solche Veränderungen möglich waren. Dies geschah maßgeblich im ersten Nachkriegsjahrzehnt, zwischen 1945 und 1955, einer Phase des hoch verdichteten Wandels, in der herkömmliche „deutsche" Ideen im Zeichen der anthropozentrischen Maxime vom „Menschen im Mittelpunkt" den neuen Bedingungen angepasst wurden, während sich zugleich neue Allianzen und Kooperationen ausbildeten. In dieser Phase, die verstanden werden kann als „demokratisierender Auftakt" der Bundesrepublik, wurden diejenigen Grundlagen gelegt, die nach einer zehn- bis 15-jährigen „Inkubationszeit" mit der praktischen Durchsetzung und Etablierung neuer Ordnungsvorstellungen und Deutungsmuster während der 1970er Jahre eine neue Konstellation sozialer Bedingungen begründeten: diejenige einer liberal-demokratisch und kapitalistisch geprägten Gesellschaft mit all ihren spezifischen Problemlagen, deren Handhabung in Deutschland bis in die Gegenwart noch nicht gelungen ist.

[26]) *Weingart*, Stunde der Wahrheit?, S. 27ff., 171ff.

Anhang

1. Abkürzungsverzeichnis

AGP	Arbeitsgemeinschaft zur Förderung der Partnerschaft in der Wirtschaft
AOG	Gesetz zur Ordnung der nationalen Arbeit, 1934
A.S.B.	Arbeitsgemeinschaft für Soziale Betriebsgestaltung
ASU	Arbeitsgemeinschaft selbständiger Unternehmer
AwI	Arbeitswissenschaftliches Institut (der Deutschen Arbeitsfront)
BAL	Bayer Archiv, Leverkusen
BDA	Bundesvereinigung der Deutschen Arbeitgeberverbände
BDI	Bundesverband der deutschen Industrie
BDP	Berufsverband deutscher Psychologen
DAF	Deutsche Arbeitsfront
DGB	Deutscher Gewerkschaftsbund
DGP	Deutsche Gesellschaft für Personalwesen
DGP	Deutsche Gesellschaft für Psychologie
DGfP	Deutsche Gesellschaft für Personalführung
DIF	Deutsches Institut zur Förderung des industriellen Führungsnachwuchses
DIHT	Deutscher Industrie- und Handelstag
DINTA	Deutsches Institut für technische Arbeitsschulung
DNB	Der Neue Betrieb
FORFA	Forschungsinstitut für Arbeitspsychologie und Personalwesen
GfSR	Gesellschaft für soziale Reform
GsB	Gesellschaft für soziale Betriebspraxis
IGBE	Industriegewerkschaft Bergbau und Energie
IGM	Industriegewerkschaft Metall
IRAT	Institut International d'Organisation Scientifique du Travail
ND	Bund Neudeutschland
REFA	Verband für Arbeitsstudien
RGS	Religionsgeschichtliche Schule
RKW	Rationalisierungskuratorium der deutschen Wirtschaft
RWWA	Rheinisch-westfälisches Wirtschaftsarchiv, Köln
TFD	Tatgemeinschaft freier Deutscher
TKA	Archiv der ThyssenKrupp AG, Duisburg
TWI	Trainining-Within-Industry-Programm
VDI	Verein deutscher Ingenieure
VfS	Verein für Sozialpolitik
WIPOG	Wirtschaftspolitische Gesellschaft von 1947

2. Verzeichnis der Abbildungen und Tabellen

Abbildungen

Tabellen

3. Tabellen

Tabelle 4: Arbeitsdirektoren der Eisen- und Stahlindustrie, Stand 01.12.1952[1])

1.	Anstötz, Anton	Niederrheinische Hütte AG, Duisburg
2.	Berndsen, Alfred	Westfalenhütte AG, Dortmund
3.	Best, August	Stahl- und Röhrenwerke Reisholz AG, Düsseldorf
4.	Boine, Bernhard	Deutsche Edelstahlwerke AG, Krefeld
5.	Bosse, Rudolf	Erzbergbau Salzgitter GmbH, Watenstedt-Salzgitter
6.	Dännemark, Diedrich	Hüttenwerk Ilsede-Peine AG, Peine
7.	Dudziak, Erich Dr.	Stahlwerke Südwestfalen AG, Geiswald b. Siegen
8.	Ebers, Wolfram Dr.	Ruhrstahl AG, Witten
9.	Feiler, Günter	Hüttenwerk Hagen-Haspe AG, Hagen
10.	Geldmacher, Willi	Gussstahlwerk Bochumer Verein AG, Bochum
11.	Harzig, Karl	Mannesmann Hüttenwerke AG, Duisburg
12.	Heil, Nikolaus	Gussstahlwerk Gelsenkirchen AG, Gelsenkirchen
13.	Heinrichs, Wilhelm	Eisenwerke Mühlheim-Meiderich AG, Mühlheim [1958 in Ruhestand]
14.	Hille, Fritz	Georgsmarienwerke AG, Georgsmarienhütte b. Osnabrück
15.	Jungbluth, Adolf	Hüttenwerke Watenstedt-Salzgitter GmbH, Drütte b. Braunschweig
16.	Kapusta, Theo	Gussstahlwerk Oberkassel AG, vorm. Stahlwerk Krieger, Düsseldorf-Oberkassel
17.	Kerkmann, Karl	Hüttenwerke Siegerland AG, Siegen-Westfalen
18.	Koch, Harald Dr.	Hoesch Werke AG, Dortmund
19.	Kohlitz, Albert Dr.	Mannesmann AG, Düsseldorf
20.	[Kraft, Emil]	Metallhüttenwerke Lübeck AG, Lübeck-Herrenwieg [im Verteiler seit Jan. 1955]
21.	Legge, Franz	Stahl- und Walzwerke Rasselstein AG, Neuwied
22.	L'habitant, Johann	Deutsche Mannesmannröhren Werke AG, Düsseldorf
23.	Nowak, Walter	Gussstahlwerk Witten AG, Witten-Ruhr
24.	Seeger, Paul	Friedrichshütte AG, Herford-Sieg
25.	Skrentny, Konrad	Hüttenwerke Phoenix AG, Duisburg-Ruhrort
26.	Schäfer, Wilhelm	Dortmund-Hoerder Hüttenunion AG, Dortmund
27.	Schwierling, Karl	Rheinische Röhrenwerke AG, Mühlheim Ruhr
28.	Schmidt, Peter	Rhein.-Westf. Eisen- und Stahlwerks AG, Mühlheim-Ruhr/ Eisenwerke Gelsenkirchen AG, Gelsenkirchen
29.	Schmiedt, Werner P.	Luitpoldhütte AG, Amberg/Oberpfalz
30.	Schöne, Joachim Dr.	Nordwestdeutsche Hütten und Bergwerksverein AG, Duisburg
31.	Schultze, Hans	Eisenerzbergbau Ilsede AG, Gross-Bülten Post Groß-Ilsede
32.	Stahl, Robert	Hahnsche Werk AG, Duisburg-Grossenbaum
33.	Strohmenger, Karl	Hüttenwerk Oberhausen AG, Oberhausen
34.	Wagner, Willi	Stahlwerke Bochum AG, Bochum
35.	Zimbehl, Wilhelm	Hüttenwerk Rheinhausen AG, Rheinhausen
36.	Zink, Hans	Eisenwerksgesellschaft Maximilianshütte mbH, Sulzbach-Rosenberg-Hütte

[1]) Die Liste basiert auf einer ergänzten Anschriftenliste selbigen Datums, TKA, TNO/002042.

Tabelle 5: Institutionen des personalpolitischen Felds zu Beginn der 1950er Jahre im Überblick[2])

1. Arbeitsgemeinschaft für Soziale Betriebsgestaltung, A.S.B., Heidelberg
2. Forschungsinstitut für Arbeitspsychologie und Personalwesen, Forfa, Braunschweig, Düsseldorf
3. Arbeitsgemeinschaft zur Förderung der Partnerschaft in der Wirtschaft, AGP, Hilden
4. Stuttgarter Arbeitskreis – TWI (Training Within Industry) zur Förderung innerbetrieblicher Arbeitsbeziehungen e.V., Frankfurt
5. Forschungsstelle „Mensch und Arbeit im Betrieb" e.V. (FMAB), Nürnberg
6. Rationalisierungsgemeinschaft „Mensch und Arbeit" im RKW
7. Der Neue Betrieb – Studienkreis für sozialwirtschaftliche Betriebsformen e.V., Düsseldorf
8. Sektion Arbeits- und Betriebspsychologie des Berufsverbands Deutscher Psychologen (BDP)
9. Arbeitsgemeinschaft für Betriebsorganisation und psychologische Betriebsberatung, Ernst Bornemann
10. Deutsche Gesellschaft für Personalwesen e.V. (DGP), Frankfurt
11. Forschungsstelle für Konstitutions- und Arbeitspsychologie bei der Universität Tübingen, Ernst Kretschmer
12. Institut für psychologische Beratung bei der Universität Würzburg, Gustav Kafka, Ludwig Kroeber-Keneth
13. Sozialpsychologisches Institut, Stuttgart Vaihingen, Hans Endres, R.G. Richter
14. Wirtschaftskontor Dr. Schleip, Stuttgart, Walter Schleip
15. Haus Schwalbach, Bad Schwalbch, Magda Kelber
16. Volkswirtschaftliche Gesellschaft Bayern e.V., München
17. Sozialforschungsstelle Dortmund, Otto Neuloh
18. Wirtschaftswissenschaftliches Institut der Gewerkschaften (WWI), Köln
19. Max-Planck-Institut für Arbeitsphysiologie, Dortmund
20. Arbeitswissenschaftliches Institut des Verbands für Arbeitsstudien – REFA – e.V., Darmstadt
21. Institut für Arbeitswissenschaft (IFA), Stuttgart, Gerhard Dressel
22. Gesellschaft für Arbeitswissenschaft e.V. (GfA), Hans Kellner

[2]) Diese Liste basiert auf der Auswertung von: *Hetzer*, Betriebspsychologie; *Maikowski/Mattes/Rott*, Psychologie und ihre Praxis und einer Liste „überbetrieblicher Ausbildungseinrichtungen", die 1955 der „Ausschuss für Soziale Betriebsgestaltung der BdA" erstellt hat, vgl. RWWA, Abt. 195 Acordis AG, Wuppertal, Best. U 20/03, Schriftwechsel Vaubel. Die Liste umfasst sowohl diejenigen Institutionen, die definitionsgemäß zum personalpolitischen Feld gehören (1–16), wie auch „benachbarte" soziologisch und arbeitswissenschaftlich orientierte (17–22).

Tabelle 6: Psychologen bei Glanzstoff 1949–1970er Jahre[3])

1. Asperger, Karl-Heinz
2. Bendziula, Albrecht
3. Bergen, C.N. A. Cornelis van
4. Billenkamp, Kurt
5. Bosler, Ralph
6. Dielehner, Günter
7. Ebeling, Ingrid
8. Flügge, Gerd
9. Hoelemann, Wolfram
10. Kreusch, Wolfdieter
11. Lebender, ?
12. Sachteleben, Friedrich
13. Scharfenort, Peter
14. Schiöberg, Eberhard
15. Schmidt, Gottfried
16. Schmidtke, Heinz
17. Schumann, Wolfgang
18. Spengler, Gustav
19. Stannek, Bernd
20. Vollmer, Knut

[3]) Die Liste beansprucht keine Vollständigkeit. Sie umfasst alle diejenigen Psychologen, deren Beschäftigung bei Glanzstoff sich aus der Aktenlage erschließen ließ.

Tabelle 7: Organisations-Mitglieder des „Wuppertaler Kreises“, 1957[4])

1. Arbeitsgemeinschaft Badisch-Württembergischer Arbeitgeberverbände
2. Arbeitsgemeinschaft für soziale Betriebsgestaltung e.V.
3. Arbeitsgemeinschaft zur Erhaltung und Förderung der Arbeitskraft e.V.
4. Arbeitskreis für Betriebsführung
5. Arbeitsring der Arbeitgeberverbände der Deutschen Chemischen Industrie e.V.
6. Ausschuss für wirtschaftliche Fertigung e.V.
7. Ausschuss für wirtschaftliche Verwaltung e.V.
8. C. Rudolf Poensgen-Stiftung e.V. zur Förderung von Führungskräften in der Wirtschaft
9. Der Neue Betrieb
10. Deutsche Gesellschaft für Betriebswirtschaft
11. Deutsche Volkswirtschaftliche Gesellschaft e.V.
12. Deutsches Industrieinstitut
13. Forschungsinstitut für Arbeitspsychologie und Personalwesen
14. Freudenstadter Unternehmerseminare
15. Haus Friedrichsbad
16. Hessisches Institut für Betriebswirtschaft e.V.
17. Hochschulinstitut für Wirtschaftskunde, Berlin
18. Institut für die Niedersächsische Wirtschaft
19. Junge Unternehmer der Arbeitsgemeinschaft Selbständiger Unternehmer
20. Juniorenkreis der Deutschen Unternehmerschaft
21. Rationalisierungs-Kuratorium der Deutschen Wirtschaft
22. Technische Akademie Bergisch Land e.V.
23. Verband für Arbeitsstudien – REFA – e.V.
24. Volkswirtschaftliche Gesellschaft Bayern e.V.

[4]) Vgl. das Geleitwort von Ludwig *Vaubel*, in: *Fassbender*, Die Führungskräfte.

Tabelle 8: „Spitzenreiter"-Autoren der Zeitschrift „Mensch und Arbeit"/„Personal", 1949–1975[5])

	Guido Fischer	Franz Goossens	Hans Friedrichs	Albrecht Weiß	Hans Prigge	Fritz Reuter	Ernst Zander	Jochen Wistinhausen	Eduard Gaugler	Heinz Knebel	Kurt Görsdorf
1949	(3)			(2)							
1950	(2)	(3)						(1)			
1951	(2)	(1)						(1)			
1952	(3)	(4)		(2)							
1953	(2)	(4)		(1)				(1)	(1)		
1954	(1)	(5)	(1)	(2)							
1955	(1)							(1)			
1956	(1)			(1)	(1)						
1957	(4)	(1)		(1)	(1)				(2)		(1)
1958	(2)	(2)		(2)	(2)	(1)	(1)		(2)		(1)
1959	(5)	(2)		(2)		(1)					(1)
1960	(6)	(6)		(1)			(2)	(1)			(1)
1961	(6)	(4)			(2)		(2)				
1962	(3)	(1)			(1)				(1)		
1963	(2)	(2)			(1)		(3)				
1964	(7)	(2)	(3)	(4)	(3)	(1)	(1)				(2)
1965	(3)	(5)	(1)		(1)	(1)					
1966	(3)	(2)	(3)		(2)	(4)				(1)	
1967	(3)	(1)	(2)			(1)					
1968	(2)	(5)	(5)		(1)		(1)			(1)	
1969	(5)	(3)	(2)							(1)	
1970	(3)	(1)	(4)				(1)			(1)	
1971	(4)	(2)	(3)			(2)			(1)		
1972	(2)	(10)	(3)					(1)			
1973	(3)	(4)	(1)		(1)						
1974	(5)		(5)					(1)		(2)	
1975	(4)		(2)							(1)	
Summe	87	70	35	18	16	11	11	7	7	7	6

[5]) Berücksichtigt wurden alle Autoren, die im untersuchten Zeitraum mehr als fünf Beiträge veröffentlicht haben. In den Zellen ist jeweils die Anzahl der Beiträge pro Jahrgang angegeben.

Tabelle 9: Forfa-Mitarbeiter, 1948–1963 (alphabetisch sortiert)[6])

	Braunschweig	Düsseldorf	Mitarbeit unsicher	
1.	Andersen, Hans Jürgen, Dipl.-Psych.	Ahlefelder, Alfons, Dipl.-Psych.	Barg, Hans in Braunschweig	
2.	Asperger, Heinrich, Dipl.-Psych.	Dirks, Heinz, Dr.	Bog, Rudolph	
3.	Berlinger, Rupert	Hanten, Alfred, Dr.	Eher, Alfred	
4.	Bräutigam, Georg, Dr.	Hoelemann, Wolfram, Dipl.-Psych.	Fehlauer, Rudolf	
5.	Brockmeyer, Hans Otto, Dipl.-Psych.	Horney, Heinz-Ludwig, Dr.	Glaeser, Hermann	
6.	Eichenberg, Helmut, Dipl.-Psych.	Marschner, Günter, Dipl.-Psych.	Hentschel, Herbert	
7.	Gerbert, Karl, Dr.	Meyer, Klaus, Prof. Dr. Dr.	Kowall, Albert	
8.	Gries, Ulrich, Dr.	Pfaff, Günter, Dipl.-Psych.	Krupp, Hans Josef, Dr. in Braunschweig	
9.	Herwig, Bernhard, Prof. Dr.	Proske, Eberhard, Dipl.-Psych.	Müller, Rolf	
10.	Herwig, Wolfgang, Dipl.-Psych.	Raak, Damian, Dr.	Wehrstedt, Wolfgang	
11.	Henschel, Herbert, Dr.	Rosen, Dr.	Wolff, Harald	
12.	Henze, Reinhold, Dr.	Scharge, Hermann, Dr.		
13.	Huck, Wolfgang, Dr.	Schwerd, Richard, Dipl.-Psych.		
14.	Jebsen, Rolf Dr.	Stender, Berthold, Dr.		
15.	Klockmann, Egon			
16.	Klüwer, Horst, Dipl.-Psych.			
17.	Kreißel, Hellmut, Dr.			
18.	Marschner, Günter, Dr.			
19.	Mey, Hans-Georg, Dipl.-Psych.			
20.	Quitt, Karl, Dipl.-Psych.			
21.	Rüssel, Arnulf, Prof. Dr.			
22.	Sachteleben, Friedhelm, Dipl.-Psych.			
23.	Schaps, Dipl.-Psych.			
24.	Schlechtinger, Wolfgang, Dr.			
25.	Sondergeld, Walter, Dr.			
26.	Spengler, Gustav, Dr.			
27.	Stolze, Karl Rainer, Dipl.-Psych.			
28.	Thomas, Marion, Dipl.-Psych.			
29.	Tietz, Bernhard, Dr.			
30.	Vogt, Johannes, Dr.			
31.	Wehrstedt, Wolfgang, Dipl.-Psych.			
Σ	**31**	**14**	**12**	**45(57)**

[6]) Der Zusammenstellung liegt eine Liste zugrunde, die ich von einem Zeitzeugen erhalten habe (vgl. Interview vom 19.12.01). Er war selbst Mitarbeiter im Forfa und hat sie zusammen mit einem weiteren ehemaligen Kollegen zusammengestellt. Ich habe die Liste anhand des mir vorliegenden Materials korrigiert und ergänzt.

Tabelle 10: Durchführungsorte betriebspsychologisch gestützter Personalmaßnahmen[7]) in ihrer Beziehung zur Betriebshierarchie im Überblick

	außerbetrieblich		überbetrieblich	innerbetrieblich
	staatlich (Arbeitsämter)	„freier Markt" (Personal-Dienstleister)	„geregelter Markt" (unternehmerische Führungskräfte-Fortbildungs-institutionen)[8])	betriebspsychologische Abteilungen
„Top-Management"	–		+	–
Angestellte	–		+	+/–
Arbeiter	+		–	+
Ungelernte	+		–	+
Auszubildende	+		–	+

[7]) Unter „betriebspsychologisch gestützte Personalmaßnahmen" sind hier eignungsdiagnostische Personalauswahlverfahren und spezielle Fortbildungs- bzw. Rekrutierungsmaßnahmen für Führungskräfte zusammengefasst.

[8]) Z. B.: Baden-Badener Unternehmergespräche, Walter-Raymond-Stiftung, Wuppertaler Kreis.

Quellen- und Literaturverzeichnis

1. Quellen

Unternehmensarchive

Bayer Archiv, Leverkusen (BAL)

Bestände/Akten:

10	Organisation, 1945–1975
210	Personal- und Sozialwesen (Betriebliches Vorschlagswesen, Verschiedenes), 1945–1975
212	Personal- und Sozialwesen (Arbeiterangelegenheiten, Einstellungen und Entlassungen, Verschiedenes)
213	Personal- und Sozialwesen (Angestelltenangelegenheiten, Leitende Angestellte, Pensionskasse)
214	Personal- und Sozialwesen (Gewerkschaften, Betriebsrat), 1945–1975
220	Personal- und Sozialwesen (Sozialabteilung, Sozialangelegenheiten), 1945–1975
271/2	Personalia Jacobi, 1948–1967
341	Personal- und Sozialwesen, 1945–75
1/6.6.23	Curt Duisberg, [Chronik der] Sozial- und Personalabteilung, 1955

Daimler, Stuttgart

Bestände/Akten:

Ausbildung

1, Bildungsarbeit, 1967–
3, Ausbildung allgemein, 1945–1984
6, Entwicklung der Lehrlingsausbildung, Untertürkheim, 1945–1971
16, Ausbildung im Werk Sindelfingen, Lehrabteilung, 1953–1978
22, Haus Lämmerbuckel

Werksangehörige

39.1, Hanns-Martin Schleyer,
Schleyer 1 Reden, 1962–1969
Schleyer 2, 1970–1977

Unverzeichnete Ordner, Rückenbeschriftung

Zahn/HS Raue, 324, Personal (Schleyer), 1975/76
Könecke 116, Personal, 1952–54
Könecke 117, Personal, 1954

Merck, Darmstadt

Bestände/Akten:

F 4	Bekanntmachungen und Rundschreiben
F 3	Jahresberichte
J 10	Handakten Personalleiter Eugen von Vietsch
J 20	Betriebspsychologische Beratung
W 10	Telefonverzeichnisse

Werkszeitung: Das „Merck"-Blatt, 1950–1975

Siemens AG, München

Bestände/Akten:

9956	Richard Bolt, Chronik der Eignungsprüfungen der Nürnberger Werke seit 1920, 1958
7365	Personalia und Soziales nach 1945, 1948–50
7505	Personalrichtlinien, 1955
7514	Personalberichte, 1950–53
9309	Betriebspsychologische Fragen, 1958
9433	Lehrlingseignungsprüfung, 1960
9604	Personalsachen, 1954–57
9605	50 Jahre Zentrale Personalverwaltung, 1949, 1956
13 Lc 873	Entwurf zu einem Beurteilungsbogen, Personal-Referat, 1954/55
VvA	Unternehmernachwuchs, Reden v. Witzleben, 1957

Vereinigte Glanzstoff Fabriken AG/Enka AG, Wuppertal im Rheinisch-westfälischen Wirtschaftsarchiv, Köln (RWWA)

Bestände/Akten:

C 1	Organisation, 1945–1977
S 1	Sozialwesen allgemein, 1953
S 11	Nachwuchsförderung, 1948–1959
S 12	Betriebspsychologische Abteilung, 1945–1977
U 20	Wirtschaftsorganisationen und Unternehmerverbände
V 3	Vereine, wissenschaftliche
V 9	Vereine, soziale
ZO	Zwischenarchiv

Werkszeitung: Wir vom Glanzstoff, 1949–1972

Archiv der ThyssenKrupp AG, Duisburg (TKA)

Bestände/Akten:

TNO	Hüttenwerk Oberhausen AG, Sekretariat Strohmenger, 1950–58
WVS/103	Wirtschaftsvereinigung Eisen- und Stahlindustrie

Zeitschriften

Angegeben sind jeweils der Titel der Zeitschrift, die herausgebende Institution, wenn diese nicht aus dem Titel hervorgeht, und der ausgewertete Zeitraum.

1. Der Betrieb. Wochenschrift für Betriebswirtschaft, Steuerrecht, Wirtschaftsrecht, Arbeitsrecht; Handelsblatt; 1948–1955, ausgewählte Jahrgänge
2. DNB-Mitteilungen; Der Neue Betrieb, Düsseldorf; 1952-1968
3. Forfa-Briefe; Forschungsinstitut für Arbeitspsychologie und Personalwesen, Braunschweig; 1951-1963
4. Gewerkschaftliche Monatshefte; 1950–1955
5. Mensch und Arbeit. Zeitschrift für schöpferische Betriebsführung, ab 1968: Personal. Zeitschrift für Human Resource Management; Herausgebergremium: Guido Fischer, Wilhelm Hergt, Fritz Reuter, Albrecht Weiß; 1949-1975
6. Mitteilungen des Wirtschaftswissenschaftlichen Instituts der Gewerkschaften; 1949-1955
7. Psychologie und Praxis. Zeitschrift für Arbeits- und Organisationspsychologie. Organ der Sektion Arbeits- und Betriebspsychologie im Berufsverband Deutscher Psychologen, 1956/57-1975

8. Psychologische Hefte; Siemens-Studiengesellschaft für praktische Psychologie; 1949–1975, ausgewählt Jahrgänge
9. Psychologische Rundschau. Offizielles Organ der Deutschen Gesellschaft für Psychologie (DGP), 1949/50–1975
10. Rationalisierung. Monatsschrift des Rationalisierungskuratoriums der Deutschen Wirtschaft; 1950–1975, ausgewählte Jahrgänge
11. Soziale Beziehungen in der Industrie. Zeitschrift für internationalen Erfahrungsaustausch auf dem Gebiet des Personal- und Sozialwesens; zunächst: Office of Labor Affairs, HICOG, ab 1953: Stuttgarter Arbeitskreis TWI zur Förderung innerbetrieblicher Arbeitsbeziehungen, 1950–1954
12. Stahl und Eisen. Zeitschrift für das deutsche Eisenhüttenwesen; Verein Deutscher Eisenhüttenleute, Düsseldorf; 1947-1955
13. Zeitschrift für praktische Psychologie. Organ der Studiengesellschaft für Praktische Psychologie; 1961-1975
14. Zentralblatt für Arbeitswissenschaft, ab 1963: Arbeit und Leistung; Gesellschaft für Arbeitswissenschaftliche Forschung; 1947-1975, ausgewählte Jahrgänge

Interviews

Alle Interviewpartner sind männliche Psychologen, die im Zeitraum vom Beginn der 1950er Jahre bis in die Gegenwart als Betriebspsychologen und/oder Personalexperten in oder für westdeutsche(n) Großunternehmen gearbeitet haben bzw. noch arbeiten: drei bei Merck, einer bei Glanzstoff, einer bei Siemens, einer bei Rheinbraun und einer bei der Bergbaufachhochschule Bochum. Zum Schutz derer, die noch aktiv sind, bleiben alle Interviewees anonym. Die Transkriptionen der berufsbiographisch-narrativen Interviews, die ich geführt habe, werde ich an das Archiv des Instituts für Zeitgeschichte in München abgeben, wo bereits die Protokolle der Psychologen-Interviews von Ulfried Geuter liegen.

1. Interview vom 14.04.00
2. Interview vom 20.09.00
3. Interview 1 vom 13.11.00
4. Interview 2 vom 13.11.00
5. Interview vom 24.01.01
6. Interview vom 18.07.01
7. Interview vom 11.12.01

2. Literatur und veröffentlichte Quellen

Abele, Johannes/*Barkleit*, Gerhard/*Hänseroth*, Thomas (Hg.): Innovationskulturen und Fortschrittserwartungen im geteilten Deutschland, Köln/Weimar/Wien 2001.

Abelshauser, Werner: Deutsche Wirtschaftsgeschichte seit 1945, München 2004.

Ders.: Die BASF seit der Neugründung von 1952, in: *ders.* (Hg.): Die BASF. Eine Unternehmensgeschichte, München 2003, S. 359–637.

Ders.: Die verhinderte Neuordnung? Wirtschaftsordnung und Sozialstaatsprinzip in der Nachkriegszeit, in: Politische Bildung 1979/9, S. 53–72.

Ders.: Wirtschaft in Westdeutschland 1945-1948, Rekonstruktion und Wachstumsbedingungen in der amerikanischen und der britischen Zone, Stuttgart 1975.

Albert, Michel: Kapitalismus contra Kapitalismus, Frankfurt/M. 1992.

Albrecht, Clemens/*Behrmann*, Günter Z./*Bock*, Michael/*Homann*, Harald/*Tenbruck*, Friedrich H.: Die intellektuelle Gründung der Bundesrepublik. Eine Wirkungsgeschichte der Frankfurter Schule, Frankfurt/M./New York 1999.

Altmann, Norbert/*Deiß*, Manfred/*Döhl*, Volker/*Sauer*, Dieter: Ein „Neuer Rationalisierungstyp" – neue Anforderungen an die Industriesoziologie, in: Soziale Welt 1986/37, S. 191-207.

Anger, Gunnar: Ludwig Esch, in: Biographisch-Bibliographisches Kirchenlexikon, Bd. 23, Herzberg 2004, Sp. 319–325.

Angster, Julia: Konsenskapitalismus und Sozialdemokratie. Die Westernisierung von SPD und DGB, München 2003.

Ansbacher, Heinz L.: Testing, Management and Reactions of Foreign Workers in Germany During World War II, in: The American Psychologist 1950/5, S. 38–49.

Ders.: German Industrial Psychology in the Fifth Year of War, in: Psychological Bulletin 1944/41, S. 605–614.

Arndt, Hans-Joachim/*Fassbender*, Siegfried/*Hellwig*, Hans: Weiterbildung wirtschaftlicher Führungskräfte an der Universität. Denkschrift des Deutschen Instituts zur Förderung des industriellen Führungsnachwuchses, Düsseldorf/Wien 1968.

Bahlsen, Werner: Dank an Kurt Pentzlin, in: *Huch*, B./*Dolezalek*, C.M. (Hg.): Angewandte Rationalisierung in der Unternehmenspraxis. Ausgewählte Beiträge zum 75. Geburtstag von Kurt Pentzlin, Düsseldorf, Wien 1978, S. 7-12.

Bauer, Reinhold/*Ullrich*, Gerald: Psychotechnik – Wissenschaft und/oder Ideologie, in: Psychologie und Gesellschaftskritik 1985/9, S. 106–127.

Beck, Ulrich/*Giddens*, Anthony/*Lash*, Scott: Reflexive Modernisierung. Eine Kontroverse, Frankfurt/M. 1996.

Beck, Ulrich: Risikogesellschaft. Auf dem Weg in eine andere Moderne, Frankfurt/M. 1986.

Ders./*Bonß*, Wolfgang: Verwissenschaftlichung ohne Aufklärung? Zum Strukturwandel von Sozialwissenschaft und Praxis, in: *dies.* (Hg.): Weder Sozialtechnologie noch Aufklärung? Analysen zur Verwendung wissenschaftlichen Wissens, Frankfurt/M. 1989, S. 7–45.

Ders./*Bonß*, Wolfgang: Soziologie und Modernisierung zur Ortsbestimmung der Verwendungsforschung, in: Soziale Welt 1984/35, S. 381–406.

Becker, Gary S.: Human Capital. A Theoretical and Empirical Analysis, with Special Reference to Education, 1. u. 2. Aufl. New York 1964, 1975; 3. u. 4. Aufl. Chicago 1983, 1993, 1995.

Beckerath, Paul Gert von: Monographien zur Geschichte des Personalwesens, Bd. II: Die Entwicklung der Berufsausbildung bei Bayer, Leverkusen 1989.

Ders.: Personalwesen, in: Beiträge zur hundertjährigen Firmengeschichte 1863–1963, hg. v. Vorstand der Farbenwerke Bayer AG, Köln 1963, S. 393–444.

Behrendt, Erich: Anwendung sozialwissenschaftlicher Methodenkompetenz in der Wirtschaft – Beispiele für Praxisfelder außerhalb der Forschung, in: *Clemens*, Wolfgang/*Strübing*, Jörg (Hg.): Empirische Sozialforschung und gesellschaftliche Praxis. Bedingungen und Formen angewandter Forschung in den Sozialwissenschaften. FS Helmut Kromrey, Opladen 2000, S. 233-244.

Belke, Ingrid: Auswandern oder bleiben? Die Publizistin Margret Boveri (1900-1975) im Dritten Reich, in: Zeitschrift für Geschichtswissenschaft 2005/53, S. 118-137.

Bell, Daniel: Die Sozialwissenschaften seit 1945, Frankfurt/M./New York 1986.

Benz, Wolfgang (Hg.): Deutschland unter alliierter Besatzung 1945-1949/55. Ein Handbuch, Berlin 1999.

Ders.: Potsdam 1945. Besatzungsherrschaft und Neuaufbau im Vier-Zonen-Deutschland, München ^{2}1992.

Ders.: Zwischen Hitler und Adenauer. Studien zur deutschen Nachkriegsgesellschaft, Frankfurt/M. 1991.

Berghahn, Volker R./*Unger*, Stefan/*Ziegler*, Dieter (Hg.): Die deutsche Wirtschaftselite im 20. Jahrhundert. Kontinuität und Mentalität, Essen 2003.

Ders.: Elitenforschung und Unternehmensgeschichte – Rückblick und Ausblick, in: *ders.*/ *Unger*, Stefan/*Ziegler*, Dieter (Hg.): Die deutsche Wirtschaftselite im 20. Jahrhundert. Kontinuität und Mentalität, Essen 2003, S. 11-29.

Ders.: Unternehmer in der frühen Bundesrepublik. Selbstverständnis und politischer Einfluss in der Marktwirtschaft, in: *Großbölting*, Thomas/*Schmidt*, Rüdiger (Hg.): Unternehmerwirtschaft zwischen Markt und Lenkung. Organisationsformen, politischer Einfluss und ökonomisches Verhalten 1930-1960, München 2002, S. 283-300.

Ders./*Friedrich*, Paul J.: Otto A. Friedrich, ein politischer Unternehmer. Sein Leben und seine Zeit 1902-1975, Frankfurt/M./New York 1993.

Ders.: Unternehmer und Politik in der Bundesrepublik, Frankfurt/M. 1985.

Beyer, Jürgen/*Metz*, Thomas: Professionalisierungspfade des Personalwesens, in: *dies.* (Hg.): Professionalisierte Personalarbeit? Perspektiven der Professionalisierung des Personalwesens, München/Mering 1995, S. 185-206.

Bisani, Fritz: Das Personalwesen in der Bundesrepublik Deutschland. Teil 1: Ergebnisse einer empirischen Untersuchung, Köln 1976.

Blanke, Sandro: Soziales Recht oder kollektive Privatautonomie? Hugo Sinzheimer im Kontext nach 1900, Tübingen 2005.

Blasche, Siegfried: Die Gründung der wirtschaftspolitischen Gesellschaft von 1947 e.V. und der Frankfurter Allgemeinen Zeitung (1949), Vortrag am 20. Oktober 2004 in den Räumen der Frankfurter Allgemeinen Zeitung, URL: [http://wipog.test.sengai.de/imgs/grp1/user9/pdf/1106566821176249416467729152 85.pdf] [16.01.2006].

Bohler, Karl Friedrich: Professionelle Unternehmensberatung im Spannungsfeld von Rationalisierungs- und Technokratisierungsprozessen, in: sozialer sinn 2002/3, S. 99-124.

Böhner, Hans: Jugend unterwegs. Der Bund Neudeutschland 1925-1933, Erinnerungen, Dokumente und Erkenntnisse, Westerheide 1991.

Bollinger, Heinrich/*Weltz*, Friedrich: Zwischen Rezeptwissen und Arbeitnehmerorientierung. Der Arbeitsbezug soziologischer Beratung von Unternehmen, in: *Beck*, Ulrich/ *Bonß*, Wolfgang (Hg.): Weder Sozialtechnologie noch Aufklärung? Analysen zur Verwendung wissenschaftlichen Wissens, Frankfurt/M. 1989, S. 248-275.

Boltanski, Luc/*Chiapello*, Ève: Der neue Geist des Kapitalismus, Konstanz 2003.

Bönner, Karl H./*Lück*, Helmut E. (Hg.): Die Mitteilungen des Berufsverbandes Deutscher Psychologen 1947-1950, Frankfurt/M. u. a. 1998.

Borsdorf, Ulrich: Speck oder Sozialisierung? Produktionssteigerungskampagnen im Ruhrbergbau 1945-1947, in: *Mommsen*, Hans/*Borsdorf*, Ulrich (Hg.): Glück auf, Kameraden! Die Bergarbeiter und ihre Organisation in Deutschland, Köln 1979, S. 345-366.

Ders.: In Kauf genommen. Der Marshall-Plan und die Zweiteilung der Einheitsgewerkschaft in Deutschland, in: *Haberl*, Othmar Nikola/*Niethammer*, Lutz (Hg.): Der Marshall-Plan und die europäische Linke, Frankfurt/M. 1986, S. 194-211.

Bösch, Frank: Die Adenauer-CDU. Gründung, Aufstieg und Krise einer Erfolgspartei 1945-1969, Stuttgart/München 2001.

Bosler, Ralph: Entwicklung und aktuelle Praxisbeispiele aus der Personalförderung bei der ENKA AG, in: *Schlaffke*, Winfried/*Winter*, Helmut (Hg.): Technik kennt keinen Rückschritt. Veränderte Rahmenbedingungen für die betriebliche Bildungsarbeit, Köln 1984, S. 178–200.

Bourdieu, Pierre: Die Regeln der Kunst. Genese und Struktur des literarischen Feldes, Frankfurt/M. 1999.

Ders.: Sozialer Raum und Feld der Macht, in: Praktische Vernunft. Zur Theorie des Handelns, Frankfurt/M. 1998, S. 48–52.

Ders.: Das ökonomische Feld, in: *ders.* u. a.: Der Einzige und sein Eigenheim, Hamburg 1998, S. 162–204.

Ders.: Zur Genese der Begriffe Habitus und Feld, in: *Steinrücke*, Margarete (Hg.): Der Tote packt den Lebenden, Hamburg 1997, S. 59–78.

Ders.: Über einige Eigenschaften von Feldern, in: *ders.*: Soziologische Fragen, Frankfurt/M. 1993, S. 107–114.

Ders.: Ökonomisches Kapital, kulturelles Kapital, soziales Kapital, in: *Kreckel*, Reinhard (Hg.): Soziale Ungleichheiten, Göttingen 1983, S. 183–198.

Ders.: Künstlerische Konzeption und intellektuelles Kräftefeld, in: *ders.*, Zur Soziologie der symbolischen Formen, Frankfurt/M. 1970, S. 75–124.

Bräutigam, Walter (Hg.): Medizinisch-psychologische Anthropologie, Darmstadt 1980.

Braun, Wolf: Das Harzburger Modell. Kritische Analyse einer Führungskonzeption, Nürnberg 1974.

Brakelmann, Günter/*Jähnichen*, Traugott (Hg.): Die protestantischen Wurzeln der Sozialen Marktwirtschaft. Ein Quellenband, Gütersloh 1994.

Ders./*Greschat*, Martin/*Jochmann*, Werner: Protestantismus und Politik. Werk und Wirkung Adolf Stoeckers, Hamburg 1982.

Breuer, Stefan: Anatomie der konservativen Revolution, Darmstadt ²1995.

Bröckling, Ulrich: Menschenökonomie, Humankapital, in: Mittelweg 36, 2003/5, S. 3–22.

Ders./*Horn*, Eva (Hg.): Anthropologie der Arbeit, Tübingen 2002.

Ders.: Jeder könnte, aber nicht alle können. Konturen des unternehmerischen Selbst, in: Mittelweg 36 2002/4, S. 6–26.

Broszat, Martin/*Henke*, Klaus-Dietmar/*Woller*, Hans (Hg.): Von Stalingrad bis zur Währungsreform. Zur Sozialgeschichte des Umbruchs in Deutschland, München 1988.

Bücker, Vera: Der Kölner Kreis und seine Konzeption für ein Deutschland nach Hitler, in: Historisch-politische Mitteilungen 1995, 2, S. 49–82.

Bührer, Werner/*Grande*, Edgar (Hg.): Unternehmerverbände und Staat in Deutschland, Baden-Baden 2000.

Ders.: Unternehmerverbände, in: *Benz*, Wolfgang (Hg.): Die Geschichte der Bundesrepublik Deutschland, Bd. 2: Wirtschaft, Frankfurt/M. 1989, S. 140–168.

Bund Neudeutschland: Gemeinschaft Katholischer Männer und Frauen, Informationen aus Geschichte und Gegenwart, o. O. 1982.

Büttner, Hans-Wolfgang: Das Rationalisierungs-Kuratorium der Deutschen Wirtschaft, Düsseldorf 1973.

Cattepoel, Dirk: Sozialreise durch Deutschland. Vom Arbeiter zum Mitarbeiter, Düsseldorf 1953.

Cauer-Klingelhöffer, Liselotte: Die Frau als Mitarbeiterin in der chemischen Industrie, Wiesbaden 1966.

Chandler, Alfred D.: Strategy and Structure. Chapters in the History of the American Industrial Enterprise, Cambridge, Massachusetts, London ¹⁸1990 (1. Aufl. 1962).

Cocks, Geoffrey: Psychotherapy in the Third Reich. The Göring Institute, New Brunswick ²1997.

Condrau, Flurin: Arbeitsplatz als Gesundheitsrisiko. Medizin und Arbeit in Deutschland nach dem Zweiten Weltkrieg, in: *Ellerbrock*, Karl-Peter/*Wischermann*, Clemens (Hg.):

Die Wirtschaftsgeschichte vor der Herausforderung durch die New Institutional Economics, Dortmund 2004, S. 242-255.
Cordemann, Margarete: Wie es wirklich gewesen ist. Lebenserinnerungen einer Sozialarbeiterin auf dem Hintergrund einer Beschreibung der deutschen Gesellschaft in der Zeit von 1890-1960, Gladbeck 1963.
Dies.: Werksfürsorge, Berlin 1955.

Dahms, Hans-Joachim: Politischer und religiöser Liberalismus. Bemerkungen zu ihrem Verhältnis im Wilhelminischen Kaiserreich am Beispiel der „Religionsgeschichtlichen Schule", in: *Lüdemann*, Gerd (Hg.): Die „Religionsgeschichtliche Schule". Facetten eines theologischen Umbruchs, Frankfurt/M. u. a. 1996, S. 225-242.
Daniel, Ute: Arbeiterfrauen in der Kriegsgesellschaft. Beruf, Familie und Politik im Ersten Weltkrieg, Göttingen 1989.
Daum, Andreas W.: Wissenschaftspopularisierung im 19. Jahrhundert. Bürgerliche Kultur, naturwissenschaftliche Bildung und die deutsche Öffentlichkeit 1848-1914, München [2]2002.
Demant, Ebbo: Von Schleicher zu Springer. Hans Zehrer als politischer Publizist, Berlin 1971.
Der Neue Betrieb (Hg.), Grundsätzliche und aktuelle Fragen der betrieblichen Personalpolitik, Vorträge der Mitgliederversammlung des DNB am 24.01.1967, Neuwied 1967.
Ders. (Hg.), Die betriebliche Personalführung im Wandel der gesellschaftlichen Struktur, Vorträge der Mitgliederversammlung des DNB am 19.05.1965, Neuwied 1965.
Ders. (Hg.), Der Personalleiter im Betrieb. Grundsätze und Erfahrungsberichte, Essen 1963.
Deus, Franz: Die Bochumer Beschlüsse, in: Gewerkschaftliche Monatshefte 1950/1, S. 121-124.
Deutsche Gesellschaft für Personalführung (Hg.), Die Personalabteilung. Förderung des funktionsgerechten Aufbaues von Personalabteilungen, bearb. v. Renate *Haack*, Neuwied 1967.
Diedrich, Karl-Friedrich: Entwicklung und Stand der sozialen Betriebsgestaltung, München/Düsseldorf 1951.
Dietrich, Rudolf: Betrieb-Wissenschaft, München/Leipzig 1914.
Dirks, Heinz: Lebenskraft und Charakter, Berlin 1940.
Djelic, Marie-Laure: Exporting the American Model. The Postwar Transformation of European Business, Oxford/New York 1998.
Doering-Manteuffel, Anselm: Westernisierung. Politisch-ideeller und gesellschaftlicher Wandel in der Bundesrepublik bis zum Ende der 60er Jahre, in: *Schildt*, Axel/*Siegfried*, Detlef/*Lammers*, Karl Christian (Hg.): Dynamische Zeiten. Die 60er Jahre in den beiden deutschen Gesellschaften, Hamburg 2000, S. 311-341.
Ders.: Wie westlich sind die Deutschen? Amerikanisierung und Westernisierung im 20. Jahrhundert, Göttingen 1999.
Ders.: Deutsche Zeitgeschichte nach 1945. Entwicklungen und Problemlagen der historischen Forschung zur Nachkriegszeit, in: Vierteljahrshefte für Zeitgeschichte 1993/41, S. 1-29.
Dolezalek, C.M.: Werdegang und Wirken Kurt Pentzlins, in: *Huch*, B./*Dolezalek*, C.M. (Hg.): Angewandte Rationalisierung in der Unternehmenspraxis. Ausgewählte Beiträge zum 75. Geburtstag von Kurt Pentzlin, Düsseldorf, Wien 1978, S. 13-20.
Dräger, Christian: Ein planmäßiger außerordentlicher Professor, in: *Gaugler*, Eduard (Hg.): Guido Fischer 1899-1983, FS zum 100. Geburtstag, Mannheim 1999, S. 39-42.
Dreher, Walther: Das pathosophische Denken Viktor von Weizsäckers. Ein Beitrag der medizinischen Anthropologie zu einer anthropologische fundierten Pädagogik, Bern/Frankfurt/M. 1974.
Dreyer, H.M.: Fortbildung von Industriemeistern. Nürnberg 1954.

Drucker, Peter F.: The Effective Executive, New York 1966.
Dyk, Irene J.: Wissenschaftstransfer. Die Beziehungen zwischen Theorie, Forschung und Praxis am Beispiel der Human Relations, Linz 1975.

Ebert, Hans/*Hausen*, Karin: Georg Schlesinger und die Rationalisierungsbewegung in Deutschland, in: *Rürup*, Reinhard (Hg.), Wissenschaft und Gesellschaft, Bd.1, Berlin 1979, S.315–334.
Eichhorn, Peter: Das wissenschaftliche Werk, in: *ders.* (Hg.): Unternehmensverfassung in der privaten und öffentlichen Wirtschaft. FS für Erich Potthoff zum 75. Geburtstag, Baden-Baden 1989, S.338–341.
Eichhorn, Wolfgang: Agenda-Setting-Prozesse. Eine theoretische Analyse individueller und gesellschaftlicher Themenstrukturierung, München 1996.
Eidenmüller, Ida: Betriebswirtschaftlich relevante Theorien der Kathedersozialisten, Stuttgart 1995.
Eilers, Rolf: Konfession und Lebenswelt, Mainz 1998.
Ellerbrock, Karl-Peter: „Im Mittelpunkt steht der Mensch" – Zur Geschichte der Hoesch-Filmproduktion, in: *Rasch*, Manfred/*Ellerbrock*, Karl-Peter/*Köhne-Lindenlaub*, Renate/ *Wessel*, Horst A. (Hg.): Industriefilm – Medium und Quelle. Beispiele aus der Eisen- und Stahlindustrie, Essen 1997, S.24–40.
Erker, Paul: Der lange Weg zu stabilen Leitungs- und Kontrollstrukturen. Aspekte der Corporate Governance bei den Chemischen Werken Hüls (CWH), in: Zeitschrift für Unternehmensgeschichte 2004/49, 2, S.149–172.
Ders./*Pierenkemper*, Toni (Hg.): Deutsche Unternehmer zwischen Kriegswirtschaft und Wiederaufbau. Studien zur Erfahrungsbildung von Industrie-Eliten, München 1999.
Ders.: Einleitung: Industrie-Eliten im 20.Jahrhundert, in: *ders.*/*Pierenkemper*, Toni (Hg.): Deutsche Unternehmer zwischen Kriegswirtschaft und Wiederaufbau. Studien zur Erfahrungsbildung von Industrie-Eliten, München 1999, S.1–18.
Ders.: „Amerikanisierung" der westdeutschen Wirtschaft? Stand und Perspektiven der Forschung, in: *Jarausch*, Konrad/*Siegrist*, Hannes (Hg.): Amerikanisierung und Sowjetisierung in Deutschland 1945–1970, Frankfurt/M./New York 1997, S.137–145.
Esch, Ludwig: Werden und Ringen um Gestalt, in: *Cron*, Heinrich Jansen (Hg.): Dreißig Jahre Bund Neudeutschland 1919, Bergisch-Gladbach 1949, S.10–31.
Etzemüller, Thomas: Sozialgeschichte als politische Geschichte. Werner Conze und die Neuorientierung der westdeutschen Geschichtswissenschaft nach 1945, München 2001.
Eversmann, Rudolf Wilhelm: Die Walter-Raymond-Stiftung. Gesprächkreis für führende Persönlichkeiten aus Wirtschaft, Wissenschaft und Gesellschaft, in: Unternehmer und Bildung. FS zu Ludwig Vaubels 60. Geburtstag, Opladen 1986, S.75–83.

Faßbender, Siegfried: Wie lehrt und lernt man Management? Ziele und Methoden der Weiterbildung von Führungskräften, Frankfurt/M. 1973.
Ders.: Überbetriebliche Weiterbildung von Führungskräften. Der Wuppertaler Kreis und seine Mitglieder, Essen [2]1969.
Ders.: Die Führungskräfte im Unternehmen. Gedanken zu ihrer Gliederung und ihrer überbetrieblichen Weiterbildung, Essen 1957.
Fear, Jeffrey: Streaming Knowledge – A Hidden History of Codetermination: The Schmalenbach Society and the Dinkelbach School of German Management, Harvard Business Scholl Working Paper No. 06-042, April 2006.
Feldenkirchen, Wilfried: Siemens. Von der Werkstatt zum Weltunternehmen, München 1997.
Fichter, Michael: Einheit und Organisation. Der Deutsche Gewerkschaftsbund im Aufbau 1945 bis 1949, Köln 1990.
Ders.: Aufbau und Neuordnung: Betriebsräte zwischen Klassensolidarität und Betriebsloyalität, in: *Broszat*, Martin/*Henke*, Klaus-Dietmar/*Woller*, Hans (Hg.): Von Stalingrad

bis zur Währungsreform. Zur Sozialgeschichte des Umbruchs in Deutschland, München 1988, S. 469-549.

Ders.: Besatzungsmacht und Gewerkschaften. Zur Entwicklung und Anwendung der US-Gewerkschaftspolitik in Deutschland 1944–1948, Opladen 1982.

Fiedler, Martin: Betriebliche Sozialpolitik in der Zwischenkriegszeit. Wege der Interpretation und Probleme der Forschung im deutsch-französischen Vergleich, in: Geschichte und Gesellschaft 1996/22, S. 350–375.

Fischer, Guido: Der Betrieb zwischen Freiwirtschaft und Befehlswirtschaft, in: *Krehle*, Heinrich (Hg.): Der Weg aus der Not. Vortragsreihe der Katholischen Sozialen Woche in München 1947, München 1948, S. 116–135.

Ders.: Forderungen und Grundlagen einer neuen sozialen Betriebsverfassung, in: Der Christ in der Not der Zeit. Der 72. Deutsche Katholikentag, 1.–5. 9. 1948 in Mainz, hg. v. Generalsekretariat des Zentralkomitees der Katholiken Deutschlands zur Vorbereitung der Katholikentage, Paderborn 1949, S. 55–60.

Ders.: Die Sozialgemeinschaft des Betriebes nach den Grundsätzen der christlichen Gesellschaftsordnung, in: Gerechtigkeit schafft Frieden. Der 73. Deutsche Katholikentag, 31. 8.–4. 9. 1949, hg. v. Generalsekretariat des Zentralkomitees der Deutschen Katholikentage, Paderborn 1949, S. 176–179.

Ders.: Der Betrieb in der neuen Gesellschaft, in: *Krehle*, Heinrich (Hg.): Christliche Neuordnung von Wirtschaft und Gesellschaft. Vortragsreihe der 2. Katholischen Sozialen Woche in München 1949, München 1950, S. 84–98.

Ders.: Führungsstil und Führungskunst, in: *Engeleiter*, Hans-Joachim (Hg.): Gegenwartsfragen der Unternehmensführung. FS zum 65. Geburtstag von Wilhelm Hasenack, Herne 1966, S. 69-91.

Ders.: Partnerschaft im Betrieb, Heidelberg 1955.

Ders.: Christliche Gesellschaftsordnung und Sozialpraxis des Betriebs, Heidelberg 1950.

Ders.: Mensch und Arbeit. Ihre Bedeutung im modernen Betrieb, Zürich 1929, München ^{2}1949.

Fleck, Ludwik: Entstehung und Entwicklung einer wissenschaftlichen Tatsache. Einführung in die Lehre vom Denkstil und Denkkollektiv, Frankfurt/M. ^{4}1999.

Freimuth, Joachim (Hg.): Wirtschaftliche Demokratie und moderatorische Beteiligungskultur – Ausgangspunkte in den sozialen und ökonomischen Bedingungen der 60er Jahre, in: *ders./Straub*, Fritz (Hg.): Demokratisierung von Organisationen. Philosophie, Ursprünge und Perspektiven der Metaplan®-Idee. FS für Eberhard Schnelle, Wiesbaden 1996, S. 19–40.

Frese, Matthias: Personalpolitik in kommunalen Unternehmen 1920–1970. Dortmund und Bielefeld, in: *ders./Zeppenfelder*, Burkhard (Hg.): Kommunen und Unternehmen im 20. Jahrhundert. Wechselwirkungen zwischen öffentlicher und provater Wirtschaft, Essen 2000, S. 93-127.

Frese, Matthias/*Prinz*, Michael: Sozialer Wandel und politische Zäsuren seit der Zwischenkriegszeit. Methodische Probleme und Ergebnisse, in: *dies.* (Hg.): Politische Zäsuren und gesellschaftlicher Wandel im 20. Jahrhundert, Paderborn 1996, S. 1-31.

Frese, Matthias: Betriebspolitik im „Dritten Reich". Deutsche Arbeitsfront, Unternehmer und Staatsbürokratie in der westdeutschen Großindustrie 1933-1939, Paderborn 1991.

Fried, Johannes/*Kailer*, Thomas (Hg.): Wissenskulturen. Beiträge zu einem forschungsstrategischen Konzept, Berlin 2003.

Friedrichs, Hans/*Reichsvilser*, Helmut: Interview mit Guido Fischer, in: *Wunderer*, Rolf (Hg.): Humane Personal- und Organisationsentwicklung. FS Guido Fischer zum 80. Geburtstag, Berlin 1979, S. 445–451.

Ders.: Moderne Personalführung, München 1973.

Gall, Lothar/*Schulz*, Andreas (Hg.): Wissenskommunikation im 19. Jahrhundert, Stuttgart 2003.

Gaugler, Eduard: Personalmanagement – Vielfalt seiner Ansätze und Inhalte, in: *ders.*/*Köhler*, Richard (Hg.): Entwicklungen der Betriebswirtschaftslehre. 100 Jahre Fachdisziplin – zugleich eine Verlagsgeschichte, Stuttgart 2002, S. 247–273.
Ders.: Langjährige Verbundenheit mit „seiner" Zeitschrift, in: *ders.*: Guido Fischer 1899–1983, FS zum 100. Geburtstag, Mannheim 1999, S. 99–105.
Ders. (Hg.): Handwörterbuch des Personalwesens, Stuttgart 1975.
Geck, L.H. Adolph: Soziale Betriebsführung. Zugleich Einführung in die betriebliche Sozialpolitik, Essen 21953.
Geistlicher Rat Georg Goebel und seine Grafschafter, Lüdenscheidt 1966.
Geuter, Ulfried: Das Institut für Arbeitspsychologie und Arbeitspädagogik der Deutschen Arbeitsfront, in: 1999 1987/2,1, S. 87–95.
Ders. (Hg.): Daten zur Geschichte der deutschen Psychologie, Bd. 1: Psychologische Institute, Fachgesellschaften, Fachzeitschriften und Serien, Biographien Emigranten 1879–1945, hg. v. Ulfried *Geuter* in Zusammenarbeit mit Petra *Hagemeier* unter Mitwirkung von Mitchel G. *Ash*, Göttingen u. a. 1986.
Ders.: Die Professionalisierung der deutschen Psychologie im Nationalsozialismus. Frankfurt/M. 1984.
Giese, Fritz: Handbuch psychotechnischer Eignungsprüfungen, Bd. IV des Handbuchs der Arbeitswissenschaft, Halle 1925.
Giesen, Bernhard/*Schneider*, Wolfgang: Von Missionaren, Technokraten und Politikern, in: Soziale Welt 1984/35, S. 458–479.
Giddens, Anthony: The Consequences of Modernity, Stanford 1990.
Gmähle, Peter: Betriebswirtschaftslehre und Nationalsozialismus, Diss. Universität Erlangen-Nürnberg 1968.
Goossens, Franz: Gründer der Personalzeitschrift „Mensch und Arbeit", in: *Gaugler*, Eduard (Hg.): Guido Fischer 1899–1983, FS zum 100. Geburtstag, Mannheim 1999, S. 85–97.
Ders.: Das Handbuch der Personalführung. Zugleich eine Einführung in die Betriebssozialehre, München 1955.
Ders./*Degelmann*, Alfred: Die Praxis der Mitarbeiter-Auswahl, München 1952.
Görtemaker, Heike B.: Ein deutsches Leben. Die Geschichte der Margret Boveri, München 2005.
Gottschalk, Helmut: Gewinnbeteiligung nach Dividende. Die Pläne und ihre Anwendung, Darmstadt 1955.
Gottschall, Dietmar: Anwälte der Seele, in: Manager Magazin 1976/8, S. 68–72.
Graf, Friedrich Wilhelm: Rettung der Persönlichkeit. Protestantische Theologie als Kulturwissenschaft des Christentums, in: *Vom Bruch*, Rüdiger/*Graf*, Friedrich Wilhelm/*Hübinger*, Gangolf (Hg.): Kultur und Kulturwissenschaften um 1900. Krise der Moderne und Glaube an die Wissenschaft, Stuttgart 1989, S. 103–131.
Gragert, Timur: Das neue Betriebs-Verfassungs-Gesetz und die Personalpolitik, Stuttgart 1973.
Gries, Rainer: Die Geburt der Werbeexperten aus dem Geist der Psychologie. Der „Motivforscher" Ernest W. Dichter als Experte der Moderne, in: *Berghoff*, Hartmut/*Vogel*, Jakob (Hg.): Wirtschaftsgeschichte als Kulturgeschichte. Dimensionen eines Perspektivenwechsels, Frankfurt/M./New York 2004, S. 353–375.
Ders.: Produkte als Medien. Kulturgeschichte der Produktkommunikation in der Bundesrepublik und der DDR, Leipzig 2003.
Gross, Herbert: Manager von Morgen. Partnerschaft als Wirtschaftsform der Zukunft, Düsseldorf 1949, [2]1952.
Grossheim, Michael: Die westdeutsche Psychologie nach 1945 – amerikanistische Mode oder exakte Wissenschaft? in: *Zitelmann*, Rainer (Hg.): Westbindung. Chancen und Risiken, Frankfurt/M. 1993, S. 391–419.
Grubitzsch, Siegfried/*Blanke*, Thomas: Testtheorie – Testpraxis. Psychologische Tests und Prüfverfahren im kritischen Überblick, Eschborn [2]1999.

Guserl, Richard: Das Harzburger Modell – Idee und Wirklichkeit und Alternative zum Harzburger Modell, Wiesbaden ²1976.
Ders.: Bürokratie à la Harzburg, in: Betriebs-Wirtschafts-Magazin 1972/5, S. 227f.
Gutenberg, Erich: Grundlagen der Betriebswirtschaftslehre. Band 1: Die Produktion, Berlin 1951.

Hachmeister, Lutz: Schleyer. Eine deutsche Geschichte, München 2004.
Hachtmann, Rüdiger: Wiederbelebung von Tarifparteien oder Militarisierung der Arbeit? Kontroversen um die Grundlinien der nationalsozialistischen Tarifpolitik und die künftige Gestaltung der NS-Arbeitsverfassung 1936–1944, in: *Führer*, Karl Christian (Hg.): Tarifbeziehungen und Tarifpolitik in Deutschland im historischen Wandel, Bonn 2004, S. 114–140.
Hahn, Peter/*Jacob*, Wolfgang (Hg.): Viktor von Weizsäcker zum 100. Geburtstag. Beiträge zum Symposion der Universität Heidelberg (1.–3.5.1986) sowie der 24. Arbeitstagung des Deutschen Kollegiums für Psychosomatische Medizin (5.3.1986) und der 36. Lindauer Psychotherapiewochen (19.4.1986), Berlin u.a. 1987.
Hanft, Anke: Eignungsdiagnostik in Betrieben – Psychologische Testverfahren und Assessment Center als Instrumente der Personalselektion, in: *Grubitzsch*, Siegfried/*Blanke*, Thomas: Testtheorie – Testpraxis. Psychologische Tests und Prüfverfahren im kritischen Überblick, Eschborn ²1999, S. 263–296.
Hanke, Edith/*Hübinger*, Gangolf: Von der „Tat"-Gemeinde zum „Tat"-Kreis. Die Entwicklung einer Kulturzeitschrift, in: *Hübinger*, Gangolf (Hg.): Versammlungsort moderner Geister. Der Eugen Diederichs Verlag – Aufbruch ins Jahrhundert der Extreme, München 1996, S. 299–334.
Hänseroth, Thomas (Hg.): Technik und Wissenschaft als produktive Kräfte in der Geschichte, Dresden 1998.
Hantel, Erika: Brücken von Mensch zu Mensch. Erfahrungen einer Betriebspsychologin, Stuttgart 1953.
Dies.: Verborgenes Kräftespiel. Seelenpflege in der Industrie, Stuttgart 1947, ²1953.
Dies.: Psychotherapie im Betrieb, in: *Hergt*, Wilhelm/*Pfeifer*, Otto (Hg.): Soziale Betriebsgestaltung. Ein Überblick über ihre Aufgaben und Ziele, Heidelberg 1948, S. 23–24.
Hartewig, Karin: Die „alliierte Besatzungsmacht" in den Lebensgeschichten westdeutscher Unternehmer, in: *dies.* (Hg.): Der lange Schatten. Widerspruchsvolle Erinnerungen an den Zweiten Weltkrieg und die Nachkriegszeit aus der Mitte Europas 1939–1989, Sonderheft BIOS, Leverkusen 1993, S. 95–117.
Hartmann, Heinz/*Meyer*, Paul: Soziologie der Personalarbeit, Stuttgart 1980.
Ders.: Der deutsche Unternehmer. Autorität und Organisation, Frankfurt/M. 1968.
Ders.: Amerikanische Firmen in Deutschland. Beobachtungen über Kontakte und Kontraste zwischen Industriegesellschaften, Köln, 1963.
Hasenack, Wilhelm: Menschliche Aspekte der Arbeit an Fließbändern, in: *Wunderer*, Rolf (Hg.): Humane Personal- und Organisationsentwicklung. FS Guido Fischer zum 80. Geburtstag, Berlin 1979, S. 345–366.
Ders.: Dismantling the Ruhr Valley, Köln, Opladen 1949.
Ders.: Betriebsdemontagen als Reparationsform. Beweggründe und Zeitpunkt der Demontage-Aktion, Essen 1948.
Ders.: Betriebsraubbau und Wirtschaftslenkung – ein Meinungsaustausch zwischen Wissenschaftler und Praktiker über Leistung, Lage und Zukunftsaussichten der deutschen Betriebe in Markt- und Zwangswirtschaft, Wolfenbüttel 1948.
Haus Schwalbach 1949–1959, Wiesbaden 1959.
Heibron, Johan/*Magnuson*, Lars/*Whitley*, Richard/*Wagner*, Peter (Hg.): Discourses on Society. The Shaping of the Social Science Disciplines, Dordrecht 1991.
Heitbaum, Heinrich: Psychologie im Betrieb, Köln 1951.

Hemmer, Hans O./*Quast*, Rudolf: Chronik Hans-Böckler-Gesellschaft, Stiftung Mitbestimmung, Hans-Böckler-Stiftung, in: *Borsdorf*, Ulrich/*Hemmer*, Hans O. (Hg.): Gewerkschaften, Wissenschaft, Mitbestimmung. 25 Jahre Studien- und Mitbestimmungsförderung des Deutschen Gewerkschaftsbundes, Köln 1979, S.57-91.

Hempel, Dieter: Betriebspsychologie oder Psychologie im Betrieb?, in: *Michaelis*, Wolfgang/*Stephan*, Egon (Hg.): Ausbildungsreform Psychologie. Argumente – Standpunkte – Forderungen, Göttingen 1984, S.253-259.

Ders.: Psychologische Testverfahren als Entscheidungshilfe bei Personalauswahl und Personaleinsatz, in: *Göbel*, Uwe (Hg.): Tests. Wegweiser für die Bildungs- und Berufsplanung, Köln 1980, S.168-197.

Henkelmann, Thomas: Viktor von Weizsäcker (1868-1957). Materialien zu Leben und Werk, Berlin u. a. 1986.

Henrich, Franz: Die Bünde katholischer Jugendbewegung. Ihre Bedeutung für die liturgische und eucharistische Erneuerung, München 1968.

Herbert, Ulrich: Liberalisierung als Lernprozeß. Die Bundesrepublik in der deutschen Geschichte – eine Skizze, in: *ders.* (Hg.): Wandlungsprozesse in Westdeutschland. Belastung, Integration, Liberalisierung 1945-1980, Göttingen 2002, S.7-49.

Hergt, Wilhelm/*Pfeifer*, Otto (Hg.): Soziale Betriebsgestaltung. Ein Überblick über ihre Aufgaben und Ziele, Heidelberg 1948.

Ders. (Hg.): Sozialprobleme im Betrieb, München 1949.

Hermann, Kai: Der Boss der Bosse, in: Stern 1974, H. 51, S.76-86.

Hesse, Jan-Otmar: „Die deutsche Wirtschaftswissenschaft muß nationalsozialistisch werden". Das Beispiel der Frankfurter Wirtschafts- und Sozialwissenschaftlichen Fakultät zwischen 1933 und 1945, in: *Abelshauser*, Werner/*Hesse*, Jan-Otmar/*Plumpe*, Werner (Hg.): Wirtschaftsordnung, Staat und Unternehmen. Neue Forschungen zur Wirtschaftsgeschichte des Nationalsozialismus. FS für Dietmar Petzina, Essen 2003, S.151-180.

Hesse, Jürgen/*Schrader*, Hans Christian: Erlebnisse aus 1001 Bewerbungen. Einstellungs- und Eignungstests bestehen. Erfahrungsberichte und erprobte Tips, Frankfurt/M. 1988.

Hetzer, Gerhard: Unternehmer und leitende Angestellte zwischen Rüstungseinsatz und politischer Säuberung, in: *Broszat*, Martin/*Henke*, Klaus-Dietmar/*Woller*, Hans (Hg.): Von Stalingrad bis zur Währungsreform. Zur Sozialgeschichte des Umbruchs in Deutschland, München 1988, S.551-591.

Hetzer, Karl G.: Deutsche Betriebspsychologie. Ergebnisse einer Bestandsaufnahme, München/Düsseldorf 1953.

Heuss, Theodor: Friedrich Naumann. Der Mann, das Werk, die Zeit, Stuttgart, Berlin 1937.

Hickel, Rudolf: Eine Kaderschmiede bundesrepublikanischer Restauration. Ideologie und Praxis der Harzburger Akademie für Führungskräfte der Wirtschaft, in: *Greiffenhagen* Martin (Hg.): Der neue Konservatismus der siebziger Jahre, Hamburg 1974, S.108-154.

Hilger, Susanne: „Amerikanisierung" deutscher Unternehmen. Wettbewerbsstrategien und Unternehmenspolitik bei Henkel, Siemens und Daimler-Benz (1945/19-1975), Stuttgart 2004.

Dies.: Zwischen Demontage und Wiederaufbau. Unternehmen und alliierte Besatzungspolitik nach dem zweiten Weltkrieg am Beispiel der Firma Henkel, Düsseldorf, in: Zeitschrift für Unternehmensgeschichte 2001/46, S.198-220.

Dies.: Sozialpolitik und Organisation. Formen betrieblicher Sozialpolitik in der rheinisch-westfälischen Eisen- und Stahlindustrie seit der Mitte des 19.Jahrhunderts bis 1993, Stuttgart 1996.

Hinrichs, Peter: Um die Seele des Arbeiters. Arbeitspsychologie, Industrie- und Betriebssoziologie in Deutschland 1871-1945, Köln 1981.

Hockerts, Hans Günter: Ausblick: Bürgerliche Sozialreform nach 1945, in: *Vom Bruch*, Rüdiger (Hg.): „Weder Kommunismus noch Kapitalismus". Bürgerliche Sozialreform in Deutschland vom Vormärz bis zur Ära Adenauer, München 1985, S.245-273.

Hodenberg, Christina von: Die Journalisten und der Aufbruch zur kritischen Öffentlichkeit, in: *Herbert*, Ulrich (Hg.): Wandlungsprozesse in Westdeutschland. Belastung, Integration, Liberalisierung 1945-1980, Göttingen 2002, S. 278-311.

Höhn, Reinhard: 10 Jahre Stabsarbeit für die Wirtschaft. Aufbau und Entwicklung der Akademie für Führungskräfte in der Wirtschaft (1956-1966), in: Harzburger Hefte 1966/3, S. 135-144.

Ders.: Delegation von Verantwortung und hierarchische Ordnung, in: Organisation und Betrieb 1971/26, H. 7, S. 11-13.

Ders.: Führungsbrevier der Wirtschaft, Bad Harzburg [9]1977.

Hollmann, Werner/*Hantel*, Erika: Klinische Psychologie und soziale Therapie, Stuttgart 1948.

Holz, Petra: Zwischen Tradition und Emanzipation. CDU-Politikerinnen in der Zeit von 1946 bis 1960, Königstein 2004.

Homburg, Heidrun: Scientific Management and Personnel Policy in the Modern German Enterprise 1918-1939: The Case of Siemens, in: *Gospel*, Howard F./*Littler*, Craig R. (Hg.): Managerial Strategies and Industrial Relations. An Historical and Comparative Study, London 1983, S. 137-156.

Dies.: Rationalisierung und Industriearbeit. Arbeitsmarkt – Management – Arbeiterschaft im Siemens-Konzern Berlin 1900-1939, Berlin 1991.

Horn, Eva: Test und Theater. Zur Anthropologie der Eignung im 20. Jahrhundert, in: *Bröckling*, Ulrich /*Horn*, Eva (Hg.): Anthropologie der Arbeit, Tübingen 2002, S. 109-125.

Hoser, Paul: Die Entnazifizierung in Bayern, in: *Schuster*, Walter/*Weber*, Wolfgang (Hg.): Entnazifizierung im regionalen Vergleich, Linz 2004, S. 473-510.

Hübinger, Gangolf: „Maschine und Persönlichkeit": Friedrich Naumann als Kritiker des Wilhelminismus, in: *Vom Bruch*, Rüdiger (Hg.): Friedrich Naumann in seiner Zeit, Berlin/New York 2000, S. 167-187.

Ders.: Kulturprotestantismus und Politik. Zum Verhältnis von Liberalismus und Protestantismus im wilhelminischen Deutschland, Tübingen 1994.

Hülsdünker, Josef: Praxisorientierte Sozialforschung und gewerkschaftliche Autonomie. Industrie- und betriebssoziologische Beiträge des Wirtschaftswissenschaftlichen Instituts des DGB zur Verwissenschaftlichung der Gewerkschaftspolitik von 1946 bis 1956, Münster 1983.

Humble, John W.: Management by Objectives, London 1967.

Huster, Ernst-Ulrich (Hg.): Determinanten der westdeutschen Restauration 1945-1949, Frankfurt/M. 1972.

Jacob, Wolfgang: Medizinische Anthropologie. Krehl, Siebeck und von Weizsäcker, in: *Doerr*, Wilhelm (Hg.): Semper Apertus. 600 Jahre Ruprecht-Karls-Universität Heidelberg, Bd. 4, Berlin, Heidelberg 1986, S. 126-164.

Jacobi, Fritz: Führen und Erziehen zur Mitbestimmung, Düsseldorf 1966.

Ders.: Personalpolitik heute und morgen, Düsseldorf 1963.

Ders.: Leistungsvergütung und Partnerschaft, in: Mensch und Betrieb. 1. Nürnberger Sozialwissenschaftliche Woche, 3.-8. September 1951, Berlin 1952, S. 99-108.

Jacoby, Sanford M: Employing Bureaucracy. Managers, Unions, and the Transformation of Work in American Industry, 1900-1945, New York 1985.

Jaeger, Siegfried: Zur Herausbildung von Praxisfeldern der Psychologie bis 1933, in: *Ash*, Mitchell G./*Geuter*, Ulfried (Hg.): Geschichte der deutschen Psychologie deutschen Psychologie im 20. Jahrhundert. Ein Überblick, Opladen 1985, S. 83-111.

Ders./Staeuble, Irmingard: Die Psychotechnik und ihre gesellschaftlichen Entwicklungsbedingungen, in: *Stoll*, François (Hg.): Arbeit und Beruf, Bd. 1, Weinheim 1983, S. 43-91.

Jähnichen, Traugott: Impulse für eine neue Sozialordnung im Bergbau und die Mitwirkung der Kirchen, in: *ders./Friedrich*, Norbert/*Herting*, Wolfgang (Hg.): Den Wandel gestalten. 50 Jahre Gemeinsame Sozialarbeit der Konfessionen im Bergbau, Essen 2000, S. 24–28.

Ders.: Neudeutsche Kultur- und Wirtschaftspolitik. Friedrich Naumann und der Versuch einer Neukonzeptualisierung des Liberalismus im wilhelminischen Deutschland, in: *Vom Bruch*, Rüdiger (Hg.): Friedrich Naumann in seiner Zeit, Berlin/New York 2000, S. 151-166.

Jansen, Ulrich: 25 Jahre Arbeitsgemeinschaft „Engere Mitarbeiter der Arbeitsdirektoren Eisen und Stahl", Düsseldorf 1989.

Jarausch, Konrad/*Siegrist*, Hannes (Hg.): Amerikanisierung und Sowjetisierung in Deutschland 1945-1970, Frankfurt/M./New York 1997.

Jungbluth, Adolf: Arbeitsdirektor und Betrieb. Erfahrungsbericht aus einem Hüttenwerk, München 1957.

Kädtler, Jürgen: Sozialpartnerschaft und Industriepolitik. Strukturwandel im Organisationsbereich der IG-Chemie-Papier-Keramik, Opladen 1997.

Kaiser, Jochen-Christoph Kaiser: Sozialer Protestantismus im 20. Jahrhundert. Beiträge zur Geschichte der Inneren Mission 1914–145, München 1989.

Ders.: Naumann und die innere Mission, in: *Vom Bruch*, Rüdiger (Hg.): Friedrich Naumann in seiner Zeit, Berlin/New York 2000, S. 11-26.

Kaste, Hermann: Arbeitgeber und Humanisierung der Arbeit. Eine exemplarische Analyse, Opladen 1981.

Katscher, Leopold: Sozialsekretäre und Fabrikpfleger. Unter Mitwirkung von Budgett *Meakin*, Maud *Nathan* und Georg *Hahn* hg. v. Leopold *Katscher*, Leipzig 1906.

Keilen, Verena: Josef Winschuhs Beiträge zu Konzepten der betrieblichen Sozialpolitik in der Weimarer Republik. Winschuh – ein Pionier der sozialen Betriebspolitik, Magisterarbeit Trier 2004.

Kern, Horst/*Schumann*, Michael: Das Ende der Arbeitsteilung? Rationalisierung in der industriellen Produktion: Bestandsaufnahme, Trendbestimmung, München [4]1990.

Keupp, Heiner/*Straus*, Florian/*Gmür*, Wolfgang: Verwissenschaftlichung und Professionalisierung. Zum Verhältnis von technokratischer und reflexiver Verwendung am Beispiel psychosozialer Praxis, in: *Beck*, Ulrich/*Bonß*, Wolfgang (Hg.): Weder Sozialtechnologie noch Aufklärung? Analysen zur Verwendung wissenschaftlichen Wissens, Frankfurt/M. 1989, S. 149-195.

Kipp, Martin: Die Formung des „neuen" deutschen Facharbeiters in der „Ordensburg der Arbeit". Zu den Anfängen der Facharbeiterausbildung bei VW, in: Zeitschrift für Berufsausbildung und Wirtschaftspädagogik 1988/84, S. 195-211.

Kipping, Matthias/*Kleinschmidt*, Christian: Ludwig Vaubel and the Renewal of Management Education in Germany after 1945, in: *Kuijlaars*, Anne-Marie u. a. (Hg.): Business and Society. Entrepreneurs, Politics and Networks in a Historical Perspective. Proceedings of the Third European Business History Association (EBHA) Conference „Business Society", September 24-26, 1999, Rotterdam 2000, S. 521-530.

Ders./*Bjarnar*, Ove (Hg.): The Americanisation of European Business. The Marshall Plan and the Transfer of US Management Models, London/New York 1998.

Klebert, Karin/*Schrader*, Einhard/*Straub*, Walter G.: Kurzmoderation. Anwendung der ModerationsMethode in Betrieb, Schule und Hochschule, Kirche und Politik, Sozialbereich und Familie bei Besprechungen und Präsentationen, Hamburg 1985.

Kleinbeckel, Arno: Unternehmen Braunkohle. Geschichte eines Rohstoffes, eines Reviers, einer Industrie im Rheinland, Köln 1986.

Kleinknecht, Thomas/*Sturm*, Michael: „Demonstrationen sind punktuelle Plebiszite". Polizeireform und gesellschaftliche Demokratisierung von den Sechziger- zu den Achtzigerjahren, in: Archiv für Sozialgeschichte 2004/44, S. 181-218.

Kleinschmidt, Christian: Der produktive Blick. Wahrnehmung amerikanischer und japanischer Management- und Produktionsmethoden durch deutsche Unternehmer 1950–1985, Berlin 2002.

Ders.: Das „1968" der Manager: Fremdwahrnehmung und Selbstreflexion einer sozialen Elite in den 1960er Jahren, in: *Hesse*, Jan-Otmar/*Kleinschmidt*, Christian/*Lauschke*, Karl (Hg.): Kulturalismus, Neue Institutionenökonomik oder Theorienvielfalt. Eine Zwischenbilanz der Unternehmensgeschichte, Essen 2002, S. 19-31.

Ders.: Rationalisierung als Unternehmensstrategie. Die Eisen- und Stahlindustrie des Ruhrgebiets zwischen Jahrhundertwende und Weltwirtschaftskrise, Essen 1993.

Ders.: Betriebliche Sozialpolitik als „Soziale Betriebspolitik". Reaktionen der Eisen- und Stahlindustrie auf den Weimarer Interventionsstaat, in: *Plumpe*, Werner/*Kleinschmidt*, Christian (Hg.), Unternehmen zwischen Markt und Macht. Aspekte deutscher Unternehmens- und Industriegeschichte im 20. Jahrhundert, Essen 1992, S. 29-41.

Klein-Zirbes, Arnd: Der Beitrag von Götz Briefs zur Grundlegung der Sozialen Marktwirtschaft, Frankfurt/M. 2004.

Kleßmann, Christoph: Die doppelte Staatsgründung. Deutsche Geschichte 1945-1955, Bonn 51991.

Ders.: Ein stolzes Schiff und krächzende Möwen. Die Geschichte der Bundesrepublik und ihre Kritiker, in: Geschichte und Gesellschaft 1985/11, S. 476-494.

Ders.: Politisch-soziale Traditionen und betriebliches Verhalten von Industriearbeitern nach 1945. Umrisse am Beispiel zweier Werke, in: Mentalitäten und Lebensverhältnisse. Beispiele aus der Sozialgeschichte der Neuzeit, FS Rudolf Vierhaus, Göttingen 1982, S. 365-381.

Ders.: Betriebsräte und Gewerkschaften in Deutschland 1945-1952, in: *Winkler*, Heinrich August (Hg.): Politische Weichenstellung im Nachkriegsdeutschland 1945-53, Göttingen 1979, S. 44-73.

Ders./*Friedemann*, Peter: Streiks und Hungermärsche im Ruhrgebiet 1946-1948, Frankfurt/M./New York 1977.

Knauth, Bettina/*Wolff*, Stephan: Verwendung als Handlungsform. Ein konversationsanalytischer Beitrag zur Verwendungsforschung, in: Soziale Welt 1989/40, S. 397-417.

Knorr-Cetina, Karin: Die Fabrikation von Erkenntnis. Zur Anthropologie der Naturwissenschaft, Frankfurt/M. 1984.

Köchling, Martina: Demontagepolitik und Wiederaufbau in Nordrhein-Westfalen, Essen 1995.

Köhler, Ingo: Marketing als Krisenstrategie. Die deutsche Automobilindustrie und die Herausforderungen der 1970er Jahre, in: *Berghoff*, Hartmut (Hg.): Marketinggeschichte. Die Genese einer modernen Sozialtechnik, Frankfurt/M./New York 2007, S. 259-295.

Kolbinger, Joseph: Das betriebliche Personalwesen, Stuttgart 1962.

Kolleck, Georg/*Ziegler*, Franz: Private Wohlfahrtspflege für Fabrikarbeiter, Beamte und ihre Familien im organischen Zusammenhang mit der sozialen Reform des Reichs nebst typischen Beispielen und Formularen aus der Praxis, hg. v. Bergischen Verein für Gemeinwohl (Sitz Barmen), Berlin 1902.

Koller, Barbara: Psychologie und Selektion. Die Entwicklung der persönlichkeitsbezogenen Anforderungsprofile an die Wirtschaftselite seit den sechziger Jahren, in: *Berghahn*, Volker/*Unger*, Stefan/*Ziegler*, Dieter (Hg.): Die deutsche Wirtschaftselite im 20. Jahrhundert. Kontinuität und Mentalität, Essen 2003, S. 337-351.

Könke, Günter: Die „Arbeitsbewertung" in der Metallindustrie in der Kontinuität vom „Dritten Reich" zur Bundesrepublik, in: *Führer*, Karl Christian (Hg.): Tarifbeziehungen und Tarifpolitik in Deutschland im historischen Wandel, Bonn 2004, S. 141-174.

Köster, Roman: Die Schmalenbachkontroverse in der Weltwirtschaftskrise und ihre Rezeption, Beitrag zur AKKU-Jahrestagung 2004 „Unternehmenskrisen – Unternehmen in der Krise", vgl. Tagungsbericht, in: Akkumulation 20, 2004, S. 41-44.

Kracauer, Siegfried: Aufruhr der Mittelschichten. Eine Auseinandersetzung mit dem „Tat"-Kreis (1931), in: *ders.*, Schriften, Bd. 5.2, Frankfurt/M. 1990, S. 405-424.

Krell, Gertraude: Geschichte der Personallehren, in: Wirtschaftswissenschaftliches Studium 1998/5, S. 222-227.

Dies.: Vergemeinschaftende Personalpolitik. Normative Personallehren, Werksgemeinschaft, NS-Betriebsgemeinschaft, Betriebliche Partnerschaft, Japan, Unternehmenskultur, München/Mehring 1994.

Kretschmann, Carsten (Hg.): Wissenspopularisierung. Konzepte der Wissensverbreitung im Wandel, Berlin 2003.

Krey, Ursula: Der Naumann-Kreis. Charisma und politische Emanzipation, in: *Vom Bruch*, Rüdiger (Hg.): Friedrich Naumann in seiner Zeit, Berlin/New York 2000, S. 115-147.

Kroeber-Keneth, Ludwig: Fetzen aus meinen Tagebüchern. Lehr- und Lesestücke mit und ohne Moral, Frankfurt/M. 1976.

Krüger, Dieter: Ein „Morgenrot wirklicher Sozialreform". Die ‚Gesellschaft für Soziale Reform' und die Entwicklung der Arbeitsbeziehungen im Ersten Weltkrieg, in: *Mai*, Gunther (Hg.): Arbeiterschaft in Deutschland 1914–1918. Studien zu Arbeitskampf und Arbeitsmarkt im Ersten Weltkrieg, Düsseldorf 1985, S. 29-75.

Kruk, Max/*Lingnau*, Gerold: 100 Jahre Daimler-Benz. Das Unternehmen, Mainz 1986.

Kruke, Anja: Meinungsforschung in der Konkurrenzdemokratie: Der Aufstieg der Umfrageforschung und seine Auswirkungen auf die Parteien und den politischen Massenmarkt, 1949-1990, Diss. Ruhr-Universität Bochum, 2004.

Dies.: Der Kampf um die politische Deutungshoheit. Meinungsforschung als Instrument von Parteien und Medien in den Siebzigerjahren, in: Archiv für Sozialgeschichte 2004/44, S. 293-326.

Laak, Dirk van: Zur Soziologie der geistigen Umorientierung. Neuere Literatur zur intellektuellen Verarbeitung zeitgeschichtlicher Zäsuren, in: neue politische literatur 2002/47, S. 422–440.

Landwehr, Achim (Hg.): Geschichte(n) der Wirklichkeit. Beiträge zur Sozial- und Kulturgeschichte des Wissens, Augsburg 2002.

Lange, Gunter: Otto Suhr. Im Schatten von Ernst Reuter und Willy Brandt. Eine Biographie, Bonn 1994.

Langewiesche, Dieter: Liberalismus in Deutschland, Frankfurt/M. 1988.

Langner, Albrecht: Wirtschaftliche Ordnungsvorstellungen im deutschen Katholizismus 1945-1963, in: *ders.* (Hg.): Katholizismus, Wirtschaftsordnung und Sozialpolitik 1945-1963, Paderborn/München/Wien/Zürich 1980, S. 27-108.

Lannert, Berthold: „Wer war Jesus von Nazareth?" Eine Artikelserie von Johannes Weiß in Naumanns Zeitschrift „Die Hilfe", in: *Lüdemann*, Gerd (Hg.): Die „Religionsgeschichtliche Schule". Facetten eines theologischen Umbruchs, Frankfurt/M./Berlin/Bern/New York 1996, S. 107-148.

Ders.: Die Wiederentdeckung der neutestamentlichen Eschatologie durch Johannes Weiß, Tübingen 1989.

Lauschke, Karl: Mehr Demokratie in der Wirtschaft. Die Entstehungsgeschichte des Mitbestimmungsgesetzes 1976, Düsseldorf 2006.

Ders.: Hans Böckler, Band 2: Gewerkschaftlicher Neubeginn 1945-1951, Essen 2005.

Ders.: Die Hoesch-Arbeiter und ihr Werk. Sozialgeschichte der Dortmunder Westfalenhütte während der Jahre des Wiederaufbaus 1945-1966, Essen 2000.

Ders.: Mitbestimmungseliten in der Eisen- und Stahlindustrie – Das Beispiel der Arbeitsdirektoren, in: *Bovermann*, Rainer/*Goch*, Stefan/*Priamus*, Heinz-Jürgen (Hg.): Das Ruhrgebiet – Ein starkes Stück Nordrhein-Westfalen. Politik in der Region 1946–1996, Essen 1996, S. 320–334.

Ders./*Welskopp*, Thomas (Hg.): Mikropolitik im Unternehmen. Arbeitsbeziehungen und Machtstrukturen in industriellen Großbetrieben des 20. Jahrhunderts, Essen 1994.

Lehmann, Axel: Der Marshall-Plan und das neue Deutschland. Die Folgen amerikanischer Besatzungspolitik in den Westzonen, Münster u. a. 2000.

Lenk, Erhard: Stiftung Mitbestimmung – Von der Stipendienkasse zum Studienförderungswerk, in: *Borsdorf*, Ulrich/*Hemmer*, Hans O. (Hg.): Gewerkschaften, Wissenschaft, Mitbestimmung. 25 Jahre Studien- und Mitbestimmungsförderung des Deutschen Gewerkschaftsbundes, Köln 1979, S. 31-53.

Locke, Robert R.: The Collapse of the American Management Mystique, Oxford 1996.

Lockot, Regine: Erinnern und Durcharbeiten. Zur Geschichte der Psychoanalyse und Psychotherapie im Nationalsozialismus, Frankfurt/M. 1985.

Lohmann, Martin: Aufbruch einer Jugend. Der Bund Neudeutschland von seiner Gründung bis zum Beginn des Dritten Reiches, Bonn 1988.

Lück, Helmut E./*Grünwald*, Harald/*Geuter*, Ulfried/*Miller*, Rudolf/*Rechtien*, Wolfgang (Hg.): Sozialgeschichte der Psychologie. Eine Einführung, Opladen 1987.

Lück, Helmut E./*Sewz-Vosshenrich*, Gabi: Die Anfänge des BDP nach historischen Quellen, in: Report Psychologie 2000/25, S. 728–733.

Lüdemann, Gerd/*Schröder*, Martin: Die religionsgeschichtliche Schule in Göttingen. Eine Dokumenation, Göttingen 1987.

Mai, Gunther: Die Ökonomie der Zeit. Unternehmerische Rationalisierungsstrategien und industrielle Arbeitsbeziehungen, in: Geschichte und Gesellschaft 1997/23, S. 311-327.

Maier, Charles S./*Bischof*, Günter (Hg.): Deutschland und der Marshall-Plan, Baden-Baden 1992.

Maier, Helmut (Hg.): Rüstungsforschung im Nationalsozialismus. Organisation, Mobilisierung und Entgrenzung der Technikwissenschaften, Göttingen 2002.

Maier, Kurt: Das literarische Werk von Professor Dr. Guido Fischer, in: *Gaugler*, Eduard (Hg.): Verantwortliche Betriebsführung, FS zum 70. Geburtstag von Guido Fischer, Stuttgart 1969, S. 309-316.

Maikowski, Rainer/*Mattes*, Peter/*Rott*, Gerhart: Psychologie und ihre Praxis. Materialien zur Geschichte und Funktion einer Einzelwissenschaft in der Bundesrepublik, Frankfurt/M. 1976.

Maly, Werner: Führungsaufgabe Ideenmanagement – Unternehmer stellen ihre Konzepte und Erfahrungen vor, Fachtagung: Erfolgreiche Unternehmensführung durch Ideenmanagement, Wuppertaler Kreis, am 19. März 1998 in Frankfurt, URL: [www.wkr-ev.de/bmwitagu/maly.htm] [29.01.04].

Manuwald, Martin: Christus-Kreise. Der Jugend und ihren Führern, Freiburg 1931.

Mattes, Peter: Psychologie im westlichen Nachkriegsdeutschland – Fachliche Kontinuitäten und gesellschaftliche Restauration, in: *Ash*, Mitchell G./*Geuter*, Ulfried (Hg.): Geschichte der deutschen Psychologie deutschen Psychologie im 20. Jahrhundert. Ein Überblick, Opladen 1985, S. 201-224.

Mayer, Arthur: Die soziale Rationalisierung des Industriebetriebes. Ein Beitrag zur theoretischen Grundlegung einer Sozialpsychologie des Industriebetriebes, München/Düsseldorf 1951.

Ders./*Herwig*, Bernhard (Hg.): Betriebspsychologie, Bd. 9 des Handbuchs der Psychologie, Göttingen 1961.

Meskill, David: Reframing the Skilled Worker: The Psychological and Institutional Origins of the German Skill Machine, in: Essays in Economic and Business History, 2005/23, S. 66–81.

Ders.: Arbeitersteuerung und Klientenberatung: Angewandte Psychologie in der deutschen Arbeitsverwaltung, 1914–1973, in: Zeitschrift für Psychologie, 2004/212, H. 4, S. 212-226.

Ders.: Characterological Psychology and the German Political Economy in the Weimar Period (1919-1933), in: History of Psychology 2004,7, No. 1, S. 3–19.

Ders.: Human Economies: Labor Administration, Vocational Training and Psychological Testing in Germany, 1914 to 1964, Ph.D., Harvard University 2003.

Métraux, Alexander: Der Methodenstreit und die Amerikanisierung der Psychologie 1950–1970, in: *Ash*, Mitchell G./*Geuter*, Ulfried (Hg.): Geschichte der deutschen Psychologie deutschen Psychologie im 20. Jahrhundert. Ein Überblick, Opladen 1985, S. 225–251.

Metz, Ulrich: Das neue Betriebsverfassungsgesetz nach der Einführungsphase, in: Betriebsverfassung und Information im Rahmen der betrieblichen Personalpolitik, hg. v. d. Deutschen Gesellschaft für Personalführung, Neuwied, Berlin 1973, S. 7–18.

Metzler, Gabriele: Am Ende aller Krisen? Politisches Denken und Handeln in der Bundesrepublik der sechziger Jahre, in: Historische Zeitschrift 2002/275, S. 57–103.

Dies.: Konzeptionen politischen Handelns von Adenauer bis Brandt. Politische Planung in der pluralistischen Gesellschaft, Paderborn 2005.

Michel, Ernst: Sozialgeschichte der industriellen Arbeitswelt, ihrer Krisenformen und Gestaltungsversuche, Frankfurt/M. 1948.

Mielke, Siegfried: Der Wiederaufbau der Gewerkschaften: Legenden und Wirklichkeit, in: Winkler, Heinrich August (Hg.): Politische Weichenstellung im Nachkriegsdeutschland 1945–53, Göttingen 1979, S. 74–87.

Miller, Peter/*Rose*, Nikolas: Production, Identity, and Democracy, in: Theory and Society 1995/24, S. 427–467.

Minssen, Heiner: Die Rationalität von Rationalisierung. Betrieblicher Wandel und die Industriesoziologie, Stuttgart 1992.

Ders.: Rationalisierung in der betrieblichen Arena. Akteure zwischen inneren und äußeren Faktoren, Berlin 1991.

Mittag, Jürgen: Carl Duisberg und die Anfänge der ‚Mitbestimmung' bei Bayer: Taktierender Wirtschaftsführer, fürsorglicher Patriarch oder überzeugter Sozialpolitiker?, in: *Tenfelde*, Klaus, Stimmt die Chemie?, S. 57–90.

„Mittelpunkt ist der arbeitende Mensch". Protokoll Gründungskongreß des Deutschen Gewerkschaftsbundes, München 12.–14. Oktober 1949, Reprint, Köln 1989.

Moede, Walter: Betriebliche Arbeitswissenschaft, Essen 1954.

Möhler, Rainer: Entnazifizierung in Rheinland-Pfalz und im Saarland unter französischer Besatzung von 1945–1952, Mainz 1992.

Mommsen, Hans/*Grieger*, Manfred: Das Volkswagenwerk und seine Arbeiter im Dritten Reich, Düsseldorf [3]1997.

Moses, A. Dirk: Die 45er. Eine Generation zwischen Faschismus und Demokratie, in: Die neue Sammlung 2000/40, S. 211–232.

Mouton, Jane Srygley/*Blake*, Robert R.: Instrumentiertes Lernen in Gruppen. Ein verhaltenswissenschaftlicher Ansatz zu schülerorientierten Lehrmethoden, Würzburg 1978.

Mruck, Ida: Soziale Betriebsgestaltung. Wesen, Erscheinungsformen und Problematik, Diss. TU Berlin, 1954.

Müller, Gloria: Strukturwandel und Arbeitnehmerrechte. Die wirtschaftliche Mitbestimmung in der Eisen- und Stahlindustrie 1945–1975, Essen 1991.

Dies.: Mitbestimmung in der Nachkriegszeit. Britische Besatzungsmacht – Unternehmer – Gewerkschaften, Düsseldorf 1987.

Müller-Jentsch, Walther (Hg.): Konfliktpartnerschaft. Akteure und Institutionen der industriellen Beziehungen, München/Mehring [2]1993.

Münster, Ulrich: Verhaltensänderung durch Training. Erfahrungen mit dem 3-D-Seminar, in: *Schäkel*, Uwe/*Thiede*, Jörg (Hg.): Elemente der Personalentwicklung in der Diskussion. Bestandsaufnahme und Trends für die 80er Jahre. Beiträge zur Studientagung 1980 des Instituts für Management-Entwicklung (IME) in Düsseldorf vom 3.–4. 12. 1980, Düsseldorf 1981, S. 283–292.

Nautz, Jürgen P.: Die Durchsetzung der Tarifautonomie in Westdeutschland. Das Tarifvertragsgesetz vom 9. April 1949, Frankfurt/M. u. a. 1985.

Niethammer, Lutz/*Borsdorf*, Ulrich/*Brandt*, Peter (Hg.): Arbeiterinitiative 1945, Wuppertal 1976.

Niven, Mary M.: Personnel Management 1913–63. The Growth of Personnel Management and the Development of the Institute, London ²1978.
Nolan, Mary: Das Deutsche Institut für technische Arbeitsschulung und die Schaffung des „neuen Arbeiters“, in: *Reese*, Dagmar/*Rosenhaft*, Eve/*Sachse*, Carola/*Siegel*, Tilla (Hg.): Rationale Beziehungen? Geschlechterverhältnisse im Rationalisierungsprozess, Frankfurt/M. 1993, S. 189–221.
Nowak, Kurt: Wege in die Politik. Friedrich Naumann und Adolf von Harnack, in: *Vom Bruch*, Rüdiger (Hg.): Friedrich Naumann in seiner Zeit, Berlin/New York 2000, S. 27–48.
Ders./*Oexle*, Otto Gerhard (Hg.): Adolf von Harnack. Theologe, Historiker, Wissenschaftspolitiker, Göttingen 2001.
Nützenadel, Alexander: Stunde der Ökonomen. Wissenschaft, Politik und Expertenkultur in der Bundesrepublik 1949-1974, Göttingen 2005.

Odiorne, Georges S.: Management by Objectives, New York 1965.
Oelinger, Josef: Schwerpunkte der innerkatholischen Mitbestimmungsdiskussion 1945–1963, in: *Langner*, Albrecht (Hg.): Katholizismus, Wirtschaftsordnung und Sozialpolitik 1945–1963, Paderborn u. a., S. 153–204.
Osswald, Richard: Lebendige Arbeitswelt. Die Sozialgeschichte der Daimler-Benz AG von 1945 bis 1985, Stuttgart 1986.
Osterhammel, Jürgen/*Petersson*, Niels P.: Geschichte der Globalisierung. Dimensionen, Prozesse, Epochen, München 2003.
Özen, Alf: Historische Wahrheit und theologische Wissenschaft. FS Gerd Lüdemann zum 50. Geburtstag, Frankfurt/M. 1996.
Ders.: „Die Religion in Geschichte und Gegenwart“ als Beispiel für Hoch-Zeit und Niedergang der „Religionsgeschichtlichen Schule“ im Wandel der deutschen protestantischen Theologie des ersten Viertels des 20. Jahrhunderts (erster Teil: RGG 1), in: *Lüdemann*, Gerd (Hg.): Die „Religionsgeschichtliche Schule“. Facetten eines theologischen Umbruchs, Frankfurt/M. u. a. 1996, S. 149–206.

Pechhold, Engelbert: 50 Jahre Refa, Berlin/Köln/Frankfurt/M. 1974.
Pentzlin, Kurt (Hg.): Meister der Rationalisierung, in Zusammenarbeit mit dem Rationalisierungskuratorium der Deutschen Wirtschaft, Düsseldorf, Wien 1963.
Peters, Jürgen (Hg.): Montanmitbestimmung. Dokumente ihrer Entstehung, Köln 1979.
Petri, Stefan J.: Eignungsprüfung, Charakteranalyse, Soldatentum. Veränderung der Wissenschafts- und Methodenauffassung in der Militärpsychologie des Deutschen Reiches, Großbritanniens und der USA 1914 bis 1945, Dortmund 2004.
Pirker, Theo: Die blinde Macht. Die Gewerkschaftsbewegung in Westdeutschland. Erster Teil 1945–1952: Vom „Ende des Kapitalismus zur Zähmung der Gewerkschaften“, München 1960.
Ders./*Braun*, Siegfried/*Lutz*, Burkard/*Hammelrath*, Fro: Arbeiter – Management – Mitbestimmung. Eine industriesoziologische Untersuchung der Struktur, der Organisation und des Verhaltens der Arbeiterbelegschaften in Werken der deutschen Eisen- und Stahlindustrie, für die das Mitbestimmungsgesetz gilt, Stuttgart/Düsseldorf 1955.
Plato, Alexander von: „Wirtschaftskapitäne“. Biographische Selbstkonstruktionen von Unternehmern in der Nachkriegszeit, in: *Schildt*, Axel/*Sywottek*, Arnold (Hg.): Modernisierung im Wiederaufbau. Die westdeutsche Gesellschaft in den 50er Jahren, Bonn 1998, S. 377-391.
Ders.: „Der Verlierer geht nicht leer aus.“ Betriebsräte geben zu Protokoll, Berlin/Bonn 1984.
Platz, Johannes: „Überlegt euch das mal ganz gut: Wir bestimmen mit. Schon das Wort allein“. Kritische Theorie im Unternehmen: Entstehungsbedingungen und Wirkungen der Betriebsklimastudie des Frankfurter Instituts für Sozialforschung in den Werken

der Mannesmann AG 1954/55, in: *Hesse*, Jan-Otmar/*Kleinschmidt*, Christian/*Lauschke*, Karl (Hg.): Kulturalismus, Neue Institutionenökonomik oder Theorienvielfalt. Eine Zwischenbilanz der Unternehmensgeschichte, Essen 2002, S. 199–224.

Ders./*Raphael*, Lutz/*Rosenberger*, Ruth: Anwendungsorientierte Betriebspsychologie und Eignungsdiagnostik. Kontinuitäten und Neuorientierung (1930–1960), in: *Vom Bruch*, Rüdiger/*Kaderas*, Brigitte (Hg.): Wissenschaften und Wissenschaftspolitik. Bestandsaufnahmen zur Formationen, Brüchen und Kontinuitäten im Deutschland des 20. Jahrhunderts, Stuttgart 2002, S. 291-309.

Plettner, Bernhard: Leistung in einer freien Gesellschaft, in: *ders.*: Vertrauen in die Technik – Vertrauen in die Menschen. Ausgewählte Reden, Aufsätze und Interviews, hg. v. Peter von *Siemens*, München 1979, S. 155–160 [zuerst erschienen als Beitrag zur REFA-Festschrift 1974].

Plumpe, Werner: Perspektiven der Unternehmensgeschichte, in: *Schulz*, Günther u. a. (Hg.): Sozial- und Wirtschaftsgeschichte. Arbeitsgebiete – Probleme – Perspektiven. 100 Jahre Vierteljahrsschrift für Sozial- und Wirtschaftsgeschichte, Wiesbaden 2004, S. 403–425.

Ders.: Anfänge der Mitbestimmung: Gewerkschaften, betriebliche Sozialpolitik und Arbeitskonflikte bis 1933/1939, in: *Tenfelde*, Klaus, Stimmt die Chemie?, S. 90–120.

Ders.: Tarifsystem und innerbetriebliche Konflikte in der Weimarer Republik, in: *Führer*, Karl Christian (Hg.): Tarifbeziehungen und Tarifpolitik in Deutschland im historischen Wandel, Bonn 2004, S. 26–63.

Ders.: Kapital und Arbeit. Konzept und Praxis der Industriellen Beziehungen im 20. Jahrhundert, in: *Spree*, Reinhard (Hg.): Geschichte der deutschen Wirtschaft im 20. Jahrhundert, München 2001, S. 178–199.

Ders.: Betriebliche Mitbestimmung in der Weimarer Republik. Fallstudien zum Ruhrbergbau und zur Chemischen Industrie, München 1999.

Ders.: Das Unternehmen als soziale Organisation – Thesen zu einer erneuerten historischen Unternehmensforschung, in: Akkumulation 1999/11, S. 1–7.

Ders.: Industrielle Beziehungen, in: *Ambrosius*, Gerold/*Petzina*, Dietmar/*Plumpe*, Werner (Hg.): Moderne Wirtschaftsgeschichte. Eine Einführung für Historiker und Ökonomen, München 1996, S. 389–419.

Ders.: Unternehmen, in: *Ambrosius*, Gerold/*Petzina*, Dietmar/*Plumpe*, Werner (Hg.): Moderne Wirtschaftsgeschichte. Eine Einführung für Historiker und Ökonomen, München 1996, S. 47–66.

Ders.: Wirtschaftsdemokratie, Sozialisierung, Mitbestimmung zwischen Kriegsende und Wirtschaftswunder, in: *Bremes*, Hans-Erich/*Schumacher*, Maria (Hg.): Mit der Vergangenheit in die Zukunft. Felder gewerkschaftlicher Politik seit 1945, Münster 1989, S. 35–50.

Ders.: Vom Plan zum Markt. Wirtschaftsverwaltung und Unternehmerverbände in der britischen Zone. Düsseldorf 1987.

Poensgen-Stiftung, Qualität durch Qualifikation. 100 Seminare Poensgen-Stiftung, hg. v. d. C. Rudolf Poensgen-Stiftung e.V. zur Fortbildung von Führungskräften in der Wirtschaft, Stuttgart 1990.

Pogarell, Hans-Hermann/*Pohlenz*, Michael: Betriebliche Sozialpolitik in der Nachkriegszeit. Vom Ende des Zweiten Weltkriegs bis zum hundertjährigen Firmenjubiläum, in: *Tenfelde*, Klaus, Stimmt die Chemie?, S. 147-176.

Pohl, Hans (Hg.): Betriebliche Sozialpolitik deutscher Unternehmen seit dem 19. Jahrhundert. Referate und Diskussionsbeiträge des wissenschaftlichen Symposiums der Gesellschaft für Unternehmensgeschichte e.V. am 25.11.1977 in Hamburg, Wiesbaden 1978.

Pohl, Manfred: Die Geschichte der Rationalisierung: Das RKW 1921 bis 1996, URL: [www.rkw-nordwest.de/anhaenge/22/Ausf%C3%BChrliche%20Geschichte%20RKW.pdf] [29.08.05].

Pollmann, Klaus Erich: Friedrich Naumann und der Evangelisch-soziale Kongreß, in: *Vom Bruch*, Rüdiger (Hg.): Friedrich Naumann in seiner Zeit, Berlin/New York 2000, S. 49–62.

Posseht, Ingunn: Modern aus Tradition. Geschichte der chemisch-pharmazeutischen Fabrik E. Merck, Darmstadt 1989.

Potthoff, Erich: Betriebswirtschaftslehre im Nationalsozialismus (1933-1945) bei politischer Gleichschaltung und staatlicher Wirtschaftslenkung, in: *Gaugler*, Eduard/*Köhler*, Richard (Hg.): Entwicklungen der Betriebswirtschaftslehre. 100 Jahre Fachdisziplin – zugleich eine Verlagsgeschichte, Stuttgart 2002, S. 87-110.

Ders.: Der Kampf um die Montamitbestimmung, Köln, 1957.

Ders.: Theorie und Praxis der sozialen Betriebspolitik, Stuttgart, Düsseldorf 1953.

Prinz, Michael: Demokratische Stabilisierung, Problemlagen von Modernisierung im Selbstbezug und historische Kontinuität – Leitbegriffe einer Zeitsozialgeschichte, in: Westfälische Forschung 1993/43, S. 655–675.

Psychologen Taschenbuch, hg. v. Berufsverband Deutscher Psychologen, Frankfurt/M. [6]1968.

Rabinbach, Anson: Betriebspsychologie zwischen Psychotechnik und Politik während der Weimarer Republik: Der Fall Otto Lipmann, in: *Milles*, Dietrich (Hg.): Betriebsärzte und produktionsbezogene Gesundheitspolitik in der Geschichte, Bremerhaven 1992, S. 41–64.

Raphael, Lutz: Habitus und sozialer Sinn: Der Ansatz der Praxistheorie Pierre Bourdieus, in: *Jaeger*, Friedrich/*Straub*, Jürgen (Hg.): Handbuch der Kulturwissenschaften. Paradigmen und Disziplinen, Stuttgart/Weimar 2004, S. 266–276.

Ders.: Zweierlei Kriegseinsatz: Amerikanische und deutsche Psychologen im 2. Weltkrieg, in: *Dipper*, Christof/*Gestrich*, Andreas/*Raphael*, Lutz (Hg.): Krieg, Frieden und Demokratie. FS Martin Vogt, Frankfurt/M. u. a. 2001, S. 207-217.

Ders.: Radikales Ordnungsdenken und die Organisation totalitärer Herrschaft. Weltanschauungseliten und Humanwissenschaftler im NS-Regime, in: Geschichte und Gesellschaft 2001/27, S. 5–40.

Ders.: Gesellschaftsgeschichte zwischen Spezialisierung und Schulbildung. Die Zeitschrift „Geschichte und Gesellschaft. Zeitschrift für Historische Sozialwissenschaften" in den ersten zwanzig Jahren ihres Bestehens, in: *Middel*, Matthias (Hg.): Historische Zeitschriften im internationalen Vergleich, Leipzig 1999, S. 201-234.

Ders.: Experten im Sozialstaat, in: *Hockerts*, Hans Günter (Hg.): Drei Wege deutscher Sozialstaatlichkeit. NS-Diktatur, Bundesrepublik und DDR im Vergleich, München 1998, S. 231-258.

Ders.: Vom Sozialphilosophen zum Sozialingenieur? Die Position der anwendungsorientierten Sozialwissenschaften in der französischen Wissenschaftskultur der Jahrhundertwende, in: *Hübinger*, Gangolf/*Vom Bruch*, Rüdiger/*Graf*, Friedrich Wilhelm (Hg.): Kultur und Kulturwissenschaften um 1900, Bd. II: Idealismus und Positivismus, Stuttgart 1997, S. 296–317.

Ders.: Die Verwissenschaftlichung des Sozialen als methodische und konzeptionelle Herausforderung für eine Sozialgeschichte des 20. Jahrhunderts, in: Geschichte und Gesellschaft 1996/22, S. 165–193.

Ders.: Diskurse, Lebenswelten und Felder. Implizite Vorannahmen über das soziale Handeln von Kulturproduzenten im 19. und 20. Jahrhundert, in: *Hardtwig*, Wolfgang/*Wehler*, Hans-Ulrich (Hg.): Kulturgeschichte heute, Göttingen 1996, S. 165–181.

Rauh-Kühne, Cornelia: Hans Constantin Paulssen: Sozialpartnerschaft aus dem Geiste der Kriegskameradschaft, in: *Erker*, Paul/*Pierenkemper*, Toni (Hg.): Deutsche Unternehmer zwischen Kriegswirtschaft und Wiederaufbau. Studien zur Erfahrungsbildung von Industrie-Eliten, München 1999, S. 109–192.

Dies.: Die Unternehmer und die Entnazifizierung der Wirtschaft in Württemberg-Hohenzollern, in: *dies.*/*Ruck*, Michael (Hg.), Regionale Eliten zwischen Diktatur und Demokratie. Baden und Würrtemberg 1930–1952, München 1993, S. 305–331.

Raupp, Werner: Johann Hinrich Wichern, in: Biographisch-Bibliographisches Kirchenlexikon, Bd. 15, Herzberg 1999, Sp. 1073-1503.

Rauscher, Anton: Die Katholische Soziallehre im gesellschaftlichen Entwicklungsprozess der Nachkriegszeit, in: *Langner*, Albrecht (Hg.): Katholizismus, Wirtschaftsordnung und Sozialpolitik 1945-1963, Paderborn/München/Wien/Zürich 1980, S. 11-26.

Reddin, William J.: Managerial Effectiveness, New York 1970.

Rehermann, Thomas: Die Rezeption der Sozialprinzipien der katholischen Soziallehre in die Betriebswirtschaftslehre durch Guido Fischer, in: *Gaugler*, Eduard (Hg.): Guido Fischer 1899-1983, FS zum 100. Geburtstag, Mannheim 1999, S. 171-217.

Reichskuratorium für Wirtschaftlichkeit (Hg.): Der Mensch und die Rationalisierung. Band III: Eignung und Qualitätsarbeit, bearbeitet von Fachleuten und Wissenschaftern im Auftrage und unter Mitarbeit des Reichskuratoriums für Wirtschaftlichkeit, Jena 1933.

Reichskuratorium für Wirtschaftlichkeit/Deutsche Gesellschaft für Gewerbe-Hygiene (Hg.): Mensch und Rationalisierung. Band II: Mensch und Arbeitsgerät, Berlin 1933.

Reichskuratorium für Wirtschaftlichkeit (Hg.): Der Mensch und die Rationalisierung. Fragen der Arbeits- und Berufsauslese, der Berufsausbildung und Bestgestaltung der Arbeit, Jena 1931.

Reitmayer, Morten: „Unternehmer zur Führung berufen" - durch wen?, in: *Berghahn*, Volker R./*Unger*, Stefan/*Ziegler*, Dieter (Hg.): Die deutsche Wirtschaftselite im 20. Jahrhundert. Kontinuität und Mentalität, Essen 2003, S. 317-336.

Ders.: Elite. Sozialgeschichte einer politisch-gesellschaftlichen Idee in der frühen Bundesrepublik, München 2009.

Reuter, Edzard: Schein und Wirklichkeit. Erinnerungen, Berlin 1999.

Richter, Ralf: Die Währungs- und Wirtschaftsreform 1948 im Spiegel unternehmerischer Personalpolitik - Volkswagen 1945-1950, in: Zeitschrift für Unternehmensgeschichte 2003/43, S. 215-238.

Rössler, Patrick: Agenda-Setting. Theoretische Annahmen und empirische Evidenzen einer Medienwirkungshypothese, Opladen 1997.

Rohmert, Walter: Probleme der Menschenführung in der Industrie, Berlin u. a. 1971.

Rose, Nikolas: Experts of the Soul, in: Psychologie und Geschichte 1992/3, H. 1/2, S. 91-99.

Ders.: Governing the Enterprise Self, in: *Heelas*, Peter/*Morrison*, Paul (Hg.): The Values of the Enterprise Culture. The Moral Debate, London/New York 1992, S. 141-164.

Rosenberger, Ruth: Von der „Bayer-Familie" zum paritätisch getragenen Personalmanagement? Mitbestimmung und Personalpolitik nach 1945, in: *Tenfelde*, Klaus, Stimmt die Chemie?, S. 245-269.

Dies./*Raphael*, Lutz/*Platz*, Johannes: Psychologische Eignungsdiagnostik in westdeutschen Großunternehmen. Wirkung von Ideen als Neufiguration wissenschaftlicher Konzepte in professionellen Verwendungsfeldern, in: *Raphael*, Lutz/*Tenorth*, Elmar (Hg.): Ideen als gesellschaftliche Gestaltungskraft im Europa der Neuzeit, München 2006, S. 479-496.

Dies.: Von der sozialpolitischen zur personalpolitischen Transformationsstrategie. Zur Verwissenschaftlichung betrieblicher Personalpolitik in westdeutschen Unternehmen 1945-1980, in: Zeitschrift für Unternehmensgeschichte, 2005/50, S. 63-82.

Dies.: Der schwierige Dialog. Betriebspsychologen und Unternehmenskommunikation in Westdeutschland 1945-1980, in: *Föllmer*, Moritz (Hg.): Sehnsucht nach Nähe. Interpersonale Kommunikation in Deutschland seit dem 19. Jahrhundert, Stuttgart 2004, S. 175-195.

Roth, Karl Heinz: Intelligenz und Sozialpolitik im „Dritten Reich". Eine methodisch historische Studie am Beispiel des Arbeitswissenschaftlichen Instituts der Deutschen Arbeitsfront, München u. a. 1993.

Rothacker, Erich: Die Schichten der Persönlichkeit, Bonn [2]1948.

Rothering, Elisabeth: Das „Handelsblatt" in der Lizenzzeit, Diss. Westfälische Wilhelms-Universität Münster, 1990.

Rudloff, Wilfried/*Fisch*, Stefan (Hg.): Experten und Politik. Wissenschaftliche Politikberatung in geschichtlicher Perspektive, Berlin 2004.
Rüegsegger, Ruedi: Die ideellen Hintergründe der Psychotechniker, in: *Schorr*, Angela/*Wehner*, Ernst G. (Hg.): Psychologiegeschichte heute, Göttingen/Toronto/Zürich 1990, S. 174–182.
Rühli, Edwin: Betriebswirtschaftslehre nach dem Zweiten Weltkrieg (1945- ca. 1970), in: *Gaugler*, Eduard/*Köhler*, Richard (Hg.): Entwicklungen der Betriebswirtschaftslehre. 100 Jahre Fachdisziplin – zugleich eine Verlagsgeschichte, Stuttgart 2002, S. 111-133.
Rupieper, Hermann-Josef: Die Wurzeln der westdeutschen Nachkriegsdemokratie. Der amerikanische Beitrag 1945-1952, Opladen 1993.
Rüßmann, Karl Heinrich: Olympischer Disput bei Siemens, in: Manager Magazin 1973, H. 4, S. 60–62.
Rüther, Martin: Zwischen Zusammenbruch und Wirtschaftswunder. Betriebsratstätigkeit und Arbeiterverhalten in Köln 1945 bis 1952, Bonn 1991.

Sachse, Carola: Siemens, der Nationalsozialismus und die moderne Familie. Eine Untersuchung zur sozialen Rationalisierung in Deutschland im 20. Jahrhundert, Hamburg 1990.
Schäfer, Wilhelm: Industriebetrieb und Öffentlichkeit vor den sozialen Aufgaben der Gegenwart. Versuch einer Generalinventur der sozialwirtschaftlichen Großunternehmen der eisenschaffenden Industrie und ihre Beziehungen zur öffentlichen Sozialpolitik, Stuttgart, Düsseldorf 1956.
Schanetzky, Tim: Die große Ernüchterung. Wirtschaftspolitik, Expertise und Gesellschaft in der Bundesrepublik 1966–1982, Berlin 2007.
Ders.: Sachverständigen Rat und Konzertierte Aktion: Staat, Gesellschaft und wissenschaftliche Expertise in der bundesrepublikanischen Wirtschaftspolitik, in: Vierteljahrsschrift für Sozial- und Wirtschaftsgeschichte 2004/91, H. 3, S. 310–331.
Scherke, Felix: Soziale Betriebsgestaltung, in: Mensch und Betrieb. 1. Nürnberger Sozialwissenschaftliche Woche, 3.–8. September 1951, Berlin 1952, S. 71–82.
Ders.: Sozialpsychohygiene im Betrieb, in: *Hergt*, Wilhelm/*Pfeifer*, Otto (Hg.): Soziale Betriebsgestaltung. Ein Überblick über ihre Aufgaben und Ziele, Heidelberg 1948, S. 21–23.
Ders.: Betriebspsychologie. Ihre Methoden und ihre Technik, Berlin 1948.
Schildt, Axel/*Siegfried*, Detlef/*Lammers*, Karl Christian (Hg.): Dynamische Zeiten. Die 60er Jahre in den beiden deutschen Gesellschaften, Hamburg 2000.
Ders.: Zwischen Abendland und Amerika. Studien zur westdeutschen Ideenlandschaft der 50er Jahre, München 1999.
Ders./Sywottek, Arnold (Hg.): Modernisierung im Wiederaufbau. Die westdeutsche Gesellschaft in den 50er Jahren, Bonn 1998.
Schirm, Rolf W.: Kürzer, knapper, präziser. Der neue Mitteilungsstil moderner Führungskräfte, Düsseldorf 1970.
Ders.: Praktische Menschenführung, Heidelberg 1966, ^{2}1968, ^{3}1973.
Ders.: Zwischenbilanz des Vorschlagswesens. Erfahrungen aus deutschen und ausländischen Unternehmen, Darmstadt 1955.
Ders.: Vorgesetzte, Mitarbeiter: Menschen, Heidelberg 1952.
Schleyer, Hanns Martin: Das soziale Modell, Stuttgart 1973.
Schmidt, Eberhard: Ordnungsfaktor oder Gegenmacht. Die politische Rolle der Gewerkschaften, Frankfurt/M. ^{3}1975.
Ders./*Fichter*, Michael: Der erzwungene Kapitalismus. Klassenkämpfe in den Westzonen 1945-1948, Berlin 1971.
Ders.: Die verhinderte Neuordnung 1945–1952. Zur Auseinandersetzung um die Demokratisierung der Wirtschaft in den westlichen Besatzungszonen und in der Bundesrepublik Deutschland, Frankfurt/M./Köln 1970.

Schmidt-Dorrenbach, Heribert: 1952-2002. 50 Jahre betriebliche Personalpolitik. Der Weg der Deutschen Gesellschaft für Personalführung, hg. v. d. Deutschen Gesellschaft für Personalführung e.V., Frankfurt/M. 2002.

Schneider, Michael: Demokratisierungs-Konsens zwischen Unternehmern und Gewerkschaften? Zur Debatte um Wirtschaftsdemokratie und Mitbestimmung, in: *Schildt*, Axel/*Sywottek*, Arnold (Hg.): Modernisierung im Wiederaufbau. Die westdeutsche Gesellschaft in den 50er Jahren, Bonn 1998, S. 207-222.

Ders.: Vom „Herrn-im-Hause" zum Sozialpartner? Grundzüge der unternehmerischen Reaktion auf die gewerkschaftlichen Forderungen nach Wirtschaftsdemokratie und Mitbestimmung, in: *Borsdorf*, Ulrich u. a. (Hg.): Gewerkschaftliche Politik: Reform aus Solidarität. FS Heinz O. Vetter, Köln 1977, S. 271-292.

Schneider, Wolfgang/*Heim*, Harald/*Wacker*, Peter A.: Tätigkeitsspezifische Eignungstest. Entwicklungs- und Anwendungsprobleme, Göttingen 1975.

Schönfelder, Hermann: Führung oder Gruppen-Fusion. Überprüfung einer Kritik am Harzburger Modell, Bad Harzburg 1972.

Schönhoven, Klaus: Aufbruch in die sozialliberale Ära. Zur Bedeutung der 60er Jahre in der Geschichte der Bundesrepublik, in: Geschichte und Gesellschaft 1999/25, S. 123-145.

Schönpflug, Fritz: Das Methodenproblem der Betriebswirtschaftslehre, Stuttgart 1933.

Schorr, Angela: Verschenkter Neubeginn – Zur Tätigkeit beratender und behandelnder Psychologen im Nationalsozialismus und ihren Wirkungen in der Gegenwart, in: *dies.*/*Wehner*, Ernst G. (Hg.): Psychologiegeschichte heute, Göttingen/Toronto/Zürich 1990, S. 239-260.

Dies.: Der Berufsverband Deutscher Psychologen e.V., in: *Lück*, Helmut E./*Miller*, Rudolf (Hg.): Illustrierte Geschichte der Psychologie, München 1993, S. 286-291.

Schretzmayr, Gerhart: Die deutsche TWI-Arbeit. Ein Tagungs- und Arbeitsbericht. Hg. v. Stuttgarter Arbeitskreis-TWI zur Förderung innerbetrieblicher Arbeitsbeziehungen, Frankfurt/M. 1953.

Ders.: Die TWI-Arbeit im deutschen Fachschrifttum. Hg. v. Stuttgarter Arbeitskreis-TWI zur Förderung der innerbetrieblichen Arbeitsbeziehungen. Frankfurt/M. 1951.

Schroeder, Wolfgang: Industrielle Beziehungen in den 60er Jahren – unter besonderer Berücksichtigung der Metallindustrie, in: *Schildt*, Axel/*Siegfried*, Detlef/*Lammers*, Karl Christian (Hg.): Dynamische Zeiten. Die 60er Jahre in den beiden deutschen Gesellschaften, Hamburg 2000, S. 492-527.

Ders.: Christliche Sozialpolitik oder Sozialismus. Oswald von Nell-Breuning, Viktor Agartz und der Frankfurter DGB-Kongress 1954, in: Vierteljahrshefte für Zeitgeschichte 1991/2, S. 179-220.

Schröder, Hans-Jürgen (Hg.): Marshallplan und westdeutscher Wiederaufstieg. Positionen – Kontroversen, Stuttgart 1990.

Schultz, Johannes Heinrich: Lebensbilderbuch eines Nervenarztes, Stuttgart 1964.

Schulz, Günter: Bürgerliche Sozialreform in der Weimarer Republik, in: *Vom Bruch*, Rüdiger (Hg.): „Weder Kommunismus noch Kapitalismus". Bürgerliche Sozialreform in Deutschland vom Vormärz bis zur Ära Adenauer, München 1985, S. 181-217.

Schulz, Klaus D.: Unternehmerinteresse und Wirtschaftssystem. Beiträge der Unternehmer zur politischen Entwicklung der Bundesrepublik Deutschland, Frankfurt/M. 1986.

Schwarz, Angela: Der Schlüssel zur modernen Welt. Wissenschaftspopularisierung in Großbritannien und Deutschland im Übergang zur Moderne (ca. 1870-1914), Stuttgart 1999.

Seidel, Heinz: Über die Hans-Böckler-Gesellschaft. Ein autobiographischer Essay, in: *Borsdorf*, Ulrich/*Hemmer*, Hans O. (Hg.): Gewerkschaften, Wissenschaft, Mitbestimmung. 25 Jahre Studien- und Mitbestimmungsförderung des Deutschen Gewerkschaftsbundes, Köln 1979, S. 17-30.

Siegel, Tilla: Das ist nur rational. Ein Essay zur Logik der sozialen Rationalisierung, in: *Reese*, Dagmar/*Rosenhaft*, Eve/*Sachse*, Carola/*Siegel*, Tilla (Hg.): Rationale Bezie-

hungen? Geschlechterverhältnisse im Rationalisierungsprozess, Frankfurt/M. 1993, S. 363-396.
Dies./*Freyberg*, Thomas von: Industrielle Rationalisierung unter dem Nationalsozialismus, Frankfurt/M./New York 1991.
Siegrist, Hannes (Hg.): Bürgerliche Berufe. Zur Sozialgeschichte der freien und akademischen Berufe im internationalen Vergleich, Göttingen 1988.
Simon, Walter: Macht und Herrschaft der Unternehmerverbände. BDI, BDA und DIHT im ökonomischen und politischen System der BRD, Köln 1976.
Simoneit, Max: Die Bedeutung der Lehre von der praktischen Menschenkenntnis, Berlin 1934.
Sitzler, N. Friedrich: Die Betriebsordnung im neuen Arbeitsrecht, in: *Hergt*, Wilhelm (Hg.): Sozialprobleme im Betrieb, München 1949, S. 31-38.
Spie, Ulrich: Die Institution des Arbeitsdirektors. Eine Analyse des beruflichen Werdegangs und der Aufgaben der Arbeitsdirektoren in Unternehmen im Geltungsbereich der Montanmitbestimmung und des Mitbestimmungsgesetzes 1976, Diss. Essen 1983.
Spindler, Gert P.: Das Spindler-Modell. Erinnerungen eines Unternehmers, München 1994.
Ders.: Praxis der Partnerschaft, Düsseldorf, Wien 1970.
Ders.: Partnerschaft statt Klassenkampf. Zwei Jahre Mitunternehmertum in der Praxis. Stuttgart, Köln 1954.
Ders.: Mitunternehmertum. Vom Klassenkampf zum sozialen Ausgleich, Lüneburg 1951.
Ders. Der Leistungsstaat. Vorschlag zur Neugestaltung unserer politischen, gesellschaftlichen und wirtschaftlichen Ordnung, Düsseldorf 1948.
Spohn, Wolfgang: Betriebsgemeinschaft und Volksgemeinschaft. Die rechtliche und institutionelle Regelung der Arbeitsbeziehungen im NS-Staat, Berlin 1987.
Springer, Ralf: Wohlfahrtseinrichtung versus industrielle Mitbestimmung. Friedrich Schomerus als Sozialsekretär bei der „Nordwolle" in Delmenhorst, in: Arbeiterbewegung und Sozialgeschichte 2003/12, S. 5-17.
Ders.: „Halbtagsschicht zum Wohl verheirateter Fabrikarbeiterinnen". Ein gescheitertes Projekt des Sozialreformers Friedrich Schomerus 1906, in: Arbeiterbewegung und Sozialgeschichte 2004/13,14, S. 39-48.
Ders.: „Ich will helfen, ein heilendes Pflaster auf die große Wunde der Menschheit zu legen." Biographische Studien zum Sozialreformer und Politiker Friedrich Schomerus (1876-1963), Oldenburg 2003.
Spur, Günter/*Vogelrieder*, Sabine/*Klooster*, Thorsten: Von der Psychotechnik zur Arbeitswissenschaft. Gründung und Entwicklung des Instituts für Industrielle Psychotechnik an der TH Berlin-Charlottenburg 1918-1933, in: Berlin-Brandenburgische Akademie der Wissenschaften, Berichte und Abhandlungen, Bd. 8, Berlin 2000, S. 371-401.
Ders./*Haak*, René: Das Institut für Industrielle Psychotechnik an der Technischen Hochschule Berlin-Charlottenburg zwischen 1933 und 1945, in: Berlin-Brandenburgische Akademie der Wissenschaften, Berichte und Abhandlungen, Bd. 8, Berlin 2000, S. 403-422.
Stachwitz, Reinhard: Zeit der Bewährung. Der Bund Neudeutschland 1933-1945, Münster 1989.
Stehr, Nico: Arbeit, Eigentum und Wissen. Zur Theorie von Wissensgesellschaften, Frankfurt/M. 1994.
Steinmann, Horst/*Löhr*, Albert: Unternehmensethik – Zur Geschichte eines ungeliebten Kindes der Betriebswirtschaftslehre, in: *Gaugler*, Eduard/*Köhler*, Richard (Hg.): Entwicklungen der Betriebswirtschaftslehre. 100 Jahre Fachdisziplin – zugleich eine Verlagsgeschichte, Stuttgart 2002, S. 509-535.
Steinmetz, Willibald: Begegnungen vor Gericht. Eine Sozial- und Kulturgeschichte des englischen Arbeitsrechts (1850-1925), München 2002.
Stürmer, Michael (Hg.): Dissonanzen des Fortschritts. Essays über Geschichte und Politik in Deutschland, München 1986.

Süß, Dietmar: Kumpel und Genossen. Arbeiterschaft, Betrieb und Sozialdemokratie in der bayerischen Montanindustrie 1945-1976, München 2003.

Süß, Winfried: „Wer aber denkt für das Ganze?". Aufstieg und Fall der ressortübergreifenden Planung im Bundeskanzleramt, in: *Frese*, Matthias/*Paulus*, Julia/*Teppe*, Karl (Hg.): Demokratisierung und gesellschaftlicher Aufbruch. Die sechziger Jahre als Wendezeit der Bundesrepublik, Paderborn u. a. 2003, S. 241-273.

Ders.: „Rationale Politik" durch sozialwissenschaftliche Beratung? Die Projektgruppe Regierungs- und Verwaltungsreform 1969-1975, in: *Rudloff*, Wilfried/*Fisch*, Stefan (Hg.): Experten und Politik. Wissenschaftliche Politikberatung in geschichtlicher Perspektive, Berlin 2004, S. 329-348.

Szöllösi-Janze, Margit: Wissensgesellschaft in Deutschland: Überlegungen zur Neubestimmung der deutschen Zeitgeschichte über Verwissenschaftlichungsprozesse, in: Geschichte und Gesellschaft 2004/30, S. 277-313.

Dies.: Wissensgesellschaft – ein neues Konzept zur Erschließung der deutsch-deutschen Zeitgeschichte?, in: *Hockerts*, Hans Günter/*Müller-Luckner*, Elisabeth (Hg.): Koordinaten deutscher Geschichte in der Epoche des Ost-West-Konflikts, München 2004, S. 275-305.

Tenfelde, Klaus u. a. (Hg.): Stimmt die Chemie? Mitbestimmung und Sozialpolitik in der deutschen chemischen Industrie am Beispiel Bayer, Essen 2007.

Teuteberg, Hans Jürgen: Geschichte der Industriellen Mitbestimmung in Deutschland. Ursprung und Entwicklung ihrer Vorläufer im Denken und in der Wirklichkeit des 19. Jahrhunderts, Tübingen 1961.

Thum, Horst: Mitbestimmung in der Montanindustrie. Der Mythos vom Sieg der Gewerkschaften, Stuttgart 1982.

Triebel, Florian: Krisenmanagement in der „Bücherkrise". Der Eugen Diederichs Verlag 1930–1933, in: *Blaschke*, Olaf/*Schulze*, Hagen (Hg): Geschichtswissenschaft und Buchhandel in der Krisenspirale? Eine Inspektion des Feldes in historischer, internationaler und wirtschaftlicher Perspektive, München 2006, S. 33–49.

Trischler, Helmuth: Partielle Modernisierung. Die betrieblichen Sozialbeziehungen im Ruhrbergbau zwischen Grubenmilitarismus und Human Relations, in: *Frese*, Matthias/*Prinz*, Michael (Hg.): Politische Zäsuren und gesellschaftlicher Wandel im 20. Jahrhundert, Paderborn 1996, S. 145–171.

Ders.: Führerideal und die Formierung faschistischer Bewegungen. Industrielle Vorgesetztenschulung in den USA, Großbritannien, der Schweiz, Deutschland und Österreich im Vergleich, in: Historische Zeitschrift 1990/251, S. 45–88.

Universitätsseminar der deutschen Wirtschaft (Hg.): Management-Ausbildung in Deutschland. 1. Zehnwochen-Seminar für Führungskräfte am Universitätsseminar der deutschen Wirtschaft, Wiesbaden 1970.

Universitätsseminar der deutschen Wirtschaft (Hg.): 25 Jahre Universitätsseminar der deutschen Wirtschaft, 1968–1993. Brücke zwischen Wissenschaft und Praxis, Stuttgart 1993.

Vaubel, Ludwig: Glanzstoff, Enka, Aku, Akzo. Unternehmensleitung im nationalen und internationalen Spannungsfeld 1929 bis 1978, Haan 1986.

Ders.: Zusammenbruch und Wiederaufbau. Ein Tagebuch aus der Wirtschaft 1945-1949, hg. v. Wolfgang *Benz*, München 1984.

Ders.: Unternehmer gehen zur Schule. Ein Erfahrungsbericht aus USA, Düsseldorf 1952.

Vertrauensleutekörper-Leitung in der Fa. Merck, Vorgeschichte, Organisation und Ablauf des Streiks im chemischen Unternehmen Merck, in: *Jacobi* Otto/*Müller-Jentsch*, Walter/*Schmidt*, Eberhard (Hg.): Gewerkschaften und Klassenkampf. Kritisches Jahrbuch, Frankfurt/M. 1972, S. 45–61.

Vieregg, Josef: Begegnungen mit Studierenden, in: *Gaugler*, Eduard (Hg.): Guido Fischer 1899-1983, FS zum 100. Geburtstag, Mannheim 1999, S. 25-38.

Vogel, Jakob: Von der Wissenschafts- zur Wissensgeschichte. Für eine Historisierung der ‚Wissensgesellschaft', in: Geschichte und Gesellschaft 2004/30, S. 639-660.

Volkmann, Helmut: Der große Basar – Die Informationsmärkte bei Siemens und ihre Bedeutung für die Unternehmensentwicklung, in: *Freimuth*, Joachim/*Straub*, Fritz (Hg.): Demokratisierung von Organisationen. Philosophie, Ursprünge und Perspektiven der Metaplan®-Idee. FS für Eberhard Schnelle, Wiesbaden 1996, S. 111-124.

Vom Bruch, Rüdiger: Einführung, in: *ders.* (Hg.): „Weder Kommunismus noch Kapitalismus". Bürgerliche Sozialreform in Deutschland vom Vormärz bis zur Ära Adenauer, München 1985, S. 7-19.

Ders.: Bürgerliche Sozialreform im deutschen Kaiserreich, in: *ders.* (Hg.), „Weder Kommunismus noch Kapitalismus". Bürgerliche Sozialreform in Deutschland vom Vormärz bis zur Ära Adenauer, München 1985, S. 60-179.

Wächter, Hartmut/*Metz*, Thomas (Hg.): Professionalisierte Personalarbeit? Perspektiven der Professionalisierung des Personalwesens, München/Mering 1995.

Ders.: Was leistet die Professionalisierungsdebatte für die Entwicklung des Personalmanagements? Einleitende Überlegungen zu den Beiträgen dieses Heftes, in: *ders./Metz*, Thomas (Hg.): Professionalisierte Personalarbeit? Perspektiven der Professionalisierung des Personalwesens, München/Mering 1995, S. 7-11.

Wagner, Peter: Sozialwissenschaften und Staat. Frankreich, Italien, Deutschland 1870 – 1980, Frankfurt/M./New York 1990.

Walter-Busch, Emil: Das Auge der Firma. Mayos Hawthorne-Experimente und die Harvard Business School, 1900-1960, Stuttgart 1989.

Warloski, Ronald: Neudeutschland. German catholic students, 1919-1939, Den Haag 1970.

Weber, Klaus: Psychologiegeschichte als Sozialgeschichte – Kritik einer widerspruchsfreien Darstellung, in: Report Psychologie 2001/26, S. 396f.

Wehler, Hans-Ulrich (Hg.): Professionalisierung in historischer Perspektive, Göttingen 1980.

Weiher, Sigfrid von/*Goetzeler*, Herbert: Weg und Wirken der Siemens-Werke im Fortschritt der Elektrotechnik 1847-1980. Ein Beitrag zur Geschichte der Elektroindustrie, Wiesbaden [3]1981.

Weingart, Peter: Die Stunde der Wahrheit? Zum Verhältnis der Wissenschaft zu Politik, Wirtschaft und Medien in der Wissensgesellschaft, Weilerswist 2001.

Weischer, Christoph: Das Unternehmen ‚Empirische Sozialforschung'. Strukturen, Praktiken und Leitbilder der Sozialforschung in der Bundesrepublik Deutschland, München 2004.

Weise, Jürgen: Unternehmerische Selbstverwaltung in Westdeutschland nach dem Zweiten Weltkrieg. Die Industrie- und Handelskammern zwischen Anpassung und Selbstbehauptung, in: *Großbölting*, Thomas/*Schmidt*, Rüdiger (Hg.): Unternehmerwirtschaft zwischen Markt und Lenkung. Organisationsformen, politischer Einfluss und ökonomisches Verhalten 1930-1960, München 2002, S. 255-281.

Weiß, Albrecht: Betriebsmeister und Menschenführung. Ein Bericht über die „Kohlhofkurse" der I.G. Farbenindustrie in Ludwigshafen in den Jahren 1942 bis 1944, in: *Hoffmann*, Irma (Hg.): Aus der Praxis der Sozialen Betriebsgestaltung. Aufsätze, Auszüge und Beiträge von Dr. Albrecht Weiß, München/Düsseldorf 1950, S. 90-96.

Ders.: Werksfürsorge im Rahmen der sozialen Betriebsgestaltung, in: *Hoffmann*, Irma (Hg.): Aus der Praxis der Sozialen Betriebsgestaltung. Aufsätze, Auszüge und Beiträge von Dr. Albrecht Weiß, München/Düsseldorf 1950, S. 48-54.

Ders.: Die Sozialpolitik der IG Farbenindustrie, in: *Hoffmann*, Irma (Hg.): Aus der Praxis der Sozialen Betriebsgestaltung. Aufsätze, Auszüge und Beiträge von Dr. Albrecht Weiß, München/Düsseldorf 1950, S. 97-123.

Ders.: Stellung und Aufgabe des Personal- und Sozialreferenten im Betrieb, in: *Hergt*, Wilhelm (Hg.): Sozialprobleme im Betrieb, München 1949, S. 56–62.

Ders.: Die Führung und der Einsatz des im Betrieb arbeitenden Menschen, in: Grundsätze der Betriebsführung, hg. v. d. Deutschen Gesellschaft für Betriebswirtschaft, Berlin 1939, S. 43–53.

Ders./Hergt, Wilhelm: Soziale Betriebsgestaltung, in: *Hoffmann*, Irma (Hg.): Aus der Praxis der Sozialen Betriebsgestaltung. Aufsätze, Auszüge und Beiträge von Dr. Albrecht Weiß, München/Düsseldorf 1950, S. 11-15; erstmals erschienen im Betriebs-Berater 2, H. 16 (1947).

Weizsäcker, Viktor von: Pathosophie, Göttingen 1956.

Welskopp, Thomas: Soziale Kontinuitäten im institutionellen Wandel. Arbeits- und industrielle Beziehungen in der deutschen und der amerikanischen Eisen- und Stahlindustrie von der Jahrhundertwende bis zu den 1960er Jahren, in: *Frese*, Matthias/*Prinz*, Michael (Hg.): Politische Zäsuren und gesellschaftlicher Wandel im 20. Jahrhundert, Paderborn 1996, S. 217-267.

Ders.: Das institutionalisierte Misstrauen. Produktionsorganisation und Kommunikationsnetz in Eisen- und Stahlunternehmen des Ruhrgebiets während der Zwischenkriegszeit, in: *Wischermann*, Clemens u. a. (Hg.): Unternehmenskommunikation im 19. und 20. Jahrhundert. Neue Wege der Unternehmensgeschichte, Dortmund 2000, S. 199–225.

Ders.: Der Betrieb als soziales Handlungsfeld. Neuere Forschungsansätze in der Industrie- und Arbeitergeschichte, in: Geschichte und Gesellschaft 1996/22, S. 118–142.

Ders.: Arbeit und Macht im Hüttenwerk. Arbeits- und industrielle Beziehungen in der deutschen und amerikanischen Eisen- und Stahlindustrie von den 1860er bis zu den 1930er Jahren, Bonn 1994.

Ders.: Betriebliche Sozialpolitik im 19. und frühen 20. Jahrhundert. Eine Diskussion neuerer Forschungen und Konzepte und eine Branchenanalyse der deutschen und amerikanischen Eisen- und Stahlindustrie von den 1870er bis 1930er Jahren, in: Archiv für Sozialgeschichte 1994/34, S. 333–374.

Werner, Wolfgang Franz: „Bleib übrig!" Deutsche Arbeiter in der nationalsozialistischen Kriegswirtschaft, Düsseldorf 1983.

Wesseling, Klaus-Gunther: Johannes Weiß, in: Biographisch-Bibliographisches Kirchenlexikon, Bd. 13, Herzberg 1998, Sp. 659–666.

Ders.: Karl Philipp Bernhard Weiß, in: Biographisch-Bibliographisches Kirchenlexikon, Bd. 13, Herzberg 1998, Sp. 666–672.

Wicht, Wolfgang E.: Glanzstoff. Zur Geschichte der Chemiefaser, eines Unternehmens und seiner Arbeiterschaft, Neustadt 1992.

Wiesen, S. Jonathan: West German Industry and the Challenge of the Nazi Past, 1945-1955, Chapel Hill, London 2001.

Winschuh, Josef: Das neue Unternehmerbild, Baden-Baden 1954.

Ders.: Arbeitgeberverband und soziale Betriebsgestaltung. Die Aufgaben des Geschäftsführers eines Arbeitgeberverbandes in der betrieblichen Sozialpolitik. Vortrag gehalten auf der Geschäftsführerkonferenz der Bundesvereinigung der Deutschen Arbeitgeberverbände am 10. Oktober 1952 in Bad Neuenahr, Köln 1952.

Ders.: Die Nutzbarmachung der Erfahrungen des rheinisch-westfälischen Schlichtungswesens für die Kritik des Entwurfs der Neuen Schlichtungsverordnung, Diss. Marburg 1925.

Ders.: Praktische Werkspolitik. Darstellung einer planmäßigen Arbeitspolitik im modernen Fabrikbetrieb, Berlin 1923.

Ders.: Betriebsrat oder Gewerkschaft? Beiträge zur Soziologie des Betriebsrätewesens, Essen 1922.

Wirth, Thomas: Hugo Sinzheimer – Der Schöpfer des deutschen Arbeitsrechts, in: Humanitas. Mitteilungsblatt des Rudi-Stephan-Gymnasiums Worms, 3. Folge, Nov. 1985.

Wirtschaftswissenschaftliches Institut der Gewerkschaften (Hg.): Mensch und Betrieb. Bericht über die Kölner Tagung 15.–17. Mai 1952, Köln 1952.

Wirtschaftswissenschaftliches Institut der Gewerkschaften (Hg.): Die Aufgaben des Arbeitsdirektors. Dienststellengliederung des Fachbereichs Arbeitskraft, Köln 1947.

Wistinghausen, Jochen (Hg.): Soziale Betriebs-Praxis, Loseblatt-Sammlung, Neuwied 1955.

Wolfes, Matthias: Die Demokratiefähigkeit liberaler Theologen. Ein Beitrag zum Verhältnis des Protestantismus zur Weimarer Republik, in: *Vom Bruch*, Rüdiger (Hg.): Friedrich Naumann in seiner Zeit, Berlin/New York 2000, S. 287-314.

Wunderer, Rolf: Guido Fischer – Zur Person, in: *Gaugler*, Eduard (Hg.): Verantwortliche Betriebsführung, FS zum 70. Geburtstag von Guido Fischer, Stuttgart 1969, S. 301-308.

Ders. (Hg.): Humane Personal- und Organisationsentwicklung. FS Guido Fischer zum 80., Berlin 1979.

Zempelin, Hans Günter: Ludwig Vaubel – ein Portrait, in: *Albach*, Horst/*Busse von Colbe*, Walther/*Sabel*, Hermann (Hg.): Lebenslanges Lernen. FS Ludwig Vaubel zum 70., Wiesbaden 1978, S. 15-26.

Ziemann, Benjamin: Vermessung eines Milieus. Die katholische Kirche in Deutschland unter dem Einfluß der Humanwissenschaften, 1900–1975, Habil. Ruhr-Universität Bochum 2004.

Ders.: Zwischen sozialer Bewegung und Dienstleistung am Individuum. Katholiken und katholische Kirche im therapeutischen Jahrzehnt, in: Archiv für Sozialgeschichte 2004/44, S. 357-393.

Zitelmann, Rainer Zitelmann (Hg.): Westbindung. Chancen und Risiken, Frankfurt/M. 1993.

Zitt, Renate: „Zwischen Innerer Mission und staatlicher Sozialpolitik“. Der protestantische Sozialreformer Theodor Lohmann (1831-1905). Eine Studie zum sozialen Protestantismus im 19. Jahrhundert, Heidelberg 1997.

Zittel, Claus (Hg.), Wissen und soziale Konstruktion, Berlin 2002.

Register

Personen

Institutionen und Unternehmen

Ordnungssysteme. Studien zur Ideengeschichte der Neuzeit

Herausgegeben von Dietrich Beyrau, Anselm Doering-Manteuffel und Lutz Raphael

---

Die Reihe **Ordnungssysteme** nimmt Impulse auf, die sich seit zwei Jahrzehnten aus der Revision politik- und sozialgeschichtlicher Forschungsansätze entwickelt haben. Als Forum einer methodisch erneuerten Ideengeschichte trägt sie der Wirksamkeit politisch-kultureller Traditionen Europas seit dem Zeitalter der Aufklärung Rechnung. Die besondere Aufmerksamkeit gilt dem konkreten Wechselspiel ideeller, politischer und sozialer Prozesse.

Die Reihe **Ordnungssysteme** hat insbesondere das Ziel:

- vergleichende Studien zu den nationalen Eigenarten und unterschiedlichen Traditionen in der europäischen Ideengeschichte zu fördern,
- gemeineuropäische Dimensionen seit der Aufklärung zu untersuchen,
- den Weg von neuen Ideen zu ihrer breitenwirksamen Durchsetzung zu erforschen.

Die Reihe **Ordnungssysteme** verfolgt einige Themen mit besonderem Interesse:

- den Ideenverkehr zwischen Europa und Nordamerika,
- die Beziehungen zwischen politischen und religiösen Weltbildern,
- die Umformung der politischen Leitideen von Liberalismus, Nationalismus und Sozialismus im 20. Jahrhundert,
- die Herausbildung traditionsstiftender, regionenbezogener Gegensatzpaare in der europäischen Ideenwelt, wie zum Beispiel den Ost-West-Gegensatz.

Die Reihe **Ordnungssysteme** bemüht sich um eine methodische Erneuerung der Ideengeschichte:

- Sie verknüpft die Analyse von Werken und Ideen mit ihren sozialen, kulturellen und politischen Kontexten.
- Sie untersucht die Bedeutung von Wissenssystemen in der Entwicklung der europäischen Gesellschaften.
- Sie ersetzt die traditionelle Ideengeschichte der großen Werke und großen Autoren durch eine Ideengeschichte, die Soziabilität und Kommunikation als tragende Gestaltungskräfte kultureller Produktion besonders beachtet.
- Sie bezieht Institutionen und Medien der Kulturproduktion systematisch in die Untersuchung ein.

Band 1:
Michael Hochgeschwender
Freiheit in der Offensive?
Der Kongreß für kulturelle Freiheit und die Deutschen
1998. 677 S. ISBN 3-486-56341-6

Band 2:
Thomas Sauer
Westorientierung im deutschen Protestantismus?
Vorstellungen und Tätigkeit des Kronberger Kreises
1999. VII, 326 S. ISBN 3-486-56342-4

Band 3:
Gudrun Kruip
Das „Welt"-„Bild" des Axel Springer Verlags
Journalismus zwischen westlichen Werten und deutschen Denktraditionen
1999. 311 S. ISBN 3-486-56343-2

Band 4:
Axel Schildt
Zwischen Abendland und Amerika
Studien zur westdeutschen Ideenlandschaft der 50er Jahre
1999. VIII, 242 S. ISBN 3-486-56344-0

Band 5:
Rainer Lindner
Historiker und Herrschaft
Nationsbildung und Geschichtspolitik in Weißrußland im 19. und 20. Jahrhundert
1999. 536 S. ISBN 3-486-56455-2

Band 6:
Jin-Sung Chun
Das Bild der Moderne in der Nachkriegszeit
Die westdeutsche „Strukturgeschichte" im Spannungsfeld von Modernitätskritik und wissenschaftlicher Innovation 1948–1962
2000. 277 S. ISBN 3-486-56484-6

Band 7:
Frank Becker
Bilder von Krieg und Nation
Die Einigungskriege in der bürgerlichen Öffentlichkeit Deutschlands 1864–1913
2001. 601 S. und 32 S. Bildteil ISBN 3-486-56545-1

Band 8:
Martin Sabrow
Das Diktat des Konsenses
Geschichtswissenschaft in der DDR 1949–1969
2001. 488 S. ISBN 3-486-56559-1

Band 9:
Thomas Etzemüller
Sozialgeschichte als politische Geschichte
Werner Conze und die Neuorientierung der westdeutschen Geschichtswissenschaft nach 1945
2001. VIII, 445 S. ISBN 3-486-56581-8

Band 10:
Martina Winkler
Karel Kramář (1860–1937)
Selbstbild, Fremdwahrnehmungen und Modernisierungsverständnis eines tschechischen Politikers
2002. 414 S. ISBN 3-486-56620-2

Band 11:
Susanne Schattenberg
Stalins Ingenieure
Lebenswelten zwischen Technik und Terror in den 1930er Jahren
2002. 457 S. ISBN 3-486-56678-4

Band 12:
Torsten Rüting
Pavlov und der Neue Mensch
Diskurse über Disziplinierung in Sowjetrussland
2002. 337 S. ISBN 3-486-56679-2

Band 13:
Julia Angster
Konsenskapitalismus und Sozialdemokratie
Die Westernisierung von SPD und DGB
2003. 538 S. ISBN 3-486-56676-8

Band 14:
Christoph Weischer
Das Unternehmen ‚Empirische Sozialforschung'
Strukturen, Praktiken und Leitbilder der Sozialforschung in der Bundesrepublik Deutschland
2004. X, 508 S. ISBN 3-486-56814-0

Band 15:
Frieder Günther
Denken vom Staat her
Die bundesdeutsche Staatsrechtslehre zwischen Dezision und Integration 1949–1970
2004. 364 S. ISBN 3-486-56818-3

Band 16:
Ewald Grothe
Zwischen Geschichte und Recht
Deutsche Verfassungsgeschichtsschreibung 1900–1970
2005. 486 S. ISBN 3-486-57784-0

Band 17:
Anuschka Albertz
Exemplarisches Heldentum
Die Rezeptionsgeschichte der Schlacht an den Thermopylen von der Antike bis zur Gegenwart
2006. 424 S., 46 Abb. ISBN 3-486-57985-1

Band 18:
Volker Depkat
Lebenswenden und Zeitenwenden
Deutsche Politiker und die Erfahrungen des 20. Jahrhunderts
2006. 573 S. ISBN 3-486-57970-3

Band 19:
Lorenz Erren
„Selbstkritik" und Schuldbekenntnis
Kommunikation und Herrschaft unter Stalin (1917–1953)
2008. 405 S. ISBN 978-3-486-57971-1

Band 20:
Lutz Raphael, Heinz-Elmar Tenorth (Hrsg.)
Ideen als gesellschaftliche Gestaltungskraft im Europa der Neuzeit
Beiträge für eine erneuerte Geistesgeschichte
2006. 536 S. ISBN 3-486-57786-7

Band 21:
Thomas Großbölting
„Im Reich der Arbeit"
Die Repräsentation gesellschaftlicher Ordnung in den deutschen Industrie- und Gewerbeausstellungen 1790–1914
2007. 518 S., zahlreiche Abb. ISBN 978-3-486-58128-7

Band 22:
Wolfgang Hardtwig (Hrsg.)
Ordnungen in der Krise
Zur politischen Kulturgeschichte Deutschlands 1900–1933
2007. 566 S. ISBN 978-3-486-58177-5

Band 23:
Marcus M. Payk
Der Geist der Demokratie
Intellektuelle Orientierungsversuche im Feuilleton der frühen Bundesrepublik: Karl Korn und Peter de Mendelssohn
2008. 415 S. ISBN 978-3-486-58580-3

Band 24:
Rüdiger Graf
Die Zukunft der Weimarer Republik
Krisen und Zukunftsaneignungen in Deutschland 1918–1933
2008. 460 S. ISBN 978-3-486-58583-4

Band 25:
Jörn Leonhard
Bellizismus und Nation
Kriegsdeutung und Nationsbestimmung in Europa und den Vereinigten Staaten 1750–1914
2008. 1019 S. ISBN 978-3-486-58516-2

Band 26:
Ruth Rosenberger
Experten für Humankapital
Die Entdeckung des Personalmanagements in der Bundesrepublik Deutschland
2008. 482 S. ISBN 978-3-486-58620-6

Band 27:
Désirée Schauz
Strafen als moralische Besserung
Eine Geschichte der Straffälligenfürsorge 1777–1933
2008. 432 S. ISBN 978-3-486-58704-3

Band 28:
Morten Reitmayer
Elite
Sozialgeschichte einer politisch-gesellschaftlichen Idee in der frühen Bundesrepublik
2009. Ca. 580 S. ISBN 978-3-486-58828-6